미분적분학 에센스
Essential Calculus 2nd edition

James Stewart 지음

한빛수학교재연구소 옮김

한빛아카데미
Hanbit Academy, Inc.

Essential Calculs,
International Metric Edition,
2nd Edition

James Stewart

ISBN-13: 979-11-5664-368-5

Cengage Learning Korea Ltd.
14F YTN Newsquare 76 Sangamsan-ro
Mapo-gu Seoul 03926 Korea
Tel: (82) 2 1533 7053
Fax: (82) 2 330 7001

Cengage is a leading provider of customized learning solutions with employees residing in nearly 40 different countries and sales in more than 125 countries around the world. Find your local representative at: **www.cengage.com**.

To learn more about Cengage Solutions, visit **www.cengageasia.com**.

Every effort has been made to trace all sources and copyright holders of news articles, figures and information in this book before publication, but if any have been inadvertently overlooked, the publisher will ensure that full credit is given at the earliest opportunity.

Printed in Korea
Print Number: 06   Print Year: 2023

미분적분학 에센스

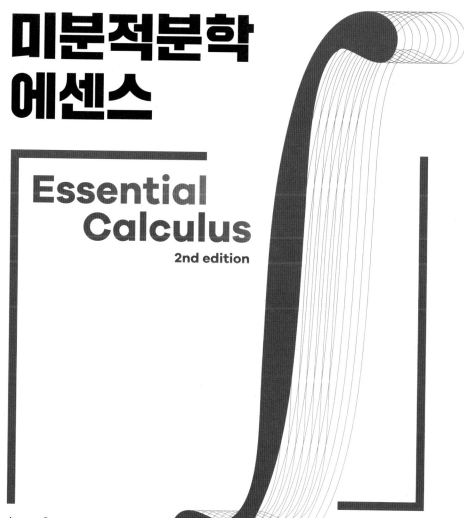

Essential Calculus
2nd edition

James Stewart 지음
한빛수학교재연구소 옮김

 Cengage

Australia • Brazil • Canada • Mexico • Singapore • United Kingdom • United States

지은이 **James Stewart**

고인이 된 제임스 스튜어트는 미국 스탠퍼드대학교에서 석사 학위를 받고 토론토 대학교에서 박사 학위를 받았다. 영국 런던대학교에서 연구했는데 스탠퍼드대학교의 저명한 수학자 조지폴리아의 영향을 받았다. 스튜어트는 최근까지 맥마스터 대학교의 수학과 교수로 재직했으며, 연구 분야는 조화해석학이었다. 그는 센게이지러닝을 통해 『PRECALCULUS』, 『CALCULUS』, 『CALCULUS : EARLY TRANSCENDENTALS』, 『CALCULUS : CONCEPTS AND CONTEXTS』 등 다양한 미적분학 교재를 출간한 베스트셀러 저자이다.

옮긴이 **한빛수학교재연구소**

한빛수학교재연구소에서는 이공계열 공통 수학 및 수학 관련 학과 전공 교재에 적합한 원서를 기획/출간하고 있습니다. 이 책은 국립 금오공과대학교 응용수학과 이재원 교수님께서 총괄 번역하였으며, 여러 수학 전문 편집자가 편집에 참여했습니다.

미분적분학 에센스

초판발행 2018년 03월 01일
6쇄발행 2023년 07월 28일

지은이 James Stewart / **옮긴이** 한빛수학교재연구소 / **펴낸이** 전태호
펴낸곳 한빛아카데미(주) / **주소** 서울시 서대문구 연희로2길 62 한빛아카데미(주) 2층
전화 02-336-7112 / **팩스** 02-336-7199
등록 2013년 1월 14일 제2017-000063호 / **ISBN** 979-11-5664-368-5 93410
총괄 김현용 / **책임편집** 김은정 / **기획** 고지연 / **편집** 고지연, 박현진, 유지형, 박한솔 / **진행** 윤세은
디자인 김연정 / **전산편집** 임희남 / **제작** 박성우, 김정우
영업 김태진, 김성삼, 이정훈, 임현기, 이성훈, 김주성 / **마케팅** 길진철, 김호철, 심지연

이 책에 대한 의견이나 오탈자 및 잘못된 내용에 대한 수정 정보는 아래 이메일로 알려주십시오.
잘못된 책은 구입하신 서점에서 교환해 드립니다. 책값은 뒤표지에 표시되어 있습니다.

홈페이지 www.hanbit.co.kr / 이메일 question@hanbit.co.kr

지금 하지 않으면 할 수 없는 일이 있습니다.
책으로 펴내고 싶은 아이디어나 원고를 메일(writer@hanbit.co.kr)로 보내주세요.
한빛아카데미(주)는 여러분의 소중한 경험과 지식을 기다리고 있습니다.

미적분학의 유용성과 아름다움을 발견하길 바라며

미적분 교재를 읽는 것은 신문이나 소설 또는 물리책을 읽는 것과는 다르다. 미적분학 내용을 이해하기 위해 한 번 이상 읽어야만 한다면 주저하지 마라. 그림을 그린다거나 계산을 하기 위한 연필, 종이, 계산기를 갖고 있어야 한다.

어떤 학생들은 숙제를 해결하고자 연습문제를 풀기 어려운 경우에만 교재를 본다. 그러나 연습문제를 풀기 전에 교재의 한 절을 읽고 이해하는 것이 훨씬 좋은 방법일 것이다. 특히 용어의 정확한 의미를 알려면 정의를 제대로 이해해야 한다. 그리고 예제는 먼저 풀이를 가린 상태에서 스스로 풀어보기를 권한다. 이와 같이 한다면 단순히 풀이를 알게 되는 것보다 훨씬 더 많은 것을 얻게 될 것이다.

이 과정의 주요 목적 중 하나는 학습자 스스로가 논리적으로 생각하는 연습을 하게 만드는 것이다. 동떨어진 방정식 또는 공식의 실마리가 아닌 앞뒤가 연결되고 단계적으로 이유를 밝히는 문장으로 연습문제의 풀이를 쓰도록 학습하기 바란다.

구두로 설명한다거나 해석 또는 서술을 묻는 몇몇 연습문제들의 경우에는 답을 표현하는 정확한 방법이 한 가지만 있는 것이 아니다. 따라서 결정적인 답을 구하지 못했다고 걱정할 필요가 없다. 추가적으로 수치나 대수적으로 답을 표현할 때 다른 형태로 표현되는 경우가 종종 있다. 자신이 구한 답이 제시된 답과 다르다고 하여 자신의 답이 틀렸다고 추정하지 마라. 예를 들어 제시된 답은 $\sqrt{2}-1$인데 구한 답이 $\dfrac{1}{1+\sqrt{2}}$이라면, 구한 답도 맞는 것이다. 분모를 유리화하면 두 답이 동일한 것을 알 수 있다.

미적분학 수강을 마쳤다고 해도 참고용으로 이 책을 갖고 있기를 권한다. 우리는 미적분학의 세부사항을 모두 기억할 수 없다. 미적분학 이후의 과정을 수강하게 될 때 기억나지 않는 미적분학 지식들을 찾아볼 수 있을 것이다. 또한 이 책에는 어느 한 강좌 하나에서 다루는 것보다 훨씬 많은 문제가 담겨있기 때문에 실무 과학자나 기술자에게 귀중한 자료가 될 것이다.

미적분학은 인간의 지성으로 이룬 가장 위대한 업적 중 하나로 생각되는 매우 흥미로운 주제이다. 나는 미적분학이 매우 유용할 뿐만 아니라 본질적으로 아름답다는 것을 학생들이 발견하기를 희망한다.

지은이 **James Stewart**

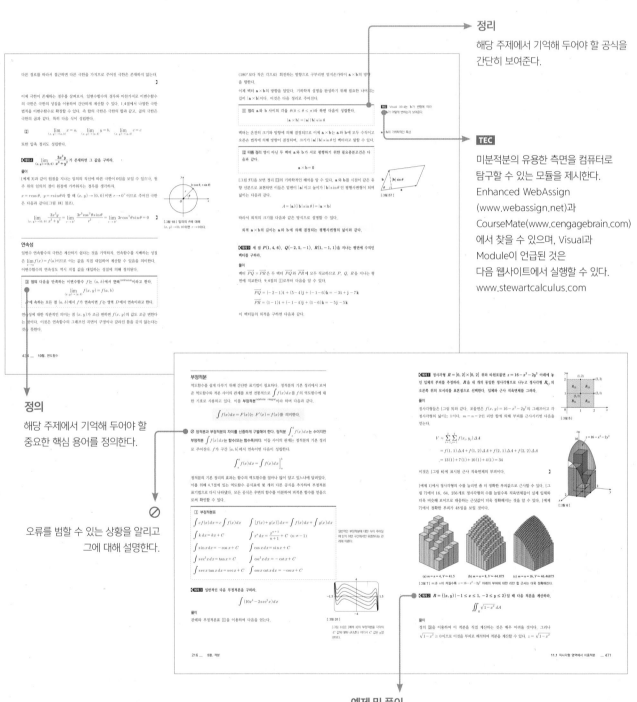

정리

해당 주제에서 기억해 두어야 할 공식을
간단히 보여준다.

TEC

미분적분의 유용한 측면을 컴퓨터로
탐구할 수 있는 모듈을 제시한다.
Enhanced WebAssign
(www.webassign.net)과
CourseMate(www.cengagebrain.com)
에서 찾을 수 있으며, Visual과
Module이 언급된 것은
다음 웹사이트에서 실행할 수 있다.
www.stewartcalculus.com

정의

해당 주제에서 기억해 두어야 할
중요한 핵심 용어를 정의한다.

⊘

오류를 범할 수 있는 상황을 알리고
그에 대해 설명한다.

예제 및 풀이

본문에서 다룬 개념들을 적용한 문제와
그에 대한 상세한 풀이를 담았다.

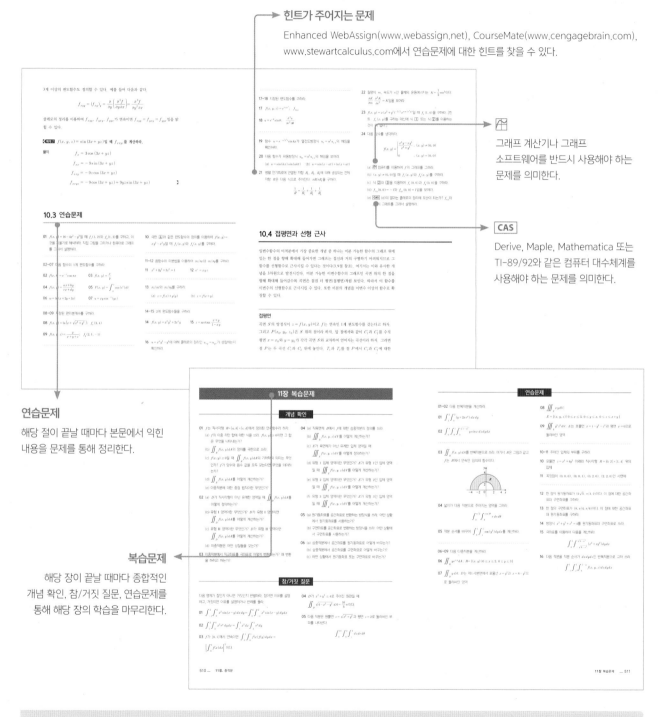

힌트가 주어지는 문제

Enhanced WebAssign(www.webassign.net), CourseMate(www.cengagebrain.com), www.stewartcalculus.com에서 연습문제에 대한 힌트를 찾을 수 있다.

그래프 계산기나 그래프 소프트웨어를 반드시 사용해야 하는 문제를 의미한다.

CAS

Derive, Maple, Mathematica 또는 TI-89/92와 같은 컴퓨터 대수체계를 사용해야 하는 문제를 의미한다.

연습문제

해당 절이 끝날 때마다 본문에서 익힌 내용을 문제를 통해 정리한다.

복습문제

해당 장이 끝날 때마다 종합적인 개념 확인, 참/거짓 질문, 연습문제를 통해 해당 장의 학습을 마무리한다.

강의자용 : 강의보조자료 다운받기 한빛출판네트워크 접속(http://www.hanbit.co.kr) → [교수전용] 클릭 → [강의자료] 클릭

학습자용 : 연습문제 해답 다운받기 한빛출판네트워크 접속(http://www.hanbit.co.kr) → [SUPPORT] 클릭 → [자료실] 클릭

미적분을 배워야 하는 이유가 담긴 책

제임스 스튜어트[James Stewart]는 미적분학의 바이블이라 할 수 있는 여러 종류의 미적분학 도서를 집필하였다. 이 책은 그의 미적분학 도서 중 하나인 『Essential Calculus, 2nd Ed.』을 재구성한 번역서이다.

원 도서는 저자가 집필한 3학기 과정의 다른 미적분학 도서의 2/3 정도로 축소하였으나, 거의 동일한 주제를 포함하고 있어 여전히 분량에 대한 부담이 있다. 따라서 이 책은 미적분학의 핵심을 충실히 담되 학습량에 대한 부담을 줄이고자 원 도서를 재구성하여 분량을 1/2 수준으로 줄이고자 했다. 특히 연습문제에서는 단순한 계산 문제에 치우치지 않고자 했으며, 연습문제에 대한 학생들의 부담감을 줄이고자 특히 어려운 문제들은 제외했다.

가급적 원 저자의 집필 철학을 훼손하지 않는 범위에서 학생들이 미적분학을 배워야 하는 이유를 충분히 알 수 있도록 다음과 같은 기준에 따라 책을 번역하고 재구성하려 했다.

첫째, 최대한 원문에 충실하게 번역한다.
둘째, 문장은 되도록 짧게, 학생들이 이해하기 쉬운 용어를 사용한다.
셋째, 원문의 내용이 왜곡되지 않도록 학습 내용을 생략하지 않는다.
넷째, 원문의 5장에서는 적분을 이용하여 로그함수, 지수함수 등의 초월함수를 다룬다. 그러나 이 책에서는 '1장. 함수와 극한'과 연계하여 좀 더 쉽게 이해하도록 2장에서 지수함수, 로그함수를 다룬다.
다섯째, 원문의 9장과 10장을 하나로 묶었으며, 13장 벡터해석은 제외했다. 특히 행렬과 행렬식 단원(9.3절)을 추가함으로써 벡터의 외적을 표현하는 방법을 이해할 수 있도록 하였다.
여섯째, 각 절의 연습문제는 원문의 홀수 번을 선택하되, 동일한 유형의 문제는 줄이고 꼭 필요한 응용문제만 담았다.

끝으로 이 책의 기획에서 출간까지 수고를 아끼지 않은 한빛아카데미㈜ 관계자분과 김태헌 사장님께 감사드린다.

옮긴이 **이재원**

목차

목차

목차

1장 함수와 극한

FUNCTIONS AND LIMITS

미적분학은 지금까지 공부해온 수학과 근본적으로 차이가 있다. 미적분학은 정적이기보다는 역동적이기 때문에 변화와 운동에 관심을 갖는다. 또한 미적분학은 어떤 물리량에 접근하는 또 다른 물리량을 다룬다. 따라서 1장에서는 함숫값이 어떻게 변하고, 어떻게 극한에 근접하는지 살펴보는 것으로 미적분학 공부를 시작한다.

1.1 함수의 정의와 표현 방법

함수는 어떤 양이 다른 양에 의존할 때 발생한다. 다음 두 가지 상황을 생각하자.

A. 원의 넓이 A는 원의 반지름 r에 의존한다. r과 A를 연결하는 규칙은 방정식 $A = \pi r^2$이다. 각각의 양수 r에 따라 A 값 하나가 관련된다. 따라서 "A는 r의 함수이다."라고 말한다.

B. 전 세계의 인구 P는 시각 t에 의존한다. [표 1]은 시각 t, 즉 어떤 연도에서 전 세계의 추정 인구 $P(t)$를 나타낸다. 예를 들어 다음과 같다.

$$P(1950) \approx 2{,}560{,}000{,}000$$

각각의 시각 t의 값에 대응하는 P의 값이 존재하므로 "P는 t의 함수이다."라고 말한다.

연도	인구(백만)
1900	1650
1910	1750
1920	1860
1930	2070
1940	2300
1950	2560
1960	3040
1970	3710
1980	4450
1990	5280
2000	6080
2010	6870

[표 1]

이러한 예들은 주어진 수(r, t)에 또 다른 수(A, P)가 대응하는 규칙을 설명한다. 이 경우에 두 번째 언급한 수는 처음 언급한 수의 함수이다.

> **함수**^{function} f는 집합 D 안에 있는 각 원소 x에 집합 E 안의 오로지 하나의 원소 $f(x)$를 대응시키는 규칙이다.

보편적으로 집합 D와 E가 실수의 집합인 경우에 대해 함수를 생각한다. 집합 D를 함수의 **정의역**^{domain}이라 한다. 수 $f(x)$는 x에서 f의 **함숫값**이고 'x의 f'라고 읽는다. f의 **치역**^{range}은 x가 정의역 전체에서 변할 때, 그에 따른 $f(x)$의 모든 가능한 값들의 집합이다. f의 정의역 안에 있는 임의의 수를 나타내는 기호를 **독립변수**^{independent variable}라 한다. f의 치역 안에 있는 수를 나타내는 기호를 **종속변수**^{dependent variable}라 한다. 앞서 든 예 A.에서 r은 독립변수이고 A는 종속변수이다.

함수를 기계로 생각하면 이해하는 데 도움이 된다([그림 1] 참조). x가 함수 f의 정의역 안에 있을 때, x가 기계 안으로 들어가면 기계는 x를 입력으로 받아들이고 함수의 규칙에 따라 출력 $f(x)$를 생산한다. 따라서 모든 가능한 입력의 집합을 정의역, 모든 가능한 출력을 치역으로 생각할 수 있다.

[그림 1] 함수 f의 기계 도표

함수를 그리는 또 다른 방법으로 [그림 2]와 같이 **화살표 도표**^{arrow diagram}가 있다. 각 화살표는 D 안에 있는 원소를 E 안에 있는 원소에 연결한다. 화살표는 x가 $f(x)$에 연결되고 a가 $f(a)$에 연결되는 것을 나타낸다.

함수를 시각적으로 보여주기 위한 가장 보편적인 방법이 그래프이다. f가 정의역 D를 갖는 함수라 하면 f의 **그래프**^{graph}는 다음과 같은 순서쌍의 집합이다.

$$\{(x, f(x)) \mid x \in D\}$$

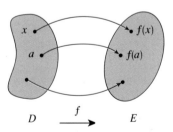

[그림 2] f의 화살표 도표

이때 x가 f의 정의역 안에 있고 $y = f(x)$가 되는 좌표평면 안의 모든 점 (x, y)로 f의 그래프가 구성된다. 그래프 위에 있는 임의의 점 (x, y)의 y좌표는 $y = f(x)$이므로 그래프로부터 $f(x)$의 값을 x에서의 높이로 해석할 수 있다([그림 3] 참조). 또한 f의 그래프는 x축 위에 f의 정의역을 그리고, y축 위에 f의 치역을 그릴 수 있다([그림 4] 참조).

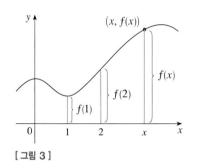

[그림 3]

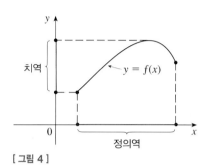

[그림 4]

예제 1 함수 f의 그래프가 [그림 5]와 같다.

(a) $f(1)$과 $f(5)$의 값을 구하라.

(b) f의 정의역과 치역은 무엇인가?

풀이

(a) [그림 5]로부터 점 $(1, 3)$은 f의 그래프 위에 있는 것을 안다. 따라서 1에서 f의 값은 $f(1) = 3$이다. 또한 $f(5) = 1$이다.

(b) $f(x)$는 $0 \leq x \leq 7$일 때 정의되므로 f의 정의역은 폐구간 $[0, 7]$이다. 이때 f가 -2에서 4 사이의 값을 취하므로 f의 치역은 다음과 같다.

$$\{y | -2 \leq y \leq 4\} = [-2, 4]$$

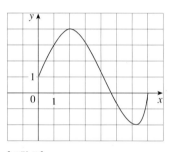

[그림 5]

구간 $[-2, 4]$를 집합 기호로 나타내면 $\{y | -2 \leq y \leq 4\}$이다.

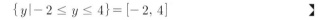

함수의 표현

함수를 나타내는 대표적인 방법으로 다음과 같이 두 가지가 있다.

- 수치적으로(값의 표에 의해)
- 대수적으로(명확한 식에 의해)

이 절의 도입부에서 생각했던 두 가지 방법을 다음과 같이 관찰해보자.

A. 반지름의 함수로 원의 넓이를 나타내는 가장 유용한 표현은 대수공식 $A(r) = \pi r^2$이다. 원의 반지름은 양수이므로 정의역은 $\{r | r > 0\} = (0, \infty)$이고, 치역도 역시 $(0, \infty)$이다.

B. 함수를 표로 설명한다. $P(t)$는 시각 t에서 전 세계의 인구이다. $t = 0$을 1900년에 대응하도록 t를 측정하자. 이 함수를 간편하게 표현하기 위해 [표 2]와 같이 시

t	인구(백만)
0	1650
10	1750
20	1860
30	2070
40	2300
50	2560
60	3040
70	3710
80	4450
90	5280
100	6080
110	6870

[표 2]

각 t에 따른 전 세계 인구 값을 정리하여 표로 나타낸다. 이와 같은 값들을 점으로 표현하면 [그림 6]의 그래프(**산점도**scatter plot)를 얻는다. 공식은 무엇일까? 물론 임의의 시각 t에서 정확한 인구 $P(t)$를 제공하는 명료한 공식을 고안하는 것은 불가능하다. 그러나 $P(t)$에 근사하는 함수의 표현을 찾는 것은 가능하다. 실제로 그림을 그릴 수 있는 계산기를 사용하여 다음과 같은 근삿값을 얻을 수 있다.

$$P(t) \approx f(t) = (1.43653 \times 10^9) \cdot (1.01395)^t$$

[그림 7]은 합리적으로 '적합'한 것을 보여준다. 함수 f를 인구 증가에 대한 **수학적 모형**mathematical model이라 한다. 다시 말해서 이것은 주어진 함수의 자취에 근사하는 명확한 공식을 갖는 함수이다. 함수 P는 일상생활에 미적분을 적용할 때 나타나는 대표적인 함수이다.

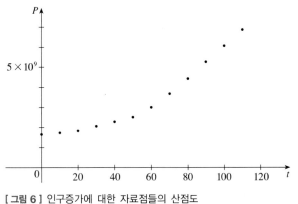

[**그림 6**] 인구증가에 대한 자료점들의 산점도   [**그림 7**] 인구증가에 대한 수학적 모형의 그래프

◀ **예제 2** 함수 $g(x) = \dfrac{1}{x^2 - x}$ 의 정의역을 구하라.

풀이

$g(x) = \dfrac{1}{x^2 - x} = \dfrac{1}{x(x-1)}$ 이고 0으로 나누는 것은 허용하지 않는다. 따라서 $x = 0$ 또는 $x = 1$일 때 $g(x)$는 정의되지 않는다. 그러므로 g의 정의역은 $\{x \mid x \neq 0, x \neq 1\}$이고 구간 표시를 이용하여 $(-\infty, 0) \cup (0, 1) \cup (1, \infty)$로 쓸 수 있다. ▶

함수의 그래프는 xy평면에서 곡선이다. 그러나 xy평면 안에서 어떤 곡선이 함수의 그래프인가?라는 의문이 발생한다. 이것은 다음 판정법에 의해 답을 얻는다.

수직선 판정법
xy평면 안의 곡선이 x의 함수의 그래프일 필요충분조건은 곡선과 두 번 이상 교차하는 수직선이 없는 것이다.

수직선 판정법이 정당한 이유는 [그림 8]에서 알 수 있다. 각 수직선 $x = a$가 (a, b)에서 꼭 한 번만 곡선과 만난다면 정확하게 하나의 함숫값 $f(a) = b$가 정의된다. 그러나 직선 $x = a$가 (a, b)와 (a, c)에서 곡선과 두 번 만난다면 함수는 a에서 서로 다른 두 값과 대응할 수 없으므로 이 곡선은 함수의 그래프가 아니다.

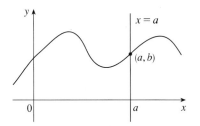 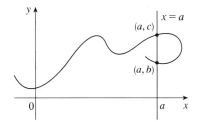

[그림 8]

조각마다 정의된 함수

다음 두 가지 예로 주어진 함수는 정의역의 서로 다른 부분에서 다른 식으로 정의된다. 조각마다 정의된 함수의 대표적인 예는 절댓값 함수이다. $|a|$로 정의되는 수 a의 **절댓값**absolute value은 실직선 위에서 a로부터 0까지의 거리임을 기억하자. 거리는 0 또는 양수이므로 다음이 성립한다.

임의의 수 a에 대해 $|a| \geq 0$이다.

예를 들어 다음과 같다.

$$|3| = 3, \quad |-3| = 3, \quad |0| = 0, \quad |\sqrt{2} - 1| = \sqrt{2} - 1, \quad |3 - \pi| = \pi - 3$$

일반적으로 다음이 성립한다. (a가 음수이면 $-a$는 양수인 것을 기억하자.)

$$a \geq 0$$이면 $$|a| = a$$이다.
$$a < 0$$이면 $$|a| = -a$$이다.

■ www.stewartcalculus.com
좀 더 광범위한 절댓값에 대한 복습은 'Review of Algebra'를 클릭하라.

◀ **예제 3** 절댓값 함수 $f(x) = |x|$의 그래프를 그려라.

풀이
앞의 논의로부터 다음을 알 수 있다.

$$|x| = \begin{cases} x, & x \geq 0 \\ -x, & x < 0 \end{cases}$$

그러면 f의 그래프는 y축의 오른쪽에서 직선 $y = x$와 일치한다. 그리고 y축의 왼쪽에서 직선 $y = -x$와 일치한다([그림 9] 참조).

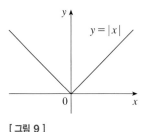

[그림 9]

예제 4 다음과 같이 조각으로 나누어진 함수를 생각해보자.

$$C(w) = \begin{cases} 1.40, & 0 < w \le 30 \\ 2.20, & 30 < w \le 50 \\ 3.00, & 50 < w \le 100 \\ 3.70, & 100 < w \le 150 \\ 4.00, & 150 < w \le 200 \end{cases}$$

그래프는 [그림 10]과 같다. 이와 유사한 함수를 **계단함수**^{step function}라고 부르는데, 그 이유는 함숫값이 한 값에서 다른 값으로 도약하기 때문이다.

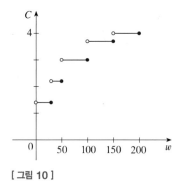

[그림 10]

대칭성

정의역 안의 모든 x에 대해 함수 f가 $f(-x) = f(x)$를 만족하면 f를 **우함수**^{even function}라 한다. 예를 들어 $f(x) = x^2$은 다음을 만족하므로 우함수이다.

$$f(-x) = (-x)^2 = (-1)^2 x^2 = x^2 = f(x)$$

우함수의 기하학적인 의미는 이 함수의 그래프가 y축에 대하여 대칭이라는 것이다([그림 11] 참조). 이것은 $x \ge 0$에 대한 f의 그래프를 그린다면 이 부분을 y축에 대하여 대칭이동시킴으로써 완전한 그래프를 얻을 수 있다.

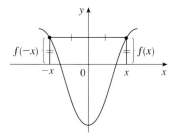

[그림 11] 우함수

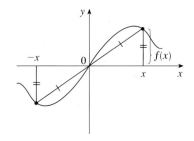

[그림 12] 기함수

정의역 안의 모든 x에 대해 함수 f가 $f(-x) = -f(x)$를 만족하면 f를 **기함수**^{odd function}라 한다. 예를 들어 $f(x) = x^3$은 다음을 만족하므로 기함수이다.

$$f(-x) = (-x)^3 = (-1)^3 x^3 = -x^3 = -f(x)$$

기함수의 그래프는 원점에 대하여 대칭이다([그림 12] 참조). $x \ge 0$에 대해 f의 그래프를 이미 그렸다면 이 부분을 원점에 대하여 $180°$ 회전시키면 완전한 그래프를 얻을 수 있다.

◀ 예제 5 다음 함수가 우함수인지, 기함수인지 결정하라.

(a) $f(x) = x^5 + x$ (b) $g(x) = 1 - x^4$

풀이

(a)
$$f(-x) = (-x)^5 + (-x) = (-1)^5 x^5 + (-x)$$
$$= -x^5 - x = -(x^5 + x)$$
$$= -f(x)$$

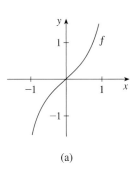

(a)

따라서 $f(x)$는 기함수이다.

(b)
$$g(-x) = 1 - (-x)^4 = 1 - x^4 = g(x)$$

따라서 $g(x)$는 우함수이다.

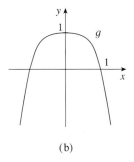

(b)

[그림 13]은 [예제 5]에 주어진 함수들의 그래프이다.

[그림 13]

증가함수와 감소함수

[그림 14]에 보인 그래프는 A에서 B까지 올라가고 B에서 C까지 내려간다. 그리고 C에서 D까지 다시 올라간다. 함수 f는 구간 $[a, b]$에서 증가하고 $[b, c]$에서 감소하며 다시 $[c, d]$에서 증가한다고 한다. a와 b 사이에서 $x_1 < x_2$인 임의의 두 수 x_1과 x_2에 대해 $f(x_1) < f(x_2)$이다. 이것을 증가함수의 결정적인 성질로 사용한다.

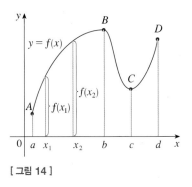

[그림 14]

구간 I에서 $x_1 < x_2$일 때 다음을 만족하면 함수 f는 I에서 **증가한다**^{increasing}고 한다.

$$f(x_1) < f(x_2)$$

구간 I에서 $x_1 < x_2$일 때 다음을 만족하면 함수 f는 I에서 **감소한다**^{decreasing}고 한다.

$$f(x_1) > f(x_2)$$

증가함수의 정의에서 $x_1 < x_2$인 I 안의 수 x_1과 x_2의 모든 쌍에 대해 부등식 $f(x_1) < f(x_2)$가 만족되어야 한다는 사실을 인식하는 것이 중요하다.

1.1 연습문제

01 $f(x) = x + \sqrt{2-x}$ 와 $g(u) = u + \sqrt{2-u}$ 이면 $f=g$인가?

02 함수 f의 그래프가 다음과 같다.

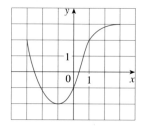

(a) $f(-1)$의 값을 설명하라.

(b) $f(2)$의 값을 추정하라.

(c) $f(x) = 2$를 만족하는 x의 값은 무엇인가?

(d) $f(x) = 0$을 만족하는 x의 값을 추정하라.

(e) f의 정의역과 치역을 설명하라.

(f) f가 증가하는 구간은 어디인가?

03~04 다음 곡선이 x의 함수의 그래프인지 결정하라. 만일 그래프 이면 함수의 정의역과 치역을 설명하라.

03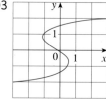

04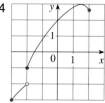

05 $f(x) = 3x^2 - x + 2$일 때 $f(2)$, $f(-2)$, $f(a)$, $f(-a)$, $f(a+1)$, $2f(a)$, $f(2a)$, $f(a^2)$, $[f(a)]^2$, $f(a+h)$를 구하라.

06 함수 $f(x) = 4 + 3x - x^2$의 차분 몫 $\dfrac{f(3+h) - f(3)}{h}$ 을 계산하고, 계산한 답을 간단히 하라.

07~08 다음 함수의 정의역을 구하라.

07 $f(x) = \dfrac{x+4}{x^2-9}$

08 $F(p) = \sqrt{2 - \sqrt{p}}$

09~12 정의역을 구하고 함수의 그래프를 그려라.

09 $f(t) = 2t + t^2$

10 $g(x) = \sqrt{x-5}$

11 $G(x) = \dfrac{3x + |x|}{x}$

12 $f(x) = \begin{cases} x+2, & x < 0 \\ 1-x, & x \geq 0 \end{cases}$

13~14 그래프가 다음과 같이 주어진 곡선의 함수식을 구하라.

13 $(1, -3)$과 $(5, 7)$을 연결하는 직선

14 포물선 $x + (y-1)^2 = 0$의 아래 반

15~16 그래프가 다음과 같이 주어진 곡선의 함수식을 구하라.

15 사각형의 둘레가 $20\,\text{m}$이다. 어떤 한 변의 길이의 함수로 직사각형의 넓이를 표현하라.

16 한 변의 길이의 함수로 정삼각형의 넓이를 표현하라.

17 (a) 점 $(5, 3)$이 우함수 그래프 위에 있다면 그래프 위에 반드시 있어야 하는 또 다른 점은 무엇인가?

(b) 점 $(5, 3)$이 기함수 그래프 위에 있다면 그래프 위에 반드시 있어야 하는 또 다른 점은 무엇인가?

18~19 f가 우함수, 기함수, 어느 것도 아닌지 결정하라. 만일 그래픽 계산기를 갖고 있다면 시각적으로 그 답을 확인하라.

18 $f(x) = \dfrac{x}{x^2+1}$

19 $f(x) = 1 + 3x^2 - x^4$

20 f와 g가 모두 우함수라 하면 $f+g$도 우함수인가? f와 g가 모두 기함수라 하면 $f+g$도 기함수인가? f가 우함수이고 g가 기함수라 하면 어떤가? 구한 답이 옳음을 보여라.

1.2 꼭 필요한 함수 목록

공통적으로 나타나는 몇몇 함수의 그래프에 익숙해진다면 미적분 문제를 풀 때 많은 도움이 된다. 이와 같은 기본 함수들은 실제로 발생하는 현상을 모형화하는 데 종종 사용되므로 수학적 모형에 대한 논의를 시작한다. 또한 이 함수들을 변환하여 그래프를 수평 이동하거나 확대 및 대칭 이동시키는 방법과 표준적인 대수적 연산과 합성에 의해 함수의 쌍을 결합하는 방법에 대해 간단히 검토한다.

수학적 모형화

수학적 모형^{mathematical model}은 인구의 규모, 생산품의 수요, 낙하 물체의 속도와 같은 현실 사회 현상을 (종종 함수 또는 방정식에 의해) 수학적으로 나타내는 것이다. 수학적 모형의 목적은 현상을 이해하고 미래 행동을 예측하는 것이다.

[그림 15]는 현실 사회 문제가 주어졌을 때 수학적 모형을 만드는 과정을 설명하고 있다.

[**그림 15**] 모형화 과정

❶ 첫 번째 작업은 문제를 찾아내서 수학적 모형을 공식화하고, 독립변수와 종속변수에 이름을 붙이고, 현상을 수학적으로 다루기 쉽도록 간단히 만드는 것이다. 물리적 상황과 수학적 도구를 이용해서 변수를 관련짓는 방정식을 얻는다.

❷ 두 번째 단계는 수학적 결론을 유도하기 위해 공식화한 수학적 모형에 우리가 알고 있는 (이 책에서 전개할 미적분학과 같은) 수학을 적용하는 것이다.

❸ 다음으로 수학적 결론을 택하고, 설명을 곁들이고 예측하는 방식으로 그 결론을 본래의 현실 사회 현상에 관한 정보로 해석하는 것이다.

❹ 마지막 단계는 다시금 새로운 실제 자료에 대해 확인함으로써 예측을 검증하는 것이다. 만일 예측이 실제와 잘 맞지 않는다면 모형을 다듬거나 새로운 모형을 공식화하고 이 과정을 다시 시작해야 한다.

수학적 모형은 물리적 상황을 결코 정확하게 표현할 수 없다. 단지 이상화하는 정도일 뿐이다. 현실 사회에서 관찰되는 관계를 모형화할 때 사용할 수 있는 다양한 형태의 함수가 있다. 지금부터 이 함수들의 자취와 그래프에 대해 살펴보고, 이들 함수로 모형화되는 적절한 상황에 대한 예를 살펴본다.

■ 선형모형

y가 x에 대한 **선형함수**^{linear function}라고 하는 것은 함수의 그래프가 직선이라는 의미이다. 그래서 다음과 같은 기울기와 절편을 가진 직선의 방정식을 사용할 수 있다. 여기서 m은 직선의 기울기이고 b는 y절편이다.

■ www.stewartcalculus.com
직선에 대한 좌표기하학에 대한 복습은 'Review of Analytic Geometry'를 클릭하라.

$$y = f(x) = mx + b$$

선형함수의 세부적인 특징은 일정한 비율로 변하는 것이다.

◀예제1 **(a)** 건조한 공기는 위로 올라갈수록 팽창하고 차가워진다. 지상의 온도는 20 °C 이고 1 km 높이에서의 온도는 10 °C이다. 선형모형이 적절하다는 가정 아래 온도 T (°C)를 높이 h (km)의 함수로 표현하라.
(b) (a)의 함수를 그래프로 그려라. 기울기는 무엇을 나타내는가?
(c) 2.5 km 높이에서 온도는 몇 도인가?

풀이

(a) T를 h의 선형함수라고 가정했으므로 다음과 같이 쓸 수 있다.

$$T = mh + b$$

$h = 0$일 때 $T = 20$이므로 다음을 얻는다. 그러므로 y절편은 $b = 20$이다.

$$20 = m \cdot 0 + b = b$$

또한 $h = 1$일 때 $T = 10$이므로 다음을 얻는다.

$$10 = m \cdot 1 + 20$$

따라서 직선의 기울기는 $m = 10 - 20 = -10$이며, 구하고자 하는 선형함수는 다음과 같다.

$$T = -10h + 20$$

(b) [그림 16]에 그래프가 있다. 기울기는 $m = -10$ °C/km인데 이것은 높이에 따른 온도의 변화율을 나타낸다.

(c) 높이 $h = 2.5$ km에서의 온도는 다음과 같다.

$$T = -10(2.5) + 20 = -5 °C$$

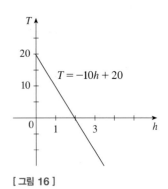

〉 [그림 16]

■ 다항함수

다음과 같이 표현되는 함수 P를 **다항함수**^{polynomial function}라 한다.

$$P(x) = a_n x^n + a_{n-1} x^{n-1} + \cdots + a_2 x^2 + a_1 x + a_0$$

여기서 n은 음이 아닌 정수이고, a_0, a_1, a_2, $\cdots$, a_n은 다항함수의 **계수**^{coefficient}라 부르는 상수이다. 임의의 다항함수의 정의역은 $\mathbb{R} = (-\infty, \infty)$이다. 맨 앞에 나오는 계수가 $a_n \neq 0$이면 다항함수의 **차수**^{degree}는 n이다. 예를 들어 다음 함수는 6차 다항함수이다.

$$P(x) = 2x^6 - x^4 + \frac{2}{5}x^3 + \sqrt{2}$$

1차 다항함수는 $P(x) = mx + b$와 같은 형태로 선형함수이다. 2차 다항함수는 $P(x) = ax^2 + bx + c$ 형태이며 **이차함수**$^{\text{quadratic function}}$라 한다. 이 함수의 그래프는 항상 포물선 $y = ax^2$을 이동해서 얻어진다. $a > 0$이면 포물선은 위로 열리며 $a < 0$이면 아래로 열린다([그림 17] 참조).

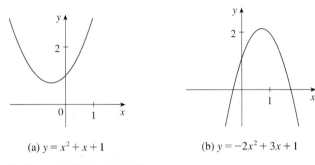

(a) $y = x^2 + x + 1$

(b) $y = -2x^2 + 3x + 1$

[**그림 17**] 이차함수는 포물선이다.

3차 다항함수는 다음과 같은 형태이며 **삼차함수**$^{\text{cubic function}}$라 한다.

$$P(x) = ax^3 + bx^2 + cx + d, \quad a \neq 0$$

[그림 18]은 (a)는 3차, (b)는 4차, (c)는 5차 다항함수의 그래프를 보여준다. 그래프 모양이 이와 같은 이유는 나중에 알게 될 것이다.

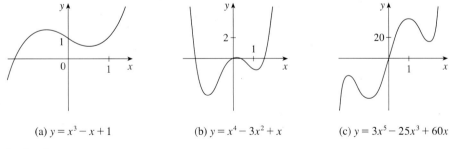

(a) $y = x^3 - x + 1$

(b) $y = x^4 - 3x^2 + x$

(c) $y = 3x^5 - 25x^3 + 60x$

[**그림 18**]

일반적으로 다항함수는 자연과학과 사회과학에서 발생하는 다양한 양을 모형화하기 위해 사용한다.

■ 거듭제곱함수

상수 a에 대해 $f(x) = x^a$ 형태의 함수를 **거듭제곱함수**power function라 한다. 여러 가지 경우를 살펴보자.

(i) $a = n$, n은 양의 정수

[그림 19]에 $n = 1, 2, 3, 4, 5$에 대한 $f(x) = x^n$의 그래프가 있다. (이런 함수는 단 하나의 항을 갖는 다항함수이다.) $y = x$(기울기가 1이고 원점을 지나는 직선)와 $y = x^2$(포물선)의 그래프 형태는 익숙해졌을 것이다.

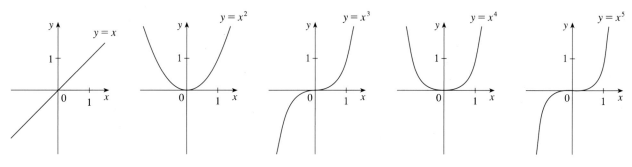

[**그림 19**] $n = 1, 2, 3, 4, 5$에 대한 $f(x) = x^n$의 그래프

거듭제곱함수에서 n이 짝수이면 $f(x) = x^n$은 우함수이고 그래프는 포물선 $y = x^2$과 비슷하다. n이 홀수이면 $f(x) = x^n$은 기함수이고 그래프는 $y = x^3$과 비슷하다. 그러나 [그림 20]으로부터 n이 증가하면 $y = x^n$의 그래프는 0 근처에서 평평해지고 $|x| \geq 1$에서는 가팔라진다.

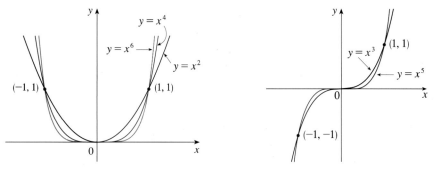

[**그림 20**] 거듭제곱함수족

(ii) $a = 1/n$, n은 양의 정수

함수 $f(x) = x^{1/n} = \sqrt[n]{x}$ 는 **거듭제곱근함수**root function이다. [그림 21(a)]에서 $n = 2$이면 이 함수는 제곱근함수 $f(x) = \sqrt{x}$ 이다. 이 함수의 정의역은 $[0, \infty)$이며 그래프는 포물선 $x = y^2$의 위쪽 반이다. n이 다른 짝수이면 $y = \sqrt[n]{x}$ 의 그래프는 $y = \sqrt{x}$ 의 그래프와 비슷하다. $n = 3$이면 정의역이 $\mathbb{R}$ 인 세제곱근함수 $f(x) = \sqrt[3]{x}$ 이다. (모든 실수는 세제곱근을 갖는다는 사실을 상기하자.) 그래프는 [그림 21(b)]와 같다. n이 $n > 3$인 홀수에 대해 $y = \sqrt[n]{x}$ 의 그래프는 $y = \sqrt[3]{x}$ 의 그래프와 비슷하다.

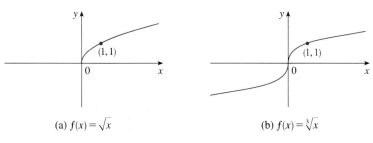

(a) $f(x) = \sqrt{x}$ (b) $f(x) = \sqrt[3]{x}$

[**그림 21**] 거듭제곱근함수 그래프

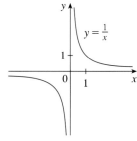

[**그림 22**] 반비례함수

(iii) $a = -1$

반비례함수$^{\text{reciprocal function}}$ $f(x) = x^{-1} = 1/x$의 그래프는 [그림 22]와 같다. 이 함수의 그래프는 방정식 $y = 1/x$ 또는 $xy = 1$을 가지며 좌표축을 점근선으로 갖는 쌍곡선이다.

■ **유리함수**

유리함수$^{\text{rational function}}$ f는 다음과 같이 두 다항함수의 비이다.

$$f(x) = \frac{P(x)}{Q(x)}$$

여기서 P와 Q는 다항함수이다. 정의역은 $Q(x) \neq 0$인 모든 x의 값으로 구성된다. 간단한 유리함수의 예는 $f(x) = 1/x$이며, 정의역은 $\{x \mid x \neq 0\}$이다. 이 함수는 [그림 22]에 그래프로 그린 반비례함수이다. 다음 함수는 유리함수이며 정의역은 $\{x \mid x \neq \pm 2\}$이고 그래프는 [그림 23]과 같다.

$$f(x) = \frac{2x^4 - x^2 + 1}{x^2 - 4}$$

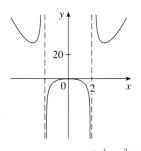

[**그림 23**] $f(x) = \dfrac{2x^4 - x^2 + 1}{x^2 - 4}$

■ **삼각함수**

삼각비와 삼각함수를 다룰 때 미적분에서는 특별한 언급이 없는 한 관습적으로 라디안 척도를 이용한다. 예를 들어 함수 $f(x) = \sin x$를 사용할 때, $\sin x$는 라디안 척도인 각 x에 대한 사인값을 의미하는 것으로 이해한다. [그림 24]는 사인함수와 코사인함수의 그래프를 보여준다.

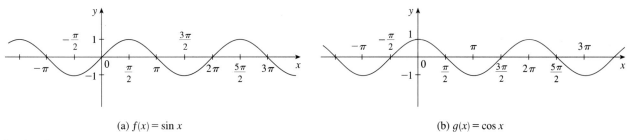

(a) $f(x) = \sin x$ (b) $g(x) = \cos x$

[**그림 24**]

사인함수와 코사인함수의 정의역은 모두 $(-\infty, \infty)$이고 치역은 폐구간 $[-1, 1]$이다. 따라서 모든 x의 값에 대해 다음이 성립한다.

$$-1 \leq \sin x \leq 1, \quad -1 \leq \cos x \leq 1$$

또한 사인함수는 π의 정수배에서 0이 된다. 즉 다음이 성립한다.

$$\sin x = 0, \quad x = n\pi, \quad n\text{은 정수}$$

사인함수와 코사인함수의 중요한 성질은 이들이 주기함수이며 그 주기는 2π라는 것이다. 즉 모든 x의 값에 대해 다음이 성립함을 의미한다.

$$\sin(x+2\pi) = \sin x, \quad \cos(x+2\pi) = \cos x$$

이러한 함수의 주기적 성질은 조수, 진동하는 용수철, 음파와 같이 반복적인 현상을 모형화하기에 적합하다.

탄젠트함수는 다음 방정식에 의해 사인함수와 코사인함수와 관련된다.

$$\tan x = \frac{\sin x}{\cos x}$$

이 함수의 그래프는 [그림 25]에 있다. 이 함수는 $\cos x = 0$, 즉 $x = \pm\pi/2$, $\pm 3\pi/2, \cdots$에서 정의되지 않는다. 이 함수의 치역은 $(-\infty, \infty)$이다. 탄젠트함수는 π 주기를 갖는다. 즉 모든 x의 값에 대해 다음이 성립한다.

$$\tan(x+\pi) = \tan x$$

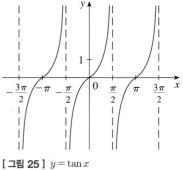

[그림 25] $y = \tan x$

나머지 세 삼각함수(코시컨트, 시컨트, 코탄젠트)는 사인함수, 코사인함수, 탄젠트함수의 역수이다.

함수의 변환

주어진 함수의 그래프에 어떤 변환을 적용해서 이와 관련된 함수의 그래프를 얻을 수 있다. 이렇게 하면 많은 함수의 그래프를 손쉽게 그릴 수 있다. 먼저 **변환**^{translation}을 생각해보자. c가 양수일 때 $y = f(x) + c$의 그래프는 $y = f(x)$의 그래프를 c 단위만큼 위쪽으로 이동시킨 것이다. (각 y좌표가 똑같은 수 c만큼 증가하기 때문이다.) 마찬가지로 $c > 0$일 때 $g(x) = f(x-c)$라면 x에서의 g 값은 $x-c$(x의 왼쪽으로 c 단위)에서의 f 값과 동일하다. 그러므로 $y = f(x-c)$의 그래프는 $y = f(x)$의 그래프를 오른쪽으로 c 단위만큼 이동한 것이다.

[그림 26]은 포물선 $y = x^2$의 그래프를 왼쪽으로 3 단위 이동하고 위쪽으로 1 단위 이동하면 $y = (x+3)^2 + 1$의 그래프를 얻을 수 있음을 보여준다.

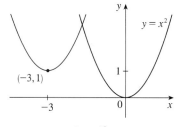

[**그림 26**] $y = (x+3)^2 + 1$

수직·수평 이동 $c > 0$이라 하자.

$y = f(x) + c$의 그래프는 $y = f(x)$의 그래프를 위쪽으로 c만큼 이동한 것이다.

$y = f(x) - c$의 그래프는 $y = f(x)$의 그래프를 아래쪽으로 c만큼 이동한 것이다.

$y = f(x - c)$의 그래프는 $y = f(x)$의 그래프를 오른쪽으로 c만큼 이동한 것이다.

$y = f(x + c)$의 그래프는 $y = f(x)$의 그래프를 왼쪽으로 c만큼 이동한 것이다.

이제 **확대**^{stretching} 및 **대칭**^{reflecting} 변환을 살펴보자. $c > 1$이면, $y = cf(x)$의 그래프는 $y = f(x)$의 그래프를 수직 방향으로 c배로 늘인 것이다. (각 y좌표에 똑같은 수 c만큼 곱해지기 때문이다.) $y = -f(x)$의 그래프는 $y = f(x)$의 그래프를 x축에 대해 대칭시킨 것이다. 왜냐하면 점 (x, y)가 점 $(x, -y)$로 대체됐기 때문이다. 또 다른 확대, 축소, 대칭 변환의 결과가 다음에 주어져 있다.

수직·수평 확대 및 대칭 이동 $c > 1$이라 하자.

$y = cf(x)$의 그래프는 $y = f(x)$의 그래프를 수직으로 c배만큼 늘린 것이다.

$y = (1/c)f(x)$의 그래프는 $y = f(x)$의 그래프를 수직으로 c배만큼 줄인 것이다.

$y = f(cx)$의 그래프는 $y = f(x)$의 그래프를 수평으로 c배만큼 줄인 것이다.

$y = f(x/c)$의 그래프는 $y = f(x)$의 그래프를 수평으로 c배만큼 늘린 것이다.

$y = -f(x)$의 그래프는 $y = f(x)$의 그래프를 x축에 대해 대칭시킨 것이다.

$y = f(-x)$의 그래프는 $y = f(x)$의 그래프를 y축에 대해 대칭시킨 것이다.

[그림 27]은 코사인함수에 $c = 2$를 적용시킨 확대 변환을 설명한다. 예를 들어 $y = 2\cos x$의 그래프를 얻기 위해 $y = \cos x$의 그래프 위에 있는 각 점의 y좌표에 2를 곱한다. 이것은 $y = \cos x$의 그래프를 수직으로 2배만큼 늘리는 것을 의미한다.

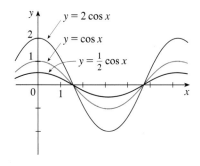 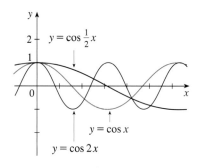

[**그림 27**]

◀예제2 함수 $y = 1 - \sin x$의 그래프를 그려라.

풀이

$y = 1 - \sin x$의 그래프를 얻기 위해 $y = \sin x$로부터 시작한다. x축에 대해 대칭시켜서 $y = -\sin x$를 얻는다. 그 다음으로 1 단위만큼 위쪽으로 이동시켜 $y = 1 - \sin x$를 얻는다([그림 28] 참조).

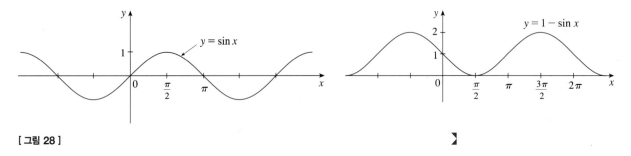

[그림 28]

함수의 결합

실수를 더하고, 빼고, 곱하고, 나누는 방법과 비슷하게 두 함수 f와 g를 결합하여 $f + g$, $f - g$, fg, f/g 형태의 새로운 함수를 얻을 수 있다. 합과 차의 함수는 다음과 같이 정의한다.

$$(f + g)(x) = f(x) + g(x), \quad (f - g)(x) = f(x) - g(x)$$

f의 정의역이 A이고 g의 정의역이 B라면, $f + g$의 정의역은 $f(x)$와 $g(x)$가 모두 정의되어야 하므로 교집합 $A \cap B$이다. 마찬가지로 곱과 몫의 함수는 다음과 같이 정의된다.

$$(fg)(x) = f(x)g(x), \quad \left(\frac{f}{g}\right)(x) = \frac{f(x)}{g(x)}$$

fg의 정의역은 $A \cap B$이지만 f/g의 정의역은 0으로 나눌 수 없으므로 $\{x \in A \cap B \mid g(x) \neq 0\}$이다. 새로운 함수를 얻기 위해 두 함수를 결합하는 또 다른 방법이 있다. 예를 들어 $y = f(u) = \sqrt{u}$이고 $u = g(x) = x^2 + 1$이라 하자. y는 u의 함수이고 u는 다시 x의 함수이므로 결국 y는 x의 함수이다. 대입하여 다음과 같이 계산한다.

$$y = f(u) = f(g(x)) = f(x^2 + 1) = \sqrt{x^2 + 1}$$

이 결과는 g를 f에 대입하여 얻은 새로운 함수 $h(x) = f(g(x))$와 같다. 이 함수를 f와 g의 합성이라 하고 $f \circ g$로 쓴다. (f 써클^{Circle} g로 읽는다.)

정의 주어진 두 함수 f와 g에 대해 합성함수^{composite function} $f \circ g$ (또는 f와 g의 합성^{composition})는 다음과 같이 정의된다.

$$(f \circ g)(x) = f(g(x))$$

$f \circ g$의 정의역은 $g(x)$가 f의 정의역 안에 속한 g의 정의역 안에 있는 모든 x들의 집합이다. 다시 말해서 $g(x)$와 $f(g(x))$ 모두 정의될 때 $(f \circ g)(x)$는 정의된다. [그림 29]는 기계를 통하여 $f \circ g$를 어떻게 그림으로 나타내는지 보여준다.

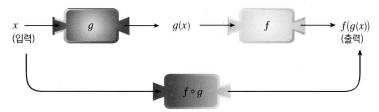

[그림 29] $f \circ g$ 기계는 g 기계(첫 번째)와 f 기계(두 번째)를 합성한다.

〈 예제 3 〉 $f(x) = x^2$이고 $g(x) = x - 3$일 때, 합성함수 $f \circ g$와 $g \circ f$를 구하라.

풀이

$$(f \circ g)(x) = f(g(x)) = f(x-3) = (x-3)^2$$
$$(g \circ f)(x) = g(f(x)) = g(x^2) = x^2 - 3$$

NOTE _ [예제 3]에서 일반적으로 $f \circ g \neq g \circ f$임을 알 수 있다. 기호 $f \circ g$는 함수 g를 먼저 적용하고 그 다음으로 f를 적용하는 것을 의미한다. [예제 3]에서 $f \circ g$는 먼저 3을 뺀 다음에 제곱한 함수이고, $g \circ f$는 먼저 제곱한 다음에 3을 뺀 함수이다.

세 개 이상의 함수를 합성하는 것도 가능하다. 예를 들어 합성함수 $f \circ g \circ h$는 다음과 같이 처음에 h를 적용하고, 다음에 g 그리고 f를 적용하여 얻는다.

$$(f \circ g \circ h)(x) = f(g(h(x)))$$

〈 예제 4 〉 $F(x) = \cos^2(x+9)$가 주어졌을 때 $F = f \circ g \circ h$가 되는 함수 f, g, h를 구하라.

풀이

$F(x) = [\cos(x+9)]^2$이므로 F에 대한 식은 다음과 같다. 처음에 9를 더하고, 다음에 그 결과의 코사인을 취한 후 마지막으로 제곱한다. 그러므로 다음과 같다.

$$h(x) = x + 9, \quad g(x) = \cos x, \quad f(x) = x^2$$

그러면 다음을 얻는다.

$$(f \circ g \circ h)(x) = f(g(h(x))) = f(g(x+9)) = f(\cos(x+9))$$
$$= [\cos(x+9)]^2 = F(x)$$

1.2 연습문제

01 (a) 기울기가 2인 선형함수족에 대한 방정식을 구하라. 그리고 이 함수족 안에 있는 함수의 그래프를 몇 개만 그려라.

(b) $f(2) = 1$을 만족하는 선형함수족에 대한 방정식을 구하라. 그리고 이 함수족 안에 있는 함수의 그래프를 몇 개만 그려라.

(c) 두 함수족에 모두 속하는 함수는 무엇인가?

02 선형함수족 $f(x) = c - x$의 원소들이 공통적으로 갖는 성질은 무엇인가? 이 함수족 안에 있는 함수의 그래프를 몇 개만 그려라.

03 $f(1) = 6$이고 $f(-1) = f(0) = f(2) = 0$을 만족하는 3차함수를 구하라.

04 화씨(F) 온도와 섭씨(C) 온도 사이의 관계는 선형함수 $F = \dfrac{9}{5}C + 32$로 주어진다.

(a) 함수의 그래프를 그려라.

(b) 그래프의 기울기와 그 의미는 무엇인가? F절편과 그 의미는 무엇인가?

05 f의 그래프가 주어져 있다고 하자. f의 그래프로부터 다음과 같은 내용이 반영된 그래프의 방정식을 구하라.

(a) 위로 3단위 이동   (b) 아래로 3단위 이동

(c) 오른쪽으로 3단위 이동 (d) 왼쪽으로 3단위 이동

(e) x축에 대해 대칭

(f) y축에 대해 대칭

(g) 수직 방향으로 3배 늘이기

(h) 수직 방향으로 3배 줄이기

06 $y = f(x)$의 그래프가 주어져 있다. 각 방정식과 그래프를 연결하고 그 이유를 설명하라.

(a) $y = f(x-4)$ (b) $y = f(x) + 3$

(c) $y = \dfrac{1}{3}f(x)$ (d) $y = -f(x+4)$

(e) $y = 2f(x+6)$

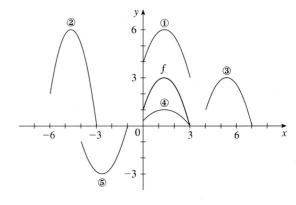

07 f의 그래프가 주어져 있다. 이것을 이용하여 다음 함수의 그래프를 그려라.

(a) $y = f(2x)$ (b) $y = f\left(\dfrac{1}{2}x\right)$

(c) $y = f(-x)$ (d) $y = -f(-x)$

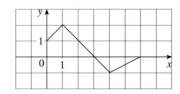

08~11 다음 함수의 그래프를 손으로 그려라. 단, 점들을 표시하여 그리지 않고 표준함수 중에서 어느 한 그래프를 그리고, 적당한 변환을 적용한다.

08 $y = -x^3$ **09** $y = \sqrt{x-2} - 1$

10 $y = \sin\left(\dfrac{1}{2}x\right)$ **11** $y = \dfrac{2}{x+1}$

12 $f(x) = \sqrt{1+x}$, $g(x) = \sqrt{1-x}$에 대해 다음을 구하고 정의역을 설명하라.

(a) $f+g$ (b) $f-g$

(c) fg (d) f/g

13 $f(x)=x^2-1$, $g(x)=2x+1$에 대해 다음을 구하고 정의역을 설명하라.

(a) $f \circ g$ (b) $g \circ f$

(c) $f \circ f$ (d) $g \circ g$

14 $f(x)=\sqrt{x-3}$, $g(x)=x^2$, $h(x)=x^3+2$일 때 $f \circ g \circ h$를 구하라.

15 f와 g의 주어진 그래프를 이용해서 다음의 각 표현을 계산하거나 정의되지 않는 이유를 설명하라.

(a) $f(g(2))$ (b) $g(f(0))$

(c) $(f \circ g)(0)$ (d) $(g \circ f)(6)$

(e) $(g \circ g)(-2)$ (f) $(f \circ f)(4)$

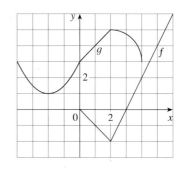

16 헤비사이드 함수$^{\text{Heaviside function}}$ H는 다음과 같이 정의된다.

$$H(t)=\begin{cases} 0, & t<0 \\ 1, & t \ge 0 \end{cases}$$

이 함수는 전기회로의 연구에서 갑자기 스위치를 켰을 때 전류 또는 전압의 순간적인 요동을 나타내는 데 사용된다.

(a) 헤비사이드 함수의 그래프를 그려라.

(b) $t=0$에서 스위치가 켜지고 120V가 회로에 순간적으로 부가됐을 때, 전압 $V(t)$의 그래프를 그려라. $H(t)$를 이용하여 $V(t)$의 식을 쓰라.

(c) $t=5$에서 스위치가 켜지고 240V가 회로에 순간적으로 부가됐을 때, 전압 $V(t)$의 그래프를 그려라. $H(t)$를 이용하여 $V(t)$의 식을 쓰라. ($t=5$에서의 출발은 변환에 대응한다.)

17 g가 우함수이고 $h=f \circ g$라 하자. h는 항상 우함수인가?

1.3 함수의 극한

이 절에서는 함수의 극한에 대한 의미를 더듬어 본다. 낙하하는 공의 속도를 구하고자 할 때 극한의 개념이 어떻게 나타나는지를 보면서 시작한다.

◀예제 1 토론토에 있는 지상 450 m 높이의 CN 타워 전망대에서 공을 떨어뜨린다고 가정하자. 5초 후 공의 속도를 구하라. 단, 자유 낙하 실험에서 공기 저항은 무시한다.

풀이

t초 후 낙하 거리를 $s(t)$ m로 나타내면, 다음 방정식으로 표현된다.

$$s(t)=4.9t^2$$

5초 후의 속도를 구할 때의 어려움은 한 순간의 시간($t=5$)을 다루어야 하지만 그러한 시간 구간이 없다는 것이다. 그러나 다음과 같이 $t=5$에서 $t=5.1$까지 1/10초인 짧은 시간 구간에서 평균 속도를 계산함으로써 요구되는 양을 근사시킬 수 있다.

$$\text{평균 속도} = \frac{\text{위치 변화}}{\text{경과 시간}}$$

$$= \frac{s(5.1) - s(5)}{0.1}$$

$$= \frac{4.9(5.1)^2 - 4.9(5)^2}{0.1} = 49.49 \, \text{m/s}$$

[표 3]은 더 짧은 시간 구간에서 평균 속도를 계산한 결과들을 나타낸 것으로, 시간 구간을 짧게 함으로써 평균 속도가 $49\,\text{m/s}$에 가까워진다는 것을 보여준다. $t = 5$일 때 **순간 속도**^{instantaneous velocity}는 $t = 5$에서 출발하여 점점 더 짧은 시간 구간에서 평균 속도들의 극한값으로 정의된다. 따라서 5초 후의 (순간)속도는 다음과 같다.

$$v = 49 \, \text{m/s}$$

시간 구간	평균 속도(m/s)
$5 \leq t \leq 6$	53.9
$5 \leq t \leq 5.1$	49.49
$5 \leq t \leq 5.05$	49.245
$5 \leq t \leq 5.01$	49.049
$5 \leq t \leq 5.001$	49.0049

[표 3]

극한의 직관적인 정의

2 부근의 x에 대해 $f(x) = x^2 - x + 2$로 정의된 함수의 자취를 조사해보자.

[그림 30]에 보인 f의 그래프(포물선)로부터 x가 2에 가까워지면(2의 각 방향에서) $f(x)$는 4에 가까워지는 것을 알 수 있다. 사실상 x를 2에 충분히 가깝게 택함으로써 $f(x)$의 값을 4에 더욱 가깝게 할 수 있음을 나타낸다. 이것을 "x가 2에 접근할 때 함수 $f(x) = x^2 - x + 2$의 극한은 4이다."라고 말하고 다음 기호로 나타낸다.

$$\lim_{x \to 2} (x^2 - x + 2) = 4$$

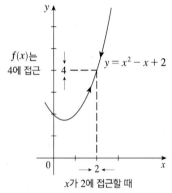

[그림 30]

일반적으로 다음 기호를 사용한다.

> ① **정의** x가 수 a 부근에 있을 때 $f(x)$가 정의된다고 하자. (이는 a는 제외될 수 있는 수 a를 포함하는 어떤 개구간에서 f가 정의되는 것을 의미한다.) a와 같지는 않지만 x를 a에 충분히 가깝게(a의 각 방향에서) 택함으로써 $f(x)$의 값을 임의로 L에 가깝게(원하는 만큼 L에 가깝게) 만들 수 있다면 다음과 같이 쓴다.
>
> $$\lim_{x \to a} f(x) = L$$
>
> 그리고 다음과 같이 말한다.
>
> "x가 a에 접근할 때 $f(x)$의 극한은 L과 같다."

대략적으로 말하면 x가 a에 접근할 때 $f(x)$ 값은 L에 접근한다고 말한다.

기호 $\lim\limits_{x \to a} f(x) = L$에 대한 또 다른 표현으로 다음과 같이 쓴다.

$$x \to a \text{일 때 } f(x) \to L \text{이다.}$$

그리고 보편적으로 이것을 x가 a에 접근할 때 $f(x)$는 L에 접근한다고 읽는다.

극한의 정의에서 $x \neq a$임에 주의하자. 이것은 x가 a에 접근함에 따른 $f(x)$의 극한을 구할 때 $x = a$는 전혀 생각하지 않음을 의미한다. 사실상 $f(x)$가 $x = a$에서 정의될 필요는 없다. 단지 생각할 문제는 f가 a 부근에서 어떻게 정의되느냐는 것이다. [그림 31]에 세 함수의 그래프가 보인다. (c)에서는 $f(a)$가 정의되지 않고 (b)에서는 $f(a) \neq L$임에 주목하자. 그러나 각각의 경우에 점 a에서 함수 f가 어떻게 되든 상관없이 $\lim\limits_{x \to a} f(x) = L$이다.

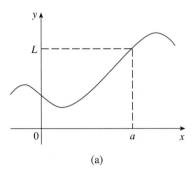 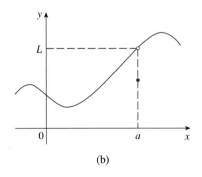 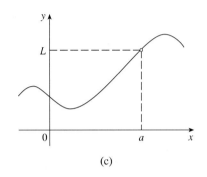

| (a) | (b) | (c) |

[**그림 31**] 세 경우 모두 $\lim\limits_{x \to a} f(x) = L$이다.

◀예제 2 $\lim\limits_{x \to 1} \dfrac{x-1}{x^2-1}$ 의 값을 추측하라.

풀이

함수 $f(x) = (x-1)/(x^2-1)$은 $x = 1$일 때 정의되지 않으나 $\lim\limits_{x \to a} f(x)$의 정의는 a가 아니지만 a에 가까운 x의 값을 생각하므로 아무런 문제가 되지 않는다.

[표 4]는 1에 접근하는(그러나 1이 아닌) x 값들에 대한 $f(x)$의 값들(소수점 아래 여섯째 자리까지 정확하게)을 나타낸다. 이 표에 있는 값들을 근거로 다음을 추측할 수 있다.

$$\lim_{x \to 1} \frac{x-1}{x^2-1} = 0.5$$

$x < 1$	$f(x)$
0.5	0.666667
0.9	0.526316
0.99	0.502513
0.999	0.500250
0.9999	0.500025

$x > 1$	$f(x)$
1.5	0.400000
1.1	0.476190
1.01	0.497512
1.001	0.499750
1.0001	0.499975

[**표 4**]

◀예제 3 $\lim\limits_{x \to 0} \dfrac{\sin x}{x}$ 의 값을 추측하라.

풀이

함수 $f(x) = (\sin x)/x$는 $x = 0$에서 정의되지 않는다. 계산기($x \in \mathbb{R}$이면 $\sin x$는 x가 라디안 척도인 각의 사인인 것을 기억하자.)를 이용해서 소수점 아래 여덟째 자리까지 정확한 값의 표를 만들었다. [표 5]와 [그림 32]로부터 다음을 추측할 수 있다.

$$\lim_{x \to 0} \frac{\sin x}{x} = 1$$

사실상 이 추측은 정확하며 다음 절에서 기하학적 방법을 이용해서 증명할 것이다.

x	$\dfrac{\sin x}{x}$
± 1.0	0.84147098
± 0.5	0.95885108
± 0.4	0.97354586
± 0.3	0.98506736
± 0.2	0.99334665
± 0.1	0.99833417
± 0.05	0.99958339
± 0.01	0.99998333
± 0.005	0.99999583
± 0.001	0.99999983

[**표 5**]

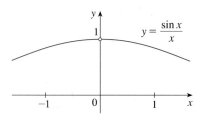

$y = \dfrac{\sin x}{x}$

[그림 32]

예제 4 $\displaystyle\lim_{x \to 0} \sin\dfrac{\pi}{x}$ 를 조사하라.

풀이

함수 $f(x) = \sin(\pi/x)$ 는 $x = 0$에서 정의되지 않는다. x의 작은 값들에 대한 함수의 값을 계산하여 다음을 얻는다.

$$f(1) = \sin\pi = 0 \qquad\qquad f\left(\frac{1}{0.5}\right) = \sin 2\pi = 0$$

$$f(0.1) = \sin 10\pi = 0 \qquad\qquad f(0.01) = \sin 100\pi = 0$$

마찬가지로 $f(0.001) = f(0.0001) = 0$이다. 이런 정보를 바탕으로 다음과 같이 될 것으로 추측하고 싶을 것이다.

$$\lim_{x \to 0} \sin\frac{\pi}{x} = 0$$

⊘ 그러나 이 경우 **추측이 잘못됐다**. 모든 정수 n에 대해 $f(1/n) = \sin n\pi = 0$이지만 0에 접근하는 무한히 많은 x 값들에 대해 $f(x) = 1$도 역시 참이다. f의 그래프는 [그림 33]과 같다.

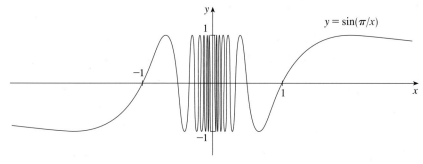

$y = \sin(\pi/x)$

[그림 33]

y축 부근의 점선 부분은 x가 0에 접근할 때 $\sin(\pi/x)$ 값들이 -1과 1 사이에서 무한히 많이 진동함을 나타낸다.

x가 0에 접근할 때 $f(x)$가 고정된 수에 접근하지 않기 때문에

$$\lim_{x \to 0} \sin\frac{\pi}{x} \text{는 존재하지 않는다.}$$

컴퓨터 대수체계(CAS) computer algebra system

CAS는 극한을 구하는 명령어를 갖고 있다. [예제 4]에서 설명한 함정을 피하기 위해 수치적 실험으로 극한을 구하지 않는다. 그 대신 무한급수를 계산하는 것과 같은 좀 더 복잡한 기술을 사용한다. CAS에 접속할 기회가 있다면 극한 명령어를 사용하여 이 절의 예제에 주어진 극한을 구하고, 이 장의 연습문제에서 여러분이 구한 답을 확인해보자.

⊘ [예제 4]는 극한값을 추측하는 과정에서 **빠져들 수 있는 몇 가지 함정**에 대해 설명하고 있다. 부적절한 x 값을 사용하면 잘못된 값을 추측하기 쉽지만 계산을 언제 멈춰야 하는지 알기가 어렵다. 그러나 다음 절에서는 극한값 계산을 하는 데 누구나 사용할 수 있는 방법으로 전개할 것이다.

◀예제 5 헤비사이드 함수 H는 다음과 같이 정의된다.
이 함수의 그래프는 [그림 34]와 같다.

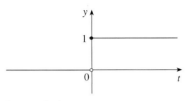

$$H(t) = \begin{cases} 0, & t < 0 \\ 1, & t \geq 0 \end{cases}$$

[그림 34]

t가 왼쪽에서 0으로 접근할수록 $H(t)$는 0에 가까워진다. t가 오른쪽에서 0으로 접근할수록 $H(t)$는 1에 가까워진다. t가 0에 접근할 때, $H(t)$가 접근하는 단 하나의 수가 존재하지 않으므로 $\lim_{t \to 0} H(t)$는 존재하지 않는다. ◢

한쪽 극한

[예제 5]에서 t가 왼쪽에서 0으로 접근할수록 $H(t)$는 0에 가까워지고, t가 오른쪽에서 0으로 접근할수록 $H(t)$는 1에 가까워진다는 점에 주목하자. 이와 같은 상황을 다음과 같은 기호로 나타낸다.

$$\lim_{t \to 0^-} H(t) = 0, \qquad \lim_{t \to 0^+} H(t) = 1$$

기호 '$t \to 0^-$'는 0보다 작은 t 값에 대해서만 생각하는 것을 의미한다. 마찬가지로 '$t \to 0^+$'는 0보다 큰 t 값에 대해서만 생각하는 것을 의미한다.

> ② 정의 a보다 작고 a에 충분히 가까운 x를 택하여 $f(x)$의 값이 임의로 L에 가깝게 할 수 있으면 다음과 같이 쓴다.
> $$\lim_{x \to a^-} f(x) = L$$
> 그리고 이것을 다음과 말한다. x가 a에 접근할 때 $f(x)$의 **좌극한**은 L이다. (또는 x가 **왼쪽**에서 a에 접근할 때 $f(x)$의 극한은 L이다.)

정의 ②는 x가 a보다 작다는 점에서만 정의 ①과 차이가 있음에 주의하자. 같은 방법으로 x가 a보다 크면 "x가 a에 접근할 때 $f(x)$의 **우극한**은 L이다."라고 하고 다음과 같이 쓴다.

$$\lim_{x \to a^+} f(x) = L$$

따라서 '$x \to a^+$'는 단지 $x > a$일 때만 생각하는 것을 의미한다. 이러한 정의는 [그림 35]에서 설명된다.

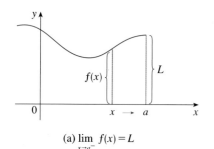

(a) $\displaystyle\lim_{x \to a^-} f(x) = L$

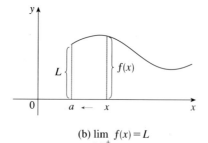

(b) $\displaystyle\lim_{x \to a^+} f(x) = L$

[그림 35]

정의 ①을 한쪽 극한의 정의와 비교하면 다음 사실을 얻는다.

---

③ $\displaystyle\lim_{x \to a} f(x) = L$이기 위한 필요충분조건은 $\displaystyle\lim_{x \to a^-} f(x) = L$이고

$\displaystyle\lim_{x \to a^+} f(x) = L$이다.

 예제 6 함수 g의 그래프가 [그림 36]과 같다. 이것을 이용하여 다음 값(존재한다면)을 설명하라.

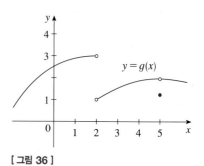

[그림 36]

(a) $\displaystyle\lim_{x \to 2^-} g(x)$ (b) $\displaystyle\lim_{x \to 2^+} g(x)$ (c) $\displaystyle\lim_{x \to 2} g(x)$

(d) $\displaystyle\lim_{x \to 5^-} g(x)$ (e) $\displaystyle\lim_{x \to 5^+} g(x)$ (f) $\displaystyle\lim_{x \to 5} g(x)$

풀이

그래프로부터 x가 왼쪽에서 2에 접근할수록 $g(x)$의 값은 3에 가까워진다. 그러나 x가 오른쪽에서 2에 접근할수록 $g(x)$의 값은 1에 가까워지는 것을 알 수 있다. 그러므로 다음이 성립한다.

$$\text{(a) } \lim_{x \to 2^-} g(x) = 3 \quad \text{(b) } \lim_{x \to 2^+} g(x) = 1$$

(c) 좌극한과 우극한이 다르기 때문에 ③으로부터 $\displaystyle\lim_{x \to 2} g(x)$는 존재하지 않는다. 또한 그래프는 다음이 성립함을 보여준다.

$$\text{(d) } \lim_{x \to 5^-} g(x) = 2 \quad \text{(e) } \lim_{x \to 5^+} g(x) = 2$$

(f) 이번에는 좌극한과 우극한이 같으므로 ③에 의해 다음을 얻는다.

$$\lim_{x \to 5} g(x) = 2$$

이런 사실에도 불구하고 $g(5) \neq 2$임을 주의하자. ❱

◀ 예제 7 $\displaystyle\lim_{x \to 0} \frac{1}{x^2}$ 이 존재한다면 그 값을 구하라.

풀이

x가 0에 가까워짐에 따라 x^2도 0에 접근하고 $1/x^2$은 매우 커진다. 사실상 [그림 37]의 함수 $f(x) = 1/x^2$의 그래프로부터 0에 충분히 가까운 x를 택하면 $f(x)$의 값을 임의로 크게 만들 수 있음을 보여준다. 즉 $f(x)$의 값은 하나의 수로 접근하지 않으며 따라서 $\displaystyle\lim_{x \to 0}(1/x^2)$은 존재하지 않는다.

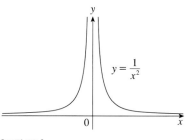

[그림 37]

1.3 연습문제

01 공이 $10\,\text{m/s}$의 속도로 공중으로 던져진다면 t초 후 높이는 $y = 10t - 4.9t^2$으로 주어진다.

(a) 시작 시각 $t = 1.5$와 다음과 같은 마지막 시간 구간에서의 평균속도를 구하라.

   (i) 0.5초   (ii) 0.1초   (iii) 0.05초   (iv) 0.01초

(b) $t = 1.5$일 때 순간속도를 추정하라.

02 함수 f의 그래프가 다음과 같을 때 주어진 각각의 값이 존재한다면 그 값을 말하라. 만일 존재하지 않는다면 그 이유를 설명하라.

(a) $\displaystyle\lim_{x \to 1} f(x)$ (b) $\displaystyle\lim_{x \to 3^-} f(x)$ (c) $\displaystyle\lim_{x \to 3^+} f(x)$

(d) $\displaystyle\lim_{x \to 3} f(x)$ (e) $f(3)$

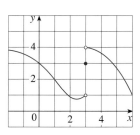

03 다음 주어진 모든 조건을 만족하는 함수 f의 예를 들고, 그래프를 그려라.

$$\lim_{x \to 0^-} f(x) = -1, \quad \lim_{x \to 0^+} f(x) = 2, \quad f(0) = 1$$

04 주어진 수에서 함수를 계산하여(소수점 아래 6자리까지 정확하게) 극한값을(존재한다면) 추정하라.

$$\lim_{x \to 2} \frac{x^2 - 2x}{x^2 - x - 2}, \quad \begin{array}{l} x = 2.5,\ 2.1,\ 2.05,\ 2.01,\ 2.005,\ 2.001, \\ 1.9,\ 1.95,\ 1.99,\ 1.995,\ 1.999 \end{array}$$

05~06 값들의 표를 이용하여 극한값을 추정하라. 그래픽 장치가 있다면 구한 답을 그래프를 이용하여 확인하라.

05 $\displaystyle\lim_{x \to 0} \frac{\sqrt{x+4}-2}{x}$ **06** $\displaystyle\lim_{x \to 1} \frac{x^6 - 1}{x^{10} - 1}$

07 (a) 함수 $f(x) = (\cos 2x - \cos x)/x^2$의 그래프를 그리고 그 래프가 y축을 지나는 점을 향하여 확대하여 $\displaystyle\lim_{x \to 0} f(x)$의 값을 추정하라.

(b) 0에 접근하는 x에 대해 $f(x)$를 계산하여 (a)에서 구한 답을 확인하라.

08 (a) $x = 1,\ 0.8,\ 0.6,\ 0.4,\ 0.2,\ 0.1,\ 0.05$에 대한 함수 $f(x) = x^2 - (2^x/1000)$을 계산하라. 그리고 다음 극한값을 추정하라.

$$\lim_{x \to 0}\left(x^2 - \frac{2^x}{1000}\right)$$

(b) $x = 0.04,\ 0.02,\ 0.01,\ 0.005,\ 0.003,\ 0.001$일 때 $f(x)$를 계산하고 다시 추정하라.

1.4 극한 계산

1.3절에서는 극한값을 추측하기 위해 계산기와 그래프를 이용했다. 그러나 그와 같은 방법이 항상 정확한 답을 유도하는 것은 아님을 보았다. 이 절에서는 극한을 계산하기 위해 극한 법칙이라 부르는 극한의 성질을 이용한다.

> **극한 법칙** c가 상수이고 다음 극한이 존재한다고 하자.
>
> $$\lim_{x \to a} f(x), \quad \lim_{x \to a} g(x)$$
>
> 그러면 다음이 성립한다.
>
> (1) $\displaystyle \lim_{x \to a} [f(x) + g(x)] = \lim_{x \to a} f(x) + \lim_{x \to a} g(x)$
>
> (2) $\displaystyle \lim_{x \to a} [f(x) - g(x)] = \lim_{x \to a} f(x) - \lim_{x \to a} g(x)$
>
> (3) $\displaystyle \lim_{x \to a} [c f(x)] = c \lim_{x \to a} f(x)$
>
> (4) $\displaystyle \lim_{x \to a} [f(x)\, g(x)] = \lim_{x \to a} f(x) \cdot \lim_{x \to a} g(x)$
>
> (5) $\displaystyle \lim_{x \to a} \frac{f(x)}{g(x)} = \frac{\displaystyle \lim_{x \to a} f(x)}{\displaystyle \lim_{x \to a} g(x)}, \quad \lim_{x \to a} g(x) \neq 0$

이러한 다섯 개의 법칙을 다음과 같이 설명할 수 있다.

(1) 합의 극한은 극한들의 합이다.   합의 법칙

(2) 차의 극한은 극한들의 차다.   차의 법칙

(3) 함수의 상수배의 극한은 그 함수의 극한의 상수배이다.   상수배 법칙

(4) 곱의 극한은 극한들의 곱이다.   곱의 법칙

(5) 나눗셈의 극한은 극한들의 나눗셈이다(분모의 극한이 0이 아닐 때).   나눗셈의 법칙

이러한 성질들이 참이라는 것은 쉽게 이해된다. 예를 들어 $f(x)$가 L에 가깝고 $g(x)$가 M에 가깝다면 $f(x) + g(x)$는 $L + M$에 가깝다는 결론이 타당하다. 이것은 법칙 (1)이 참이라고 믿는 직관적인 근거이다.

곱의 법칙을 $g(x) = f(x)$에 반복적으로 사용하면 다음 법칙을 얻는다.

> **거듭제곱 법칙**
>
> (6) $\displaystyle \lim_{x \to a} [f(x)]^n = \left[\lim_{x \to a} f(x) \right]^n, \quad n$은 양의 정수

이와 같은 여섯 가지 법칙을 적용할 때 다음 두 가지 특별한 극한이 필요하다.

(7) $\lim\limits_{x \to a} c = c$ (8) $\lim\limits_{x \to a} x = a$

이 극한들은 직관적인 관점에서 명백하다.

〈성질 6〉에서 $f(x) = x$라 놓고 〈성질 8〉을 사용하면 또 다른 유용한 극한을 얻는다.

(9) $\lim\limits_{x \to a} x^n = a^n$, n은 양의 정수

제곱근에 대해서도 다음과 같이 유사한 성질이 성립한다.

(10) $\lim\limits_{x \to a} \sqrt[n]{x} = \sqrt[n]{a}$, n은 양의 정수(단, n이 짝수이면 $a > 0$이라고 가정한다.)

좀 더 일반적으로는 다음 법칙이 성립한다.

거듭제곱근 법칙

(11) $\lim\limits_{x \to a} \sqrt[n]{f(x)} = \sqrt[n]{\lim\limits_{x \to a} f(x)}$, n은 양의 정수(단, n이 짝수이면 $\lim\limits_{x \to a} f(x) > 0$이라고 가정한다.)

◖**예제 1**◗ 극한 $\lim\limits_{x \to -2} \dfrac{x^3 + 2x^2 - 1}{5 - 3x}$을 계산하고 각 단계를 정당화하라.

풀이

$$\lim_{x \to -2} \frac{x^3 + 2x^2 - 1}{5 - 3x} = \frac{\lim\limits_{x \to -2} (x^3 + 2x^2 - 1)}{\lim\limits_{x \to -2} (5 - 3x)} \quad \text{(법칙 (5)에 의해)}$$

$$= \frac{\lim\limits_{x \to -2} x^3 + 2 \lim\limits_{x \to -2} x^2 - \lim\limits_{x \to -2} 1}{\lim\limits_{x \to -2} 5 - 3 \lim\limits_{x \to -2} x} \quad \text{(법칙 (1), (2), (3)에 의해)}$$

$$= \frac{(-2)^3 + 2(-2)^2 - 1}{5 - 3(-2)} \quad \text{(법칙 (7), (8), (9)에 의해)}$$

$$= -\frac{1}{11}$$

극한 법칙 (5)를 이용하여 시작하지만, 마지막 단계에서 분자와 분모의 극한이 존재하고 분모의 극한이 0이 아닌 것을 알게 될 때에만 이 법칙을 사용할 수 있다.

NOTE _ [예제 1]에서 x 대신 -2를 직접 대입하면 정확한 답을 얻는다. [예제 1]의 함수는 유리함수이다. 그리고 이러한 함수에 대해 직접 대입이 항상 성립하는 것을 극한 법칙을 이용하여 증명할 수 있다([연습문제 20, 21] 참조).

직접 대입 성질 f 가 다항함수 또는 유리함수이고 a 가 정의역 안에 있으면, 다음이 성립한다.

$$\lim_{x \to a} f(x) = f(a)$$

삼각함수들 역시 직접 대입 성질을 갖는다. $\sin \theta$ 와 $\cos \theta$ 의 정의로부터 [그림 38]에서 점 P 의 좌표는 $(\cos \theta, \sin \theta)$ 이다. $\theta \to 0$ 에 따라 P 는 점 $(1, 0)$ 에 접근하며 $\cos \theta \to 1$ 이고 $\sin \theta \to 0$ 이다. 따라서 다음이 성립한다.

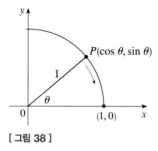

[**그림 38**]

$$\boxed{1} \qquad \lim_{\theta \to 0} \cos \theta = 1, \quad \lim_{\theta \to 0} \sin \theta = 0$$

한편 $\cos 0 = 1$ 이고 $\sin 0 = 0$ 이므로 $\boxed{1}$ 의 식은 코사인함수와 사인함수가 0에서 직접 대입 성질을 만족함을 나타낸다. 코사인함수와 사인함수에 대한 추가 공식은 이 함수들이 모든 점에서 직접 대입 성질을 만족한다고 연역하는 데 사용될 수 있다([연습문제 22, 23] 참조). 다시 말하면 임의의 실수 a 에 대해 다음이 성립한다.

$\boxed{1}$ 에서의 극한을 설정하는 또 다른 방법은 44쪽의 증명과정에 있는 부등식(0에 대한)을 이용하는 것이다.

$$\lim_{\theta \to a} \sin \theta = \sin a \qquad \lim_{\theta \to a} \cos \theta = \cos a$$

이러한 사실로부터 다음 예와 같은 극한을 손쉽고 빠르게 계산할 수 있다.

$$\lim_{x \to \pi} x \cos x = \left(\lim_{x \to \pi} x \right) \left(\lim_{x \to \pi} \cos x \right) = \pi \cdot \cos \pi = -\pi$$

직접 대입 성질을 갖는 함수를 a 에서 연속이라 하는데 이는 1.5절에서 공부하기로 한다. 그러나 모든 극한이 다음 예제와 같이 직접 대입 성질에 의해 계산되는 것은 아니다.

◀예제 2▶ $\displaystyle\lim_{x \to 1} \dfrac{x^2 - 1}{x - 1}$ 을 구하라.

풀이

$f(x) = (x^2 - 1)/(x - 1)$ 이라 하면 $x = 1$ 일 때 $f(1)$ 이 정의되지 않으므로, 직접 대입 성질에 의해 극한을 구할 수 없다. 뿐만 아니라 분모의 극한이 0이므로 몫의 법칙도 적용할 수 없다. 분자를 제곱 차로서 다음과 같이 인수분해한다.

$$\frac{x^2 - 1}{x - 1} = \frac{(x - 1)(x + 1)}{x - 1}$$

분자와 분모가 공통인수 $x - 1$ 을 갖는다. x 가 1에 접근하는 것으로 극한을 택할 때 $x \neq 1$ 이고 따라서 $x - 1 \neq 0$ 이다. 그러므로 공통인수를 약분하여 다음과 같이 극한을 계산할 수 있다.

$$\lim_{x \to 1} \frac{x^2 - 1}{x - 1} = \lim_{x \to 1} \frac{(x-1)(x+1)}{x-1}$$

$$= \lim_{x \to 1} (x+1)$$

$$= 1 + 1 = 2 \qquad \blacktriangleright$$

NOTE _ [예제 2]에서 주어진 함수 $f(x) = (x^2 - 1)/(x - 1)$을 동일한 극한을 갖는 더 간단한 함수 $g(x) = x + 1$로 바꾸어 극한을 계산할 수 있었다. 이것은 $x = 1$일 때 빼고는 $f(x) = g(x)$이므로 타당하다. 그리고 x가 1에 접근할 때의 극한을 계산할 때 x가 정확히 1과 같은 경우에 어떻게 되는지는 생각하지 않는다. 일반적으로 다음과 같은 유용한 사실이 성립한다.

$x \neq a$일 때 $f(x) = g(x)$이고 극한이 존재한다면 $\displaystyle\lim_{x \to a} f(x) = \lim_{x \to a} g(x)$이다.

◀예제 3▶ 다음과 같이 정의되는 함수 g에 대해 $\displaystyle\lim_{x \to 1} g(x)$를 구하라.

$$g(x) = \begin{cases} x + 1, & x \neq 1 \\ \pi, & x = 1 \end{cases}$$

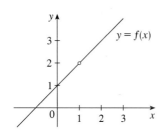

풀이

$x = 1$에서 g가 정의되고 $g(1) = \pi$이다. 그러나 x가 1에 접근할 때의 극한값은 1에서 함숫값에 의존하지 않는다. $x \neq 1$에 대해 $g(x) = x + 1$이므로 다음을 얻는다.

$$\lim_{x \to 1} g(x) = \lim_{x \to 1} (x+1) = 2 \qquad \blacktriangleright$$

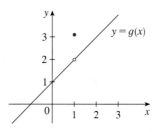

[**그림 39**] 함수 f([예제 2])와 g([예제 3])의 그래프

어떤 극한은 좌극한과 우극한을 먼저 찾는 것이 최고의 계산방법이다. 다음 정리 ②는 1.3절에서 발견한 성질 ③이다. 이것은 양쪽 극한이 존재하기 위한 필요충분조건은 한쪽 극한들이 존재해야 하고 그 값들이 같아야 한다는 것이다.

② **정리** $\displaystyle\lim_{x \to a} f(x) = L$일 필요충분조건은 $\displaystyle\lim_{x \to a^-} f(x) = L = \lim_{x \to a^+} f(x)$이다.

한쪽 극한을 계산할 때, 극한 법칙이 한쪽 극한에도 성립한다는 사실을 사용한다.

◀예제 4▶ $\displaystyle\lim_{x \to 0} |x| = 0$임을 보여라.

풀이

다음을 기억하자.

$$|x| = \begin{cases} x, & x \geq 0 \\ -x, & x < 0 \end{cases}$$

$x > 0$에 대해 $|x| = x$이므로 다음을 얻는다.

$$\lim_{x \to 0^+} |x| = \lim_{x \to 0^+} x = 0$$

$x < 0$에 대해 $|x| = -x$이고 따라서 다음을 얻는다.

$$\lim_{x \to 0^-} |x| = \lim_{x \to 0^-} (-x) = 0$$

그러므로 정리 ②에 의해 다음을 얻는다.

$$\lim_{x \to 0} |x| = 0 \quad \blacktriangleright$$

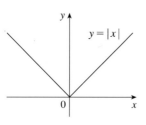

[그림 40]

이 그림을 보면 [예제 4]의 결과가 타당해 보인다.

◀예제 5 $\lim\limits_{x \to 0} \dfrac{|x|}{x}$가 존재하지 않음을 증명하라.

풀이

$$\lim_{x \to 0^+} \frac{|x|}{x} = \lim_{x \to 0^+} \frac{x}{x} = \lim_{x \to 0^+} 1 = 1$$

$$\lim_{x \to 0^-} \frac{|x|}{x} = \lim_{x \to 0^-} \frac{-x}{x} = \lim_{x \to 0^-} (-1) = -1$$

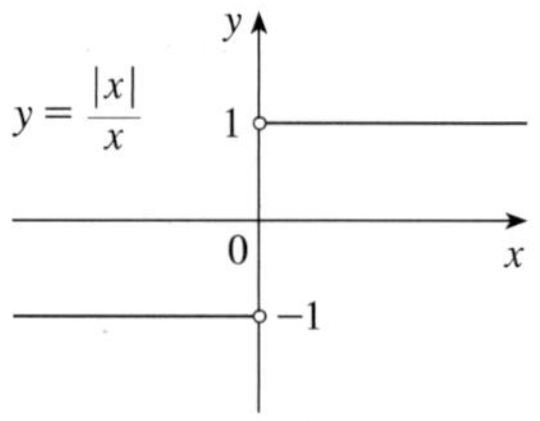

우극한과 좌극한이 같지 않으므로 정리 ②에 의해 $\lim_{x \to 0} |x|/x$는 존재하지 않는다. [그림 41]에서 함수 $f(x) = |x|/x$의 그래프와 예제에서 구한 한쪽 극한들을 보여준다. $\quad \blacktriangleright$

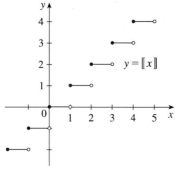

[그림 41]

◀예제 6 최대정수함수^{greatest integer function}는 '$[x] = x$보다 작거나 같은 가장 큰 정수'로 정의한다. $\lim\limits_{x \to 3} [x]$가 존재하지 않음을 보여라.

풀이

최대정수함수의 그래프는 [그림 42]에서 보여준다. $3 \le x < 4$에 대해 $[x] = 3$이므로 다음을 얻는다.

$$\lim_{x \to 3^+} [x] = \lim_{x \to 3^+} 3 = 3$$

$2 \le x < 3$에 대해 $[x] = 2$이므로 다음을 얻는다.

$$\lim_{x \to 3^-} [x] = \lim_{x \to 3^-} 2 = 2$$

한쪽 극한들이 같지 않으므로 정리 ②에 의해 $\lim\limits_{x \to 3} [x]$가 존재하지 않는다. $\quad \blacktriangleright$

$[x]$에 대한 다른 표기로 $[x]$ 또는 $\lfloor x \rfloor$이 있다. 최대정수함수는 때때로 계단함수라고도 한다.

[그림 42] 최대정수함수

다음 두 정리는 극한에 대한 추가적인 두 가지 성질이다.

> ③ 정리 a 부근(a는 제외 가능)에 있는 x에 대해 $f(x) \leq g(x)$이고, x가 a에 접근할 때 f와 g의 극한이 존재한다면 다음이 성립한다.
>
> $$\lim_{x \to a} f(x) \leq \lim_{x \to a} g(x)$$

> ④ 압축정리 a 부근(a는 제외 가능)에 있는 x에 대해 $f(x) \leq g(x) \leq h(x)$ 이고,
>
> $$\lim_{x \to a} f(x) = \lim_{x \to a} h(x) = L$$
>
> 이면 다음이 성립한다.
>
> $$\lim_{x \to a} g(x) = L$$

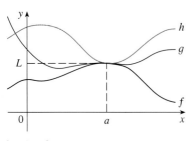

[그림 43]

압축정리는 샌드위치 정리 또는 핀칭 정리라 부르기도 하며 [그림 43]으로 설명된다. 이는 $g(x)$가 a 부근에서 $f(x)$와 $h(x)$ 사이에서 압축되고 f와 h가 a에서 같은 극한 L을 갖는다면, g도 a에서 같은 극한 L을 가져야 한다는 뜻이다.

◀ 예제 7 $\displaystyle\lim_{x \to 0} x^2 \sin \frac{1}{x} = 0$임을 보여라.

풀이

임의의 수에 대한 사인함수는 -1과 1 사이에 있으므로 다음과 같이 쓸 수 있다.

> ⑤ $$-1 \leq \sin \frac{1}{x} \leq 1$$

양수를 곱하면 부등식에 변화가 없다. 그리고 모든 x에 대해 $x^2 \geq 0$임을 알고 있다. 따라서 [그림 44]에 설명된 것과 같이 ⑤에 있는 부등식의 양변에 x^2을 곱하여 다음을 얻는다.

$$-x^2 \leq x^2 \sin \frac{1}{x} \leq x^2$$

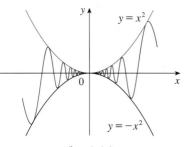

[그림 44] $y = x^2 \sin(1/x)$

또한 우리는 다음을 알고 있다.

$$\lim_{x \to 0} x^2 = 0, \quad \lim_{x \to 0} (-x^2) = 0$$

압축정리에서 $f(x) = -x^2$, $g(x) = x^2 \sin \dfrac{1}{x}$, $h(x) = x^2$이라 하면 다음을 얻는다.

$$\lim_{x \to 0} x^2 \sin \frac{1}{x} = 0$$

❱

1.3절의 [예제 3]에서 수치적이고 그래프적인 증거에 기초하여 다음을 추측했다.

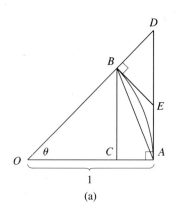

$$\boxed{6} \qquad \lim_{\theta \to 0} \frac{\sin\theta}{\theta} = 1$$

압축정리의 도움으로 식 $\boxed{6}$을 증명할 수 있다. 먼저 θ가 0과 $\pi/2$ 사이에 있다고 하자. [그림 45(a)]는 중심 O, 중심각 θ, 반지름 1인 부채꼴을 보여준다. BC는 OA에 수직으로 그린다. 라디안 척도의 정의에 의해 호 $AB = \theta$이다.

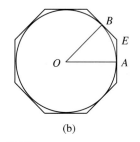

[**그림 45**]

또한 $|BC| = |OB| \sin\theta = \sin\theta$이다. 그림으로부터 다음을 알 수 있다.

$$|BC| < |AB| < \text{호} \quad AB$$

그러므로 다음을 얻는다.

$$\sin\theta < \theta \quad \text{따라서} \quad \frac{\sin\theta}{\theta} < 1$$

A와 B에서 접선들이 E에서 만난다고 하자. [그림 45(b)]에서 원둘레는 외접다각형의 길이보다 작은 것을 알 수 있다. 따라서 호 $AB < |AE| + |EB|$이다.

그러므로 다음을 얻는다.

$$\theta = \text{호}\, AB < |AE| + |EB| < |AE| + |ED|$$

$$= |AD| = |OA| \tan\theta = \tan\theta$$

그러므로 다음을 얻는다.

$$\theta < \frac{\sin\theta}{\cos\theta}, \quad \text{즉} \quad \cos\theta < \frac{\sin\theta}{\theta} < 1$$

$\lim\limits_{\theta \to 0} 1 = 1$이고 $\lim\limits_{\theta \to 0} \cos\theta = 1$임을 알고 있다. 그러므로 압축정리에 의해 다음이 성립한다.

$$\lim_{\theta \to 0^+} \frac{\sin\theta}{\theta} = 1$$

그러나 함수 $(\sin\theta)/\theta$가 우함수이므로 좌극한과 우극한은 같아야만 한다. 따라서 다음을 얻는다.

$$\lim_{\theta \to 0} \frac{\sin\theta}{\theta} = 1$$

이로써 식 $\boxed{6}$이 증명됐다.

◀ 예제 8 ▶ $\lim\limits_{x \to 0} \dfrac{\sin 7x}{4x}$ 를 구하라.

풀이

식 ⑥을 적용하기 위해 먼저 함수에 7을 곱하고 나누어 다음과 같이 다시 쓴다. $\sin 7x \neq 7\sin x$임에 주목하라.

$$\frac{\sin 7x}{4x} = \frac{7}{4}\left(\frac{\sin 7x}{7x}\right)$$

$x \to 0$이면 $7x \to 0$이므로 $\theta = 7x$인 식 ⑥에 의해 다음을 얻는다.

$$\lim_{\theta \to 0}\frac{\sin \theta}{\theta} = \lim_{x \to 0}\frac{\sin 7x}{7x} = 1$$

따라서 다음을 얻는다.

$$\lim_{x \to 0}\frac{\sin 7x}{4x} = \lim_{x \to 0}\frac{7}{4}\left(\frac{\sin 7x}{7x}\right)$$
$$= \frac{7}{4}\lim_{x \to 0}\left(\frac{\sin 7x}{7x}\right) = \frac{7}{4} \cdot 1 = \frac{7}{4}$$

◀ 예제 9 ▶ $\lim\limits_{\theta \to 0} \dfrac{\cos \theta - 1}{\theta}$ 을 계산하라.

풀이

$$\lim_{\theta \to 0}\frac{\cos \theta - 1}{\theta} = \lim_{\theta \to 0}\left(\frac{\cos \theta - 1}{\theta} \cdot \frac{\cos \theta + 1}{\cos \theta + 1}\right) = \lim_{\theta \to 0}\frac{\cos^2 \theta - 1}{\theta\,(\cos \theta + 1)}$$

이미 알고 있는 극한을 이용할 수 있는 함수 형태로 바꾸기 위해 분자와 분모에 $\cos\theta + 1$ 을 곱한다.

$$= \lim_{\theta \to 0}\frac{-\sin^2 \theta}{\theta\,(\cos \theta + 1)} = -\lim_{\theta \to 0}\left(\frac{\sin \theta}{\theta} \cdot \frac{\sin \theta}{\cos \theta + 1}\right)$$
$$= -\lim_{\theta \to 0}\frac{\sin \theta}{\theta} \cdot \lim_{\theta \to 0}\frac{\sin \theta}{\cos \theta + 1}$$
$$= -1 \cdot \left(\frac{0}{1+1}\right) = 0 \quad (\text{식 ⑥에 의해})$$

1.4 연습문제

01 다음 극한이 주어져 있다.

$$\lim_{x \to 2}f(x) = 4 \qquad \lim_{x \to 2}g(x) = -2 \qquad \lim_{x \to 2}h(x) = 0$$

극한이 존재하면 구하라. 극한이 존재하지 않으면 그 이유를 설명하라.

(a) $\lim\limits_{x \to 2}[f(x) + 5g(x)]$ 　　(b) $\lim\limits_{x \to 2}[g(x)]^3$

(c) $\displaystyle\lim_{x \to 2} \sqrt{f(x)}$ (d) $\displaystyle\lim_{x \to 2} \frac{3f(x)}{g(x)}$

(e) $\displaystyle\lim_{x \to 2} \frac{g(x)}{h(x)}$ (f) $\displaystyle\lim_{x \to 2} \frac{g(x)\,h(x)}{f(x)}$

02~03 극한을 계산하고 적당한 극한 법칙을 표시하여 각 단계를 정당화하라.

02 $\displaystyle\lim_{t \to -2} \frac{t^4-2}{2t^2-3t+2}$ **03** $\displaystyle\lim_{\theta \to \pi/2} \theta \sin\theta$

04~07 극한이 존재한다면 그 극한을 계산하라.

04 $\displaystyle\lim_{x \to 5} \frac{x^2-6x+5}{x-5}$ **05** $\displaystyle\lim_{t \to -3} \frac{t^2-9}{2t^2+7t+3}$

06 $\displaystyle\lim_{h \to 0} \frac{(-5+h)^2-25}{h}$ **07** $\displaystyle\lim_{h \to 0} \frac{(x+h)^3-x^3}{h}$

08 (a) 함수 $f(x)=x/(\sqrt{1+3x}-1)$의 그래프를 이용해서 다음 극한값을 추정하라.

$$\lim_{x \to 0} \frac{x}{\sqrt{1+3x}-1}$$

(b) 0에 가까운 x에 대해 $f(x)$의 값의 표를 만들고 극한값을 추정하라.

(c) 극한 법칙을 이용하여 추정한 답이 정확함을 증명하라.

09 압축정리를 이용하여 $\displaystyle\lim_{x \to 0} x^2 \cos 20\pi x = 0$임을 보여라. 함수 $f(x)=-x^2$, $g(x)=x^2\cos 20\pi x$, $h(x)=x^2$을 동일한 보기화면에 그려서 설명하라.

10 $\displaystyle\lim_{x \to 0} x^4 \cos \frac{2}{x} = 0$임을 증명하라.

11~12 극한이 존재한다면 그 극한을 구하라. 극한이 존재하지 않으면 그 이유를 설명하라.

11 $\displaystyle\lim_{x \to 3} (2x + |x-3|)$ **12** $\displaystyle\lim_{x \to 0.5^-} \frac{2x-1}{|2x^3-x^2|}$

13 $g(x)=\dfrac{x^2+x-6}{|x-2|}$이라 하자.

(a) 다음을 구하라.

(i) $\displaystyle\lim_{x \to 2^+} g(x)$ (ii) $\displaystyle\lim_{x \to 2^-} g(x)$

(b) $\displaystyle\lim_{x \to 2} g(x)$가 존재하는가?

(c) g의 그래프를 그려라.

14 (a) 기호 $[\![\ ]\!]$는 [예제 6]에서 정의한 최대정수함수를 나타낸다. 다음을 계산하라.

(i) $\displaystyle\lim_{x \to -2^+} [\![x]\!]$ (ii) $\displaystyle\lim_{x \to -2} [\![x]\!]$ (iii) $\displaystyle\lim_{x \to -2.4} [\![x]\!]$

(b) n이 정수일 때 다음을 계산하라.

(i) $\displaystyle\lim_{x \to n^-} [\![x]\!]$ (ii) $\displaystyle\lim_{x \to n^+} [\![x]\!]$

(c) 어떤 a에 대해 $\displaystyle\lim_{x \to a} [\![x]\!]$가 존재하는가?

15 $f(x)=[\![x]\!]+[\![-x]\!]$일 때 $\displaystyle\lim_{x \to 2} f(x)$가 존재하지만 $f(2)$와 같지 않음을 보여라.

16~19 다음 극한을 구하라.

16 $\displaystyle\lim_{x \to 0} \frac{\sin 4x}{\sin 6x}$ **17** $\displaystyle\lim_{t \to 0} \frac{\sin^2 3t}{t^2}$

18 $\displaystyle\lim_{x \to 0} \frac{\sin 3x \sin 5x}{x^2}$ **19** $\displaystyle\lim_{x \to 0} \frac{\sin(x^2)}{x}$

20 p가 다항함수일 때 $\displaystyle\lim_{x \to a} p(x) = p(a)$임을 보여라.

21 r이 유리함수일 때 [연습문제 20]을 이용하여 r의 정의역 안에 있는 모든 a에 대해 $\displaystyle\lim_{x \to a} r(x) = r(a)$임을 보여라.

22 사인함수는 직접 대입 성질을 가짐을 증명하라.
모든 실수 a에 대해 $\displaystyle\lim_{x \to a} \sin x = \sin a$를 보여야 한다.
$h=x-a$라 하면 $x=a+h$이고 $x \to a \Leftrightarrow h \to 0$이다.
따라서 다음과 같은 동치인 명제를 얻는다.

$$\lim_{h \to 0} \sin(a+h) = \sin a$$

식 [1]을 이용하여 이 명제가 참임을 보여라.

23 코사인함수가 직접 대입 성질을 가짐을 증명하라.

1.5 연속성

우리는 1.4절에서 x가 a에 접근할 때의 함수의 극한은 흔히 a에서 함숫값을 계산함으로써 간단히 찾을 수 있음을 알았다. 이런 성질을 가지는 함수를 a에서 연속이라고 한다. 연속에 대한 수학적 정의는 우리가 일상적으로 사용하는 '연속'의 뜻과 거의 일치한다는 것을 알 수 있다.

> ▣ 정의 다음이 성립할 때 함수 f는 a에서 **연속**^{continuous}이라고 한다.
> $$\lim_{x \to a} f(x) = f(a)$$

정의 ▣은 f가 a에서 연속이면 다음 세 가지 조건을 은연중에 요구하는 것을 말한다.

(1) $f(a)$가 정의된다. (즉 a는 f의 정의역에 속한다.)

(2) $\lim_{x \to a} f(x)$가 존재한다.

(3) $\lim_{x \to a} f(x) = f(a)$

이 정의는 x가 a에 접근할 때 $f(x)$가 $f(a)$에 접근하면 f가 a에서 연속임을 뜻한다. f가 a 부근에서 정의되고 f가 a에서 연속이 아니면 f는 a에서 **불연속**^{discontinuous}이라 한다. 또는 f는 a에서 **불연속성**^{discontinuity}을 갖는다고 한다.

기하학적으로 어떤 구간의 모든 점에서 연속인 함수는 이 구간에서 그래프가 끊어지지 않은 함수라고 생각할 수 있다. 이 그래프는 종이에서 펜을 떼지 않고 그릴 수 있다.

[그림 46]에서 설명한 것과 같이 f가 연속이면 f의 그래프 위의 점 $(x, f(x))$는 그래프 위의 점 $(a, f(a))$로 접근한다. 그래서 곡선에 틈이 없다.

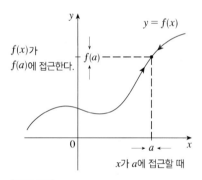

[그림 46]

이제 함수가 식으로 정의될 때 불연속성을 발견하는 방법을 살펴보자.

◀예제 1 다음 각 함수는 어디에서 불연속인가?

(a) $f(x) = \dfrac{x^2 - x - 2}{x - 2}$

(b) $f(x) = \begin{cases} \dfrac{1}{x^2}, & x \neq 0 \\ 1, & x = 0 \end{cases}$

(c) $f(x) = \begin{cases} \dfrac{x^2 - x - 2}{x - 2}, & x \neq 2 \\ 1, & x = 2 \end{cases}$

(d) $f(x) = [\![x]\!]$

풀이

(a) $f(2)$가 정의되지 않는 것을 알 수 있다. 따라서 f는 2에서 불연속이다.

(b) 여기서 $f(0) = 1$은 정의되지만 다음 극한은 존재하지 않는다(1.3절의 [예제 7] 참조).

$$\lim_{x \to 0} f(x) = \lim_{x \to 0} \frac{1}{x^2}$$

따라서 f 는 0 에서 불연속이다.

(c) 여기서 $f(2) = 1$은 정의되고 다음 극한이 존재한다.

$$\lim_{x \to 2} f(x) = \lim_{x \to 2} \frac{x^2 - x - 2}{x - 2} = \lim_{x \to 2} \frac{(x-2)(x+1)}{x-2} = \lim_{x \to 2} (x+1) = 3$$

그러나 $\lim_{x \to 2} f(x) \neq f(2)$이므로 f는 2에서 불연속이다.

(d) 최대정수함수 $f(x) = [\![x]\!]$는 모든 정수들에서 불연속이다. 그 이유는 n이 정수일 때 $\lim_{x \to n} [\![x]\!]$는 존재하지 않기 때문이다(1.4절의 [예제 6]과 [연습문제 14] 참조).

[그림 47]은 [예제 1]에 있는 함수들의 그래프를 나타낸다. 그래프의 각 경우에서 구멍이 나거나, 절단되거나 또는 도약이 있기 때문에 주어진 점에서 불연속이다. 특히 (b)의 불연속을 **무한 불연속**^{infinite discontinuity}이라 한다.

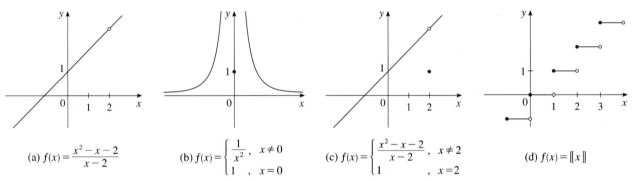

(a) $f(x) = \dfrac{x^2 - x - 2}{x - 2}$ (b) $f(x) = \begin{cases} \dfrac{1}{x^2}, & x \neq 0 \\ 1, & x = 0 \end{cases}$ (c) $f(x) = \begin{cases} \dfrac{x^2 - x - 2}{x - 2}, & x \neq 2 \\ 1, & x = 2 \end{cases}$ (d) $f(x) = [\![x]\!]$

[그림 47] [예제 1]에 있는 함수들의 그래프

(d)에 나오는 불연속은 **도약 불연속**^{jump discontinuity}이라 하는데, 그 이유는 함수가 한 값에서 다른 값으로 '도약'하기 때문이다.

> ② **정의** 다음이 성립할 때 함수 f는 a에서 **오른쪽으로부터 연속**^{continuous from the right}이다.
>
> $$\lim_{x \to a^+} f(x) = f(a)$$
>
> 다음이 성립할 때 함수 f는 a에서 **왼쪽으로부터 연속**^{continuous from the left}이다.
>
> $$\lim_{x \to a^-} f(x) = f(a)$$

◀**예제 2** 각 정수 n에서 함수 $f(x) = [\![x]\!]$([그림 47(d)] 참조)는 오른쪽으로부터 연속이지만 왼쪽으로부터 불연속이다. 그 이유는 다음과 같다.

$$\lim_{x \to n^+} f(x) = \lim_{x \to n^+} [\![x]\!] = n = f(n)$$

$$\lim_{x \to n^-} f(x) = \lim_{x \to n^-} [\![x]\!] = n - 1 \neq f(n)$$

---

③ **정의** 함수 f가 한 구간 안의 모든 점에서 연속이면 f는 **구간에서 연속**^{continuous} ^{on an interval}이라 한다. (f가 구간의 어느 한 끝점에서만 정의된다면 끝점에서의 연속을 오른쪽으로부터 연속 또는 왼쪽으로부터 연속으로 이해한다.)

◀예제3 함수 $f(x) = 1 - \sqrt{1 - x^2}$ 은 폐구간 $[-1, 1]$에서 연속임을 보여라.

풀이

$-1 < a < 1$이면 극한 법칙을 이용하여 다음을 얻는다.

$$\begin{aligned}
\lim_{x \to a} f(x) &= \lim_{x \to a} \left(1 - \sqrt{1 - x^2} \right) \\
&= 1 - \lim_{x \to a} \sqrt{1 - x^2} \quad \text{(법칙 (2), (7)에 의해)} \\
&= 1 - \sqrt{\lim_{x \to a} (1 - x^2)} \quad \text{(법칙 (11)에 의해)} \\
&= 1 - \sqrt{1 - a^2} \quad \text{(법칙 (2), (7), (9)에 의해)} \\
&= f(a)
\end{aligned}$$

그러므로 정의 ①에 의해 $-1 < a < 1$이면 f는 a에서 연속이다. 비슷한 계산에 의해 다음을 보일 수 있다.

$$\lim_{x \to -1^+} f(x) = 1 = f(-1), \qquad \lim_{x \to 1^-} f(x) = 1 = f(1)$$

따라서 f는 -1에서 오른쪽으로부터 연속이고, 1에서 왼쪽으로부터 연속이다. 그러므로 정의 ③에 따라 f는 $[-1, 1]$에서 연속이다. [그림 48]에서 f의 그래프를 보여주는데 이것은 $x^2 + (y-1)^2 = 1$의 아래 반원이다. ▶

[예제 3]에서와 같이 함수의 연속성을 증명하기 위해 항상 정의 ①, ②, ③을 이용하는 대신 다음 정리를 이용하는 것이 편리하다. 이 정리는 간단한 연속함수로부터 복잡한 연속함수를 만드는 방법을 제시한다.

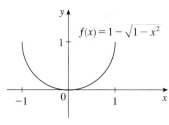

[**그림 48**]

④ **정리** f와 g가 a에서 연속이고 c를 상수라 하면 다음 함수들도 역시 a에서 연속이다.

(1) $f + g$ (2) $f - g$ (3) $c f$

(4) $f g$ (5) $\dfrac{f}{g}$, $g(a) \neq 0$

정리 4와 정의 3에 의해 f와 g가 구간에서 연속이면 함수들 $f+g$, $f-g$, cf, fg, f/g (g가 0이 아니면)도 연속이다. 다음 정리는 1.4절에서 직접 대입 성질로 설명하였다.

---

⑤ 정리

(a) 임의의 다항함수는 모든 점에서 연속이다. 즉 $\mathbb{R} = (-\infty, \infty)$에서 연속이다.

(b) 임의의 유리함수는 그 함수가 정의되는 모든 곳에서 연속이다.
 즉 유리함수는 정의역에서 연속이다.

함수가 연속임을 알면 다음 예제에서 보는 바와 같이 매우 빠르게 극한을 계산할 수 있다. 1.4절의 [예제 1]과 비교해보자.

◀예제 4 $\displaystyle\lim_{x \to -2} \frac{x^3 + 2x^2 - 1}{5 - 3x}$ 을 구하라.

풀이

다음 함수는 유리함수이다.

$$f(x) = \frac{x^3 + 2x^2 - 1}{5 - 3x}$$

따라서 정리 ⑤에 의해 정의역 $\left\{x \,|\, x \neq \dfrac{5}{3}\right\}$에서 연속이다. 그러므로 다음을 얻는다.

$$\lim_{x \to -2} \frac{x^3 + 2x^2 - 1}{5 - 3x} = \lim_{x \to -2} f(x) = f(-2)$$
$$= \frac{(-2)^3 + 2(-2)^2 - 1}{5 - 3(-2)} = -\frac{1}{11}$$

정의역 안의 모든 수에서 연속인 가장 친숙한 함수로 전환한다. 예를 들어 극한 법칙 (10)으로부터 거듭제곱근 함수는 연속이라는 명제를 얻는다.

사인함수와 코사인함수의 그래프에서 보인 것으로부터(1.2절 [그림 24] 참조) 두 함수는 확실히 연속임을 추측할 수 있다. 그리고 1.4절에서 다음을 보였다.

$$\lim_{\theta \to a} \sin\theta = \sin a, \quad \lim_{\theta \to a} \cos\theta = \cos a$$

다시 말해서 사인함수와 코사인함수는 모든 곳에서 연속이다. 정리 ④의 (5)로부터 다음과 같이 정의되는 탄젠트함수는 $\cos x = 0$인 곳을 제외한 영역에서 연속이다.

$$\tan x = \frac{\sin x}{\cos x}$$

이것은 x가 $\dfrac{\pi}{2}$의 홀수 정수배일 때 나타난다. 따라서 $y = \tan x$는 $x = \pm\dfrac{\pi}{2}$, $\pm\dfrac{3\pi}{2}$, $\pm\dfrac{5\pi}{2}$, $\cdots$에서 무한 불연속성을 갖는다([그림 49] 참조).

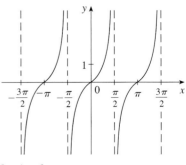

[그림 49] $y = \tan x$

> ⑥ **정리** 다음 형태의 함수들은 정의역 안의 모든 수에서 연속이다.
>
> 다항함수, 유리함수, 제곱근 함수, 삼각함수

◀예제 5 함수 $g(x) = \dfrac{x^2 + 2x + 17}{x^2 - 1}$이 연속인 구간은 어디인가?

풀이

g가 유리함수이므로 정리 ⑤(b)에 의해 정의역 $D = \{x \mid x^2 - 1 \neq 0\} = \{x \mid x \neq \pm 1\}$에서 연속이다. 따라서 g는 구간 $(-\infty, -1)$, $(-1, 1)$, $(1, \infty)$에서 연속이다. ▶

새로운 연속함수를 얻기 위해 연속함수 f와 g를 결합하는 또 다른 방법이 합성함수 $f \circ g$이다. 이 사실은 다음 정리의 결과이다.

> ⑦ **정리** f가 b에서 연속이고 $\lim\limits_{x \to a} g(x) = b$이면 $\lim\limits_{x \to a} f(g(x)) = f(b)$이다. 즉 다음이 성립한다.
>
> $$\lim_{x \to a} f(g(x)) = f\!\left(\lim_{x \to a} g(x)\right)$$

이 정리는 함수가 연속이고 극한이 존재한다면 극한 기호를 함수 기호 안으로 옮길 수 있음을 말한다. 다시 말해서 두 기호의 순서를 바꿀 수 있다.

정리 ⑦은 x가 a에 가깝다면 $g(x)$는 b에 가깝다. 그리고 f가 b에서 연속이므로 $g(x)$가 b에 가깝다면 $f(g(x))$도 $f(b)$에 가깝다.

> ⑧ **정리** g가 a에서 연속이고 f가 $g(a)$에서 연속이면 $(f \circ g)(x) = f(g(x))$로 주어진 합성함수 $f \circ g$는 a에서 연속이다.

이 함수는 종종 "연속함수의 연속함수는 연속함수이다."라는 말로 간략하게 표현한다.

◀예제 6 다음 함수가 연속인 곳은 어디인가?

$$F(x) = \dfrac{1}{\sqrt{x^2 + 7} - 4}$$

풀이

F는 다음 네 함수의 합성 $F = f \circ g \circ h \circ k$ 또는 $F(x) = f(g(h(k(x))))$로 분해될 수 있음을 주지하자.

$$f(x) = \dfrac{1}{x}, \quad g(x) = x - 4, \quad h(x) = \sqrt{x}, \quad k(x) = x^2 + 7$$

이와 같은 함수들 각각은 자신의 정의역에서 연속이다(정리 5와 6). 따라서 정리 8에 의해 F는 다음과 같은 정의역에서 연속이다.

$$\{x \in \mathbb{R} \mid \sqrt{x^2 + 7} \neq 4\} = \{x \mid x \neq \pm 3\} = (-\infty, -3) \cup (-3, 3) \cup (3, \infty)$$

> 9 **중간값 정리** f가 폐구간 $[a, b]$에서 연속이고 N이 $f(a)$와 $f(b)$ 사이에 있는 임의의 수라고 하자. 여기서 $f(a) \neq f(b)$이다. 그러면 $f(c) = N$을 만족하는 수 c가 (a, b) 안에 존재한다.

중간값 정리는 연속함수가 함숫값들 $f(a)$와 $f(b)$ 사이의 모든 중간값을 취할 수 있음을 말한다. 이것은 [그림 50]에서 설명한다. N 값은 한 번([그림 50(a)] 참조) 또는 두 번 이상([그림 50(b)] 참조) 취할 수 있다.

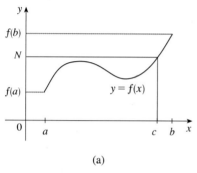
(a)

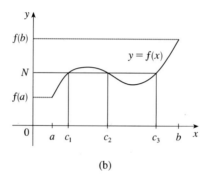
(b)

[그림 50]

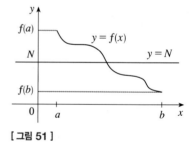
[그림 51]

연속함수를 구멍이나 단절이 없는 그래프를 갖는 함수로 생각한다면 중간값 정리가 참인 것을 쉽게 이해할 수 있다. 임의의 수평선 $y = N$이 [그림 51]과 같이 $y = f(a)$와 $y = f(b)$ 사이에 주어지면 f의 그래프는 직선 위에서 도약할 수 없음을 뜻한다. 그래프는 어느 곳에선가 반드시 직선과 교차해야만 한다.

정리 9에서는 함수 f가 연속이라는 점이 중요하다. 일반적으로 불연속인 함수에 대해서는 중간값 정리가 성립하지 않는다([연습문제 14] 참조).

중간값 정리는 다음 예제와 같이 방정식의 근의 위치를 정할 때 사용한다.

◀ **예제 7** 다음 방정식의 근이 1과 2 사이에 있음을 보여라.

$$4x^3 - 6x^2 + 3x - 2 = 0$$

풀이

$f(x) = 4x^3 - 6x^2 + 3x - 2$라 하자. 주어진 방정식의 해, 즉 $f(c) = 0$을 만족하는 1과 2 사이의 수 c를 구하고자 한다. 정리 9에서 $a = 1$, $b = 2$, $N = 0$이라 놓는다. 그러면 다음을 얻는다.

$$f(1) = 4 - 6 + 3 - 2 = -1 < 0$$
$$f(2) = 32 - 24 + 6 - 2 = 12 > 0$$

그러므로 $f(1) < 0 < f(2)$, 즉 $N = 0$은 $f(1)$과 $f(2)$ 사이의 수이다. 이제 f는 다항함수이므로 연속이다. 따라서 중간값 정리는 $f(c) = 0$을 만족하는 수 c가 1과 2 사이에 존재하는 것을 의미한다. 다시 말해서 방정식 $4x^3 - 6x^2 + 3x - 2 = 0$은 구간 $(1, 2)$ 안에 적어도 하나의 근 c를 갖는다. ❯

1.5 연습문제

01 함수 f가 수 4에서 연속이라는 사실을 나타내는 방정식을 쓰라.

02 (a) f의 그래프로부터 f에서 불연속인 수들을 말하고 그 이유를 설명하라.

(b) (a)에서 언급한 수들 각각에 대해 오른쪽으로부터 연속인지, 왼쪽으로부터 연속인지, 아니면 어느 것도 아닌지 결정하라.

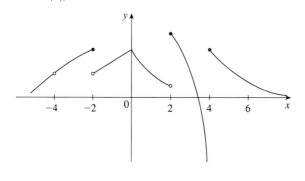

03~04 불연속 부분을 제외하고 연속인 함수 f의 그래프를 그려라.

03 2에서 불연속이지만 오른쪽으로부터 연속이다.

04 3에서 제거 가능한 불연속이고 5에서 도약 불연속이다.

05 f와 g는 다음을 만족하는 연속함수이다. $f(2)$를 구하라.

$$g(2) = 6, \quad \lim_{x \to 2} [3f(x) + f(x)\,g(x)] = 36$$

06~07 주어진 수 a에서 함수가 불연속인 이유를 설명하고 함수의 그래프를 그려라.

06 $f(x) = \dfrac{1}{x+2}, \quad a = -2$

07 $f(x) = \begin{cases} 1 - x^2, & x < 1 \\ 1/x, & x \geq 1, \end{cases} \quad a = 1$

08~09 정리 ④, ⑤, ⑥, ⑧을 이용하여 정의역 안의 모든 수에서 함수가 연속인 이유를 설명하고 정의역을 말하라.

08 $F(x) = \dfrac{2x^2 - x - 1}{x^2 + 1}$

09 $M(x) = \sqrt{1 + \dfrac{1}{x}}$

10 ⊞ 함수 $y = \dfrac{1}{1 + \sin x}$에서 불연속인 위치를 찾아내고 그래프로 설명하라.

11 연속성을 이용하여 극한 $\displaystyle\lim_{x \to 4} \dfrac{5 + \sqrt{x}}{\sqrt{5 + x}}$를 계산하라.

12 다음 함수가 불연속인 곳의 수를 구하라. 이 점들에서 f는 오른쪽으로부터 연속인가? 왼쪽으로부터 연속인가? 아니면 그 어느 것도 아닌가? f의 그래프를 그려라.

$$f(x) = \begin{cases} x + 2, & x < 0 \\ 2x^2, & 0 \leq x \leq 1 \\ 2 - x, & x > 1 \end{cases}$$

13 함수 f가 $(-\infty, \infty)$에서 연속이 되는 상수 c의 값은 무엇인가?

$$f(x) = \begin{cases} cx^2 + 2x, & x < 2 \\ x^3 - cx, & x \geq 2 \end{cases}$$

14 f가 0.25를 제외한 $[0, 1]$에서 연속이고 $f(0) = 1$, $f(1) = 3$, $N = 2$이라 하자. 하나는 f가 중간값 정리의 결론을 만족하지 않는 것을 보여주고, 다른 하나는 (조건을 만족하지 않지만) 중간값 정리의 결론을 만족하는 것을 보여주는 그래프를 각각 그려라.

15 $f(x) = x^2 + 10 \sin x$일 때 $f(c) = 1000$을 만족하는 수 c가 존재하는 것을 보여라.

16 중간값 정리를 이용하여 지정된 구간에서 주어진 방정식의 근이 존재하는 것을 보여라.

$$x^4 + x - 3 = 0, \quad (1, 2)$$

17 $x^5 - x^2 - 4 = 0$에 대해

(a) 이 방정식이 적어도 하나의 실근을 가짐을 증명하라.

(b) 그래픽 장치를 이용하여 소수점 아래 셋째 자리까지 정확한 근을 구하라.

18 함수 f가 $(-\infty, \infty)$에서 연속임을 보여라.

$$f(x) = \begin{cases} x^4 \sin(1/x), & x \neq 0 \\ 0, & x = 0 \end{cases}$$

1.6 무한대를 수반하는 극한

이 절에서 함수의 전체적인 자취와 특히 그래프가 수평점근선 또는 수직점근선에 다가가는지 규명한다.

무한극한

[그림 52]에서 $y = 1/x^2$의 그래프와 [표 6]을 통해 x를 0에 충분히 가깝게 택하면 $1/x^2$의 값들을 임의로 크게 만들 수 있다는 사실을 확인함으로써 1.3절의 [예제 7]에서 $\lim_{x \to 0} \dfrac{1}{x^2}$은 존재하지 않는다는 결론을 내렸다.

그러므로 $f(x)$의 값들은 어떤 수에 접근하지 않으므로 $\lim_{x \to 0} \dfrac{1}{x^2}$은 존재하지 않는다. 이러한 종류의 자취를 나타내기 위해 다음 기호를 사용한다.

$$\lim_{x \to 0} \frac{1}{x^2} = \infty$$

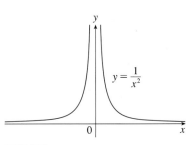

[그림 52]

x	$\dfrac{1}{x^2}$
± 1	1
± 0.5	4
± 0.2	25
± 0.1	100
± 0.05	400
± 0.01	10,000
± 0.001	1,000,000

[표 6]

⊘ 이것은 ∞를 수로 간주하는 것을 의미하지 않으며, 또한 극한이 존재하는 것을 의미하지도 않는다. 이것은 단순히 극한이 존재하지 않는 특수한 방식을 표현하는 것이다.

일반적으로 x가 a에 접근할수록 $f(x)$ 값이 점점 더 커진다(또는 한없이 증가한다.)는 것을 의미하는 기호로 다음과 같이 쓴다.

$$\lim_{x \to a} f(x) = \infty$$

$$\lim_{x \to a} f(x) = \infty$$

는 a는 아니지만 a에 충분히 가까운 x를 택함으로써(a의 양쪽에서) $f(x)$ 값을 임의로 크게(원하는 만큼 크게) 만들 수 있음을 의미한다.

$\lim\limits_{x \to a} f(x) = \infty$ 를 또 다른 기호로 나타내면 다음과 같다.

$$x \to a \text{이면 } f(x) \to \infty \text{이다.}$$

다시 정리하면 기호 ∞는 수가 아니지만 $\lim\limits_{x \to a} f(x) = \infty$ 의 표현을 다음과 같이 읽는다.

"x가 a에 접근할 때 $f(x)$의 극한은 무한대이다."

또는 　　　　　"x가 a에 접근할 때 $f(x)$는 무한대가 된다."

또는 　　　　　"x가 a에 접근할 때 $f(x)$는 한없이 증가한다."

이 정의는 [그림 53]의 그래프로 설명된다.

마찬가지로 [그림 54]에서와 같이

$$\lim_{x \to a} f(x) = -\infty$$

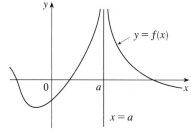

[**그림 53**] $\lim\limits_{x \to a} f(x) = \infty$

수가 '큰 음수'라고 말할 때는 그 수가 음수이고 크기(절댓값)가 크다는 것을 의미한다.

는 a는 아니지만 a에 충분히 가까운 x의 모든 값에 대해 $f(x)$ 값이 큰 음수임을 의미한다. 기호 $\lim\limits_{x \to a} f(x) = -\infty$ 는 "x가 a에 접근할 때 $f(x)$의 극한은 음의 무한대이다." 또는 "x가 a에 접근할 때 $f(x)$는 한없이 감소한다."고 말한다. 예를 들어 다음과 같다.

$$\lim_{x \to 0} \left(-\frac{1}{x^2} \right) = -\infty$$

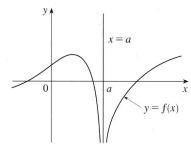

[**그림 54**] $\lim\limits_{x \to a} f(x) = -\infty$

비슷한 정의를 한쪽 무한극한에 대해 적용할 수 있다.

$$\lim_{x \to a^-} f(x) = \infty \qquad\qquad \lim_{x \to a^+} f(x) = \infty$$

$$\lim_{x \to a^-} f(x) = -\infty \qquad\qquad \lim_{x \to a^+} f(x) = -\infty$$

'$x \to a^-$'는 a보다 작은 x 값만 생각하고 '$x \to a^+$'는 $x > a$만 생각하는 것을 기억하자. [그림 55]에서 이들 네 가지 경우를 설명한다.

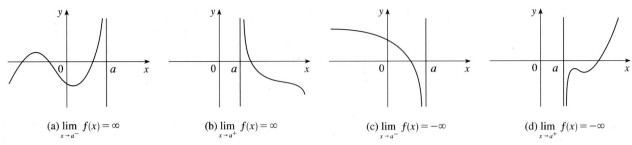

(a) $\displaystyle\lim_{x \to a^-} f(x) = \infty$　　(b) $\displaystyle\lim_{x \to a^+} f(x) = \infty$　　(c) $\displaystyle\lim_{x \to a^-} f(x) = -\infty$　　(d) $\displaystyle\lim_{x \to a^+} f(x) = -\infty$

[그림 55]

---

2 정의 다음 명제 중 적어도 어느 하나가 참이면 직선 $x = a$를 곡선 $y = f(x)$의 수직점근선$^{\text{vertical asymptote}}$이라 한다.

$$\lim_{x \to a} f(x) = \infty \qquad \lim_{x \to a^-} f(x) = \infty \qquad \lim_{x \to a^+} f(x) = \infty$$

$$\lim_{x \to a} f(x) = -\infty \qquad \lim_{x \to a^-} f(x) = -\infty \qquad \lim_{x \to a^+} f(x) = -\infty$$

예를 들어 $\displaystyle\lim_{x \to 0} \frac{1}{x^2} = \infty$ 이므로 y축은 곡선 $y = \dfrac{1}{x^2}$ 의 수직점근선이다. [그림 55]에서 직선 $x = a$는 네 가지 경우 각각에 대한 수직점근선이다.

◀ 예제 1 ▶ $f(x) = \tan x$의 수직점근선을 구하라.

풀이

$\tan x = \dfrac{\sin x}{\cos x}$ 이므로 $\cos x = 0$인 곳에서 잠재적인 수직점근선이 존재한다. 사실상 $x \to (\pi/2)^-$ 이면 $\cos x \to 0^+$ 이고 $x \to (\pi/2)^+$ 이면 $\cos x \to 0^-$ 이다. 반면에 x가 $\pi/2$ 부근에 있을 때 $\sin x$는 양수이고 0 부근이 아니다. 따라서 다음을 얻는다.

$$\lim_{x \to (\pi/2)^-} \tan x = \infty, \qquad \lim_{x \to (\pi/2)^+} \tan x = -\infty$$

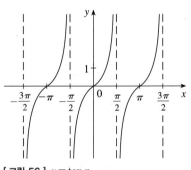

[그림 56] $y = \tan x$

이는 직선 $x = \pi/2$가 수직점근선임을 알려준다. 추론해보면 정수 n에 대해 직선 $x = (2n+1)\pi/2$는 모두 수직점근선이다. [그림 56]의 그래프에서 이를 확인해보자. ▶

무한대에서의 극한

이제 x의 값을 임의로 크게(양수 또는 음수)할 때 y에 어떤 일이 발생하는지 알아보자. x가 커질수록 다음에 주어진 함수 f의 자취가 어떻게 변하는지 살펴보자.

$$f(x) = \frac{x^2 - 1}{x^2 + 1}$$

[표 7]은 소수점 아래 6자리까지 정확한 함숫값을 보여준다. [그림 57]은 컴퓨터를 이용하여 그린 f의 그래프이다.

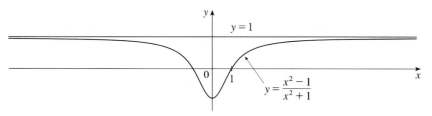

x	$f(x)$
0	-1
± 1	0
± 2	0.600000
± 3	0.800000
± 4	0.882353
± 5	0.923077
± 10	0.980198
± 50	0.999200
± 100	0.999800
± 1000	0.999998

[그림 57]
[표 7]

x가 커지면 커질수록 $f(x)$의 값은 1에 점점 가까워진다. 사실상 x를 충분히 크게 택함으로써 $f(x)$ 값을 원하는 만큼 1에 가깝게 만들 수 있다. 이것을 다음과 같이 표현한다.

$$\lim_{x \to \infty} \frac{x^2 - 1}{x^2 + 1} = 1$$

일반적으로 다음 기호는 x가 커지면 커질수록 $f(x)$의 값이 L에 접근하는 것을 나타낸다.

$$\lim_{x \to \infty} f(x) = L$$

---

③ 정의 함수 f가 어떤 구간 (a, ∞)에서 정의된다고 하자. 다음 기호는 x를 충분히 크게 택함으로써 $f(x)$ 값을 원하는 만큼 L에 가깝게 만들 수 있음을 의미한다.
$$\lim_{x \to \infty} f(x) = L$$

$\lim\limits_{x \to \infty} f(x) = L$을 다르게 나타내면 다음과 같다.

$$x \to \infty \text{ 이면 } f(x) \to L \text{이다.}$$

기호 ∞는 수를 나타내는 것이 아니다. 그럼에도 불구하고 $\lim\limits_{x \to \infty} f(x) = L$이라는 표현을 다음과 같이 읽기도 한다.

"x가 무한대에 접근할 때 $f(x)$의 극한은 L이다."

또는   "x가 무한일 때 $f(x)$의 극한은 L이다."

또는   "x가 한없이 증가할 때 $f(x)$의 극한은 L이다."

이들 표현에 대한 의미는 정의 ③에서 다루며 좀 더 엄밀한 정의는 생략한다.

[그림 58]은 정의 ③을 기하학적으로 나타낸 것이다. 각 그래프의 오른쪽 먼 곳을 보면 f의 그래프가 직선 $y = L$(수평점근선이라 한다.)에 접근하는 여러 방법이 있음을 알아두자.

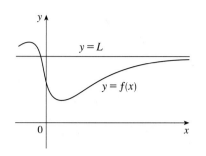
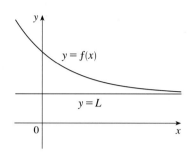
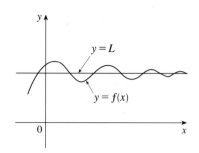

[그림 58] $\lim\limits_{x \to \infty} f(x) = L$의 예

[그림 57]로 되돌아가서 우리는 수치적으로 큰 음의 값 x가 있을 때 $f(x)$의 값이 1에 가깝다는 것을 안다. x를 음의 값으로 한없이 감소하게 두면 $f(x)$를 원하는 만큼 1에 가깝게 만들 수 있다. 이것을 다음과 같이 표현한다.

$$\lim_{x \to -\infty} \frac{x^2 - 1}{x^2 + 1} = 1$$

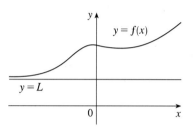

[그림 59]에서 보인 것과 같이 일반적으로 다음 기호는 x를 충분히 큰 음수로 택함으로써 $f(x)$ 값을 임의로 L에 가깝게 만들 수 있음을 의미한다.

$$\lim_{x \to -\infty} f(x) = L$$

다시 정리하면 $-\infty$는 수를 나타내지 않지만 $\lim\limits_{x \to -\infty} f(x) = L$ 표현은 다음과 같이 읽는다.

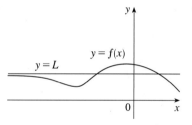

"x가 음의 무한대에 접근할 때 $f(x)$의 극한은 L이다."

[그림 59] $\lim\limits_{x \to -\infty} f(x) = L$의 예

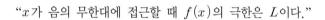

④ **정의** 다음 중 어느 하나일 때 직선 $y = L$을 곡선 $y = f(x)$의 **수평점근선** horizontal asymptote 이라 한다.

$$\lim_{x \to \infty} f(x) = L \text{ 또는 } \lim_{x \to -\infty} f(x) = L$$

예를 들어 [그림 57]에서 설명한 곡선은 수평점근선으로 $y = 1$을 갖는다. 그 이유는 다음이 성립하기 때문이다.

$$\lim_{x \to \infty} \frac{x^2 - 1}{x^2 + 1} = 1$$

◀**예제 2** [그림 60]에 그려진 함수 f에 대한 무한극한, 무한대에서의 극한 그리고 점근선을 구하라.

풀이

양쪽 방향에서 $x \to -1$이 될수록 $f(x)$ 값이 커진다. 그러므로 다음을 얻는다.

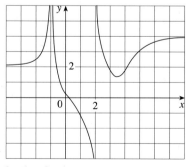

[그림 60]

$$\lim_{x \to -1} f(x) = \infty$$

x가 왼쪽에서 2에 접근할수록 $f(x)$는 큰 음수가 되지만 오른쪽에서 2에 접근할수록 큰 양수가 된다. 그러므로 다음을 얻는다.

$$\lim_{x \to 2^-} f(x) = -\infty, \quad \lim_{x \to 2^+} f(x) = \infty$$

따라서 두 직선 $x = -1$과 $x = 2$는 수직점근선이다.

x가 커질수록 $f(x)$는 4에 접근하는 것을 알 수 있다. 그러나 x가 음의 값에 따라 감소할수록 $f(x)$는 2에 접근한다. 따라서 다음을 얻는다.

$$\lim_{x \to \infty} f(x) = 4, \quad \lim_{x \to -\infty} f(x) = 2$$

이것은 $y = 4$와 $y = 2$ 모두 수평점근선임을 의미한다.

◀예제 3 $\displaystyle \lim_{x \to \infty} \frac{1}{x}$ 과 $\displaystyle \lim_{x \to -\infty} \frac{1}{x}$ 을 구하라.

풀이

x가 커질수록 $\dfrac{1}{x}$ 이 작아지는지 살펴보자. 예를 들면 다음과 같다.

$$\frac{1}{100} = 0.01, \quad \frac{1}{10,000} = 0.0001, \quad \frac{1}{1,000,000} = 0.000001$$

실제로 x를 충분히 크게 잡으면 $\dfrac{1}{x}$ 을 원하는 만큼 0에 가깝게 만들 수 있다. 따라서 다음을 얻는다.

$$\lim_{x \to \infty} \frac{1}{x} = 0$$

이와 비슷하게 x가 큰 음수일 경우 $\dfrac{1}{x}$ 은 작은 음수이므로 다음을 얻는다.

$$\lim_{x \to -\infty} \frac{1}{x} = 0$$

즉 직선 $y = 0$(x축)이 곡선 $y = \dfrac{1}{x}$ 의 수평점근선이다. (이것은 등변 쌍곡선이다. [그림 61]을 참조하라.)

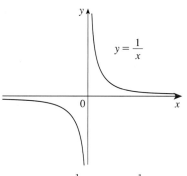

[**그림 61**] $\displaystyle \lim_{x \to \infty} \frac{1}{x} = 0, \ \lim_{x \to -\infty} \frac{1}{x} = 0$

1.4절에 주어진 대부분의 극한 법칙들은 무한대에서의 극한에 대해서도 성립한다. 1.4절에 나열된 극한 법칙들에서 법칙 (9)와 (10)은 예외지만 '$x \to a$'를 '$x \to \infty$' 또는

'$x \to -\infty$'로 대치하면 무한대에서도 극한이 성립하는 것을 증명할 수 있다. 특히 [예제 4]의 결과에 법칙 (6)을 결합하면 극한 계산에서 중요하게 쓰이는 다음 규칙을 얻는다.

---

⑤ n이 양의 정수이면 다음이 성립한다.

$$\lim_{x \to \infty} \frac{1}{x^n} = 0, \quad \lim_{x \to -\infty} \frac{1}{x^n} = 0$$

◀예제 4 다음을 계산하라.

$$\lim_{x \to \infty} \frac{3x^2 - x - 2}{5x^2 + 4x + 1}$$

풀이

x가 커질수록 분자와 분모 모두 커지게 된다. 그러므로 유리함수에 대한 무한대에서의 극한을 계산하기 위해 분모에 나타나는 x의 최고 차수로 분자와 분모 모두를 나눈다. (x의 큰 값에 대해서만 생각하므로 $x \neq 0$으로 가정할 수 있다.) 이 경우 x의 최고 차수는 x^2이며 극한 법칙을 이용하여 다음을 얻는다.

$$\lim_{x \to \infty} \frac{3x^2 - x - 2}{5x^2 + 4x + 1} = \lim_{x \to \infty} \frac{\dfrac{3x^2 - x - 2}{x^2}}{\dfrac{5x^2 + 4x + 1}{x^2}} = \lim_{x \to \infty} \frac{3 - \dfrac{1}{x} - \dfrac{2}{x^2}}{5 + \dfrac{4}{x} + \dfrac{1}{x^2}}$$

$$= \frac{\lim\limits_{x \to \infty} \left(3 - \dfrac{1}{x} - \dfrac{2}{x^2}\right)}{\lim\limits_{x \to \infty} \left(5 + \dfrac{4}{x} + \dfrac{1}{x^2}\right)}$$

$$= \frac{\lim\limits_{x \to \infty} 3 - \lim\limits_{x \to \infty} \dfrac{1}{x} - 2\lim\limits_{x \to \infty} \dfrac{1}{x^2}}{\lim\limits_{x \to \infty} 5 + 4\lim\limits_{x \to \infty} \dfrac{1}{x} + \lim\limits_{x \to \infty} \dfrac{1}{x^2}}$$

$$= \frac{3 - 0 - 0}{5 + 0 + 0} \qquad (⑤에 의해)$$

$$= \frac{3}{5}$$

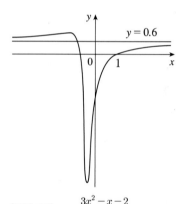

[그림 62] $y = \dfrac{3x^2 - x - 2}{5x^2 + 4x + 1}$

[그림 62]는 주어진 유리함수의 그래프가 수평점근선 $y = \dfrac{3}{5}$에 어떻게 접근하는지를 보여줌으로써 [예제 4]를 설명한다.

유사한 방법으로 $x \to -\infty$일 때의 극한도 $\dfrac{3}{5}$임을 보인다. ❱

◀예제 5 $\displaystyle\lim_{x \to \infty} \sin \frac{1}{x}$을 계산하라.

풀이

$t = 1/x$이라 하면 $x \to \infty$일 때 $t \to 0^+$이다. 그러므로 다음을 얻는다([연습문제 15]

참조).

$$\lim_{x \to \infty} \sin \frac{1}{x} = \lim_{t \to 0^+} \sin t = 0$$

무한대에서의 무한극한

x가 커질수록 $f(x)$ 값이 커지는 것을 나타내기 위해 다음 기호를 사용한다.

$$\lim_{x \to \infty} f(x) = \infty$$

비슷한 의미로 다음 기호를 사용한다.

$$\lim_{x \to -\infty} f(x) = \infty, \quad \lim_{x \to \infty} f(x) = -\infty, \quad \lim_{x \to -\infty} f(x) = -\infty$$

예제 6 $\displaystyle\lim_{x \to \infty} x^3$과 $\displaystyle\lim_{x \to -\infty} x^3$을 구하라.

풀이

x가 커질 때 x^3 역시 커진다. 예를 들면 다음과 같다.

$$10^3 = 1000, \quad 100^3 = 1,000,000, \quad 1000^3 = 1,000,000,000$$

실제로 x를 충분히 크게 택하면 x^3은 원하는 만큼 크게 만들 수 있다. 그러면 다음과 같이 쓸 수 있다.

$$\lim_{x \to \infty} x^3 = \infty$$

마찬가지로 x가 큰 음수이면 x^3도 큰 음수이다. 그러면 다음과 같이 쓸 수 있다.

$$\lim_{x \to -\infty} x^3 = -\infty$$

이와 같은 극한에 대한 설명은 [그림 63]에서 $y = x^3$의 그래프로부터도 알 수 있다.

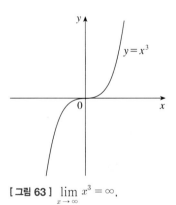

[그림 63] $\displaystyle\lim_{x \to \infty} x^3 = \infty,$
$\displaystyle\lim_{x \to -\infty} x^3 = -\infty$

예제 7 $\displaystyle\lim_{x \to \infty} (x^2 - x)$를 구하라.

풀이

⊘ 다음과 같이 쓰는 것은 잘못된 것이다.

$$\lim_{x \to \infty} (x^2 - x) = \lim_{x \to \infty} x^2 - \lim_{x \to \infty} x = \infty - \infty$$

∞는 수가 아니므로 극한 법칙을 무한극한에 적용할 수 없다. ($\infty - \infty$는 정의할 수 없다.) 그러나 x와 $x-1$은 임의로 크게 되므로 다음과 같이 쓸 수 있다.

$$\lim_{x \to \infty} (x^2 - x) = \lim_{x \to \infty} x(x-1) = \infty$$

1.6 연습문제

01 아래 그래프로 주어진 함수 f에 대해 다음을 말하라.

(a) $\displaystyle\lim_{x \to \infty} f(x)$ (b) $\displaystyle\lim_{x \to -\infty} f(x)$

(c) $\displaystyle\lim_{x \to 1} f(x)$ (d) $\displaystyle\lim_{x \to 3} f(x)$

(e) 점근선의 방정식

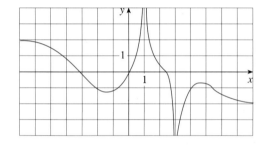

02 주어진 조건을 모두 만족하는 함수 f의 그래프를 그려라.

$$\lim_{x \to 2} f(x) = -\infty, \quad \lim_{x \to \infty} f(x) = \infty, \quad \lim_{x \to -\infty} f(x) = 0,$$

$$\lim_{x \to 0^+} f(x) = \infty, \quad \lim_{x \to 0^-} f(x) = -\infty$$

03 그래프를 이용하여 곡선 $y = \dfrac{x^3}{x^3 - 2x + 1}$의 수직점근선과 수평점근선을 추정하라.

04~09 극한을 구하라.

04 $\displaystyle\lim_{x \to -3^+} \dfrac{x+2}{x+3}$

05 $\displaystyle\lim_{x \to 1} \dfrac{2-x}{(x-1)^2}$

06 $\displaystyle\lim_{x \to 2\pi^-} x \csc x$

07 $\displaystyle\lim_{x \to \infty} \dfrac{x^3 + 5x}{2x^3 - x^2 + 4}$

08 $\displaystyle\lim_{x \to \infty} \dfrac{(2x^2 + 1)^2}{(x-1)^2 (x^2 + x)}$

09 $\displaystyle\lim_{x \to \infty} (x - \sqrt{x})$

---

10 (a) 함수 $f(x) = \sqrt{x^2 + x + 1} + x$의 그래프를 그려서 $\displaystyle\lim_{x \to -\infty} \left(\sqrt{x^2 + x + 1} + x\right)$ 값을 추정하라.

(b) $f(x)$의 값에 대한 표를 이용하여 극한값을 추정하라.

(c) 추측한 값이 정확한지 증명하라.

11 함수 f는 이차함수의 비로 $x = 4$에서 수직점근선을 가지며 단 하나의 x절편 $x = 1$을 갖는다. 이 함수는 $x = -1$에서 제거 가능한 불연속을 가지며 $\displaystyle\lim_{x \to -1} f(x) = 2$이다. 다음을 계산하라.

(a) $f(0)$ (b) $\displaystyle\lim_{x \to \infty} f(x)$

12 P와 Q를 다항식이라 하자. P의 차수가 다음과 같을 때 극한을 구하라.

$$\lim_{x \to \infty} \dfrac{P(x)}{Q(x)}$$

(a) Q의 차수보다 작을 때

(b) Q의 차수보다 클 때

13 모든 $x > 5$에 대해 다음이 성립할 때 $\displaystyle\lim_{x \to \infty} f(x)$를 구하라.

$$\frac{4x-1}{x} < f(x) < \frac{4x^2+3x}{x^2}$$

14 (a) 탱크 안에 5,000 L의 순수한 물이 들어 있다. 물 1 L당 30 g의 소금이 들어 있는 소금물이 25 L/min의 비율로 탱크 안에 들어간다. t분 후에 소금의 농도(g/L)가 다음과 같음을 보여라.

$$C(t) = \frac{30t}{200+t}$$

(b) $t \to \infty$일 때, 농도는 어떻게 변하는가?

15 극한이 존재한다면 다음을 증명하라.

$$\lim_{x \to \infty} f(x) = \lim_{t \to 0^+} f(1/t), \quad \lim_{x \to -\infty} f(x) = \lim_{t \to 0^-} f(1/t)$$

1장 복습문제

개념 확인

01 (a) 함수란 무엇인가? 정의역과 치역은 무엇인가?

(b) 함수의 그래프는 무엇인가?

(c) 주어진 곡선이 함수의 그래프인지 아닌지 어떻게 알 수 있는가?

02 (a) 우함수는 무엇인가? 그래프를 보고 우함수인지 어떻게 알 수 있는가? 우함수의 예 3개를 들라.

(b) 기함수는 무엇인가? 그래프를 보고 기함수인지 어떻게 알 수 있는가? 기함수의 예 3개를 들라.

03 증가하는 함수란 무엇인가?

04 다음 형태의 함수에 대한 예를 들어라.

(a) 선형함수   (b) 거듭제곱함수

(c) 지수함수   (d) 이차함수

(e) 5차 다항함수   (f) 유리함수

05 같은 축 위에 다음 함수의 그래프를 손으로 그려라.

(a) $f(x) = x$ (b) $g(x) = x^2$

(c) $h(x) = x^3$ (d) $j(x) = x^4$

06 다음 각 함수의 대략적인 그래프를 손으로 그려라.

(a) $y = \sin x$ (b) $y = \tan x$

(c) $y = 2^x$ (d) $y = 1/x$

(e) $y = |x|$ (f) $y = \sqrt{x}$

07 f와 g의 정의역을 각각 A와 B라고 하자.

(a) $f+g$의 정의역은 무엇인가?

(b) fg의 정의역은 무엇인가?

(c) f/g의 정의역은 무엇인가?

08 합성함수 $f \circ g$는 어떻게 정의되는가? 정의역은 무엇인가?

09 f의 그래프가 주어져 있다고 하자. f의 그래프로부터 다음과 같은 그래프를 얻는 각각의 방정식을 구하라.

(a) 위로 2단위 이동

(b) 아래로 2단위 이동

(c) 오른쪽으로 2단위 이동

(d) 왼쪽으로 2단위 이동

(e) x축에 대해 대칭

(f) y축에 대해 대칭

(g) 수직 방향으로 2배 늘이기

(h) 수직 방향으로 2배 줄이기

(i) 수평 방향으로 2배 늘이기

(j) 수평 방향으로 2배 줄이기

10 그래프를 그려서 다음 각각의 의미를 설명하라.

(a) $\lim\limits_{x \to a} f(x) = L$　　　(b) $\lim\limits_{x \to a^+} f(x) = L$

(c) $\lim\limits_{x \to a^-} f(x) = L$　　　(d) $\lim\limits_{x \to a} f(x) = \infty$

(e) $\lim\limits_{x \to \infty} f(x) = L$

11 극한이 존재하지 않는 여러 가지 경우를 쓰고, 그림을 그려서 이를 설명하라.

12 다음 극한 법칙을 설명하라.

(a) 합의 법칙　　　(b) 차의 법칙

(c) 상수배 법칙　　　(d) 곱의 법칙

(e) 나눗셈의 법칙　　　(f) 거듭제곱 법칙

(g) 거듭제곱근 법칙

13 압축정리란 무엇인가?

14 (a) f가 a에서 연속이라는 의미는 무엇인가?

(b) f가 구간 $(-\infty, \infty)$에서 연속이라는 의미는 무엇인가? 이러한 함수의 그래프에 대해 무엇을 말할 수 있는가?

15 중간값 정리는 무엇을 말하는가?

16 (a) 직선 $x = a$가 곡선 $y = f(x)$의 수직점근선이라는 것은 무엇을 의미하는가? 곡선을 그려서 다양한 가능성을 설명하라.

(b) 직선 $y = L$이 곡선 $y = f(x)$의 수평점근선이라는 것은 무엇을 의미하는가? 곡선을 그려서 다양한 가능성을 설명하라.

참/거짓 질문

다음 명제가 참인지 거짓인지 결정하라. 참이면 이유를 설명하고, 거짓이면 이유를 설명하거나 반례를 들어라.

01 f가 함수이면 $f(s + t) = f(s) + f(t)$이다.

02 f가 함수이면 $f(3x) = 3f(x)$이다.

03 수직선은 함수의 그래프와 최대 한 번 만난다.

04 $\lim\limits_{x \to 4} \left(\dfrac{2x}{x-4} - \dfrac{8}{x-4} \right) = \lim\limits_{x \to 4} \dfrac{2x}{x-4} - \lim\limits_{x \to 4} \dfrac{8}{x-4}$

05 $\lim\limits_{x \to 1} \dfrac{x-3}{x^2 + 2x - 4} = \dfrac{\lim\limits_{x \to 1} (x-3)}{\lim\limits_{x \to 1} (x^2 + 2x - 4)}$

06 $\lim\limits_{x \to 5} f(x) = 0$, $\lim\limits_{x \to 5} g(x) = 0$이면 $\lim\limits_{x \to 5} [f(x)/g(x)]$는 존재하지 않는다.

07 p가 다항함수이면 $\lim\limits_{x \to b} p(x) = p(b)$이다.

08 함수는 두 개의 서로 다른 수평점근선을 가질 수 있다.

09 직선 $x = 1$이 $y = f(x)$의 수직점근선이면 f는 1에서 정의되지 않는다.

10 x가 임의의 실수일 때 $\sqrt{x^2} = x$이다.

11 f가 5에서 연속이고 $f(5) = 2$, $f(4) = 3$이면, $\lim\limits_{x \to 2} f(4x^2 - 11) = 2$이다.

12 f가 $\lim\limits_{x \to 0} f(x) = 6$을 만족하는 함수라고 할 때 $0 < |x| < \delta$이면 $|f(x) - 6| < 1$인 양수 δ가 존재한다.

13 f가 a에서 연속이면 $|f|$도 a에서 연속이다.

01 f는 다음 그래프로 주어진 함수라 하자.

(a) $f(2)$를 추정하라.

(b) $f(x)=3$인 x를 추정하라.

(c) f의 정의역을 말하라.

(d) f의 치역을 말하라.

(e) f가 증가하는 구간은 어디인가?

(f) f는 우함수인지 기함수인지 아니면 어느 것도 아닌지 설명하라.

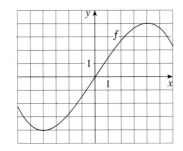

02 함수의 정의역과 치역을 구하고, 구간 기호로 쓰라.

$$f(x)=2/(3x-1)$$

03 f의 그래프가 주어져 있다고 하자. f의 그래프로부터 다음 함수들의 그래프가 어떻게 얻어질 수 있는지 설명하라.

(a) $y=f(x)+8$ (b) $y=f(x+8)$

(c) $y=1+2f(x)$ (d) $y=f(x-2)-2$

(e) $y=-f(x)$ (f) $y=3-f(x)$

04~05 변환을 이용하여 다음 함수의 그래프를 그려라.

04 $y=-\sin 2x$

05 $f(x)=\dfrac{1}{x+2}$

06 f가 우함수인지, 기함수인지, 어느 것도 아닌지 결정하라.

(a) $f(x)=2x^5-3x^2+2$ (b) $f(x)=x^3-x^7$

(c) $f(x)=\cos(x^2)$ (d) $f(x)=1+\sin x$

07 $f(x)=\sqrt{x}$이고 $g(x)=\sin x$일 때 (a) $f\circ g$ (b) $g\circ f$

(c) $f\circ f$ (d) $g\circ g$를 구하고 각각의 정의역을 구하라.

08 f의 그래프가 주어져 있다.

(a) 각 극한을 구하거나, 존재하지 않는다면 그 이유를 설명하라.

(i) $\displaystyle\lim_{x\to 2^+} f(x)$ (ii) $\displaystyle\lim_{x\to -3^+} f(x)$

(iii) $\displaystyle\lim_{x\to -3} f(x)$ (iv) $\displaystyle\lim_{x\to 4} f(x)$

(v) $\displaystyle\lim_{x\to 0} f(x)$ (vi) $\displaystyle\lim_{x\to 2^-} f(x)$

(vii) $\displaystyle\lim_{x\to \infty} f(x)$ (viii) $\displaystyle\lim_{x\to -\infty} f(x)$

(b) 수평점근선의 방정식을 말하라.

(c) 수직점근선의 방정식을 말하라.

(d) f가 불연속인 수는 무엇인가? 설명하라.

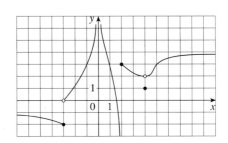

09~12 극한을 구하라.

09 $\displaystyle\lim_{x\to 0} \cos(x+\sin x)$

10 $\displaystyle\lim_{x\to -3} \frac{x^2-9}{x^2+2x-3}$

11 $\displaystyle\lim_{s\to 16} \frac{4-\sqrt{s}}{s-16}$

12 $\displaystyle\lim_{x\to \infty} \left(\sqrt{x^2+4x+1}-x\right)$

13 $0<x<3$에서 $2x-1\le f(x)\le x^2$일 때, $\displaystyle\lim_{x\to 1} f(x)$를 구하라.

14~15 극한에 대한 엄밀한 정의를 이용하여 다음 명제를 증명하라.

14 $\displaystyle\lim_{x\to 2} (14-5x)=4$

15 $\lim\limits_{x \to \infty} \dfrac{1}{x^4} = 0$

---

16 $f(x) = \begin{cases} \sqrt{-x} & , \quad x < 0 \\ 3 - x & , \quad 0 \le x < 3 \\ (x-3)^2 & , \quad x \ge 3 \end{cases}$

(a) 극한이 존재한다면 그 극한을 구하라.

(i) $\lim\limits_{x \to 0^+} f(x)$　　　(ii) $\lim\limits_{x \to 0^-} f(x)$　　　(iii) $\lim\limits_{x \to 0} f(x)$

(iv) $\lim\limits_{x \to 3^-} f(x)$　　　(v) $\lim\limits_{x \to 3^+} f(x)$　　　(vi) $\lim\limits_{x \to 3} f(x)$

(b) f가 불연속인 곳은 어디인가?

(c) f의 그래프를 그려라.

17 중간값 정리를 이용하여 구간 $(1, 2)$에서 다음 방정식의 근이 존재함을 보여라.

$$x^5 - x^3 + 3x - 5 = 0$$

2장 역함수 :
지수함수, 로그함수, 역삼각함수

INVERSE FUNCTIONS :
Exponential, Logarithmic, and
Inverse Trigonometric Functions

이 장에서 다루는 함수의 공통 주제는 함수가 역함수와 함께 짝을 지어
나타나는 것이다. 특히 수학이나 그의 응용에 나타나는 가장 중요한
두 함수는 지수함수 $f(x) = a^x$와 역함수인 로그함수 $g(x) = \log_a x$이다.
여기서 이 두 함수의 성질을 알아본다. 또한 삼각함수와 쌍곡선함수의
역함수를 살펴본다.

2.1 역함수

함수 $y = f(x)$는 수 x를 수 y에 대응시키는 관계를 나타낸다. 이에 대해 역으로 수 y를 수 x에 대응시키는 함수를 생각할 수 있다. 이 함수는 f^{-1}로 나타내고 'f의 역함수'로 읽는다. 즉 $x = f^{-1}(y)$는 x를 y의 함수로 생각한다. 그러나 모든 함수가 역함수를 갖는 것은 아니다. [그림 1]에 보인 화살표 도표로 나타낸 두 함수 f와 g를 비교해보자. f는 결코 같은 값을 두 번 취하지 않는다. 반면 g는 같은 값을 두 번 취한다. (2와 3은 모두 동일한 출력 4를 갖는다.) 이를 기호로 표시하면 다음과 같다.

$$g(2) = g(3)$$

그러나 $x_1 \neq x_2$일 때 $f(x_1) \neq f(x_2)$인 성질을 갖는 함수 f를 일대일 함수라고 한다.

> 1 정의 함수 f가 결코 동일한 값을 두 번 취하지 않을 때, 즉 다음이 성립할 때 이 함수를 일대일 함수$^{\text{one-to-one function}}$라 한다.
> $$x_1 \neq x_2 \text{일 때 } f(x_1) \neq f(x_2)$$

수평선이 두 번 이상 f의 그래프와 만난다면 [그림 2]에서 보듯이 $f(x_1) = f(x_2)$를 만족하는 수 x_1과 x_2가 존재한다. 이것은 f가 일대일 함수가 아니라는 뜻이다. 그러므로 함수가 일대일인지를 결정하려면 다음과 같은 기하학적인 방법을 사용한다.

> 수평선 판정법 함수가 일대일이기 위한 필요충분조건은 어떤 수평선도 두 번 이상 함수의 그래프와 교차하지 않는 것이다.

◀예제 1▶ 함수 $f(x) = x^3$은 일대일인가?

풀이

$x_1 \neq x_2$일 때 $x_1^3 \neq x_2^3$이다. (서로 다른 두 수는 동일한 세제곱을 갖지 않는다.) 따라서 정의 1에 의해 $f(x) = x^3$은 일대일이다. ❱

◀예제 2▶ 함수 $g(x) = x^2$은 일대일인가?

풀이

이 함수는 일대일이 아니다. 예를 들어 $g(1) = 1 = g(-1)$이기 때문에 1과 -1은 동일한 출력을 갖는다. ❱

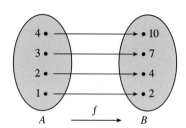

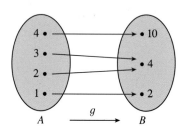

[그림 1] f는 일대일이지만 g는 아니다.

입력과 출력이라는 용어로 나타내면 정의 1은 각각의 출력이 오로지 하나의 입력에 대응할 때 f를 일대일이라 한다.

[그림 2] 이 함수는 $f(x_1) = f(x_2)$ 이므로 일대일이 아니다.

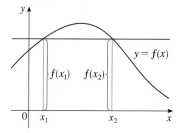

[그림 3] $f(x) = x^3$은 일대일이다.

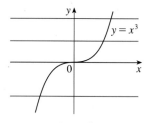

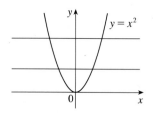

[그림 4] $g(x) = x^2$은 일대일이 아니다.

일대일 함수는 다음 정의에 따라 명확하게 역함수를 갖는 함수이므로 중요하다.

> 2 **정의** f가 정의역 A와 치역 B를 갖는 일대일 함수라고 하자. 그러면 f의 역함수$^{inverse\ function}$ f^{-1}는 정의역 B와 치역 A를 가지며, B 안의 임의의 y에 대해 다음과 같이 정의된다.
>
> $$f^{-1}(y) = x \iff f(x) = y$$

이 정의는 f가 x를 y로 사상시키면 f^{-1}는 y를 x로 되돌려 사상시키는 것을 말한다. (f가 일대일이 아니면 f^{-1}는 유일하게 정의되지 않는다.) [그림 5]에 있는 화살표 도표는 f^{-1}가 f의 결과를 되돌리는 것을 나타낸다. 다음에 주목하자.

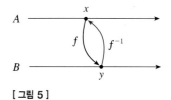

[그림 5]

$$f^{-1}\text{의 정의역} = f\text{의 치역}$$
$$f^{-1}\text{의 치역} = f\text{의 정의역}$$

예를 들어 $y = x^3$이면 다음이 성립한다.

$$f^{-1}(y) = f^{-1}(x^3) = (x^3)^{1/3} = x$$

따라서 $f(x) = x^3$의 역함수는 $f^{-1}(x) = x^{1/3}$이다.

⊘ **주의** f^{-1}의 -1을 지수로 혼동하면 안 된다. 즉

$$f^{-1}(x) \text{는 } \frac{1}{f(x)} \text{을 의미하지 않는다.}$$

그러나 $1/f(x)$은 $[f(x)]^{-1}$로 쓸 수 있다.

◀ **예제 3** $f(1) = 5$, $f(3) = 7$, $f(8) = -10$일 때 $f^{-1}(7)$, $f^{-1}(5)$, $f^{-1}(-10)$을 구하라.

풀이

f^{-1}의 정의로부터 다음을 얻는다.

$$f(3) = 7 \text{이므로 } f^{-1}(7) = 3$$
$$f(1) = 5 \text{이므로 } f^{-1}(5) = 1$$
$$f(8) = -10 \text{이므로 } f^{-1}(-10) = 8$$

[그림 6]에 있는 도표는 f^{-1}가 f의 결과를 어떻게 되돌리는지 명백하게 보여준다.

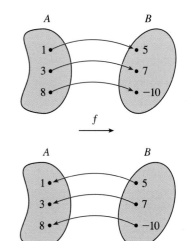

❱ [그림 6] 역함수는 입력과 출력을 바꾼다.

문자 x는 전통적으로 독립변수로 사용된다. 따라서 f보다 f^{-1}에 대해 관심을 기울일 때 정의 ②에서 보인 x와 y의 역할을 바꿔서 다음과 같이 쓴다.

③
$$f^{-1}(x) = y \iff f(y) = x$$

정의 ②에서 y를 치환하고 ③에서는 x를 치환하면 다음과 같은 **소거방정식**^{cancellation equation}을 얻는다.

④
$$A \text{ 안의 모든 } x\text{에 대해 } f^{-1}(f(x)) = x$$
$$B \text{ 안의 모든 } x\text{에 대해 } f(f^{-1}(x)) = x$$

첫 번째 소거방정식은 x로 시작해서 f에 적용하고 다시 f^{-1}에 적용하면, 처음에 시작한 x로 되돌아가는 것을 말한다([그림 7] 참조). 두 번째 방정식은 f는 f^{-1}가 한 것을 원상태로 되돌려 놓는다는 것을 보여준다.

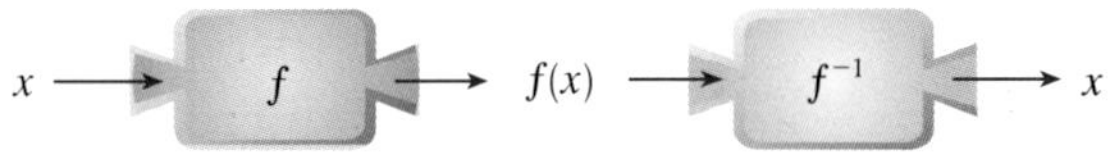

[그림 7]

예를 들어 $f(x) = x^3$이면 $f^{-1}(x) = x^{1/3}$이므로 소거방정식은 다음과 같다.

$$f^{-1}(f(x)) = (x^3)^{1/3} = x$$
$$f(f^{-1}(x)) = (x^{1/3})^3 = x$$

이들 방정식은 3차함수와 세제곱근함수를 연이어 적용했을 때 서로 소거되는 것을 보여준다.

이제 역함수를 계산하는 방법을 살펴보자. 함수 $y = f(x)$가 주어지고 x에 대한 방정식을 y에 관하여 풀 수 있다면 정의 ②에 따라 $x = f^{-1}(y)$를 얻는다. 독립변수를 x로 나타내고자 한다면 x와 y를 서로 바꿔서 방정식 $y = f^{-1}(x)$를 얻는다.

---

⑤ **일대일 함수 f의 역함수를 구하는 방법**

1단계 : $y = f(x)$를 쓴다.

2단계 : (가능하다면) x에 대한 이 방정식을 y에 대하여 푼다.

3단계 : x의 함수로써 f^{-1}을 표현하기 위해 x와 y를 서로 바꾼 결과, 방정식은 $y = f^{-1}(x)$이다.

◀ **예제 4** $f(x) = x^3 + 2$의 역함수를 구하라.

풀이

⑤에 따라 우선 다음과 같이 쓴다.

$$y = x^3 + 2$$

x에 대한 이 방정식을 푼다.

$$x^3 = y - 2$$
$$x = \sqrt[3]{y - 2}$$

끝으로 x와 y를 서로 바꾸면 다음을 얻는다.

$$y = \sqrt[3]{x - 2}$$

따라서 역함수는 $f^{-1}(x) = \sqrt[3]{x - 2}$ 이다.

[예제 4]에서 f^{-1}이 f의 결과를 어떻게 되돌리는지 주목하자. 함수 f는 세제곱에 2를 더하라는 규칙이고, f^{-1}는 2를 뺀 후 세제곱근을 취한다는 규칙이다.

역함수를 구하기 위해 x와 y를 서로 바꾸는 원리는 f의 그래프에서 f^{-1}의 그래프를 얻는 방법을 제시한다. $f(a) = b$이기 위한 필요충분조건은 $f^{-1}(b) = a$이므로 점 (a, b)가 f의 그래프 위에 있기 위한 필요충분조건은 점 (b, a)가 f^{-1}의 그래프 위에 있는 것이다. 그런데 점 (b, a)는 (a, b)를 $y = x$에 대해 대칭시킴으로써 얻는다([그림 8] 참조).

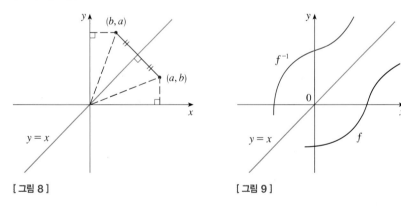

[그림 8]   [그림 9]

그러므로 [그림 9]에서 설명된 것과 같이 다음을 얻는다.

f^{-1}의 그래프는 직선 $y = x$에 대해 f의 그래프를 대칭 이동시켜 얻는다.

◀예제5 동일한 좌표축을 이용하여 $f(x) = \sqrt{-1-x}$ 와 이 함수의 역함수의 그래프를 그려라.

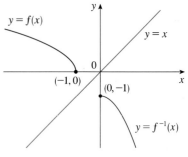

[그림 10]

풀이

먼저 $y = \sqrt{-1-x}$ (포물선 $y^2 = -1-x$ 또는 $x = -y^2 - 1$의 위쪽 절반)의 그래프를 그린다. 그 다음 f^{-1}의 그래프를 얻기 위해 $y = x$에 대해 대칭시킨다([그림 10] 참조). 그래프에서 확인한 바와 같이 f^{-1}에 대한 표현은 $f^{-1}(x) = -x^2 - 1$, $x \geq 0$임에 주목한다. 따라서 f^{-1}의 그래프는 포물선 $y = -x^2 - 1$의 오른쪽 절반 부분이며 [그림 10]을 봤을 때 타당한 것으로 보인다.

역함수의 계산

이제 미적분학의 관점에서 역함수를 살펴보자. f가 일대일 함수이고 연속함수라고 가정하자. 그래프가 끊어지지 않은 것으로 연속함수를 생각할 수 있다(한 조각으로 구성). f^{-1}의 그래프는 f의 그래프를 직선 $y = x$에 대해 대칭시켜 얻으므로, f^{-1}의 그래프도 끊어지지 않는다([그림 9] 참조). 따라서 f^{-1}도 역시 연속함수라는 것을 기대할 수 있다. 이런 기하학적인 논의로 다음 정리를 얻는다.

> **⑥ 정리** f가 어떤 구간에서 정의된 일대일 연속함수이면 그의 역함수 f^{-1}도 역시 연속이다.

2.1 연습문제

01 (a) 일대일 함수란 무엇인가?

(b) 함수가 일대일인지 아닌지를 그래프로부터 어떻게 알 수 있는가?

02~07 다음 문제에서는 함수를 표, 그래프, 공식, 구두 설명으로 제시하였다. 각 함수가 일대일 함수인지 아닌지를 결정하라.

02

x	1	2	3	4	5	6
$f(x)$	1.5	2.0	3.6	5.3	2.8	2.0

03

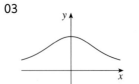

04

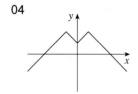

05 $f(x) = x^2 - 2x$

06 $g(x) = 1/x$

07 $f(t)$는 축구공을 찬 t초 후의 공의 높이이다.

08 f가 일대일 함수라 하자.

(a) $f(6) = 17$이면 $f^{-1}(17)$은 얼마인가?

(b) $f^{-1}(3) = 2$이면 $f(2)$는 얼마인가?

09 $h(x) = x + \sqrt{x}$일 때 $h^{-1}(6)$을 구하라.

10 공식 $C = 5(F-32)/9$, $F \geq -459.67$은 섭씨온도 C를 화씨온도 F로 나타낸 함수이다. 역함수에 대한 공식을 구하고 그 의미를 해석하라. 역함수의 정의역은 무엇인가?

11~12 다음 함수의 역함수에 대한 공식을 구하라.

11 $f(x) = 3 - 2x$

12 $y = \dfrac{1 - \sqrt{x}}{1 + \sqrt{x}}$

---

13 ⊞ 함수 $f(x) = x^4 + 1$, $x \geq 0$의 역함수 f^{-1}에 대한 명확한 식을 구하라. 그리고 이것을 이용하여 동일한 보기화면에 f^{-1}, f, $y = x$의 그래프를 그려라. f와 f^{-1}의 그래프가 $y = x$에 대해 대칭인지 확인하라.

14 다음과 같은 f의 그래프를 이용하여 f^{-1}의 그래프를 그려라.

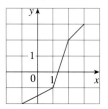

15 $f(x) = \sqrt{1-x^2}$, $0 \leq x \leq 1$이라 하자.

(a) f^{-1}를 구하라. 이 함수는 f와 어떤 관계가 있는가?

(b) f의 그래프를 확인하고 (a)의 답을 설명하라.

16 (a) 곡선을 왼쪽 방향으로 이동하면 $y = x$에 대해 대칭인 그래프는 어떻게 되는가? 이와 같은 기하학적 관점에서 $g(x) = f(x+c)$의 역함수에 대한 표현을 구하라. 여기서 f는 일대일 함수이다.

(b) $c \neq 0$에 대해 $h(x) = f(cx)$의 역함수에 대한 표현을 구하라.

2.2 지수함수

1.2절에서 양의 정수 n에 대해 x^n, $x^{1/n}$ 그리고 x^{-1} 형태의 거듭제곱함수를 살펴보았다. 이때 $x = 2$이면 다음과 같다.

$$2^2 = 4, \quad 2^{1/3} = \sqrt[3]{2}, \quad 2^{-1} = \frac{1}{2}$$

그리고 양의 정수 n에 대해 x^{-n}을 다음과 같이 정의한다.

$$x^{-n} = \frac{1}{x^n}$$

그러면 양수 $a(a \neq 1)$와 자연수 m, $n(n > 0)$에 대해 다음을 정의할 수 있다.

$$(a^{1/n})^m = (\sqrt[n]{a})^m = \overbrace{(a^{1/n}) \cdot \cdots \cdot (a^{1/n})}^{m}$$

따라서 양의 유리수 $p = \dfrac{m}{n}$에 대해 유리수인 지수를 다음과 같이 나타낸다.

$$a^p = a^{m/n} = (a^{1/n})^m = (\sqrt[n]{a})^m$$

$$a^{-p} = a^{-m/n} = \frac{1}{a^{m/n}} = \frac{1}{\sqrt[n]{a^m}}$$

예를 들어 $2^{1.4}$와 $2^{-1.4}$을 소수점 아래 여섯째 자리에서 근삿값을 구하면 다음과 같다.

$$2^{1.4} = 2^{14/10} = \left(2^{1/10}\right)^{14} = (1.07177346\cdots)^{14} \fallingdotseq 2.639016$$

$$2^{-1.4} = \frac{1}{2^{1.4}} = \frac{1}{2.639016} \fallingdotseq 0.378929$$

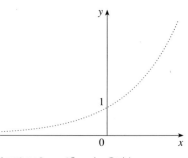

[그림 11] $y = 2^x$, x는 유리수

특히 $a^0 = 1$이므로 임의의 양수 a에 대해 유리수 p를 지수로 갖는 실수 a^p을 정의할 수 있다. [그림 11]은 유리수 x에 대한 2^x의 그래프를 나타낸다.

실수 전체는 아주 조밀해서 유리수와 유리수 사이에 무수히 많은 무리수가 존재한다. [그림 11]에는 x가 무리수인 경우에 대한 2^x 값이 빠져있다. 이제 지수가 무리수인 경우를 정의하기 위해 $2^{\sqrt{2}}$을 생각하자. 먼저 $\sqrt{2}$를 소수로 나타내면 $\sqrt{2} = 1.41421356\cdots$이므로 다음과 같은 방법으로 유리수 지수를 갖는 수들을 생각할 수 있다.

$$2 = 2^1 < 2^{\sqrt{2}} < 2^2 = 4$$
$$2.639016\cdots = 2^{1.4} < 2^{\sqrt{2}} < 2^{1.5} = 2.828427\cdots$$
$$2.657372\cdots = 2^{1.41} < 2^{\sqrt{2}} < 2^{1.42} = 2.675855\cdots$$
$$2.664750\cdots = 2^{1.414} < 2^{\sqrt{2}} < 2^{1.415} = 2.666597\cdots$$
$$2.665119\cdots = 2^{1.4142} < 2^{\sqrt{2}} < 2^{1.4143} = 2.665304\cdots$$
$$2.665138\cdots = 2^{1.41421} < 2^{\sqrt{2}} < 2^{1.41422} = 2.665156\cdots$$
$$2.665143\cdots = 2^{1.414213} < 2^{\sqrt{2}} < 2^{1.414214} = 2.665145\cdots$$
$$2.665144\cdots = 2^{1.4142135} < 2^{\sqrt{2}} < 2^{1.4142136} = 2.665144\cdots$$
$$2.665144\cdots = 2^{1.41421356} < 2^{\sqrt{2}} < 2^{1.41421357} = 2.665144\cdots$$
$$\vdots$$

그러면 소수점 아래 여섯째 자리에서 근삿값으로 $2^{\sqrt{2}} \fallingdotseq 2.665144$이다. 이와 같은 방법으로 임의의 무리수 x에 대해서도 2^x을 정의할 수 있으며, 이 값에 의해 [그림 11]의 비워진 곳을 채우게 된다. 따라서 실수 x에 대한 2^x의 그래프는 [그림 12]와 같다.

임의의 실수 $a(a \neq 1,\ a > 0)$에 대하여 다음 함수를 밑이 a인 **지수함수**exponential function라 한다.

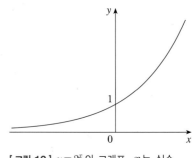

[그림 12] $y = 2^x$의 그래프, x는 실수

$$f(x) = a^x$$

[그림 13]은 밑 a에 따른 지수함수의 그래프를 나타낸다. $0 < a < 1$이면 $y = a^x$은 감소하고, $a = 1$이면 $y = 1$인 상수함수, $a > 1$이면 $y = a^x$은 증가한다. 그리고 $a \neq 1$일 때 지수함수 $y = a^x$의 정의역은 $\mathbb{R}$이고 치역은 $(0, \infty)$이다. 또한 $(1/a)^x = 1/a^x = a^{-x}$이므로 함수 $y = (1/a)^x$의 그래프는 $y = a^x$을 y축에 대해 대칭시킨 것과 같다.

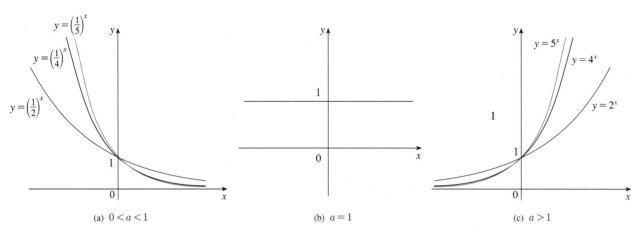

(a) $0 < a < 1$ (b) $a = 1$ (c) $a > 1$

[**그림 13**] $y = a^x$의 그래프

특히 $a \neq 0$일 때 $a^0 = 1$이므로 모든 지수함수는 $(0, 1)$을 지난다. 또한 $0 < a < 1$일 때 a가 작을수록 지수함수는 가파르게 감소하고, $a > 1$일 때 a가 커질수록 지수함수는 가파르게 증가한다. 그리고 [그림 13]으로부터 다음과 같이 지수함수에 대한 무한대에서의 극한을 알 수 있다.

$\boxed{1}$ $a > 1$이면 $\displaystyle\lim_{x \to \infty} a^x = \infty$이고 $\displaystyle\lim_{x \to -\infty} a^x = 0$이다.

$0 < a < 1$이면 $\displaystyle\lim_{x \to \infty} a^x = 0$이고 $\displaystyle\lim_{x \to -\infty} a^x = \infty$이다.

이제 $f(x) = e^x$가 지수함수에 대해 기대되는 다음 성질을 갖는다는 사실을 명확히 한다.

$\boxed{2}$ **지수법칙**^{law of exponents}

a, b가 실수이고 x, y가 양의 실수이면 다음이 성립한다.

(1) $a^x a^y = a^{x+y}$

(2) $\dfrac{a^x}{a^y} = a^{x-y}$

(3) $(ab)^x = a^x b^x$

(4) $(a^x)^y = a^{xy}$

이때 다음을 유의하기 바란다.
(1) $-a^x = -(a^x)$, $-a^x \neq (-a)^x$
(2) $ca^x = c(a^x)$, $ca^x \neq (ca)^x$
(3) $a^{x^y} = a^{(x^y)}$, $a^{x^y} \neq (a^x)^y$

◀ 예제 1 함수 $y = 2^x$의 그래프를 그리고 1.2절의 변환을 이용하여 함수 $y = 3 - 2^{x+1}$의 그래프를 그려서 정의역과 치역을 구하라.

풀이

먼저 [그림 14(a)]와 같이 $y = 2^x$의 그래프를 그린다. 지수법칙에 의해 $2^{x+1} = 2 \cdot 2^x$이므로 [그림 14(a)]를 두 배로 늘려서 [그림 14(b)]와 같이 $y = 2^{x+1}$을 얻는다. $y = -2^{x+1}$을 얻기 위해 [그림 14(b)]를 x축에 대해 대칭시키고, $y = 3 - 2^{x+1}$을 얻기 위해 [그림 14(c)]를 수직 위로 3만큼 이동시켜서 [그림 14(d)]를 얻는다.

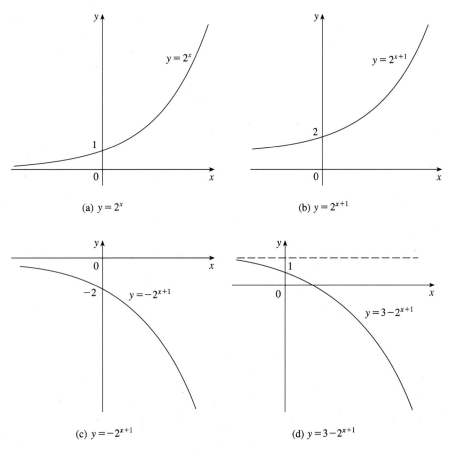

(a) $y = 2^x$

(b) $y = 2^{x+1}$

(c) $y = -2^{x+1}$

(d) $y = 3 - 2^{x+1}$

[그림 14] ❱

한편 [그림 15]와 같이 지수함수 $y = a^x$에 대한 그래프 위의 임의의 점 $P(x, a^x)$에서 그은 접선의 기울기가 그 점의 y좌표인 a^x와 같게 되는 양수 a가 2와 3 사이에 존재한다. 전통적으로 이 수 a를 문자 e로 나타낸다.

> ③ **무리수 e의 정의**
>
> $\lim\limits_{h \to 0} \dfrac{a^h - 1}{h} = 1$을 만족하는 실수 a가 존재하며, 이 수를 e로 나타낸다.

이러한 수 e의 존재성은 3.7절에서 볼 수 있다.

다음과 같이 밑이 e인 지수함수를 **자연지수함수**^{natural exponential function}라 하며, 자연지수 함수의 그래프는 [그림 15]와 같다.

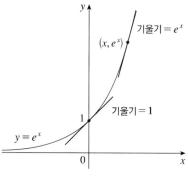

$$f(x) = e^x$$

따라서 자연지수함수는 $a > 1$인 지수함수의 성질을 모두 갖는다. 즉, 자연지수함 수 $f(x) = e^x$의 정의역은 $\mathbb{R}$이고 치역은 $(0, \infty)$이다. 그리고 이 함수는 x가 커 질수록 $f(x)$는 한없이 증가하고 x가 음수이고 절댓값이 커질수록 $f(x)$는 0에 가 까워진다.

[**그림 15**] $y = e^x$의 그래프

◀**예제 2** 극한 $\displaystyle\lim_{x \to \infty} \frac{e^{2x}}{e^{2x}+1}$를 구하라.

풀이

분자와 분모를 e^{2x}로 나누면 다음을 얻는다.

$$\lim_{x \to \infty} \frac{e^{2x}}{e^{2x}+1} = \lim_{x \to \infty} \frac{1}{1+e^{-2x}} = \frac{1}{1+\displaystyle\lim_{x \to \infty} e^{-2x}}$$

$$= \frac{1}{1+0} = 1$$

여기서 $x \to \infty$일 때 $t = -2x \to -\infty$이므로 다음이 성립한다는 것을 이용했다.

$$\lim_{x \to \infty} e^{-2x} = \lim_{t \to -\infty} e^t = 0$$

2.2 연습문제

01 (a) 함수 $f(x) = a^x$의 정의역은 무엇인가?

  (b) $a \neq 1$이면, 이 함수의 치역은 무엇인가?

  (c) 다음 각각의 경우 대해 지수함수의 일반적인 그래프의 모양 을 그려라.

   (i) $a > 1$ (ii) $a = 1$ (iii) $0 < a < 1$

02 (a) 수 e를 어떻게 정의하는가?

  (b) e에 대한 근삿값은 얼마인가?

  (c) 그래프가 y축을 어떻게 지나는지 특별한 주의를 기울여 함

수 $f(x) = a^x$의 그래프를 손으로 그려라.

03 ▦ 네 함수 $y = 2^x$, $y = e^x$, $y = 5^x$, $y = 20^x$의 그래프를 동일 한 보기화면에 그려라. 이 그래프들은 어떻게 관련되는가?

04~05 다음 함수의 그래프를 대략적으로 그려라. 계산기는 이용하 지 않는다. 필요하다면, [그림 15]에 주어진 그래프와 1.2절의 변환을 이용한다.

04 $y = e^{-x}$

05 $y = 1 - \dfrac{1}{2} e^{-x}$

06~07 다음 극한을 구하라.

06 $\displaystyle\lim_{x \to \infty} \dfrac{e^{3x} - e^{-3x}}{e^{3x} + e^{-3x}}$

07 $\displaystyle\lim_{x \to \infty} \left(e^{-2x} \cos x \right)$

---

08 다음 그래프로 주어진 지수함수 $f(x) = Ca^x$를 구하라.

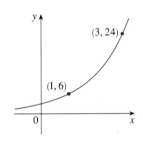

09 $f(x) = x^2$과 $g(x) = 2^x$의 그래프를 측정 단위가 1인치인 모눈 종이 위에 그릴 때, 원점의 오른쪽으로 2피트 떨어진 거리에서 f의 그래프 높이가 48피트라면 g의 그래프 높이는 대략 265마일임을 보여라.

10 어떤 환경에서 소문이 다음 방정식에 따라 퍼져 나간다.

$$p(t) = \dfrac{1}{1 + ae^{-kt}}$$

여기서 $p(t)$는 시각 t에서 소문을 알고 있는 인구의 비율이고, a와 k는 양의 상수이다.

(a) $\displaystyle\lim_{t \to \infty} p(t)$를 구하라.

(b) $a = 10$, $k = 0.5$인 경우에 p의 그래프를 그려라. 여기서 t의 측정 단위는 시간이다. 이 그래프를 이용하여 인구의 80%가 소문을 듣는 데 걸리는 시간을 추정하라.

2.3 로그함수

정의역 $\mathbb{R}$ 안의 모든 x에 대해 $0 < a < 1$이면 지수함수 $y = a^x$은 감소하고, $a > 1$이면 증가하므로 어느 경우이든 지수함수는 일대일 함수이다. 따라서 지수함수 f는 그의 역함수 f^{-1}를 갖는다. 즉 다음을 만족하는 함수 f^{-1}가 존재한다.

$$x = a^y \iff y = f^{-1}(x)$$

이 역함수 f^{-1}를 밑이 a인 **로그함수**logarithmic function with base a라 하며, $f^{-1} = \log_a$로 나타낸다. 그러므로 $x > 0$이면 다음 관계가 성립한다.

$$\boxed{1} \qquad x = a^y \iff y = \log_a x$$

그러면 $\log_a x$는 밑 a에 얼마의 거듭제곱(y)을 취해야 x가 되는지를 의미한다. 예를 들어, $2^3 = 8$이므로 $\log_2 8 = 3$이다.

◀**예제 1** 다음을 계산하라.

(a) $\log_2 32$

(b) $\log_{36} 6$

(c) $\log_{10} 0.01$

풀이

(a) $2^5 = 32$이므로 $\log_2 32 = 5$이다.

(b) $36^{1/2} = 6$이므로 $\log_{36} 6 = \dfrac{1}{2}$이다.

(c) $10^{-2} = 0.01$이므로 $\log_{10} 0.01 = -2$이다. ❱

두 함수 $y = \log_a x$와 $x = a^y$에 2.1절의 소거방정식 ④를 적용하면 다음과 같다.

$$a^{\log_a x} = x, \quad x > 0$$

②

$$\log_a(a^x) = x, \quad \text{모든 } x\text{에 대해}$$

$$f^{-1}(f(x)) = x, \quad f(f^{-1}(x)) = x$$

로그함수는 지수함수의 역함수이므로 두 함수의 그래프는 [그림 16]과 같이 $y = x$에 관해 대칭이다.

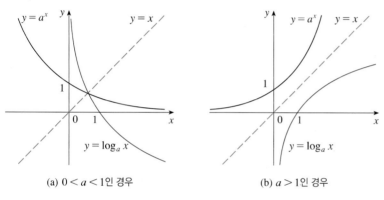

(a) $0 < a < 1$인 경우   (b) $a > 1$인 경우

[**그림 16**] 지수함수와 로그함수

[그림 16]에서 보는 바와 같이 로그함수의 정의역은 $(0, \infty)$이고 치역은 $\mathbb{R}$이다. 그리고 지수함수가 연속이므로 역함수인 로그함수도 연속이다.

한편 $0 < a < 1$이면 $y = \log_a x$는 감소하고, $a > 1$이면 $y = \log_a x$는 증가한다. 특히 $a > 0$, $a \neq 1$이면 $a^0 = 1$이므로 $\log_a 1 = 0$이다. 그러므로 모든 로그함수는 $(1, 0)$을 지난다. 그리고 [그림 16]으로부터 다음과 같이 로그함수에 대한 극한을 알 수 있다. 따라서 y축은 모든 로그함수의 수직점근선이다.

---

③ $a > 1$이면 $\displaystyle\lim_{x \to \infty} \log_a x = \infty$이고 $\displaystyle\lim_{x \to 0^+} \log_a x = -\infty$이다.

$0 < a < 1$이면 $\displaystyle\lim_{x \to \infty} \log_a x = -\infty$이고 $\displaystyle\lim_{x \to 0^+} \log_a x = \infty$이다.

◀예제 2 $\displaystyle\lim_{x \to 0} \log_5 x^4$을 구하라.

풀이

$t = x^4$이라 하면, $x \to 0$일 때 $t \to 0$, $t > 0$ 이다. 따라서 $a = 5 > 1$이므로 ③ 에 의해 다음을 얻는다.

$$\lim_{x \to 0} \log_5 x^4 = \lim_{t \to 0^+} \log_5 t = -\infty \qquad \text{❭}$$

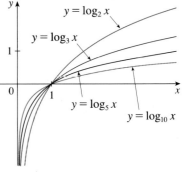

[그림 17]

[그림 17]은 $a > 1$인 밑 a에 대해 $y = \log_a x$의 그래프를 보여준다. 여기서 밑 a 가 커질수록 더욱 완만하게 증가하는 것을 알 수 있다.

다음과 같은 로그함수의 성질은 지수법칙으로부터 유추할 수 있으며, 이 성질을 로 그법칙이라 한다.

---

④ **로그법칙**^{law of logarithms}

실수 $a > 0$, $a \neq 1$과 양의 실수 x, y 그리고 임의의 실수 r에 대하여 다음이 성 립한다.

(1) $\log_a(xy) = \log_a x + \log_a y$ (2) $\log_a\left(\dfrac{x}{y}\right) = \log_a x - \log_a y$

(3) $\log_a(x^r) = r \log_a x$

NOTE _ 실수 $a > 0 (a \neq 1)$일 때 로그법칙 (3)에 의하여 $\log_a x^2 = 2\log_a x$가 성립한다. 그러나 로그함수 $f(x) = \log_a x^2$의 정의역은 $\mathbb{R} - \{0\}$이지만 $g(x) = 2\log_a x$의 정의역은 $x > 0$이므로 $\oslash$ $f = g$가 성립하 지 않는다.

◀예제 3 식 $\ln \dfrac{(x^2 + 5)^4 \sin x}{x^3 + 1}$를 전개하라.

풀이

로그법칙 (1), (2), (3)을 이용하면 다음을 얻는다.

$$\ln \frac{(x^2 + 5)^4 \sin x}{x^3 + 1} = \ln(x^2 + 5)^4 + \ln \sin x - \ln(x^3 + 1)$$

$$= 4\ln(x^2 + 5) + \ln \sin x - \ln(x^3 + 1) \qquad \text{❭}$$

◀예제 4 $\ln a + \dfrac{1}{2} \ln b$를 단일 로그로 표현하라.

풀이

로그법칙 (3)과 로그법칙 (1)을 적용하면 다음과 같다.

$$\ln a + \frac{1}{2} \ln b = \ln a + \ln b^{1/2} = \ln a + \ln \sqrt{b} = \ln(a\sqrt{b}) \qquad \text{❭}$$

한편 밑 a의 가능한 모든 값들 중에서 2.2절에서 정의된 수 $a = e$를 선택하면 $y = \log_e x$이다. 이 함수는 미적분학을 비롯한 자연과학, 공학 그리고 사회과학에서 매우 폭넓게 사용하며, 이 함수를 **자연로그함수**$^{\text{natural logarithmic function}}$라 한다. 그리고 자연로그함수를 다음과 같이 특별한 기호를 사용한다.

$$\log_e x = \ln x$$

따라서 자연지수함수와 자연로그함수 사이에 다음 관계가 성립한다.

$$y = \ln x \quad \Leftrightarrow \quad x = e^y$$

그리고 $e > 1$이므로 자연로그함수 $y = \ln x$의 그래프는 [그림 16(b)]와 같이 증가하고 식 ②에서 $a = e$라 놓고 $\log_e$를 $\ln$으로 바꾸면 다음 관계를 얻는다.

⑤
$$e^{\ln x} = x, \quad x > 0$$
$$\ln(e^x) = x, \quad \text{모든 } x\text{에 대해}$$

또한 식 ⑤에서 $x = 0$과 $x = 1$이라 놓으면 다음을 얻는다.

$$\ln 1 = 0, \quad \ln e = 1$$

◀예제 5 $\ln x = 5$일 때, x를 구하라.

풀이

식 ①로부터 $\ln x = 5$는 $e^5 = x$를 의미하는 것을 알고 있다. 따라서 $x = e^5$이다.▶

◀예제 6 방정식 $e^{5-3x} = 10$을 풀어라.

풀이

방정식의 양변에 자연로그를 취하고 식 ⑤를 이용하면 다음을 얻는다.

$$\ln(e^{5-3x}) = \ln 10$$
$$5 - 3x = \ln 10$$
$$3x = 5 - \ln 10$$
$$x = \frac{1}{3}(5 - \ln 10)$$
▶

자연로그라는 기호 $\ln$은 영문인 natural logarithm의 첫 문자 n과 l을 따서 순서를 바꾼 것이다. 대부분의 미적분학과 과학 서적에서 자연로그는 '$\ln x$'로 나타내고, $\log_{10} x$는 '$\log x$'를 사용한다. $\log_{10} x$을 **상용로그**(common logarithm)라 한다.

로그법칙 ④에서 $\log_a$를 $\ln$으로 대체하면 자연로그에 대한 다음 성질을 얻는다.

---

⑥ **자연로그법칙**^{law of natural logarithms}

양의 실수 x, y, 임의의 실수 r에 대하여 다음이 성립한다.

(1) $\ln(xy) = \ln x + \ln y$ (2) $\ln\left(\dfrac{x}{y}\right) = \ln x - \ln y$

(3) $\ln(x^r) = r \ln x$

다음 공식은 임의의 밑을 가진 로그를 자연로그로 표현할 수 있음을 보여준다.

---

⑦ **밑 변환 공식** 임의의 양수 $a(a \neq 1)$에 대해 다음이 성립한다.

$$\log_a x = \frac{\ln x}{\ln a}$$

◀ **예제7** $\log_8 5$를 소수점 아래 여섯째 자리까지 정확하게 계산하라.

풀이

식 ⑦로부터 $\log_8 5 = \dfrac{\ln 5}{\ln 8} \approx 0.773976$이다.   ❯

2.3 연습문제

01 (a) a가 양수이고 $a \neq 1$일 때, $\log_a x$는 어떻게 정의되는가?

    (b) 함수 $f(x) = \log_a x$의 정의역은 무엇인가?

    (c) 이 함수의 치역은 무엇인가?

    (d) $a > 1$일 때, 동일한 축 위에 $y = \log_a x$와 $y = a^x$의 그래프에 대한 일반적인 모양을 그려라.

02~04 다음 표현을 계산하라.

02 (a) $\log_5 125$ (b) $\log_3\left(\dfrac{1}{27}\right)$

03 (a) $\log_2 6 - \log_2 15 + \log_2 20$

    (b) $\log_3 100 - \log_3 18 - \log_3 50$

04 (a) $e^{-2\ln 5}$ (b) $\ln\left(\ln e^{e^{10}}\right)$

05~06 로그법칙을 이용하여 다음 식을 전개하라.

05 $\ln\sqrt{ab}$ **06** $\ln\dfrac{x^2}{y^3 z^4}$

07~08 다음을 e의 거듭제곱으로 표현하라.

07 $4^{-\pi}$ **08** 10^{x^2}

---

09 x에 대한 방정식을 풀어라.

    (a) $e^{7-4x} = 6$ (b) $\ln(3x - 10) = 2$

10 다음 x에 대한 부등식을 풀어라.

    (a) $\ln x < 0$ (b) $e^x > 5$

11~12 다음 함수의 그래프를 대략적으로 그려라. 계산기는 이용하지 않는다. [그림 16(b)]에 주어진 그래프와 필요하면 1.2절의 변환만을 이용한다.

11 $y = -\ln x$ **12** $y = \ln(x+3)$

---

13 $f(x) = \dfrac{x}{1 - \ln(x-1)}$ 의 정의역을 구하라.

14 $f(x) = 10^x/(10^x + 1)$ 의 역함수를 구하라.

15 함수 $f(x) = \sqrt{3 - e^{2x}}$ 의 정의역을 구하고 f^{-1}와 이 함수의 정의역을 구하라.

16 식 $\boxed{6}$ 을 이용하여 네 함수 $y = \log_{1.5} x$, $y = \ln x$, $y = \log_{10} x$, $y = \log_{50} x$ 를 동일한 보기화면에 그려라. 이 그래프들은 어떻게 관련되는가?

2.4 역삼각함수

2.1절에서 역함수를 갖는 유일한 함수는 일대일 함수인 것을 상기하자. 그러면 [그림 18]로부터 사인함수 $y = \sin x$는 일대일이 아닌 것을 알 수 있다. (수평선 판정법을 이용한다.) 그러나 함수 $f(x) = \sin x$, $-\pi/2 \le x \le \pi/2$는 일대일이다([그림 19] 참조). 이렇게 제한된 사인함수 f의 역함수가 있는데, 이 함수를 $\sin^{-1}$이나 $\arcsin$으로 나타낸다. 그리고 이 함수를 **역사인함수**^{inverse sine function} 또는 **아크사인함수**^{arcsine function}라고 한다.

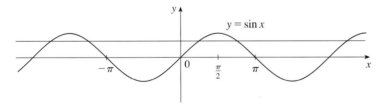

[그림 18]

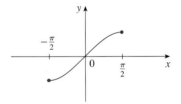

[그림 19] $y = \sin x$, $-\dfrac{\pi}{2} \le x \le \dfrac{\pi}{2}$

역함수의 정의는 다음을 의미한다.

$$f^{-1}(x) = y \iff f(y) = x$$

그러므로 다음을 얻는다.

$$\boxed{1} \qquad \sin^{-1} x = y \iff \sin y = x, \; -\frac{\pi}{2} \le y \le \frac{\pi}{2}$$

따라서 $-1 \le x \le 1$이면, $\sin^{-1} x$는 사인값이 x인 $-\pi/2$와 $\pi/2$ 사이의 수이다. $\oslash \; \sin^{-1} x \ne \dfrac{1}{\sin x}$

◀ 예제 1 (a) $\sin^{-1}\left(\dfrac{1}{2}\right)$ (b) $\tan\left(\arcsin\dfrac{1}{3}\right)$을 계산하라.

풀이

(a) $\sin\left(\dfrac{\pi}{6}\right) = \dfrac{1}{2}$ 이고 $\dfrac{\pi}{6}$ 는 $-\dfrac{\pi}{2}$ 와 $\dfrac{\pi}{2}$ 사이에 있으므로 다음을 얻는다.

$$\sin^{-1}\left(\frac{1}{2}\right) = \frac{\pi}{6}$$

(b) $\theta = \arcsin\dfrac{1}{3}$ 이라 하면 $\sin\theta = 1/3$ 이다. 그러면 [그림 20]과 같이 각 θ 를 갖는 직각삼각형을 그릴 수 있다. 피타고라스 정리로부터 밑변의 길이가 $\sqrt{9-1} = 2\sqrt{2}$ 이다. 따라서 이 직각삼각형으로부터 다음을 얻는다.

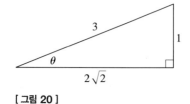
[그림 20]

$$\tan\left(\arcsin\frac{1}{3}\right) = \tan\theta = \frac{1}{2\sqrt{2}}$$

이 경우에 역함수에 대한 소거방정식은 다음과 같다.

$$\boxed{2}\qquad \begin{aligned} &\sin^{-1}(\sin x) = x, \quad -\frac{\pi}{2} \le x \le \frac{\pi}{2}\\[2mm] &\sin(\sin^{-1}x) = x, \quad -1 \le x \le 1 \end{aligned}$$

역사인함수 $\sin^{-1}$ 은 정의역 $[-1, 1]$ 과 치역 $[-\pi/2, \pi/2]$ 를 갖는다. 그리고 [그림 21]에 보인 이 함수의 그래프는 제한된 사인함수의 그래프([그림 19])를 직선 $y = x$ 에 대해 대칭시켜서 얻는다. 사인함수 f 는 연속이고, 따라서 역사인함수도 역시 연속이다.

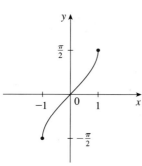
[그림 21] $y = \sin^{-1}x = \arcsin x$

◀ 예제 2 $f(x) = \sin^{-1}(x^2-1)$ 일 때 f 의 정의역을 구하라.

풀이

역사인함수의 정의역이 $[-1, 1]$ 이므로 f 의 정의역은 다음과 같다.

$$\begin{aligned} \{x \mid -1 \le x^2 - 1 \le 1\} &= \{x \mid 0 \le x^2 \le 2\}\\ &= \{x \mid |x| \le \sqrt{2}\} = [-\sqrt{2}, \sqrt{2}] \end{aligned}$$

비슷한 방법으로 **역코사인함수**^{inverse cosine function}를 얻을 수 있다. 제한된 코사인함수 $f(x) = \cos x$, $0 \le x \le \pi$ 는 일대일이다([그림 22] 참조). 따라서 이 함수는 역함수를 가지며 $\cos^{-1}$ 또는 $\arccos$ 으로 나타낸다.

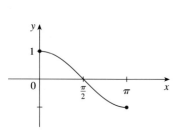
[그림 22] $y = \cos x$, $0 \le x \le \pi$

$$\boxed{3}\qquad \cos^{-1}x = y \iff \cos y = x, \quad 0 \le y \le \pi$$

소거방정식은 다음과 같다.

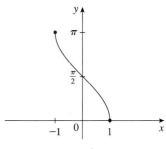

[**그림 23**] $y = \cos^{-1} x = \arccos x$

$\boxed{4}$
$$\cos^{-1}(\cos x) = x, \quad 0 \leq x \leq \pi$$
$$\cos(\cos^{-1} x) = x, \quad -1 \leq x \leq 1$$

역코사인함수 $\cos^{-1}$은 정의역 $[-1, 1]$과 치역 $[0, \pi]$를 갖는다. 그리고 [그림 23]에 보인 그래프를 갖는 연속함수이다.

탄젠트함수는 구간을 $(-\pi/2, \ \pi/2)$로 제한함으로써 일대일 함수가 되도록 만들 수 있다. 그러므로 **역탄젠트함수**^{inverse tangent function}는 함수 $f(x) = \tan x$, $-\pi/2 < x < \pi/2$([그림 24] 참조)의 역함수로 정의되며, 기호 $\tan^{-1}$ 또는 $\arctan$로 나타낸다.

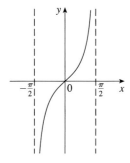

[**그림 24**] $y = \tan x$, $-\dfrac{\pi}{2} < x < \dfrac{\pi}{2}$

$\boxed{5}$
$$\tan^{-1} x = y \quad \Leftrightarrow \quad \tan y = x, \quad -\frac{\pi}{2} < y < \frac{\pi}{2}$$

◀ **예제 3** 식 $\cos(\tan^{-1} x)$를 간단히 하라.

풀이

$y = \tan^{-1} x$이면 $\tan y = x$이므로 [그림 25]로부터($y > 0$인 경우) 다음을 얻는다.

$$\cos(\tan^{-1} x) = \cos y = \frac{1}{\sqrt{1 + x^2}}$$

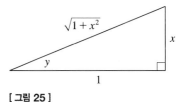

[**그림 25**]

역탄젠트함수 $\tan^{-1} = \arctan$는 정의역 $\mathbb{R}$과 치역 $(-\pi/2, \ \pi/2)$를 갖는다. 그래프는 [그림 26]과 같다. 그리고 우리는 다음을 알고 있다.

$$\lim_{x \to (\pi/2)^-} \tan x = \infty, \quad \lim_{x \to -(\pi/2)^+} \tan x = -\infty$$

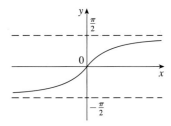

[**그림 26**] $y = \tan^{-1} x = \arctan x$

그러므로 직선 $x = \pm\dfrac{\pi}{2}$는 $\tan$의 그래프의 수직점근선이다. $\tan^{-1}$의 그래프는 제한된 탄젠트함수의 그래프를 $y = x$에 대해 대칭시켜 얻으므로, 직선 $y = \dfrac{\pi}{2}$와 $y = -\dfrac{\pi}{2}$는 $\tan^{-1}$의 그래프의 수평점근선이 된다. 이러한 사실로부터 다음 극한으로 표현된다.

$\boxed{6}$
$$\lim_{x \to \infty} \tan^{-1} x = \frac{\pi}{2}, \quad \lim_{x \to -\infty} \tan^{-1} x = -\frac{\pi}{2}$$

◀예제 4 $\displaystyle\lim_{x \to 2^+} \arctan\left(\frac{1}{x-2}\right)$을 계산하라.

풀이

$t = 1/(x-2)$라 하면, $x \to 2^+$일 때 $t \to \infty$임을 알고 있다. 그러므로 식 ⑥의 첫 번째 방정식에 의해 다음을 얻는다.

$$\lim_{x \to 2^+} \arctan\left(\frac{1}{x-2}\right) = \lim_{t \to \infty} \arctan t = \frac{\pi}{2}$$

▶

나머지 역삼각함수들은 자주 이용되지 않으나 요약하면 다음과 같다.

⑦
$$y = \csc^{-1} x \ (|x| \geq 1) \quad \Leftrightarrow \quad \csc y = x, \quad y \in (0, \pi/2] \cup (\pi, 3\pi/2]$$
$$y = \sec^{-1} x \ (|x| \geq 1) \quad \Leftrightarrow \quad \sec y = x, \quad y \in [0, \pi/2) \cup [\pi, 3\pi/2)$$
$$y = \cot^{-1} x \ (x \in \mathbb{R}) \quad \Leftrightarrow \quad \cot y = x, \quad y \in (0, \pi)$$

$\csc^{-1}$와 $\sec^{-1}$의 정의에서 y에 대한 구간을 선택하는 것은 일반적으로 일치되지 않는다. 예를 들어, 어떤 저자는 $\sec^{-1}$의 정의에서 $y \in [0, \pi/2) \cup (\pi/2, \pi]$를 사용한다. [그림 27]에 있는 시컨트함수의 그래프로부터 이러한 선택과 ⑦의 선택이 모두 옳다는 것을 알 수 있다. ⑦과 같이 선택한 이유는 미분공식들이 훨씬 간단하기 때문이다.

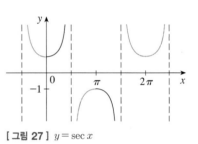

[그림 27] $y = \sec x$

2.4 연습문제

01~06 다음 식의 정확한 값을 구하라.

01 (a) $\sin^{-1}(\sqrt{3}/2)$ (b) $\cos^{-1}(-1)$

02 (a) $\arctan(-1)$ (b) $\csc^{-1} 2$

03 (a) $\arctan 1$ (b) $\sin^{-1}(1/\sqrt{2})$

04 (a) $\sec^{-1}\sqrt{2}$ (b) $\arcsin 1$

05 (a) $\tan(\arctan 10)$ (b) $\sin^{-1}(\sin(7\pi/3))$

06 (a) $\sec(\arctan 2)$ (b) $\cos\left(2\sin^{-1}\left(\frac{5}{13}\right)\right)$

07 $\cos(\sin^{-1} x) = \sqrt{1-x^2}$임을 증명하라.

08~10 다음 식을 간단히 하라.

08 $\tan(\sin^{-1} x)$ **09** $\sin(\tan^{-1} x)$

10 $\csc(\arctan 2x)$

---

11 (a) $\sin^{-1} x + \cos^{-1} x = \pi/2$임을 증명하라.

     (b) (a)를 이용하여 식 ⑥을 증명하라.

2.5 쌍곡선함수

지수함수 e^x와 e^{-x}가 결합된 어떤 우함수와 기함수는 많은 면에서 삼각함수와 비슷하다. 삼각함수가 원과 관계가 있는 것처럼 이들은 똑같이 쌍곡선과 관련이 있다. 이런 이유에서 이 함수들을 통틀어 **쌍곡선함수**hyperbolic function라 하고, 개별적으로 **쌍곡선 사인함수**hyperbolic sine function, **쌍곡선 코사인함수**hyperbolic cosine function 등으로 불린다.

쌍곡선함수의 정의

$$\sinh x = \frac{e^x - e^{-x}}{2} \qquad \operatorname{csch} x = \frac{1}{\sinh x}$$

$$\cosh x = \frac{e^x + e^{-x}}{2} \qquad \operatorname{sech} x = \frac{1}{\cosh x}$$

$$\tanh x = \frac{\sinh x}{\cosh x} \qquad \coth x = \frac{\cosh x}{\sinh x}$$

쌍곡선 사인함수와 쌍곡선 코사인함수의 그래프는 e^x와 e^{-x}의 그래프의 합을 이용하여 [그림 28 ~ 29]와 같이 그릴 수 있다.

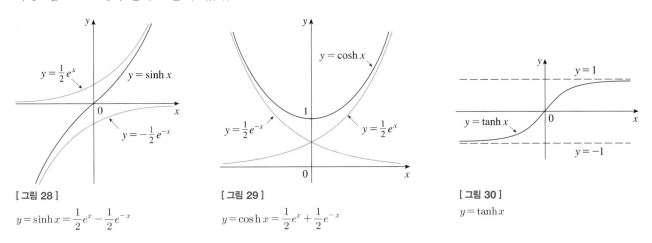

[그림 28]

$y = \sinh x = \frac{1}{2}e^x - \frac{1}{2}e^{-x}$

[그림 29]

$y = \cosh x = \frac{1}{2}e^x + \frac{1}{2}e^{-x}$

[그림 30]

$y = \tanh x$

$\sinh$은 정의역 $\mathbb{R}$과 치역 $\mathbb{R}$을 갖는 반면, $\cosh$은 정의역 $\mathbb{R}$과 치역 $[1, \infty)$를 갖는다. [그림 30]은 $\tanh$의 그래프를 보여준다. 이 함수는 수평점근선 $y = \pm1$을 갖는다. 쌍곡선함수는 잘 알려진 삼각항등식과 유사한 일련의 항등식을 만족한다. 그들의 일부는 다음과 같다.

$$\sinh(-x) = -\sinh x \qquad\qquad \cosh(-x) = \cosh x$$

$$\cosh^2 x - \sinh^2 x = 1 \qquad\qquad 1 - \tanh^2 x = \operatorname{sech}^2 x$$

$$\sinh(x+y) = \sinh x \cosh y + \cosh x \sinh y$$

$$\cosh(x+y) = \cosh x \cosh y + \sinh x \sinh y$$

◀예제 1 $\cosh^2 x - \sinh^2 x = 1$을 증명하라.

풀이

$$\cosh^2 x - \sinh^2 x = \left(\frac{e^x + e^{-x}}{2}\right)^2 - \left(\frac{e^x - e^{-x}}{2}\right)^2$$

$$= \frac{e^{2x} + 2 + e^{-2x}}{4} - \frac{e^{2x} - 2 + e^{-2x}}{4}$$

$$= \frac{4}{4} = 1$$

역쌍곡선함수

[그림 28]과 [그림 30]에서 보듯이 $\sinh$과 $\tanh$는 일대일 함수이다. 따라서 각각 $\sinh^{-1}$, $\tanh^{-1}$로 나타내는 역함수를 갖는다. [그림 29]는 $\cosh$은 일대일 함수가 아님을 보인다. 그러나 정의역을 $[0, \infty)$로 제한하면 $\cosh$은 일대일이 된다. 역쌍곡선 코사인 함수는 이렇게 제한된 함수의 역함수로 정의된다.

②
$$y = \sinh^{-1} x \quad\Leftrightarrow\quad \sinh y = x$$

$$y = \cosh^{-1} x \quad\Leftrightarrow\quad \cosh y = x, \quad y \geq 0$$

$$y = \tanh^{-1} x \quad\Leftrightarrow\quad \tanh y = x$$

나머지 역쌍곡선함수도 비슷하게 정의된다. [그림 28~30]을 이용하여 [그림 31~33]과 같이 $\sinh^{-1}$, $\cosh^{-1}$, $\tanh^{-1}$의 그래프를 그릴 수 있다.

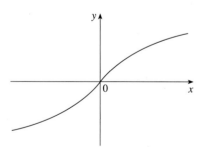

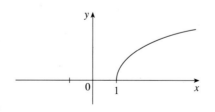

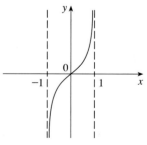

[그림 31] $y = \sinh^{-1} x$
정의역 $= \mathbb{R}$, 치역 $= \mathbb{R}$

[그림 32] $y = \cosh^{-1} x$
정의역 $= [1, \infty)$, 치역 $= [0, \infty)$

[그림 33] $y = \tanh^{-1} x$
정의역 $= (-1, 1)$, 치역 $= \mathbb{R}$

쌍곡선함수는 지수함수에 의하여 정의되므로, 역쌍곡선함수를 로그함수를 이용하여 표현할 수 있다는 사실이 그다지 놀랄 만한 일이 아니다. 특히 다음을 얻는다.

식 3은 [예제 2]에서 증명했다. 식 4와 5의 증명은 [연습문제 17~18]에 남겨둔다.

3 $$\sinh^{-1} x = \ln\left(x + \sqrt{x^2 + 1}\right), \quad x \in \mathbb{R}$$

4 $$\cosh^{-1} x = \ln\left(x + \sqrt{x^2 - 1}\right), \quad x \geq 1$$

5 $$\tanh^{-1} x = \frac{1}{2}\ln\left(\frac{1+x}{1-x}\right), \quad -1 < x < 1$$

◀예제 2 $\sinh^{-1} x = \ln\left(x + \sqrt{x^2 + 1}\right)$ 임을 보여라.

풀이

$y = \sinh^{-1} x$ 라 하자. 그러면 다음을 얻는다.

$$x = \sinh y = \frac{e^y - e^{-y}}{2}$$

따라서 $e^y - 2x - e^{-y} = 0$ 또는 e^y를 곱하여 $e^{2y} - 2x e^y - 1 = 0$이다. 이것은 다음과 같이 e^y에 관한 이차방정식이다.

$$(e^y)^2 - 2x(e^y) - 1 = 0$$

근의 공식에 의해 풀면 다음을 얻는다.

$$e^y = \frac{2x \pm \sqrt{4x^2 + 4}}{2} = x \pm \sqrt{x^2 + 1}$$

$e^y > 0$이지만 $x < \sqrt{x^2 + 1}$ 이므로 $x - \sqrt{x^2 + 1} < 0$이다. 따라서 음의 부호는 허용되지 않고 다음을 얻는다.

$$e^y = x + \sqrt{x^2 + 1}$$

그러므로 $y = \ln(e^y) = \ln\left(x + \sqrt{x^2 + 1}\right)$이다. (다른 풀이 방법은 [연습문제 15]에 있다.) **❱**

2.5 연습문제

01~03 다음 각 식에 대한 수치값을 구하라.

01 (a) $\sinh 0$ (b) $\cosh 0$

02 (a) $\sinh(\ln 2)$ (b) $\sinh 2$

03 (a) $\operatorname{sech} 0$ (b) $\cosh^{-1} 1$

04~12 다음 항등식을 증명하라.

04 $\sinh(-x) = -\sinh x$ (이것은 $\sinh$이 기함수인 것을 보여준다.)

05 $\cosh(-x) = \cosh x$ (이것은 $\cosh$이 우함수인 것을 보여준다.)

06 $\cosh x + \sinh x = e^x$

07 $\cosh x - \sinh x = e^{-x}$

08 $\sinh(x+y) = \sinh x \cosh y + \cosh x \sinh y$

09 $\cosh(x+y) = \cosh x \cosh y + \sinh x \sinh y$

10 $\sinh 2x = 2 \sinh x \cosh x$

11 $\dfrac{1 + \tanh x}{1 - \tanh x} = e^{2x}$

12 $(\cosh x + \sinh x)^n = \cosh nx + \sinh nx$ (n은 임의의 실수)

---

13 $\cosh x = \dfrac{5}{3}$이고 $x > 0$일 때, x에서 다른 쌍곡선함수의 값을 구하라.

14 쌍곡선함수의 정의를 이용하여 다음 극한을 구하라.

(a) $\lim\limits_{x \to \infty} \tanh x$ (b) $\lim\limits_{x \to -\infty} \tanh x$

(c) $\lim\limits_{x \to \infty} \sinh x$ (d) $\lim\limits_{x \to -\infty} \sinh x$

(e) $\lim\limits_{x \to \infty} \operatorname{sech} x$ (f) $\lim\limits_{x \to \infty} \coth x$

(g) $\lim\limits_{x \to 0^+} \coth x$ (h) $\lim\limits_{x \to 0^-} \coth x$

(i) $\lim\limits_{x \to -\infty} \operatorname{csch} x$

15 $y = \sinh^{-1} x$로 놓고, x를 y로 바꾼 [예제 1]과 [연습문제 6]을 이용하여 [예제 2]의 또 다른 해를 구하라.

16 방정식 ④를 증명하라.

17 다음 방법으로 방정식 ⑤를 증명하라.

(a) [예제 2]의 방법

(b) [연습문제 11]에서 x를 y로 바꾸는 방법

18 함수 (a) csch^{-1} (b) sech^{-1} (c) $\coth^{-1}$에 대해

(i) ②에 있는 함수와 같이 정의하라.

(ii) 그래프를 그려라.

(iii) 식 ③과 유사한 공식을 구하라.

19 $\lim\limits_{x \to \infty} \dfrac{\sinh x}{e^x}$ 를 계산하라.

20 $x = \ln(\sec\theta + \tan\theta)$일 때, $\sec\theta = \cosh x$임을 보여라.

2장 복습문제

개념 확인

01 (a) 일대일 함수는 무엇인가? 그래프를 보고 함수가 일대일인지 어떻게 말할 수 있는가?

(b) f가 일대일 함수이면 그 역함수 f^{-1}는 어떻게 정의되는가? f의 그래프로부터 f^{-1}의 그래프를 어떻게 얻는가?

(c) f가 일대일 함수라 하자. $f'(f^{-1}(a)) \neq 0$일 때 $(f^{-1})'(a)$에 대한 식을 쓰라.

02 (a) 자연지수함수 $f(x) = e^x$의 정의역과 치역은 무엇인가?

(b) 자연로그함수 $f(x) = \ln x$의 정의역과 치역은 무엇인가?

(c) 이 두 함수의 그래프는 어떤 관계인가? 동일한 축을 이용하여 손으로 그림을 그려라.

(d) a가 $a \neq 1$인 양수라 하면 $\ln x$를 이용하여 $\log_a x$를 나타내는 식으로 쓰라.

03 (a) 역사인함수 $f(x) = \sin^{-1} x$는 어떻게 정의되는가? 이 함수의 정의역과 치역은 무엇인가?

(b) 역코사인함수 $f(x) = \cos^{-1} x$는 어떻게 정의되는가? 이 함수의 정의역과 치역은 무엇인가?

(c) 역탄젠트함수 $f(x) = \tan^{-1} x$는 어떻게 정의되는가? 이 함수의 정의역과 치역은 무엇인가? 이 함수의 그래프를 그려라.

04 쌍곡선함수 $\sinh x$, $\cosh x$, $\tanh x$의 정의를 쓰라.

참/거짓 질문

다음 명제가 참인지 거짓인지 결정하라. 참이면 이유를 설명하고, 거짓이면 이유를 설명하거나 반례를 들어라.

01 f가 정의역 $\mathbb{R}$에서 일대일이면 $f^{-1}(f(6)) = 6$이다.

02 $f(x) = \cos x$, $-\pi/2 \leq x \leq \pi/2$는 일대일이다.

03 $\tan^{-1}(-1) = 3\pi/4$

04 $0 < a < b$이면 $\ln a < \ln b$이다.

05 $\pi^{\sqrt{5}} = e^{\sqrt{5} \ln \pi}$

06 e^x으로 항상 나눌 수 있다.

07 $a > 0$이고 $b > 0$이면 $\ln(a+b) = \ln a + \ln b$이다.

08 $x > 0$이면 $(\ln x)^6 = 6 \ln x$이다.

09 $y = e^{3x}$의 역함수는 $y = \dfrac{1}{3} \ln x$이다.

10 $\cos^{-1} x = \dfrac{1}{\cos x}$

11 $\tan^{-1} x = \dfrac{\sin^{-1} x}{\cos^{-1} x}$

12 모든 x에 대해 $\cosh x \geq 1$이다.

연습문제

01 다음 그래프를 갖는 함수 f는 일대일 함수인가? 설명하라.

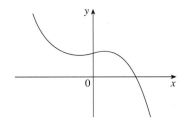

02 g의 그래프가 아래와 같다.

(a) g가 일대일인 이유는 무엇인가?

(b) $g^{-1}(2)$의 값을 추정하라.

(c) g^{-1}의 정의역을 추정하라.

(d) g^{-1}의 그래프를 그려라.

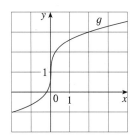

03 $f(x) = \dfrac{x+1}{2x+1}$의 역함수를 구하라.

04~07 계산기를 사용하지 않고, 다음 함수의 그래프를 대략적으로 그려라.

04 $y = 5^x - 1$

05 $y = -e^{-x}$

06 $y = \ln(x-1)$

07 $y = 2 \arctan x$

08 $a > 1$이라 하자. 충분히 큰 x에 대해 함수 $y = x^a$, $y = a^x$ 그리고 $y = \log_a x$ 중에서 가장 큰 값을 갖는 것과 가장 작은 값을 갖는 것은 어느 것인가?

09~10 다음 각 식이 정확한 값을 구하라.

09 (a) $e^{2\ln 3}$

(b) $\log_{10} 25 + \log_{10} 4$

10 (a) $\ln e^\pi$

(b) $\tan\left(\arcsin\dfrac{1}{2}\right)$

11~12 x에 관한 다음 방정식을 풀어라.

11 (a) $e^x = 5$

(b) $\ln x = 2$

12 (a) $\ln(1 + e^{-x}) = 3$

(b) $\sin x = 0.3$

13 $\cos\{\arctan[\sin(\operatorname{arccot} x)]\} = \sqrt{\dfrac{x^2 + 1}{x^2 + 2}}$ 임을 보여라.

3장 도함수

DERIVATIVES

이 장에서는 도함수라 부르는 특별한 형태의 극한을 공부한다.
도함수는 접선의 기울기를 구한다거나 속도 또는 순간 변화율을
구할 때 나타난다.

3.1 미분계수와 변화율

곡선에 대한 접선을 구하는 문제와 물체의 속도를 구하는 문제는 동일한 형태의 극한을 구하는 것으로 이것을 도함수라고 부른다.

접선 문제

접선^{tangent}이라는 단어는 '접하다'라는 의미의 라틴어 tangens에서 유래되었다. 따라서 곡선의 접선은 그 곡선에 접하는 직선이다. 다시 말해서, 접선은 접점에서 곡선과 같은 방향이어야 한다.

구체적으로 다음 예제에서 포물선 $y = x^2$의 접선 T를 구하려는 문제를 살펴보자.

◀예제1 점 $P(1, 1)$에서 포물선 $y = x^2$의 접선의 방정식을 구하라.

풀이

접선 T의 기울기 m을 알게 되면 접선의 방정식을 빠르게 구할 수 있을 것이다. 문제는 기울기를 구하려면 두 점이 필요한데 우리는 T 위의 한 점 P만 알고 있다는 것이다. 그러나 포물선 위에서 부근에 있는 점 $Q(x, x^2)$을 선택하여([그림 1] 참조) 할선[1] PQ의 기울기 m_{PQ}를 계산해서 m의 근삿값을 구할 수 있다.

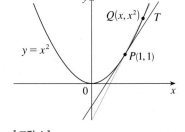

[그림 1]

$Q \neq P$가 되도록 $x \neq 1$을 선택한다. 그러면 다음이 성립한다.

$$m_{PQ} = \frac{x^2 - 1}{x - 1}$$

x가 1에 근접하게 되면 어떻게 될까? [그림 2]에서 Q가 포물선을 따라 오른쪽으로부터 P에 접근하고, 할선 PQ는 P를 중심으로 회전하면서 접선 T에 접근한다. Q가 포물선을 따라 왼쪽으로부터 P에 접근하는 경우도 동일하게 생각할 수 있다.

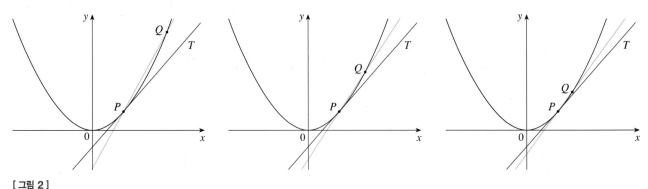

[그림 2]

---

1 할선$^{secant\ line}$은 '자르다'라는 의미의 라틴어 secans에서 유래되었으며, 두 번 이상 곡선을 자르는(교차하는) 직선이다.

접선의 기울기 m은 다음과 같이 x가 1에 근접할수록 할선의 기울기의 극한으로 나타난다.

$$m = \lim_{x \to 1} \frac{x^2 - 1}{x - 1} = \lim_{x \to 1} \frac{(x-1)(x+1)}{x-1}$$

$$= \lim_{x \to 1} (x + 1) = 1 + 1 = 2$$

TEC Visual 2.1A에서는 추가 함수들에 대해 [그림 2]의 과정이 어떻게 작용하는지 알 수 있다.

점–기울기형 직선의 방정식을 이용하여 $(1, 1)$에서 다음과 같은 접선의 방정식을 구한다.

$$y - 1 = 2(x - 1) \quad \text{또는} \quad y = 2x - 1$$ ❯

점 (x_1, y_1)을 지나고 기울기가 m인 점-기울기형 직선의 방정식은 다음과 같다.

$$y - y_1 = m(x - x_1)$$

때때로 곡선 위의 한 점에서 그 곡선에 대한 접선의 기울기를 가리켜 그 점에서의 **곡선의 기울기**slope of the curve라 부른다. 이 개념은 그 점을 더욱 확대해나가면 곡선이 거의 직선으로 보인다는 것이다.

일반적으로 곡선 C가 방정식 $y = f(x)$로 주어지고 점 $P(a, f(a))$에서 C의 접선을 구하고자 한다면, $x \neq a$인 부근의 점 $Q(x, f(x))$를 생각하고 다음과 같이 할선 PQ의 기울기를 계산한다.

$$m_{PQ} = \frac{f(x) - f(a)}{x - a}$$

그 다음으로 x를 a에 접근시킴으로써 Q가 곡선 C를 따라 P에 접근하도록 한다. 만일 m_{PQ}가 수 m에 접근한다면 접선 T는 기울기가 m이고 P를 지나는 직선으로 정의한다. (이것은 결국 Q가 P에 접근함에 따른 할선 PQ의 극한이라고 말하는 것이 된다. [그림 3] 참조)

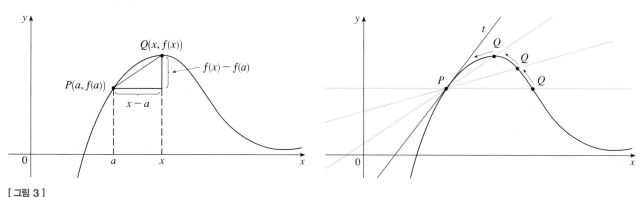

[그림 3]

1 **정의** 점 $P(a, f(a))$에서 곡선 $y=f(x)$의 **접선**tangent line은 (극한이 존재한다면) 다음과 같은 기울기를 갖고 P를 지나는 직선이다.

$$m=\lim_{x \to a}\frac{f(x)-f(a)}{x-a}$$

접선의 기울기에 대한 또 다른 표현이 있는데, 때로는 이 편이 좀더 사용하기가 쉽다. $h=x-a$이면 $x=a+h$이므로 할선 PQ의 기울기는 다음과 같다.

$$m_{PQ}=\frac{f(a+h)-f(a)}{h}$$

([그림 4]는 $h>0$인 경우를 설명하는데 점 Q가 점 P의 오른쪽에 있다. 반면 $h<0$인 경우는 점 Q가 점 P의 왼쪽에 있다.) x가 a에 접근할수록 h는 0에 접근하므로($h=x-a$이므로) 정의 1의 접선의 기울기에 대한 표현은 다음과 같이 된다.

[그림 4]

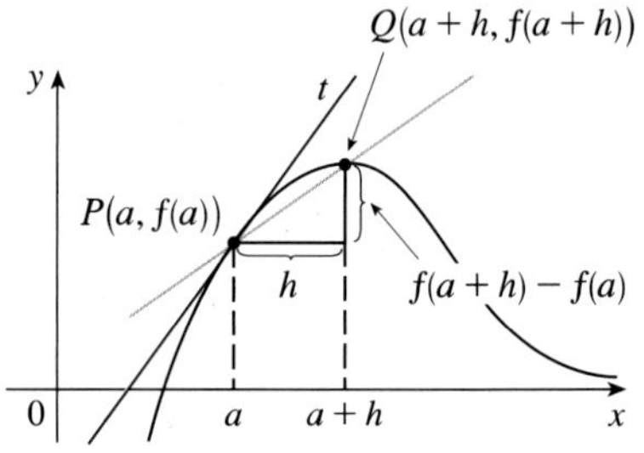

2 $$m=\lim_{h \to 0}\frac{f(a+h)-f(a)}{h}$$

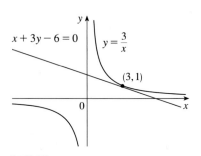

예제 2 **점 $(3, 1)$에서 쌍곡선 $y=3/x$의 접선의 방정식을 구하라.**

풀이

$f(x)=3/x$이라 하자. 그러면 점 $(3, 1)$에서 접선의 기울기는 다음과 같다.

$$\begin{aligned} m &= \lim_{h \to 0}\frac{f(3+h)-f(3)}{h} \\ &= \lim_{h \to 0}\frac{\dfrac{3}{3+h}-1}{h}=\lim_{h \to 0}\frac{\dfrac{3-(3+h)}{3+h}}{h} \\ &= \lim_{h \to 0}\frac{-h}{h(3+h)}=\lim_{h \to 0}\left(-\frac{1}{3+h}\right)=-\frac{1}{3} \end{aligned}$$

그러므로 점 $(3, 1)$에서 접선의 방정식은 다음과 같다.

$$y-1=-\frac{1}{3}(x-3)$$

이것을 다음과 같이 간단히 할 수 있다.

$$x+3y-6=0$$

[그림 5]

쌍곡선과 접선을 [그림 5]에서 보여준다.

속도 문제

1.3절에서는 CN 타워에서 떨어지는 공의 운동을 살펴봤는데, 공이 떨어지는 속도를 매우 짧은 시간 주기에서 평균 속도의 극한으로 정의했다.

일반적으로 물체가 운동방정식 $s = f(t)$에 의해 직선을 따라 움직일 때 $t = a$에서 $t = a + h$ 사이의 평균 속도는 다음과 같다.

$$\text{평균 속도} = \frac{\text{변위}}{\text{시간}} = \frac{f(a+h) - f(a)}{h}$$

그리고 이것은 [그림 6]에 있는 할선 PQ의 기울기와 같다.

이제 매우 짧은 시간 구간 $[a, a+h]$에서 평균 속도를 계산한다고 하자. 즉 h가 0에 접근한다고 하자. 낙하하는 공의 예에서와 같이 시각 $t = a$에서의 속도(또는 **순간 속도**) $v(a)$를 다음과 같이 평균 속도의 극한으로 정의한다.

$\boxed{3}$
$$v(a) = \lim_{h \to 0} \frac{f(a+h) - f(a)}{h}$$

이는 시각 $t = a$에서의 속도가 점 P에서의 접선의 기울기와 동일하다는 뜻이다. (식 $\boxed{2}$와 $\boxed{3}$을 비교하라.)

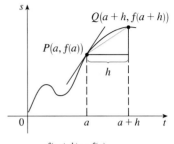

$$m_{PQ} = \frac{f(a+h) - f(a)}{h} = \text{평균 속도}$$

[그림 6]

◀예제 3 지상 450 m 높이의 **CN** 타워 전망대에서 떨어지는 공을 생각해보자.

(a) 5초 후 공의 속도는 얼마인가?

(b) 공이 땅에 닿는 순간에 얼마나 빨리 움직이는가?

풀이

우선 a초 후의 속도 $v(a)$를 구하기 위해 운동방정식 $s = f(t) = 4.9\,t^2$을 이용한다.

1.3절에서 살펴본 바와 같이 t초 후 떨어진 거리(m)는 $4.9\,t^2$이다.

$$v(a) = \lim_{h \to 0} \frac{f(a+h) - f(a)}{h} = \lim_{h \to 0} \frac{4.9\,(a+h)^2 - 4.9\,a^2}{h}$$

$$= \lim_{h \to 0} \frac{4.9\,(a^2 + 2ah + h^2 - a^2)}{h} = \lim_{h \to 0} \frac{4.9\,(2ah + h^2)}{h}$$

$$= \lim_{h \to 0} 4.9\,(2a + h) = 9.8\,a$$

(a) 5초 후 공의 속도는 $v(5) = (9.8) \cdot (5) = 49\,\text{m/s}$ 이다.

(b) 전망대는 지상으로부터 450 m 위에 있으므로 $s(t_1) = 450$, 즉 $4.9\,t_1^2 = 450$이 되는 시각 t_1에서 땅에 닿는다. 따라서 다음을 얻는다.

$$t_1^2 = \frac{450}{4.9}, \quad t_1 = \sqrt{\frac{450}{4.9}} \approx 9.6\,\mathrm{s}$$

그러므로 공이 땅에 닿는 순간의 속도는 다음과 같다.

$$v(t_1) = 9.8\,t_1 = 9.8\sqrt{\frac{450}{4.9}} \approx 94\,\mathrm{m/s} \qquad \blacktriangleright$$

미분계수

접선의 기울기(식 ②)나 물체의 속도(식 ③)를 구할 때 똑같은 형태의 극한이 나타나는 것을 보았다. 실제로 모든 과학이나 공학 등에서 변화율을 계산할 때 언제나 다음과 같은 형태의 극한이 나타난다.

$$\lim_{h \to 0} \frac{f(a+h) - f(a)}{h}$$

이와 같은 유형의 극한은 매우 폭넓게 나타나므로 특별한 명칭과 기호를 부여한다.

④ 정의 수 a에서 함수 f의 미분계수^{derivative}는 $f'(a)$로 나타내며 다음 극한으로 정의한다. (이 극한이 존재한다면)

$$f'(a) = \lim_{h \to 0} \frac{f(a+h) - f(a)}{h}$$

$f'(a)$를 'f 프라임(prime) a'라고 읽는다.

이제 $x = a + h$로 놓으면 $h = x - a$이고, h가 0에 접근하기 위한 필요충분조건은 x가 a에 접근하는 것이다. 따라서 접선을 구할 때 보았듯이 미분계수의 정의는 다음과 같이 설명할 수 있다.

⑤
$$f'(a) = \lim_{x \to a} \frac{f(x) - f(a)}{x - a}$$

◀ 예제 4 수 a에서 함수 $f(x) = x^2 - 8x + 9$의 미분계수를 구하라.

풀이

정의 ④로부터 다음을 얻는다.

$$f'(a) = \lim_{h \to 0} \frac{f(a+h) - f(a)}{h}$$

$$= \lim_{h \to 0} \frac{[(a+h)^2 - 8(a+h) + 9] - [a^2 - 8a + 9]}{h}$$

$$= \lim_{h \to 0} \frac{a^2 + 2ah + h^2 - 8a - 8h + 9 - a^2 + 8a - 9}{h}$$

$$= \lim_{h \to 0} \frac{2ah + h^2 - 8h}{h} = \lim_{h \to 0} (2a + h - 8)$$

$$= 2a - 8 \qquad\qquad\qquad\qquad\qquad \textbf{\textsf{›}}$$

점 $P(a, f(a))$에서 곡선 $y = f(x)$의 접선은 식 ① 또는 ②에 의해 점 P를 지나고 기울기가 m인 직선으로 정의했다. 정의 ④에 의해 이 기울기는 미분계수 $f'(a)$와 같으므로 다음과 같이 말할 수 있다.

> $(a, f(a))$에서 $y = f(x)$의 접선은 점 $(a, f(a))$를 지나고 기울기가 $f'(a)$인 직선이다. 이때 $f'(a)$는 a에서 f의 미분계수이다.

점-기울기형 직선의 방정식을 이용한다면 점 $(a, f(a))$에서 곡선 $y = f(x)$에 대한 접선의 방정식은 다음과 같이 쓸 수 있다.

$$y - f(a) = f'(a)(x - a)$$

◀ 예제 5 점 $(3, -6)$에서 포물선 $y = x^2 - 8x + 9$의 접선의 방정식을 구하라.

풀이

[예제 4]로부터 수 a에서 $f(x) = x^2 - 8x + 9$에 대한 미분계수가 $f'(a) = 2a - 8$인 것을 알았다. 따라서 $(3, -6)$에서 접선의 기울기는 $f'(3) = 2(3) - 8 = -2$이다. 접선의 방정식은 [그림 7]에 보인 것처럼 다음과 같다.

$$y - (-6) = (-2)(x - 3) \quad \text{또는} \quad y = -2x \qquad \textbf{\textsf{›}}$$

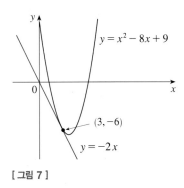

[그림 7]

변화율

y를 어떤 양 x에 의존하는 양이라 하자. 그러면 y는 x의 함수이고 $y = f(x)$로 쓴다. x가 x_1에서 x_2로 변한다면 x의 변화(x의 **증분**^{increment})는 다음과 같다.

$$\Delta x = x_2 - x_1$$

그리고 이에 대응하는 y의 변화는 다음과 같다.

$$\Delta y = f(x_2) - f(x_1)$$

다음과 같은 차분몫을 구간 $[x_1, x_2]$에서 $\boldsymbol{x}$에 대한 $\boldsymbol{y}$의 **평균 변화율**$^{\text{average rate of change}}$이라 한다.

$$\frac{\Delta y}{\Delta x} = \frac{f(x_2) - f(x_1)}{x_2 - x_1}$$

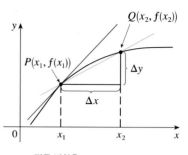

이것은 [그림 8]에서 할선 PQ의 기울기로 설명된다.

속도에서와 마찬가지로 x_2가 x_1에 접근할수록 Δx가 0에 가까워짐으로써 점점 더 작아지는 구간에서의 평균 변화율을 생각하자. 이 평균 변화율의 극한을 $x = x_1$에서 x에 대한 y의 순간 변화율instantaneous rate of change이라 한다. 그리고 이것은 $P(x_1, f(x_1))$에서 곡선 $y = f(x)$의 접선의 기울기로 설명된다.

평균 변화율 $= m_{PQ}$
순간 변화율 $= P$에서 접선의 기울기

[그림 8]

6	순간 변화율 $= \displaystyle\lim_{\Delta x \to 0} \frac{\Delta y}{\Delta x} = \lim_{x_2 \to x_1} \frac{f(x_2) - f(x_1)}{x_2 - x_1}$

우리는 이 극한이 미분계수 $f'(x_1)$인 것을 안다. 미분계수 $f'(a)$의 첫 번째 해석은 $x = a$에서 곡선 $y = f(x)$에 대한 접선의 기울기인 것을 알고 있다. 이제 미분계수에 대한 두 번째 해석을 보자.

미분계수 $f'(a)$는 $x = a$일 때 x에 대한 $y = f(x)$의 순간 변화율이다.

이것을 첫 번째 해석과 연계하여 함수 $y = f(x)$의 그래프를 그린다면 순간 변화율은 $x = a$인 점에서 곡선에 대한 접선의 기울기로 해석된다. 이는 미분계수가 크면 [그림 9]의 점 P에서와 같이 곡선이 가파르고 y값도 빠르게 변하는 것을 의미한다. 반대로 미분계수가 작으면 곡선은 상대적으로 평평하고 y값도 느리게 변한다는 것을 의미한다. 특히 $s = f(t)$가 직선을 따라 움직이는 물체의 위치 함수라고 하면 $f'(a)$는 시각 t에 대한 변위 s의 변화율이다. 다시 말해서 $f'(a)$는 시각 $t = a$에서 입자의 속도이다. 그리고 입자의 속력speed은 속도의 절댓값, 즉 $|f'(a)|$이다.

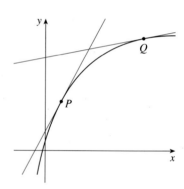

[그림 9] y 값이 P에서 빠르게 변하고, Q에서 느리게 변한다.

3.1 연습문제

---

01 (a) 포물선 $y = 4x - x^2$ 위의 점 $(1, 3)$에서 접선의 기울기를 구하라.

  (i) 정의 1 을 이용해서   (ii) 식 2 를 이용해서

  (b) (a)에서 접선의 방정식을 구하라.

  (c) ⊞ 포물선과 접선의 그래프를 그려라. 포물선과 접선이 구별되지 않을 때까지 점 $(1, 3)$쪽으로 확대하여 구한 답을 확인하라.

02 점 $(2, -4)$에서 곡선 $y = 4x - 3x^2$에 대한 접선의 방정식을 구하라.

03 (a) $x = a$인 점에서 곡선 $y = 3 + 4x^2 - 2x^3$의 기울기를 구하라.

  (b) 점 $(1, 5)$와 $(2, 3)$에서 접선의 방정식을 구하라.

  (c) ⊞ 동일한 보기화면에 곡선과 두 접선의 그래프를 그려라.

04 $10 \mathrm{m/s}$의 속도로 공을 공중으로 던졌을 때 t초 후의 높이(m)는 $y = 10t - 4.9t^2$으로 주어진다. $t = 2$일 때 속도를 구하라.

05 직선 위를 움직이는 입자의 변위(m)는 운동방정식 $s = 1/t^2$로 주어진다. 여기서 t의 단위는 초이다. 시각 $t = a$, $t = 1$, $t = 2$ 그리고 $t = 3$에서 입자의 속도를 구하라.

06 다음 그래프로 주어지는 함수 g에 대해 다음 수들을 커지는 순서대로 재배열하고 그 이유를 설명하라.

$$0, \quad g'(-2), \quad g'(0), \quad g'(2), \quad g'(4)$$

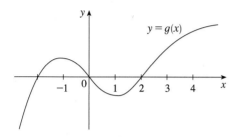

07 $a = 2$인 점에서 곡선 $y = f(x)$에 대한 접선의 방정식이 $y = 4x - 5$일 때, $f(2)$와 $f'(2)$를 구하라.

08 $f(0) = 0$, $f'(0) = 3$, $f'(1) = 0$, $f'(2) = -1$을 만족하는 함수 f의 그래프를 그려라.

09 $f(x) = 3x^2 - x^3$일 때 $f'(1)$을 구하고, 이것을 이용하여 점 $(1, 2)$에서 곡선 $y = 3x^2 - x^3$에 대한 접선의 방정식을 구하라.

10~11 $f'(a)$를 구하라.

10 $f(t) = \dfrac{2t + 1}{t + 3}$

11 $f(x) = \sqrt{1 - 2x}$

12~13 다음 극한은 각각 어떤 수 a에서 어떤 함수 f의 미분계수를 나타낸다. 각 경우에 대해 f와 a를 설명하라.

12 $\displaystyle\lim_{x \to 5} \dfrac{2^x - 32}{x - 5}$

13 $\displaystyle\lim_{h \to 0} \dfrac{\cos(\pi + h) + 1}{h}$

14 따뜻한 소다수 캔을 차가운 냉장고에 넣었다. 시간의 함수로 소다수 온도의 그래프를 그려라. 온도에 대한 초기 변화율은 한 시간 후의 변화율보다 더 큰가? 더 작은가?

15 새로운 금광에서 금 $x\,\mathrm{kg}$을 생산하는 비용은 $C = f(x)$달러이다.

(a) 미분계수 $f'(x)$의 의미는 무엇인가? 단위는 무엇인가?

(b) $f'(50) = 36$은 무엇을 의미하는가?

(c) 단기간에 $f'(x)$의 값이 증가하는가? 아니면 감소하는가? 장기간에 대해서는 어떠한가?

16 다음 함수에 대해 $f'(0)$이 존재하는지 판정하라.

$$f(x) = \begin{cases} x\sin\dfrac{1}{x}, & x \neq 0 \\ 0, & x = 0 \end{cases}$$

3.2 함수로서의 도함수

앞서 3.1절에서는 고정된 수 a에서 함수 f의 미분계수를 살펴보았다.

$$\boxed{1} \qquad f'(a) = \lim_{h \to 0} \frac{f(a + h) - f(a)}{h}$$

이제 관점을 바꿔 수 a가 변한다고 하자. 식 $\boxed{1}$에서 a를 변수 x로 바꾸면 다음을 얻는다.

$$\boxed{2} \qquad f'(x) = \lim_{h \to 0} \frac{f(x + h) - f(x)}{h}$$

이 극한이 존재하는 임의의 수 x에 대해 수 $f'(x)$를 대응시킬 수 있다. 따라서 식 $\boxed{2}$에서 정의되는 f'을 새로운 함수로 볼 수 있으며 이 함수를 f의 **도함수**^{derivative}라 한다. x에서 f'의 값 $f'(x)$는 기하학적으로 점 $(x, f(x))$에서 f의 그래프에 대한 접선의 기울기로 설명할 수 있다.

함수 f'은 식 $\boxed{2}$에서 극한 연산에 의해 f로부터 '유도되기' 때문에 f의 도함수라 한다. f'의 정의역은 $\{x\,|\,f'(x)$가 존재$\}$이고 f의 정의역보다는 작을 수 있다.

◀예제 1 $f(x) = x^3 - x$일 때 $f'(x)$의 식을 구하라.

풀이

식 $\boxed{2}$를 이용하여 도함수를 계산할 때 변수는 h이고, 극한을 계산하는 동안 x는 일시적으로 상수로 간주한다.

$$f'(x) = \lim_{h \to 0} \frac{f(x+h) - f(x)}{h} = \lim_{h \to 0} \frac{[(x+h)^3 - (x+h)] - [x^3 - x]}{h}$$

$$= \lim_{h \to 0} \frac{x^3 + 3x^2h + 3xh^2 + h^3 - x - h - x^3 + x}{h}$$

$$= \lim_{h \to 0} \frac{3x^2h + 3xh^2 + h^3 - h}{h} = \lim_{h \to 0} (3x^2 + 3xh + h^2 - 1) = 3x^2 - 1 \quad \blacktriangleright$$

◀예제 2 $f(x) = \sqrt{x}$일 때 f의 도함수와 f'의 정의역을 구하라.

풀이

$$f'(x) = \lim_{h \to 0} \frac{f(x+h) - f(x)}{h} = \lim_{h \to 0} \frac{\sqrt{x+h} - \sqrt{x}}{h}$$

$$= \lim_{h \to 0} \left(\frac{\sqrt{x+h} - \sqrt{x}}{h} \cdot \frac{\sqrt{x+h} + \sqrt{x}}{\sqrt{x+h} + \sqrt{x}} \right)$$

여기에 분자를 유리화한다.

$$= \lim_{h \to 0} \frac{(x+h) - x}{h(\sqrt{x+h} + \sqrt{x})} = \lim_{h \to 0} \frac{1}{\sqrt{x+h} + \sqrt{x}}$$

$$= \frac{1}{\sqrt{x} + \sqrt{x}} = \frac{1}{2\sqrt{x}}$$

$x > 0$이면 $f'(x)$가 존재하므로 f'의 정의역은 $(0, \infty)$이다. 이것은 f의 정의역 $[0, \infty)$보다 작다. $\quad \blacktriangleright$

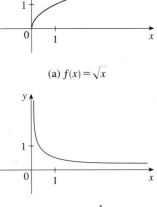

(a) $f(x) = \sqrt{x}$

(b) $f'(x) = \dfrac{1}{2\sqrt{x}}$

[그림 10]

[그림 10]의 f와 f'의 그래프를 통해 [예제 2]의 결과가 타당한지 확인해보자. x가 0에 가까워지면 $\sqrt{x}$는 0에 가까워진다. 그러므로 $f'(x) = 1/(2\sqrt{x})$은 매우 커지는데, 이것은 [그림 10(a)]에서 $(0, 0)$ 부근의 가파른 접선에 대응한다. 이는 [그림 10(b)]의 0 바로 오른쪽에 $f'(x)$의 큰 값에 대응한다. x가 클 때 $f'(x)$는 매우 작고, 이것은 f의 그래프의 오른쪽 먼 곳에서 평평한 접선에, f'의 그래프의 수평점근선에 대응한다.

다른 표기법

독립변수를 x, 종속변수를 y로 나타내는 전통적인 기호 $y = f(x)$를 사용할 때 도함수를 나타내는 몇 가지 표기법을 살펴보면 다음과 같다.

$$f'(x) = y' = \frac{dy}{dx} = \frac{df}{dx} = \frac{d}{dx}f(x) = Df(x) = D_x f(x)$$

기호 D와 d/dx는 미분연산자$^{\text{differentiation operator}}$라고 하는데, 이들은 도함수를 구하는 과정인 미분^{differentiation}의 연산을 나타낸다.

라이프니츠가 도입한 기호 dy/dx는 (당분간) 비율이 아니라 단순히 $f'(x)$와 동일한 것으로 생각하자. 그렇기는 해도 이것은 매우 유용하고 암시를 띠고 있는 표시법으로 특히 증분 표기와 함께 사용할 때 더 그렇다. 3.1절의 식 $\boxed{6}$을 참고하면 라이프니츠의 표기법으로 도함수의 정의를 다음과 같이 다시 쓸 수 있다.

$$\frac{dy}{dx} = \lim_{\Delta x \to 0} \frac{\Delta y}{\Delta x}$$

만일 특정한 수 a에서 라이프니츠의 표기로 도함수 dy/dx의 값을 나타내려면 $f'(a)$와 동일한 다음과 같은 표기법을 사용한다.

$$\frac{dy}{dx}\bigg|_{x=a} \qquad \text{또는} \qquad \frac{dy}{dx}\bigg]_{x=a}$$

미분 가능한 함수

$\boxed{3}$ 정의 $f'(a)$가 존재한다면 함수 f는 a에서 미분 가능^{differentiable}하다고 한다. 함수 f가 구간 안의 모든 수에서 미분 가능하다면 개구간 (a, b)[또는 (a, ∞), $(-\infty, a)$, $(-\infty, \infty)$]에서 미분 가능하다고 한다.

◀ 예제 3 ▶ $f(x) = |x|$가 미분 가능한 곳은 어디인가?

풀이

$x > 0$이면 $|x| = x$이고 $x + h > 0$이 되도록 h를 충분히 작게 택할 수 있다. 그러므로 $|x+h| = x + h$이므로 $x > 0$에 대해 다음을 얻는다.

$$f'(x) = \lim_{h \to 0} \frac{|x+h| - |x|}{h}$$
$$= \lim_{h \to 0} \frac{(x+h) - x}{h} = \lim_{h \to 0} \frac{h}{h} = \lim_{h \to 0} 1 = 1$$

라이프니츠 Gottfried Wilhelm Leibniz

라이프니츠는 1646년 라이프치히에서 태어나 그곳 대학에서 법학, 신학, 철학과 수학을 공부하고 17세에 학사학위를 받았다. 20세에 법학 박사학위를 딴 후 생의 대부분을 외교관으로서 정치적 임무를 띠고 유럽의 수도들을 여행하며 보냈다. 특히 독일에 대한 프랑스 군대의 위협을 무마하고 구교와 신교의 화합을 선도했다.

수학에 관한 본격적인 연구는 파리에서 외교관 임무를 수행하던 1672년에서야 시작됐다. 거기서 그는 계산기를 만들었고, 최신 수학 및 과학에 조예가 깊은 호이겐스와 같은 과학자들을 만났다. 라이프니츠는 논리적 추론을 단순화하는 기호논리와 기호체계를 발달시키고자 했다. 특히 1684년에 그가 발표한 미적분학의 설명은 오늘날 사용하고 있는 도함수에 대한 기호와 법칙을 확립했다.

불행히도 1690년대에 뉴턴의 추종자들과 라이프니츠의 추종자들 사이에 누가 먼저 미적분학을 발견했는지에 관한 격렬한 논쟁이 일어났다. 심지어 라이프니츠는 영국 왕립학회 회원들이 제기한 표절 시비에 휩싸였다. 이에 대한 진실은 두 사람이 각자 미적분학을 발견했다고 밝혀졌다. 뉴턴은 미적분학을 먼저 발견했지만 논쟁을 두려워하여 즉시 발표하지 않았던 것이다. 따라서 1684년 라이프니츠의 미적분학에 관한 논문이 첫 번째 출판물이다.

따라서 f는 $x > 0$에서 미분 가능하다.

마찬가지로 $x < 0$이면 $|x| = -x$이고 $x + h < 0$이 되도록 h를 충분히 작게 택할 수 있다. 그러므로 $|x + h| = -(x + h)$이므로 $x < 0$에 대해 다음을 얻는다.

$$f'(x) = \lim_{h \to 0} \frac{|x + h| - |x|}{h}$$
$$= \lim_{h \to 0} \frac{-(x + h) - (-x)}{h} = \lim_{h \to 0} \frac{-h}{h} = \lim_{h \to 0} (-1) = -1$$

따라서 f는 $x < 0$에서 미분 가능하다.

$x = 0$에 대해서는 다음을 살펴봐야 한다.

$$f'(0) = \lim_{h \to 0} \frac{f(0 + h) - f(0)}{h}$$
$$= \lim_{h \to 0} \frac{|0 + h| - |0|}{h} \quad \text{(극한이 존재한다면)}$$

이제 좌극한과 우극한을 구분하여 계산해보자.

$$\lim_{h \to 0^+} \frac{|0 + h| - |0|}{h} = \lim_{h \to 0^+} \frac{|h|}{h} = \lim_{h \to 0^+} \frac{h}{h} = \lim_{h \to 0^+} 1 = 1$$
$$\lim_{h \to 0^-} \frac{|0 + h| - |0|}{h} = \lim_{h \to 0^-} \frac{|h|}{h} = \lim_{h \to 0^-} \frac{-h}{h} = \lim_{h \to 0^-} (-1) = -1$$

극한이 서로 다르므로 $f'(0)$은 존재하지 않는다. 따라서 f는 0을 제외한 모든 곳에서 미분 가능하다.

f'에 대한 식은 다음과 같다.

$$f'(x) = \begin{cases} 1 & , \ x > 0 \\ -1 & , \ x < 0 \end{cases}$$

이 식의 그래프는 [그림 11(b)]에 나타냈다. 기하학적으로 $f'(0)$이 존재하지 않는다는 사실은 곡선 $y = |x|$가 $(0, 0)$에서 접선을 갖지 않는다는 사실을 반영한 것이다([그림 11(a)] 참조). ❱

연속성과 미분 가능성은 함수가 갖추면 좋은 바람직한 성질들이다. 다음 정리는 이 성질들이 어떻게 연관되는지 보여준다.

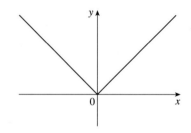

(a) $y = f(x) = |x|$

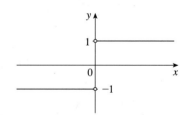

(b) $y = f'(x)$

[그림 11]

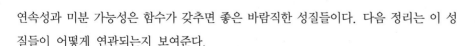

④ **정리** f가 a에서 미분 가능하면 f는 a에서 연속이다.

$x \neq a$에 대해 $f(x) - f(a)$를 다음과 같이 변형하고 극한 $x \to a$를 취하면 이 정리는

쉽게 증명된다.

$$f(x) - f(a) = \frac{f(x) - f(a)}{x - a}(x - a)$$

⊘ NOTE _ 정리 ④의 역은 성립하지 않는다. 즉 연속이지만 미분 불가능한 함수가 존재한다. 예를 들어 함수 $f(x) = |x|$는 다음과 같이 0에서 연속이다(1.4절의 [예제 5] 참조).

$$\lim_{x \to 0} f(x) = \lim_{x \to 0} |x| = 0 = f(0)$$

그러나 [예제 3]에서 f는 0에서 미분 불가능함을 보였다.

함수가 미분 불가능한 경우

[예제 3]에서는 함수 $y = |x|$가 0에서 미분 불가능하다는 것을 알았다. 그리고 [그림 11(a)]에서는 $x = 0$일 때 그래프 방향이 갑자기 바뀌는 것을 보았다.

일반적으로 함수 f의 그래프에 '모서리' 또는 '뒤틀린 모양'이 있다면, 이들 점에서는 f의 그래프에 대한 접선은 존재하지 않으며, 그곳에서 f는 미분 불가능하다. [$f'(a)$를 계산할 때 좌극한과 우극한이 서로 다르다.]

정리 ④는 함수가 도함수를 갖지 못하는 또 다른 경우를 제시한다. 가령 f가 a에서 연속이 아니면 f는 a에서 미분 불가능하다. 따라서 임의의 불연속점(예를 들어 도약 불연속)에서 f는 미분 불가능하다.

세 번째 가능성은 $x = a$일 때 곡선이 **수직접선**^{vertical tangent line}을 갖는 것이다. 즉 f가 a에서 연속이고 다음을 만족하는 경우이다.

$$\lim_{x \to a} |f'(x)| = \infty$$

이것은 $x \to a$일 때 접선의 기울기가 더욱 가파르게 되는 것을 의미한다.

[그림 12]는 이런 경우가 발생할 수 있는 한 가지 경우를 보여준다.

[그림 13(c)]는 또 다른 경우를 보여준다. [그림 13]은 앞서 살펴본 세 가지 가능성을 보여준다.

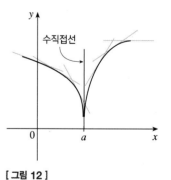

[그림 12]

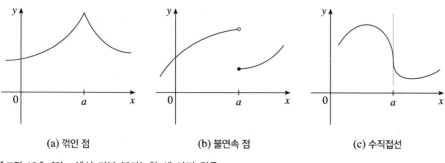

(a) 꺾인 점 (b) 불연속 점 (c) 수직접선

[그림 13] f가 a에서 미분 불가능한 세 가지 경우

고계 도함수

f가 미분 가능한 함수이면 도함수 f' 역시 함수이므로 f'은 $(f')' = f''$으로 표현되는 그 자신의 도함수를 가질 수 있다. 이 새로운 함수 f''은 f의 도함수의 도함수이므로 f의 2계 도함수^{second derivative}라고 부른다. 라이프니츠 표기법을 이용해서 $y = f(x)$의 2계 도함수를 다음과 같이 쓴다.

$$\frac{d}{dx}\left(\frac{dy}{dx}\right) = \frac{d^2 y}{dx^2}$$

◀예제 4 $f(x) = x^3 - x$일 때 $f''(x)$를 구하고, 이에 대해 설명하라.

풀이

[예제 1]에서 1계 도함수가 $f'(x) = 3x^2 - 1$임을 알았다. 따라서 2계 도함수는 다음과 같다.

$$\begin{aligned}
f''(x) &= \lim_{h \to 0} \frac{f'(x+h) - f'(x)}{h} \\
&= \lim_{h \to 0} \frac{[3(x+h)^2 - 1] - [3x^2 - 1]}{h} \\
&= \lim_{h \to 0} \frac{3x^2 + 6xh + 3h^2 - 1 - 3x^2 + 1}{h} \\
&= \lim_{h \to 0} (6x + 3h) = 6x
\end{aligned}$$

TEC Module 2.2에서는 다항함수의 계수가 변하면 f, f', f''에 어떻게 영향을 미치는지 볼 수 있다.

[그림 14]에 f, f', f''의 그래프를 나타냈다. $f''(x)$를 점 $(x, f'(x))$에서 곡선 $y = f'(x)$의 기울기로 해석할 수 있다. 다시 말해서 이것은 최초의 곡선 $y = f(x)$의 기울기에 대한 변화율이다.

[그림 14]로부터 $y = f'(x)$의 기울기가 음수이면 $f''(x)$도 음수이고, $y = f'(x)$의 기울기가 양수이면 $f''(x)$도 양수이다. 그래프는 앞에서 계산한 결과를 확인해주는 역할을 한다.

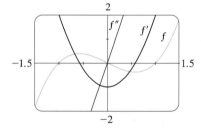

[그림 14]

일반적으로 2계 도함수는 변화율의 변화율로 해석할 수 있다. 가장 친숙한 예가 가속도인데, 이는 다음과 같이 정의한다.

직선을 따라 움직이는 물체의 위치 함수를 $s = s(t)$라 하자. 1계 도함수는 다음과 같이 시간의 함수로 물체의 속도 $v(t)$를 나타낸다.

$$v(t) = s'(t) = \frac{ds}{dt}$$

시간에 관한 속도의 순간 변화율을 물체의 **가속도**^{acceleration} $a(t)$라 한다. 그래서 가속도 함수는 속도 함수의 도함수이며 위치 함수의 2계 도함수이다.

$$a(t) = v'(t) = s''(t)$$

또는 라이프니츠의 표기법을 이용하여 다음과 같이 나타내기도 한다.

$$a = \frac{dv}{dt} = \frac{d^2 s}{dt^2}$$

3계 도함수^{third derivative} f'''은 2계 도함수의 도함수 $f''' = (f'')'$이다. 그러므로 $f'''(x)$는 곡선 $y = f''(x)$의 기울기 또는 $f''(x)$의 변화율로 해석할 수 있다. $y = f(x)$일 때 3계 도함수에 대한 다른 표기법을 다음과 같이 나타낼 수 있다.

$$y''' = f'''(x) = \frac{d}{dx}\left(\frac{d^2 y}{dx^2}\right) = \frac{d^3 y}{dx^3}$$

이러한 과정을 계속 이어나갈 수 있다. 4계 도함수 f''''는 보편적으로 $f^{(4)}$로 나타낸다. 일반적으로 f의 n계 도함수를 $f^{(n)}$으로 나타내며 f를 n번 미분하여 얻는다. $y = f(x)$일 때 n계 도함수는 다음과 같이 쓴다.

$$y^{(n)} = f^{(n)}(x) = \frac{d^n y}{dx^n}$$

◀ 예제 5 $f(x) = x^3 - x$일 때 $f'''(x)$, $f^{(4)}(x)$를 구하라.

풀이

[예제 4]에서 $f''(x) = 6x$를 구했다. 2계 도함수 그래프의 방정식은 $y = 6x$로 기울기가 6인 직선이다. 도함수 $f'''(x)$는 $f''(x)$의 기울기이므로 x의 모든 값에 대해 다음을 얻는다.

$$f'''(x) = 6$$

따라서 f'''는 상수함수이고 이 함수의 그래프는 수평직선이다. 그러므로 x의 모든 값에 대해 다음을 얻는다.

$$f^{(4)}(x) = 0$$

❚

3.2 연습문제

01 주어진 그래프를 이용하여 각 미분계수 값을 추정하고 f'의 그래프를 그려라.

(a) $f'(-3)$

(b) $f'(-2)$

(c) $f'(-1)$

(d) $f'(0)$

(e) $f'(1)$

(f) $f'(2)$

(g) $f'(3)$

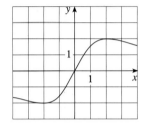

02 충전지를 충전기에 꽂아 놓았다. 그래프에서 $C(t)$는 경과된 시간 t(단위는 시간)의 함수로 전지가 이를 수 있는 총용량에 대한 비율이다.

(a) 도함수 $C'(t)$의 의미는 무엇인가?

(b) $C'(t)$의 그래프를 그려라. 그래프로부터 무엇을 알 수 있는가?

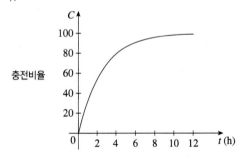

03 다음 그래프는 20세기 후반 일본 남자들의 평균 초혼 나이가 어떻게 변했는지를 보여준다. 도함수 $M'(t)$의 그래프를 그려라. 도함수가 음수인 기간은 언제인가?

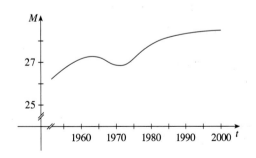

04 ⊞ $f(x) = x^2$이라 하자.

(a) 그래픽 도구로 f의 그래프를 확대하여 $f'(0)$, $f'\left(\frac{1}{2}\right)$, $f'(1)$, $f'(2)$ 값을 추정하리.

(b) 대칭성을 이용해서 $f'\left(-\frac{1}{2}\right)$, $f'(-1)$, $f'(-2)$ 값을 추론하라.

(c) (a)와 (b)의 결과를 이용해서 $f'(x)$에 대한 공식을 추측하라.

(d) 도함수의 정의를 이용해서 (c)에서의 추측이 옳다는 것을 증명하라.

05 ⊞ $f(x) = x^3$이라 하자.

(a) 그래픽 도구로 f의 그래프를 확대하여 $f'(0)$, $f'\left(\frac{1}{2}\right)$, $f'(1)$, $f'(2)$, $f'(3)$ 값을 추정하라.

(b) 대칭성을 이용해서 $f'\left(-\frac{1}{2}\right)$, $f'(-1)$, $f'(-2)$, $f'(-3)$ 값을 추론하라.

(c) (a)와 (b)의 결과를 이용해서 f'의 그래프를 그려라.

(d) $f'(x)$에 대한 공식을 추측하라.

(e) 도함수의 정의를 이용해서 (d)에서의 추측이 옳다는 것을 증명하라.

06~09 도함수의 정의를 이용하여 다음 함수의 도함수를 구하라. 함수와 그 도함수의 정의역을 설명하라.

06 $f(x) = \frac{1}{2}x - \frac{1}{3}$

07 $f(x) = x^3 - 3x + 5$

08 $g(x) = \sqrt{9-x}$

09 $G(t) = \frac{4t}{t+1}$

10 (a) $f(x) = x^4 + 2x$일 때 $f'(x)$를 구하라.

(b) ⊞ f와 f'의 그래프를 비교하여 (a)에서 구한 답이 타당함을 확인하라.

11~12 f의 그래프가 주어져 있다. f가 미분 불가능한 수를 말하고 그 이유를 설명하라.

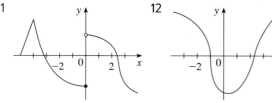

11

12

13 ♓ 함수 $f(x) = x + \sqrt{|x|}$ 의 그래프를 그려라. 먼저 점 $(-1, 0)$ 을 향해, 그 다음으로 원점을 향해 반복적으로 확대하라. 이 두 점 부근에서 f의 자취는 어떻게 다른가? f의 미분 가능성에 대해 어떤 결론을 내릴 수 있는가?

14 다음 그림은 f, f', f''을 나타낸다. 각 곡선을 찾고 그 이유를 설명하라.

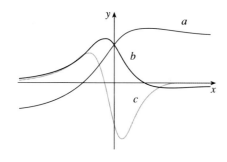

15 다음 그림은 세 함수의 그래프를 나타낸다. 하나는 자동차의 위치 함수, 하나는 자동차의 속도 함수, 나머지 하나는 가속도 함수이다. 각 곡선을 찾고 그 이유를 설명하라.

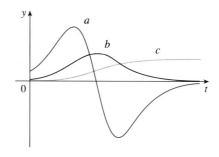

16 $f(x) = \sqrt[3]{x}$ 이라 하자.

(a) $a \neq 0$일 때 3.1절의 식 [5]를 이용하여 $f'(a)$를 구하라.

(b) $f'(0)$이 존재하지 않음을 보여라.

(c) $(0, 0)$에서 $y = \sqrt[3]{x}$ 의 접선이 수직임을 보여라. (f의 그래프 모양을 떠올려보고 1.2절에 있는 [그림 21]을 보라.)

17 함수 $f(x) = |x - 6|$이 6에서 미분 불가능함을 보여라. f'에 대한 식을 구하고 이 함수의 그래프를 그려라.

3.3 기본적인 미분 공식

이 절에서는 상수함수, 거듭제곱 함수, 다항함수 그리고 사인 함수와 코사인 함수를 미분하는 방법을 배울 것이다.

가장 간단한 함수인 상수함수 $f(x) = c$를 가지고 시작하자. 이 함수의 그래프는 기울기가 0인 수평직선 $y = c$이므로 $f'(x) = 0$이어야 한다([그림 15] 참조). 도함수의 정의를 이용한 공식적인 증명도 다음과 같이 간단하다.

$$f'(x) = \lim_{h \to 0} \frac{f(x+h) - f(x)}{h} = \lim_{h \to 0} \frac{c - c}{h}$$

$$= \lim_{h \to 0} 0 = 0$$

이 규칙을 라이프니츠 표기법을 이용하여 나타내면 다음과 같다.

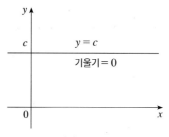

[그림 15] $f(x) = c$의 그래프는 직선 $y = c$이므로 $f'(x) = 0$이다.

$$\frac{d}{dx}(c) = 0$$

거듭제곱 함수

다음으로 양의 정수 n에 대해 함수 $f(x) = x^n$을 살펴본다. $n = 1$이면 $f(x) = x$의 그래프는 기울기가 1인 직선 $y = x$이다([그림 16] 참조). 따라서 다음을 얻는다.

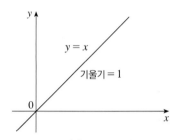

[그림 16] $f(x) = x$의 그래프는 직선 $y = x$이므로 $f'(x) = 1$이다.

$\boxed{1}$
$$\frac{d}{dx}(x) = 1$$

(도함수의 정의로부터 식 $\boxed{1}$을 확인할 수 있다.) 그리고 $n = 2$와 $n = 3$인 경우는 이미 3.2절에서 다음이 성립하는 것을 확인했다([연습문제 4, 5] 참조).

$\boxed{2}$
$$\frac{d}{dx}(x^2) = 2x, \quad \frac{d}{dx}(x^3) = 3x^2$$

따라서 다음 거듭제곱 법칙을 얻는다.

거듭제곱 법칙 n이 양의 정수이면 다음이 성립한다.
$$\frac{d}{dx}(x^n) = nx^{n-1}$$

〖 **증명** $f(x) = x^n$이라 하면 다음을 얻는다.

$$f'(x) = \lim_{h \to 0} \frac{f(x+h) - f(x)}{h} = \lim_{h \to 0} \frac{(x+h)^n - x^n}{h}$$

x^4의 도함수를 구하기 위해서는 $(x+h)^4$을 전개해야 했다. 여기서는 $(x+h)^n$을 전개해야 하는데, 다음과 같이 이항정리를 사용한다.

$$f'(x) = \lim_{h \to 0} \frac{\left[x^n + nx^{n-1}h + \frac{n(n-1)}{2}x^{n-2}h^2 + \cdots + nxh^{n-1} + h^n\right] - x^n}{h}$$

$$= \lim_{h \to 0} \frac{nx^{n-1}h + \frac{n(n-1)}{2}x^{n-2}h^2 + \cdots + nxh^{n-1} + h^n}{h}$$

$$= \lim_{h \to 0} \left[nx^{n-1} + \frac{n(n-1)}{2}x^{n-2}h + \cdots + nxh^{n-2} + h^{n-1}\right]$$

$$= nx^{n-1}$$

첫 번째 항을 제외한 모든 항이 인수 h를 가지고 있으므로 0으로 접근한다. 〗

모든 자연수 n에 대해 다음 식이 성립하며, 이것을 이항정리(binomial theorem)라 한다.

$$(x+y)^n = x^n + nx^{n-1}y$$
$$+ \frac{n(n-1)}{2}x^{n-2}y^2$$
$$+ \cdots + \binom{n}{k}x^{n-k}y^k + \cdots +$$
$$nxy^{n-1} + y^n \text{이다.}$$

여기서 $\binom{n}{k} = \dfrac{n(n-1)\cdots(n-k+1)}{1 \cdot 2 \cdot 3 \cdot \cdots \cdot k}$ 이다.

[예제 1]에서는 여러 가지 표기법을 이용하여 거듭제곱 법칙을 설명한다.

◀ 예제 1 (a) $f(x) = x^6$이면 $f'(x) = 6x^5$이다.

(b) $y = x^{1000}$이면 $y' = 1000x^{999}$이다.

(c) $y = t^4$이면 $\dfrac{dy}{dt} = 4t^3$이다.

(d) $\dfrac{d}{dr}(r^3) = 3r^2$이다.   ▶

지수가 음의 정수인 거듭제곱 함수에 대해서는 어떻게 될까? [연습문제 16]에서는 도함수의 정의로부터 다음을 증명할 것이다.

$$\frac{d}{dx}\left(\frac{1}{x}\right) = -\frac{1}{x^2}$$

이 방정식을 다음과 같이 다시 쓸 수 있다.

$$\frac{d}{dx}(x^{-1}) = (-1)x^{-2}$$

따라서 거듭제곱 법칙은 $n = -1$일 때 참이다. 실제로 다음 절의 [연습문제 17(c)]에서 모든 음의 정수에 대해 거듭제곱 법칙이 성립하는 것을 보여줄 것이다.

지수가 분수라면 어떻게 될까? 3.2절의 [예제 2]에서 다음을 구했다.

$$\frac{d}{dx}\sqrt{x} = \frac{1}{2\sqrt{x}}$$

이를 다음과 같이 쓸 수 있다.

$$\frac{d}{dx}(x^{1/2}) = \frac{1}{2}x^{-1/2}$$

거듭제곱 법칙은 $n = \dfrac{1}{2}$일 때도 참이다. 실제로 3.7절에서 모든 실수 n에 대해 거듭제곱 법칙이 참인 것을 보여줄 것이다.

거듭제곱 법칙(일반적인 형태) n이 임의의 실수이면 다음이 성립한다.

$$\frac{d}{dx}(x^n) = nx^{n-1}$$

◀예제 2▶ $y = \sqrt[3]{x^2}$ 을 미분하라.

풀이

함수를 x의 거듭제곱으로 다시 쓰면 다음을 얻는다.

$$\frac{dy}{dx} = \frac{d}{dx}\left(\sqrt[3]{x^2}\right) = \frac{d}{dx}\left(x^{2/3}\right) = \frac{2}{3}x^{(2/3)-1} = \frac{2}{3}x^{-1/3}$$

❱

거듭제곱 법칙을 사용하면 도함수의 정의에 의존하지 않고 접선을 구할 수 있다. 또한 법선을 구할 수도 있다. 점 P에서 곡선 C 위의 **법선**$^{\text{normal line}}$은 P를 지나며 P에서의 접선에 수직인 직선이다.

◀예제 3▶ 곡선 $y = x\sqrt{x}$ 위의 점 $(1, 1)$에서 접선과 법선의 방정식을 구하라. 곡선과 이 직선들을 그래프로 설명하라.

풀이

$f(x) = x\sqrt{x} = x\,x^{1/2} = x^{3/2}$의 도함수는 다음과 같다.

$$f'(x) = \frac{3}{2}x^{(3/2)-1} = \frac{3}{2}x^{1/2} = \frac{3}{2}\sqrt{x}$$

그래서 $(1, 1)$에서 접선의 기울기는 $f'(1) = \frac{3}{2}$이다. 그러므로 접선의 방정식은 다음과 같다.

$$y - 1 = \frac{3}{2}(x-1) \quad \text{또는} \quad y = \frac{3}{2}x - \frac{1}{2}$$

법선은 접선에 수직이므로 법선의 기울기는 $\frac{3}{2}$에 대한 음의 역수, 즉 $-\frac{2}{3}$이다. 따라서 법선의 방정식은 다음과 같다.

$$y - 1 = -\frac{2}{3}(x-1) \quad \text{또는} \quad y = -\frac{2}{3}x + \frac{5}{3}$$

곡선과 접선, 법선의 그래프는 [그림 18]에 나타냈다.   ❱

[그림 17]은 [예제 2]의 함수 y와 y'을 보여준다. y는 0에서 미분 불가능함에 유의하자. (즉 그곳에서 y'이 정의되지 않는다.) y가 증가할 때 y'은 양수이고, y가 감소할 때 y'은 음수이다.

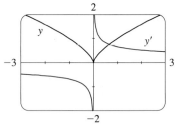

[**그림 17**] $y = \sqrt[3]{x^2}$

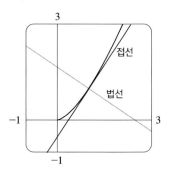

[**그림 18**]

기존 도함수에서 새 도함수 구하기

기존의 함수에 덧셈, 뺄셈, 상수배를 적용하여 새로운 함수를 만들 때 이들의 도함수 역시 기존 함수의 도함수를 이용하여 계산할 수 있다. 특히 다음 공식은 '상수를 곱한 함수의 도함수는 함수의 도함수에 상수를 곱한 것'을 뜻한다.

상수배 법칙 c가 상수이고 f가 미분 가능한 함수이면 다음이 성립한다.

$$\frac{d}{dx}[cf(x)] = c\frac{d}{dx}f(x)$$

상수배 법칙의 기하학적 해석

$c = 2$를 곱하면 그래프를 수직으로 두 배만큼 늘어난다. 이로 인해 모든 값들은 두 배로 증가하지만 x축 값은 동일하다. 따라서 기울기도 두 배가 된다.

◀ 예제 4 (a) $\dfrac{d}{dx}(3x^4) = 3\dfrac{d}{dx}(x^4) = 3(4x^3) = 12x^3$

(b) $\dfrac{d}{dx}(-x) = \dfrac{d}{dx}[(-1)x] = (-1)\dfrac{d}{dx}(x) = (-1)(1) = -1$ ❭

다음 법칙은 **함수의 합에 대한 도함수는 도함수의 합**임을 알려준다.

합의 법칙 f와 g가 미분 가능한 함수이면 다음이 성립한다.

$$\frac{d}{dx}[f(x) + g(x)] = \frac{d}{dx}f(x) + \frac{d}{dx}g(x)$$

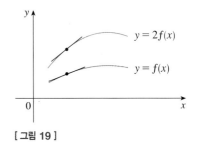

[그림 19]

프라임 기호를 사용하여 합의 법칙을 $(f+g)' = f' + g'$으로 쓸 수 있다.

합의 법칙은 임의 개수의 함수의 합으로 확장할 수 있다. 예를 들어 이 정리를 두 번 사용하여 다음을 얻는다.

$$(f+g+h)' = [(f+g)+h]' = (f+g)' + h' = f' + g' + h'$$

한편 $f - g$를 $f + (-1)g$로 쓰고 합의 법칙과 상수배 법칙을 적용하면 다음을 얻는다.

차의 법칙 f와 g가 미분 가능한 함수이면 다음이 성립한다.

$$\frac{d}{dx}[f(x) - g(x)] = \frac{d}{dx}f(x) - \frac{d}{dx}g(x)$$

상수배 법칙, 합의 법칙, 차의 법칙을 거듭제곱 법칙과 함께 사용하면 다음 예제와 같이 다항함수의 도함수를 구할 수 있다.

◀ 예제 5 곡선 $y = x^4 - 6x^2 + 4$ 위에서 접선이 수평이 되는 점을 구하라.

풀이

수평접선은 도함수가 0인 곳에서 생긴다. 다음을 얻는다.

$$\frac{dy}{dx} = \frac{d}{dx}(x^4) - 6\frac{d}{dx}(x^2) + \frac{d}{dx}(4)$$

$$= 4x^3 - 12x + 0 = 4x(x^2 - 3)$$

그래서 $x = 0$ 또는 $x^2 - 3 = 0$, 즉 $x = \pm\sqrt{3}$일 때 $dy/dx = 0$이다. 그러므로 $x = 0$, $\sqrt{3}$, $-\sqrt{3}$일 때 주어진 곡선의 접선은 수평이다. 따라서 이에 대응하는 점

은 $(0, 4)$, $(\sqrt{3}, -5)$, $(-\sqrt{3}, -5)$이다([그림 20] 참조).

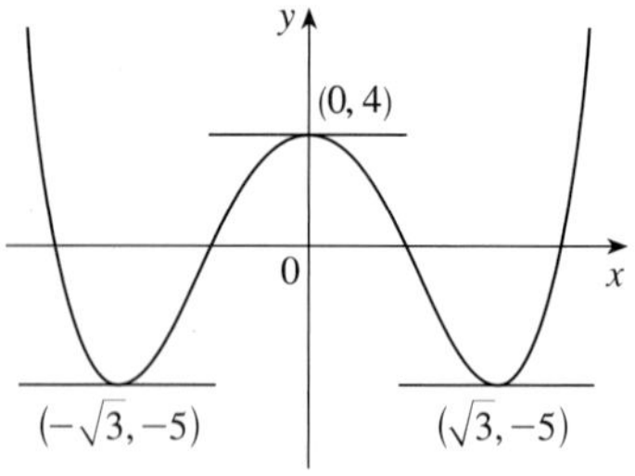

[그림 20] 곡선 $y = x^4 - 6x^2 + 4$와 수평접선

사인함수와 코사인함수

함수 $f(x) = \sin x$의 그래프를 그리고 f'의 그래프를 그리기 위해 $f'(x)$를 사인 곡선에 대한 접선의 기울기로 해석한다면, f'의 그래프는 코사인 곡선과 같아 보인다([그림 21] 참조).

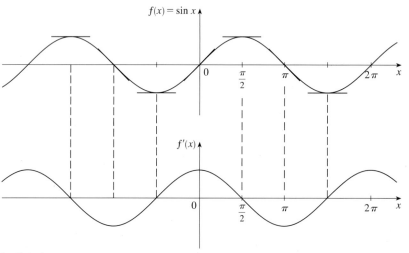

[그림 21]

TEC Visual 2.3에서는 [그림 21]의 움직임을 보여준다.

따라서 다음과 같으며 도함수의 정의를 이용하여 증명할 수 있다([연습문제 21] 참조).

③
$$\frac{d}{dx}(\sin x) = \cos x$$

식 ③과 동일한 방법으로 다음을 증명할 수 있다([연습문제 21] 참조).

④
$$\frac{d}{dx}(\cos x) = -\sin x$$

◀ **예제 6** $y = 3\sin\theta + 4\cos\theta$를 미분하라.

풀이
$$\frac{dy}{d\theta} = 3\frac{d}{d\theta}(\sin\theta) + 4\frac{d}{d\theta}(\cos\theta) = 3\cos\theta - 4\sin\theta$$

변화율에의 응용

3.1절에서 속도와 함께 다른 변화율을 살펴보았다. 그러나 이제 미분공식을 알게 되었으므로 변화율이 포함된 문제를 좀 더 쉽게 풀 수 있다.

◀예제 7 입자의 위치가 다음 방정식으로 주어졌다. 여기서 t의 단위는 초이고 s의 단위는 미터이다.

$$s = f(t) = t^3 - 6t^2 + 9t$$

(a) 시각 t에서 속도를 구하라.

(b) 2초 후의 속도는 얼마인가?

(c) 입자가 멈출 때는 언제인가?

(d) 입자가 앞으로(즉 양의 방향으로) 움직일 때는 언제인가?

(e) 시각 t와 4초 후의 가속도를 구하라.

(f) $0 \le t \le 5$에 대해 위치 함수, 속도 함수, 가속도 함수의 그래프를 그려라.

풀이

(a) 속도 함수는 위치 함수의 도함수이므로 다음과 같다.

$$s = f(t) = t^3 - 6t^2 + 9t$$

$$v(t) = \frac{ds}{dt} = 3t^2 - 12t + 9$$

(b) 2초 후의 속도는 $t = 2$일 때의 순간속도를 의미한다. 즉 다음을 얻는다.

$$v(2) = \frac{ds}{dt}\bigg|_{t=2} = 3(2)^2 - 12(2) + 9 = -3\,\mathrm{m/s}$$

(c) $v(t) = 0$일 때 입자가 멈춘다. 즉 다음과 같다.

$$3t^2 - 12t + 9 = 3(t^2 - 4t + 3) = 3(t-1)(t-3) = 0$$

$t = 1$과 $t = 3$일 때 방정식이 성립한다. 따라서 입자는 1초 후와 3초 후에 멈춘다.

(d) $v(t) > 0$일 때 입자는 양의 방향으로 움직인다. 즉 다음이 성립한다.

$$3t^2 - 12t + 9 = 3(t-1)(t-3) > 0$$

이 부등식은 두 인수 모두 양수($t > 3$)이거나 모두 음수($t < 1$)일 때 성립한다. 따라서 시간 구간 $t < 1$과 $t > 3$에서 입자는 양의 방향으로 움직인다. 그리고 $1 < t < 3$일 때 입자는 뒤로(음의 방향으로) 움직인다.

(e) 가속도는 속도 함수의 도함수이므로 다음을 얻는다.

$$a(t) = \frac{d^2s}{dt^2} = \frac{dv}{dt} = 6t - 12$$

$$a(4) = 6(4) - 12 = 12\,\mathrm{m/s^2}$$

(f) s, v, a의 그래프는 [그림 22]와 같다.

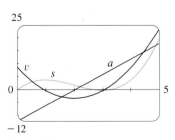

[그림 22]

3.3 연습문제

01~07 다음 함수를 미분하라.

01 $f(x) = 2^{40}$

02 $f(x) = x^3 - 4x + 6$

03 $g(x) = x^2(1 - 2x)$

04 $A(s) = -\dfrac{12}{s^5}$

05 $S(p) = \sqrt{p} - p$

06 $y = \dfrac{x^2 + 4x + 3}{\sqrt{x}}$

07 $z = \dfrac{A}{y^{10}} + B\cos y$

08 곡선 $y = 6\cos x$ 위의 점 $(\pi/3, 3)$에서 접선과 법선의 방정식을 구하라.

09 함수 $g(t) = 2\cos t - 3\sin t$의 1계 도함수와 2계 도함수를 구하라.

10 $\dfrac{d^{99}}{dx^{99}}(\sin x)$를 구하라.

11 어떤 x 값에서 $f(x) = x + 2\sin x$의 그래프가 수평접선을 갖는가?

12 입자의 운동방정식이 $s = t^3 - 3t$이다. 여기서 s는 미터, t는 초이다. 다음을 구하라.

(a) t의 함수로 나타낸 속도와 가속도

(b) 2초 후의 가속도

(c) 속도가 0일 때의 가속도

13 입자의 위치 함수가 다음과 같이 주어진다.

$$s = t^3 - 4.5t^2 - 7t, \ t \geq 0$$

(a) 입자가 $5\,\mathrm{m/s}$의 속도에 도달하는 때는 언제인가?

(b) 가속도가 0이 되는 때는 언제인가? 이 t 값의 의미는 무엇인가?

14 구 모양의 풍선을 부풀리고 있다. 반지름이 각각 다음과 같을 때 반지름 r에 대한 표면적$(S = 4\pi r^2)$의 증가율을 구하라.

(a) $20\,\mathrm{cm}$ \qquad (b) $40\,\mathrm{cm}$ \qquad (c) $60\,\mathrm{cm}$

15 보일의 법칙은 일정한 온도에서 기체를 압축하면 기체의 압력 P가 기체의 부피 V에 반비례하는 것을 말한다.

(a) $25℃$에서 $0.106\,\mathrm{m^3}$를 차지하는 표본 기체의 압력이 $50\,\mathrm{kPa}$이라 하자. V를 P의 함수로 쓰라.

(b) $P = 50\,\mathrm{kPa}$일 때 dV/dP를 구하라. 미분계수의 의미는 무엇인가? 이것의 단위는 무엇인가?

16 도함수의 정의를 이용하여 $f(x) = 1/x$이면 $f'(x) = -1/x^2$임을 보여라. (이것은 $n = -1$인 경우의 거듭제곱 법칙을 증명한다.)

17 점 $(0, -4)$를 지나고 포물선 $y = x^2$에 접하는 접선이 두 개 있음을 그림을 그려서 보여라. 또한 이들 접선이 포물선과 만나는 점의 좌표를 구하라.

18 $x = 2$일 때 포물선 $y = ax^2$에 접하는 직선이 $2x + y = b$가 되는 a와 b를 구하라.

19 $(1, 1)$에서 접선의 방정식이 $y = 3x - 2$인 포물선의 방정식 $y = ax^2 + bx$를 구하라.

20 $\displaystyle\lim_{x \to 1} \dfrac{x^{1000} - 1}{x - 1}$을 계산하라.

21 도함수의 정의를 이용하여 식 $\boxed{3}$과 식 $\boxed{4}$를 증명하라.

3.4 곱과 나눗셈의 법칙

이 절의 공식들을 이용하면 기존의 함수로부터 곱하기와 나누기를 통해 얻어지는 새로운 함수의 도함수를 쉽게 얻을 수 있다. 우선 미분 가능한 두 함수의 곱에 대한 도함수는 다음과 같다.

곱의 법칙

곱의 법칙 f와 g가 모두 미분 가능하면 다음을 얻는다.

$$\frac{d}{dx}[f(x)\,g(x)] = f(x)\frac{d}{dx}[g(x)] + g(x)\frac{d}{dx}[f(x)]$$

프라임 표기법을 이용하여 곱의 법칙을 $(fg)' = fg' + gf'$으로 쓸 수 있다. $(fg)' \ne f'g'$임을 유의하자.

이를 말로 표현하면 곱의 법칙이란 "두 함수의 곱에 대한 도함수는 첫 번째 함수에 두 번째 함수의 도함수를 곱한 것과 두 번째 함수에 첫 번째 함수의 도함수를 곱한 것을 합한 것과 같다."는 의미이다.

◀ **예제 1** $y = x^2 \sin x$를 미분하라.

풀이

곱의 법칙을 이용하여 다음을 얻는다.

$$\frac{dy}{dx} = x^2 \frac{d}{dx}(\sin x) + \sin x \frac{d}{dx}(x^2)$$
$$= x^2 \cos x + 2x \sin x$$

[예제 2]는 곱의 법칙을 사용하는 것보다 곱을 간단히 하는 편이 때로는 더 쉬울 수 있음을 보여준다. 그러나 [예제 1]에서는 곱의 법칙이 유일하게 사용할 수 있는 방법이다.

[그림 23]은 [예제 1]의 함수와 그 도함수의 그래프를 보여준다. y가 수평접선을 갖는 모든 점에서 $y' = 0$임을 유의하자.

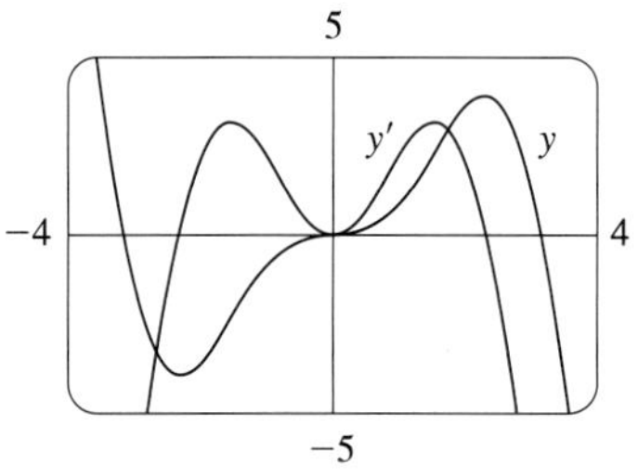

[**그림 23**]

◀ **예제 2** $h(x) = x\,g(x)$이고, $g(3) = 5$, $g'(3) = 2$일 때 $h'(3)$을 구하라.

풀이

곱의 법칙을 적용하여 다음을 얻는다.

$$h'(x) = \frac{d}{dx}[x\,g(x)] = x\frac{d}{dx}g(x) + g(x)\frac{d}{dx}(x)$$
$$= x\,g'(x) + g(x)$$

따라서 $h'(3) = 3\,g'(3) + g(3) = 3 \cdot 2 + 5 = 11$이다.

나눗셈의 법칙

다음 법칙은 미분 가능한 두 함수의 나눗셈을 미분할 수 있게 해준다.

나눗셈의 법칙 f와 g가 모두 미분 가능하면 다음을 얻는다.

$$\frac{d}{dx}\left[\frac{f(x)}{g(x)}\right] = \frac{g(x)\dfrac{d}{dx}[f(x)] - f(x)\dfrac{d}{dx}[g(x)]}{[g(x)]^2}$$

프라임 표기법을 이용하여 나눗셈의 법칙을 $\left(\dfrac{f}{g}\right)' = \dfrac{gf' - fg'}{g^2}$으로 쓸 수 있다.

이를 말로 표현하면 나눗셈의 법칙이란 "나눗셈의 도함수는 분모와 분자의 도함수의 곱에서 분자와 분모의 도함수의 곱을 뺀 후, 분모의 제곱으로 나눈 것과 같다."는 의미이다. 나눗셈의 법칙과 또 다른 미분공식을 사용하면 (다음 예에서 보여주는 것과 같이) 임의의 유리함수의 도함수를 계산할 수 있다.

◀예제3 $y = \dfrac{x^2 + x - 2}{x^3 + 6}$ 라 하면 다음을 얻는다.

$$y' = \frac{(x^3 + 6)\dfrac{d}{dx}(x^2 + x - 2) - (x^2 + x - 2)\dfrac{d}{dx}(x^3 + 6)}{(x^3 + 6)^2}$$

$$= \frac{(x^3 + 6)(2x + 1) - (x^2 + x - 2)(3x^2)}{(x^3 + 6)^2}$$

$$= \frac{(2x^4 + x^3 + 12x + 6) - (3x^4 + 3x^3 - 6x^2)}{(x^3 + 6)^2}$$

$$= \frac{-x^4 - 2x^3 + 6x^2 + 12x + 6}{(x^3 + 6)^2}$$

그래픽 도구를 이용하면 [예제 3]에 대한 답이 그럴듯한 것을 확인할 수 있다. [그림 24]는 [예제 3]의 함수와 그 도함수의 그래프를 보여준다. y가 급하게 증가할 때(-2 부근) y'도 커진다. 그리고 y가 천천히 증가할 때 y'은 0 부근에 있다.

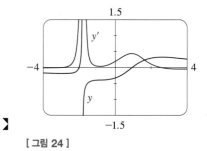
[그림 24]

◀예제4 곡선 $y = \sqrt{x}\,/(1 + x^2)$ 위의 점 $(1, 1/2)$에서 접선의 방정식을 구하라.

풀이

나눗셈의 법칙에 따라 다음을 얻는다.

$$\frac{dy}{dx} = \frac{(1 + x^2)\dfrac{d}{dx}(\sqrt{x}) - \sqrt{x}\,\dfrac{d}{dx}(1 + x^2)}{(1 + x^2)^2}$$

$$= \frac{(1 + x^2)\dfrac{1}{2\sqrt{x}} - \sqrt{x}\,(2x)}{(1 + x^2)^2}$$

$$= \frac{(1 + x^2) - 4x^2}{2\sqrt{x}\,(1 + x^2)^2} = \frac{1 - 3x^2}{2\sqrt{x}\,(1 + x^2)^2}$$

그러므로 점 $(1, 1/2)$에서 접선의 기울기는 다음과 같다.

$$\left.\frac{dy}{dx}\right|_{x=1} = \frac{1 - 3 \cdot 1^2}{2\sqrt{1}\,(1 + 1^2)^2} = -\frac{1}{4}$$

따라서 점-기울기형을 이용하면 점 $(1, 1/2)$에서 접선의 방정식은 다음과 같다.

$$y - \frac{1}{2} = -\frac{1}{4}(x - 1) \quad \text{또는} \quad y = -\frac{1}{4}x + \frac{3}{4}$$

이 곡선과 접선은 [그림 25]에 나타냈다.

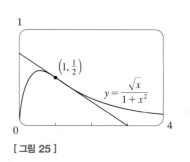
[그림 25]

NOTE _ 분수 함수를 볼 때마다 나눗셈의 법칙을 사용할 필요는 없다. 때때로 분수 함수를 미분의 목적에 맞게 간단한 형태로 다시 쓰면 쉬워지는 경우가 있다. 예를 들어 함수 $F(x) = (3x^2 + 2\sqrt{x})/x$는 나눗셈의 법칙을 이용하여 미분할 수 있지만 미분하기 전에 먼저 나눗셈을 하여 함수 $F(x) = 3x + 2x^{-1/2}$로 쓰는 것이 훨씬 더 쉽다.

삼각함수

우리는 사인 함수와 코사인 함수의 도함수를 알고 있다. 그러므로 나눗셈의 법칙을 이용하면 다음과 같은 탄젠트 함수의 도함수를 얻을 수 있다.

$$\frac{d}{dx}(\tan x) = \sec^2 x$$

나머지 삼각함수 csc, sec, cot의 도함수들도 나눗셈의 법칙을 이용하여 쉽게 구할 수 있다([연습문제 10~12]). 다음 표에서 모든 삼각함수의 도함수를 나열했다. 이때 x가 라디안으로 측정될 때만 성립한다는 것을 기억하자.

삼각함수의 도함수에서는 co가 붙은 함수들, 즉 코사인, 코시컨트, 코탄젠트 함수의 도함수에 음의 부호가 붙는 것을 기억하자.

삼각함수의 도함수들

$$\frac{d}{dx}(\sin x) = \cos x \qquad\qquad \frac{d}{dx}(\csc x) = -\csc x \cot x$$

$$\frac{d}{dx}(\cos x) = -\sin x \qquad\qquad \frac{d}{dx}(\sec x) = \sec x \tan x$$

$$\frac{d}{dx}(\tan x) = \sec^2 x \qquad\qquad \frac{d}{dx}(\cot x) = -\csc^2 x$$

◀ 예제 5 $f(x) = \dfrac{\sec x}{1 + \tan x}$를 미분하라. f의 그래프가 수평접선을 갖는 x의 값은 무엇인가?

풀이

나눗셈의 법칙에 의해 다음을 얻는다.

$$
\begin{aligned}
f'(x) &= \frac{(1+\tan x)\dfrac{d}{dx}(\sec x) - \sec x \dfrac{d}{dx}(1+\tan x)}{(1+\tan x)^2} \\[2mm]
&= \frac{(1+\tan x)\sec x \tan x - \sec x \cdot \sec^2 x}{(1+\tan x)^2} \\[2mm]
&= \frac{\sec x (\tan x + \tan^2 x - \sec^2 x)}{(1+\tan x)^2} \\[2mm]
&= \frac{\sec x (\tan x - 1)}{(1+\tan x)^2}
\end{aligned}
$$

간단히 답하자면 항등식 $\tan^2 x + 1 = \sec^2 x$를 사용하였다.

$\sec x$는 결코 0이 될 수 없으므로 $\tan x = 1$일 때 $f'(x) = 0$이다. 이것은 정수 n에 대해 $x = n\pi + \pi/4$일 때 발생한다([그림 26] 참조).

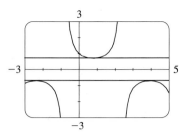

[그림 26] [예제 5]에서의 수평접선

3.4 연습문제

01 $f(x) = (1 + 2x^2)(x - x^2)$의 도함수를 두 가지 방법, 즉 곱의 법칙을 사용해서 구하는 방법과 먼저 곱셈을 수행한 후 구하는 방법으로 구하라. 두 가지 답이 일치하는가?

02~07 다음을 미분하라.

02 $g(t) = t^3 \cos t$

03 $f(x) = \sin x + \frac{1}{2} \cot x$

04 $g(x) = \frac{1 + 2x}{3 - 4x}$

05 $y = \frac{v^3 - 2v\sqrt{v}}{v}$

06 $y = \frac{x}{2 - \tan x}$

07 $y = \frac{t \sin t}{1 + t}$

08~09 곡선 위의 주어진 점에서 접선의 방정식을 구하라.

08 $y = \frac{x^2 - 1}{x^2 + x + 1}$, $(1, 0)$

09 $y = \cos x - \sin x$, $(\pi, -1)$

10 $\frac{d}{dx}(\csc x) = -\csc x \cot x$를 증명하라.

11 $\frac{d}{dx}(\sec x) = \sec x \tan x$를 증명하라.

12 $\frac{d}{dx}(\cot x) = -\csc^2 x$를 증명하라.

13 $f(5) = 1$, $f'(5) = 6$, $g(5) = -3$, $g'(5) = 2$라 하자. 다음 값을 구하라.

(a) $(fg)'(5)$ (b) $(f/g)'(5)$ (c) $(g/f)'(5)$

14 점 $(1, 2)$를 지나고 곡선 $y = x/(x+1)$에 대한 접선은 몇 개인가? 이 접선들은 곡선의 어떤 점과 접하는가?

15 절대온도 T(켈빈, K), 압력 P(기압, atm), 부피 V(리터, L)에서 이상기체에 대한 기체 법칙은 $PV = nRT$이다. 여기서 n은 기체의 mol 수, $R = 0.0821$은 기체상수이다. 어느 순간에 $P = 8.0$atm이고 0.10atm/min의 비율로 증가하며, $V = 10$L이고 0.15L/min의 비율로 감소한다고 하자. $n = 10$mol인 순간에 시간에 대한 T의 변화율을 구하라.

16 (a) 곱의 법칙을 두 번 사용하여 f, g, h가 미분 가능하면 $(fgh)' = f'gh + fg'h + fgh'$임을 증명하라.

(b) (a)의 결과를 바탕으로 $y = x \sin x \cos x$를 미분하라.

17 (a) g가 미분 가능하면 다음을 **역수 법칙**reciprocal rule이라 한다.

$$\frac{d}{dx}\left[\frac{1}{g(x)}\right] = -\frac{g'(x)}{[g(x)]^2}$$

나눗셈의 법칙을 이용하여 역수 법칙을 증명하라.

(b) 역수 법칙을 이용하여 함수 $y = 1/(x^4 + x^2 + 1)$을 미분하라.

(c) 역수 법칙을 이용하여 거듭제곱 법칙이 음의 정수에 대해서도 타당함을 보여라. 즉 모든 양의 정수 n에 대해 다음이 성립함을 보여라.

$$\frac{d}{dx}(x^{-n}) = -nx^{-n-1}$$

3.5 연쇄법칙

다음 함수를 미분한다고 하자.

$$F(x) = \sqrt{x^2 + 1}$$

지금까지 배운 미분공식으로는 $F'(x)$를 구할 수 없다.

F는 합성함수인 것을 알 수 있다. (합성함수에 대해서는 1.2절을 보라.) 실제로 $y = f(u) = \sqrt{u}$와 $u = g(x) = x^2 + 1$이라 하면 $y = F(x) = f(g(x))$, 즉 $F = f \circ g$로 쓸 수 있다. 이미 f와 g를 미분하는 방법을 알고 있다. 따라서 f와 g의 도함수를 이용해서 $F = f \circ g$의 도함수를 구하는 방법을 알려주는 법칙이 유용할 것이다.

합성함수 $f \circ g$의 도함수는 f와 g의 도함수들의 곱과 같다는 것이다. 이는 미분법칙들 중에서 가장 중요한 것 중 하나로 연쇄법칙이라고 한다.

> **연쇄법칙** f와 g가 모두 미분 가능하고 $F = f \circ g$가 $F(x) = f(g(x))$로 정의된 합성함수이면, F는 미분 가능하고 F'은 다음과 같은 곱으로 주어진다.
>
> $$F'(x) = f'(g(x)) \cdot g'(x)$$
>
> 라이프니츠 표기로 $y = f(u)$와 $u = g(x)$가 모두 미분 가능한 함수이면 다음이 성립한다.
>
> $$\frac{dy}{dx} = \frac{dy}{du}\frac{du}{dx}$$

제임스 그레고리 James Gregory, 1638~1675 연쇄법칙을 처음으로 공식화한 사람은 스코틀랜드의 수학자 그레고리이다. 그는 또한 실용적인 반사망원경을 처음 고안하기도 했다. 그레고리는 뉴턴과 거의 동시에 미적분학의 기본 개념을 발견했다. 그는 세인트앤드류스 대학교를 거쳐 에든버러 대학교 교수로 재직했다. 그러나 1년 후 36세의 나이로 사망했다.

연쇄법칙을 프라임 기호를 이용하여 다음과 같이 나타낼 수 있다.

$$\boxed{1} \qquad (f \circ g)'(x) = f'(g(x)) \cdot g'(x)$$

또한 $y = f(u)$이고 $u = g(x)$이면 라이프니츠 표기법으로 다음과 같이 나타낸다.

$$\boxed{2} \qquad \frac{dy}{dx} = \frac{dy}{du}\frac{du}{dx}$$

dy/du와 du/dx가 몫이라면 du를 약분할 수 있기 때문에 식 $\boxed{2}$는 기억하기 쉽다. 그러나 du는 아직 정의되지 않았고 du/dx는 실제 몫으로 생각할 수 없음을 기억하자.

◀ 예제 1 ▶ $F(x) = \sqrt{x^2 + 1}$ 일 때 $F'(x)$를 구하라.

풀이

이 절의 서두에서 $f(u) = \sqrt{u}$와 $g(x) = x^2 + 1$에 대해 F를 $F(x) = (f \circ g)(x) = f(g(x))$으로 표현했다.

$$f'(u) = \frac{1}{2}u^{-1/2} = \frac{1}{2\sqrt{u}}, \quad g'(x) = 2x$$

따라서 다음을 얻는다.

$$F'(x) = f'(g(x)) \cdot g'(x)$$
$$= \frac{1}{2\sqrt{x^2+1}} \cdot 2x = \frac{x}{\sqrt{x^2+1}}$$

식 ②를 이용하는 경우에 dy/dx는 y를 x의 함수라고 생각할 때 y의 도함수임을 명심해야 한다. (x에 대한 y의 도함수라 부른다.) 반면 dy/du는 y를 u의 함수로 생각할 때 y의 도함수를 나타낸다. (u에 대한 y의 도함수이다.) 예를 들어 [예제 1]에서 y를 x의 함수($y = \sqrt{x^2+1}$)와 u의 함수($y = \sqrt{u}$)로 생각할 수 있다. 따라서 다음과 같이 쓴다.

$$\frac{dy}{dx} = F'(x) = \frac{x}{\sqrt{x^2+1}}, \quad \frac{dy}{du} = f'(u) = \frac{1}{2\sqrt{u}}$$

NOTE _ 연쇄법칙을 사용할 때는 밖에서 안으로 계산한다. 식 ①은 외부 함수 f를 [내부 함수 $g(x)$에서] 미분한 후 내부 함수의 도함수를 곱하는 것을 말한다.

$$\frac{d}{dx} \quad \underbrace{f}_{\text{외부 함수}} \quad \underbrace{(g(x))}_{\substack{\text{내부 함수에서}\\\text{계산됨}}} \quad = \quad \underbrace{f'}_{\substack{\text{외부 함수의}\\\text{도함수}}} \quad \underbrace{(g(x))}_{\substack{\text{내부 함수에서}\\\text{계산됨}}} \quad \cdot \quad \underbrace{g'(x)}_{\substack{\text{내부 함수의}\\\text{도함수}}}$$

◀예제 2 함수 $y = \sin(x^2)$를 미분하라.

풀이

$y = \sin(x^2)$이므로 외부 함수는 사인함수이고 내부 함수는 제곱 함수이다. 따라서 연쇄법칙에 의해 다음을 얻는다.

$$\frac{dy}{dx} = \frac{d}{dx} \quad \underbrace{\sin}_{\text{외부 함수}} \quad \underbrace{(x^2)}_{\substack{\text{내부 함수에서}\\\text{계산됨}}} \quad = \quad \underbrace{\cos}_{\substack{\text{외부 함수의}\\\text{도함수}}} \quad \underbrace{(x^2)}_{\substack{\text{내부 함수에서}\\\text{계산됨}}} \quad \cdot \quad \underbrace{2x}_{\substack{\text{내부 함수의}\\\text{도함수}}}$$
$$= 2x\cos(x^2)$$

[예제 2]에서는 사인함수를 미분하는 법칙과 연쇄법칙을 결합했다. 일반적으로 u가 x의 미분 가능한 함수일 때 $y = \sin u$이면 연쇄법칙에 의해 다음을 얻는다.

$$\frac{dy}{dx} = \frac{dy}{du}\frac{du}{dx} = \cos u \frac{du}{dx}$$

따라서 $\dfrac{d}{dx}(\sin u) = \cos u \dfrac{du}{dx}$ 이다.

외부 함수 f가 거듭제곱 함수인 특별한 경우의 연쇄법칙을 명확하게 만들어보자. $y = [g(x)]^n$이라 하면 $u = g(x)$에 대해 $y = f(u) = u^n$으로 쓸 수 있다. 이제 연쇄법칙과 거듭제곱 법칙을 이용하여 다음을 얻는다.

---

③ **연쇄법칙과 결합된 거듭제곱 법칙** n이 임의의 실수이고 $u = g(x)$가 미분 가능하면 다음이 성립한다.

$$\frac{d}{dx}(u^n) = n\,u^{n-1}\frac{du}{dx}$$

또는 다음과 같다.

$$\frac{d}{dx}[g(x)]^n = n[g(x)]^{n-1} \cdot g'(x)$$

[예제 1]에서 도함수는 법칙 ③에서 $n = \dfrac{1}{2}$을 택하여 계산할 수 있다.

◀**예제 3** $f(x) = \dfrac{1}{\sqrt[3]{x^2+x+1}}$ 일 때 f'을 구하라.

풀이

먼저 f를 $f(x) = (x^2+x+1)^{-1/3}$으로 다시 쓴다. 그러면 다음을 얻는다.

$$f'(x) = -\frac{1}{3}(x^2+x+1)^{-4/3}\frac{d}{dx}(x^2+x+1)$$

$$= -\frac{1}{3}(x^2+x+1)^{-4/3}(2x+1)$$

◀**예제 4** $y = (2x+1)^5(x^3-x+1)^4$을 미분하라.

풀이

이 예제에서는 연쇄법칙을 사용하기 전에 곱의 법칙을 사용해야 한다.

$$\frac{dy}{dx} = (2x+1)^5\frac{d}{dx}(x^3-x+1)^4 + (x^3-x+1)^4\frac{d}{dx}(2x+1)^5$$

$$= (2x+1)^5 \cdot 4(x^3-x+1)^3\frac{d}{dx}(x^3-x+1)$$

$$+ (x^3-x+1)^4 \cdot 5(2x+1)^4\frac{d}{dx}(2x+1)$$

$$= 4(2x+1)^5(x^3-x+1)^3(3x^2-1) + 5(x^3-x+1)^4(2x+1)^4 \cdot 2$$

[그림 27]은 [예제 4]의 함수 y와 y'의 그래프를 보여준다. y가 급격하게 증가할 때 y'이 커지고 y가 수평접근선을 가질 때 $y' = 0$이다. 그래서 답은 타당해 보인다.

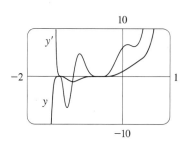

[**그림 27**]

각 항이 공통인수 $2(2x+1)^4(x^3-x+1)^3$을 가지고 있으므로 인수분해에 의해 다음을 얻는다.

$$\frac{dy}{dx} = 2(2x+1)^4(x^3-x+1)^3(17x^3+6x^2-9x+3)$$

연쇄법칙이라는 이름을 붙이는 이유는 또 다른 연결을 추가하여 더 긴 연결고리를 만들 때 명확해진다. $y=f(u)$, $u=g(x)$, $x=h(t)$이고 f, g, h가 미분 가능한 함수라 하자. 그러면 t에 관한 함수 y의 도함수를 구하기 위해 다음과 같이 연쇄법칙을 두 번 사용한다.

$$\frac{dy}{dt} = \frac{dy}{dx}\frac{dx}{dt} = \frac{dy}{du}\frac{du}{dx}\frac{dx}{dt}$$

◀ **예제 5** $f(x)=\sin(\cos(\tan x))$를 미분하라.

$$f'(x) = \cos(\cos(\tan x))\frac{d}{dx}\cos(\tan x)$$

$$= \cos(\cos(\tan x))[-\sin(\tan x)]\frac{d}{dx}(\tan x)$$

$$= -\cos(\cos(\tan x))\sin(\tan x)\sec^2 x$$

연쇄법칙을 두 번 사용한 것에 주목하자.

3.5 연습문제

01~02 합성함수를 $f(g(x))$의 형태로 쓰라. [내부 함수는 $u=g(x)$, 외부 함수는 $y=f(u)$로 지정한다.] 그리고 도함수 dy/dx를 구하라.

01 $y=\sqrt[3]{1+4x}$

02 $y=\sqrt{\sin x}$

03~11 다음 함수의 도함수를 구하라.

03 $F(x)=(x^4+3x^2-2)^5$

04 $f(z)=\dfrac{1}{z^2+1}$

05 $y=x\sec kx$

06 $h(t)=(t+1)^{2/3}(2t^2-1)^3$

07 $y=\sin(x\cos x)$

08 $y=\sin\sqrt{1+x^2}$

09 $y=\sec^2 x+\tan^2 x$

10 $y=\cot^2(\sin\theta)$

11 $g(x)=(2r\sin rx+n)^p$

12 함수 $y=\cos(x^2)$의 1계 도함수와 2계 도함수를 구하라.

13 곡선 $y=\sin(\sin x)$ 위의 점 $(\pi, 0)$에서 접선의 방정식을 구하라.

14 함수 $f(x)=2\sin x+\sin^2 x$의 그래프 위에서 접선이 수평이 되는 모든 점을 구하라.

15 f, g, f', g' 값이 표와 같다.

x	$f(x)$	$g(x)$	$f'(x)$	$g'(x)$
1	3	2	4	6
2	1	8	5	7
3	7	2	7	9

(a) $h(x) = f(g(x))$일 때 $h'(1)$을 구하라.

(b) $H(x) = g(f(x))$일 때 $H'(1)$을 구하라.

16 f의 그래프가 다음과 같을 때 $g(x) = \sqrt{f(x)}$ 라 하자. $g'(3)$을 구하라.

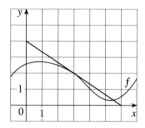

17 $y = \cos 2x$의 50계 도함수를 구하라.

18 케페우스형 변광성은 밝기가 교대로 증감하는 별이다. 이러한 별들 중 가장 쉽게 볼 수 있는 별은 델타 케페우스이다. 이 별이 최대로 밝은 시각 사이의 주기는 5.4일이다. 이 별의 평균 밝기는 4.0이고 이 밝기는 ±0.35 사이에서 변한다. 이러한 자료의 관점에서 시각 t(일)에서의 델타 케페우스의 밝기는 다음과 같은 함수로 주어진다.

$$B(t) = 4.0 + 0.35 \sin(2\pi t/5.4)$$

(a) t일 후 밝기의 변화율을 구하라.

(b) 1일 후 증가율을 소수점 아래 둘째 자리에서 정확하게 구하라.

19 질량이 m, 속도가 v인 물체에 작용하는 힘 F에 대한 운동량의 변화율은 $F = (d/dt)(mv)$이다. m이 상수이면 이 힘은 $F = ma$이다. 여기서 $a = dv/dt$는 가속도이다. 그러나 상대성 이론에서 입자의 질량은 $m = m_0/\sqrt{1 - v^2/c^2}$ 과 같이 v에 따라 변한다. 여기서 m_0은 정지 상태에서의 입자의 질량, c는 빛의 속력이다. 다음이 성립함을 보여라.

$$F = \frac{m_0 a}{(1 - v^2/c^2)^{3/2}}$$

20 (a) n이 양의 정수일 때 다음을 증명하라.

$$\frac{d}{dx}(\sin^n x \cos nx) = n\sin^{n-1} x \cos(n+1)x$$

(b) (a)에 있는 것과 유사하게 $y = \cos^n x \cos nx$의 도함수를 구하라.

21 연쇄법칙을 이용하여 θ가 도(°)일 때 다음이 성립함을 보여라.

$$\frac{d}{d\theta}(\sin\theta) = \frac{\pi}{180}\cos\theta$$

(이는 미적분에서 삼각함수를 다룰 때 항상 라디안 척도를 사용해야 하는 명확한 이유를 보여준다. 만일 도(°) 척도를 사용한다면 미분 공식이 간단하지 않을 것이다.)

3.6 음함수의 미분법

지금까지 다룬 함수들은 하나의 변수를 다른 변수를 통해 명확하게 서술할 수 있었다. 예를 들어 다음과 같다.

$$y = \sqrt{x^3 + 1} \quad \text{또는} \quad y = x\sin x$$

또는 일반적으로 $y = f(x)$ 형태이다. 그러나 어떤 함수들은 다음과 같이 x와 y 사이의 관계에 의해 음함수적으로 정의된다.

$$x^2 + y^2 = 25$$

$$\boxed{2} \qquad\qquad x^3 + y^3 = 6xy$$

어떤 경우에는 y에 대한 방정식을 명확한 x의 함수(또는 여러 개의 함수)로 풀 수도 있다. 예를 들어 식 $\boxed{1}$을 y에 대해 풀면 $y = \pm \sqrt{25 - x^2}$ 이므로 음함수 방정식 $\boxed{1}$에 의해 함수 $f(x) = \sqrt{25 - x^2}$ 와 $g(x) = -\sqrt{25 - x^2}$ 이 결정된다. f와 g의 그래프는 원 $x^2 + y^2 = 25$의 상반원과 하반원이다([그림 28] 참조).

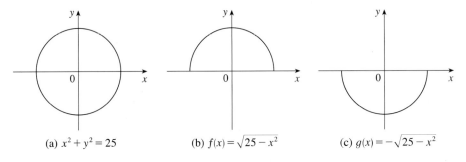

(a) $x^2 + y^2 = 25$ (b) $f(x) = \sqrt{25 - x^2}$ (c) $g(x) = -\sqrt{25 - x^2}$

[**그림 28**]

식 $\boxed{2}$는 y를 x의 음함수로 생각하여 y를 명확한 x의 함수로 풀 수 없다. (사실 이 함수는 y를 명확한 x의 함수로 표현하기가 대단히 복잡하다.) 그럼에도 불구하고 식 $\boxed{2}$는 [그림 29]에 보이는 **데카르트의 엽선**$^{\text{folium of Descartes}}$이라 불리는 곡선의 방정식이다. 그리고 이것은 y를 x에 대한 몇 가지 음함수로 정의한다. [그림 30]에 그와 같은 세 함수의 그래프를 보여준다. 식 $\boxed{2}$에 의해 f가 음함수로 정의된다는 것은 f의 정의역 안에 있는 모든 x에 대해 다음 방정식이 성립하는 것을 의미한다.

$$x^3 + [f(x)]^3 = 6x f(x)$$

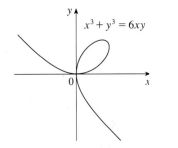

$x^3 + y^3 = 6xy$

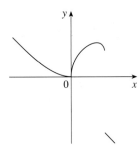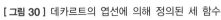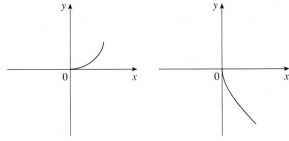

[**그림 29**] 데카르트의 엽선   [**그림 30**] 데카르트의 엽선에 의해 정의된 세 함수

다행히도 y의 도함수를 구하기 위해 방정식을 y에 대해 풀어서 x에 관한 식으로 표현할 필요가 없다. 대신 **음함수의 미분법**$^{\text{implicit differentiation}}$을 이용할 수 있다. 이것은 방정식의 양변을 x에 대해 미분하고 그 결과를 y'에 대해 푸는 것이다. 이 절의 예제와 연습문제에서 y를 x의 미분 가능한 음함수로 가정하고 음함수 미분법을 적용한다.

〈예제1〉 **(a)** $x^2 + y^2 = 25$일 때 dy/dx를 구하라.

(b) 원 $x^2 + y^2 = 25$ 위에 있는 점 $(3, 4)$에서 접선의 방정식을 구하라.

풀이

(a) 방정식 $x^2 + y^2 = 25$의 양변을 미분한다.

$$\frac{d}{dx}(x^2 + y^2) = \frac{d}{dx}(25)$$

$$\frac{d}{dx}(x^2) + \frac{d}{dx}(y^2) = 0$$

y를 x의 함수로 가정하고 연쇄법칙을 이용하면 다음을 얻는다.

$$\frac{d}{dx}(y^2) = \frac{d}{dy}(y^2)\,\frac{dy}{dx} = 2y\,\frac{dy}{dx}$$

그러므로 다음을 얻는다.

$$2x + 2y\,\frac{dy}{dx} = 0$$

이 방정식을 dy/dx에 대해 풀면 다음과 같다.

$$\frac{dy}{dx} = -\frac{x}{y}$$

(b) 점 $(3, 4)$에서 $x = 3$이고 $y = 4$이므로 다음을 얻는다.

$$\frac{dy}{dx} = -\frac{3}{4}$$

그러므로 점 $(3, 4)$에서 원에 접하는 접선의 방정식은 다음과 같다.

$$y - 4 = -\frac{3}{4}(x - 3) \quad \text{또는} \quad 3x + 4y = 25 \qquad ❱$$

[예제 1]은 방정식을 풀어서 y를 x에 관한 명확한 식으로 표현할 수 있지만 음함수의 미분법을 이용하는 것이 더 쉽다.

〈예제2〉 **(a)** $x^3 + y^3 = 6xy$일 때 y'을 구하라.

(b) 데카르트의 엽선 $x^3 + y^3 = 6xy$ 위의 점 $(3, 3)$에서 접선을 구하라.

(c) 제1사분면에서 접선이 수평이 되는 점은 무엇인가?

풀이

(a) y를 x에 관한 함수로 생각하고 $x^3 + y^3 = 6xy$에서 양변을 x에 대해 미분한다.

이때 y^3 항에 연쇄법칙을 $6xy$ 항에 곱의 법칙을 이용하면 다음을 얻는다.

$$3x^2 + 3y^2 y' = 6y + 6x\,y'$$

또는
$$x^2 + y^2 y' = 2y + 2x\,y'$$

y'에 대해 풀면
$$y^2 y' - 2xy' = 2y - x^2$$
$$(y^2 - 2x)\,y' = 2y - x^2$$
$$y' = \frac{2y - x^2}{y^2 - 2x}$$

(b) $x = y = 3$일 때 다음을 얻는다.

$$y' = \frac{2 \cdot 3 - 3^2}{3^2 - 2 \cdot 3} = -1$$

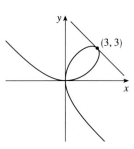

[그림 31]을 보면 알 수 있듯이 이 값은 점 $(3, 3)$에서 접선의 기울기로 타당하다. 따라서 $(3, 3)$에서 엽선에 대한 접선의 방정식은 다음과 같다.

$$y - 3 = -1(x - 3) \quad \text{또는} \quad x + y = 6$$

[그림 31]

(c) $y' = 0$일 때 접선은 수평이다. (a)의 결과로 얻은 y'에 대한 표현을 이용하면 $2y - x^2 = 0\,(y^2 - 2x \neq 0$이라는 조건 하에서$)$일 때 $y' = 0$임을 알 수 있다. 곡선의 방정식에 $y = x^2/2$을 대입하면 다음을 얻는다.

$$x^3 + \left(\frac{1}{2} x^2\right)^3 = 6x\left(\frac{1}{2} x^2\right)$$

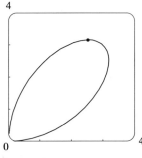

이를 간단히 하면 $x^6 = 16x^3$이다. 제1사분면에서 $x \neq 0$이므로 $x^3 = 16$이다. $x = 16^{1/3} = 2^{4/3}$이면 $y = \frac{1}{2}(2^{8/3}) = 2^{5/3}$이다. 따라서 접선은 $(2^{4/3},\ 2^{5/3})$에서 수평이다. [그림 32]를 보면 이 답이 타당함을 알 수 있다.

[그림 32]

〈예제 3〉 $x^4 + y^4 = 16$일 때 y''을 구하라.

풀이

x에 대한 음함수로 방정식을 미분하여 다음을 얻는다.

$$4x^3 + 4y^3 y' = 0$$

이 방정식을 y'에 대해 풀면 다음을 얻는다.

③
$$y' = -\frac{x^3}{y^3}$$

y''을 구하기 위해 y가 x의 함수인 것을 기억하고 나눗셈의 법칙을 이용하여 y'에 대

한 식을 미분한다.

$$y'' = \frac{d}{dx}\left(-\frac{x^3}{y^3}\right)$$

$$= -\frac{y^3(d/dx)(x^3) - x^3(d/dx)(y^3)}{(y^3)^2}$$

$$= -\frac{y^3 \cdot 3x^2 - x^3(3y^2 y')}{y^6}$$

이 식에 식 ③을 대입하면 다음을 얻는다.

$$y'' = -\frac{3x^2 y^3 - 3x^3 y^2\left(-\frac{x^3}{y^3}\right)}{y^6}$$

$$= -\frac{3(x^2 y^4 + x^6)}{y^7} = -\frac{3x^2(y^4 + x^4)}{y^7}$$

x, y 값은 원래의 방정식 $x^4 + y^4 = 16$을 만족해야 한다. 따라서 답을 간단히 나타내면 다음과 같다.

$$y'' = -\frac{3x^2(16)}{y^7} = -48\frac{x^2}{y^7} \qquad \qquad \mathbf{\gg}$$

[그림 33]은 [예제 3]의 곡선 $x^4 + y^4 = 16$의 그래프를 나타낸다. 원 $x^2 + y^2 = 4$를 잡아당겨 늘리고 납작하게 만든 것으로 '비대한 원'이라 부르기도 한다. 이는 왼쪽에서 매우 가파르게 시작해서 곧바로 평평해진다. 이는 다음의 식으로부터 확인할 수 있다.

$$y' = -\frac{x^3}{y^3} = -\left(\frac{x}{y}\right)^3$$

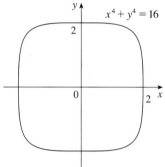

[그림 33]

3.6 연습문제

01   $9x^2 - y^2 = 1$이라 하자.

     (a) 음함수 미분법을 이용하여 y'을 구하라.

     (b) y에 대한 명확한 식을 풀고 x에 관하여 미분하여 y'을 구하라.

     (c) y에 대한 식을 (a)에서 얻은 답에 대입하여 (a)와 (b)의 해가 일치하는지 확인하라.

02~05   음함수 미분법에 의해 dy/dx를 구하라.

02   $x^3 + x^2 y + 4y^2 = 6$ 03 $y\cos x = x^2 + y^2$

04   $\sqrt{xy} = 1 + x^2 y$ 05 $y\cos x = 1 + \sin(xy)$

06~07   음함수 미분법을 이용하여 곡선 위의 주어진 점에서 접선의 방정식을 구하라.

06   $x^2 + y^2 = (2x^2 + 2y^2 - x)^2$, $(0, 1/2)$ 심장형

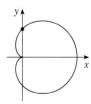

07 $2(x^2+y^2)^2 = 25(x^2-y^2)$, $(3, 1)$ 연주형

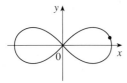

08 음함수 미분법에 의해 $x^3+y^3 = 1$에 대한 y''을 구하라.

09 (a) 방정식이 $y^2 = 5x^4 - x^2$인 곡선을 **에우독소스의 곡선** kampyle of Eudoxus이라 부른다. 곡선 위의 점 $(1, 2)$에서 접선의 방정식을 구하라.

(b) 📊 선과 접선을 동일한 보기화면에 그려서 (a)를 설명하라. (그래픽 장치가 음함수로 정의된 곡선을 그릴 수 있으면 그 기능을 이용하라. 그렇지 않다면 상반부와 하반부를 나누어 그림으로써 곡선을 그릴 수 있다.)

10 접선이 교점에서 서로 수직이면 두 곡선은 **직교한다**orthogonal고 한다. 곡선족 $y = cx^2$, $x^2+2y^2 = k$는 서로 **직교절선**orthogonal trajectory이 됨을 보여라. 즉 한 곡선족에 있는 모든 곡선이 다른 곡선족에 있는 모든 곡선과 직교함을 보여라. 그리고 동일한 좌표축에 두 곡선족을 그려라.

11 (a) 기체 $n(\text{mol})$에 대한 반데르발스 방정식은 다음과 같다.

$$\left(P+\frac{n^2a}{V^2}\right)(V-nb) = nRT$$

여기서 P는 압력, V는 부피, T는 기체의 온도이다. 상수 R은 보편 기체 상수이고 a, b는 특정 기체의 성질을 나타내는 양의 상수이다. T가 상수일 때 음함수 미분법을 이용해서 dV/dP를 구하라.

(b) 부피 $V = 10\text{L}$, 압력 $P = 2.5\text{atm}$일 때 이산화탄소 1mol의 압력에 대한 부피 변화율을 구하라. 이때 $a = 3.592\text{L}^2\text{-atm/mol}^2$, $b = 0.04267\text{L/mol}$이다.

12 방정식 $x^2-xy+y^2 = 3$은 회전한 타원, 즉 타원의 축이 두 좌표축에 평행하지 않은 타원이다. 이 타원이 x축을 지나는 점을 구하라. 그리고 이들 점에서 접선들이 평행함을 보여라.

13 $A^2 < a^2$이고 $a^2-b^2 = A^2+B^2$이면 타원 $x^2/a^2 + y^2/b^2 = 1$과 쌍곡선 $x^2/A^2 - y^2/B^2 = 1$이 직교 절선임을 보여라. (이때 타원과 쌍곡선의 초점은 같다.)

14 0차 **베셀 함수**Bessel function $y = J(x)$는 x의 모든 값에 대해 미분방정식 $xy''+y'+xy = 0$을 만족하고 $J(0) = 1$이다.

(a) $J'(0)$을 구하라.

(b) 음함수 미분법을 이용해서 $J''(0)$을 구하라.

3.7 역함수의 도함수

이제 f가 일대일 미분 가능한 함수라고 하자. 그러면 f의 그래프를 직선 $y = x$에 대해 대칭 이동시켜 f^{-1}의 그래프를 얻는다. 따라서 f^{-1}도 미분 가능함을 기대한다(접선이 수직선인 곳은 제외). 사실상 주어진 점에서 f^{-1}의 도함수의 값을 기하학적인 논의로 예측할 수 있다. [그림 34]에서 f와 그 역함수 f^{-1}의 그래프를 보여준다. $f(b) = a$이면 $f^{-1}(a) = b$이고 $(f^{-1})'(a)$는 점 (a, b)에서 그래프 f^{-1}의 접선 L의 기울기, 즉 $\Delta y/\Delta x$이다. 직선 $y = x$에 대한 대칭은 x축과 y축을 바꾼 효과를 갖는다. 그러므로 대칭인 직선 $\ell[(b, a)$에서 f의 그래프에 대한 접선]의 기울기는 $\Delta x/\Delta y$이다. 따라서 L의 기울기는 ℓ의 기울기의 역수, 즉 다음과 같다.

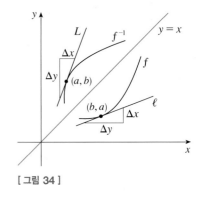

[그림 34]

$$(f^{-1})'(a) = \frac{\Delta y}{\Delta x} = \frac{1}{\Delta x/\Delta y} = \frac{1}{f'(b)}$$

f가 일대일이므로 $x \neq a \implies f(y) \neq f(b)$임을 주목한다.

---

1 **정리** 역함수 f^{-1}를 가지는 f가 일대일 미분 가능한 함수이고 $f'(f^{-1}(a)) \neq 0$이면, 역함수는 a에서 미분 가능하고 다음이 성립한다.

$$(f^{-1})'(a) = \frac{1}{f'(f^{-1}(a))}$$

NOTE 1 _ 정리 1의 공식에서 a를 일반적인 수 x로 바꾸면 다음을 얻는다.

2 $$(f^{-1})'(x) = \frac{1}{f'(f^{-1}(x))}$$

$y = f^{-1}(x)$로 쓰면 $f(y) = x$이고, 따라서 라이프니츠의 기호로 표현할 때 식 2는 다음과 같다.

$$\frac{dy}{dx} = \frac{1}{\frac{dx}{dy}}$$

NOTE 2 _ f^{-1}가 미분 가능하다는 사실을 사전에 알고 있다면, 음함수 미분법을 이용하여 정리 1의 역함수를 이용한 방법보다 쉽게 도함수를 계산할 수 있다. 만일 $y = f^{-1}(x)$이면 $f(y) = x$이다. y를 x의 함수로 생각하고 연쇄법칙을 이용하여 방정식 $f(y) = x$를 x에 대해 음함수적으로 미분하여 다음을 얻는다.

$$f'(y)\frac{dy}{dx} = 1$$

따라서 다음과 같다.

$$\frac{dy}{dx} = \frac{1}{f'(y)} = \frac{1}{\frac{dx}{dy}}$$

◀예제 1 $f(x) = 2x + \cos x$일 때 $(f^{-1})'(1)$을 구하라.

풀이

$f'(x) = 2 - \sin x > 0$이므로 f는 증가함수이다. 따라서 f는 일대일 함수이다. 정리 1을 이용하기 위해 $f^{-1}(1)$을 알아야 한다. 그리고 다음을 통해 이를 구할 수 있다.

$$f(0) = 1 \implies f^{-1}(1) = 0$$

따라서 다음을 얻는다.

$$(f^{-1})'(1) = \frac{1}{f'(f^{-1}(1))} = \frac{1}{f'(0)} = \frac{1}{2 - \sin 0} = \frac{1}{2}$$

지수함수의 도함수

도함수의 정의를 이용하여 지수함수 $f(x) = a^x$의 도함수를 구하기 위해 극한 $\lim_{h \to 0} \dfrac{a^h - 1}{h}$을 먼저 구해보자. 이 극한을 구하기 위해 $a^h - 1 = t$ 라 하면, $a^h = t + 1$

이므로 $h = \log_a(t+1)$이다. 이때 $h \to 0$이면 $t \to 0$이므로 다음 극한을 얻는다.

$$\lim_{h \to 0} \frac{a^h - 1}{h} = \lim_{t \to 0} \frac{t}{\log_a(t+1)} = \lim_{t \to 0} \frac{1}{\frac{1}{t}\log_a(t+1)}$$

$$= \lim_{t \to 0} \frac{1}{\log_a(t+1)^{1/t}} = \frac{1}{\log_a e} = \ln a$$

특히 $a = e$라 하면 다음과 같다.

$$\lim_{h \to 0} \frac{e^h - 1}{h} = \ln e = 1$$

그러므로 지수함수에 관한 다음 극한을 얻을 수 있다.

③ $$\lim_{h \to 0} \frac{a^h - 1}{h} = \ln a, \quad \lim_{h \to 0} \frac{e^h - 1}{h} = 1$$

이제 식 ③을 이용하여 지수함수 $f(x) = a^x$의 도함수를 구하면 다음과 같다.

$$f'(x) = \lim_{h \to 0} \frac{f(x+h) - f(x)}{h} = \lim_{h \to 0} \frac{a^{x+h} - a^x}{h}$$

$$= \lim_{h \to 0} \frac{a^x(a^h - 1)}{h} = a^x \lim_{h \to 0} \frac{a^h - 1}{h} = a^x \ln a$$

특히 $a = e$이면 $\ln e = 1$ 이므로 지수함수의 도함수를 정리하면 다음과 같다.

---

④ **지수함수의 미분법**

(1) $\dfrac{d}{dx} a^x = a^x \ln a$ (2) $\dfrac{d}{dx} e^x = e^x$

공식 ④의 (2)에 대한 기하학적 해석은 임의의 점에서 곡선 $y = e^x$에 대한 접선의 기울기가 그 점의 y좌표와 같다는 것이다(2장 [그림 15] 참조). 이 성질은 지수곡선 $y = e^x$이 매우 빠르게 증가하는 것을 나타낸다.

◀ **예제 2** 함수 $y = e^{\tan x}$를 미분하라.

풀이

연쇄법칙을 이용하기 위해 $u = \tan x$로 치환한다. 그러면 $y = e^u$을 얻는다. 따라서 다음을 얻는다.

$$\frac{dy}{dx} = \frac{dy}{du}\frac{du}{dx} = e^u\frac{du}{dx} = e^{\tan x}\sec^2 x \qquad \text{❱}$$

일반적으로 [예제 2]와 같이 식 ④와 연쇄법칙을 결합하면 다음 식을 얻는다.

⑤ $$\frac{d}{dx}(e^u) = e^u\frac{du}{dx}$$

❰**예제 3** $y = e^{-4x}\sin 5x$일 때, y'을 구하라.

풀이

식 ⑤와 곱의 법칙을 이용하여 다음을 얻는다.

$$y' = e^{-4x}(\cos 5x)(5) + (\sin 5x)e^{-4x}(-4) = e^{-4x}(5\cos 5x - 4\sin 5x) \qquad \text{❱}$$

로그함수의 도함수

로그함수 $y = \log_a x$는 지수함수 $x = a^y$의 역함수이다. 공식 ④의 (1)을 이용하여 이 지수함수를 x에 관해 음함수적으로 미분하면 다음을 얻는다.

$$(a^y \ln a)y' = 1$$

따라서 $y = \log_a x$의 도함수는 다음과 같다.

$$\frac{dy}{dx} = \frac{1}{a^y \ln a} = \frac{1}{x\ln a}$$

특히 $a = e$라 하면 자연로그함수 $y = \ln x$의 도함수는 다음과 같다.

$$\frac{dy}{dx} = \frac{1}{x}$$

로그함수의 도함수를 정리하면 다음을 얻는다.

---

⑥ **로그함수의 미분법**

(1) $\dfrac{d}{dx}(\log_a x) = \dfrac{1}{x\ln a}$ \qquad (2) $\dfrac{d}{dx}(\ln x) = \dfrac{1}{x}$

❰**예제 4** $y = \ln(x^3 + 1)$을 미분하라.

풀이

연쇄법칙을 이용하기 위해 $u = x^3 + 1$이라 하면 $y = \ln u$이므로 다음을 얻는다.

$$\frac{dy}{dx} = \frac{dy}{du}\frac{du}{dx} = \frac{1}{u}\frac{du}{dx} = \frac{1}{x^3+1}(3x^2) = \frac{3x^2}{x^3+1}$$

일반적으로 [예제 4]에서와 같이 식 ⑥과 연쇄법칙을 결합하면 다음을 얻는다.

⑦ $\qquad \dfrac{d}{dx}(\ln u) = \dfrac{1}{u}\dfrac{du}{dx}$ $\qquad$ 또는 $\qquad \dfrac{d}{dx}[\ln g(x)] = \dfrac{g'(x)}{g(x)}$

◀ 예제 5 $\dfrac{d}{dx}\ln(\sin x)$를 구하라.

풀이

⑦을 이용하여 다음을 얻는다.

$$\frac{d}{dx}\ln(\sin x) = \frac{1}{\sin x}\frac{d}{dx}(\sin x) = \frac{1}{\sin x}\cos x = \cot x$$

◀ 예제 6 $f(x) = \ln|x|$일 때 $f'(x)$를 구하라.

풀이

$$f(x) = \begin{cases} \ln x & ,\ x > 0 \\ \ln(-x), & x < 0 \end{cases}$$

이므로 다음을 얻는다.

$$f'(x) = \begin{cases} \dfrac{1}{x} & ,\ x > 0 \\ \dfrac{1}{-x}(-1) = \dfrac{1}{x}, & x < 0 \end{cases}$$

따라서 모든 $x \neq 0$에 대해 $f'(x) = 1/x$이다.

이 [예제 6]의 결과는 다음과 같이 기억해 둘 필요가 있다.

⑧ $\qquad\qquad\qquad \dfrac{d}{dx}\ln|x| = \dfrac{1}{x}$

로그미분법

곱, 몫, 거듭제곱을 포함하는 복잡한 함수의 도함수는 종종 로그를 취해 간단히 될 수 있다. 다음 예제에서 사용된 방법을 **로그미분법**logarithmic differentiation이라고 한다.

◀ 예제 7 $y = \dfrac{x^{3/4}\sqrt{x^2+1}}{(3x+2)^5}$ 을 미분하라.

풀이

주어진 방정식의 양변에 로그를 취하고, 로그법칙을 이용하여 다음과 같이 간단히 한다.

$$\ln y = \frac{3}{4}\ln x + \frac{1}{2}\ln(x^2+1) - 5\ln(3x+2)$$

음함수적으로 양변을 x에 대해 미분하면 다음을 얻는다.

$$\frac{1}{y}\frac{dy}{dx} = \frac{3}{4}\cdot\frac{1}{x} + \frac{1}{2}\cdot\frac{2x}{x^2+1} - 5\cdot\frac{3}{3x+2}$$

이제 dy/dx에 대해 풀면 다음을 얻는다.

$$\frac{dy}{dx} = y\left(\frac{3}{4x} + \frac{x}{x^2+1} - \frac{15}{3x+2}\right)$$

y에 대한 명확한 식을 알고 있으므로 대입하여 다음과 같이 쓴다.

$$\frac{dy}{dx} = \frac{x^{3/4}\sqrt{x^2+1}}{(3x+2)^5}\left(\frac{3}{4x} + \frac{x}{x^2+1} - \frac{15}{3x+2}\right)$$

❯

로그미분법의 단계

1. 방정식 $y = f(x)$의 양변에 자연로그를 취하고, 로그법칙을 이용하여 간단히 한다.
2. x에 대해 음함수적으로 미분한다.
3. 결과적인 방정식을 y'에 대해 푼다.

어떤 x 값에 대해 $f(x) < 0$이면 $\ln f(x)$는 정의되지 않는다. 그러나 $|y| = |f(x)|$로 쓰고 식 **8**을 이용한다.

이제 3.3절에서 언급한 일반적인 거듭제곱 법칙을 증명할 수 있다.

거듭제곱 법칙 n이 임의의 실수이고 $f(x) = x^n$이면 다음이 성립한다.
$$f'(x) = nx^{n-1}$$

◀ 증명 $y = x^n$이라 하고 로그미분법을 이용하여 다음을 얻는다.

$$\ln|y| = \ln|x|^n = n\ln|x|, \quad x \neq 0$$

[예제 7]에서 로그미분법을 사용하지 않았다면, 나눗셈의 법칙과 곱의 법칙을 사용해야만 했을 것이다. 그리고 그 결과는 대단히 끔찍할 것이다.

$x = 0$이면, $n > 1$에 대해 도함수의 정의를 직접 사용하여 $f'(0) = 0$임을 보일 수 있다.

그러므로 다음이 성립한다.

$$\frac{y'}{y} = \frac{n}{x}$$

따라서 다음을 얻는다.

$$y' = n\,\frac{y}{x} = n\,\frac{x^n}{x} = n\,x^{n-1}$$

밑과 지수가 변수인 $y = [f(x)]^{g(x)}$ 형태의 함수를 미분하기 위해 다음 예제와 같이 로그미분법을 사용할 수 있다.

◀예제 8 $y = x^{\sqrt{x}}$ 을 미분하라.

풀이

로그미분법을 이용하여 다음을 얻는다.

$$\ln y = \ln x^{\sqrt{x}} = \sqrt{x}\,\ln x$$

$$\frac{y'}{y} = \sqrt{x} \cdot \frac{1}{x} + (\ln x)\,\frac{1}{2\sqrt{x}}$$

$$y' = y\left(\frac{1}{\sqrt{x}} + \frac{\ln x}{2\sqrt{x}}\right) = x^{\sqrt{x}}\left(\frac{2 + \ln x}{2\sqrt{x}}\right)$$

[그림 35]는 $f(x) = x^{\sqrt{x}}$ 과 이의 도함수의 그래프를 보임으로써 [예제 8]을 설명한다.

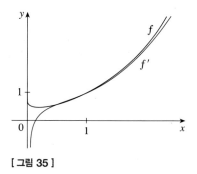

[그림 35]

역삼각함수의 도함수

3.3절로부터 사인함수가 미분 가능한 것을 알고 있으므로 역사인함수도 미분 가능하다. 다음과 같이 음함수 미분법에 의해 이 함수를 쉽게 미분할 수 있다.

$y = \sin^{-1} x$ 라 하면 $\sin y = x$ 이고 $-\pi/2 \le y \le \pi/2$ 이다. $\sin y = x$ 를 x 에 대해 음함수적으로 미분하여 다음을 얻는다.

$$\cos y \frac{dy}{dx} = 1$$

$$\frac{dy}{dx} = \frac{1}{\cos y}$$

$-\pi/2 \le y \le \pi/2$ 에서 $\cos y \ge 0$ 이므로 다음과 같다.

$$\cos y = \sqrt{1 - \sin^2 y} = \sqrt{1 - x^2}$$

따라서 다음을 얻는다.

$$\frac{dy}{dx} = \frac{1}{\cos y} = \frac{1}{\sqrt{1-x^2}}$$

[9]
$$\frac{d}{dx}(\sin^{-1}x) = \frac{1}{\sqrt{1-x^2}}, \quad -1 < x < 1$$

◀ 예제 9 $f(x) = \sin^{-1}(x^2-1)$일 때 **(a)** $f'(x)$ **(b)** f'의 정의역을 구하라.

풀이

(a) 식 [9]와 연쇄법칙을 결합하면 다음을 얻는다.

$$f'(x) = \frac{1}{\sqrt{1-(x^2-1)^2}}\, \frac{d}{dx}(x^2-1)$$

$$= \frac{1}{\sqrt{1-(x^4-2x^2+1)}}\, 2x = \frac{2x}{\sqrt{2x^2-x^4}}$$

(b) f'의 정의역은 다음과 같다.

$$\{x \mid -1 < x^2-1 < 1\} = \{x \mid 0 < x^2 < 2\}$$
$$= \{x \mid 0 < |x| < \sqrt{2}\} = (-\sqrt{2}, 0) \cup (0, \sqrt{2}) \quad \textbf{❯}$$

[예제 9]의 함수 f와 그 도함수의 그래프는 [그림 36]에 보인다. f는 0에서 미분 가능하지 않으며, 이것은 f'이 $x=0$에서 갑작스런 도약이 이루어진다는 사실과 일치한다.

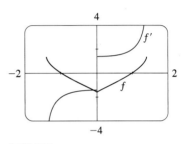

[**그림 36**]

동일한 방법으로 역코사인함수의 도함수를 구하면 다음을 얻는다.

[10]
$$\frac{d}{dx}(\cos^{-1}x) = -\frac{1}{\sqrt{1-x^2}}, \quad -1 < x < 1$$

이제 $y = \tan^{-1}x$라 하면 $\tan y = x$이다. 이 방정식을 x에 대해 음함수적으로 미분하면 다음을 얻는다.

$$\sec^2 y\, \frac{dy}{dx} = 1$$

$$\frac{dy}{dx} = \frac{1}{\sec^2 y} = \frac{1}{1+\tan^2 y} = \frac{1}{1+x^2}$$

[11]
$$\frac{dy}{dx} = \frac{1}{1+x^2}$$

나머지 역삼각함수의 도함수는 자주 이용되지 않으나 요약하면 다음과 같다.

역삼각함수의 도함수 표

$$\frac{d}{dx}(\sin^{-1}x) = \frac{1}{\sqrt{1-x^2}} \qquad \frac{d}{dx}(\csc^{-1}x) = -\frac{1}{x\sqrt{x^2-1}}$$

$$\frac{d}{dx}(\cos^{-1}x) = -\frac{1}{\sqrt{1-x^2}} \qquad \frac{d}{dx}(\sec^{-1}x) = \frac{1}{x\sqrt{x^2-1}}$$

$$\frac{d}{dx}(\tan^{-1}x) = \frac{1}{1+x^2} \qquad \frac{d}{dx}(\cot^{-1}x) = -\frac{1}{1+x^2}$$

◀ **예제 10** $f(x) = x\tan^{-1}\sqrt{x}$ 를 미분하라.

풀이

$$f'(x) = x\,\frac{1}{1+(\sqrt{x}\,)^2}\,\frac{1}{2}\,x^{-1/2} + \tan^{-1}\sqrt{x} = \frac{\sqrt{x}}{2(1+x)} + \tan^{-1}\sqrt{x}$$ ❯

쌍곡선함수와 역쌍곡선함수의 도함수

쌍곡선함수의 도함수는 쉽게 계산할 수 있다. 예를 들어 다음과 같다.

$$\frac{d}{dx}(\sinh x) = \frac{d}{dx}\left(\frac{e^x - e^{-x}}{2}\right) = \frac{e^x + e^{-x}}{2} = \cosh x$$

쌍곡선함수에 대한 미분 공식을 13에 나열했다. 삼각함수의 미분 공식과 유사하지만 부호가 다른 경우가 있으니 주의해야 한다.

13 쌍곡선함수의 도함수

$$\frac{d}{dx}(\sinh x) = \cosh x \qquad \frac{d}{dx}(\operatorname{csch} x) = -\operatorname{csch} x \coth x$$

$$\frac{d}{dx}(\cosh x) = \sinh x \qquad \frac{d}{dx}(\operatorname{sech} x) = -\operatorname{sech} x \tanh x$$

$$\frac{d}{dx}(\tanh x) = \operatorname{sech}^2 x \qquad \frac{d}{dx}(\coth x) = -\operatorname{csch}^2 x$$

쌍곡선함수들이 미분 가능하므로 모든 역쌍곡선함수도 미분 가능하다. 14에 있는 공식들은 역함수 미분법에 의해 쉽게 증명될 수 있다.

$\tanh^{-1} x$와 $\coth^{-1} x$의 도함수 공식이 동일하게 나타나는 것을 주목하자. 그러나 이 함수들의 정의역은 공통인 수를 갖지 않는다. $\tanh^{-1} x$는 $|x| < 1$에서 정의되고 $\coth^{-1} x$는 $|x| > 1$에서 정의된다.

⌗ 역쌍곡선함수의 도함수

$$\frac{d}{dx}(\sinh^{-1} x) = \frac{1}{\sqrt{1+x^2}} \qquad \frac{d}{dx}(\operatorname{csch}^{-1} x) = -\frac{1}{|x|\sqrt{x^2+1}}$$

$$\frac{d}{dx}(\cosh^{-1} x) = \frac{1}{\sqrt{x^2-1}} \qquad \frac{d}{dx}(\operatorname{sech}^{-1} x) = -\frac{1}{x\sqrt{1-x^2}}$$

$$\frac{d}{dx}(\tanh^{-1} x) = \frac{1}{1-x^2} \qquad \frac{d}{dx}(\coth^{-1} x) = \frac{1}{1-x^2}$$

❰ **예제 11** $\dfrac{d}{dx}(\sinh^{-1} x) = \dfrac{1}{\sqrt{1+x^2}}$ 임을 보여라.

풀이

$y = \sinh^{-1} x$라 하자. 그러면 $\sinh y = x$이다. 이 방정식을 x에 대해 음함수적으로 미분하면 다음을 얻는다.

$$\cosh y \frac{dy}{dx} = 1$$

한편 $\cosh^2 y - \sinh^2 y = 1$이고 $\cosh y \geq 0$ 이므로 $\cosh y = \sqrt{1+\sinh^2 y}$ 이다. 따라서 다음을 얻는다.

$$\frac{dy}{dx} = \frac{1}{\cosh y} = \frac{1}{\sqrt{1+\sinh^2 y}} = \frac{1}{\sqrt{1+x^2}}$$ ❱

❰ **예제 12** $\dfrac{d}{dx}[\tanh^{-1}(\sin x)]$를 구하라.

풀이

⌗와 연쇄법칙을 이용하여 다음을 얻는다.

$$\frac{d}{dx}[\tanh^{-1}(\sin x)] = \frac{1}{1-(\sin x)^2}\frac{d}{dx}(\sin x)$$

$$= \frac{1}{1-\sin^2 x}\cos x = \frac{\cos x}{\cos^2 x} = \sec x$$ ❱

3.7 연습문제

01~18 다음 함수를 미분하라.

01 $f(x) = \sqrt{x}\ln x$

02 $f(x) = \sin(\ln x)$

03 $g(x) = \ln\dfrac{a-x}{a+x}$

04 $f(x) = \ln\dfrac{1}{x}$

05 $f(x) = (x^3 + 2x)e^x$

06 $y = e^{ax^3}$

07 $F(t) = e^{t\sin 2t}$

08 $y = e^{e^x}$

09 $f(x) = x^5 + 5^x$

10 $y = x^{\sin x}$

11 $y = (\cos x)^x$

12 $y = (\tan^{-1}x)^2$

13 $y = \arctan(\cos\theta)$

14 $y = \sin^{-1}(2x+1)$

15 $h(x) = \ln(\cosh x)$

16 $y = e^{\cosh 3x}$

17 $y = \cosh^{-1}\sqrt{x}$

18 $y = \coth^{-1}(\sec x)$

19~21 다음 함수에 대한 y'을 구하라.

19 $y = x^2\ln(2x)$

20 $y = \ln(x^2 + y^2)$

21 $e^{x/y} = x - y$

22~24 주어진 점에서 곡선에 대한 접선의 방정식을 구하라.

22 $y = \sin(2\ln x),\ (1,\,0)$

23 $y = e^{2x}\cos\pi x,\ (0,\,1)$

24 $y = 10^x,\ (1,\,10)$

25~26 로그미분법을 이용하여 다음 함수의 도함수를 구하라.

25 $y = (x^2 + 2)^2(x^4 + 4)^4$

26 $y = \sqrt{\dfrac{x-1}{x^4+1}}$

27~28 $f^{(n)}(x)$에 대한 공식을 구하라.

27 $f(x) = e^{2x}$

28 $f(x) = \ln(x-1)$

29 함수 $y = e^{rx}$가 미분방정식 $y'' + 6y' + 8y = 0$을 만족하는 r의 값은 무엇인가?

30 14m 떨어진 두 전신주 사이에 전화선이 현수선 $y = 20\cosh(x/20) - 15$의 모양으로 매달려 있다. 여기서 x와 y의 단위는 m이다.

(a) 전화선이 오른쪽 전신주와 만나는 곳에서 곡선의 기울기를 구하라.

(b) 전화선과 전신주 사이의 각 θ를 구하라.

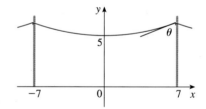

3.8 관련된 비율

기구에 공기를 불어넣으면 풍선의 기구와 반지름이 모두 증가하며, 이 증가율들은 서로 관련되어 있다. 관련 비율 문제를 푸는 주요 관점은 (좀더 쉽게 측정할 수 있는) 다른 양의 변화율을 이용해 어떤 하나의 양의 변화율을 계산하는 것이다. 이를 위해서는 먼저 두 양 사이의 관계식을 구하고 그 다음으로 연쇄법칙을 이용하여 시간에 대해 양변을 미분하면 된다.

◀예제1▶ 둥근 기구 안으로 공기를 불어넣을 때 기구의 부피는 $100\,\mathrm{cm}^3/\mathrm{s}$ 의 비율로 증가한다. 지름이 $50\,\mathrm{cm}$ 일 때 기구의 반지름은 얼마나 빨리 증가하는가?

풀이

두 가지를 확인하고 시작하자.

 • 주어진 정보 : 공기의 부피 증가율은 $100\,\mathrm{cm}^3/\mathrm{s}$

 • 미지의 정보 : 지름이 $50\,\mathrm{cm}$ 일 때 반지름의 증가율

이 양들을 수학적으로 표현하기 위해 다음과 같은 표기를 도입한다.

$$V \text{를 기구의 부피}, \ r \text{을 반지름이라고 하자}.$$

기억해야 할 가장 중요한 열쇠는 변화율이 도함수라는 것이다. 이 문제에서 부피와 반지름은 모두 시간 t의 함수이다. 시간에 대한 부피의 증가율은 도함수 dV/dt이고 반지름의 증가율은 dr/dt이다. 따라서 주어진 정보와 미지의 정보는 다음과 같이 다시 쓸 수 있다.

 • 주어진 정보 : $\dfrac{dV}{dt} = 100\,\mathrm{cm}^3/\mathrm{s}$

 • 미지의 정보 : $r = 25\,\mathrm{cm}$ 일 때 $\dfrac{dr}{dt}$

dV/dt와 dr/dt을 연결하기 위해 먼저 다음의 구의 부피에 대한 공식에 의해 V와 r을 연관시킨다.

$$V = \frac{4}{3}\pi r^3$$

주어진 정보를 이용하기 위해 이 식의 양변을 t에 대하여 미분한다. 우변을 미분하기 위해서는 연쇄법칙을 이용해야 한다.

$$\frac{dV}{dt} = \frac{dV}{dr}\frac{dr}{dt} = 4\pi r^2 \frac{dr}{dt}$$

이제 다음과 같이 미지의 양에 대해 푼다.

$$\frac{dr}{dt} = \frac{1}{4\pi r^2}\frac{dV}{dt}$$

이 식에 $r = 25$, $dV/dt = 100$을 대입하여 다음을 얻는다.

$$\frac{dr}{dt} = \frac{1}{4\pi(25)^2}100 = \frac{1}{25\pi}$$

기구의 반지름은 $1/(25\pi) \approx 0.0127\,\mathrm{cm}/\mathrm{s}$ 의 비율로 증가한다.

dV/dt는 상수이지만 dr/dt은 상수가 아니다.

전략

[예제 1]에서 서로 관련된 비율 문제를 풀 때 다음과 같은 단계를 제안했다.

1. 문제를 주의 깊게 읽는다.
2. 가능하면 그림을 그린다.
3. 기호를 도입한다. 시간의 함수인 모든 양에 기호를 부여한다.
4. 주어진 정보와 구해야 하는 비율을 도함수로 나타낸다.
5. 문제에 제시된 여러 가지 양을 관련짓는 방정식을 적는다. 필요하면 주어진 상황과 관련된 기하학을 이용하여 변수 중 하나를 소거한다([예제 2]와 같이).
6. 연쇄법칙을 이용하여 방정식의 양변을 t에 대하여 미분한다.
7. 결과로 얻은 방정식에 주어진 정보를 대입하고 미지의 비율에 대해 푼다.

⊘ **주의** 일반적으로 오류는(시간에 따라 변하는 양에 대한) 주어진 정보를(시간에 따라 변하는 양에 대한) 너무 일찍 대입할 때 발생한다. 미분이 끝난 후에 대입해야 한다. (7단계는 6단계 다음이다.) 예를 들어 [예제 3]에서는 h의 일반적인 값을 다루다가 마지막 단계에서 $h = 3$을 대입했다. (만약 일찌감치 $h = 3$이라 놓으면 $dV/dt = 0$이 되므로 이것은 명백한 오류이다.)

◀예제 2 자동차 A는 $90\,\mathrm{km/h}$의 속도로 서쪽으로 이동하고, 자동차 B는 $100\,\mathrm{km/h}$의 속도로 북쪽으로 이동하고 있다. 두 자동차는 두 길의 교차로를 향하고 있다. 교차로로부터 A가 $60\,\mathrm{m}$, B가 $80\,\mathrm{m}$의 거리에 있게 될 때 자동차들이 서로에게 접근해가는 속도는 얼마인가?

풀이

[그림 37]을 그려서 두 길의 교차점을 C라 한다. 주어진 시각 t에서, A에서 C까지의 거리를 x, B에서 C까지 거리를 y, 두 자동차 사이의 거리를 z라고 하자. 여기서 x, y, z의 단위는 km이다.

주어진 조건은 $dx/dt = -90\,\mathrm{km/h}$, $dy/dt = -100\,\mathrm{km/h}$이다. ($x$와 y는 감소하므로 도함수는 음의 값이다.) 그리고 dz/dt는 구해야 하는 값이다. 피타고라스 정리에 의해 x, y, z가 관련된 방정식을 다음과 같이 나타낼 수 있다.

$$z^2 = x^2 + y^2$$

t에 대해 양변을 미분하여 다음을 얻는다.

$$2z\frac{dz}{dt} = 2x\frac{dx}{dt} + 2y\frac{dy}{dt}$$

$$\frac{dz}{dt} = \frac{1}{z}\left(x\frac{dx}{dt} + y\frac{dy}{dt}\right)$$

$x = 0.06\,\mathrm{km}$, $y = 0.08\,\mathrm{km}$이면 피타고라스 정리에 의해 $z = 0.1\,\mathrm{km}$이다. 따라서 다음을 얻는다.

$$\frac{dz}{dt} = \frac{1}{0.1}\left[0.06\left(-90\right) + 0.08\left(-100\right)\right]$$

$$= -134\,\mathrm{km/h}$$

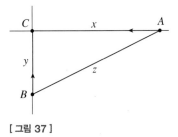

[**그림 37**]

두 자동차는 서로에게 $134\,\mathrm{km/h}$의 속도로 접근한다.　❱

많은 자연 현상에서 어떤 양은 그들의 크기에 비례하는 비율로 증가하거나 감소한다. 예를 들어 $y = f(t)$를 시각 t에서의 동물이나 박테리아의 개체수라 하면, 성장률 $f'(t)$가 개체수 $f(t)$에 비례한다고 기대하는 것은 합리적으로 보인다. 즉 어떤 상수 k에 대해 $f'(t) = kf(t)$이다. 실제로 이상적인 조건(무제한의 환경, 적절한 영양, 질병에 대한 면역) 아래서 방정식 $f'(t) = kf(t)$로 주어진 수학적인 모형은 실제로 일어나는 일을 상당히 정확하게 예측한다.

일반적으로 $y(t)$가 시각 t에서 양 y의 값이고, t에 관한 y의 변화율이 임의의 시각에서 크기 $y(t)$에 비례한다면 다음이 성립한다.

$$\boxed{1} \qquad\qquad \frac{dy}{dt} = ky$$

여기서 k는 상수이다. 방정식 $\boxed{1}$을 **자연성장법칙**^{law of natural growth}($k > 0$일 때) 또는 **자연붕괴 법칙**^{law of natural decay}($k < 0$일 때)이라 한다. 이것을 미지함수 y와 그의 도함수 dy/dt를 포함하기 때문에 **미분방정식**^{differential equation}이라고 한다.

방정식 $\boxed{1}$의 해를 구하는 것은 어렵지 않다. 상수 C에 대해 $y(t) = Ce^{kt}$ 형태의 지수함수는 다음을 만족한다.

$$y'(t) = C(ke^{kt}) = k(Ce^{kt}) = ky(t)$$

상수 C의 의미를 알기 위해 다음을 관찰한다.

$$y(0) = Ce^{k \cdot 0} = C$$

그러므로 C는 함수의 초깃값이다.

$\boxed{2}$ 정리

미분방정식 $dy/dt = ky$의 유일한 해는 다음과 같은 지수함수이다.
$$y(t) = y(0)e^{kt}$$

예를 들어 방사성 물질은 방사선을 방출하면서 자연스럽게 붕괴한다. t시간 후에 물질의 초기 질량 m_0로부터 남아 있는 질량을 $m(t)$라 하면, 다음과 같은 상대붕괴율은 실험에 의해 상수인 것으로 밝혀졌다.(dm/dt가 음수이므로 상대붕괴율은 양수이다.)

$$-\frac{1}{m}\frac{dm}{dt}$$

음의 상수 k에 대해 다음이 성립한다.

$$\frac{dm}{dt} = km$$

다시 말해서 방사성 물질은 남아 있는 질량에 비례하며 붕괴한다. 이것은 $\boxed{2}$를 이용하여 다음과 같이 질량이 지수적으로 붕괴하는 것을 보일 수 있다는 뜻이다.

$$m(t) = m_0 e^{kt}$$

물리학자들은 주어진 질량이 절반으로 붕괴할 때까지 걸리는 시간인 **반감기**$^{\text{half-life}}$로 붕괴율을 표현한다.

◀예제 3 라듐 226($^{226}_{88}$Ra)의 반감기는 1590년이다.

(a) 라듐 226 시료의 질량이 100 mg이다. t년 후에 남아 있는 $^{226}_{88}$Ra의 질량에 대한 식을 구하라.

(b) 1000년 후의 질량(mg)을 밀리그램 단위의 정수값으로 구하라.

(c) 질량이 30 mg으로 줄어드는 때는 언제인가?

풀이

(a) $m(t)$를 t년 후에 남아있는 라듐 226의 질량(mg)이라 하면 $dm/dt = km$, $y(0) = 100$이므로 정리 $\boxed{2}$로부터 다음을 얻는다.

$$m(t) = m(0)e^{kt} = 100 e^{kt}$$

k 값을 결정하기 위해 $y(1590) = (1/2)(100)$을 이용하면 다음을 얻는다.

$$100e^{1590k} = 50 \quad \text{그래서} \quad e^{1590k} = \frac{1}{2}$$

$$1590k = \ln\frac{1}{2} = -\ln 2$$

$$k = -\frac{\ln 2}{1590}$$

따라서 $m(t) = 100\,e^{-(\ln 2)t/1590}$이고 $e^{\ln 2} = 2$인 사실을 이용하면 $m(t)$에 대한 식을 다음과 같이 쓸 수 있다.

$$m(t) = 100 \times 2^{-t/1590}$$

(b) 1000년 후의 질량은 다음과 같다.

$$m(1000) = 100e^{-(\ln 2)1000/1590} \approx 65\,\text{mg}$$

(c) 다음과 같이 $m(t) = 30$인 t의 값, 즉 다음을 구하고자 한다.

$$100\,e^{-(\ln 2)t/1590} = 30 \quad \text{또는} \quad e^{-(\ln 2)t/1590} = 0.3$$

양변에 자연로그를 취해서 t에 대한 방정식을 풀면 다음과 같다.

$$-\frac{\ln 2}{1590}\,t = \ln 0.3$$

따라서 $t = -1590\,\dfrac{\ln 0.3}{\ln 2} \approx 2762$년이다.

3.8 연습문제

01 V는 한 변의 길이가 x인 정육면체의 부피이고 시간이 흐름에 따라 정육면체가 팽창한다. dV/dt를 dx/dt에 관한 식으로 나타내라.

02 반지름이 $5\,\text{m}$인 원통형 탱크에 $3\,\text{m}^3/\text{min}$의 비율로 물이 채워지고 있다. 물의 높이는 얼마나 빠르게 증가하는가?

03 $x^2 + y^2 + z^2 = 9$, $dx/dt = 5$, $dy/dt = 4$이면 $(x, y, z) = (2, 2, 1)$에서 dz/dt를 구하라.

04 비행기가 고도 $2\,\text{km}$에서 수평으로 날고 있으며 레이더 기지 상공을 $800\,\text{km/h}$의 속력으로 똑바로 지나간다. 비행기가 기지로부터 $3\,\text{km}$ 떨어져 있을 때 비행기와 레이더 기지 사이의 거리가 증가하는 비율을 구하라.

(a) 문제에서 주어진 양들은 무엇인가?

(b) 구하려는 것은 무엇인가?

(c) 임의의 시각 t에 대한 상황을 그림으로 그려라.

(d) 양들을 관련짓는 방정식을 쓰라.

(e) 문제 풀이를 완성하라.

05 한 남자가 지점 P에서 $1.2\,\text{m/s}$로 북쪽을 향해 걷기 시작한다. 5분 후 P의 동쪽 편으로 $200\,\text{m}$ 떨어진 지점에서 한 여자가 $1.6\,\text{m/s}$로 남쪽을 향해 걷기 시작한다. 여자가 걷기 시작한 지 15분 후 이 두 사람은 얼마의 비율로 멀어지는가?

06 정오에 배 A는 배 B로부터 $100\,\text{km}$ 서쪽에 있다. 배 A는 $35\,\text{km/h}$로 남쪽으로 항해하고, 배 B는 $25\,\text{km/h}$로 북쪽으로 항해한다. 오후 4시에 두 배 사이의 거리는 얼마나 빠르게 변하는가?

07 물통의 길이는 $6\,\text{m}$이다. 끝부분은 꼭대기에서 빗변이 $1\,\text{m}$이고 높이가 $50\,\text{cm}$인 이등변삼각형 모양이다. 물통에 $1.2\,\text{m}^3/\text{min}$의 비율로 물이 채워진다면 물의 깊이가 $30\,\text{cm}$일 때 수위는 얼마나 빠르게 상승하는가?

08 삼각형의 두 변의 길이는 각각 $4\,\text{m}$, $5\,\text{m}$이고 사잇각은 $0.06\,\text{rad/s}$의 비율로 증가한다. 길이가 고정된 두 변 사이의 각이 $\pi/3$일 때 삼각형 넓이의 증가율을 구하라.

09 보일의 법칙에 따르면 기체의 표본이 일정 온도에서 압축될 때 압력 P와 부피 V는 방정식 $PV = C$를 만족한다. 여기서 C는 상수이다. 어느 순간 기체의 부피가 $600\,\text{cm}^3$, 압력이 $150\,\text{kPa}$이라 하고, 압력이 $20\,\text{kPa/min}$의 비율로 증가한다고 하자. 이 순간 부피는 얼마의 비율로 감소하는가?

10 저항 R_1, R_2가 그림처럼 병렬로 연결되어 있을 때 단위가 옴(Ω)인 총 저항 R의 식은 다음과 같이 주어진다.

$$\frac{1}{R} = \frac{1}{R_1} + \frac{1}{R_2}$$

R_1과 R_2가 각각 $0.3\,\Omega/\text{s}$와 $0.2\,\Omega/\text{s}$의 비율로 증가한다면 $R_1 = 80\,\Omega$, $R_2 = 100\,\Omega$일 때 R은 얼마나 빠르게 변하는가?

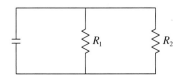

11 $300\,\text{km/h}$의 속력으로 일정하게 날고 있는 비행기가 고도 $1\,\text{km}$에서 지상 레이더 기지 위를 $30°$의 각도로 날고 있다. 1분 후 비행기로부터 레이더 기지까지의 거리는 어떤 비율로 증가하는가?

12 최초에 100마리의 세포로 박테리아 배양을 시작하고 개체군의 크기에 비례해서 증가한다. 1시간 후 개체수가 420마리로 증가했다.

   (a) t시간 후의 박테리아 수에 관한 식을 구하라.

   (b) 3시간 후의 박테리아 수를 구하라.

   (c) 3시간 후의 성장율을 구하라.

   (d) 개체수가 10000마리에 도달하는 때는 언제인가?

13 세슘137의 반감기는 30년이다. 100 mg의 시료를 가지고 있다고 하자.

   (a) t년 후 남아 있는 질량을 구하라.

   (b) 100년 후 남아있는 시료의 양은 얼마인가?

   (c) 1 mg만 남을 때까지 걸리는 시간은 얼마인가?

14 구운 칠면조를 온도가 85℃인 오븐에서 꺼내어 온도가 22℃인 방 안의 식탁에 놓았다.

   (a) 30분 후에 칠면조의 온도가 65℃라면 45분 후에는 온도가 얼마인가?

   (b) 칠면조가 40℃로 식는 때는 언제인가?

15 온도가 일정한 조건 아래서 고도 h에 대하여 대기압 P의 변화율은 P에 비례한다. 15℃에서 해수면의 기압은 101.3 kPa이고 $h = 1000\,\mathrm{m}$에서는 87.14 kPa이다.

   (a) 3000 m 고도에서 대기압은 얼마인가?

   (b) 6187 m 고도의 매킨리 산 정상의 기압은 얼마인가?

3.9 선형 근사와 미분

미분 가능한 함수의 그래프 위의 점을 향해 확대하면 그래프가 점점 더 접선처럼 보이는 것을 보인다. 이 관찰은 함수의 근삿값을 구하는 방법의 기초가 된다.

문제는 함숫값 $f(a)$를 계산하기는 쉽지만 f의 부근에 있는 값들을 구하기는 어렵다 (또는 불가능하다)는 것이다. 그래서 점 $(a, f(a))$에서 f의 접선을 그래프로 가지는 선형함수 L로 쉽게 계산한 근삿값에 만족한다([그림 38] 참조).

다시 말해서 x가 a 부근에 있을 때 곡선 $y = f(x)$에 대한 근사로써 점 $(a, f(a))$에서 f의 접선을 이용한다. 이 접선의 방정식은 다음과 같다.

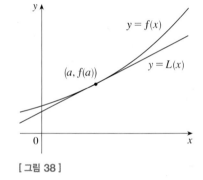

[그림 38]

$$y = f(a) + f'(a)(x - a)$$

그리고 다음과 같은 근사식을 a에서 f의 **선형 근사**^{linear approximation}라 한다.

    1️⃣ $$f(x) \approx f(a) + f'(a)(x - a)$$

그래프가 다음과 같은 접선인 선형함수를 가리켜 a에서 f의 **선형화**^{linearization}라고 한다.

    2️⃣ $$L(x) = f(a) + f'(a)(x - a)$$

◀예제 1 $a = 1$에서 함수 $f(x) = \sqrt{x + 3}$의 선형화를 구하라. 그리고 이를 이용하여 수 $\sqrt{3.98}$과 $\sqrt{4.05}$의 근삿값을 구하라. 이 근삿값들은 과대추정됐는가? 아니면 과소추정됐는가?

풀이

$f(x) = (x+3)^{1/2}$의 도함수는 다음과 같다.

$$f'(x) = \frac{1}{2}(x+3)^{-1/2} = \frac{1}{2\sqrt{x+3}}$$

그러므로 $f(1) = 2$와 $f'(1) = \frac{1}{4}$이다. 이 값을 식 ②에 대입하면 다음과 같은 선형화를 얻는다.

$$L(x) = f(1) + f'(1)(x-1) = 2 + \frac{1}{4}(x-1) = \frac{7}{4} + \frac{x}{4}$$

이에 대한 선형 근사식 ①은 다음과 같다.

$$\sqrt{x+3} \approx \frac{7}{4} + \frac{x}{4} \quad (x\text{가 }1\text{ 부근에 있을 때})$$

특히 다음을 얻는다.

$$\sqrt{3.98} \approx \frac{7}{4} + \frac{0.98}{4} = 1.995, \quad \sqrt{4.05} \approx \frac{7}{4} + \frac{1.05}{4} = 2.0125$$

[그림 39]에서 선형 근사를 보여준다. 확실히 x가 1 부근에 있을 때의 접선 근사는 주어진 함수에 대해 좋은 근사임을 알 수 있다. 또한 접선이 곡선 위에 놓여 있으므로 이 근사가 과대추정되었음을 알 수 있다.

물론 계산기를 이용해서 $\sqrt{3.98}$과 $\sqrt{4.05}$에 대한 근삿값을 얻을 수 있으나 선형 근사는 모든 구간에서 근삿값을 제공한다.

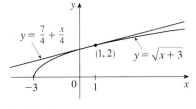

[그림 39]

미분

선형 근사의 배경이 되는 개념은 종종 미분의 용어와 기호로 공식화된다. 미분 가능한 함수 f에 대해 $y = f(x)$라 하면 **미분**^{differential} dx는 독립변수이다. 즉 dx는 임의의 실수값으로 주어질 수 있다. 그러면 미분 dy는 다음과 같이 dx에 의해 정의된다.

③
$$dy = f'(x)\,dx$$

그러므로 dy는 변수 x와 dx에 의해 결정되는 종속변수이다. dx가 특정한 값이고 x가 f의 정의역 안에 있는 특정한 수로 주어지면 dy의 수치적인 값이 결정된다. 미분에 대한 기하학적인 의미는 [그림 40]에서 파악할 수 있다.

$P(x, f(x))$와 $Q(x+\Delta x, f(x+\Delta x))$를 f의 그래프 위에 있는 점이라 하고 $dx = \Delta x$라 하자. 대응하는 y의 변화량은 다음과 같다.

$dx \neq 0$이면 식 ③의 양변을 dx로 나누어 다음을 얻을 수 있다.

$$\frac{dy}{dx} = f'(x)$$

예전에 유사한 방정식을 보았으나 지금은 좌변이 순전히 미분의 나눗셈으로 해석된다.

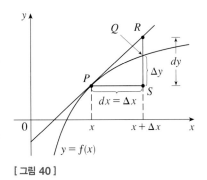

[그림 40]

$$\Delta y = f(x + \Delta x) - f(x)$$

접선 PR의 기울기는 도함수 $f'(x)$이므로 S에서 R까지의 유향 거리는 $f'(x)dx = dy$이다. 그러므로 dy는 접선이 올라가거나 내려간 양(선형화의 변화량)을 나타낸다. 반면 Δy는 x가 dx만큼 변할 때 곡선 $y = f(x)$가 올라가거나 내려간 양을 나타낸다. [그림 40]으로부터 Δx가 작아질수록 $\Delta y \approx dy$가 되는 것에 유의하자.

$dx = x - a$라 하면 $x = a + dx$이고 선형 근사 $\boxed{1}$을 미분 표기법을 이용하여 다음과 같이 다시 쓸 수 있다.

$$f(a + dx) \approx f(a) + dy$$

예를 들어 [예제 1]의 함수 $f(x) = \sqrt{x + 3}$에 대해 다음을 얻는다.

$$dy = f'(x)dx = \frac{dx}{2\sqrt{x+3}}$$

$a = 1$이고 $dx = \Delta x = 0.05$이면 다음을 얻는다.

$$dy = \frac{0.05}{2\sqrt{1+3}} = 0.0125$$

그리고 [예제 1]에서 얻은 것과 동일하게 다음을 얻는다.

$$\sqrt{4.05} = f(1.05) \approx f(1) + dy = 2.0125$$

마지막 예제는 근사 측정에 의해 발생하는 오차를 추정할 때 미분을 어떻게 사용하는지 설명한다.

◀예제 2 구의 반지름이 $21\,\mathrm{cm}$로 측정되었고 측정에서 가능한 오차 범위는 기껏해야 $0.05\,\mathrm{cm}$이다. 이 값을 반지름으로 사용하여 구의 부피를 계산할 때 최대 오차는 얼마인가?

풀이
구의 반지름을 r이라 하면 부피는 $V = \dfrac{4}{3}\pi r^3$이다. r의 측정값에서 오차를 $dr = \Delta r$로 나타내면 V 계산값에 대응되는 오차는 ΔV이고, 이를 미분하여 다음과 같이 근사시킬 수 있다.

$$dV = 4\pi r^2 dr$$

$r = 21$, $dr = 0.05$일 때 이는 다음과 같다.

$$dV = 4\pi(21)^2 0.05 \approx 277$$

따라서 계산된 부피에서 최대 오차는 약 $277\,\mathrm{cm}^3$이다. **❱**

NOTE _ [예제 2]의 결과로 얻은 허용 오차는 상당히 커 보인다. 오차에 대해 좀 더 나은 설명으로 다음과 같이 오차를 전체 부피로 나눠서 계산한 상대 오차 $^{relative\ error}$를 생각할 수 있다.

$$\frac{\Delta V}{V} \approx \frac{dV}{V} = \frac{4\pi r^2 \, dr}{\dfrac{4}{3}\pi r^3} = 3\frac{dr}{r}$$

그러므로 부피의 상대 오차는 반지름의 상대 오차의 약 3배이다. [예제 2]에서 반지름에 대한 상대 오차는 약 $dr/r = 0.05/21 \approx 0.0024$이고, 이에 대응하는 부피의 상대 오차는 약 0.007이다. 또한 이 오차는 반지름에 대해 0.24%, 부피에 대해 0.7%인 백분율 오차 $^{percentage\ error}$로 표현될 수 있다.

3.9 연습문제

01 점 $a = -1$에서 함수 $f(x) = x^4 + 3x^2$의 선형화 $L(x)$를 구하라.

02 ☐ $a = 0$에서 함수 $f(x) = \sqrt{1-x}$의 선형 근사를 구하라. 이를 이용해서 수 $\sqrt{0.9}$와 $\sqrt{0.99}$의 근삿값을 구하라. f와 접선의 그래프를 그려서 설명하라.

03 ☐ $a = 0$에서 선형 근사 $\sqrt[4]{1+2x} \approx 1 + \frac{1}{2}x$를 확인하라. 그리고 선형 근사가 오차 범위 0.1 내에서 정확한 x의 값을 결정하라.

04 선형 근사(또는 미분)를 이용하여 $(1.999)^4$을 추정하라.

05 $y = \tan x$라고 하자.

  (a) 미분 dy를 구하라.

  (b) $x = \pi/4$, $dx = -0.1$일 때 dy와 Δy를 구하라.

06 정육면체의 한 변의 길이가 $30\,\mathrm{cm}$로 측정되었으며 측정 오차는 $0.1\,\mathrm{cm}$이다.

  (a) 정육면체의 부피를 계산할 때의 최대 허용 오차, 상대 오차, 백분율 오차를 추정하라.

  (b) 정육면체의 겉넓이를 계산할 때의 최대 허용 오차, 상대 오차, 백분율 오차를 추정하라.

07 전류 I가 저항이 R인 저항기를 지난다면 옴의 법칙에 따라 전압 강하는 $V = IR$이 된다. V가 일정하고 어느 정도의 오차를 가진 R이 측정된다면 미분을 이용하여 I를 계산할 때 나타나는 상대 오차가 R의 상대 오차와 (크기에서) 거의 같음을 보여라.

08 함수 f에 대한 유일한 정보는 $f(1) = 5$이고 도함수의 그래프는 다음과 같다고 하자.

  (a) 선형 근사를 이용하여 $f(0.9)$와 $f(1.1)$을 추정하라.

  (b) (a)에서 구한 추정값이 너무 크거나 너무 작지는 않는가? 이에 대해 설명하라.

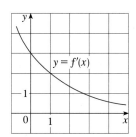

개념 확인

01 점 $(a, f(a))$에서 곡선 $y = f(x)$의 접선의 기울기에 대한 표현을 쓰라.

02 물체가 시각 t에서 위치함수 $f(t)$를 갖고 직선을 따라 움직인다고 하자. 시각 $t = a$에서 물체의 순간속도에 대한 식을 쓰라. f의 그래프의 용어에서 이 속력을 어떻게 해석할 수 있는가?

03 미분계수 $f'(a)$를 결정하라. 이 수를 해석하는 두 가지 방법을 설명하라.

04 $y = f(x)$이고 x가 x_1에서 x_2로 변할 때, 다음에 대한 식을 쓰라.
  (a) 구간 $[x_1, x_2]$에서 x에 대한 y의 평균 변화율
  (b) $x = x_1$에서 x에 대한 y의 순간 변화율

05 f의 2계 도함수를 정의하라. $f(t)$가 입자의 위치 함수이면 2계 도함수를 어떻게 해석할 수 있는가?

06 (a) f가 a에서 미분 가능하다는 의미는 무엇인가?
  (b) 함수의 미분 가능성과 연속성 사이의 관계는 무엇인가?
  (c) $a = 2$에서 연속이지만 미분 불가능한 함수의 그래프를 그려라.

07 함수가 미분 불가능한 여러 가지 방법을 말하라. 그림을 그려서 설명하라.

08 기호와 말로 다음 미분법을 설명하라.
  (a) 거듭제곱 법칙   (b) 상수배 법칙
  (c) 합의 법칙   (d) 차의 법칙
  (e) 곱의 법칙   (f) 나눗셈의 법칙
  (g) 연쇄법칙

09 다음 함수의 도함수를 말하라.
  (a) $y = x^n$ (b) $y = \sin x$
  (c) $y = \cos x$ (d) $y = \tan x$
  (e) $y = a^x$ (f) $y = e^x$
  (g) $y = \ln x$ (h) $y = \sin^{-1} x$
  (i) $y = \tan^{-1} x$ (j) $y = \sinh x$
  (k) $y = \cosh x$ (l) $y = \sinh^{-1} x$

10 음함수 미분법으로 도함수를 어떻게 구하는지 설명하라.

11 (a) a에서 f의 선형화에 대한 식을 쓰라.
  (b) $y = f(x)$일 때 미분 dy에 대한 식을 쓰라.
  (c) $dx = \Delta x$일 때 Δy와 dy의 기하학적 의미를 보이는 그림을 그려라.

참/거짓 질문

다음 명제가 참인지 거짓인지 결정하라. 참이면 이유를 설명하고, 거짓이면 이유를 설명하거나 반례를 들어라.

01 f가 a에서 연속이면 f는 a에서 미분 가능하다.

02 f와 g가 미분 가능하면 $\dfrac{d}{dx}[f(x)g(x)] = f'(x)g'(x)$이다.

03 f가 미분 가능하면 $\dfrac{d}{dx}\sqrt{f(x)} = \dfrac{f'(x)}{2\sqrt{f(x)}}$이다.

04 $\dfrac{d}{dx}|x^2 + x| = |2x + 1|$

05 $g(x) = x^5$이면 $\displaystyle\lim_{x \to 2} \dfrac{g(x) - g(2)}{x - 2} = 80$이다.

06 포물선 $y = x^2$ 위의 점 $(-2, 4)$에서 접선의 방정식은 $y - 4 = 2x(x + 2)$이다.

01 함수 f의 그래프가 다음과 같다. 다음 수를 작은 것부터 순서대로 재배열하라.

$$0, \ 1, \ f'(2), \ f'(3), \ f'(5), \ f''(5)$$

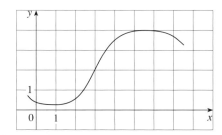

02 다음 그림을 복사하거나 그림으로 그려라. 그런 다음 그 아래에 도함수의 그래프를 그려라.

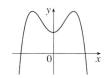

03 $f(x) = x^3 + 5x + 4$에 대해 첫 번째 원리, 즉 도함수의 정의에 의해 직접 $f'(x)$를 구하라.

04~20 y'을 계산하라.

04 $y = (x^2 + x^3)^4$

05 $y = x^2 \sin \pi x$

06 $y = \tan \sqrt{1-x}$

07 $y = \dfrac{\sec 2\theta}{1 + \tan 2\theta}$

08 $\sin(xy) = x^2 - y$

09 $y = \sqrt{x} \, \cos \sqrt{x}$

10 $y = \sqrt[5]{x \tan x}$

11 $y = \ln(x \ln x)$

12 $y = \sqrt{\arctan x}$

13 $y = \dfrac{e^{1/x}}{x^2}$

14 $y = 3^{x \ln x}$

15 $h(\theta) = e^{\tan 2\theta}$

16 $y = \log_5(1 + 2x)$

17 $y = x \tan^{-1}(4x)$

18 $y = \ln(\cosh 3x)$

19 $y = \cosh^{-1}(\sinh x)$

20 $y = \dfrac{\sqrt{x+1}\,(2-x)^5}{(x+3)^7}$

---

21 $x^6 + y^6 = 1$일 때 y''을 구하라.

22 곡선 $y = 4\sin^2 x$ 위의 점 $(\pi/6, 1)$에서 접선의 방정식을 구하라.

23 곡선 $y = \sin x + \cos x \ (0 \le x \le 2\pi)$가 수평 접선을 갖는 점은 어디인가?

24~27 f'을 g'에 관하여 구하라.

24 $f(x) = x^2 g(x)$

25 $f(x) = [g(x)]^2$

26 $f(x) = g(g(x))$

27 $f(x) = g(\sin x)$

---

28 f의 그래프가 다음과 같다. f가 미분 불가능한 수와 그 이유를 말하라.

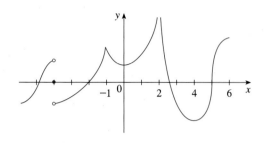

29 입자가 수직선 위를 움직이고 있다. 시각 t에서의 y좌표는 $y = t^3 - 12t + 3 (t \geq 0)$이다.

(a) 속도와 가속도 함수를 구하라.

(b) 이 입자가 위로 움직일 때와 아래로 움직일 때는 언제인가?

(c) 시간 구간 $0 \leq t \leq 3$에서 입자가 움직인 거리를 구하라.

(d) ⊞ $0 \leq t \leq 3$에서 위치 함수, 속도 함수, 가속도 함수의 그래프를 그려라.

30 정육면체의 부피가 $10 \, \text{cm}^3/\text{min}$의 비율로 증가한다. 각 변의 길이가 $30 \, \text{cm}$일 때 겉넓이는 얼마나 빠르게 증가하는가?

31 (a) $a = 0$에서 $f(x) = \sqrt[3]{1 + 3x}$ 의 선형화를 구하라. 이에 대응하는 선형 근사를 말하고 이것을 이용하여 $\sqrt[3]{1.03}$ 의 근삿값을 계산하라.

(b) ⊞ (a)에서 구한 선형 근사가 0.1 이내에서 정확하게 되는 x 값을 결정하라.

32 극한 $\lim\limits_{h \to 0} \dfrac{\sqrt[4]{16 + h} - 2}{h}$ 를 도함수로 표현하고 그 값을 계산하라.

4장 도함수의 응용

APPLICATIONS OF DIFFERENTIATION

지금까지 우리는 여러 가지 도함수의 응용에 대해 탐구해왔으나 알고 있는 미분법칙을 이용하여 좀 더 깊이 있는 도함수의 응용을 살펴볼 것이다. 여기서는 도함수가 함수의 그래프 모양에 어떻게 영향을 미치는지, 특히 도함수가 함수의 최댓값과 최솟값의 위치를 정하는 데 어떻게 도움이 되는지를 배운다. 부정형의 극한을 구하기 위해 로피탈 법칙을 사용하는 방법과 많은 실용 문제에서 최적화하는 방법을 설명한다.

4.1 최댓값과 최솟값

미분학에서 가장 중요하게 여기는 응용 중에는 최적화 문제들이 있다.

이런 종류의 문제들은 함수의 최댓값 또는 최솟값을 구하는 문제로 귀결된다. 먼저 최댓값과 최솟값을 다음과 같이 정의한다.

> ① **정의** c가 f의 정의역 D 안에 있는 수라고 하자. 그러면 D 안의 모든 x에 대해
> - $f(c) \geq f(x)$이면 $f(c)$는 D에서 f의 **최댓값**^{absolute maximum}이다.
> - $f(c) \leq f(x)$이면 $f(c)$는 D에서 f의 **최솟값**^{absolute minimum}이다.

종종 최댓값 또는 최솟값을 광역 최댓값 또는 광역 최솟값이라 부르며, f의 최댓값과 최솟값을 f의 **극값**^{extreme values}이라 한다.

[그림 1]은 d에서 최댓값, a에서 최솟값을 갖는 함수 f의 그래프를 보여준다. 점 $(d, f(d))$는 그래프 위에서 가장 높은 점이고, 점 $(a, f(a))$는 가장 낮은 점인 것에 유의하자. [그림 1]에서 b의 부근에 있는 x값만 생각하면 [예를 들어 구간 (a, c)로 관심을 제한하면] $f(b)$는 $f(x)$의 값 중 가장 큰 값이므로 이를 f의 극댓값이라 한다. 같은 방법으로 c의 부근에 있는 x에 대해 [예를 들어 구간 (b, d)에서] $f(c) \leq f(x)$이므로 $f(c)$는 f의 극솟값이라 한다. 함수 f는 e에서도 극솟값을 갖는다. 일반적으로 다음과 같이 정의한다.

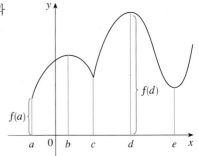

[그림 1] 최솟값 $f(a)$, 최댓값 $f(d)$, 극솟값 $f(c)$, $f(e)$, 극댓값 $f(b)$, $f(d)$

> ② **정의** x가 c 부근에 있을 때
> - $f(c) \geq f(x)$이면 수 $f(c)$는 f의 **극댓값**^{local maximum}이다.
> - $f(c) \leq f(x)$이면 수 $f(c)$는 f의 **극솟값**^{local minimum}이다.

예를 들어 [그림 2]에서 $f(4) = 5$가 구간 I에서 가장 작은 f의 값이므로 극솟값이다. 그러나 이것이 최솟값은 아니다. 왜냐하면 x가 12 부근(예를 들어 구간 K에서)에 있을 때 $f(x)$가 더 작은 값을 갖는다. 실제로 $f(12) = 3$은 극솟값이자 최솟값이다. 마찬가지로 $f(8) = 7$은 극댓값이지만 최댓값은 아니다. 왜냐하면 1 부근에서 함수 f가 더 큰 값을 갖기 때문이다.

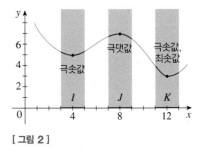

[그림 2]

◀예제 1 모든 x에 대해 $x^2 \geq 0$이므로 $f(x) = x^2$이면 $f(x) \geq f(0)$이다.

$f(0) = 0$은 f의 최솟값(극솟값)이다. 이것은 원점이 포물선 $y = x^2$에서 가장 낮은 점이라는 의미이다([그림 3] 참조). 그러나 포물선의 가장 높은 점은 존재하지 않으므로 이 함수의 최댓값은 없다.

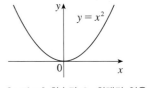

[그림 3] 최솟값 0, 최댓값 없음

◀예제2▶ [그림 4]의 함수 $f(x) = x^3$의 그래프를 보면 이 함수는 최댓값과 최솟값이 없음을 알 수 있다. 실제로 이 함수는 어떤 극값도 갖지 않는다. ▶

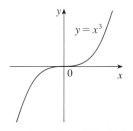

[그림 4] 최솟값 없음, 최댓값 없음

◀예제3▶ [그림 5]는 다음 함수의 그래프를 보여준다.

$$f(x) = 3x^4 - 16x^3 + 18x^2, \quad -1 \le x \le 4$$

$f(1) = 5$는 극댓값인 반면 $f(-1) = 37$은 최댓값이다. (이 최댓값은 끝점에서 나타나기 때문에 극댓값이 아니다.) 또한 $f(0) = 0$은 극솟값이고 $f(3) = -27$은 극솟값이자 최솟값이다. f는 $x = 4$에서는 극댓값도 최댓값도 갖지 않음을 유의한다. ▶

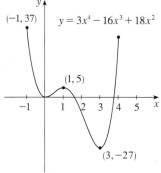

[그림 5]

어떤 함수는 극값을 갖는 반면 어떤 함수는 그렇지 않은 것을 보았다. 다음 정리는 함수가 극값을 가질 수 있는 조건을 제시한다.

---

③ **극값 정리** 함수 f가 폐구간 $[a, b]$에서 연속이면 $[a, b]$의 어떤 수 c와 d에서 f는 최댓값 $f(c)$와 최솟값 $f(d)$를 갖는다.

[그림 6]으로 극값 정리를 설명해보자. 극값은 두 번 이상 취할 수 있다.

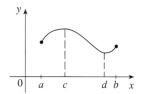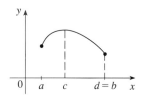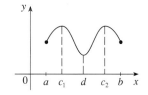

[그림 6]

[그림 7]과 [그림 8]은 연속 또는 폐구간에 대한 가정 중 어느 하나가 극값 정리에서 생략된다면 함수가 극값을 갖지 못할 수 있음을 보여준다.

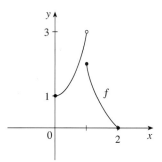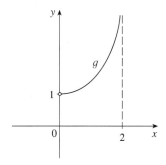

[그림 7] 함수 f는 최솟값 $f(2) = 0$을 갖지만 최댓값은 없다.

[그림 8] 연속함수 g는 최댓값과 최솟값이 없다.

[그림 7]의 함수 f는 폐구간 $[0, 2]$에서 정의되었지만 최댓값은 없다. [f의 치역이 $[0, 3)$인 것에 유의하자.] 이 사실은 f가 연속이 아니기 때문에 극값 정리에 모순되지 않는다.

[그림 8]에 보인 함수 g는 개구간 $(0, 2)$에서 연속이지만 최댓값도 최솟값도 갖지 않는다. [g의 치역은 $(1, \infty)$이다.] 이것도 구간 $(0, 2)$가 폐구간이 아니기 때문에 극값 정리에 모순되지 않는다.

극값 정리는 폐구간에서 연속인 함수가 최댓값과 최솟값을 갖는다는 것을 이야기하지만, 극값을 구하는 방법을 알려주지는 않는다. 우리는 국소 극값을 구하는 것부터 시작한다.

[그림 9]는 c에서 극댓값, d에서 극솟값을 갖는 함수 f의 그래프를 보여준다. 극댓점과 극솟점에서의 접선은 수평이고 각각의 기울기는 0이다. 접선의 기울기가 도함수임을 알고 있으므로 $f'(c) = 0$이고 $f'(d) = 0$이다. 다음 정리는 미분 가능한 함수들에 대해 항상 참임을 말해준다.

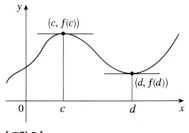

[그림 9]

> ④ **페르마 정리** f가 c에서 극댓값 또는 극솟값을 가지고 $f'(c)$가 존재하면 $f'(c) = 0$이다.

페르마의 정리는 매우 유용하지만 여기에 너무 많은 의미를 부여하는 것은 경계해야 한다. $f(x) = x^3$이면 $f'(x) = 3x^2$이므로 $f'(0) = 0$이다. 그러나 [그림 10]의 그래프를 보면 f는 0에서 극댓값도 극솟값도 갖지 않는다. $f'(0) = 0$이라는 사실은 단순히 곡선 $y = x^3$이 $(0, 0)$에서 수평접선을 갖는 것을 의미한다. $(0, 0)$에서 최댓값과 최솟값을 갖는 대신 그곳에서 곡선이 수평접선과 교차한다.

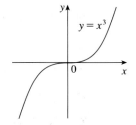

[그림 10] $f(x) = x^3$이면 $f'(0) = 0$이지만 f는 극댓값도 극솟값도 갖지 않는다.

⊘ 이와 같이 $f'(c) = 0$일 때 f가 c에서 극댓값이나 극솟값을 반드시 가질 필요는 없다. (다시 말해서 일반적으로 페르마 정리의 역은 성립하지 않는다.)

$f'(c)$가 존재하지 않는 극값이 존재할 수 있음을 명심해야 한다. 예를 들어 함수 $f(x) = |x|$는 0에서 극솟값(최솟값)을 갖지만([그림 11] 참조), 3.2절 [예제 3]에서 보인 바와 같이 $f'(0)$이 존재하지 않기 때문에 이 극값은 $f'(x) = 0$으로 놓고 찾을 수 없다.

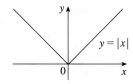

[그림 11] $f(x) = |x|$이면 $f(0) = 0$은 최솟값이지만 $f'(0)$이 존재하지 않는다.

페르마 정리는 적어도 $f'(c) = 0$이거나 $f'(c)$가 존재하지 않는 수 c에서 f의 극값 찾기를 시작할 것을 제안한다. 이와 같은 수에는 특별한 이름이 붙는다.

> ⑤ **정의** 함수 f의 **임계수**^{critical number}는 $f'(c) = 0$이거나 $f'(c)$가 존재하지 않는 f의 정의역 안의 수 c이다.

◀예제 4 $f(x) = x^{3/5}(4 - x)$의 임계수를 구하라.

풀이
곱의 법칙에 의해 다음을 얻는다.

$$f'(x) = x^{3/5}(-1) + \frac{3}{5}x^{-2/5}(4-x) = -x^{3/5} + \frac{3(4-x)}{5x^{2/5}}$$

$$= \frac{-5x + 3(4-x)}{5x^{2/5}} = \frac{12-8x}{5x^{2/5}}$$

그래서 $12 - 8x = 0$이면, 즉 $x = \dfrac{3}{2}$이면 $f'(x) = 0$이고 $x = 0$일 때 $f'(x)$는 존재하지 않는다. 따라서 임계수는 $\dfrac{3}{2}$과 0이다.　❱

임계수에 대한 페르마 정리는 다음과 같이 바꿔서 나타낼 수 있다. (정의 ⑤와 정리 ④를 비교하라.)

---

⑥ f가 c에서 극댓값이나 극솟값을 가지면 c는 f의 임계수이다.

폐구간에서 연속함수의 최댓값이나 최솟값을 구하기 위해서는 이 값이 극댓값이나 극솟값인지 또는 이 값이 구간의 끝점에서 나타나는지에 주의해야 한다. 그러므로 항상 다음 3단계 과정을 거쳐야 한다.

폐구간 방법
폐구간 $[a, b]$에서 연속함수 f의 최댓값 또는 최솟값을 구하려면 다음 과정을 따른다.

1. (a, b) 안에 있는 f의 임계수에서 f의 값을 구한다.
2. 구간의 끝점에서 f의 값을 구한다.
3. 1, 2단계에서 가장 큰 값이 최댓값이고, 가장 작은 값이 최솟값이다.

◀예제 5▶ 함수 $f(x) = x^3 - 3x^2 + 1$, $-\dfrac{1}{2} \le x \le 4$의 최댓값과 최솟값을 구하라.

풀이
f가 $\left[-\dfrac{1}{2}, 4\right]$에서 연속이므로 폐구간 방법을 이용할 수 있다.

$$f(x) = x^3 - 3x^2 + 1$$
$$f'(x) = 3x^2 - 6x = 3x(x-2)$$

모든 x에 대해 $f'(x)$가 존재하므로 f의 유일한 임계수는 $f'(x) = 0$일 때만 나타난다. 즉 $x = 0$ 또는 $x = 2$이다. 이러한 임계수들이 구간 $\left(-\dfrac{1}{2}, 4\right)$에 있음에 주목하자. 이런 임계수에서 f의 값은 다음과 같다.

$$f(0) = 1, \quad f(2) = -3$$

구간의 양 끝점에서 f의 값은 다음과 같다.

$$f\left(-\frac{1}{2}\right)=\frac{1}{8}, \quad f(4)=17$$

이와 같은 네 수를 비교하면 최댓값은 $f(4)=17$이고 최솟값은 $f(2)=-3$이다.
이 예제에서 최댓값은 끝점에서 나타나는 반면 최솟값은 임계수에서 나타난다. f의
그래프는 [그림 12]에 나타냈다. ❯

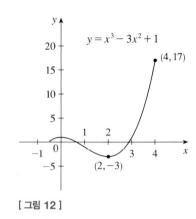

[**그림 12**]

4.1 연습문제

01 최솟값과 극솟값의 차이를 설명하라.

02 그래프를 이용하여 함수의 최댓값, 최솟값, 극댓값, 극솟값을 말
하라.

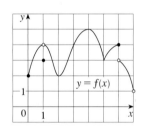

03 $[1, 5]$에서 연속이고 5에서 최댓값, 2에서 최솟값, 3에서 극댓값,
2와 4에서 극솟값을 갖는 함수 f의 그래프를 그려라.

04 (a) $[-1, 2]$에서 최댓값을 갖지만 최솟값을 갖지 않는 함수의 그
래프를 그려라.

(b) $[-1, 2]$에서 불연속이지만 최댓값과 최솟값을 갖는 함수의
그래프를 그려라.

05~06 함수 f의 그래프를 손으로 그리고 그 그래프를 이용해서 f
의 최댓값, 최솟값, 극댓값, 극솟값을 구하라. (1.2절의 그래프와
변환을 이용한다.)

05 $f(x)=\sin x, \quad 0 \le x < \pi/2$

06 $f(x)=1-\sqrt{x}$

07~08 다음 함수의 임계수를 구하라.

07 $F(x)=x^{4/5}(x-4)^2$ **08** $f(\theta)=2\cos\theta+\sin^2\theta$

09~10 주어진 구간에서 f의 최댓값과 최솟값을 구하라.

09 $f(x)=2x^3-3x^2-12x+1, \quad [-2, 3]$

10 $f(t)=2\cos t+\sin 2t, \quad [0, \pi/2]$

---

11 a와 b가 양수일 때 $f(x)=x^a(1-x)^b$, $0 \le x \le 1$의 최댓값을
구하라.

12 🔲 함수 $f(x)=x\sqrt{x-x^2}$ 을 생각하자.

(a) 그래프를 이용하여 함수의 최댓값과 최솟값을 소수점 둘째
자리에서 추정하라.

(b) 미적분학을 이용하여 정확한 최댓값과 최솟값을 구하라.

13 0℃에서 30℃ 사이의 온도 T에서 물 $1\,\text{kg}$의 부피 $V[\text{cm}^3]$는
근사적으로 다음 식으로 주어진다.

$$V=999.87-0.06426\,T+0.0085043\,T^2-0.0000679\,T^3$$

물이 최대 밀도를 갖는 온도를 구하라.

14 1993년에서 2003년까지 미국에서 백설탕 1파운드의 평균가격
모형은 다음 함수로 주어진다.

$$S(t)=-0.00003237\,t^5+0.0009037\,t^4-0.008956\,t^3$$
$$+0.03629\,t^2-0.04458\,t+0.4074$$

여기서 t는 1993년 8월부터 년 단위로 측정했다. 1993년~2003년
기간 동안에 설탕 값이 가장 쌌을 때와 가장 비쌌을 때를 추정
하라.

15 함수 $f(x) = x^{101} + x^{51} + x + 1$이 극댓값도 극솟값도 갖지 않음을 증명하라.

16 f가 c에서 극솟값을 갖는다면 함수 $g(x) = -f(x)$는 c에서 극댓값을 가짐을 보여라.

4.2 평균값 정리

곧 알게 되겠지만, 이 장의 많은 결과들은 평균값 정리라 부르는 하나의 중심적인 사실에 좌우된다. 평균값 정리를 알아보기 전에 다음 결과가 먼저 필요하다.

롤의 정리

함수 f가 다음 세 가지 조건을 만족한다고 하자.

1. f는 폐구간 $[a, b]$에서 연속이다.
2. f는 개구간 (a, b)에서 미분 가능하다.
3. $f(a) = f(b)$

그러면 $f'(c) = 0$인 수 c가 (a, b) 안에 존재한다.

롤의 정리에 대한 세 가지 조건을 만족하는 몇 가지 대표적인 함수의 그래프를 살펴보자. [그림 13]은 네 종류의 함수에 대한 그래프를 보여준다. 각 경우에 대해 그래프 위에 적어도 한 점 $(c, f(c))$가 존재하고 그 점에서의 접선은 수평이다. 그러므로 $f'(c) = 0$이다. 따라서 롤의 정리는 수용할 수 있다.

롤 Michel Rolle, 1652~1719

롤의 정리는 1691년 프랑스 수학자 롤의 저서 "Méthode pour resoudre les Egalitez"를 통해 처음으로 발표됐다. 그는 당시의 방법들을 신랄하게 비평했던 사람으로 미적분학은 '교묘한 오류 덩어리'라고 공격했다. 그러나 나중에는 미적분학의 방법이 본질적으로 옳다는 것을 확신하게 되었다.

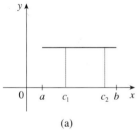
(a)

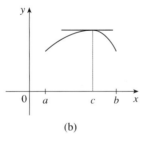
(b)

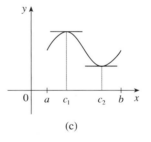
(c)

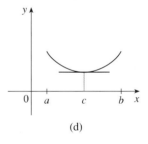
(d)

[그림 13]

◀**예제 1** 움직이는 물체의 위치함수 $s = f(t)$에 롤의 정리를 적용해보자.

서로 다른 두 순간 $t = a$와 $t = b$에서 물체가 같은 위치에 있다면 $f(a) = f(b)$이다. 롤의 정리는 $f'(c) = 0$이 되는 어떤 순간 $t = c$가 a와 b 사이에 존재한다는 것을 말한다. 즉 속도가 0이 된다는 뜻이다. (특히 공을 머리 위로 수직으로 던질 때 이것이 참임을 알 수 있다.) ❱

◀예제 2▶ 방정식 $x^3 + x - 1 = 0$이 단 한 개의 실근을 가짐을 보여라.

풀이

먼저 중간값 정리(1.5절의 정리 9)를 이용하여 근이 존재하는 것을 보인다. $f(x) = x^3 + x - 1$이라 하면 $f(0) = -1 < 0$이고 $f(1) = 1 > 0$이다. f가 다항함수이므로 이 함수는 연속이다. 그리고 중간값 정리는 0과 1 사이에 $f(c) = 0$을 만족하는 수 c 가 있음을 말한다. 그러므로 주어진 방정식은 근을 갖는다.

이제 이 방정식이 다른 실근을 갖지 않는다는 것을 보이기 위해 롤의 정리를 이용하여 모순을 통해 논증해보자. 이를 위해 방정식이 두 개의 실근 a와 b를 갖는다고 하면 $f(a) = 0 = f(b)$이다. f는 다항함수이므로 구간 (a, b)에서 미분 가능하고 $[a, b]$에서 연속이다. 그러므로 롤의 정리에 의해 $f'(c) = 0$을 만족하는 c가 a와 b 사이에 존재한다. 그러나 모든 x에 대해 ($x^2 \geq 0$이므로) 다음이 성립한다.

$$f'(x) = 3x^2 + 1 \geq 1$$

그러므로 $f'(x)$는 결코 0이 될 수 없다. 이것은 모순이다. 따라서 방정식은 두 개의 실근을 갖지 않는다. ▶

롤의 정리는 프랑스 수학자 라그랑주$^{Joseph\ Louis\ Lagrange}$에 의해 처음으로 알려진 것으로, 다음의 중요한 정리를 증명하는 데 주로 이용된다.

평균값 정리 함수 f가 다음 조건을 만족한다고 하자.
1. f는 폐구간 $[a, b]$에서 연속이다.
2. f는 개구간 (a, b)에서 미분 가능하다.
그러면 다음을 만족하는 수 c가 (a, b)에 존재한다.

1 $$f'(c) = \frac{f(b) - f(a)}{b - a}$$

또는 동치인 다음 명제를 만족한다.

2 $$f(b) - f(a) = f'(c)(b - a)$$

평균값 정리를 기하학적으로 해석함으로써 이 정리가 타당함을 알 수 있다. [그림 15], [그림 16]은 미분 가능한 두 함수의 그래프 위에 있는 두 점 $A(a, f(a))$, $B(b, f(b))$ 를 보여준다. 할선 AB의 기울기는 다음과 같이 식 1의 우변과 동일하게 나타낸다.

3 $$m_{AB} = \frac{f(b) - f(a)}{b - a}$$

$f'(c)$는 점 $(c, f(c))$에서의 접선의 기울기이므로 식 1의 형태로 주어진 평균값 정

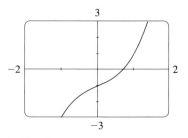

[그림 14]는 [예제 2]에서 논의한 함수 $f(x) = x^3 + x - 1$의 그래프를 나타낸다. 롤의 정리는 보기화면을 아무리 크게 확대하더라도 제2의 x절편을 찾을 수 없음을 보여준다.

[그림 14]

평균값 정리는 존재성 정리라 불리는 정리의 한 예이다. 중간값 정리, 극값 정리, 롤의 정리와 같이 어떤 성질을 가지는 수의 존재성을 보장한다. 그러나 그 수를 어떻게 구하는지 방법을 알려주지는 않는다.

리는 접선의 기울기가 할선 AB의 기울기와 같은 점 $P(c, f(c))$가 그래프 위에 적어도 하나 존재하는 것을 말한다. 다시 말해서 접선이 할선 AB와 평행한 점 P가 존재한다.

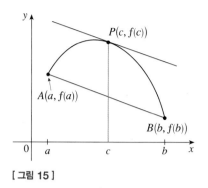

[그림 15]

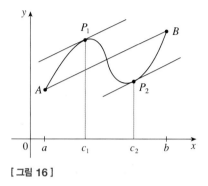

[그림 16]

◀**예제 3** 함수 $f(x) = x^3 - x$, $a = 0$, $b = 2$를 생각해보자.

f는 다항함수이므로 모든 x에 대해 연속이고 미분 가능하다. 그래서 $[0, 2]$에서 연속이고 $(0, 2)$에서 미분 가능하다. 그러므로 평균값 정리에 의해 다음을 만족하는 c가 $(0, 2)$ 안에 존재한다.

$$f(2) - f(0) = f'(c)(2 - 0)$$

이제 $f(2) = 6$, $f(0) = 0$, $f'(x) = 3x^2 - 1$이므로 이 방정식은 다음과 같이 된다.

$$6 = (3c^2 - 1)2 = 6c^2 - 2$$

이때 $c^2 = \dfrac{4}{3}$, 즉 $c = \pm 2/\sqrt{3}$이다. 그런데 c는 $(0, 2)$ 안에 놓여 있어야 하므로 $c = 2/\sqrt{3}$이다. [그림 17]은 이를 그림으로 보여준다. c 값에서 접선은 할선 OB에 평행이다.

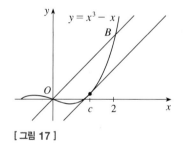

[그림 17]

평균값 정리의 주요 의미는 도함수에 관한 정보를 토대로 함수에 대한 정보를 얻을 수 있다는 데 있다. 다음 예제에서 이 원리에 대한 예를 제공한다.

◀**예제 4** $f(0) = -3$이고 모든 x에 대해 $f'(x) \leq 5$라고 가정하자. $f(2)$가 가질 수 있는 가장 큰 값은 얼마인가?

풀이

f는 모든 값에서 미분 가능(그래서 연속)하다. 특히 구간 $[0, 2]$에서 평균값 정리를 적용할 수 있다. 그러면 다음을 만족하는 수 c가 존재한다.

$$f(2) - f(0) = f'(c)(2 - 0)$$

그러므로 다음을 얻는다.

$$f(2) = f(0) + 2f'(c) = -3 + 2f'(c)$$

모든 x에 대해 $f'(x) \leq 5$이고 특히 $f'(c) \leq 5$임을 안다. 이 부등식의 양변에 2를 곱하면 $2f'(c) \leq 10$이다. 따라서 다음을 얻는다.

$$f(2) = -3 + 2f'(c) \leq -3 + 10 = 7$$

$f(2)$가 될 수 있는 가장 큰 값은 7이다.

평균값 정리는 미분법의 몇 가지 기초적인 사실들을 입증하기 위해 쓰일 수 있다. 이런 기초적인 사실 중 하나가 다음 정리이다. 다른 사실들은 다음 절에서 살펴볼 것이다.

---

④ **정리** (a, b)에 속하는 모든 x에 대해 $f'(x) = 0$이면 f는 (a, b)에서 상수이다.

정리 ④로부터 다음을 얻는다.

---

⑤ **따름정리** 구간 (a, b) 안의 모든 x에 대해 $f'(x) = g'(x)$이면 (a, b)에서 $f - g$는 상수이다. 즉 $f(x) = g(x) + c$이다. 여기서 c는 상수이다.

NOTE _ 정리 ④를 적용할 때 주의해야 한다. 다음을 정의하자.

$$f(x) = \frac{x}{|x|} = \begin{cases} 1, & x > 0 \\ -1, & x < 0 \end{cases}$$

f의 정의역은 $D = \{x \mid x \neq 0\}$이고 D 안의 모든 x에 대해 $f'(x) = 0$이다. 그러나 f는 분명히 상수가 아니다. 이것은 D가 하나의 구간이 아니기 때문에 정리 ④에 모순되지 않는다. f는 구간 $(0, \infty)$에서 상수이고, 또한 구간 $(-\infty, 0)$에서 상수이다.

4.7절에서 역도함수를 배울 때 정리 ④와 따름정리 ⑤을 광범위하게 사용하게 될 것이다.

4.2 연습문제

01~02 다음 함수들이 주어진 구간에서 롤의 정리에 대한 세 가지 조건을 만족하는지 확인하라. 그리고 롤의 정리의 결론을 만족하는 수 c를 구하라.

01 $f(x) = 5 - 12x + 3x^2$, $[1, 3]$

02 $f(x) = \sqrt{x} - \frac{1}{3}x$, $[0, 9]$

---

03 $f(x) = 1 - x^{2/3}$이라 하자. $f(-1) = f(1)$이지만 $f'(c) = 0$을 만족하는 수 c가 $(-1, 1)$ 안에 존재하지 않음을 보여라. 이것은 왜 롤의 정리와 모순되지 않는가?

04 함수 $f(x) = 2x^2 - 3x + 1$이 구간 $[0, 2]$에서 평균값 정리의 조건을 만족하는지 확인하라. 그리고 평균값 정리의 결론을 만족하는 수 c를 구하라.

05 [A] 구간 $[0, 4]$에서 함수 $f(x) = \sqrt{x}$에 대해 평균값 정리의 결론을 만족하는 수 c를 구하라. 함수의 그래프, 양 끝점을 지나는 할선, $(c, f(c))$에서 접선을 그려라. 할선과 접선이 평행한가?

06 $f(x) = (x-3)^{-2}$이라 하자. $f(4) - f(1) = f'(c)(4-1)$을 만족하는 c가 $(1, 4)$ 안에 존재하지 않음을 보여라. 이것은 왜 평균값 정리에 모순이 되지 않는가?

07 방정식 $2x + \cos x = 0$이 꼭 하나의 실근을 가짐을 보여라.

08 $f(1) = 10$이고 $1 \leq x \leq 4$에서 $f'(x) \geq 2$일 때 $f(4)$가 가질 수 있는 가장 작은 값은 얼마인가?

09 평균값 정리를 이용하여 모든 a와 b에 대해 다음 부등식을 증명하라.

$$|\sin a - \sin b| \leq |a - b|$$

10 두 주자가 동일한 시각에 경주를 시작해서 결승선에 동일하게 들어왔다. 경주를 하는 동안 어떤 시각에서 두 사람이 동일한 속력으로 달렸음을 증명하라. [힌트 : 두 주자의 위치함수 g와 h에 대해 $f(t) = g(t) - h(t)$를 생각하라.]

4.3 도함수와 그래프의 모양

미적분학에 대한 대부분의 응용은 도함수에 대한 정보로부터 함수 f에 관한 사실들을 유추해내는 능력에 달려있다. $f'(x)$는 점 $(x, f(x))$에서 곡선 $y = f(x)$의 기울기를 나타내기 때문에 각 점에서 곡선이 진행하는 방향을 알려준다. 그러므로 $f'(x)$에 관한 정보가 $f(x)$에 관한 정보를 제공할 것이라고 기대하는 것은 타당하다.

f'이 f에 대해 알려주는 것

f의 도함수가 함수 f가 증가하거나 감소하는 곳을 어떻게 알려주는지 알아보기 위해 [그림 18]을 살펴보자. A와 B 사이, C와 D 사이의 접선은 양의 기울기를 가지므로 $f'(x) > 0$이다. B와 C 사이의 접선은 음의 기울기를 가지므로 $f'(x) < 0$이다. 그러므로 $f'(x)$가 양이면 f는 증가하고 $f'(x)$가 음이면 f는 감소함을 나타낸다. 따라서 다음 판정법을 얻는다.

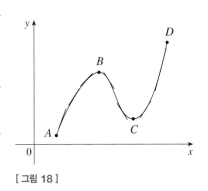

[**그림 18**]

이 판정법을 간단하게 I/D 판정법이라 하자.

증가/감소 판정법

(a) 어떤 구간에서 $f'(x) > 0$이면 그 구간에서 f는 증가한다.

(b) 어떤 구간에서 $f'(x) < 0$이면 그 구간에서 f는 감소한다.

◀ **예제 1** 함수 $f(x) = 3x^4 - 4x^3 - 12x^2 + 5$가 증가하는 곳과 감소하는 곳을 구하라.

풀이

$$f'(x) = 12x^3 - 12x^2 - 24x = 12x(x-2)(x+1)$$

I/D 판정법을 이용하기 위해서는 $f'(x) > 0$인 곳과 $f'(x) < 0$인 곳을 알아야 한다. 이것은 $f'(x)$의 세 인수, 즉 $12x$, $x - 2$, $x + 1$의 부호에 따라 결정된다. 실직선을 임계수 -1, 0, 2를 끝점으로 갖는 구간으로 나누고 이를 [표 1]에 배열한다. $+$ 부호

는 주어진 식이 양수임을 나타내고, $-$ 부호는 음수임을 나타낸다. [표 1]의 마지막
열은 I/D 판정법에 따른 결론을 보여준다. 예를 들어 $0 < x < 2$에서 $f'(x) < 0$이므
로 f는 $(0, 2)$에서 감소한다. (이는 f가 폐구간 $[0, 2]$에서 감소한다고 말하는 것과
같다.)

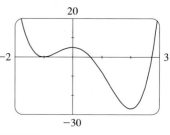

구간	$12x$	$x-2$	$x+1$	$f'(x)$	f
$x < -1$	$-$	$-$	$-$	$-$	$(-\infty, -1)$에서 감소
$-1 < x < 0$	$-$	$-$	$+$	$+$	$(-1, 0)$에서 증가
$0 < x < 2$	$+$	$-$	$+$	$-$	$(0, 2)$에서 감소
$x > 2$	$+$	$+$	$+$	$+$	$(2, \infty)$에서 증가

[표 1]

[그림 19]

[그림 19]에 나타낸 f의 그래프는 표로 정리한 정보가 사실임을 보여준다.

4.1절에서 f가 c에서 극대 또는 극소를 가지면 c는 f의 임계수여야 한다(페르마 정리
에 의해). 그러나 모든 임계수가 극대 또는 극소가 되는 것은 아니다. 그러므로 f가
임계수에서 극대 또는 극소를 갖는지 그렇지 않은지를 판정해야 한다.

[그림 19]로부터 f는 $(-1, 0)$에서 증가하고 $(0, 2)$에서 감소하기 때문에 $f(0) = 5$
는 f의 극댓값임을 알 수 있다. 또는 도함수를 이용하면 $-1 < x < 0$에서 $f'(x) >$
0이고 $0 < x < 2$에서 $f'(x) < 0$이다. 다시 말해서 $f'(x)$의 부호는 0에서 양에서
음으로 바뀐다. 이런 관찰은 다음 판정법의 기초가 된다.

> **1계 도함수 판정법** c를 연속함수 f의 임계수라고 하자.
> (a) f'이 c에서 양에서 음으로 바뀌면 f는 c에서 극대이다.
> (b) f'이 c에서 음에서 양으로 바뀌면 f는 c에서 극소이다.
> (c) f'이 c에서 부호가 바뀌지 않으면(예를 들어 f'이 c의 양쪽에서 모두 양이거
>   나 모두 음이면) f는 c에서 극대도 극소도 아니다.

1계 도함수 판정법은 I/D 판정법의 결과이다. 예를 들어 (a)의 경우에 c에서 $f'(x)$의
부호가 양에서 음으로 바뀌기 때문에 f는 c의 왼쪽에서 증가하고 c의 오른쪽에서 감
소한다. 이것은 f가 c에서 극대임을 의미한다.

1계 도함수 판정법은 [그림 20]과 같이 시각화하면 기억하기가 쉽다.

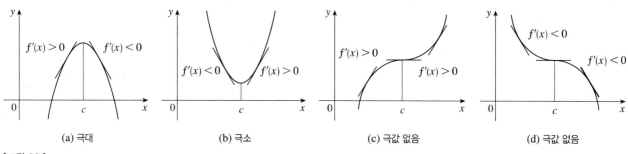

[그림 20]

〈예제2〉 [예제 1]의 함수 f의 극댓값과 극솟값을 구하라.

풀이

[예제 1]의 풀이에 있는 [표 1]로부터 $f'(x)$는 -1에서 음에서 양으로 바뀌는 것을 알 수 있다. 따라서 1계 도함수 판정법에 의해 $f(-1)=0$이 극솟값이다. 마찬가지로 f'은 2에서 음에서 양으로 바뀐다. 따라서 $f(2)=-27$도 역시 극솟값이다. 앞에서 언급한 바와 같이 0에서 $f'(x)$는 양에서 음으로 바뀌기 때문에 $f(0)=5$가 극댓값이다.

f''이 f에 대해 알려주는 것

[그림 21]은 (a, b)에서 증가하는 두 함수의 그래프를 보여준다. 두 그래프는 점 A와 점 B를 연결하지만 서로 다른 방향으로 휘어져 있기 때문에 다르게 보인다. 두 가지 형태의 자취를 어떻게 구별할 수 있는가? [그림 22]에서 여러 점에서 이런 곡선에 대한 접선을 그려놓았다. (a)와 같이 곡선이 접선 위에 있을 때 f는 (a, b)에서 위로 오목이라 하고, (b)와 같이 곡선이 접선 아래에 있을 때 g는 (a, b)에서 아래로 오목이라 한다.

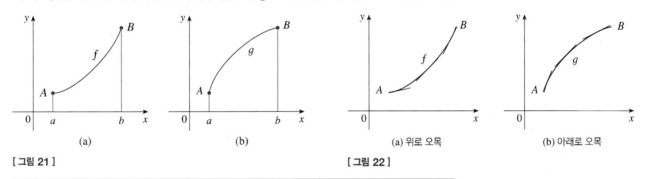

| (a) | (b) | (a) 위로 오목 | (b) 아래로 오목 |

[그림 21]　　　　　　　　　　　　　　　　　　[그림 22]

> 정의 구간 I에서 f의 그래프가 모든 접선보다 위에 놓여있을 때 f는 I에서 위로 오목$^{CU : concave\ upward}$(또는 **아래로 볼록**$^{convex\ downward}$)이라 한다. 구간 I에서 f의 그래프가 모든 접선보다 아래에 놓여있을 때 f는 I에서 아래로 오목$^{CD: concave\ downward}$(또는 **위로 볼록**$^{convex\ upward}$)이라 한다.

[그림 23]은 구간 (b, c), (d, e), (e, p)에서 위로 오목(CU)이고, 구간 (a, b), (c, d), (p, q)에서 아래로 오목(CD)인 함수의 그래프를 보여준다.

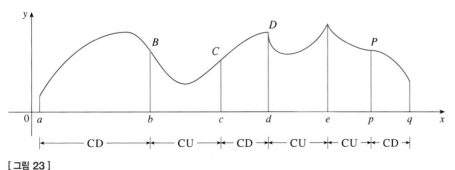

[그림 23]

> **정의** f가 곡선 $y = f(x)$의 한 점 P에서 연속이고, 그 점에서 곡선이 위로 오목에서 아래로 오목으로 또는 아래로 오목에서 위로 오목으로 바뀐다면, 점 P를 **변곡점**^{inflection point}이라 한다.

예를 들어 [그림 23]에서 B, C, D, P는 변곡점이다. 변곡점에서 곡선의 접선이 존재한다면 곡선은 변곡점에서 접선과 교차한다.

2계 도함수가 오목성에 대한 구간을 결정하는 데 어떻게 도움을 주는지 알아보자.

[그림 22(a)]를 보면 왼쪽에서 오른쪽으로 움직일 때 접선의 기울기가 증가하고 있음을 볼 수 있다. 이것은 도함수 f'이 증가함수이므로 이것의 도함수 f''이 양이 되는 것을 의미한다. 마찬가지로 [그림 22(b)]에서 접선의 기울기는 왼쪽에서 오른쪽으로 움직일 때 감소한다. 그러므로 f'은 감소하므로 f''은 음이다. 이런 추론은 역도 성립하고 다음 정리가 참인 것을 제시할 수 있다. 다음 정리는 평균값 정리를 이용하여 증명할 수 있다.

오목성 판정법

(a) I 안의 모든 x에 대해 $f''(x) > 0$이면 f의 그래프는 I에서 위로 오목이다.

(b) I 안의 모든 x에 대해 $f''(x) < 0$이면 f의 그래프는 I에서 아래로 오목이다.

오목성 판정법의 관점에서 2계 도함수의 부호가 바뀌는 곳에서 변곡점이 존재한다.

◀예제3 다음 조건을 만족하는 함수 f의 가능한 그래프를 그려라.

(i) $(-\infty, 1)$에서 $f'(x) > 0$이고, $(1, \infty)$에서 $f'(x) < 0$이다.

(ii) $(-\infty, -2)$와 $(2, \infty)$에서 $f''(x) > 0$이고, $(-2, 2)$에서 $f''(x) < 0$이다.

(iii) $\displaystyle\lim_{x \to -\infty} f(x) = -2$, $\displaystyle\lim_{x \to \infty} f(x) = 0$

풀이

조건 (i)은 f가 $(-\infty, 1)$에서 증가하고 $(1, \infty)$에서 감소함을 말한다. 조건 (ii)는 $(-\infty, -2)$와 $(2, \infty)$에서 f가 위로 오목하고 $(-2, 2)$에서 아래로 오목함을 말한다. 조건 (iii)으로부터 f는 두 수평 점근선 $y = -2$와 $y = 0$을 갖고 있다.

먼저 수평 점근선 $y = -2$를 점선으로 그린다([그림 24] 참조). 그 다음으로 먼 왼쪽에서 이 점근선에 근접하고 $x = 1$에서 극대점으로 증가하며, 먼 오른쪽에서 x축을 향하여 감소하는 f의 그래프를 그린다. 끝으로 $x = -2$, $x = 2$가 그래프의 변곡점인 것을 나타내야 한다. 따라서 곡선을 그릴 때 $x < -2$와 $x > 2$에서는 위로 오목하게, $-2 < x < 2$에서는 아래로 오목하게 해야 한다.

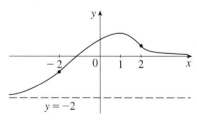

[그림 24]

2계 도함수의 또 다른 응용은 극댓값과 극솟값에 대한 다음 판정법이다. 이것은 오목성 판정법의 결과이다.

2계 도함수 판정법 f''이 c 부근에서 연속이라 하자.

(a) $f'(c) = 0$이고 $f''(c) > 0$이면 f는 c에서 극소를 갖는다.

(b) $f'(c) = 0$이고 $f''(c) < 0$이면 f는 c에서 극대를 갖는다.

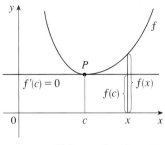

[그림 25] $f''(c) > 0$, f는 위로 오목

예를 들어 c 부근에서 $f''(x) > 0$이므로 함수 f는 c 부근에서 위로 오목이므로 (a)는 참이다. 이것은 c에서 f의 그래프가 수평접선 위에 있음을 의미하므로 f는 c에서 극소이다([그림 25] 참조).

◀ **예제 4** 곡선 $y = x^4 - 4x^3$의 오목성, 변곡점, 극대와 극소에 대해 논하라. 이 정보를 이용하여 곡선을 그려라.

풀이

$f(x) = x^4 - 4x^3$이면 다음을 얻는다.

$$f'(x) = 4x^3 - 12x^2 = 4x^2(x - 3)$$

$$f''(x) = 12x^2 - 24x = 12x(x - 2)$$

임계수를 얻기 위해 $f'(x) = 0$이라 하면 $x = 0, 3$을 얻는다. 2계 도함수 판정법을 이용하기 위해서 임계수에서 f''을 계산하면 다음을 얻는다.

$$f''(0) = 0, \qquad f''(3) = 36 > 0$$

$f'(3) = 0$이고 $f''(3) > 0$이므로 $f(3) = -27$은 극솟값이다. $f''(0) = 0$이므로 2계 도함수 판정법은 0에 관한 아무런 정보도 제공하지 않는다. 그러나 $x < 0$, $0 < x < 3$일 때는 $f'(x) < 0$이므로 1계 도함수 판정법은 f가 0에서 극대도 극소도 갖지 않음을 알려준다. [실제로 $f'(x)$에 대한 식은 3의 왼쪽에서 감소하고 3의 오른쪽에서 증가함을 보여준다.]

$x = 0$ 또는 $x = 2$에서 $f''(x) = 0$이므로 실직선을 이런 수들을 끝점으로 갖는 구간으로 분할하여 다음의 [표 2]를 작성한다.

구간	$f''(x) = 12x(x-2)$	오목성
$(-\infty, 0)$	+	위로 오목
$(0, 2)$	−	아래로 오목
$(2, \infty)$	+	위로 오목

[표 2]

점 $(0, 0)$에서 곡선은 위로 오목에서 아래로 오목으로 바뀌므로 이 점은 변곡점이다. 또한 점 $(2, -16)$에서 곡선이 아래로 오목에서 위로 오목으로 바뀌므로 이 점도 변곡점이다. 극소, 오목 구간, 변곡점을 이용하여 [그림 26]에 나타낸 곡선을 그릴 수 있다.

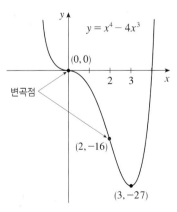

[그림 26]

NOTE _ 2계 도함수 판정법은 $f''(c) = 0$일 때 어떤 결론도 내리지 못한다. 다시 말해서 그런 점에서는 극대가 되거나 극소가 되거나 아니면 둘 다 아닐 수도 있다([예제 4] 참조). 또한 $f''(c)$가 존재하지 않을 때에도 이 판정법을 사용할 수 없다. 이런 경우에는 반드시 1계 도함수 판정법을 사용해야 한다. 실제로 두 판정법을 모두 적용할 수 있더라도 때로는 1계 도함수 판정법이 이용하기에 좀 더 쉬울 수 있다.

◀ 예제 5 함수 $f(x) = x^{2/3}(6-x)^{1/3}$의 그래프를 그려라.

풀이

1계, 2계 도함수는 다음과 같다.

$$f'(x) = \frac{4-x}{x^{1/3}(6-x)^{2/3}}, \qquad f''(x) = \frac{-8}{x^{4/3}(6-x)^{5/3}}$$

$x = 4$일 때 $f'(x) = 0$이고, $x = 0$ 또는 $x = 6$일 때 $f'(x)$가 존재하지 않으므로 임계수는 0, 4, 6이다.

구간	$4-x$	$x^{1/3}$	$(6-x)^{2/3}$	$f'(x)$	f
$x < 0$	+	−	+	−	$(-\infty, 0)$에서 감소
$0 < x < 4$	+	+	+	+	$(0, 4)$에서 증가
$4 < x < 6$	+	+	+	−	$(4, 6)$에서 감소
$x > 6$	+	+	+	−	$(6, \infty)$에서 감소

[표 3]

극값을 구하기 위해 1계 도함수 판정법을 이용한다. 0에서 f'이 음에서 양으로 바뀌므로 $f(0) = 0$은 극솟값이다. 4에서 f'이 양에서 음으로 바뀌므로 $f(4) = 2^{5/3}$은 극댓값이다. 6에서 f'의 부호가 바뀌지 않으므로 극댓값과 극솟값이 존재하지 않는다. (2계 도함수 판정법을 4에서 이용할 수 있으나 0과 6에서는 f''이 존재하지 않으므로 이용할 수 없다.)

$f''(x)$에 대한 표현을 살펴보고 모든 x에 대해 $x^{4/3} \geq 0$임을 주목하면 $x < 0$, $0 < x < 6$일 때 $f''(x) < 0$이고, $x > 6$일 때 $f''(x) > 0$이다. 따라서 f는 $(-\infty, 0)$과 $(0, 6)$에서 아래로 오목이고, $(6, \infty)$에서 위로 오목이며, 유일한 변곡점은 $(6, 0)$이다. 이 그래프는 [그림 27]에 나타냈다. $x \to 0$일 때와 $x \to 6$일 때 $|f'(x)| \to \infty$이므로 곡선은 $(0, 0)$과 $(6, 0)$에서 수직접선을 갖는다. **❱**

그래픽 계산기나 컴퓨터를 이용하여 [그림 27]의 그래프를 재현해보라. 어떤 툴은 전체 그래프를, 어떤 툴은 y축의 오른쪽 부분만, 또 어떤 툴은 $x = 0$과 $x = 6$ 사이만 그릴 것이다. 정확한 그래프를 그려주는 동치인 식은 다음과 같다.

$$y = (x^2)^{1/3} \cdot \frac{6-x}{|6-x|} |6-x|^{1/3}$$

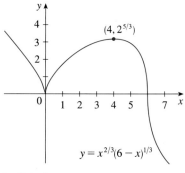

[그림 27]

4.3 연습문제

01~02 (a) f가 증가하거나 감소하는 구간을 구하라.
(b) f의 극댓값과 극솟값을 구하라.
(c) 오목구간과 변곡점을 구하라.

01 $f(x) = 2x^3 + 3x^2 - 36x$

02 $f(x) = \sin x + \cos x, \quad 0 \leq x \leq 2\pi$

08 $h(x) = (x+1)^5 - 5x - 2$

09 $f(\theta) = 2\cos\theta + \cos^2\theta, \quad 0 \leq \theta \leq 2\pi$

03 1계, 2계 도함수 판정법을 모두 사용하여 $f(x) = 1 + 3x^2 - 2x^3$의 극댓값과 극솟값을 구하라. 어느 방법이 더 좋은가?

04 f''이 $(-\infty, \infty)$에서 연속이라 하자.

    (a) $f'(2) = 0$이고 $f''(2) = -5$이면 f에 대해 무엇을 말할 수 있는가?

    (b) $f'(6) = 0$이고 $f''(6) = 0$이면 f에 대해 무엇을 말할 수 있는가?

05~06 주어진 모든 조건을 만족하는 함수의 그래프를 그려라.

05 $f'(x)$와 $f''(x)$가 항상 음수이다.

06 $|x| < 2$이면 $f'(x) > 0$, $|x| > 2$이면 $f'(x) < 0$,
$f'(-2) = 0$, $\lim\limits_{x \to 2} |f'(x)| = \infty$,
$x \neq 2$이면 $f''(x) > 0$

07~09 (a) 증가 또는 감소하는 구간을 구하라.

    (b) 극댓값과 극솟값을 구하라.

    (c) 오목구간과 변곡점을 구하라.

    (d) (a)~(c)에서 얻은 정보를 이용하여 그래프를 그려라. 그래픽 도구를 이용하여 얻은 결과를 확인하라.

07 $f(x) = x^3 - 12x + 2$

10 함수 $f(x) = \sqrt{x^2+1} - x$를 생각하자.

    (a) 수직 점근선과 수평 점근선을 구하라.

    (b) 증가 또는 감소하는 구간을 구하라.

    (c) 극댓값과 극솟값을 구하라.

    (d) 오목구간과 변곡점을 구하라.

    (e) (a)~(d)에서 얻은 정보를 이용하여 f의 그래프를 그려라.

11 함수 f의 도함수가 $f'(x) = (x+1)^2(x-3)^5(x-6)^4$이라 하자. f가 증가하는 구간은 어디인가?

12 $x = -2$에서 극댓값 3, $x = 1$에서 극솟값 0을 갖는 3차 함수 $f(x) = ax^3 + bx^2 + cx + d$를 구하라.

13 3차 함수(3차 다항함수)의 변곡점은 오직 하나뿐임을 보여라. 이 그래프가 세 개의 x절편으로 x_1, x_2, x_3를 갖는다면 변곡점의 x좌표는 $(x_1 + x_2 + x_3)/3$임을 보여라.

14 $g(x) = x|x|$가 $(0, 0)$에서 변곡점을 갖지만 $g''(0)$이 존재하지 않음을 보여라.

15 f가 구간 I에서 미분 가능하고 c를 제외한 I 안의 모든 수 x에서 $f'(x) > 0$이라 하자. f가 c에서 극대 또는 극소를 갖는가? f가 c에서 변곡점을 갖는가?

4.4 곡선 그리기

지금까지 몇몇 특수한 측면에 관련있는 곡선을 그리는 데 관심을 가져왔다. 즉 1장에서는 정의역, 치역, 대칭성, 극한, 연속, 수직 점근선에 대해 알아보았고, 3장에서는 도함수와 접선, 그리고 이 장에서는 극값, 증가 및 감소 구간, 오목성과 변곡점에 대해 알아보았다. 이제는 함수에 대한 중요한 특징을 보여주는 그래프를 그리기 위해 이런 모든 정보를 활용해야 할 시간이다. 미적분학을 이용하면 그래프의 가장 흥미로운 측면을 발견할 수 있으며 보지 못하고 지나칠 수 있는 자취를 발견할 수 있다.

곡선을 그리기 위한 지침

다음 체크 리스트는 곡선 $y = f(x)$를 손으로 그리기 위한 지침이다. 모든 항목이 모든 함수에 관련된 것은 아니다. (예를 들어 어떤 주어진 곡선이 점근선을 갖지 않거나 대

칭성이 없을 수도 있다.) 그러나 이 지침은 함수의 가장 중요한 측면을 나타내는 그림
을 그리는 데 필요한 모든 정보를 제공한다.

A. 정의역

먼저 f의 정의역 D, 즉 $f(x)$가 정의되는 x 값들의 집합을 결정함으로써 시작한다.

B. 절편

y절편은 $f(0)$으로, 이것은 곡선이 y축과 교차하는 곳을 말한다. x절편을 구하기 위
해 $y = 0$이라 놓고 x에 대해 푼다. (만일 방정식을 푸는 것이 어렵다면 이 단계는 생
략할 수 있다.)

C. 대칭성

(i) D 안의 모든 x에 대해 $f(-x) = f(x)$, 즉 x를 $-x$로 대치해도 곡선의 방정
식이 변하지 않으면 f는 우함수이고 곡선은 y축에 대해 대칭이다. $x \geq 0$일
때의 곡선 모양을 알고 있다면 이를 y축에 대해 대칭시키기만 하면 완전한 곡
선을 얻을 수 있다([그림 28(a)] 참조). 예를 들어 $y = x^2$, $y = x^4$, $y = |x|$,
$y = \cos x$는 우함수이다.

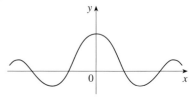

(a) 우함수 : 반사적 대칭

(ii) D 안의 모든 x에 대해 $f(-x) = -f(x)$이면 f는 기함수이고 곡선은 원점에
대해 대칭이다. 다시 $x \geq 0$일 때의 곡선 모양을 알고 있다면 이를 원점을 중심
으로 $180°$ 회전시키기만 하면 완전한 곡선을 얻을 수 있다([그림 28(b)] 참조).
$y = x$, $y = x^3$, $y = x^5$, $y = \sin x$는 기함수의 간단한 예이다.

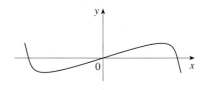

(b) 기함수 : 회전적 대칭

[그림 28]

(iii) 양의 상수 p와 D 안의 모든 x에 대해 $f(x+p) = f(x)$이면 함수 f를 **주기함수**
라 하고, 가장 작은 양수 p를 주기라 한다. 예를 들어 $y = \sin x$는 2π 주기를
갖고, $y = \tan x$는 π 주기를 갖는다. 길이가 p인 구간에서의 곡선 모양을 알고
있다면 평행이동시켜 완전한 그래프를 그릴 수 있다([그림 29] 참조).

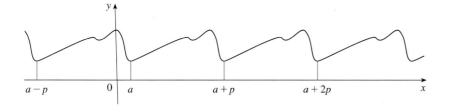

[그림 29] 주기함수 : 평행이동에 의한 대칭

D. 점근선

(i) **수평 점근선** : 1.6절에서 $\lim_{x \to \infty} f(x) = L$ 또는 $\lim_{x \to -\infty} f(x) = L$이면 직선 $y = L$
은 곡선 $y = f(x)$의 수평 점근선임을 알았다. $\lim_{x \to \infty} f(x) = \infty$ (또는 $-\infty$)이면
오른쪽으로 점근선을 갖지 않지만 곡선을 그릴 때 여전히 유용한 정보가 된다.

(ii) **수직 점근선** : 1.6절에서 다음 명제 중에서 적어도 하나가 성립하면 직선 $x = a$는

수직 점근선이다.

$$\square \quad \begin{array}{ll} \lim_{x \to a^+} f(x) = \infty & \lim_{x \to a^-} f(x) = \infty \\ \lim_{x \to a^+} f(x) = -\infty & \lim_{x \to a^-} f(x) = -\infty \end{array}$$

(유리함수인 경우 공통인수를 약분한 후 분모를 0으로 놓음으로써 수직 점근선의 위치를 찾을 수 있다. 그러나 다른 함수에는 이 방법을 적용할 수 없다.) 더욱이 곡선을 그릴 때 $\square$에 있는 명제 중에서 참인 것을 정확히 아는 것이 매우 유용하다. $f(a)$가 정의되지 않고 a가 f의 정의역의 끝점이면 이 극한이 무한대이든 아니든 $\lim_{x \to a^-} f(x)$ 또는 $\lim_{x \to a^+} f(x)$를 계산한다.

E. 증가 또는 감소 구간

I/D 판정법을 이용한다. $f'(x)$를 계산하고 $f'(x)$가 양(f가 증가)인 구간과 $f'(x)$가 음(f가 감소)인 구간을 구한다.

F. 극댓값과 극솟값

f의 임계수를 구한다. [$f'(c) = 0$ 또는 $f'(c)$가 존재하지 않는 수 c이다.] 그런 다음 1계 도함수 판정법을 이용한다. 임계수 c에서 f'이 양에서 음으로 바뀌면 $f(c)$는 극댓값이다. c에서 f'이 음에서 양으로 바뀌면 $f(c)$는 극솟값이다. 보편적으로 1계 도함수 판정법을 이용하지만 $f'(c) = 0$이고 $f''(c) \neq 0$이면 2계 도함수 판정법을 이용할 수 있다. 이때 $f''(c) > 0$이면 $f(c)$는 극솟값이고 반대로 $f''(c) < 0$이면 $f(c)$는 극댓값이다.

G. 오목성과 변곡점

$f''(x)$를 계산하고 오목성 판정법을 이용한다. $f''(x) > 0$인 곳에서 곡선은 위로 오목이고 $f''(x) < 0$인 곳에서 아래로 오목이다. 변곡점은 오목성의 방향이 바뀌는 점이다.

H. 곡선 그리기

A~G항까지의 정보를 이용하여 그래프를 그린다. 점근선은 점선으로 그린다. 절편, 극대와 극소점, 변곡점을 점으로 표시한다. 그런 다음 이 점들을 지나는 곡선을 그린다. E에 따라 오르내리고, G에 따라 오목성을 나타내고, 점근선에 가까워지도록 곡선을 그린다. 추가로 어떤 점 부근에서 정확성이 요구된다면 그 점에서 도함수의 값을 계산할 수 있다. 접선은 곡선이 진행하는 방향을 나타낸다.

TEC Module 3.4에서는 f'과 f''에 대한 정보를 이용하여 f의 그래프 모양을 결정하는 연습을 할 수 있다.

◀**예제 1** 앞서의 지침에 따라 곡선 $y = \dfrac{2x^2}{x^2 - 1}$의 그림을 그려라.

A. 정의역은 다음과 같다.

$$\{x \mid x^2 - 1 \neq 0\} = \{x \mid x \neq \pm 1\} = (-\infty, -1) \cup (-1, 1) \cup (1, \infty)$$

B. x절편과 y절편은 모두 0이다.

C. $f(-x)=f(x)$이므로 함수 f는 우함수이다. 이 곡선은 y축에 대해 대칭이다.

D. $\displaystyle\lim_{x\to\pm\infty}\frac{2x^2}{x^2-1}=\lim_{x\to\pm\infty}\frac{2}{1-1/x^2}=2$

그러므로 직선 $y=2$는 수평 점근선이다.

$x=\pm 1$일 때 분모가 0이므로 다음 극한을 계산한다.

$$\lim_{x\to 1^+}\frac{2x^2}{x^2-1}=\infty \qquad \lim_{x\to 1^-}\frac{2x^2}{x^2-1}=-\infty$$

$$\lim_{x\to -1^+}\frac{2x^2}{x^2-1}=-\infty \qquad \lim_{x\to -1^-}\frac{2x^2}{x^2-1}=\infty$$

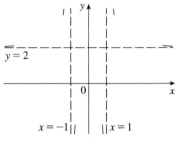

[그림 30] 예비 그림

그러므로 직선 $x=-1$과 $x=1$은 수직 점근선이다. 극한에 대한 정보와 점근선을 바탕으로 점근선 부근의 곡선 일부를 보여주는 [그림 30]과 같은 예비 그림을 그릴 수 있다.

[그림 30]의 곡선은 위쪽에서 수평 점근선에 접근하는 것을 보여준다. 증가와 감소구간으로 확인할 수 있다.

E. $f'(x)=\dfrac{4x(x^2-1)-2x^2\cdot 2x}{(x^2-1)^2}=\dfrac{-4x}{(x^2-1)^2}$

$x<0\,(x\neq -1)$일 때 $f'(x)>0$이고, $x>0\,(x\neq 1)$일 때 $f'(x)<0$이므로 f는 $(-\infty,-1)$과 $(-1,0)$에서 증가하고, $(0,1)$과 $(1,\infty)$에서 감소한다.

F. 0에서 f'이 양에서 음으로 변하므로 유일한 임계수는 $x=0$이다. 1계 도함수 판정법에 의해 $f(0)=0$은 극댓값이다.

G. $f''(x)=\dfrac{-4(x^2-1)^2+4x\cdot 2(x^2-1)2x}{(x^2-1)^4}=\dfrac{12x^2+4}{(x^2-1)^3}$

모든 x에 대해 $12x^2+4>0$이므로 다음을 얻는다.

$$f''(x)>0 \ \Leftrightarrow \ x^2-1>0 \ \Leftrightarrow \ |x|>1$$

그리고 $f''(x)<0 \ \Leftrightarrow \ |x|<1$. 따라서 곡선은 구간 $(-\infty,-1)$과 $(1,\infty)$에서 위로 오목이고 $(-1,1)$에서 아래로 오목이다. 1과 -1이 f의 정의역 안에 있지 않으므로 변곡점은 없다.

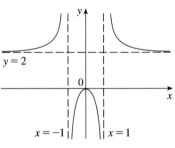

[그림 31] 완성된 $y=\dfrac{2x^2}{x^2-1}$의 그래프

H. E~G의 정보를 이용하여 [그림 31]과 같이 그림을 그린다. ❯

◀ 예제2 $f(x)=\dfrac{\cos x}{2+\sin x}$의 그래프를 그려라.

A. 정의역은 $\mathbb{R}$이다.

B. y절편은 $f(0)=1/2$이다. x절편은 $\cos x=0$일 때 나타난다. 즉 정수 n에 대해

$x = (2n+1)\pi/2$이다.

C. f는 우함수도 기함수도 아니다. 그러나 모든 x에 대해 $f(x+2\pi) = f(x)$이므로 f는 2π 주기를 갖는 주기함수이다. 그러므로 $0 \leq x \leq 2\pi$에서만 생각하고 그 다음에 H에서 평행이동시켜 곡선을 확장한다.

D. 점근선은 없다.

E. $f'(x) = \dfrac{(2+\sin x)(-\sin x) - \cos x(\cos x)}{(2+\sin x)^2} = -\dfrac{2\sin x + 1}{(2+\sin x)^2}$

그러므로 $2\sin x + 1 < 0 \Leftrightarrow \sin x < -1/2 \Leftrightarrow 7\pi/6 < x < 11\pi/6$일 때 $f'(x) > 0$이다. 따라서 f는 $(7\pi/6,\, 11\pi/6)$에서 증가하고 $(0,\, 7\pi/6)$와 $(11\pi/6,\, 2\pi)$에서 감소한다.

F. E와 1계 도함수 판정법으로부터 극솟값은 $f(7\pi/6) = -1/\sqrt{3}$이고 극댓값은 $f(11\pi/6) = 1/\sqrt{3}$이다.

G. 나눗셈의 법칙을 사용하여 간단히 나타내면 다음과 같다.

$$f''(x) = -\frac{2\cos x(1-\sin x)}{(2+\sin x)^3}$$

모든 x에 대해 $(2+\sin x)^3 > 0$이고 $1 - \sin x \geq 0$이므로 $\cos x < 0$이다. 즉 $\pi/2 < x < 3\pi/2$일 때 $f''(x) > 0$이다. 그러므로 $(\pi/2,\, 3\pi/2)$에서 f는 위로 오목이고 $(0,\, \pi/2)$와 $(3\pi/2,\, 2\pi)$에서 아래로 오목이다. 변곡점은 $(\pi/2,\, 0)$와 $(3\pi/2,\, 0)$이다.

H. $0 \leq x \leq 2\pi$로 제한된 함수의 그래프를 [그림 32]에 나타냈다. 다음으로 주기성을 이용하여 그래프를 확장하면 [그림 33]과 같이 그래프가 완성된다. ❱

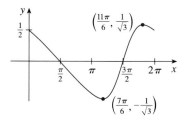

[그림 32]

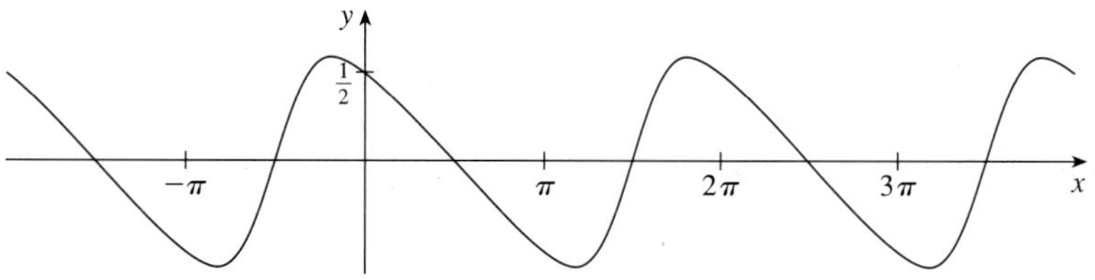

[그림 33]

4.4 연습문제

01~09 이 절의 지침을 이용하여 곡선을 그려라.

01 $y = x^3 - 12x^2 + 36x$

02 $y = x(x-4)^3$

03 $y = \dfrac{x}{x-1}$

04 $y = \dfrac{x}{x^2+9}$

05 $y = x\sqrt{5-x}$

06 $y = \dfrac{\sqrt{1-x^2}}{x}$

07 $y = \sqrt[3]{x^2-1}$

08 $y = x\tan x, \quad -\pi/2 < x < \pi/2$

09 $y = \dfrac{\sin x}{1+\cos x}$

10 상대성 이론에서 입자의 질량은 다음과 같다.

$$m = \frac{m_0}{\sqrt{1-v^2/c^2}}$$

여기서 m_0는 입자의 남은 질량이고, m은 입자가 관찰자에 대해 속력 v로 움직일 때의 질량이며, c는 빛의 속력이다. v의 함수로서 m의 그래프를 그려라.

11 $x \to \infty$ 또는 $x \to -\infty$일 때 $f(x) - (mx+b) \to 0$이면 직선 $y = mx+b$를 **경사점근선**^{slant asymptote}이라 한다. 그 이유는 x가 커짐에 따라 곡선 $y = f(x)$와 직선 $y = mx+b$ 사이의 수직 차이가 0에 접근하기 때문이다. 함수 $y = \dfrac{x^3+4}{x^2}$에 대한 경사점 근선의 방정식을 구하고 이것을 이용하여 그래프를 그려라.

12 곡선 $y = \sqrt{4x^2+9}$는 두 개의 경사점근선 $y = 2x$와 $y = -2x$를 가지는 것을 보여라. 이 사실을 이용하여 곡선의 그래프를 그려라.

13 ⊞ $-\pi \leq x \leq \pi$에서 곡선 $f(x) = 6\sin x + \cot x$의 중요한 특성을 모두 드러내는 f의 그래프를 그려라. 특히 f'과 f''의 그래프를 이용하여 증가 및 감소 구간, 극값, 오목 구간, 변곡점을 추정하라.

14 함수 $f(x) = 1 + \dfrac{1}{x} + \dfrac{8}{x^2} + \dfrac{1}{x^3}$에 대해 곡선의 중요한 특성을 모두 드러내는 f의 그래프를 그려라. 증가 및 감소 구간, 오목 구간을 추정하라. 그리고 미적분학을 이용하여 이들 구간을 정확히 구하라.

15 ⊞ c가 변함에 따라 $f(x) = cx + \sin x$의 그래프가 어떻게 변하는지 설명하라. 함수족에 속하는 여러 함수의 그래프를 그려서 발견할 수 있는 추세를 설명하라. 특히 c가 변할 때 최대점, 최소점, 변곡점이 어떻게 움직이는지 조사하라. 또한 곡선의 기본 모양이 변하게 되는 곳에서 c가 변하는 값도 확인하라.

4.5 부정형과 로피탈 법칙

일반적으로 $x \to a$일 때 $f(x) \to 0$, $g(x) \to 0$인 경우에 다음과 같은 형태의 극한을 구한다고 하자.

$$\lim_{x \to a} \frac{f(x)}{g(x)}$$

이때 이 극한은 존재할 수도 있고, 존재하지 않을 수도 있다. 이와 같은 극한을 $\dfrac{0}{0}$ **형태의 부정형**^{indeterminate form}이라 한다. 1장에서 이와 같은 형태의 극한 몇 가지를 살펴보았다. 유리함수의 경우에는 다음과 같이 공통인수를 소거할 수 있다.

$$\lim_{x \to 1} \frac{x^2 - x}{x^2 - 1} = \lim_{x \to 1} \frac{x(x-1)}{(x+1)(x-1)} = \lim_{x \to 1} \frac{x}{x+1} = \frac{1}{2}$$

또한 기하학적인 논법을 이용하여 다음을 보였다.

$$\lim_{x \to 0} \frac{\sin x}{x} = 1$$

그러나 이런 방법은 $\lim_{x \to 1} \dfrac{\ln x}{x-1}$ 와 같은 극한에 적용될 수 없으므로 이 절에서는 부정형의 극한값을 구하기 위해 로피탈 법칙이라고 하는 체계적인 방법을 소개한다. 또한 $\lim_{x \to \infty} \dfrac{\ln x}{x-1}$ 와 같이 $f(x) \to \infty$ (또는 $-\infty$)이고 $g(x) \to \infty$ (또는 $-\infty$)일 때, 다음과 같은 형태의 극한을 갖는다면

$$\lim_{x \to a} \frac{f(x)}{g(x)}$$

이 극한은 존재할 수도 있고, 존재하지 않을 수도 있다. 이와 같은 극한을 $\dfrac{\infty}{\infty}$ **형태의 부정형**indeterminate form이라 한다.

다음 로피탈 법칙은 이런 형태의 부정형에도 적용된다.

로피탈 법칙L'Hospital's rule a를 포함하는 개구간(a는 제외 가능)에서 함수 f와 g가 미분 가능하고, $g'(x) \neq 0$이라고 하자.

$$\lim_{x \to a} f(x) = 0 \text{이고} \quad \lim_{x \to a} g(x) = 0$$

또는

$$\lim_{x \to a} f(x) = \pm\infty \text{이고} \quad \lim_{x \to a} g(x) = \pm\infty$$

이라 하자. (다시 말하면 $0/0$ 또는 ∞/∞ 형의 부정형이다.) 그러면 우변에 있는 극한이 존재한다면(또는 ∞ 또는 $-\infty$이면) 다음이 성립한다.

$$\lim_{x \to a} \frac{f(x)}{g(x)} = \lim_{x \to a} \frac{f'(x)}{g'(x)}$$

NOTE 1 _ 로피탈 법칙은 주어진 조건을 만족한다는 전제 하에 함수의 몫의 극한은 도함수의 몫의 극한과 같음을 의미한다. 이 법칙을 이용하기 전에 f와 g의 극한에 대한 조건을 확인하는 것이 특히 중요하다.

NOTE 2 _ 로피탈 법칙은 한쪽 극한, 무한대, 음의 무한대에서의 극한에 대해서도 유효하다. 즉 '$x \to a$'를 $x \to a^+$, $x \to a^-$, $x \to \infty$, $x \to -\infty$ 중 어느 것으로도 대치시킬 수 있다.

NOTE 3 _ $f(a) = g(a) = 0$, f'과 g'이 연속, $g'(a) \neq 0$인 특별한 경우에도 로피탈 법칙이 성립하는 이유를 쉽게 보일 수 있다. 사실상 도함수의 정의에 대한 다른 형태를 이용하여 다음을 얻는다.

로피탈 법칙은 프랑스의 귀족 마르퀴스드 로피탈(Marquis de l'Hospital, 1661~1704)의 이름을 따서 명명됐지만, 사실 이는 스위스의 수학자 존 베르누이(John Bernoulli, 1667~1748)가 발견한 것이다.

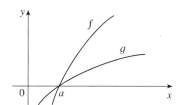

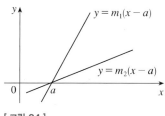

[그림 34]

[그림 34]는 로피탈 법칙이 왜 참인가를 가시적으로 보여준다. 첫 번째 그래프는 $x \to a$일 때 $f(x) \to 0$이고 $g(x) \to 0$인 미분 가능한 두 함수 f와 g의 그래프를 보여준다. 점 $(a, 0)$ 쪽으로 확대해 가면 그래프들은 거의 선형으로 보일 것이다. 그러나 실제로 그 함수들이 두 번째 그림에서와 같이 선형이라 하면 이들의 비는 다음과 같이 도함수의 비가 될 것이다.

$$\frac{m_1(x-a)}{m_2(x-a)} = \frac{m_1}{m_2}$$

이것은 다음을 시사한다.

$$\lim_{x \to a} \frac{f(x)}{g(x)} = \lim_{x \to a} \frac{f'(x)}{g'(x)}$$

$$\lim_{x \to a} \frac{f'(x)}{g'(x)} = \frac{f'(a)}{g'(a)} = \frac{\displaystyle\lim_{x \to a} \frac{f(x) - f(a)}{x - a}}{\displaystyle\lim_{x \to a} \frac{g(x) - g(a)}{x - a}} = \lim_{x \to a} \frac{\dfrac{f(x) - f(a)}{x - a}}{\dfrac{g(x) - g(a)}{x - a}}$$

$$= \lim_{x \to a} \frac{f(x) - f(a)}{g(x) - g(a)} = \lim_{x \to a} \frac{f(x)}{g(x)}$$

로피탈 법칙의 일반적인 형태는 좀 더 어렵다.

◀예제 1 $\displaystyle\lim_{x \to 1} \frac{\ln x}{x - 1}$ 를 구하라.

풀이

$\displaystyle\lim_{x \to 1} \ln x = \ln 1 = 0$ 이고 $\displaystyle\lim_{x \to 1} (x - 1) = 0$ 이므로 다음과 같이 로피탈 법칙을 적용할 수 있다.

$$\lim_{x \to 1} \frac{\ln x}{x - 1} = \lim_{x \to 1} \frac{\dfrac{d}{dx}(\ln x)}{\dfrac{d}{dx}(x - 1)} = \lim_{x \to 1} \frac{1/x}{1} = \lim_{x \to 1} \frac{1}{x} = 1$$

⊘ 로피탈 법칙을 사용할 때 분자와 분모를 분리하여 미분하는 것에 주목하자. 우리는 나눗셈의 법칙을 이용하지 않는다.

◀예제 2 $\displaystyle\lim_{x \to \infty} \frac{\ln x}{\sqrt[3]{x}}$ 를 계산하라.

풀이

$x \to \infty$ 일 때 $\ln x \to \infty$ 이고 $\sqrt[3]{x} \to \infty$ 이므로 로피탈 법칙을 적용하여 다음을 얻는다.

$$\lim_{x \to \infty} \frac{\ln x}{\sqrt[3]{x}} = \lim_{x \to \infty} \frac{1/x}{(x^{-2/3})/3}$$

우변의 극한은 새롭게 0/0 형태의 부정형이다. 그러나 로피탈 법칙을 다시 적용하지 않고 다음과 같이 구할 수 있다.

$$\lim_{x \to \infty} \frac{\ln x}{\sqrt[3]{x}} = \lim_{x \to \infty} \frac{1/x}{(x^{-2/3})/3} = \lim_{x \to \infty} \frac{3}{\sqrt[3]{x}} = 0$$

[예제 2]에 있는 함수의 그래프는 [그림 35]에 보인다. 로그함수는 서서히 증가한다는 것을 앞서 논의하였다. 따라서 $x \to \infty$일 때 비가 0으로 접근한다는 것은 놀랄 만한 것이 아니다.

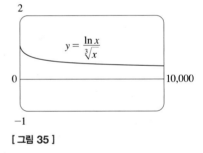
[그림 35]

◀예제 3 $\displaystyle\lim_{x \to \pi^-} \frac{\sin x}{1 - \cos x}$ 를 구하라.

풀이

맹목적으로 로피탈 법칙을 적용한다면 다음을 얻는다.

⊘
$$\lim_{x \to \pi^-} \frac{\sin x}{1 - \cos x} = \lim_{x \to \pi^-} \frac{\cos x}{\sin x} = -\infty$$

이것은 **잘못된 계산**이다. $x \to \pi^-$이면 $\sin x \to 0$이지만 분모 $(1 - \cos x)$는 0으로 접근하지 않으므로 여기서 로피탈 법칙을 적용할 수 없다.

사실상 구하고자 하는 극한은 함수가 π에서 연속이고 그곳에서 분모가 0이 아니므로 다음과 같이 쉽게 구한다.

$$\lim_{x \to \pi^-} \frac{\sin x}{1 - \cos x} = \frac{\sin \pi}{1 - \cos \pi} = \frac{0}{1 - (-1)} = 0 \qquad \blacktriangleright$$

[예제 3]은 생각 없이 로피탈 법칙을 사용하면 잘못된 결과를 얻을 수 있음을 보여준다.

부정형의 곱

$\lim\limits_{x \to a} f(x) = 0$이고 $\lim\limits_{x \to a} g(x) = \infty$(또는 $-\infty$)이면 $\lim\limits_{x \to a} f(x)g(x)$의 값이 어떻게 될지 명확하지 않다. 이런 형태의 극한을 **$0 \cdot \infty$ 형태의 부정형**indeterminate form이라 한다. 곱 fg를 다음과 같은 나눗셈으로 변형할 수 있다.

$$f g = \frac{f}{1/g} \quad \text{또는} \quad f g = \frac{g}{1/f}$$

그러면 주어진 극한이 $0/0$ 또는 ∞/∞ 형태로 변형되므로 로피탈 법칙을 적용할 수 있다.

◀예제 4▶ $\lim\limits_{x \to 0^+} x \ln x$를 계산하라.

풀이

$x \to 0^+$일 때 첫 번째 인수(x)는 0으로 접근하지만 두 번째 인수($\ln x$)는 $-\infty$로 접근하므로 주어진 극한은 부정형이다. $x = 1/(1/x)$로 쓰면 $x \to 0^+$일 때 $1/x \to \infty$이므로 로피탈 법칙에 의해 다음을 얻는다.

$$\lim_{x \to 0^+} x \ln x = \lim_{x \to 0^+} \frac{\ln x}{1/x} = \lim_{x \to 0^+} \frac{1/x}{-1/x^2} = \lim_{x \to 0^+} (-x) = 0 \qquad \blacktriangleright$$

NOTE _ [예제 4]를 풀 때 또 다른 가능한 선택은 다음과 같다.

$$\lim_{x \to 0^+} x \ln x = \lim_{x \to 0^+} \frac{x}{1/\ln x}$$

이것은 $0/0$ 형태의 부정형이지만 로피탈 법칙을 적용한다면 [예제 4]에서의 풀이보다 더 복잡한 표현을 얻는다. 일반적으로 부정형의 곱을 다시 쓸 때 더 간단한 극한에 이르는 방법을 선택한다.

[그림 36]은 [예제 4]에 있는 함수의 그래프를 보인다. 함수는 $x = 0$에서 정의되지 않는다. 즉 그래프는 0으로 접근하지만 결코 그곳에 도달하지는 않는다는 사실에 유의하자.

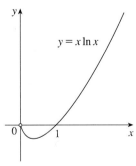

[그림 36]

부정형의 차

$\lim\limits_{x \to a} f(x) = \infty$ 이고 $\lim\limits_{x \to a} g(x) = \infty$ 이면 다음 극한을 $\infty - \infty$ **형태의 부정형**^{indeterminate}

form이라 한다.

$$\lim_{x \to a} [f(x) - g(x)]$$

이 경우에 주어진 식을 $0/0$ 또는 ∞/∞ 형태의 부정형으로 변형하기 위해 함수의 차를 몫으로 변환한다. (예를 들어 공통분모를 사용하거나 유리화하거나 또는 공통인수로 인수분해한다.)

◀ 예제 5 $\lim\limits_{x \to (\pi/2)^-} (\sec x - \tan x)$를 계산하라.

풀이

우선 $x \to (\pi/2)^-$일 때 $\sec x \to \infty$ 이고 $\tan x \to \infty$ 인 것에 주목하면 이 극한은 부정형이다. 여기서 다음과 같이 공통분모를 사용한다.

$$\lim_{x \to (\pi/2)^-} (\sec x - \tan x) = \lim_{x \to (\pi/2)^-} \left(\frac{1}{\cos x} - \frac{\sin x}{\cos x} \right)$$

$$= \lim_{x \to (\pi/2)^-} \frac{1 - \sin x}{\cos x} = \lim_{x \to (\pi/2)^-} \frac{-\cos x}{-\sin x} = 0$$

$x \to (\pi/2)^-$일 때 $1 - \sin x \to 0$ 이고 $\cos x \to 0$ 이므로 로피탈 법칙을 이용하는 것이 정당하다. ❯

부정형의 거듭제곱

다음 극한으로부터 여러 가지 부정형이 나타난다.

$$\lim_{x \to a} [f(x)]^{g(x)}$$

1. $\lim\limits_{x \to a} f(x) = 0$ 이고 $\qquad \lim\limits_{x \to a} g(x) = 0 \qquad 0^0$ 형태

2. $\lim\limits_{x \to a} f(x) = \infty$ 이고 $\qquad \lim\limits_{x \to a} g(x) = 0 \qquad \infty^0$ 형태

3. $\lim\limits_{x \to a} f(x) = 1$ 이고 $\qquad \lim\limits_{x \to a} g(x) = \pm\infty \qquad 1^\infty$ 형태

이 세 가지 경우는 다음과 같이 자연로그를 취하여 처리할 수 있다.

$$y = [f(x)]^{g(x)} \text{라 하면 } \ln y = g(x) \ln f(x) \text{이다.}$$

0^0, ∞^0, 1^∞ 형태는 부정형이지만 0^∞ 형태는 부정형이 아니다.

또는 함수를 다음과 같이 지수함수로 나타낼 수 있다.

$$[f(x)]^{g(x)} = e^{g(x)\ln f(x)}$$

두 방법 모두에서 $0 \cdot \infty$ 형태인 부정형의 곱 $g(x)\ln f(x)$에 이르게 된다.

◀예제 6 $\displaystyle\lim_{x \to 0^+} (1 + \sin 4x)^{\cot x}$을 계산하라.

풀이

먼저 $x \to 0^+$일 때 $1 + \sin 4x \to 1$이고 $\cot x \to \infty$임에 주목하면 주어진 극한은 부정형이다. $y = (1 + \sin 4x)^{\cot x}$이라 하자. 그러면 다음을 얻는다.

$$\ln y = \ln\left[(1 + \sin 4x)^{\cot x}\right] = \cot x \ln(1 + \sin 4x)$$

그래서 로피탈 법칙을 적용하면 다음과 같다.

$$\lim_{x \to 0^+} \ln y = \lim_{x \to 0^+} \frac{\ln(1 + \sin 4x)}{\tan x} = \lim_{x \to 0^+} \frac{\dfrac{4\cos 4x}{1 + \sin 4x}}{\sec^2 x} = 4$$

지금까지 $\ln y$의 극한을 계산했으나 원하는 것은 y의 극한이다. 이것을 구하기 위해 다음과 같이 $y = e^{\ln y}$를 이용한다.

$$\lim_{x \to 0^+} (1 + \sin 4x)^{\cot x} = \lim_{x \to 0^+} y = \lim_{x \to 0^+} e^{\ln y} = e^4 \qquad \text{❯}$$

◀예제 7 $\displaystyle\lim_{x \to 0^+} x^x$을 구하라.

풀이

임의의 $x > 0$에 대해 $0^x = 0$, $x \neq 0$에 대해 $x^0 = 1$이므로 이 극한은 부정형이다. [예제 6]과 같이 진행하거나 주어진 함수를 다음과 같이 지수로 나타내어 진행할 수 있다.

$$x^x = (e^{\ln x})^x = e^{x\ln x}$$

[예제 4]에서 로피탈 법칙을 이용하여 다음을 보였다.

$$\lim_{x \to 0^+} x \ln x = 0$$

그러므로 다음을 얻는다.

$$\lim_{x \to 0^+} x^x = \lim_{x \to 0^+} e^{x\ln x} = e^0 = 1 \qquad \text{❯}$$

$x > 0$에 대해 함수 $y = x^x$의 그래프는 [그림 37]에 보인다. 0^0은 정의되지 않더라도 $x \to 0^+$일 때 함숫값이 1로 접근하는 데 주목하자. 이것은 [예제 7]의 결과를 확인시켜 준다.

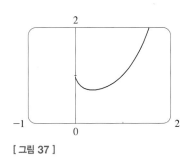

[**그림 37**]

4.5 연습문제

01~10 다음 극한을 계산하라. 필요하면 로피탈 법칙을 이용하라. 보다 기본적인 방법이 있으면 그것을 이용하라. 로피탈 법칙을 적용할 수 없다면 그 이유를 설명하라.

01 $\lim\limits_{x \to 1} \dfrac{x^2-1}{x^2-x}$

02 $\lim\limits_{t \to 0} \dfrac{e^{2t}-1}{\sin t}$

03 $\lim\limits_{x \to 0^+} \dfrac{\ln x}{x}$

04 $\lim\limits_{x \to 0} \dfrac{e^x-1-x}{x^2}$

05 $\lim\limits_{x \to 1} \dfrac{1-x+\ln x}{1+\cos \pi x}$

06 $\lim\limits_{x \to 0} \dfrac{\cos x-1+(x^2/2)}{x^4}$

07 $\lim\limits_{x \to \infty} x^3 e^{-x^2}$

08 $\lim\limits_{x \to 0^+} \left(\dfrac{1}{x} - \dfrac{1}{e^x-1} \right)$

09 $\lim\limits_{x \to 0^+} x^{\sqrt{x}}$

10 $\lim\limits_{x \to 1^+} x^{1/(1-x)}$

11 임의의 양의 정수 n에 대해 다음을 증명하라. 이것은 지수함수가 x의 거듭제곱함수보다 더 빠르게 무한대로 접근하는 것을 보여준다.

$$\lim_{x \to \infty} \frac{e^x}{x^n} = \infty$$

12 임의의 $p > 0$에 대해 다음을 증명하라. 이것은 로그함수가 x의 임의의 거듭제곱함수보다 더 느리게 무한대로 접근하는 것을 보여준다.

$$\lim_{x \to \infty} \frac{\ln x}{x^p} = 0$$

13 정전기장 E가 유체나 기체 전극의 유전체에 작용하면 단위 부피당 알짜 쌍극자 모멘트 P는 다음과 같다. 이때 $\lim\limits_{E \to 0^+} P(E) = 0$임을 보여라.

$$P(E) = \frac{e^E + e^{-E}}{e^E - e^{-E}} - \frac{1}{E}$$

14 $\lim\limits_{x \to \infty} \left[x - x^2 \ln\left(\dfrac{1+x}{x}\right) \right]$를 계산하라.

15 f'이 연속이고 $f(2) = 0$, $f'(2) = 7$일 때 다음을 계산하라.

$$\lim_{x \to 0} \frac{f(2+3x) + f(2+5x)}{x}$$

16 f'이 연속일 때 로피탈 법칙을 이용하여 다음을 보여라.

$$\lim_{h \to 0} \frac{f(x+h) - f(x-h)}{2h} = f'(x)$$

그림을 그려서 이 방정식의 의미를 설명하라.

4.6 최적화 문제

이 장에서 배운 극값을 구하는 방법들은 실제로 여러 분야에서 응용된다. 이 절에서는 넓이, 부피, 거리, 시간 등을 최소화하는 문제를 풀어본다.

이런 실전 문제를 풀 때의 가장 큰 도전은 말로 설명된 문제를 최대 또는 최소화하는 함수를 설정하여 수학적인 최적화 문제로 바꾸는 것이다. 다음 풀이 단계를 보면 도움이 될 것이다.

최적화 문제 풀이 단계

1. **문제를 이해한다.** 명확하게 이해될 때까지 문제를 주의 깊게 읽고 다음과 같이 자문해본다. 구하려는 것은 무엇인가? 주어진 양은 무엇인가? 주어진 조건은 무엇인가?

2. **그림을 그린다.** 대부분의 문제에서 그림을 그리는 것이 도움이 되고, 주어진 양과 구하려는 양을 그림에 나타내어 찾는 것이 도움이 된다.

3. **기호로 나타낸다.** 최대화 또는 최소화할 양에 대해 기호를 부여한다. (앞으로 그것을 Q라고 하자.) 또한 다른 미지의 양에 대해 기호(a, b, c, $\cdots$, x, y)를 선택하고 이들 기호를 그림에 표시한다.

4. Q를 3단계에서 선택한 다른 기호들로 나타낸다.

5. 4단계에서 Q가 하나 이상의 변수를 갖는 함수로 표현된다면 주어진 정보를 이용하여 이런 변수들의 관계를 (방정식의 형태로) 찾는다. 그리고 이런 방정식을 이용하여 Q의 표현식에서 변수 중 하나를 제외한 나머지 변수를 소거한다. 그래서 Q는 하나의 변수 x를 갖는 함수, 즉 $Q = f(x)$로 표현된다. 이 함수의 정의역을 쓴다.

6. 4.1절과 4.3절의 방법을 이용하여 f의 최댓값 또는 최솟값을 구한다. 특히 f의 정의역이 폐구간이면 4.1절의 폐구간 방법을 이용할 수 있다.

◀**예제 1** 농부가 $1200\,\mathrm{m}$의 재료를 가지고 곧게 뻗은 강을 경계로 삼아 직사각형 모양의 밭에 울타리를 치려고 한다. 강쪽에는 울타리가 필요 없다. 울타리의 넓이가 최대가 되는 직사각형 수치를 구하라.

풀이

이 문제에서 일어날 수 있는 일들에 대한 감을 익히기 위해 몇 가지 특수한 경우를 들어 실험을 해보자. [그림 38]은 $1200\,\mathrm{m}$의 울타리를 설치하는 세 가지 가능한 방법을 보여준다. 길이가 작고 폭이 넓은 밭이나 길이가 길고 폭이 좁은 밭을 만들면 밭의 넓이는 상대적으로 작아지는 것을 알 수 있다. 중간 배열 형태가 최대 넓이를 만드는 것이 타당할 것으로 보인다.

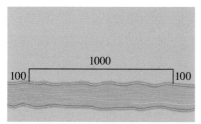

넓이 = $100 \cdot 1000 = 100{,}000\,\mathrm{m}^2$

넓이 = $400 \cdot 400 = 160{,}000\,\mathrm{m}^2$

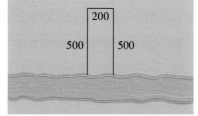

넓이 = $500 \cdot 200 = 100{,}000\,\mathrm{m}^2$

[그림 38]

[그림 39]는 일반적인 경우를 설명한다. 직사각형의 넓이 A를 최대로 만들고자 한다. x와 y를 직사각형의 세로와 가로의 길이(m)라 하고 다음과 같이 넓이 A를 x와 y로 나타낸다.

$$A = xy$$

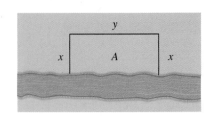

[그림 39]

A를 하나의 변수에 대한 함수로 표현하고자 한다. x에 대해 나타내기 위해 y를 소거한다. 이를 위해 울타리의 총 길이가 $1200\,\mathrm{m}$라는 정보를 이용한다. 그러므로 다음을 얻는다.

$$2x + y = 1200$$

이 방정식으로부터 $y = 1200 - 2x$이고 다음을 얻는다.

$$A = x(1200 - 2x) = 1200x - 2x^2$$

그러면 $x \geq 0$이고 $x \leq 600$이다.(그렇지 않으면 $A < 0$이다.) 그러므로 최대화하고자 하는 함수는 다음과 같다.

$$A(x) = 1200x - 2x^2, \ 0 \leq x \leq 600$$

도함수는 $A'(x) = 1200 - 4x$이므로 임계수를 구하기 위해 다음 방정식을 푼다.

$$1200 - 4x = 0$$

그러면 $x = 300$이다. A의 최댓값은 임계수 또는 구간의 끝점에서만 얻어진다. $A(0) = 0$, $A(300) = 180,000$, $A(600) = 0$이므로 폐구간 방법에 따라 최댓값은 $A(300) = 180,000$이다.

◀예제 2 폭이 $3\,\mathrm{km}$인 곧게 뻗은 강이 있다. 어떤 사람이 제방 위의 지점 A에서 배를 타고 정반대편 제방으로부터 아래로 $8\,\mathrm{km}$ 떨어진 지점 B에 최대한 빨리 도달하려고 한다([그림 40] 참조). 첫 번째 방법은 배를 타고 강을 가로질러 지점 C까지 간 다음 지점 B로 달려가는 것이다. 두 번째 방법은 지점 B까지 곧바로 배를 타고 가는 것이다. 세 번째 방법은 B와 C 사이의 어떤 지점 D까지 배로 간 다음 거기서 B까지 달려가는 것이다. $6\,\mathrm{km/h}$로 배를 타고 $8\,\mathrm{km/h}$로 달린다고 할 때 가능한 한 빨리 지점 B에 도달하기 위해서는 어느 지점에 상륙해야 하는가? (강물의 속도는 사람이 노를 젓는 속도와 비교할 때 무시할 수 있는 정도라고 가정한다.)

풀이

먼저 C에서 D까지 거리를 x로 놓으면 달려야 할 거리는 $|DB| = 8 - x$이고, 피타고라스 정리에 의해 배를 탄 거리를 구하면 $|AD| = \sqrt{x^2 + 9}$이다. 다음 방정식을 이

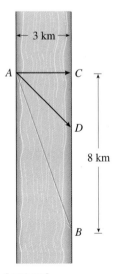

[그림 40]

용한다.

$$시간 = \frac{거리}{속력}$$

그러면 배를 탄 시간은 $\sqrt{x^2+9}\,/6$이고 달린 시간은 $(8-x)/8$이므로, 전체 시간 T는 x의 함수로 다음과 같이 나타낼 수 있다.

$$T(x) = \frac{\sqrt{x^2+9}}{6} + \frac{8-x}{8}$$

이 함수 T의 정의역은 $[0,\,8]$이다. $x=0$이면 C까지 배를 타고 가는 것이고, $x=8$이면 배를 타고 B까지 곧바로 가는 것이다. T의 도함수는 다음과 같다.

$$T'(x) = \frac{x}{6\sqrt{x^2+9}} - \frac{1}{8}$$

그러므로 $x \geq 0$이라는 사실을 이용하여 다음을 얻는다.

$$T'(x)=0 \quad \Leftrightarrow \quad \frac{x}{6\sqrt{x^2+9}} = \frac{1}{8} \quad \Leftrightarrow \quad 4x = 3\sqrt{x^2+9}$$

$$\Leftrightarrow \quad 16x^2 = 9(x^2+9) \quad \Leftrightarrow \quad 7x^2 = 81$$

$$\Leftrightarrow \quad x = \frac{9}{\sqrt{7}}$$

유일한 임계수는 $x = 9/\sqrt{7}$ 이다. 최솟값이 임계수 또는 정의역 $[0,\,8]$의 끝점에서 나타나는지 알기 위해 다음과 같이 이 세 점에서 T 값을 계산한다.

$$T(0) = 1.5, \quad T\!\left(\frac{9}{\sqrt{7}}\right) = 1 + \frac{\sqrt{7}}{8} \approx 1.33, \quad T(8) = \frac{\sqrt{73}}{6} \approx 1.42$$

$x = 9/\sqrt{7}$ 일 때 T 값 중 가장 작은 값이 발생하므로 T의 최솟값은 이 점에서 나타나야 한다. [그림 41]은 T의 그래프를 통해 이 계산을 보여준다. 따라서 출발점으로부터 $9/\sqrt{7}\,\mathrm{km}\,(\approx 3.4\,\mathrm{km})$ 아래에 보트를 상륙시켜야 한다.

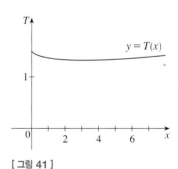

[그림 41]

예제 3 반지름 r인 반원에 내접하는 가장 큰 직사각형의 넓이를 구하라.

풀이

반원을 원점이 중심인 원 $x^2 + y^2 = r^2$의 상반원이라고 하자. 그러면 내접한다는 말은 [그림 42]와 같이 사각형의 두 꼭짓점이 원주 위에 있고 나머지 두 점은 x축에 있음을 나타낸다. 점 $(x,\,y)$를 제1사분면에 있는 꼭짓점이라고 하자. 그러면 직사각형의 두

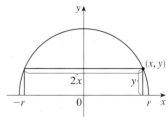

[그림 42]

변의 길이는 $2x$와 y이고 넓이는 다음과 같다.

$$A = 2xy$$

y를 소거하기 위해 점 (x, y)가 원 $x^2 + y^2 = r^2$ 위에 있다는 사실을 이용하면 $y = \sqrt{r^2 - x^2}$ 이다. 그러므로 다음을 얻는다.

$$A = 2x\sqrt{r^2 - x^2}$$

이 함수의 정의역은 $0 \le x \le r$이고 도함수는 다음과 같다.

$$A' = -\frac{2x^2}{\sqrt{r^2 - x^2}} + 2\sqrt{r^2 - x^2} = \frac{2(r^2 - 2x^2)}{\sqrt{r^2 - x^2}}$$

$2x^2 = r^2$, 즉 $x = r/\sqrt{2}\ (x \ge 0$이므로$)$일 때 $A' = 0$이다. $A(0) = 0$, $A(r) = 0$ 이므로 이 x의 값은 A의 최댓값을 제공한다. 따라서 내접하는 가장 큰 직사각형의 넓이는 다음과 같다.

$$A\left(\frac{r}{\sqrt{2}}\right) = 2\,\frac{r}{\sqrt{2}}\sqrt{r^2 - \frac{r^2}{2}} = r^2$$

❱

4.6 연습문제

01 다음 문제를 생각하자. 두 수의 합이 23이고 곱이 최대가 되는 두 수를 구하라.

(a) 처음 두 열에 있는 수들의 합이 항상 23이 되도록 다음과 같이 표를 만들어라. 이 표를 근거로 해서 문제의 답을 추정하라.

첫 번째 수	두 번째 수	곱
1	22	22
2	21	42
3	20	60
⋮	⋮	⋮

(b) 미분을 이용하여 문제를 풀고 (a)에서 얻은 답과 비교하라.

02 $-1 \le x \le 2$에서 직선 $y = x + 2$와 포물선 $y = x^2$ 사이의 최대 수직거리는 얼마인가?

03 $1200\,\mathrm{cm}^2$의 재료를 가지고 밑면이 정사각형이고 뚜껑이 없는 상자를 만든다고 할 때 이 상자의 가장 큰 부피를 구하라.

04 원점에서 가장 가까운 직선 $y = 2x + 3$ 위의 점을 구하라.

05 한 변이 L인 정삼각형의 밑변 위에 직사각형의 한 변이 놓여있다면 이 삼각형에 내접하는 넓이가 가장 큰 직사각형의 치수를 구하라.

06 노르만 양식의 창문은 사각형 위에 반원이 놓여있는 모양이다. (따라서 반원의 지름은 사각형의 폭과 동일하다.) 창문의 둘레가 10m라면 빛이 가장 많이 들어오는 창문의 치수를 구하라.

07 반지름 R인 원형 종이에서 부채꼴을 잘라내고 가장자리 CA와 CB를 붙여서 원뿔형 물컵을 만든다. 이 컵의 최대 용량을 구하라.

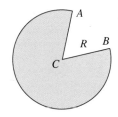

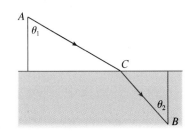

08 R옴의 저항기가 내부저항 r옴인 E볼트의 배터리를 가로질러 연결되어 있다면 외부 저항기에서의 전력(와트)은 다음과 같다.

$$P = \frac{E^2 R}{(R+r)^2}$$

E와 r은 고정되어 있고 R이 변한다면 전력의 최댓값은 얼마인가?

09 광원이 물체를 비출 때 빛의 밝기는 광원의 세기에 비례하고 광원으로부터의 거리의 제곱에 반비례한다. 한쪽 광원의 세기는 다른 쪽의 세 배이며 두 광원은 4m 떨어져 있다. 두 광원 사이의 직선거리 위 어느 지점에 물체를 놓아야 빛의 밝기를 최소화할 수 있는가?

10 어떤 점에서 곡선 $y = 3/x$에 접하고 제1사분면에 의해 절단되는 선분의 가장 짧은 길이를 구하라.

11 v_1은 공기에서의 빛의 속도, v_2는 물속에서의 빛의 속도이다. 페르마의 원리에 따르면 광선은 공기 중의 점 A에서 물속의 점 B까지 최단시간 경로 ACB를 따라 이동한다. 입사각 θ_1과 굴절각 θ_2가 그림과 같을 때 다음 식이 성립함을 보여라. 이 방정식은 **스넬의 법칙**$^{Snell's\ law}$으로 알려져 있다.

$$\frac{\sin\theta_1}{\sin\theta_2} = \frac{v_1}{v_2}$$

12 길이 L이고 폭 W인 직사각형에 외접하는 직사각형의 최대 넓이를 구하라. [힌트: 각 θ의 함수로 넓이를 표현하라.]

13 ⏣ 동일한 세기의 두 광원이 10m 떨어져있다. 한 물체가 광원들을 연결하는 직선에 평행하고 이 직선에서 거리 dm만큼 떨어진 직선 l 위의 한 점 P에 놓여있다(그림 참조). 조명도가 최소가 되는 l 위의 정확한 P의 위치를 찾고자 한다. 단일 광원에 대한 조명도는 광원의 세기에 정비례하고 광원으로부터의 거리의 제곱에 반비례한다는 사실을 이용해야 한다.

(a) 점 P에서 빛의 강도 $I(x)$에 대한 식을 구하라.

(b) $d = 5$m이면 $I(x)$와 $I'(x)$의 그래프를 이용하여 $x = 5$m일 때, 즉 P의 위치가 l의 중앙에 있을 때 빛의 세기가 최소임을 보여라.

(c) $d = 10$m일 때 빛의 세기가(놀랍게도) 중앙에서 최소가 되지 않음을 보여라.

(d) 빛의 세기가 최소인 점이 $d = 5$m와 $d = 10$m 사이의 어느 곳에선가 갑자기 변하는 d의 과도한 값이 존재한다. 기하학적인 방법으로 이런 d 값을 추정하라. 그리고 d의 정확한 값을 구하라.

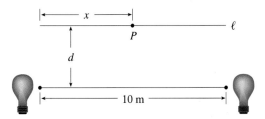

4.7 역도함수

어떤 입자의 속도를 알고 있는 물리학자는 주어진 시각에서 입자의 위치를 알고 싶어 한다. 이런 종류의 문제는 이미 알려진 함수 f를 도함수로 갖는 함수 F를 구하는 것이다. 그와 같은 함수 F가 존재한다면 이 함수를 f의 역도함수라 한다.

> **정의** 구간 I 안의 모든 x에 대해 $F'(x) = f(x)$이면, 함수 F를 I에서 f의 **역도함수**^{antiderivative}라고 한다.

예를 들어 $f(x) = x^2$이라 하자. 거듭제곱 법칙을 기억하고 있다면 f의 역도함수를 발견하는 것은 어렵지 않다. 실제로 $F(x) = x^3/3$이면 $F'(x) = x^2 = f(x)$이다. 그러나 함수 $G(x) = x^3/3 + 100$도 역시 $G'(x) = x^2$을 만족한다. 그러므로 F와 G는 모두 f의 역도함수이다. 실제로 $H(x) = x^3/3 + C$ 형태인 임의의 함수는 f의 역도함수이고, 여기서 C는 상수이다. 그러면 다른 역도함수가 존재하는지에 대한 의문이 생길 것이다.

이 질문에 대한 답을 얻기 위해 4.2절에서 다뤘던 평균값 정리를 이용하여 두 함수가 어떤 구간에서 동일한 도함수를 가지면 이 두 함수는 상수만큼의 차이가 있음을 증명한 것을 기억하자(4.2절의 따름정리 ⑤). 그러므로 F와 G가 f에 대한 임의의 두 역도함수이면 다음이 성립한다.

$$F'(x) = f(x) = G'(x)$$

따라서 $G(x) - F(x) = C$이고, 여기서 C는 상수이다. 이것을 $G(x) = F(x) + C$로 쓸 수 있으므로 다음 결과를 얻는다.

> **① 정리** F가 구간 I에서 f의 역도함수이면 구간 I에서 f의 가장 일반적인 역도함수는 $F(x) + C$이다. 여기서 C는 임의의 상수이다.

함수 $f(x) = x^2$으로 돌아가서 f의 일반적인 역도함수는 $x^3/3 + C$임을 알 수 있다. 상수 C에 특정한 값을 배정함으로써 어느 한 그래프를 수직으로 평행이동시킨 함수족을 얻는다([그림 43] 참조). 이것은 각 곡선이 주어진 x값에서 같은 기울기를 가져야 하므로 이치에 맞다.

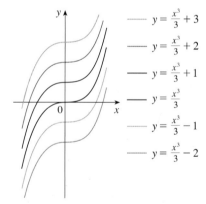

[**그림 43**] $f(x) = x^2$의 역도함수족의 함수들

◀ **예제 1** 다음 함수의 일반적인 역도함수를 구하라.

(a) $f(x) = \sin x$　　　　**(b)** $f(x) = x^n$, $n \geq 0$　　　　**(c)** $f(x) = x^{-3}$

풀이

(a) $F(x) = -\cos x$이면 $F'(x) = \sin x$이다. 따라서 $\sin x$의 역도함수는 $-\cos x$이다. 정리 ①에 의해 일반적인 역도함수는 $G(x) = -\cos x + C$이다.

(b) $\dfrac{d}{dx}\left(\dfrac{x^{n+1}}{n+1}\right) = \dfrac{(n+1)x^n}{n+1} = x^n$

　　따라서 $f(x) = x^n$의 일반적인 역도함수는 다음과 같다.

$$F(x) = \frac{x^{n+1}}{n+1} + C$$

$n \geq 0$에 대해 $f(x) = x^n$이 어떤 구간에서도 정의되기 때문에 이것은 타당하다.

(c) (b)에서 $n = -3$이라 놓으면 동일한 계산에 의해 특수한 역도함수 $F(x) = x^{-2}/(-2)$를 얻는다. 그러나 $f(x) = x^{-3}$은 $x = 0$에서 정의되지 않는 것에 주의하자. 그러므로 정리 ①은 단지 0을 포함하지 않는 임의의 구간에서 f의 일반적인 역도함수가 $x^{-2}/(-2) + C$라는 것을 보여준다. 따라서 $f(x) = 1/x^3$의 일반적인 역도함수는 다음과 같다.

$$F(x) = \begin{cases} -\dfrac{1}{2x^2} + C_1, & x > 0 \\[2mm] -\dfrac{1}{2x^2} + C_2, & x < 0 \end{cases}$$

[예제 1]과 같이 오른쪽에서 왼쪽으로 읽을 때 모든 미분 공식은 역도함수 공식이 된다. 표 ②에 몇 가지 특수 역도함수를 나열했다. 표에 있는 각 공식은 오른쪽 열에 있는 함수의 도함수가 왼쪽 열에 나타나 있으므로 모두 참이다.

② 역도함수 공식표

함수	특수 역도함수	함수	특수 역도함수
$cf(x)$	$cF(x)$	$\cos x$	$\sin x$
$f(x) + g(x)$	$F(x) + G(x)$	$\sin x$	$-\cos x$
$x^n \ (n \neq -1)$	$\dfrac{x^{n+1}}{n+1}$	$\sec^2 x$	$\tan x$
		$\sec x \tan x$	$\sec x$

표 ②에 있는 특별한 함수로부터 가장 일반적인 역도함수를 얻기 위해 [예제 1]과 같이 상수를 더해야 한다.

◀ 예제 2 ▶ $g'(x) = 4\sin x + \dfrac{2x^5 - \sqrt{x}}{x}$ 인 모든 함수 g를 구하라.

풀이

주어진 함수를 다음과 같이 다시 쓴다.

$$g'(x) = 4\sin x + \frac{2x^5}{x} - \frac{\sqrt{x}}{x} = 4\sin x + 2x^4 - \frac{1}{\sqrt{x}}$$

그래서 다음 함수의 역도함수를 구하면 된다.

$$g'(x) = 4\sin x + 2x^4 - x^{-1/2}$$

정리 ①과 표 ②의 공식을 이용하여 다음을 얻는다.

$$g(x) = 4(-\cos x) + 2\,\frac{x^5}{5} - \frac{x^{1/2}}{1/2} + C$$

$$= -4\cos x + \frac{2}{5}x^5 - 2\sqrt{x} + C$$

미적분학의 응용에서는 [예제 2]와 같이 어떤 함수의 도함수에 대한 정보가 주어졌을 때 그 함수를 구하는 상황을 자주 접할 수 있다. 함수의 도함수를 포함하는 방정식을 **미분방정식**differential equation이라 한다. 미분방정식의 일반해는 [예제 2]와 같이 임의의 상수를 포함한다. 그러나 상수를 지정하여 해를 유일하게 지정하는 추가 조건들이 존재할 수 있다.

◀예제 3 $f'(x) = x\sqrt{x}$ 이고 $f(1) = 2$ 인 함수 f 를 구하라.

풀이

$f'(x) = x^{3/2}$ 의 일반적인 역도함수는 다음과 같다.

$$f(x) = \frac{x^{5/2}}{\frac{5}{2}} + C = \frac{2}{5} x^{5/2} + C$$

상수 C 를 결정하기 위해 다음과 같이 $f(1) = 2$ 라는 사실을 이용한다.

$$f(1) = \frac{2}{5} + C = 2$$

C 에 대해 풀면 $C = 2 - \frac{2}{5} = \frac{8}{5}$ 이므로 특수해는 다음과 같다.

$$f(x) = \frac{2x^{5/2} + 8}{5}$$

❯

직선운동

역도함수는 특히 직선을 따라 움직이는 물체의 운동을 분석할 때 유용하다. 물체의 위치함수가 $s = f(t)$ 라면 속도함수는 $v(t) = s'(t)$ 임을 기억하자. 이것은 위치함수가 속도함수의 역도함수임을 의미한다. 마찬가지로 가속도함수는 $a(t) = v'(t)$ 이므로 속도함수는 가속도함수의 역도함수이다. 가속도와 초깃값 $s(0)$, $v(0)$ 을 안다면 위치함수는 두 번 역미분하여 얻을 수 있다.

◀예제 4 직선을 따라 움직이는 입자의 가속도는 $a(t) = 6t + 4$ 이다. 초기 속도는 $v(0) = -6\,\text{cm/s}$, 초기 변위는 $s(0) = 9\,\text{cm}$ 이다. 이 입자의 위치함수 $s(t)$ 를 구하라.

풀이

$v'(t) = a(t) = 6t + 4$ 이므로 역도함수는 다음과 같다.

$$v(t) = 6\frac{t^2}{2} + 4t + C = 3t^2 + 4t + C$$

$$v(0) = C \text{에서 } v(0) = -6 \text{이 주어졌으므로 } C = -6 \text{이다. 따라서 다음을 얻는다.}$$

$$v(t) = 3t^2 + 4t - 6$$

$v(t) = s'(t)$이므로 s는 v의 역도함수이다.

$$s(t) = 3\,\frac{t^3}{3} + 4\,\frac{t^2}{2} - 6t + D = t^3 + 2t^2 - 6t + D$$

이것으로부터 $s(0) = D$이다. $s(0) = 9$가 주어졌으므로 $D = 9$이다. 따라서 구하려는 위치함수는 다음과 같다.

$$s(t) = t^3 + 2t^2 - 6t + 9$$ ❯

지표면 가까이 있는 물체는 중력에 지배를 받는데, 중력은 g로 표시되며 아래 방향으로 끌어당기는 가속이 생긴다. 지표면 가까운 곳에서의 운동에 대해 g가 일정하다고 가정할 수 있으며 그 값은 약 $9.8\,\mathrm{m/s^2}$(또는 $32\,\mathrm{ft/s^2}$)이다.

◀ 예제 5 지면에서 높이가 $140\,\mathrm{m}$인 절벽 끝에서 $15\,\mathrm{m/s}$의 속력으로 공을 위로 던졌다. t초 후 지면으로부터의 공의 높이를 구하라. 언제 최고 높이에 도달하는가? 언제 지면에 닿는가?

풀이
운동은 수직이고 양의 방향을 위쪽으로 택한다. t초 후의 지면으로부터 거리는 $s(t)$이고 속도 $v(t)$는 감소한다. 그러므로 가속도는 음이어야 하고 다음과 같다.

$$a(t) = \frac{dv}{dt} = -9.8$$

역도함수를 취하면 다음을 얻는다.

$$v(t) = -9.8t + C$$

C를 결정하기 위해 주어진 정보 $v(0) = 15$를 이용한다. 이것으로부터 $15 = 0 + C$이므로 다음과 같다.

$$v(t) = -9.8t + 15$$

$v(t) = 0$일 때, 즉 $15/9.8 \approx 1.53$초 후에 최고 높이에 도달한다. $s'(t) = v(t)$이므로 다시 한 번 역도함수를 취하여 다음을 얻는다.

$$s(t) = -4.9t^2 + 15t + D$$

$s(0) = 140$인 사실을 이용하면 $140 = 0 + D$이므로 다음과 같다.

$$s(t) = -4.9t^2 + 15t + 140$$

$s(t)$의 표현식은 공이 땅에 닿을 때까지 타당하다. $s(t) = 0$, 즉 다음과 같을 때 공이 땅에 닿는다.

$$-4.9t^2 - 15t - 140 = 0$$

이 방정식을 풀기 위해 근의 공식을 이용하면 다음을 얻는다.

$$t = \frac{15 \pm \sqrt{2969}}{9.8}$$

t의 값이 음수가 될 수 없으므로 마이너스 부호는 제거한다. 따라서 공은 $\dfrac{15 + \sqrt{2969}}{9.8}$ ≈ 7.1초 후에 지면에 닿는다.

[그림 44]는 [예제 5]에 있는 공의 위치함수를 나타낸다. 그래프는 공이 1.5초 후에 최대 높이에 도달하고 7.1초 후에 지면에 닿는다는 결론을 보여준다.

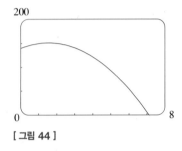

[그림 44]

4.7 연습문제

01~04 다음 함수의 가장 일반적인 역도함수를 구하라. (미분하여 답을 확인하라.)

01 $f(x) = \dfrac{1}{2} + \dfrac{3}{4}x^2 - \dfrac{4}{5}x^3$ **02** $f(x) = 3\sqrt{x} - 2\sqrt[3]{x}$

03 $h(\theta) = 2\sin\theta - \sec^2\theta$ **04** $f(x) = \dfrac{x^5 - x^4 + 2x}{x^4}$

---

05 🔲 함수 $f(x) = 5x^4 - 2x^5$의 역도함수 F에 대해 $F(0) = 4$일 때 F를 구하라. f와 F의 그래프를 비교하여 구한 답을 확인하라.

06~10 f를 구하라.

06 $f''(x) = 20x^3 - 12x^2 + 6x$ **07** $f'''(t) = \cos t$

08 $f'(t) = 2\cos t + \sec^2 t$, $-\dfrac{\pi}{2} < t < \dfrac{\pi}{2}$, $f(\pi/3) = 4$

09 $f''(\theta) = \sin\theta + \cos\theta$, $f(0) = 3$, $f'(0) = 4$

10 $f''(x) = x^{-2}$, $x > 0$, $f(1) = 0$, $f(2) = 0$

---

11 f의 그래프가 점 $(1, 6)$을 지나고 $(x, f(x))$에서 접선의 기울기가 $2x + 1$일 때 $f(2)$를 구하라.

12 함수 f의 그래프가 다음 그림과 같다. f의 역도함수의 그래프는 어떤 것인가? 그 이유는 무엇인가?

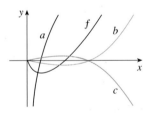

13 입자가 다음 식에 따라 움직인다고 한다. 이 입자의 위치를 구하라.

$$a(t) = 10\sin t + 3\cos t, \quad s(0) = 0, \quad s(2\pi) = 12$$

14 지면으로부터 $s_0(\text{m})$인 지점에서 물체를 초기 속도 $v_0(\text{m/s})$로 위로 던졌다. 다음을 보여라.

$$[v(t)]^2 = v_0^2 - 19.6[s(t) - s_0]$$

15 빗방울은 떨어지면서 커지고 겉넓이가 증가하므로 공기 저항도 증가한다. 빗방울의 초기 낙하속도는 $10\,\mathrm{m/s}$이고 낙하가속도는 다음과 같다.

$$a = \begin{cases} 9 - 0.9t, & 0 \le t \le 10 \\ 0 & , \ t > 10 \end{cases}$$

빗방울이 최초에 지면으로부터 $500\,\mathrm{m}$ 높이에 있다면 떨어지는 데 걸리는 시간은 얼마인가?

16 자동차를 $100\,\mathrm{km/h}$로 몰던 운전자가 $80\,\mathrm{m}$ 앞에서 일어난 사고를 보고 브레이크를 밟았다. 연쇄 충돌을 피하기 위해 필요한 일정한 가속도는 얼마인가?

4장 복습문제

개념 확인

01 최댓값과 극댓값의 차이점을 설명하라. 그림을 그려 설명하라.

02 (a) 극값 정리는 무엇을 의미하는가?
　　(b) 폐구간 방법으로 무엇을 할 수 있는지 설명하라.

03 (a) 페르마 정리를 서술하라.
　　(b) f의 임계수를 정의하라.

04 (a) 롤의 정리를 설명하라.
　　(b) 중간값 정리를 설명하고 기하학적인 해석을 제시하라.

05 (a) 증가/감소 판정법을 서술하라.
　　(b) f가 구간 I에서 위로 오목이라는 말은 무엇을 의미하는가?
　　(c) 오목성 판정법을 서술하라.
　　(d) 변곡점은 무엇인가? 어떻게 구하는가?

06 (a) 1계 도함수 판정법을 설명하라.
　　(b) 2계 도함수 판정법을 설명하라.

　　(c) 이런 판정법들에 대한 상대적인 장점과 단점은 무엇인가?

07 그래픽 계산기나 컴퓨터가 있는데도 함수의 그래프를 그리는 데 미분이 필요한 이유는 무엇인가?

08 (a) 방정식 $f(x) = 0$의 근을 구하기 위해 초기 근삿값 x_1이 주어져 있다. 뉴턴의 방법을 이용하여 두 번째 근삿값 x_2를 얻는 방법을 그림을 그려서 기하학적으로 설명하라.
　　(b) x_2의 식을 x_1, $f(x_1)$, $f'(x_1)$을 이용하여 나타내라.
　　(c) x_{n+1}의 식을 x_n, $f(x_n)$, $f'(x_n)$을 이용하여 나타내라.
　　(d) 어떤 환경에서 뉴턴의 방법이 실패하거나 느리게 수행되는가?

09 (a) 함수 f의 역도함수는 무엇인가?
　　(b) F_1과 F_2가 모두 구간 I에서 f의 역도함수라 하자. F_1과 F_2는 어떻게 관련되는가?

참/거짓 질문

다음 명제가 참인지 거짓인지 결정하라. 참이면 이유를 설명하고, 거짓이면 이유를 설명하거나 반례를 들어라.

01 $f'(c) = 0$이면 f는 c에서 극대 또는 극소를 갖는다.

02 f가 (a, b)에서 연속이면 f는 (a, b) 안에 있는 어떤 수 c와 d에서 최댓값 $f(c)$와 최솟값 $f(d)$를 갖는다.

03 $1 < x < 6$에서 $f'(x) < 0$이면 f는 $(1, 6)$에서 감소한다.

04 $0 < x < 1$에서 $f'(x) = g'(x)$이면 $0 < x < 1$에서 $f(x) = g(x)$이다.

05 모든 x에 대해 $f(x) > 0$, $f'(x) < 0$, $f''(x) > 0$을 만족하는 함수 f가 존재한다.

06 f와 g가 구간 I에서 증가하면 $f + g$도 I에서 증가한다.

07 f와 g가 구간 I에서 증가하면 fg도 I에서 증가한다.

08 f가 I에서 증가하고 $f(x) > 0$이면 $g(x) = 1/f(x)$은 I에서 감소한다.

09 f가 주기함수이면 f'도 주기함수이다.

10 모든 x에 대해 $f'(x)$가 존재하고 0이 아니면 $f(1) \neq f(0)$이다.

연습문제

01 구간 $[2, 4]$에서 함수 $f(x) = x^3 - 6x^2 + 9x + 1$의 극값, 최댓값, 최솟값을 구하라.

02 주어진 조건을 만족하는 함수의 그래프를 그려라.

$f(0) = 0$, $f'(-2) = f'(1) = f'(9) = 0$,

$\lim_{x \to \infty} f(x) = 0$, $\lim_{x \to 6} f(x) = -\infty$,

$(-\infty, -2)$, $(1, 6)$, $(9, \infty)$에서 $f'(x) < 0$,

$(-2, 1)$, $(6, 9)$에서 $f'(x) > 0$,

$(-\infty, 0)$, $(12, \infty)$에서 $f''(x) > 0$,

$(0, 6)$, $(6, 12)$에서 $f''(x) < 0$

03~06 4.4절의 지침을 이용하여 다음 곡선의 그래프를 그려라.

03 $y = 2 - 2x - x^3$

04 $y = x^4 - 3x^3 + 3x^2 - x$

05 $y = \dfrac{1}{x(x-3)^2}$

06 $y = \sin^2 x - 2\cos x$

07~14 다음 극한을 계산하라.

07 $\lim\limits_{x \to 0^+} \tan^{-1}(1/x)$

08 $\lim\limits_{x \to 3^-} e^{2/(x-3)}$

09 $\lim\limits_{x \to 0^+} \ln(\sinh x)$

10 $\lim\limits_{x \to 0} \dfrac{1 + 2^x}{1 - 2^x}$

11 $\lim\limits_{x \to 0} \dfrac{e^x - 1}{\tan x}$

12 $\lim\limits_{x \to 0} \dfrac{e^{4x} - 1 - 4x}{x^2}$

13 $\lim\limits_{x \to -\infty} (x^2 - x^3) e^{2x}$

14 $\lim\limits_{x \to 1^+} \left(\dfrac{x}{x-1} - \dfrac{1}{\ln x} \right)$

15 곡선 $f(x) = \dfrac{x^2 - 1}{x^3}$의 중요한 특성을 모두 드러내는 f의 그래프를 그려라. f'과 f''의 그래프를 이용하여 증가와 감소 구간, 극값, 오목 구간, 변곡점을 추정하라. 미적분학을 이용해서 이들의 정확한 값을 구하라.

16 방정식 $3x + 2\cos x + 5 = 0$은 정확히 하나의 실근을 가짐을 보여라.

17 구간 $[32, 33]$에서 정의된 함수 $f(x) = x^{1/5}$에 평균값 정리를 적용하여 $2 < \sqrt[5]{33} < 2.0125$임을 보여라.

18 반지름이 r인 원에 외접하는 이등변삼각형의 가장 작은 넓이를 구하라.

19 깊은 물속에서 파장 L인 파도의 속도는 다음과 같다.

$$v = K\sqrt{\dfrac{L}{C} + \dfrac{C}{L}}$$

여기서 K와 C는 알려진 양의 상수이다. 속도가 최소인 파장의 길이는 얼마인가?

20 함수 $f(x) = (x+1)(2x-1)$의 가장 일반적인 역도함수를 구하라.

21~22 f를 구하라.

21 $f'(t) = 2t - 3\sin t$, $f(0) = 5$

22 $f''(x) = 1 - 6x + 48x^2$, $f(0) = 1$, $f'(0) = 2$

23 입자가 $v(t) = 2t - \sin t$, $s(0) = 3$으로 움직인다고 할 때 입자의 위치를 구하라.

24 반지름이 $30\,\text{cm}$인 원통형 통나무를 잘라 직사각형 기둥을 만들려고 한다.

(a) 단면의 넓이가 최대인 기둥의 모양이 정사각형임을 보여라.

(b) 정사각형 기둥으로 잘라낸 후 남은 통나무의 네 조각으로 4개의 직사각형 널빤지를 만들려고 한다. 단면의 넓이가 최대인 널빤지의 치수를 결정하라.

(c) 직사각형 기둥의 강도는 세로의 제곱과 가로의 곱에 비례한다고 하자. 원통형 통나무에서 잘라낼 수 있는 가장 강도 높은 기둥의 치수를 구하라.

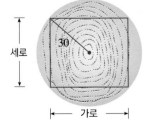
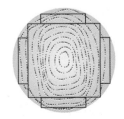

5장 적분

INTEGRALS

3장에서는 미분학의 중심 개념인 도함수를 소개하기 위해 접선 문제와
속도 문제를 이용했다. 같은 방법으로 이 장에서는 넓이와 거리
문제에서 출발하여 적분학의 기본 개념인 정적분을 공식화한다.
7장에서는 부피, 곡선의 길이 등 많은 분야에서의 문제를 해결하기 위해
적분을 어떻게 사용하는지 배울 것이다. 적분학과 미분학 사이에는
연결고리가 있다. 이 장에서는 미적분학의 기본 정리를 살펴볼 것인데,
적분을 도함수와 연관시킴으로써 많은 문제의 해를 매우 단순화시키는
것을 보게 될 것이다.

5.1 넓이

이 절에서는 곡선 아래의 넓이를 구하고자 할 때 똑같은 형태의 특별한 극한으로 끝난다는 사실을 살펴본다.

넓이 문제

넓이 문제를 해결하는 것으로 시작한다. a에서 b까지 곡선 $y = f(x)$ 아래 놓이는 영역 S의 넓이를 구해보자. [그림 1]에 보이는 S는 연속함수 f(여기서 $f(x) \geq 0$)의 그래프, 수직선 $x = a$와 $x = b$, x축으로 둘러싸여 있는 것을 의미한다.

앞서 접선을 정의할 때 먼저 할선의 기울기에 의해 접선의 기울기를 근사시켰으며, 그 다음으로 이런 근삿값들의 극한으로 정의하였다. 넓이에 대해서도 유사한 개념을 추구한다. 먼저 영역 S를 직사각형으로 근사시키고 직사각형의 수를 증가시킴으로써 직사각형들의 넓이의 극한을 취한다. [예제 1]은 이 과정을 잘 보여준다.

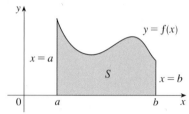

[그림 1]

$S = \{(x, y) \mid a \leq x \leq b, 0 \leq y \leq f(x)\}$

◀예제 1 직사각형을 이용해서 0에서 1까지 포물선 $y = x^2$ 아래에 있는 영역의([그림 2]에 나타낸 포물선 영역 S) 넓이를 추정하라.

풀이

먼저 S는 한 변의 길이가 1인 정사각형 안에 포함되므로 S의 넓이는 0과 1 사이의 어딘가에 값이 있다. 그러나 분명 이것보다 더 좋은 값을 구할 수 있다. [그림 3(a)]와 같이 수직선 $x = \dfrac{1}{4}$, $x = \dfrac{1}{2}$, $x = \dfrac{3}{4}$을 그려서 네 개의 가늘고 긴 조각 S_1, S_2, S_3, S_4로 나눈다고 하자.

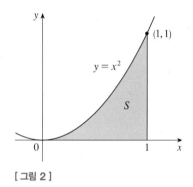

[그림 2]

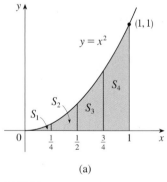

(a)

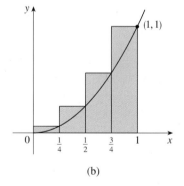

(b)

[그림 3]

밑변이 각 조각의 밑변과 같고 높이가 각 조각의 오른쪽 끝과 같은 직사각형에 의해 각각의 조각을 근사시킬 수 있다([그림 3(b)] 참조). 다시 말해서 직사각형의 높이는 부분 구간 $\left[0, \dfrac{1}{4}\right]$, $\left[\dfrac{1}{4}, \dfrac{1}{2}\right]$, $\left[\dfrac{1}{2}, \dfrac{3}{4}\right]$, $\left[\dfrac{3}{4}, 1\right]$의 오른쪽 끝점에서 함수 $f(x) = x^2$의 값이다.

각 직사각형은 폭이 $\frac{1}{4}$이고 높이가 $\left(\frac{1}{4}\right)^2$, $\left(\frac{1}{2}\right)^2$, $\left(\frac{3}{4}\right)^2$, 1^2이다. 이와 같은 근사 직사각형들의 넓이의 합을 R_4라 하면 다음을 얻는다.

$$R_4 = \frac{1}{4} \cdot \left(\frac{1}{4}\right)^2 + \frac{1}{4} \cdot \left(\frac{1}{2}\right)^2 + \frac{1}{4} \cdot \left(\frac{3}{4}\right)^2 + \frac{1}{4} \cdot 1^2 = \frac{15}{32} = 0.46875$$

[그림 3(b)]로부터 S의 넓이 A는 R_4보다 작으므로 다음이 성립한다.

$$A < 0.46875$$

[그림 3(b)]에 있는 직사각형들을 이용하는 대신 [그림 4]와 같은 더 작은 직사각형들을 이용할 수 있는데, 이 직사각형들의 높이는 각 구간의 왼쪽 끝점에서 f의 함숫값이다. (가장 왼쪽에 있는 직사각형은 높이가 0이므로 제거되었다.) 이와 같은 근사 직사각형들의 넓이의 합을 L_4라 하면 다음을 얻는다.

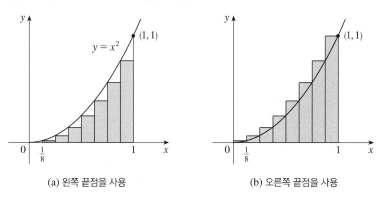

[그림 4]

$$L_4 = \frac{1}{4} \cdot 0^2 + \frac{1}{4} \cdot \left(\frac{1}{4}\right)^2 + \frac{1}{4} \cdot \left(\frac{1}{2}\right)^2 + \frac{1}{4} \cdot \left(\frac{3}{4}\right)^2 = \frac{7}{32} = 0.21875$$

S의 넓이 A는 L_4보다 크므로 A에 대한 아래쪽과 위쪽의 추정값은 다음과 같다.

$$0.21875 < A < 0.46875$$

조각의 수를 늘려서 이런 과정을 반복할 수 있다. [그림 5]는 영역 S를 밑변의 길이가 같은 8개의 조각으로 나누었을 때를 보여준다.

(a) 왼쪽 끝점을 사용

(b) 오른쪽 끝점을 사용

[그림 5] 8개의 사각형으로 S를 근사시킨 경우

작은 직사각형들의 넓이의 합(L_8)과 큰 직사각형들의 넓이의 합(R_8)을 계산하여 A에 더 가까운 아래쪽과 위쪽 추정값을 얻는다.

$$0.2734375 < A < 0.3984375$$

따라서 질문에 대한 한 가지 가능한 답은 S에 대한 넓이의 참값이 0.2734375와 0.3984375 사이에 있다고 말하는 것이다.

조각의 수를 늘림으로써 더 가까운 추정값을 얻을 수 있다. [표 1]은 직사각형의 높이가 부분 구간의 왼쪽 끝점(L_n) 또는 오른쪽 끝점(R_n)인 n개의 직사각형을 사용하여 유사한 방법으로 계산한(컴퓨터를 이용함) 결과를 보여준다.

n	L_n	R_n
10	0.2850000	0.3850000
20	0.3087500	0.3587500
30	0.3168519	0.3501852
50	0.3234000	0.3434000
100	0.3283500	0.3383500
1000	0.3328335	0.3338335

[표 1]

50개의 조각을 이용하면 넓이가 0.3234와 0.3434 사이에 있음을 알 수 있다. 1000개의 조각을 이용하면 넓이 값이 훨씬 더 좁은 범위에 있음을 알 수 있다. 즉 A는 0.3328335와 0.3338335 사이에 있으며 이보다 더 근접한 추정값은 이 수들의 평균인 $A \approx 0.3333335$이다.

[예제 1]의 [표 1]에 있는 값을 보면 n이 증가함에 따라 R_n이 $\frac{1}{3}$에 가까워지는 것처럼 보인다. 다음 예제에서 이것을 확인한다.

예제 2 [예제 1]의 영역 S에 대해 위쪽 근사 직사각형들의 넓이의 합이 $\frac{1}{3}$에 접근함을 보여라. 즉 다음이 성립함을 보여라.

$$\lim_{n \to \infty} R_n = \frac{1}{3}$$

풀이

R_n은 [그림 6]에 있는 n개의 직사각형의 넓이의 합이다. 각 직사각형의 너비는 $1/n$이고 높이는 점 $1/n$, $2/n$, $3/n$, $\cdots$, n/n에서 함수 $f(x) = x^2$의 값이다. 즉 높이는 $(1/n)^2$, $(2/n)^2$, $(3/n)^2$, $\cdots$, $(n/n)^2$이다. 그러므로 다음을 얻는다.

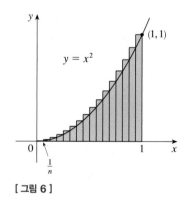

[그림 6]

$$R_n = \frac{1}{n}\left(\frac{1}{n}\right)^2 + \frac{1}{n}\left(\frac{2}{n}\right)^2 + \frac{1}{n}\left(\frac{3}{n}\right)^2 + \cdots + \frac{1}{n}\left(\frac{n}{n}\right)^2$$

$$= \frac{1}{n} \cdot \frac{1}{n^2}(1^2 + 2^2 + 3^2 + \cdots + n^2)$$

$$= \frac{1}{n^3}(1^2 + 2^2 + 3^2 + \cdots + n^2)$$

여기서 다음과 같은 처음 n개의 양의 정수의 제곱에 대한 합의 공식이 필요하다.

□
$$1^2 + 2^2 + 3^2 + \cdots + n^2 = \frac{n(n+1)(2n+1)}{6}$$

이 공식은 이미 본 적이 있을 것이다.

R_n에 대한 표현에 공식 $\boxed{1}$을 적용하면 다음을 얻는다.

$$R_n = \frac{1}{n^3} \cdot \frac{n(n+1)(2n+1)}{6} = \frac{(n+1)(2n+1)}{6n^2}$$

따라서 다음을 얻는다.

$$\begin{aligned}
\lim_{n \to \infty} R_n &= \lim_{n \to \infty} \frac{(n+1)(2n+1)}{6n^2} \\
&= \lim_{n \to \infty} \frac{1}{6}\left(\frac{n+1}{n}\right)\left(\frac{2n+1}{n}\right) \\
&= \lim_{n \to \infty} \frac{1}{6}\left(1 + \frac{1}{n}\right)\left(2 + \frac{1}{n}\right) \\
&= \frac{1}{6} \cdot 1 \cdot 2 = \frac{1}{3}
\end{aligned}$$

여기서 수열 $\{R_n\}$의 극한을 계산한다. 수열과 그 극한은 8.1절에서 자세히 배울 것이다. 이 개념은 $\lim\limits_{n \to \infty}$로 쓸 때 n이 양의 정수로 제한된다는 것 이외에는 무한대에서의 극한과 매우 유사하다(1.6절 참조). 특히 다음 사실을 알고 있다.

$$\lim_{n \to \infty} \frac{1}{n} = 0$$

$\lim\limits_{n \to \infty} R_n = \frac{1}{3}$이라 쓸 때 충분히 큰 n을 택하면 R_n을 $\frac{1}{3}$에 충분히 가깝게 만들 수 있음을 의미한다.

아래쪽 근사합 역시 $\frac{1}{3}$에 접근하는 것을 볼 수 있다. 즉 다음이 성립한다.

$$\lim_{n \to \infty} L_n = \frac{1}{3}$$

[그림 7]과 [그림 8]로부터 n이 증가함에 따라 L_n과 R_n은 모두 S의 넓이에 더 가까운 근삿값이 된다. 그러므로 넓이 A는 다음과 같이 근사 직사각형들의 넓이의 합의 극한으로 정의한다.

$$A = \lim_{n \to \infty} R_n = \lim_{n \to \infty} L_n = \frac{1}{3}$$

TEC Visual 4.1로 n의 값을 바꿔가며 [그림 7], [그림 8]과 같은 그림을 만들 수 있다.

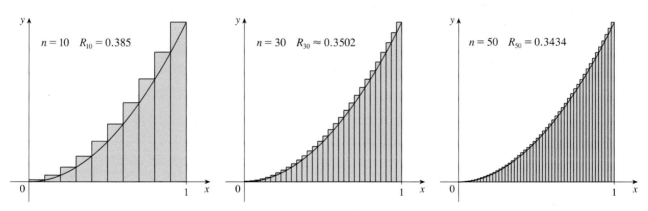

[그림 7] $f(x) = x^2$이 증가하므로 오른쪽 끝점들은 상합을 만든다.

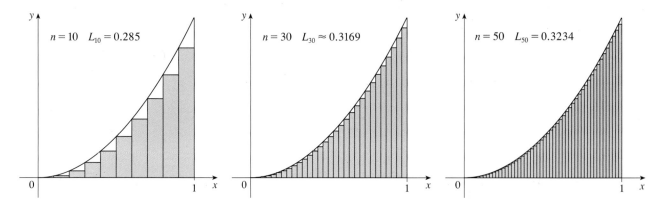

[그림 8] $f(x) = x^2$이 증가하므로 왼쪽 끝점들은 하합을 만든다.

[예제 1]과 [예제 2]의 개념을 [그림 1]의 좀 더 일반적인 영역 S에 적용해보자. S를 [그림 9]와 같이 너비가 같은 n개의 가늘고 긴 조각 S_1, S_2, $\cdots$, S_n으로 나눈다.

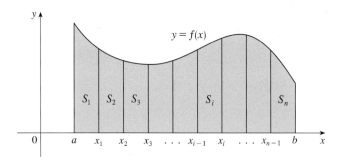

[그림 9]

구간 $[a, b]$의 너비는 $b - a$이므로 n개의 각 조각의 너비는 다음과 같다.

$$\Delta x = \frac{b-a}{n}$$

이 조각들은 구간 $[a, b]$를 다음과 같이 n개의 부분 구간으로 나눈다.

$$[x_0, x_1], \ [x_1, x_2], \ [x_2, x_3], \ \cdots, \ [x_{n-1}, x_n]$$

여기서 $x_0 = a$이고 $x_n = b$이다. 각 부분 구간의 오른쪽 끝점은 다음과 같다.

$$x_1 = a + \Delta x,$$

$$x_2 = a + 2\Delta x,$$

$$x_3 = a + 3\Delta x,$$

$$\vdots$$

이제 i번째 조각 S_i를 너비가 Δx이고 높이가 오른쪽 끝점에서 f의 값인 $f(x_i)$인 직사각형으로 근사시키자([그림 10] 참조). 그러면 i번째 직사각형의 넓이는 $f(x_i)\Delta x$ 이다. 직관적으로 S의 넓이는 이런 직사각형들의 넓이의 합에 의해 근사되는 것으로 생각할 수 있다.

$$R_n = f(x_1)\Delta x + f(x_2)\Delta x + \cdots + f(x_n)\Delta x$$

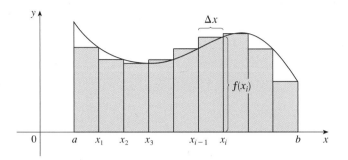

[그림 10]

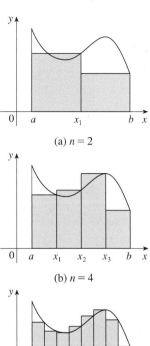

(a) $n = 2$

(b) $n = 4$

(c) $n = 8$

[그림 11]은 $n = 2,\ 4,\ 8,\ 12$인 경우에 대한 근사를 보여준다. 이런 근사는 조각의 수가 증가함에 따라, 즉 $n \to \infty$일수록 더욱 근접한 값으로 나타난다. 그러므로 영역 S의 넓이 A를 다음과 같이 정의한다.

> $\boxed{2}$ **정의** 연속함수 f의 그래프 아래에 놓이는 영역 S의 **넓이**^{area} A는 근사 직사각형들의 넓이의 합의 극한이다.
>
> $$A = \lim_{n \to \infty} R_n = \lim_{n \to \infty} \left[f(x_1)\Delta x + f(x_2)\Delta x + \cdots + f(x_n)\Delta x \right]$$

f가 연속이라고 가정하고 있으므로 정의 $\boxed{2}$의 극한은 항상 존재함을 증명할 수 있다. 또한 다음과 같이 왼쪽 끝점을 이용해도 동일한 값을 얻는다는 사실도 보여줄 수 있다.

$\boxed{3}$ $$A = \lim_{n \to \infty} L_n = \lim_{n \to \infty} \left[f(x_0)\Delta x + f(x_1)\Delta x + \cdots + f(x_{n-1})\Delta x \right]$$

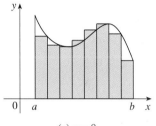

(c) $n = 8$

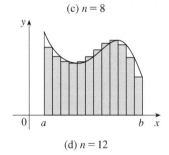

(d) $n = 12$

[그림 11]

사실상 왼쪽 끝점이나 오른쪽 끝점을 이용하는 대신 i번째 부분 구간 $[x_{i-1},\ x_i]$에 있는 임의의 수 x_i^*에서 f의 값을 i번째 직사각형의 높이로 택할 수 있다. 이때 수 x_1^*, x_2^*, $\cdots$, x_n^*를 **표본점**$^{\text{sample point}}$이라고 한다. [그림 12]는 끝점이 아닌 표본점을 택한 경우의 근사 직사각형들을 보여준다. 따라서 S의 넓이에 대한 좀 더 일반적인 표현은 다음과 같다.

$\boxed{4}$ $$A = \lim_{n \to \infty} \left[f(x_1^*)\Delta x + f(x_2^*)\Delta x + \cdots + f(x_n^*)\Delta x \right]$$

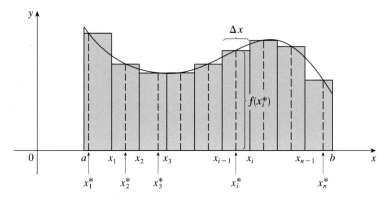

[그림 12]

NOTE _ 넓이에 대한 정의가 다음과 같음을 보일 수 있다. "넓이 A는 모든 상합보다 작고 모든 하합보다 큰 유일한 수이다." 예를 들어 [예제 1]과 [예제 2]에서 구한 넓이($A = 1/3$)는 모든 왼쪽 근사합 L_n과 오른쪽 근사합 R_n 사이에 있다. 이 예제들에서 함수 $f(x) = x^2$은 $[0, 1]$에서 증가한다. 따라서 하합은 왼쪽 끝점으로부터 나타나고, 상합은 오른쪽 끝점으로부터 나타난다([그림 7], [그림 8] 참조). 일반적으로 i번째 부분구간에서 $f(x_i^*)$가 최솟값(최댓값)이 되는 점 x_i^*를 표본점으로 택함으로써 하합(상합)을 형성한다([그림 13], [연습문제 3] 참조).

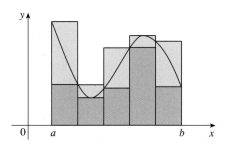

[그림 13] 하합(작은 직사각형)과 상합(큰 직사각형)

많은 항들의 합을 좀 더 간단하게 나타내기 위해 **시그마 기호**sigma notation를 자주 사용한다. 예를 들어 다음과 같다.

$$\sum_{i=1}^{n} f(x_i)\Delta x = f(x_1)\Delta x + f(x_2)\Delta x + \cdots + f(x_n)\Delta x$$

따라서 식 ②, ③, ④에 있는 넓이에 대한 표현은 다음과 같이 쓸 수 있다.

$$A = \lim_{n\to\infty} \sum_{i=1}^{n} f(x_i)\Delta x$$

$$A = \lim_{n\to\infty} \sum_{i=1}^{n} f(x_{i-1})\Delta x$$

$$A = \lim_{n\to\infty} \sum_{i=1}^{n} f(x_i^*)\Delta x$$

또한 공식 ①도 다음과 같이 다시 쓸 수 있다.

$i = n$에서 끝난다는 뜻이다.
더한다는 뜻이다. $\longrightarrow \sum_{i=m}^{n} f(x_i)\Delta x$
$i = m$에서 시작한다는 뜻이다.

$$\sum_{i=1}^{n} i^2 = \frac{n(n+1)(2n+1)}{6}$$

◀예제3 $0 \le b \le \pi/2$에 대해 $x = 0$과 $x = b$ 사이에서 $f(x) = \cos x$의 그래프 아래에 놓이는 영역의 넓이를 A라 하자.

(a) 오른쪽 끝점을 이용하여 A에 대한 식을 극한으로 구하라. 극한은 계산하지 않는다.

(b) 네 개의 부분 구간의 중점을 표본점으로 택하여 $b = \pi/2$인 경우의 넓이를 추정하라.

풀이

(a) $a = 0$이므로 부분 구간의 너비는 다음과 같다.

$$\Delta x = \frac{b-0}{n} = \frac{b}{n}$$

그래서 $x_1 = b/n$, $x_2 = 2b/n$, $x_3 = 3b/n$, $x_i = ib/n$, $x_n = nb/n$이다. 근사 직사각형들의 넓이의 합은 다음과 같다.

$$
\begin{aligned}
R_n &= f(x_1)\Delta x + f(x_2)\Delta x + \cdots + f(x_n)\Delta x \\
&= (\cos x_1)\Delta x + (\cos x_2)\Delta x + \cdots + (\cos x_n)\Delta x \\
&= \left(\cos \frac{b}{n}\right)\frac{b}{n} + \left(\cos \frac{2b}{n}\right)\frac{b}{n} + \cdots + \left(\cos \frac{nb}{n}\right)\frac{b}{n}
\end{aligned}
$$

정의 ②에 따라 넓이는 다음과 같다.

$$A = \lim_{n \to \infty} R_n = \lim_{n \to \infty} \frac{b}{n}\left(\cos \frac{b}{n} + \cos \frac{2b}{n} + \cos \frac{3b}{n} + \cdots + \cos \frac{nb}{n}\right)$$

시그마 기호를 이용하여 다음과 같이 쓸 수 있다.

$$A = \lim_{n \to \infty} \frac{b}{n}\sum_{i=1}^{n} \cos \frac{ib}{n}$$

(b) $n = 4$이고 $b = \pi/2$이므로 $\Delta x = (\pi/2)/4 = \pi/8$이다. 그러므로 부분 구간들은 $[0, \pi/8]$, $[\pi/8, \pi/4]$, $[\pi/4, 3\pi/8]$, $[3\pi/8, \pi/2]$이다. 이 부분 구간들의 중점은 다음과 같다.

$$x_1^* = \frac{\pi}{16}, \quad x_2^* = \frac{3\pi}{16}, \quad x_3^* = \frac{5\pi}{16}, \quad x_4^* = \frac{7\pi}{16}$$

그리고 네 개의 근사 직사각형의 넓이의 합은 다음과 같다([그림 14] 참조).

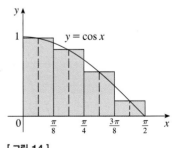

[그림 14]

$$M_4 = \sum_{i=1}^{4} f(x_i^*)\, \Delta x$$

$$= f(\pi/16)\,\Delta x + f(3\pi/16)\,\Delta x + f(5\pi/16)\,\Delta x + f(7\pi/16)\,\Delta x$$

$$= \left(\cos\frac{\pi}{16}\right)\frac{\pi}{8} + \left(\cos\frac{3\pi}{16}\right)\frac{\pi}{8} + \left(\cos\frac{5\pi}{16}\right)\frac{\pi}{8} + \left(\cos\frac{7\pi}{16}\right)\frac{\pi}{8}$$

$$= \frac{\pi}{8}\left(\cos\frac{\pi}{16} + \cos\frac{3\pi}{16} + \cos\frac{5\pi}{16} + \cos\frac{7\pi}{16}\right) \approx 1.006$$

따라서 넓이의 추정값은 $A \approx 1.006$이다.

5.1 연습문제

01 (a) 주어진 f의 그래프로부터 함숫값들을 읽고, 5개의 직사각형을 이용하여 $x=0$에서 $x=10$까지 주어진 f의 그래프 아래의 넓이에 대한 아래쪽 추정값과 위쪽 추정값을 구하라. 각각의 경우에 사용한 직사각형들을 그려라.

(b) 각각의 경우에 10개의 직사각형을 이용하여 새로운 추정값을 구하라.

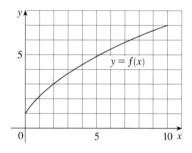

02 (a) 근사 직사각형 세 개와 오른쪽 끝점을 이용하여 $x=-1$에서 $x=2$까지 $f(x)=1+x^2$의 그래프 아래의 넓이를 추정하라. 직사각형 여섯 개를 이용해서 추정값을 향상시켜라. 곡선과 근사 직사각형들을 그려라.

(b) 왼쪽 끝점을 이용하여 (a)를 반복하라.

(c) 중점을 이용하여 (a)를 반복하라.

(d) (a)~(c)에서 얻은 그림으로부터 어느 것이 가장 좋은 추정값으로 나타나는가?

03 $n=2$, 4, 8일 때 $f(x)=2+\sin x$, $0 \le x \le \pi$에 대한 상합과 하합을 추정하라. [그림 13]과 같은 그림으로 설명하라.

04 정의 ②를 이용하여 함수 $f(x)=2x/(x^2+1)$, $1 \le x \le 3$의 그래프 아래의 넓이를 극한으로 나타내라. 극한은 계산하지 않는다.

05 넓이가 다음과 같은 영역을 결정하라. 극한은 계산하지 않는다.

$$\lim_{n\to\infty} \sum_{i=1}^{n} \frac{\pi}{4n}\tan\frac{i\pi}{4n}$$

06 a에서 b까지 증가하는 연속함수 f의 그래프 아래의 넓이를 A라 하자. L_n과 R_n을 각각 n개의 부분 구간의 왼쪽 끝과 오른쪽 끝을 이용하여 계산한 A의 추정값이라 하자.

(a) A, L_n, R_n은 어떤 관계가 있는가?

(b) 다음을 보여라.

$$R_n - L_n = \frac{b-a}{n}\,[f(b)-f(a)]$$

그리고 $R_n - L_n$을 나타내는 n개의 직사각형을 모아 이 방정식의 우변을 넓이로 갖는 단일 사각형이 되게 할 수 있음을 보여줌으로써 이 방정식을 설명하는 그림을 그려라.

(c) 다음을 추론하라.

$$R_n - A < \frac{b-a}{n}\,[f(b)-f(a)]$$

07 CAS (a) 0에서 2까지 곡선 $y=x^5$ 아래의 넓이를 극한으로 표현하라.

(b) 컴퓨터 대수체계를 이용하여 (a)에서 얻은 표현의 합을 구하라.

(c) (a)의 극한을 계산하라.

5.2 정적분

우리는 5.1절에서 넓이를 계산할 때 다음 형태의 극한이 나타난다는 사실을 알았다.

$$\boxed{1} \quad \lim_{n \to \infty} \sum_{i=1}^{n} f(x_i^*)\Delta x = \lim_{n \to \infty} \left[f(x_1^*)\Delta x + f(x_2^*)\Delta x + \cdots + f(x_n^*)\Delta x \right]$$

f가 반드시 양의 함수가 아니더라도 폭넓고 다양한 상황에서 이와 동일한 형태의 극한이 나타난다. 이 절에서는 $\boxed{1}$과 유사하지만 f가 반드시 양이거나 연속이 될 필요도 없으며, 부분 구간도 꼭 등간격일 필요가 없는 극한에 대해 생각한다.

일반적으로 $[a, b]$에서 정의되는 임의의 함수 f로 시작한다. 그리고 다음과 같이 분할점 x_0, x_1, x_2, $\cdots$, x_n을 선정하여 $[a, b]$를 n개의 작은 부분 구간으로 나눈다.

$$a = x_0 < x_1 < x_2 < \cdots < x_{n-1} < x_n = b$$

결과로 생긴 다음과 같은 부분 구간들의 집합을 $[a, b]$의 **분할**^{partition} P라 한다.

$$[x_0, x_1], \ [x_1, x_2], \ [x_2, x_3], \ \cdots, \ [x_{n-1}, x_n]$$

따라서 다음을 얻는다.

$$\Delta x_i = x_i - x_{i-1}$$

그러면 i번째 부분 구간 $[x_{i-1}, x_i]$ 안에 있는 x_i^*를 택하여 부분 구간들 안의 **표본점** x_1^*, x_2^*, $\cdots$, x_n^*를 선정한다. 이와 같은 표본점들은 왼쪽 끝점 또는 오른쪽 끝점, 혹은 양 끝점 사이에 있는 임의의 수가 될 수 있다. [그림 15]는 분할과 표본점의 예를 보여준다.

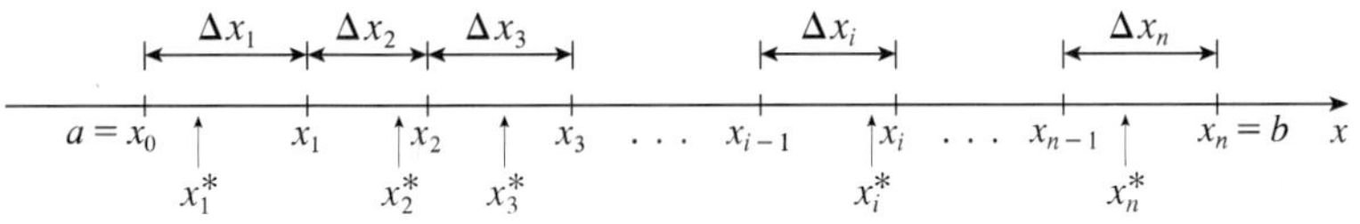

[**그림 15**] 표본점이 x_i^*인 $[a, b]$의 분할

분할 R과 함수 f에 대한 **리만 합**$^{Riemann\ sum}$은 다음과 같이 표본점에서 f를 계산하고 대응하는 부분 구간의 길이를 곱한 후에 모두 더하여 얻는다.

리만 합은 독일 수학자 버나드 리만(Bernhard Riemann, 1826~1866)의 이름을 딴 것이다.

$$\sum_{i=1}^{n} f(x_i^*)\Delta x_i = f(x_1^*)\Delta x_1 + f(x_2^*)\Delta x_2 + \cdots + f(x_n^*)\Delta x_n$$

리만 합에 대한 기하학적인 해석은 [그림 16]에 보여준다. $f(x_i^*)$가 음이면 $f(x_i^*)\Delta x_i$도 음이므로 대응하는 직사각형의 넓이를 빼야 한다.

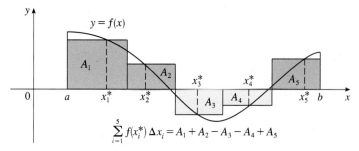

$$\sum_{i=1}^{5} f(x_i^*)\,\Delta x_i = A_1 + A_2 - A_3 - A_4 + A_5$$

[**그림 16**] 리만 합은 x축 위의 직사각형들의 넓이와 x축 아래의 직사각형들의 넓이에 음의 부호를 붙여 더한 것이다.

$[a, b]$의 모든 가능한 분할과 분할점의 선택을 생각한다면 넓이의 정의에 의해 n이 커짐에 따라 모든 가능한 리만 합의 극한을 생각할 수 있다. 그러나 지금은 길이가 다른 부분 구간을 허용하므로 이런 길이 Δx_i가 모두 0에 가까워지는 것을 보장하기 위해 가장 긴 길이를 나타낸 $\max \Delta x_i$가 0에 가까워진다고 정한다. 이 결과를 a에서 b까지의 정적분이라 부른다.

> ② **정적분의 정의** f가 $[a, b]$에서 정의되는 함수이면 다음 극한이 존재할 때 a에서 b까지 f의 **정적분**$^{\text{definite integral}}$은 다음과 같다.
>
> $$\int_a^b f(x)\,dx = \lim_{\max \Delta x_i \to 0} \sum_{i=1}^{n} f(x_i^*)\,\Delta x_i$$
>
> 이 극한이 존재할 때 f는 $[a, b]$에서 **적분 가능**^{integrable}하다고 한다.

정의 ②에서 정적분을 정의하는 극한의 정확한 의미는 다음과 같다.

$\int_a^b f(x)\,dx = I$는 임의의 $\varepsilon > 0$이 주어질 때, $\max \Delta x_i < \delta$인 $[a, b]$의 모든 분할 P와 $[x_{i-1}, x_i]$ 안의 x_i^*의 선정에 대하여 다음을 만족하는 수 $\delta > 0$이 존재함을 의미한다. 이것은 정적분이 리만 합에 의해 원하는 정확도만큼 근사될 수 있음을 의미한다.

NOTE 1_ 기호 $\int$ 는 라이프니츠가 도입한 적분 기호$^{\text{integral sign}}$이다. 이 기호는 S를 길게 늘려 만든 것으로 적분이 합^{sum}의 극한이기 때문에 선정되었다. 기호 $\int_a^b f(x)\,dx$에서 $f(x)$는 피적분 함수^{integrand}, a와 b는 적분 한계$^{\text{limits of integration}}$, a는 하한$^{\text{lower limit}}$, b는 상한$^{\text{upper limit}}$이라 한다. $\int_a^b f(x)\,dx$ 전체가 하나의 기호이다. dx는 그 자체로는 아무 의미가 없으며 단순히 독립변수가 x인 것을 나타낸다. 적분을 계산하는 과정을 적분법^{integration}이라 한다.

NOTE 2_ 정적분 $\int_a^b f(x)\,dx$는 수이고 x에 의존하지 않는다. 실제로 다음과 같이 x를 다른 문자로 대치하여 사용해도 적분값은 변하지 않는다.

리만 Bernhard Riemann, 1826~1866

전설적인 수학자 가우스의 지도하에 괴팅겐 대학교에서 박사학위를 받았으며, 그곳에서 후학을 양성했다. 다른 수학자들을 칭찬하는 경우가 거의 없었던 가우스도 리만에 대해서 만큼은 "창의력이 있고 활동적이며 진정한 수학적인 정신과 독창성이 풍부했다."고 칭찬했다. 현재 사용하는 적분의 정의 ②는 리만이 만든 것이다. 그는 또한 복소수 함수론, 수리물리학, 정수론과 기하학의 기틀을 만드는 데 지대한 공헌을 했다. 리만의 광범위한 공간개념과 기하학은 50년 후에 아인슈타인의 일반 상대성이론의 중요한 기초가 됐다. 리만은 평생 허약하게 살다 39세에 결핵으로 세상을 떠났다.

$$\int_a^b f(x)\,dx = \int_a^b f(t)\,dt = \int_a^b f(r)\,dr$$

적분 가능한 함수에 대한 정적분을 정의하였으나 모든 함수가 적분 가능한 것은 아니다. 다음 정리는 가장 보편적으로 나타나는 함수들이 실제로 적분 가능하다는 사실을 보여준다.

> ③ **정리** f가 $[a, b]$에서 연속이거나 f가 유한개의 도약 불연속점을 가지면 f는 $[a, b]$에서 적분 가능하다. 즉 정적분 $\displaystyle\int_a^b f(x)\,dx$가 존재한다.

f가 $[a, b]$에서 적분 가능하면 정의 ②에 있는 리만 합은 분할과 표본점이 어떻게 선정되든 상관없이 $\max \Delta x_i \to 0$임에 따라 $\displaystyle\int_a^b f(x)\,dx$에 접근해야만 한다. 그래서 적분값을 계산할 때 계산을 간단히 하기 위해 분할 P와 표본점 x_i^*를 자유롭게 선정할 수 있다. 분할 P를 규칙적인 분할, 즉 모든 부분 구간이 다음과 같이 등간격 Δx가 되도록 취하는 것이 편리하다.

$$\Delta x = \Delta x_1 = \Delta x_2 = \cdots = \Delta x_n = \frac{b-a}{n}$$

그러면 다음과 같다.

$$x_0 = a, \quad x_1 = a + \Delta x, \quad x_2 = a + 2\Delta x, \quad \cdots, \quad x_i = a + i\Delta x$$

표본점 x_i^*를 i번째 부분 구간의 끝점으로 택하면 다음과 같다.

$$x_i^* = x_i = a + i\Delta x = a + i\frac{b-a}{n}$$

이런 경우 $n \to \infty$임에 따라 $\max \Delta x_i = \Delta x = (b-a)/n \to 0$이므로 정의 ②로부터 다음을 얻는다.

$$\int_a^b f(x)\,dx = \lim_{\Delta x \to 0} \sum_{i=1}^n f(x_i)\Delta x = \lim_{n \to \infty} \sum_{i=1}^n f(x_i)\Delta x$$

> ④ **정리** f가 $[a, b]$에서 적분 가능하면 다음이 성립한다.
>
> $$\int_a^b f(x)\,dx = \lim_{n \to \infty} \sum_{i=1}^n f(x_i)\Delta x$$
>
> 이때 $\Delta x = \dfrac{b-a}{n}$이고 $x_i = a + i\Delta x$이다.

적분을 계산할 때 정리 ④가 정리 ②보다 사용하기에 간편하다.

◀예제 1 다음을 구간 $[0, \pi]$에서 적분 기호로 표현하라.

$$\lim_{n \to \infty} \sum_{i=1}^{n} (x_i^3 + x_i \sin x_i) \Delta x$$

풀이

주어진 극한을 정리 **4**의 극한과 비교해보면 $f(x) = x^3 + x \sin x$를 선택할 경우에 이늘이 일치하는 것을 알 수 있다. $a = 0$, $b = \pi$이다. 그러므로 정리 **4**에 의해 다음을 얻는다.

$$\lim_{n \to \infty} \sum_{i=1}^{n} (x_i^3 + x_i \sin x_i) \Delta x = \int_0^{\pi} (x^3 + x \sin x) \, dx \qquad \blacktriangleright$$

일반적으로 다음과 같이 쓸 때

$$\lim_{n \to \infty} \sum_{i=1}^{n} f(x_i^*) \Delta x = \int_a^b f(x) \, dx$$

$\lim \Sigma$는 $\int$로, x_i^*는 x로, Δx는 dx로 대치한다.

NOTE 3 _ f가 양수이면 리만 합은 근사 직사각형들의 넓이의 합으로 해석될 수 있다([그림 17] 참조). 5.1절의 넓이에 대한 정의를 정리 **4**와 비교하면 정적분 $\int_a^b f(x) \, dx$는 a에서 b까지 곡선 $y = f(x)$ 아래쪽의 넓이로 해석할 수 있다([그림 18] 참조).

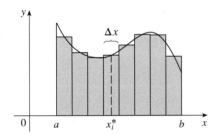

[그림 17] $f(x) \geq 0$일 때 리만 합 $\sum f(x_i^*) \Delta x$는 직사각형들의 넓이의 합이다.

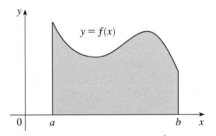

[그림 18] $f(x) \geq 0$일 때 적분 $\int_a^b f(x) \, dx$는 a에서 b까지 곡선 $y = f(x)$ 아래쪽의 넓이이다.

f가 [그림 19]와 같이 양과 음의 값을 모두 갖는다면, 리만 합은 x축 위에 놓인 직사각형들의 넓이와 x축 아래에 놓인 직사각형들의 넓이에 음의 부호를 붙여 더한 것이다. (짙은 파란색 직사각형들의 넓이에서 옅은 파란색 직사각형들의 넓이를 뺀다.) 리만 합의 극한을 택하면 [그림 20]에 보여진 상황을 얻는다. 정적분은 **실제 넓이**[net area], 즉 다음과 같은 넓이의 차로 해석할 수 있다.

$$\int_a^b f(x) \, dx = A_1 - A_2$$

여기서 A_1은 x축 위와 f 그래프 아래에 있는 영역의 넓이이고, A_2는 x축 아래와 f 그래프 위에 있는 영역의 넓이이다.

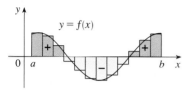

[그림 19] $\sum f(x_i^*)\,\Delta x$는 실제 넓이의 근삿값이다.

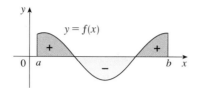

[그림 20] $\int_a^b f(x)\,dx$는 실제 넓이이다.

적분 계산하기

정의 또는 정리 ④를 이용하여 정적분을 계산할 때는 합을 계산하는 방법을 알아야 한다. 다음의 세 방정식은 양의 정수의 거듭제곱의 합에 대한 공식이다.

⑤
$$\sum_{i=1}^{n} i = \frac{n(n+1)}{2}$$

⑥
$$\sum_{i=1}^{n} i^2 = \frac{n(n+1)(2n+1)}{6}$$

⑦
$$\sum_{i=1}^{n} i^3 = \left[\frac{n(n+1)}{2}\right]^2$$

다음의 공식들은 시그마 기호를 사용하는 간단한 규칙들이다.

⑧
$$\sum_{i=1}^{n} c = nc$$

⑨
$$\sum_{i=1}^{n} ca_i = c\sum_{i=1}^{n} a_i$$

⑩
$$\sum_{i=1}^{n} (a_i + b_i) = \sum_{i=1}^{n} a_i + \sum_{i=1}^{n} b_i$$

⑪
$$\sum_{i=1}^{n} (a_i - b_i) = \sum_{i=1}^{n} a_i - \sum_{i=1}^{n} b_i$$

공식 ⑧~⑪의 양변을 전개하면 증명할 수 있다. 공식 ⑨의 좌변은 다음과 같다.
$$ca_1 + ca_2 + \cdots + ca_n$$
우변은 다음과 같다.
$$c(a_1 + a_2 + \cdots + a_n)$$
이는 분배법칙에 의해 동일하다.

◀예제 2▶ (a) $a=0$, $b=3$, $n=6$에 대해 표본점을 오른쪽 끝점으로 택하여 $f(x)=x^3-6x$의 리만 합을 계산하라.

(b) $\int_0^3 (x^3-6x)\,dx$를 계산하라.

풀이

(a) $n = 6$일 때 부분 구간의 너비는 다음과 같다.

$$\Delta x = \frac{b-a}{n} = \frac{3-0}{6} = \frac{1}{2}$$

오른쪽 끝점은 $x_1 = 0.5$, $x_2 = 1.0$, $x_3 = 1.5$, $x_4 = 2.0$, $x_5 = 2.5$, $x_6 = 3.0$ 이다. 따라서 리만 합은 다음과 같다.

$$R_6 = \sum_{i=1}^{6} f(x_i) \Delta x$$

$$= f(0.5) \Delta x + f(1.0) \Delta x + f(1.5) \Delta x + f(2.0) \Delta x + f(2.5) \Delta x$$
$$+ f(3.0) \Delta x$$

$$= \frac{1}{2}(-2.875 - 5 - 5.625 - 4 + 0.625 + 9)$$

$$= -3.9375$$

f 가 양의 함수가 아니므로 리만 합이 직사각형들의 넓이의 합을 나타내지 않는다는 점에 주목하자. 이는 [그림 21]과 같이 짙은 파란색 직사각형들의 넓이의 합에서(x축 위) 옅은 파란색 직사각형들의 넓이의 합(x축 아래)을 뺀 값을 나타낸다.

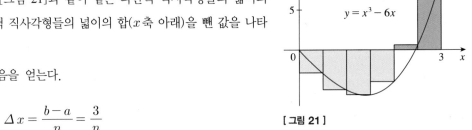

[그림 21]

(b) n개 부분 구간에 대해 다음을 얻는다.

$$\Delta x = \frac{b-a}{n} = \frac{3}{n}$$

그러므로 $x_0 = 0$, $x_1 = 3/n$, $x_2 = 6/n$, $x_3 = 9/n$, 이를 일반화하면 $x_i = 3i/n$이다. 오른쪽 끝점을 이용하므로 다음과 같이 정리 ④를 이용할 수 있다.

합에서 (i와 달리) n은 상수이다. 그러므로 $3/n$을 Σ 기호 앞으로 옮길 수 있다.

$$\int_0^3 (x^3 - 6x)\,dx = \lim_{n \to \infty} \sum_{i=1}^{n} f(x_i)\Delta x = \lim_{n \to \infty} \sum_{i=1}^{n} f\left(\frac{3i}{n}\right)\frac{3}{n}$$

$$= \lim_{n \to \infty} \frac{3}{n} \sum_{i=1}^{n}\left[\left(\frac{3i}{n}\right)^3 - 6\left(\frac{3i}{n}\right)\right] \qquad (\text{식 } ⑨\text{에서 } c = 3/n)$$

$$= \lim_{n \to \infty} \frac{3}{n} \sum_{i=1}^{n}\left[\frac{27}{n^3}i^3 - \frac{18}{n}i\right]$$

$$= \lim_{n \to \infty}\left[\frac{81}{n^4}\sum_{i=1}^{n}i^3 - \frac{54}{n^2}\sum_{i=1}^{n}i\right] \qquad (\text{식 } ⑪\text{과 } ⑨)$$

$$= \lim_{n \to \infty}\left\{\frac{81}{n^4}\left[\frac{n(n+1)}{2}\right]^2 - \frac{54}{n^2}\frac{n(n+1)}{2}\right\} \qquad (\text{식 } ⑦\text{과 } ⑤)$$

$$= \lim_{n \to \infty} \left\{ \frac{81}{4} \left(1 + \frac{1}{n} \right)^2 - 27 \left(1 + \frac{1}{n} \right) \right\}$$

$$= \frac{81}{4} - 27 = -\frac{27}{4} = -6.75$$

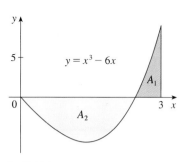

[그림 22]

$$\int_0^3 (x^3 - 6x)\, dx = A_1 - A_2 = -6.75$$

f가 양수값과 음수값을 모두 취하기 때문에 이 적분은 넓이로 해석할 수 없다. 이는 [그림 22]에 나타낸 넓이 A_1과 A_2의 차 $A_1 - A_2$로 해석될 수 있다.

[예제 2]에 있는 적분을 계산하는 좀더 간단한 방법은 기본 정리를 증명한 후에 5.3절에서 제시할 것이다.

◀예제 3 적분 $\displaystyle\int_0^1 \sqrt{1 - x^2}\, dx$를 넓이로 해석하여 계산하라.

풀이

$f(x) = \sqrt{1 - x^2} \geq 0$이므로 이 적분을 0에서 1까지 곡선 $y = \sqrt{1 - x^2}$ 아래의 넓이로 해석할 수 있다. 그러나 $y^2 = 1 - x^2$이므로 $x^2 + y^2 = 1$이고, f의 그래프는 [그림 23]과 같이 반지름이 1인 사분원임을 보여준다. 그러므로 다음과 같다.

$$\int_0^1 \sqrt{1 - x^2}\, dx = \frac{1}{4}\pi (1)^2 = \frac{\pi}{4}$$

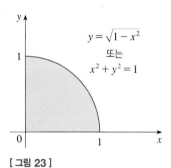

[그림 23]

중점 법칙

극한을 계산하기 편리하다는 이유로 종종 i번째 부분 구간의 오른쪽 끝점을 표본점 x_i^*로 선택한다. 그러나 적분의 근삿값을 구하는 것이 목적이라면 x_i^*를 부분 구간의 중점으로 선택하는 편이 낫다. 부분 구간의 중점은 $\overline{x}_i$로 나타낸다. 임의의 리만 합은 적분의 근삿값이지만 등간격의 분할과 중점을 이용하여 다음의 근사식을 얻는다.

TEC Module 4.2/6.5는 n이 커짐에 따라 중점 법칙이 어떻게 개선되는지 보여준다.

중점 법칙

$$\int_a^b f(x)\, dx \approx \sum_{i=1}^n f(\overline{x}_i)\, \Delta x = \Delta x \left[f(\overline{x}_1) + \cdots + f(\overline{x}_n) \right]$$

이때 $\Delta x = \dfrac{b - a}{n}$, $\overline{x}_i = \dfrac{1}{2}(x_{i-1} + x_i) = [x_{i-1}, x_i]$의 중점이다.

◀예제 4 $n = 5$인 중점 법칙을 이용하여 $\displaystyle\int_1^2 \frac{1}{x}\, dx$의 근삿값을 구하라.

풀이

5개 부분 구간의 끝점은 1, 1.2, 1.4, 1.6, 1.8, 2.0이므로 중점은 1.1, 1.3, 1.5,

1.7, 1.9이다. 부분 구간의 너비는 $\Delta x = (2-1)/5 = 1/5$이므로 중점 법칙에 의해 다음을 얻는다.

$$\int_1^2 \frac{1}{x}\,dx \approx \Delta x\,[f(1.1)+f(1.3)+f(1.5)+f(1.7)+f(1.9)]$$

$$= \frac{1}{5}\left(\frac{1}{1.1}+\frac{1}{1.3}+\frac{1}{1.5}+\frac{1}{1.7}+\frac{1}{1.9}\right) \approx 0.691908$$

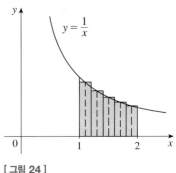

[그림 24]

$1 \le x \le 2$에서 $f(x) = 1/x > 0$이므로 적분은 넓이를 나타내며, 중점 법칙에 의해 주어진 근삿값은 [그림 24]에 나타낸 직사각형들의 넓이의 합이다.

아직은 [예제 4]의 근삿값이 얼마나 정확한지 모르지만 6.4절에서 중점 법칙을 사용하여 발생한 오차를 추정하는 방법을 배울 것이다. 그때 정적분의 근삿값을 계산하는 또 다른 방법을 논의할 것이다.

정적분의 성질

이제 간단한 방법으로 적분을 계산할 수 있게 도와주는 적분의 기본적인 성질 몇 가지를 소개한다. f와 g를 적분 가능한 함수라고 가정한다.

정적분 $\int_a^b f(x)\,dx$를 정의할 때 암묵적으로 $a < b$로 가정했다. 그러나 리만 합으로서의 정의는 $a > b$일 때도 의미가 있다. 정리 4에서 a와 b를 서로 바꾸면 Δx는 $(b-a)/n$에서 $(a-b)/n$로 바뀐다. 그러므로 다음이 성립한다.

$$\int_b^a f(x)\,dx = -\int_a^b f(x)\,dx$$

$a = b$이면 $\Delta x = 0$이므로 다음이 성립한다.

$$\int_a^a f(x)\,dx = 0$$

정적분의 성질 다음 모든 적분이 존재한다고 가정한다.

(1) $\displaystyle\int_a^b c\,dx = c(b-a)$, 여기서 c는 임의의 상수이다.

(2) $\displaystyle\int_a^b [f(x)+g(x)]\,dx = \int_a^b f(x)\,dx + \int_a^b g(x)\,dx$

(3) $\displaystyle\int_a^b c\,f(x)\,dx = c\int_a^b f(x)\,dx$, 여기서 c는 임의의 상수이다.

(4) $\displaystyle\int_a^b [f(x) - g(x)]\,dx = \int_a^b f(x)\,dx - \int_a^b g(x)\,dx$

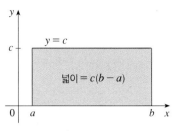

[그림 25] $\displaystyle\int_a^b c\,dx = c(b-a)$

성질 (1)은 상수함수 $f(x) = c$의 적분이 상수와 구간의 길이의 곱임을 의미한다. $c > 0$이고 $a < b$이면 $c(b-a)$는 [그림 25]에 있는 색칠된 직사각형의 넓이로서, 이미 예상했던 결과이다.

성질 (2)는 합의 적분이 곧 적분의 합임을 뜻한다. 양의 함수들에 대해 $f + g$ 아래의 넓이는 f 아래의 넓이와 g 아래의 넓이를 합한 결과이다([그림 26] 참조).

성질 (3)은 함수의 상수 곱에 대한 적분은 그 함수의 적분에 상수를 곱한 것과 같음을 뜻한다. 다시 말하면 적분 기호 앞으로 상수(오로지 상수만)를 옮길 수 있다. 성질 (4)는 $f - g = f + (-g)$로 표현하며 $c = -1$일 때의 성질 (2)와 (3)을 이용하여 증명한다.

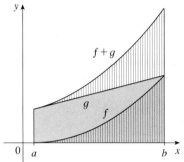

[그림 26] $\displaystyle\int_a^b [f(x) + g(x)]\,dx$
$= \displaystyle\int_a^b f(x)\,dx + \int_a^b g(x)\,dx$

우리는 함수에 양수 c를 곱하면 인수 c에 의해 그래프가 수직방향으로 늘어나거나 줄어든다는 사실을 알고 있으므로 성질 (3)은 직관적으로 타당해 보인다. 따라서 c에 의해 근사 직사각형이 늘어나거나 줄어들기 때문에 넓이에 c를 곱한 효과를 얻는다.

◄예제 5 적분의 성질을 이용하여 $\displaystyle\int_0^1 (4 + 3x^2)\,dx$를 계산하라.

풀이

적분의 성질 (2)와 (3)을 이용하여 다음을 얻는다.

$$\int_0^1 (4 + 3x^2)\,dx = \int_0^1 4\,dx + \int_0^1 3x^2\,dx = \int_0^1 4\,dx + 3\int_0^1 x^2\,dx$$

적분의 성질 (1)로부터 다음을 얻는다.

$$\int_0^1 4\,dx = 4(1 - 0) = 4$$

5.1절에 있는 [예제 2]에서 $\displaystyle\int_0^1 x^2\,dx = \frac{1}{3}$을 구했다. 따라서 다음을 얻는다.

$$\int_0^1 (4 + 3x^2)\,dx = \int_0^1 4\,dx + 3\int_0^1 x^2\,dx$$
$$= 4 + 3 \cdot \frac{1}{3} = 5$$

다음 성질은 이웃한 구간에서 동일한 함수의 적분을 결합하는 방법을 알려준다.

(5) $\displaystyle\int_a^c f(x)\,dx + \int_c^b f(x)\,dx = \int_a^b f(x)\,dx$

성질 (5)는 복잡하지만 $f(x) \geq 0$이고 $a < c < b$인 경우에는 [그림 27]과 같은 기하학적인 해석으로 이를 밝힐 수 있다. 즉 a에서 c까지 $y = f(x)$ 아래의 넓이와 c에서 b까지 $y = f(x)$ 아래의 넓이의 합은 a에서 b까지의 전체 넓이와 같다.

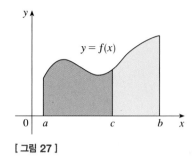

[그림 27]

◀예제6▶ $\displaystyle\int_0^{10} f(x)\,dx = 17$이고 $\displaystyle\int_0^8 f(x)\,dx = 12$일 때 $\displaystyle\int_8^{10} f(x)\,dx$를 구하라.

풀이

성질 (5)에 의해 다음을 얻는다.

$$\int_0^8 f(x)\,dx + \int_8^{10} f(x)\,dx = \int_0^{10} f(x)\,dx$$

따라서 다음을 얻는다.

$$\int_8^{10} f(x)\,dx = \int_0^{10} f(x)\,dx - \int_0^8 f(x)\,dx = 17 - 12 = 5$$

❭

성질 (1)~(5)는 $a < b$, $a = b$ 또는 $a > b$일 때 모두 참이다. 함수의 크기와 적분의 크기를 비교하는 다음 성질은 $a \leq b$인 경우에만 성립한다.

적분의 비교 성질

(6) $a \leq x \leq b$이고 $f(x) \geq 0$이면 $\displaystyle\int_a^b f(x)\,dx \geq 0$이다.

(7) $a \leq x \leq b$이고 $f(x) \geq g(x)$이면 $\displaystyle\int_a^b f(x)\,dx \geq \int_a^b g(x)\,dx$이다.

(8) $a \leq x \leq b$에서 $m \leq f(x) \leq M$이면 $m(b-a) \leq \displaystyle\int_a^b f(x)\,dx \leq M(b-a)$이다.

$f(x) \geq 0$이면 $\displaystyle\int_a^b f(x)\,dx$는 f의 그래프 아래의 넓이를 나타내므로 성질 (6)의 기하학적 해석은 단순히 넓이가 양수라는 것이다. 성질 (7)은 큰 함수의 적분이 더 크다는 뜻이다. 이는 $f - g \geq 0$이기 때문에 성질 (6)과 (4)로부터 얻는다.

$f(x) \geq 0$인 경우 성질 (8)은 [그림 28]로 설명된다. f가 연속함수이면 구간 $[a, b]$에서 f의 최솟값 m과 최댓값 M을 택할 수 있다. 이 경우에 성질 (8)은 f의 그래프 아래의 넓이는 높이 m인 직사각형의 넓이보다 크고, 높이 M인 직사각형의 넓이보다 작다는 것을 의미한다.

일반적으로 $m \leq f(x) \leq M$이므로 성질 (7)에 의해 다음을 얻는다.

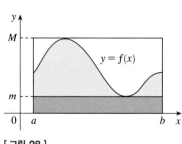

[그림 28]

$$\int_a^b m\,dx \le \int_a^b f(x)\,dx \le \int_a^b M\,dx$$

성질 (1)을 이용하여 왼쪽과 오른쪽 변에 있는 적분을 계산하면 다음을 얻는다.

$$m(b-a) \le \int_a^b f(x)\,dx \le M(b-a)$$

성질 (8)은 적분의 크기를 대략적으로 추정하고자 할 때 유용하다.

◀예제 7 성질 (8)을 이용해서 $\int_1^4 \sqrt{x}\,dx$를 추정하라.

풀이

$f(x) = \sqrt{x}$ 는 증가함수이므로 $[1,\,4]$에서 최솟값은 $m = f(1) = 1$이고 최댓값은 $M = f(4) = \sqrt{4} = 2$이다. 따라서 성질 (8)에 따라 다음을 얻는다.

$$1(4-1) \le \int_1^4 \sqrt{x}\,dx \le 2(4-1)$$

$$3 \le \int_1^4 \sqrt{x}\,dx \le 6$$

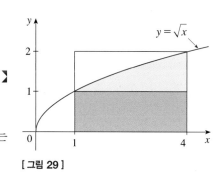

[예제 7]의 결과를 [그림 29]에서 보여준다. 1에서 4까지 $y = \sqrt{x}$ 아래의 넓이는 작은 직사각형의 넓이보다 크고 큰 직사각형의 넓이보다 작다.

[그림 29]

5.2 연습문제

01 왼쪽 끝점을 표본점으로 택한 6개 부분 구간을 갖는 $f(x) = 3 - \dfrac{1}{2}x$, $2 \le x \le 14$에 대한 리만 합을 계산하라. 리만 합이 무엇을 나타내는지 그림을 그려서 설명하라.

02 $f(x) = \sqrt{x} - 2$, $1 \le x \le 6$일 때 표본점을 중점으로 택한 $n = 5$인 리만 합을 소수점 아래 여섯째 자리까지 정확하게 구하라. 리만 합은 무엇을 나타내는가? 그림을 그려라.

03 함수 f의 그래프가 다음과 같다. 표본점을 (a) 오른쪽 끝점 (b) 왼쪽 끝점 (c) 중점으로 택한 5개의 부분 구간을 이용하여 $\int_0^{10} f(x)\,dx$를 추정하라.

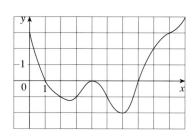

04 $n = 5$인 중점 법칙을 이용하여 적분 $\int_0^2 \dfrac{x}{x+1}\,dx$의 근삿값을 반올림하여 소수점 아래 넷째 자리까지 구하라.

05 구간 $[2, 7]$에서 극한 $\displaystyle\lim_{n \to \infty} \sum_{i=1}^{n} [5(x_i^*)^3 - 4x_i^*] \, \Delta x$를 정적분으로 표현하라.

06~07 정리 $\boxed{4}$에 주어진 적분의 정의에 대한 형태를 이용하여 다음 적분을 구하라.

06 $\displaystyle\int_2^5 (4 - 2x) \, dx$

07 $\displaystyle\int_{-2}^0 (x^2 + x) \, dx$

---

08 $\boxed{\text{CAS}}$ 적분 $\displaystyle\int_0^{\pi} \sin 5x \, dx$를 합의 극한으로 표현하라. 그리고 컴퓨터 대수체계를 이용하여 합과 극한을 모두 구하라.

09~10 다음 적분을 넓이로 해석해서 그 값을 구하라.

09 $\displaystyle\int_{-1}^2 (1 - x) \, dx$

10 $\displaystyle\int_{-1}^2 |x| \, dx$

---

11 다음을 $\displaystyle\int_a^b f(x) \, dx$와 같이 하나의 적분으로 표현하라.

$$\int_{-2}^2 f(x) \, dx + \int_2^5 f(x) \, dx - \int_{-2}^{-1} f(x) \, dx$$

12 $\displaystyle\int_0^9 f(x) \, dx = 37$, $\displaystyle\int_0^9 g(x) \, dx = 16$일 때

$$\int_0^9 [2f(x) + 3g(x)] \, dx$$를 구하라.

13 f의 그래프와 x축으로 유계된 세 영역 A, B, C의 넓이가 각각 3이다. $\displaystyle\int_{-4}^2 [f(x) + 2x + 5] \, dx$의 값을 구하라.

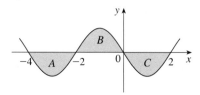

14 적분을 계산하지 않고 적분의 성질을 이용하여 다음 부등식을 증명하라.

$$2 \le \int_{-1}^1 \sqrt{1 + x^2} \, dx \le 2\sqrt{2}$$

15 적분의 성질 (8)을 이용하여 적분 $\displaystyle\int_{\pi/4}^{\pi/3} \tan x \, dx$의 값을 추정하라.

16 다음 극한을 정적분으로 표현하라.

$$\lim_{n \to \infty} \sum_{i=1}^{n} \frac{i^4}{n^5}$$

5.3 정적분 계산하기

5.2절에서 리만 합의 극한을 이용한 정의로부터 적분을 계산했지만, 이와 같은 과정은 때때로 시간이 걸릴 뿐만 아니라 어렵다는 것을 알았다. 그러나 f의 역도함수 F를 알고 있으면 $\displaystyle\int_a^b f(x) \, dx$를 계산할 수 있다.

이것을 정적분의 기본 정리라 부르며, 다음 절에서 다룰 미적분학의 기본 정리의 일부분이다.

정적분의 기본 정리

f가 $[a, b]$에서 연속이면 다음이 성립한다.

$$\int_a^b f(x)\,dx = F(b) - F(a)$$

여기서 F는 f의 임의의 역도함수, 즉 $F' = f$이다.

이 정리는 f의 역도함수 F를 알고 있다면 $\int_a^b f(x)\,dx$의 값은 간단히 $[a, b]$의 양 끝점에서 F값을 빼서 구할 수 있다.

정적분의 기본 정리를 적용할 때 다음 기호를 사용한다.

$$F(x)\Big]_a^b = F(b) - F(a)$$

따라서 $F' = f$일 때 다음과 같이 쓸 수 있다.

$$\int_a^b f(x)\,dx = F(x)\Big]_a^b$$

다른 표현 방법으로 $F(x)|_a^b$와 $\big[F(x)\big]_a^b$를 사용한다.

◀ **예제 1** 정적분 $\displaystyle\int_{-2}^1 x^3\,dx$를 계산하라.

풀이

$f(x) = x^3$의 역도함수는 $F(x) = \dfrac{x^4}{4}$이므로 정적분의 기본 정리를 이용하여 다음을 얻는다.

$$\int_{-2}^1 x^3\,dx = F(1) - F(-2) = \frac{1}{4}(1)^4 - \frac{1}{4}(-2)^4 = -\frac{15}{4}$$ ❯

> 정적분의 기본 정리를 적용할 때 f의 특수한 역도함수 F를 사용한다. 가장 일반적인 역도함수 $\dfrac{x^4}{4} + C$를 사용할 필요가 없다.

◀ **예제 2** $0 \le b \le \pi/2$에 대해 0에서 b까지 코사인 곡선 아래의 넓이를 구하라.

풀이

$f(x) = \cos x$의 역도함수는 $F(x) = \sin x$이므로 다음을 얻는다.

$$A = \int_0^b \cos x\,dx = \sin x\,\Big]_0^b = \sin b - \sin 0 = \sin b$$

특히 $b = \pi/2$로 택하면 0에서 $\pi/2$까지 코사인 곡선 아래의 넓이 A는 $\sin(\pi/2)$ $= 1$임이 증명된다([그림 30] 참조). ❯

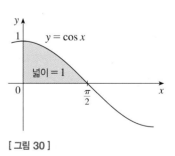

[그림 30]

부정적분

역도함수를 쉽게 다루기 위해 간단한 표기법이 필요하다. 정적분의 기본 정리에서 보여준 역도함수와 적분 사이의 관계를 보면 전통적으로 $\int f(x)\,dx$를 f의 역도함수에 대한 기호로 사용하고 있다. 이를 **부정적분**$^{\text{indefinite integral}}$이라 하며 다음과 같다.

$$\int f(x)\,dx = F(x)\text{는 } F'(x) = f(x)\text{를 의미한다.}$$

⊘ 정적분과 부정적분의 차이를 신중하게 구별해야 한다. 정적분 $\int_a^b f(x)\,dx$는 수이지만 부정적분 $\int f(x)\,dx$는 함수(또는 함수족)이다. 이들 사이의 관계는 정적분의 기본 정리로 주어진다. f가 구간 $[a, b]$에서 연속이면 다음이 성립한다.

$$\int_a^b f(x)\,dx = \int f(x)\,dx \, \Big]_a^b$$

정적분의 기본 정리의 효과는 함수의 역도함수를 얼마나 많이 알고 있느냐에 달려있다. 이를 위해 4.7절에 있는 역도함수 공식표에 몇 개의 다른 공식을 추가하여 부정적분 표기법으로 다시 나타냈다. 모든 공식은 우변의 함수를 미분하여 피적분 함수를 얻음으로써 확인할 수 있다.

---

① **부정적분표**

$$\int c f(x)\,dx = c \int f(x)\,dx \qquad \int [f(x) + g(x)]\,dx = \int f(x)\,dx + \int g(x)\,dx$$

$$\int k\,dx = kx + C \qquad \int x^n\,dx = \frac{x^{n+1}}{n+1} + C \ \ (n \neq -1)$$

$$\int \sin x\,dx = -\cos x + C \qquad \int \cos x\,dx = \sin x + C$$

$$\int \sec^2 x\,dx = \tan x + C \qquad \int \csc^2 x\,dx = -\cot x + C$$

$$\int \sec x \tan x\,dx = \sec x + C \quad \int \csc x \cot x\,dx = -\csc x + C$$

일반적인 부정적분에 대한 식이 주어질 때 단지 어떤 구간에서만 유효하다는 관례에 따른다.

◀예제 3 일반적인 다음 부정적분을 구하라.

$$\int (10x^4 - 2\sec^2 x)\,dx$$

풀이

관례와 부정적분표 ①을 이용하여 다음을 얻는다.

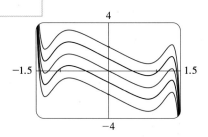

[그림 31]

[그림 31]은 [예제 3]의 부정적분을 각각의 C 값에 대해 나타냈다. 여기서 C 값은 y절편이다.

$$\int (10x^4 - 2\sec^2 x)\,dx = 10\int x^4\,dx - 2\int \sec^2 x\,dx$$

$$= 10\,\frac{x^5}{5} - 2\tan x + C$$

$$= 2x^5 - 2\tan x + C$$

이것을 미분해서 답을 확인해보자.

◀예제 4 $\displaystyle\int_0^{12}(x-12\sin x)\,dx$를 구하라.

풀이

정적분의 기본 정리에 따라 다음을 얻는다.

$$\int_0^{12}(x-12\sin x)\,dx = \frac{x^2}{2} - 12(-\cos x)\Big]_0^{12}$$

$$= \frac{1}{2}(12)^2 + 12(\cos 12 - \cos 0)$$

$$= 72 + 12\cos 12 - 12$$

$$= 60 + 12\cos 12$$

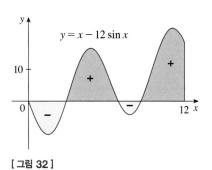

[그림 32]

[그림 32]는 [예제 4]의 피적분 함수의 그래프를 보여준다. 5.2절로부터 적분값은 양의 부호를 갖는 넓이의 합에서 음의 부호를 갖는 넓이를 뺀 것으로 해석할 수 있다.

◀예제 5 $\displaystyle\int_1^9 \frac{2t^2 + t^2\sqrt{t} - 1}{t^2}\,dt$를 계산하라.

풀이

우선 나눗셈을 해서 피적분 함수를 간단한 형태로 써야 한다.

$$\int_1^9 \frac{2t^2 + t^2\sqrt{t} - 1}{t^2}\,dt = \int_1^9 (2 + t^{1/2} - t^{-2})\,dt$$

$$= 2t + \frac{t^{3/2}}{3/2} - \frac{t^{-1}}{-1}\Big]_1^9 = 2t + \frac{2}{3}t^{3/2} + \frac{1}{t}\Big]_1^9$$

$$= \left[2\cdot 9 + \frac{2}{3}(9)^{3/2} + \frac{1}{9}\right] - \left[2\cdot 1 + \frac{2}{3}\cdot 1^{3/2} + \frac{1}{1}\right]$$

$$= 18 + 18 + \frac{1}{9} - 2 - \frac{2}{3} - 1 = 32\,\frac{4}{9}$$

응용

정적분의 기본 정리는 f가 구간 $[a, b]$에서 연속이면 다음이 성립한다.

$$\int_a^b f(x)\,dx = F(b) - F(a)$$

여기서 F는 f의 임의의 역도함수이다. 이것은 $F' = f$를 의미하므로 위 방정식은 다음과 같이 다시 쓸 수 있다.

$$\int_a^b F'(x)\,dx = F(b) - F(a)$$

$F'(x)$는 x에 대한 $y = F(x)$의 변화율을 나타내며 $F(b) - F(a)$는 x가 a에서 b까지 변할 때 y의 변화량이다. [예를 들어 y가 증가한 다음에 감소하고 다시 증가할 수 있음에 주의하자. y가 양방향으로 변할지라도 $F(b) - F(a)$는 y에서 순 변화를 나타낸다.] 따라서 정적분의 기본 정리를 다음과 같이 다시 공식화할 수 있다.

순 변화 정리 변화율의 적분은 순 변화이다.

$$\int_a^b F'(x)\,dx = F(b) - F(a)$$

이 원리는 자연과학과 사회과학 분야의 모든 변화율에 적용할 수 있다. 특히 물체의 운동에 적용하면 다음과 같다.

- 한 물체가 위치함수 $s(t)$로 직선을 따라 움직이면 그 물체의 속도는 $v(t) = s'(t)$이므로 시각 t_1과 t_2 사이에 물체의 위치에 대한 순 변화 또는 변위는 다음과 같다.

$$\boxed{2} \qquad \int_{t_1}^{t_2} v(t)\,dt = s(t_2) - s(t_1)$$

- 시간 구간 동안 이동한 거리를 계산하려면 $v(t) \geq 0$(물체가 오른쪽으로 움직일 때)인 구간과 $v(t) \leq 0$(물체가 왼쪽으로 움직일 때)인 구간을 생각해야 한다. 두 경우 모두 거리는 속력 $|v(t)|$를 적분하여 계산한다. 즉 다음과 같다.

$$\boxed{3} \qquad \int_{t_1}^{t_2} |v(t)|\,dt = \text{움직인 총 거리}$$

[그림 33]은 변위와 이동한 거리를 속도 곡선 아래의 넓이로 해석하는 방법을 보여준다.

- 물체의 가속도는 $a(t) = v'(t)$이다. 따라서 시각 t_1에서 t_2까지 속도의 변화는 다음과 같다.

$$\int_{t_1}^{t_2} a(t)\,dt = v(t_2) - v(t_1)$$

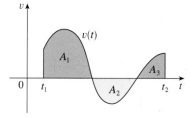

[그림 33]

변위 $= \displaystyle\int_{t_1}^{t_2} v(t)\,dt = A_1 - A_2 + A_3$

거리 $= \displaystyle\int_{t_1}^{t_2} |v(t)|\,dt = A_1 + A_2 + A_3$

◀**예제 6** 어떤 입자가 시각 t에서 $v(t) = t^2 - t - 6$인 속도(m/s)로 직선을 따라 움직인다.

(a) $1 \leq t \leq 4$ 시간 구간 동안 입자의 변위를 구하라.

(b) 이 시간 구간 동안 이동한 거리를 구하라.

풀이

(a) 식 ②로 변위를 구하면 다음과 같다.

$$s(4) - s(1) = \int_1^4 v(t)\,dt = \int_1^4 (t^2 - t - 6)\,dt$$

$$= \left[\frac{t^3}{3} - \frac{t^2}{2} - 6t \right]_1^4 = -\frac{9}{2}$$

이것은 시각 $t = 4$에서의 입자의 위치가 출발점의 위치와 비교했을 때 $4.5\,\mathrm{m}$ 왼쪽에 있음을 의미한다.

(b) $v(t) = t^2 - t - 6 = (t-3)(t+2)$이므로 구간 $[1, 3]$에서 $v(t) \leq 0$이고 구간 $[3, 4]$에서 $v(t) \geq 0$임에 주목한다. 따라서 식 ③으로부터 이동한 거리를 구하면 다음과 같다.

$$\int_1^4 |v(t)|\,dt = \int_1^3 [-v(t)]\,dt + \int_3^4 v(t)\,dt$$

$$= \int_1^3 (-t^2 + t + 6)\,dt + \int_3^4 (t^2 - t - 6)\,dt$$

$$= \left[-\frac{t^3}{3} + \frac{t^2}{2} + 6t \right]_1^3 + \left[\frac{t^3}{3} - \frac{t^2}{2} - 6t \right]_3^4$$

$$= \frac{61}{6} \approx 10.17\,\mathrm{m}$$

$v(t)$의 절댓값을 적분하기 위해 5.2절의 적분의 성질 (5)를 사용하여 $v(t) \leq 0$인 부분과 $v(t) \geq 0$인 부분으로 나눈다.

5.3 연습문제

01~11 다음 적분을 계산하라.

01 $\displaystyle\int_{-1}^3 x^5\,dx$

02 $\displaystyle\int_0^\pi (4\sin\theta - 3\cos\theta)\,d\theta$

03 $\displaystyle\int_1^4 \left(\frac{4 + 6u}{\sqrt{u}} \right) du$

04 $\displaystyle\int_0^1 x\left(\sqrt[3]{x} + \sqrt[4]{x} \right) dx$

05 $\displaystyle\int_0^{\pi/4} \sec^2 t\,dt$

06 $\displaystyle\int_0^{\pi/4} \frac{1 + \cos^2\theta}{\cos^2\theta}\,d\theta$

07 $\displaystyle\int_0^1 \left(\sqrt[4]{x^5} + \sqrt[5]{x^4} \right) dx$

08 $\displaystyle\int_2^5 |x - 3|\,dx$

09 $\displaystyle\int_{-1}^2 (x - 2|x|)\,dx$

10 $\displaystyle\int_{1/\sqrt{3}}^{\sqrt{3}} \frac{8}{1 + x^2}\,dx$

11 $\displaystyle\int_1^2 10^t\,dt$

12 $\displaystyle\int_{-1}^3 \frac{1}{x^2}\,dx = \left. \frac{x^{-1}}{-1} \right]_{-1}^3 = -\frac{4}{3}$에서 무엇이 잘못되었는가?

13 곡선 $y = 1 - x^2$ 아래와 x축 위에 놓이는 영역의 넓이를 계산하라.

14 적분 $\int_{-1}^{2} x^3\,dx$를 계산하고 넓이의 차로 해석하라. 그래프를 그려서 설명하라.

15 다음 공식이 정확한지 미분하여 확인하라.

$$\int \frac{x}{\sqrt{x^2+1}}\,dx = \sqrt{x^2+1} + C$$

16~17 일반적인 부정적분을 구하라.

16 $\displaystyle\int (x^2 + x^{-2})\,dx$

17 $\displaystyle\int \frac{\sin x}{1-\sin^2 x}\,dx$

---

18 포물선 $x = 2y - y^2$의 왼쪽과 y축의 오른쪽에 놓인 영역의(그림에서 색칠된 영역) 넓이가 정적분 $\int_{0}^{2}(2y - y^2)\,dy$로 주어져 있다. (여러분의 머리를 시계 방향으로 돌려서 $y = 0$에서 $y = 2$까지 곡선 $x = 2y - y^2$의 아래에 놓인 영역을 생각해보자.) 이 영역의 넓이를 계산하라.

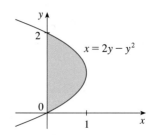

19 $w'(t)$가 아이들의 성장률(kg/년)이라고 하면 $\int_{5}^{10} w'(t)\,dt$는 무엇을 나타내는가?

20 탱크에서 기름이 시각 t에서 분당 $r(t)$리터의 비율로 새어나오고 있다면 $\int_{0}^{120} r(t)\,dt$는 무엇을 나타내는가?

21 $0 \le t \le 10$에서 직선을 따라 움직이는 입자의 가속도가 $a(t) = t + 4[\mathrm{m/s^2}]$이고, 초기 속도가 $v(0) = 5$이다.

(a) 시각 t에서의 속도를 구하라.

(b) 주어진 시간 구간에서 이동한 거리를 구하라.

22 $0 \le t \le 50$ 동안 물이 저장 탱크 바닥에서 분당 $r(t) = 200 - 4t$ 리터의 비율로 흘러나온다. 처음 10분 동안 탱크에서 흘러나온 물의 총량을 구하라.

5.4 미적분학의 기본 정리

미분학은 접선 문제로부터 발생한 반면 적분학은 그다지 관련이 없어 보이는 넓이 문제로부터 출발했으며, 미분과 적분 사이에 명백한 역관계가 있다.

미적분학의 기본 정리의 첫 부분은 다음과 같은 형태로 정의되는 함수를 다룬다.

$$\boxed{1} \qquad\qquad g(x) = \int_{a}^{x} f(t)\,dt$$

여기서 f는 $[a, b]$에서 연속이고 x는 a와 b 사이에서 변한다. g는 적분의 상한이 변수로 나타나므로 g는 x에만 의존한다. x가 변하면 수 $\int_{a}^{x} f(t)\,dt$도 역시 변하며 $g(x)$로 표현되는 x의 함수를 정의한다.

f가 양의 함수이면 $g(x)$는 a에서 x까지 f의 그래프 아래의 넓이로 해석할 수 있다. 여기서 x는 a에서 b까지 변한다. g를 이 시점까지의 넓이를 나타내는 함수로 생각한다([그림 34] 참조).

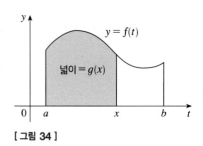

[그림 34]

◀ 예제 1 $a = 1$, $f(t) = t^2$에 대해 $g(x) = \int_a^x f(t)\,dt$라 할 때 $g(x)$에 대한 식을 구하고 $g'(x)$를 구하라.

풀이

이 경우에 기본 정리를 이용하면 다음과 같이 $g(x)$를 명확히 계산할 수 있다.

$$g(x) = \int_1^x t^2\,dt = \frac{t^3}{3}\bigg]_1^x = \frac{x^3 - 1}{3}$$

따라서 도함수는 다음과 같다.

$$g'(x) = \frac{d}{dx}\left(\frac{1}{3}x^3 - \frac{1}{3}\right) = x^2$$ ❱

[예제 1]의 함수에 대해 $g'(x) = x^2$, 즉 $g' = f$임에 주목하자. 다시 말해서 식 ☐에 의해 g가 f의 적분으로 정의된다면 적어도 이 경우에 g는 f의 역도함수로 변환된다. 이런 사실이 일반적으로 성립하는 이유를 알기 위해 $f(x) \geq 0$인 임의의 연속함수 f를 생각한다. 그러면 $g(x) = \int_a^x f(t)\,dt$는 [그림 34]와 같이 a에서 x까지 f의 그래프 아래의 넓이로 해석할 수 있다.

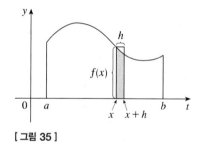

[그림 35]

도함수의 정의로부터 $g'(x)$를 계산하기 위해 먼저 $h > 0$일 때 $g(x+h) - g(x)$를 넓이의 차로 얻는다. 이는 x에서 $x+h$까지 f의 그래프 아래의 넓이이다([그림 35]의 파란색 영역). 그림에서 보듯이 h가 매우 작으면 이 넓이는 높이가 $f(x)$이고 너비가 h인 직사각형의 넓이와 근사적으로 같은 것을 알 수 있다.

$$g(x+h) - g(x) \approx h\,f(x)$$

$$\frac{g(x+h) - g(x)}{h} \approx f(x)$$

따라서 직관적으로 다음을 예상할 수 있다.

$$g'(x) = \lim_{h \to 0}\frac{g(x+h) - g(x)}{h} = f(x)$$

함수 f가 반드시 양수가 아닐 때도 이것이 참이라는 사실은 미적분학의 기본 정리의 첫 번째 부분이다.

미적분학의 기본 정리 1

f가 $[a, b]$에서 연속이면 다음과 같이 정의되는 함수 g는 f의 역도함수, 즉 $a < x < b$에 대해 $g'(x) = f(x)$이다.

$$g(x) = \int_a^x f(t)\,dt, \quad a \leq x \leq b$$

이 정리의 이름을 간단히 **FTC1**로 나타낸다. 이것을 말로 풀면 상한에 관한 정적분의 도함수는 상한에서 계산된 피적분 함수라는 뜻이다.

도함수에 대한 라이프니츠의 기호를 이용하여 f가 연속일 때 FTC1을 다음과 같이 쓸 수 있다.

[2]
$$\frac{d}{dx}\int_a^x f(t)\,dt = f(x)$$

간단히 말해서 이 방정식은 먼저 f를 적분하고 그 결과를 미분하면 원래의 함수 f로 돌아간다는 사실을 의미한다.

◀**예제 2** 함수 $g(x) = \int_0^x \sqrt{1+t^2}\,dt$의 도함수를 구하라.

풀이

$f(t) = \sqrt{1+t^2}$은 연속이므로 미적분학의 기본 정리 1에 의해 다음을 얻는다.

$$g'(x) = \sqrt{1+x^2}$$

◀**예제 3** 광학 분야에서 많은 업적을 남긴 프랑스의 물리학자 프레넬^{Augustin Fresnel, 1788~1827}의 이름을 딴 프레넬 함수^{Fresnel function}를 예로 들어보자.

$$S(x) = \int_0^x \sin(\pi t^2/2)\,dt$$

이 함수는 광파의 회절에 관한 프레넬 이론에서 처음으로 등장했으나, 최근에는 고속도로의 설계에도 응용되고 있다.

기본 정리 1은 프레넬 함수를 미분하는 방법을 보여준다.

$$S'(x) = \sin(\pi x^2/2)$$

이것은 미분학의 모든 방법을 적용하여 S를 분석할 수 있음을 의미한다([연습문제 11] 참조).

[그림 36]은 $f(x) = \sin(\pi x^2/2)$과 프레넬 함수 $S(x) = \int_0^x f(t)\,dt$의 그래프를 보여준다. 컴퓨터를 사용하면 수많은 x 값에 대해 이 적분값을 계산하여 S의 그래프를 그릴 수 있다. 사실상 $S(x)$는 0에서 $x[x \approx 1.4$까지, $S(x)$가 넓이의 차일 때]까지 f의 그래프 아래의 넓이처럼 보인다. [그림 37]은 더 넓은 범위에서 S의 그래프를 보여준다.

이제 [그림 36]에 있는 그래프 S의 그래프를 가지고 시작하여 이것의 도함수가 어떻게 나타날까를 생각하면 $S'(x) = f(x)$가 타당해 보인다. [예를 들어 $f(x) > 0$이면 S가 증가하고 $f(x) < 0$이면 S는 감소한다.] 이는 '미적분학의 기본 정리 1'을 육안으로 확인할 수 있다.

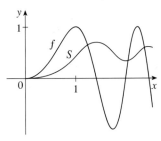

[그림 36]

$f(x) = \sin(\pi x^2/2)$

$S(x) = \int_0^x \sin(\pi t^2/2)\,dt$

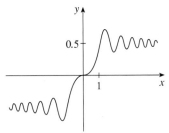

[그림 37]

프레넬 함수 $S(x) = \int_0^x \sin(\pi t^2/2)\,dt$

◀예제 4 $\dfrac{d}{dx}\displaystyle\int_{1}^{x^4} \sec t\,dt$를 구하라.

풀이

기본 정리 1과 함께 연쇄법칙을 사용할 때는 주의해야 한다. $u = x^4$으로 치환하면 다음을 얻는다.

$$
\begin{aligned}
\frac{d}{dx}\int_{1}^{x^4} \sec t\,dt &= \frac{d}{dx}\int_{1}^{u} \sec t\,dt \\[2mm]
&= \frac{d}{du}\left[\int_{1}^{u} \sec t\,dt\right]\frac{du}{dx} \quad \text{(연쇄법칙에 의해)} \\[2mm]
&= \sec u\,\frac{du}{dx} \quad\quad\quad\quad \text{(FTC1에 의해)} \\[2mm]
&= \sec(x^4)\cdot 4x^3
\end{aligned}
$$

$\blacktriangleright$

역과정으로서의 미분과 적분

이제 기본 정리의 두 부분을 한 데 모으자. 적분과 미분이 연관되기 때문에 (1)을 기본적인 것으로 생각한다. 그러나 5.3절에서 설명한 정적분의 기본 정리도 적분과 미분이 관련되어 있으므로 이것을 기본 정리 (2)로 부르기로 한다.

> **미적분학의 기본 정리** f가 $[a, b]$에서 연속이라 하자.
>
> (1) $g(x) = \displaystyle\int_{a}^{x} f(t)\,dt$이면 $g'(x) = f(x)$이다.
>
> (2) F를 f의 역도함수, 즉 $F' = f$라 하면 다음이 성립한다.
>
> $$\int_{a}^{b} f(x)\,dx = F(b) - F(a)$$

기본 정리 (1)을 다음과 같이 다시 쓸 수 있다.

$$\frac{d}{dx}\int_{a}^{x} f(t)\,dt = f(x)$$

이것은 f가 피적분 함수이고 적분 결과가 미분 가능하다면 미분한 결과는 다시 원래의 함수 f로 되돌아가는 것을 말한다. 5.3절에서 다뤘던 기본 정리 (2)를 다음과 같은 순변화 정리로 다시 표현했다.

$$\int_{a}^{b} F'(x)\,dx = F(b) - F(a)$$

이것은 함수 F를 취하여 처음에 미분하고 그 결과를 적분하면 $F(b) - F(a)$ 형태인 원래 함수 F로 되돌아가는 것을 말한다. 미적분학의 두 번째 부분은 미분과 적분이 서로 역과정임을 말한다. 각각은 서로를 원상태로 되돌린다.

미적분학의 기본 정리는 미적분학에서 가장 중요한 정리이다.

함수의 평균값

유한 개의 수 y_1, y_2, $\cdots$, y_n의 평균값은 다음과 같이 쉽게 계산한다.

$$y_{\text{ave}} = \frac{y_1 + y_2 + \cdots + y_n}{n}$$

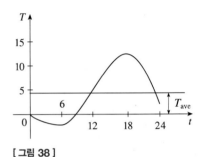

[그림 38]

그러나 온도 측정을 무수히 많이 할 경우 하루 동안의 평균온도는 어떻게 계산할 것인가? [그림 38]은 온도함수 $T(t)$의 그래프와 추측한 평균온도 T_{ave}를 보여준다. 여기서 t의 단위는 시간이고, T의 단위는 °C이다.

일반적으로 함수 $y = f(x)$, $a \le x \le b$의 평균값을 계산해보자. 구간 $[a,\ b]$를 길이가 $\Delta x = (b-a)/n$인 n개의 동일한 부분 구간으로 나눈다. 그러면 연속적인 부분 구간 안에서 점 x_1^*, $\cdots$, x_n^*를 선정하여 다음과 같이 수 $f(x_1^*)$, $\cdots$, $f(x_n^*)$의 평균을 계산한다.

$$\frac{f(x_1^*) + \cdots + f(x_n^*)}{n}$$

(예를 들어 f가 온도함수를 나타내고 $n = 24$라면, 이것은 매시간 온도를 기록하고 이들의 평균을 구한 것을 의미한다.) $\Delta x = (b-a)/n$이므로 $n = (b-a)/\Delta x$로 쓸 수 있으며 평균값은 다음과 같다.

$$\frac{f(x_1^*) + \cdots + f(x_n^*)}{\dfrac{b-a}{\Delta x}} = \frac{1}{b-a}\left[f(x_1^*)\Delta x + \cdots + f(x_n^*)\Delta x\right]$$

$$= \frac{1}{b-a}\sum_{i=1}^{n} f(x_i^*)\Delta x$$

n을 증가시키면 매우 좁은 간격의 수많은 값들의 평균을 계산하게 된다. (예를 들어 매분 또는 매초마다 기록한 평균온도가 될 것이다.) 정적분의 정의에 의해 극한은 다음과 같다.

$$\lim_{n \to \infty} \frac{1}{b-a}\sum_{i=1}^{n} f(x_i^*)\Delta x = \frac{1}{b-a}\int_a^b f(x)\,dx$$

그러므로 구간 $[a, b]$에서 **f의 평균값**을 다음과 같이 정의한다.

$$f_{\text{ave}} = \frac{1}{b-a} \int_a^b f(x)\,dx$$

양의 함수에 대해 이 정의를 다음과 같이 생각할 수 있다.

$$\frac{\text{넓이}}{\text{폭}} = \text{평균 높이}$$

◀ **예제 5** 구간 $[-1, 2]$에서 함수 $f(x) = 1 + x^2$의 평균값을 구하라.

풀이

$a = -1$, $b = 2$라 하면 다음을 얻는다.

$$f_{\text{ave}} = \frac{1}{b-a} \int_a^b f(x)\,dx = \frac{1}{2-(-1)} \int_{-1}^2 (1+x^2)\,dx = \frac{1}{3}\left[x + \frac{x^3}{3}\right]_{-1}^2 = 2$$

❯

$T(t)$가 시각 t에서의 온도라 하면 특정 시각에서 온도가 평균온도와 같아지는지 궁금해질 것이다. [그림 38]에 그려진 온도함수에서 정오 전과 자정 전에 두 번 평균온도와 같아지는 시각이 있다. 일반적으로 f의 함숫값이 평균과 같아지는, 즉 $f(c) = f_{\text{ave}}$가 되는 수 c가 존재하는가? 다음 정리는 연속함수에 대해 이것이 참이라는 것을 보여준다.

적분의 평균값 정리

f가 $[a, b]$에서 연속이면 다음을 만족하는 c가 $[a, b]$ 안에 존재한다.

$$f(c) = f_{\text{ave}} = \frac{1}{b-a} \int_a^b f(x)\,dx, \; \text{즉} \int_a^b f(x)\,dx = f(c)(b-a)$$

적분의 평균값 정리의 기하학적인 의미는 양의 함수 f에 대해 a에서 b까지 f의 그래프 아래의 영역과 동일한 넓이를 갖는, 밑변이 $[a, b]$이고 높이가 $f(c)$인 직사각형을 갖는 수 c가 존재한다는 것이다. 이것은 [그림 39]에서 설명된다.

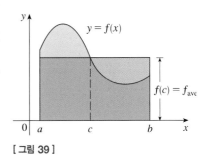

[그림 39]

언제나 어떤 높이의 산(2차원)의 정상 부분을 잘라낼 수 있으며, 잘라낸 부분으로 계곡을 메워 정상 부분을 완전히 평평하게 만들 수 있다.

◀ **예제 6** $f(x) = 1 + x^2$은 구간 $[-1, 2]$에서 연속이므로 적분에 대한 평균값 정리는 다음을 만족하는 수 c가 $[-1, 2]$에 존재하는 것을 말한다.

$$\int_{-1}^2 (1+x^2)\,dx = f(c)[2-(-1)]$$

이와 같은 특별한 경우에 c를 명쾌하게 구할 수 있다. [예제 5]에서 $f_{\text{ave}} = 2$임을 알고 있으므로 c 값은 다음을 만족한다.

$$f(c) = f_{\text{ave}} = 2$$

즉 $1 + c^2 = 2$, $c^2 = 1$ 이다. 따라서 이 경우에 구간 $[-1, 2]$ 에서 적분에 대한 평균값 정리를 만족하는 수는 $c = \pm 1$ 이다.

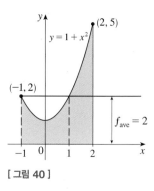

[그림 40]

[예제 5]와 [예제 6]은 [그림 40]에 나타냈다.

5.4 연습문제

01 $g(x) = \int_0^x (1 + t^2)\,dt$ 로 표현되는 영역을 그려라. 그 다음 두 가지 방법으로 $g'(x)$ 를 구하라.

(a) 기본 정리 (1)을 이용한다.

(b) 기본 정리 (2)를 이용하여 적분을 계산하고 다시 미분한다.

02~05 미적분학의 기본 정리 (1)을 이용하여 다음 함수의 도함수를 구하라.

02 $g(s) = \int_5^s (t - t^2)^8\,dt$ **03** $h(x) = \int_2^{1/x} \sin^4 t\,dt$

04 $y = \int_0^{\tan x} \sqrt{t + \sqrt{t}}\,dt$ **05** $g(x) = \int_{2x}^{3x} \dfrac{u^2 - 1}{u^2 + 1}\,du$

[힌트 : $\displaystyle\int_{2x}^{3x} f(u)\,du = \int_{2x}^0 f(u)\,du + \int_0^{3x} f(u)\,du$]

---

06 구간 $[0, \pi/2]$ 에서 함수 $g(x) = \cos x$ 의 평균값을 구하라.

07 $[2, 5]$ 에서 함수 $f(x) = (x - 3)^2$ 을 생각하자.

(a) f 의 평균값을 구하라.

(b) $f_{\mathrm{ave}} = f(c)$ 를 만족하는 c 를 구하라.

(c) f 의 그래프와 f 의 그래프 아래의 넓이와 동일한 넓이를 갖는 직사각형을 그려라.

08 어떤 구간에서 곡선 $y = \int_0^x \dfrac{t^2}{t^2 + t + 2}\,dt$ 가 아래로 오목한가?

09 그래프가 다음과 같은 함수 f 에 대해 $g(x) = \int_0^x f(t)\,dt$ 라 하자.

(a) g 는 x 의 어떤 값에서 극댓값과 극솟값을 갖는가?

(b) g 가 최댓값을 갖는 곳은 어디인가?

(c) 어떤 구간에서 g 가 아래로 오목한가?

(d) g 의 그래프를 그려라.

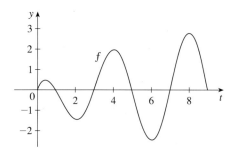

10 $f(1) = 12$, f' 이 연속이고 $\int_1^4 f'(x)\,dx = 17$ 일 때 $f(4)$ 의 값은 얼마인가?

11 프레넬 함수 S 는 [예제 3]에서 정의했으며, [그림 36]과 [그림 37]에서 그래프를 그렸다.

(a) 이 함수는 x 의 어떤 값에서 극댓값을 갖는가?

(b) 이 함수는 어떤 구간에서 위로 오목한가?

(c) **CAS** 그래프를 이용하여 다음 방정식을 소수점 아래 둘째 자리까지 정확하게 구하라.

$$\int_0^x \sin(\pi t^2/2)\,dt = 0.2$$

5.5 치환법

기본 정리 덕분에 역도함수를 구할 수 있다는 것은 중요하다. 그러나 역도함수 공식은 다음과 같은 적분을 계산하는 방법을 알려주지 못한다.

$$\boxed{1} \qquad \int 2x \, \sqrt{1+x^2} \, dx$$

이 적분을 계산하기 위한 전략은 변수 x를 새로운 변수 u로 바꾸어서 적분을 간단히 하는 것이다. 식 $\boxed{1}$에서 제곱근 기호 안에 있는 양을 u로 놓는다. 즉 $u = 1 + x^2$이라 한다. 그러면 u의 미분은 $du = 2x\,dx$이다. 적분 기호 안에 있는 dx를 미분으로 해석한다면 미분 $2x\,dx$는 식 $\boxed{1}$ 안에 나타나므로 계산을 정당화하지 않고 형식적으로 다음과 같이 쓸 수 있다.

미분은 3.9절에서 정의했다. $u = f(x)$이면 $du = f'(x)dx$이다.

$$\boxed{2} \qquad \int 2x \, \sqrt{1+x^2} \, dx = \int \sqrt{1+x^2} \, 2x \, dx = \int \sqrt{u} \, du$$

$$= \frac{2}{3} u^{3/2} + C = \frac{2}{3} (x^2+1)^{3/2} + C$$

이제 연쇄법칙을 이용하여 다음과 같이 식 $\boxed{2}$의 마지막 함수를 미분함으로써 정확한 답을 얻었는지 확인할 수 있다.

$$\frac{d}{dx} \left[\frac{2}{3} (x^2+1)^{3/2} + C \right] = \frac{2}{3} \cdot \frac{3}{2} (x^2+1)^{1/2} \cdot 2x = 2x \, \sqrt{x^2+1}$$

일반적으로 $\int f(g(x)) g'(x) \, dx$ 형태로 쓸 수 있는 적분은 언제든지 이러한 방법을 적용할 수 있다. $F' = f$이면 다음과 같다.

$$\boxed{3} \qquad \int F'(g(x)) g'(x) \, dx = F(g(x)) + C$$

그 이유는 연쇄법칙에 의해 다음이 성립하기 때문이다.

$$\frac{d}{dx} [F(g(x))] = F'(g(x)) g'(x)$$

$u = g(x)$로 '변수변환' 또는 '치환'을 하면 식 $\boxed{3}$으로부터 다음을 얻는다.

$$\int F'(g(x)) g'(x) \, dx = F(g(x)) + C = F(u) + C = \int F'(u) \, du$$

또는 $F' = f$로 써서 다음을 얻는다.

$$\int f(g(x)) g'(x) \, dx = \int f(u) \, du$$

따라서 다음 법칙이 증명된다.

$\boxed{4}$ **치환 법칙**

$u = g(x)$는 미분 가능하고 치역이 구간 I라고 하자. 그리고 f가 I에서 연속이면 다음이 성립한다.

$$\int f(g(x))\,g'(x)\,dx = \int f(u)\,du$$

$u = g(x)$이면 $du = g'(x)\,dx$이므로 치환 법칙을 기억하는 방법은 $\boxed{4}$에 쓰인 dx와 du를 미분으로 생각하는 것이다. 따라서 치환 법칙에서 **적분 기호 뒤에 있는 dx와 du를 미분인 것처럼 작용하도록 허용한다.**

◀예제 1 $\displaystyle\int x^3 \cos(x^4 + 2)\,dx$를 구하라.

풀이

$u = x^4 + 2$로 치환한다. 그 이유는 u의 미분이 $du = 4x^3\,dx$이고 상수인수 4를 제외하면 $x^3\,dx = \dfrac{1}{4}\,du$이기 때문이다. 따라서 치환 법칙을 이용하여 다음을 얻는다.

$$\int x^3 \cos(x^4 + 2)\,dx = \int \cos u \cdot \frac{1}{4}\,du = \frac{1}{4}\int \cos u\,du$$

$$= \frac{1}{4}\sin u + C$$

$$= \frac{1}{4}\sin(x^4 + 2) + C$$

이것을 미분하여 답을 확인하라.

마지막 단계에서 원래 변수 x로 되돌려야 하는 것을 잊지 말자. ▶

치환 법칙의 기본 개념은 상대적으로 복잡한 적분을 간단한 적분으로 바꾸는 것이다. 이것은 원래의 변수 x로부터 x의 함수인 새로운 변수 u로 바꿈으로써 완성된다.

치환 법칙을 사용할 때의 주된 과제는 적당한 치환을 생각하는 것이다. u를 피적분 함수에서 미분이 나타나는(상수인수는 제외) 어떤 함수로 선정하도록 노력해야 한다. 이것이 [예제 1]에서 본 경우이다. 만일 그렇게 할 수 없다면 u를 피적분 함수에서 복잡한 부분(아마도 합성함수의 내부함수)을 선택해보자. 올바른 치환을 구하려면 약간의 기술이 필요하다. 잘못 치환하는 경우도 흔하므로 처음 치환한 것으로 적분할 수 없다면 다른 방법으로 치환을 시도해보자.

◀예제 2 $\displaystyle\int \sqrt{2x + 1}\,dx$를 구하라.

풀이

$u = 2x + 1$로 놓자. 그러면 $du = 2\,dx$이므로 $dx = \dfrac{1}{2}\,du$이다. 따라서 치환 법칙에

의해 다음을 얻는다.

$$\int \sqrt{2x+1}\,dx = \int \sqrt{u} \cdot \frac{1}{2}\,du = \frac{1}{2}\int u^{1/2}\,du$$

$$= \frac{1}{2} \cdot \frac{u^{3/2}}{3/2} + C = \frac{1}{3}u^{3/2} + C$$

$$= \frac{1}{3}(2x+1)^{3/2} + C \qquad \blacktriangleright$$

◀예제 3 $\displaystyle\int \cos 5x\,dx$ 를 계산하라.

풀이

$u = 5x$ 로 놓으면 $du = 5\,dx$ 이므로 $dx = \dfrac{1}{5}\,du$ 이다. 따라서 다음을 얻는다.

$$\int \cos 5x\,dx = \frac{1}{5}\int \cos u\,du = \frac{1}{5}\sin u + C = \frac{1}{5}\sin 5x + C \qquad \blacktriangleright$$

◀예제 4 $\displaystyle\int \tan x\,dx$ 를 계산하라.

풀이

먼저 $\tan x$ 를 다음과 같이 $\sin x$ 와 $\cos x$ 로 쓴다.

$$\int \tan x\,dx = \int \frac{\sin x}{\cos x}\,dx$$

$u = \cos x$ 로 치환할 것을 제안한다. 그 이유는 $du = -\sin x\,dx$ 이고 따라서 $\sin x\,dx = -du$ 이기 때문이다. 그러므로 다음을 얻는다.

$$\int \tan x\,dx = \int \frac{\sin x}{\cos x}\,dx = -\int \frac{1}{u}\,du$$

$$= -\ln|u| + C = -\ln|\cos x| + C \qquad \blacktriangleright$$

NOTE _ 경험이 쌓이다 보면 치환하는 데 큰 어려움 없이 [예제 1~4]와 같은 종류의 적분을 계산할 수 있을 것이다. 식 $\boxed{3}$ 의 좌변에 있는 피적분 함수가 외부함수의 도함수와 내부함수의 도함수의 곱이라는 패턴을 인식한다면 [예제 1]은 다음과 같이 적분할 수 있다.

$$\int x^3 \cos(x^4+2)\,dx = \int \cos(x^4+2) \cdot x^3\,dx = \frac{1}{4}\int \cos(x^4+2) \cdot (4x^3)\,dx$$

$$= \frac{1}{4}\int \cos(x^4+2) \cdot \frac{d}{dx}(x^4+2)\,dx = \frac{1}{4}\sin(x^4+2) + C$$

유사한 방법으로 [예제 3]에 대한 답을 다음과 같이 구할 수 있다.

$$\int \cos 5x\,dx = \frac{1}{5}\int 5\cos 5x\,dx = \frac{1}{5}\int \frac{d}{dx}(\sin 5x)\,dx = \frac{1}{5}\sin 5x + C$$

정적분

치환법으로 정적분을 계산할 때 두 가지 방법을 사용할 수 있다. 한 가지 방법은 부정적분을 먼저 계산한 후에 정적분의 기본 정리를 이용하는 것이다.

다른 방법은 적분 변수를 바꿀 때 적분 한계도 바꾸는 것으로, 보통 이 방법을 선호한다.

> **5** **정적분의 치환 법칙**
>
> g'이 $[a, b]$에서 연속이고 f가 $u = g(x)$의 치역에서 연속이면 다음이 성립한다.
>
> $$\int_a^b f(g(x))\,g'(x)\,dx = \int_{g(a)}^{g(b)} f(u)\,du$$

이 법칙은 정적분에서 치환 법칙을 사용할 때 모든 것을 x와 dx뿐만 아니라 적분 한계까지도 새로운 변수 u의 관점으로 놓아야 함을 뜻한다. 새로운 적분 한계는 $x = a$와 $x = b$에 대응하는 u의 값이다.

◀예제 5 $\displaystyle\int_1^2 \frac{dx}{(3-5x)^2}$ 를 계산하라.

[예제 5]의 적분은 $\displaystyle\int_1^2 \frac{1}{(3-5x)^2}\,dx$를 간단히 나타낸 것이다.

풀이

$u = 3 - 5x$라 하자. 그러면 $du = -5\,dx$이므로 $dx = -\dfrac{1}{5}\,du$이다. 새로운 적분 한계를 구하기 위해 다음에 주목한다.

$x = 1$일 때 $u = 3 - 5(1) = -2$이고, $x = 2$일 때 $u = 3 - 5(2) = -7$이다. 따라서 다음을 얻는다.

$$\int_1^2 \frac{dx}{(3-5x)^2} = -\frac{1}{5}\int_{-2}^{-7} \frac{du}{u^2} = -\frac{1}{5}\left[-\frac{1}{u}\right]_{-2}^{-7}$$

$$= \frac{1}{5u}\bigg]_{-2}^{-7} = \frac{1}{5}\left(-\frac{1}{7} + \frac{1}{2}\right) = \frac{1}{14}$$

5를 이용할 때는 적분을 마친 후에 변수 x로 되돌리지 않는다. u의 적절한 값들 사이에서 간단히 u에 대한 식을 계산한다. ❯

대칭성

다음 정리는 치환 법칙 **5**를 이용하여 대칭성을 갖는 함수의 적분 계산을 간단하게 만든다.

> **6** **대칭함수의 적분**
>
> f가 $[-a, a]$에서 연속이면 다음이 성립한다.
>
> (a) f가 우함수, 즉 $f(-x) = f(x)$이면 $\displaystyle\int_{-a}^a f(x)\,dx = 2\int_0^a f(x)\,dx$이다.
>
> (b) f가 기함수, 즉 $f(-x) = -f(x)$이면 $\displaystyle\int_{-a}^a f(x)\,dx = 0$이다.

정리 ⑥을 [그림 41]에 나타냈다. f 가 양이고 우함수일 때 [그림 41(a)]는 $-a$ 에서 a 까지 $y = f(x)$ 아래의 넓이가 대칭성에 의해 0에서 a 까지 넓이의 두 배임을 의미한다. 적분 $\displaystyle\int_a^b f(x)\,dx$ 는 x 축 위와 $y = f(x)$ 아래의 넓이에서 x 축 아래와 $y = f(x)$ 위의 넓이를 뺀 것으로 표현될 수 있음을 떠올려보자. 따라서 [그림 41(b)]는 넓이가 소거되어 적분이 0임을 뜻한다.

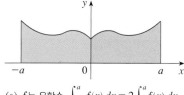

(a) f 는 우함수, $\displaystyle\int_{-a}^{a} f(x)\,dx = 2\int_0^a f(x)\,dx$

◀ 예제 6 $f(x) = x^6 + 1$ 은 $f(-x) = f(x)$ 를 만족하므로 이 함수는 우함수이다. 따라서 다음을 얻는다.

$$\int_{-2}^{2} (x^6 + 1)\,dx = 2\int_0^2 (x^6 + 1)\,dx$$

$$= 2\left[\frac{1}{7}x^7 + x\right]_0^2 = 2\left(\frac{128}{7} + 2\right) = \frac{284}{7}$$ ❱

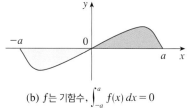

(b) f 는 기함수, $\displaystyle\int_{-a}^{a} f(x)\,dx = 0$

[그림 41]

◀ 예제 7 $f(x) = (\tan x)/(1 + x^2 + x^4)$ 은 $f(-x) = -f(x)$ 를 만족하므로 이 함수는 기함수이다. 따라서 다음을 얻는다.

$$\int_{-1}^{1} \frac{\tan x}{1 + x^2 + x^4}\,dx = 0$$ ❱

5.5 연습문제

01~02 주어진 치환을 이용하여 적분을 구하라.

01 $\displaystyle\int x^2\sqrt{x^3 + 1}\,dx$, $u = x^3 + 1$

02 $\displaystyle\int \cos^3\theta \sin\theta\,d\theta$, $u = \cos\theta$

03~14 다음 부정적분을 계산하라.

03 $\displaystyle\int x\sin(x^2)\,dx$

04 $\displaystyle\int (1 - 2x)^9\,dx$

05 $\displaystyle\int \sec 3t \tan 3t\,dt$

06 $\displaystyle\int \frac{a + bx^2}{\sqrt{3ax + bx^3}}\,dx$

07 $\displaystyle\int \sec^2\theta \tan^3\theta\,d\theta$

08 $\displaystyle\int \frac{\cos x}{\sin^2 x}\,dx$

09 $\displaystyle\int \frac{z^2}{\sqrt[3]{1 + z^3}}\,dz$

10 $\displaystyle\int \frac{\log_{10} x}{x}\,dx$

11 $\displaystyle\int e^x\sqrt{1 + e^x}\,dx$

12 $\displaystyle\int 3^{\sin\theta}\cos\theta\,d\theta$

13 $\displaystyle\int e^{\tan x}\sec^2 x\,dx$

14 $\displaystyle\int \frac{dx}{\sqrt{x}\,(1 + x)}$

15~24 다음 정적분을 계산하라.

15 $\displaystyle\int_0^1 \sqrt[3]{1 + 7x}\,dx$

16 $\displaystyle\int_0^\pi \sec^2(t/4)\,dt$

17 $\displaystyle\int_0^a x\sqrt{x^2 + a^2}\,dx$, $(a > 0)$

18 $\displaystyle\int_{1/2}^{1} \frac{\cos(x^{-2})}{x^3}\,dx$

19 $\displaystyle\int_{0}^{1/4} \frac{1}{\sqrt{1-4x^2}}\,dx$

20 $\displaystyle\int_{0}^{1} \frac{dx}{\sqrt{1+x^2}}$

21 $\displaystyle\int_{1}^{2} \frac{e^{1/x}}{x^2}\,dx$

22 $\displaystyle\int_{1}^{e} \frac{\ln x}{x}\,dx$

23 $\displaystyle\int_{0}^{1/2} \frac{\sin^{-1}x}{\sqrt{1-x^2}}\,dx$

24 $\displaystyle\int_{-\pi/4}^{\pi/4} (x^3 + x^4\tan x)\,dx$

---

25 구간 $[0, 4]$에서 함수 $f(x) = 4x - x^2$의 평균값을 구하라.

26 호흡은 주기적으로 이루어지는데 숨을 들이마시기 시작하면서 내뿜기까지 완전한 호흡주기는 약 5초 정도 걸린다. 폐로 유입되는 공기의 최대 비율은 약 $0.5\,\mathrm{L/s}$이다. 이것은 함수 $f(t) = \frac{1}{2}\sin(2\pi t/5)$가 폐로 유입되는 공기의 비율을 모형화하는 데 종종 사용되는 이유를 설명한다. 이 모형을 이용하여 시각 t에서 폐로 유입되는 공기의 부피를 구하라.

27 f가 연속이고 $\displaystyle\int_{0}^{4} f(x)\,dx = 10$일 때 $\displaystyle\int_{0}^{2} f(2x)\,dx$를 구하라.

28 f가 $\mathbb{R}$에서 연속이면 다음이 성립하는 것을 증명하라.

$$\int_{a}^{b} f(-x)\,dx = \int_{-b}^{-a} f(x)\,dx$$

$f(x) \geq 0,\ 0 < a < b$인 경우에 대해 기하학적으로 이 방정식의 넓이와 같은 것으로 해석되는 도형을 그려라.

5장 복습문제

개념 확인

01 (a) 함수 f의 리만 합에 대한 식을 쓰라. 이때 사용한 기호의 의미를 설명하라.

(b) $f(x) \geq 0$이면 리만 합의 기하학적인 의미는 무엇인가? 그림으로 설명하라.

(c) $f(x)$가 양의 값과 음의 값을 모두 취한다면 리만 합의 기하학적인 의미는 무엇인가? 그림으로 설명하라.

02 (a) a에서 b까지 f의 정적분에 대한 정의를 쓰라.

(b) $f(x) \geq 0$이면 $\displaystyle\int_{a}^{b} f(x)\,dx$에 대한 기하학적인 해석은 무엇인가?

(c) $f(x)$가 양과 음의 값을 모두 갖는다면 $\displaystyle\int_{a}^{b} f(x)\,dx$에 대한 기하학적인 해석은 무엇인가? 도형으로 설명하라.

03 중점 법칙을 말하라.

04 (a) 정적분의 기본 정리를 말하라.

(b) 순변화 정리를 말하라.

(c) 물이 저수지에 흘러들어가는 비율을 $r(t)$라 할 때 $\displaystyle\int_{t_1}^{t_2} r(t)\,dt$는 무엇을 나타내는가?

05 (a) 부정적분 $\displaystyle\int f(x)\,dx$의 의미를 설명하라.

(b) 정적분 $\displaystyle\int_{a}^{b} f(x)\,dx$와 부정적분 $\displaystyle\int f(x)\,dx$ 사이는 어떤 관계가 있는가?

06 미적분학의 기본 정리의 두 가지를 말하라.

07 직선을 따라 앞뒤로 움직이는 입자가 속도 $v(t)$, 가속도 $a(t)$로 움직인다고 하자. 여기서 속도의 단위는 초당 피트이다.

(a) $\displaystyle\int_{60}^{120} v(t)\,dt$의 의미는 무엇인가?

(b) $\displaystyle\int_{60}^{120} |v(t)|\,dt$의 의미는 무엇인가?

(c) $\displaystyle\int_{60}^{120} a(t)\,dt$의 의미는 무엇인가?

08 (a) 구간 $[a, b]$에서 함수 f의 평균값은 무엇인가?

(b) 적분에 대한 평균값 정리가 무엇인지 말하라.

09 "미분과 적분은 서로 역과정이다."라는 명제가 의미하는 바를 정확하게 설명하라.

10 치환법에 대해 설명하라. 실제로 치환법을 어떻게 사용하는가?

다음 명제가 참인지 거짓인지 결정하라. 참이면 이유를 설명하고, 거짓이면 이유를 설명하거나 반례를 들어라.

01 f와 g가 $[a, b]$에서 연속이면 다음이 성립한다.

$$\int_a^b [f(x) + g(x)] \, dx = \int_a^b f(x) \, dx + \int_a^b g(x) \, dx$$

02 f가 $[a, b]$에서 연속이면 다음이 성립한다.

$$\int_a^b 5f(x) \, dx = 5 \int_a^b f(x) \, dx$$

03 f가 $[a, b]$에서 연속이고 $f(x) \geq 0$이면 다음이 성립한다.

$$\int_a^b \sqrt{f(x)} \, dx = \sqrt{\int_a^b f(x) \, dx}$$

04 $a \leq x \leq b$에서 f와 g가 미분 가능하고 $f(x) \geq g(x)$이면 다음이 성립한다.

$$\int_a^b f(x) \, dx \geq \int_a^b g(x) \, dx$$

05 $\int_{-1}^{1} \left(x^5 - 6x^9 + \dfrac{\sin x}{(1+x^4)^2} \right) dx = 0$이다.

06 모든 연속함수는 도함수를 갖는다.

07 $\int_0^3 \sin(x^2) \, dx = \int_0^5 \sin(x^2) \, dx + \int_5^3 \sin(x^2) \, dx$이다.

08 f가 $[a, b]$에서 연속이면 다음이 성립한다.

$$\frac{d}{dx} \left(\int_a^b f(x) \, dx \right) = f(x)$$

09 $\int_{-2}^{1} \dfrac{1}{x^4} \, dx = -\dfrac{3}{8}$이다.

연습문제

01 주어진 f의 그래프를 이용하여 6개 부분 구간을 갖는 리만 합을 구하라. 이때 표본점을 (a) 왼쪽 끝점 (b) 중점으로 선택한다. 각 경우에 대해 그림을 그리고, 리만 합이 의미하는 바를 설명하라.

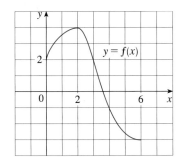

02 넓이 측면에서 해석하여 $\int_0^1 (x + \sqrt{1-x^2}) \, dx$를 계산하라.

03 다음 그림은 f, f', $\int_0^x f(t) \, dt$를 나타낸다. 각 그래프를 찾아 그에 대해 설명하라.

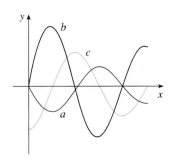

04~13 다음 적분이 존재한다면 구하라.

04 $\int_1^2 (8x^3 + 3x^2) \, dx$

05 $\int_0^1 (1 - x^9) \, dx$

06 $\int_1^9 \dfrac{\sqrt{u} - 2u^2}{u} \, du$

07 $\int_0^1 y(y^2 + 1)^5 \, dy$

08 $\int_0^1 v^2 \cos(v^3) \, dv$

09 $\int_{-\pi/4}^{\pi/4} \dfrac{t^4 \tan t}{2 + \cos t} \, dt$

10 $\int_0^{\pi/8} \sec 2\theta \tan 2\theta \, d\theta$

11 $\int \dfrac{x+2}{\sqrt{x^2 + 4x}} \, dx$

12 $\int \sin \pi t \cos \pi t \, dt$

13 $\int_0^3 |x^2 - 4| \, dx$

14 ⚏ 그래프를 이용하여 곡선 $y = x\sqrt{x}$, $0 \le x \le 4$ 아래 놓이는 영역의 넓이를 대략적으로 추정하라.

15~16 다음 함수의 도함수를 구하라.

15 $F(x) = \int_1^x \sqrt{1+t^4}\, dt$ **16** $y = \int_{\sqrt{x}}^x \dfrac{\cos\theta}{\theta}\, d\theta$

---

17 적분의 성질 (8)을 이용하여 $\int_1^3 \sqrt{x^2+3}\, dx$의 값을 추정하라.

18 $n = 5$인 중점 법칙을 이용하여 $\int_0^1 \sqrt{1+x^3}\, dx$의 근삿값을 구하라.

19 $r(t)$를 전 세계 기름 소비율이라고 하면 t는 2000년 1월 1일에 $t = 0$으로 시작하여 연단위로 측정되고, $r(t)$는 배럴/년으로 측정된다. $\int_0^3 r(t)\, dt$는 무엇을 나타내는가?

20 꿀벌의 개체수가 주당 $r(t)$마리의 비율로 증가하며 r의 그래프는 다음과 같다. 6개의 부분 구간을 갖는 중점 법칙을 이용하여 처음 24주 동안 증가한 꿀벌의 개체수를 추정하라.

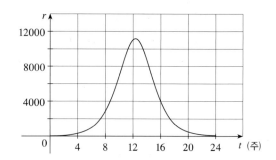

21 f가 연속함수이면 $h \to 0$일 때 구간 $[x, x+h]$에서 f의 평균값의 극한은 무엇을 의미하는가?

22 f'이 $[a, b]$에서 연속이면 다음이 성립함을 보여라.

$$2\int_a^b f(x)\, f'(x)\, dx = [f(b)]^2 - [f(a)]^2$$

6장 적분법

TECHNIQUES OF INTEGRATION

미적분학의 기본 정리로 역도함수, 즉 부정적분을 알고 있다면 함수를 적분할 수 있다. 다음은 지금까지 배운 것 중 가장 중요한 적분식들이다.

$$\int x^n \, dx = \frac{x^{n+1}}{n+1} + C, \quad n \neq -1 \qquad \int \frac{1}{x} \, dx = \ln|x| + C$$

$$\int e^x \, dx = e^x + C \qquad \int a^x \, dx = \frac{a^x}{\ln a} + C$$

$$\int \sin x \, dx = -\cos x + C \qquad \int \cos x \, dx = \sin x + C$$

$$\int \sec^2 x \, dx = \tan x + C \qquad \int \csc^2 x \, dx = -\cot x + C$$

$$\int \sec x \tan x \, dx = \sec x + C \qquad \int \csc x \cot x \, dx = -\csc x + C$$

$$\int \sinh x \, dx = \cosh x + C \qquad \int \cosh x \, dx = \sinh x + C$$

$$\int \tan x \, dx = \ln|\sec x| + C \qquad \int \cot x \, dx = \ln|\sin x| + C$$

$$\int \frac{1}{x^2 + a^2} \, dx = \frac{1}{a} \tan^{-1}\left(\frac{x}{a}\right) + C \qquad \int \frac{1}{\sqrt{a^2 - x^2}} \, dx = \sin^{-1}\left(\frac{x}{a}\right) + C, \quad a > 0$$

이 장에서는 이와 같은 기본적인 적분 공식을 이용하여 좀 더 복잡한 함수의 부정적분을 구하고자 한다. 5.5절에서 가장 중요한 적분 방법인 치환법을 배웠다. 또 다른 일반적인 기법인 부분적분법은 6.1절에서 다룬다. 그 다음으로 삼각함수나 유리함수와 같은 특별한 종류의 함수에 대한 적분 방법을 배운다.

6.1 부분적분법

모든 미분법에는 그에 대응되는 적분법이 있다. 예를 들어 적분의 치환법은 미분의 연쇄법칙과 대응한다. 미분의 곱셈 공식에 대응하는 적분 법칙을 부분적분법이라 한다. f와 g가 미분 가능한 함수이면 곱셈 공식은 다음과 같다.

$$\frac{d}{dx}[f(x)g(x)] = f(x)g'(x) + g(x)f'(x)$$

부정적분에 대한 기호로 나타내면 이 식은 다음과 같이 된다.

$$\int [f(x)g'(x) + g(x)f'(x)]dx = f(x)g(x)$$

또는
$$\int f(x)g'(x)dx + \int g(x)f'(x)dx = f(x)g(x)$$

이 식을 다음과 같이 다시 정리할 수 있다.

$\boxed{1}$
$$\int f(x)g'(x)dx = f(x)g(x) - \int g(x)f'(x)dx$$

공식 $\boxed{1}$을 **부분적분 공식**^{formula for integration by part}이라 한다. 다음 기호로 기억하는 것이 쉬울 것이다. $u = f(x)$, $v = g(x)$라 하자. 미분은 $du = f'(x)dx$와 $dv = g'(x)dx$이므로 치환법에 의해 부분적분법은 다음과 같이 된다.

$\boxed{2}$
$$\int u\,dv = uv - \int v\,du$$

◀ 예제 1 $\int x\sin x\,dx$를 구하라.

$u = x$, $dv = \sin x\,dx$라 하자. 그러면 $du = dx$, $v = -\cos x$이다. 따라서 다음과 같다.

다음과 같은 형식을 이용하면 도움이 된다.
$$u = \square \qquad dv = \square$$
$$du = \square \qquad v = \square$$

$$\int x\sin x\,dx = \int \overset{u}{x}\,\overset{dv}{\overbrace{\sin x\,dx}} = \overset{u}{x}\,\overset{v}{\overbrace{(-\cos x)}} - \int \overset{v}{\overbrace{(-\cos x)}}\,\overset{du}{\overbrace{dx}}$$

$$= -x\cos x + \int \cos x\,dx$$

$$= -x\cos x + \sin x + C \qquad \qquad \textbf{❯}$$

NOTE _ 부분적분법을 이용하는 목적은 주어진 적분보다 더 간단한 적분을 얻는 데 있다. 그러므로 [예제 1]에서는 $\int x\sin x\,dx$에서 시작해서 더 간단한 $\int \cos x\,dx$를 이용하여 표현했다. 그러나 $u = \sin x$,

$dv = x\,dx$로 선택하면 $du = \cos x\,dx$, $v = \dfrac{x^2}{2}$이므로 부분적분법에 의해 다음을 얻는다.

$$\int x \sin x\,dx = (\sin x)\frac{x^2}{2} - \frac{1}{2}\int x^2 \cos x\,dx$$

이 적분도 맞기는 하지만 $\displaystyle\int x^2 \cos x\,dx$는 처음 시작한 적분보다 더 어려운 적분이다. 일반적으로 u와 dv를 선택할 때 $u = f(x)$는 미분하여 더 간단하게 되는 함수(또는 적어도 더 복잡하지 않은 함수)로, $dv = g'(x)\,dx$는 v에 대해 반복적으로 적분되도록 선택한다.

◀예제 2 $\displaystyle\int \ln x\,dx$를 계산하라.

풀이

$u = \ln x$, $dv = dx$라 하면 $du = \dfrac{1}{x}dx$, $v = x$이다. 부분적분법에 의해 다음을 얻는다.

$$\begin{aligned}
\int \ln x\,dx &= x \ln x - \int x\,\frac{dx}{x}\\
&= x \ln x - \int dx\\
&= x \ln x - x + C
\end{aligned}$$

관습적으로 $\displaystyle\int 1\,dx$를 $\displaystyle\int dx$로 쓴다.

이 결과를 미분하여 답을 확인하라.

이 예제에서 함수 $f(x) = \ln x$의 도함수가 f보다 간단하기 때문에 부분적분법이 효과적이다.

◀예제 3 $\displaystyle\int e^x \sin x\,dx$를 구하라.

풀이

$u = e^x$, $dv = \sin x\,dx$라 하면 $du = e^x\,dx$, $v = -\cos x$이므로 부분적분법을 이용하여 다음을 얻는다.

$$\boxed{3} \qquad \int e^x \sin x\,dx = -e^x \cos x + \int e^x \cos x\,dx$$

$\displaystyle\int e^x \cos x\,dx$는 원래 적분보다 더 간단하지 않아도 더 복잡하지는 않다. 다시 부분적분법을 이용하기 위해 $u = e^x$, $dv = \cos x\,dx$로 놓으면 $du = e^x\,dx$, $v = \sin x$이고, 다음을 얻는다.

$$\boxed{4} \qquad \int e^x \cos x\,dx = e^x \sin x - \int e^x \sin x\,dx$$

이제 식 $\boxed{4}$에서 $\displaystyle\int e^x \cos x\,dx$에 대한 표현을 식 $\boxed{3}$에 대입하면 다음을 얻는다.

$$\int e^x \sin x\,dx = -e^x \cos x + e^x \sin x - \int e^x \sin x\,dx$$

[그림 1]은 $f(x) = e^x \sin x$와 $F(x) = \dfrac{1}{2}e^x(\sin x - \cos x)$의 그래프로 [예제 3]을 설명한다. 그림에서 F가 최댓값과 최솟값을 가질 때 $f(x) = 0$임에 주목하자.

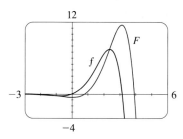

[그림 1]

양변에 $\int e^x \sin x \, dx$를 더하면 다음을 얻는다.

$$2 \int e^x \sin x \, dx = - e^x \cos x + e^x \sin x$$

$$\int e^x \sin x \, dx = \frac{1}{2} e^x (\sin x - \cos x) + C$$ ❱

부분적분 공식과 기본 정리를 결합하면 부분적분법으로 정적분을 계산할 수 있다. f' 과 g'이 연속이라 가정하고 공식 ①의 양변을 a와 b 사이에서 계산할 때, 기본 정리를 이용하여 다음을 얻는다.

⑤
$$\int_a^b f(x) g'(x) \, dx = f(x) g(x) \Big]_a^b - \int_a^b g(x) f'(x) \, dx$$

❰예제 4❱ $\displaystyle \int_0^1 \tan^{-1} x \, dx$를 구하라.

풀이

$u = \tan^{-1} x$, $dv = dx$라 하면 $du = dx/(1 + x^2)$, $v = x$이다. 그러므로 공식 ⑤ 에 의해 다음을 얻는다.

$$\int_0^1 \tan^{-1} x \, dx = x \tan^{-1} x \Big]_0^1 - \int_0^1 \frac{x}{1 + x^2} \, dx$$

$$= 1 \cdot \tan^{-1} 1 - 0 \cdot \tan^{-1} 0 - \int_0^1 \frac{x}{1 + x^2} \, dx$$

$$= \frac{\pi}{4} - \int_0^1 \frac{x}{1 + x^2} \, dx$$

이 적분을 계산하기 위해 $t = 1 + x^2$으로 치환한다. 그러면 $dt = 2x \, dx$, 즉 $x \, dx = dt/2$이다. $x = 0$일 때 $t = 1$이고, $x = 1$일 때 $t = 2$이므로 다음과 같다.

$$\int_0^1 \frac{x}{1 + x^2} \, dx = \frac{1}{2} \int_1^2 \frac{dt}{t} = \frac{1}{2} \ln |t| \Big]_1^2$$

$$= \frac{1}{2} (\ln 2 - \ln 1) = \frac{1}{2} \ln 2$$

그러므로 다음을 얻는다.

$$\int_0^1 \tan^{-1} x \, dx = \frac{\pi}{4} - \int_0^1 \frac{x}{1 + x^2} \, dx = \frac{\pi}{4} - \frac{\ln 2}{2}$$ ❱

$x \geq 0$에서 $\tan^{-1} x \geq 0$이므로 [예제 4] 의 적분은 [그림 2]에서 색칠한 영역의 넓이 로 해석할 수 있다.

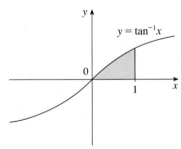

[그림 2]

6.1 연습문제

01 $u = \ln x$, $dv = x^2 dx$를 이용하여 적분 $\int x^2 \ln x \, dx$를 부분적분법으로 계산하라.

02~07 다음 적분을 계산하라.

02 $\int x \cos 5x \, dx$

03 $\int (x^2 + 2x) \cos x \, dx$

04 $\int \arctan 4t \, dt$

05 $\int \dfrac{x e^{2x}}{(1+2x)^2} \, dx$

06 $\int_1^3 r^3 \ln r \, dr$

07 $\int_0^{1/2} \cos^{-1} x \, dx$

08~09 치환을 한 후에 부분적분법으로 다음 적분을 계산하라.

08 $\int \cos \sqrt{x} \, dx$

09 $\int_{\sqrt{\pi/2}}^{\sqrt{\pi}} \theta^3 \cos (\theta^2) \, d\theta$

10~11 부분적분법을 이용하여 다음 점화공식을 증명하라.

10 $\int (\ln x)^n \, dx = x (\ln x)^n - n \int (\ln x)^{n-1} \, dx$

11 $\int \tan^n x \, dx = \dfrac{\tan^{n-1} x}{n-1} - \int \tan^{n-2} x \, dx \quad (n \neq 1)$

12 [연습문제 10]을 이용하여 $\int (\ln x)^3 \, dx$를 구하라.

13 구간 $[0, \pi/4]$에서 함수 $f(x) = x \sec^2 x$의 평균값을 계산하라.

14 직선을 따라 움직이는 입자의 t초 후 속도는 $v(t) = t^2 e^{-t} \, (\text{m/s})$이다. 입자가 처음 t초 동안 움직인 거리는 얼마인가?

15 $f(1) = 2$, $f(4) = 7$, $f'(1) = 5$, $f'(4) = 3$이며 f''이 연속이라 하자. $\int_1^4 x f''(x) \, dx$를 구하라.

6.2 삼각함수 적분과 삼각치환법

이 절에서는 삼각함수를 포함하는 적분과 치환을 이용하여 삼각함수로 변환할 수 있는 적분에 대해 살펴본다.

삼각함수 적분

삼각항등식을 이용하여 여러 삼각함수들의 결합을 적분한다. 먼저 사인과 코사인의 거듭제곱부터 시작한다.

◀ 예제 1 $\int \cos^3 x \, dx$를 계산하라.

풀이

$u = \cos x$라 하면 $du = -\sin x \, dx$이므로 단순히 이렇게 치환하는 것은 적분에 도움이 되지 않는다. 코사인의 거듭제곱을 적분하기 위해 별도의 $\sin x$ 인수가 필요할 것이다. 따라서 코사인 인수 하나를 분리하고, 항등식 $\sin^2 x + \cos^2 x = 1$을 이용하

여 나머지 $\cos^2 x$ 인수는 다음과 같이 사인을 포함한 표현으로 변형한다.

$$\cos^3 x = \cos^2 x \cdot \cos x = (1 - \sin^2 x)\cos x$$

그러면 $u = \sin x$로 치환해서 적분할 수 있다. $du = \cos x \, dx$이므로 다음과 같이 계산할 수 있다.

$$\int \cos^3 x \, dx = \int \cos^2 x \cdot \cos x \, dx = \int (1 - \sin^2 x)\cos x \, dx$$

$$= \int (1 - u^2)\, du = u - \frac{1}{3}u^3 + C = \sin x - \frac{1}{3}\sin^3 x + C \quad \text{❯}$$

일반적으로 사인과 코사인의 거듭제곱을 포함하는 피적분함수는 단 하나의 사인 인수(나머지는 코사인으로 표현) 또는 코사인 인수(나머지는 사인으로 표현)의 형태로 쓴다. 그리고 항등식 $\sin^2 x + \cos^2 x = 1$을 이용해서 사인과 코사인의 짝수 거듭제곱을 다른 것으로 변환한다.

❮예제 2❯ $\displaystyle\int \sin^5 x \cos^2 x \, dx$를 구하라.

풀이

사인 인수 하나를 분리하고 나머지 $\sin^4 x$ 인수를 다음과 같이 $\cos x$로 다시 쓴다.

$$\sin^5 x \cos^2 x = (\sin^2 x)^2 \cos^2 x \sin x = (1 - \cos^2 x)^2 \cos^2 x \sin x$$

$u = \cos x$로 치환하면 $du = -\sin x \, dx$이므로 다음을 얻는다.

$$\int \sin^5 x \cos^2 x \, dx = \int (\sin^2 x)^2 \cos^2 x \sin x \, dx$$

$$= \int (1 - \cos^2 x)^2 \cos^2 x \sin x \, dx$$

$$= \int (1 - u^2)^2 u^2 (-du) = -\int (u^2 - 2u^4 + u^6)\, du$$

$$= -\left(\frac{1}{3}u^3 - \frac{2}{5}u^5 + \frac{1}{7}u^7 \right) + C$$

$$= -\frac{1}{3}\cos^3 x + \frac{2}{5}\cos^5 x - \frac{1}{7}\cos^7 x + C \quad \text{❯}$$

[그림 3]은 [예제 2]의 피적분함수 $\sin^5 x \cos^2 x$와 $C=0$인 부정적분의 그래프를 그린 것이다. 어떤 함수가 어떤 그래프인가?

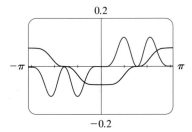

[그림 3]

앞의 예제에서와 같이 사인 또는 코사인의 홀수 거듭제곱은 하나의 인수를 분리하고, 나머지는 짝수 거듭제곱으로 변환할 수 있다. 피적분함수가 사인과 코사인 모두 짝수 거듭제곱을 포함하면 이 방법을 쓸 수 없다. 이 경우에 다음 반각공식을 사용하면 도움이 된다.

$$\sin^2 x = \frac{1}{2}(1 - \cos 2x), \quad \cos^2 x = \frac{1}{2}(1 + \cos 2x)$$

◀ 예제 3 $\int \sin^4 x \, dx$를 구하라.

풀이

$\sin^4 x = (\sin^2 x)^2$으로 고쳐 쓰고 다음과 같이 반각공식을 이용한다.

$$\int \sin^4 x \, dx = \int (\sin^2 x)^2 \, dx$$
$$= \int \left(\frac{1 - \cos 2x}{2}\right)^2 dx$$
$$= \frac{1}{4} \int (1 - 2\cos 2x + \cos^2 2x) \, dx$$

$\cos^2 2x$가 있으므로 다음과 같이 반각공식을 다시 써야 한다.

$$\cos^2 2x = \frac{1}{2}(1 + \cos 4x)$$

따라서 다음을 얻는다.

$$\int \sin^4 x \, dx = \frac{1}{4} \int \left[1 - 2\cos 2x + \frac{1}{2}(1 + \cos 4x)\right] dx$$
$$= \frac{1}{4} \int \left(\frac{3}{2} - 2\cos 2x + \frac{1}{2}\cos 4x\right) dx$$
$$= \frac{1}{4}\left(\frac{3}{2}x - \sin 2x + \frac{1}{8}\sin 4x\right) + C \qquad ❱$$

$\sin x$와 $\cos x$의 거듭제곱을 적분하는 방법
[예제 1~3]에서 다음 전략으로 적분했음을 알 수 있다.
(i) $\cos x$의 거듭제곱이 홀수이면 코사인 인수 하나를 분리하고 나머지 인수를 $\sin x$로 표현하기 위해 $\cos^2 x = 1 - \sin^2 x$를 이용한다. 그 다음 $u = \sin x$로 치환한다.
(ii) $\sin x$의 거듭제곱이 홀수이면 사인 인수 하나를 분리하고 나머지 인수를 $\cos x$로 표현하기 위해 $\sin^2 x = 1 - \cos^2 x$를 이용한다. 그 다음에 $u = \cos x$로 치환한다.
(iii) 사인과 코사인의 거듭제곱이 모두 짝수이면 다음 반각공식을 이용한다.
$$\sin^2 x = \frac{1}{2}(1 - \cos 2x),$$
$$\cos^2 x = \frac{1}{2}(1 + \cos 2x)$$

때로는 항등식 $\sin x \cos x = \frac{1}{2}\sin 2x$를 이용하는 것이 도움이 될 때도 있다.

$\int \tan^m x \sec^n x \, dx$ 형태의 적분을 계산할 때도 유사한 전략을 이용할 수 있다. $(d/dx)\tan x = \sec^2 x$이므로 $\sec^2 x$ 인수를 분리하고, 항등식 $\sec^2 x = 1 + \tan^2 x$를 이용하여 나머지 시컨트의 (짝수) 거듭제곱을 탄젠트를 포함하는 식으로 변환할 수 있다. 또는 $(d/dx)\sec x = \sec x \tan x$이므로 $\sec x \tan x$ 인수를 분리하고, 나머지 탄젠트의 (짝수) 거듭제곱을 시컨트로 변환할 수 있다.

◀ 예제 4 $\int \tan^6 x \sec^4 x \, dx$를 계산하라.

풀이

$\sec^2 x$ 인수 하나를 분리하면 나머지 $\sec^2 x$ 인수는 항등식 $\sec^2 x = 1 + \tan^2 x$를 이용하여 탄젠트로 나타낼 수 있다. $u = \tan x$로 치환하면 $du = \sec^2 x \, dx$이므로 다음과 같이 적분을 계산할 수 있다.

$$\int \tan^6 x \sec^4 x\, dx = \int \tan^6 x \sec^2 x \sec^2 x\, dx$$

$$= \int \tan^6 x\,(1+\tan^2 x)\sec^2 x\, dx$$

$$= \int u^6\,(1+u^2)\,du = \int (u^6+u^8)\,du$$

$$= \frac{u^7}{7} + \frac{u^9}{9} + C$$

$$= \frac{1}{7}\tan^7 x + \frac{1}{9}\tan^9 x + C$$

◀예제 5 $\displaystyle\int \tan^5\theta \sec^7\theta\, d\theta$ 를 구하라.

풀이

$\sec\theta\tan\theta$ 인수를 분리하면 항등식 $\tan^2\theta = \sec^2\theta - 1$을 이용하여 나머지 탄젠트의 거듭제곱은 시컨트만 포함하는 표현으로 변환할 수 있다. $u = \sec\theta$로 치환하면 $du = \sec\theta\tan\theta\, d\theta$이므로 다음과 같이 적분을 계산할 수 있다.

$$\int \tan^5\theta \sec^7\theta\, d\theta = \int \tan^4\theta \sec^6\theta \sec\theta \tan\theta\, d\theta$$

$$= \int (\sec^2\theta - 1)^2 \sec^6\theta \sec\theta \tan\theta\, d\theta$$

$$= \int (u^2-1)^2 u^6\, du = \int (u^{10} - 2u^8 + u^6)\, du$$

$$= \frac{u^{11}}{11} - 2\frac{u^9}{9} + \frac{u^7}{7} + C$$

$$= \frac{1}{11}\sec^{11}\theta - \frac{2}{9}\sec^9\theta + \frac{1}{7}\sec^7\theta + C$$

> **$\tan x$와 $\sec x$의 거듭제곱을 적분하는 방법**
>
> [예제 4]와 [예제 5]로부터 다음과 같이 두 가지 경우에 대한 전략을 생각할 수 있다.
>
> (i) $\sec x$의 거듭제곱이 짝수이면 $\sec^2 x$ 인수를 분리하고 나머지 인수를 $\tan x$로 표현하기 위해 $\sec^2 x = 1 + \tan^2 x$를 이용한다. 그 다음에 $u = \tan x$로 치환한다.
>
> (ii) $\tan x$의 거듭제곱이 홀수이면 $\sec x$ $\tan x$ 인수를 분리하고 나머지 인수를 $\sec x$로 표현하기 위해 $\tan^2 x = \sec^2 x - 1$을 이용한다. 그 다음에 $u = \sec x$로 치환한다.

그 외에는 명백한 적분방법이 없다. 항등식, 부분적분법을 사용할 때도 있고, 경우에 따라서는 기발한 방법을 사용해야 할 때도 있다. 때때로 다음과 같은 5.5절 [예제 4]를 이용하여 $\tan x$를 적분하는 것이 필요할 것이다.

$$\int \tan x\, dx = -\ln|\cos x| = \ln|\sec x| + C$$

또한 다음과 같은 시컨트의 부정적분도 필요할 것이다.

$$\boxed{1} \qquad \int \sec x\, dx = \ln|\sec x + \tan x| + C$$

공식 $\boxed{1}$은 1668년에 그레고리(James Gregory)가 발견했다.

공식 1은 우변을 미분하여 증명할 수 있다.

$\sec x$의 거듭제곱은 다음 예제에서 보듯이 부분적분에 의해 적분할 수 있을 것이다.

◀예제6 $\int \sec^3 x \, dx$를 구하라.

풀이

다음과 같이 부분적분법으로 적분한다.

$$u = \sec x \qquad\qquad dv = \sec^2 x \, dx$$

$$du = \sec x \tan x \, dx \qquad\qquad v = \tan x$$

그러면 다음을 얻는다.

$$\int \sec^3 x \, dx = \sec x \tan x - \int \sec x \tan^2 x \, dx$$

$$= \sec x \tan x - \int \sec x \, (\sec^2 x - 1) \, dx$$

$$= \sec x \tan x - \int \sec^3 x \, dx + \int \sec x \, dx$$

공식 1을 이용해서 적분하면 다음을 얻는다.

$$\int \sec^3 x \, dx = \frac{1}{2} (\sec x \tan x + \ln|\sec x + \tan x|) + C \qquad\qquad \boldsymbol{\rangle}$$

$\int \cot^m x \csc^n x \, dx$ 형태의 적분은 항등식 $1 + \cot^2 x = \csc^2 x$를 이용하여 유사한 방법으로 적분할 수 있다.

삼각치환법

원이나 타원의 넓이를 구할 때 $a > 0$에 대해 $\int \sqrt{a^2 - x^2} \, dx$ 형태의 적분이 나타난다. 이때 $x = a \sin \theta$로 치환하여 변수 x를 변수 θ로 변환하면 항등식 $1 - \sin^2 \theta = \cos^2 \theta$에 의해 다음과 같이 제곱근 기호를 없앨 수 있다.

$$\sqrt{a^2 - x^2} = \sqrt{a^2 - a^2 \sin^2 \theta} = \sqrt{a^2(1 - \sin^2 \theta)} = \sqrt{a^2 \cos^2 \theta} = a|\cos \theta|$$

일반적으로 치환 법칙을 역으로 이용하여 $x = g(t)$ 형태의 치환을 만들 수 있다. 계산을 더 간단히 하기 위해 g는 역함수를 갖는다고 가정한다. 즉 g가 일대일 함수라 하자. 이 경우에 5.5절 치환 법칙 4에서 u를 x로, x를 t로 바꾸면 다음을 얻는다.

$$\int f(x)\,dx = \int f(g(t))g'(t)\,dt$$

이와 같은 종류의 치환을 역치환이라 한다.

역치환 $x = a\sin\theta$가 일대일 함수로 정의된다는 조건, 즉 θ가 $[-\pi/2,\ \pi/2]$ 안에 놓인다고 제한하면 역치환을 만들 수 있다.

[표 1]은 삼각항등식을 이용하여 주어진 무리함수에 대한 효과적인 삼각치환을 나열한 것이다. 각 경우에 치환을 정의하는 함수가 일대일인 것을 보장하기 위해 θ에 대한 제한이 필요하다. (이 제한은 2.4절에서 역함수를 정의할 때 사용한 구간과 동일하다.)

■ 삼각치환표

식	치환	항등식
$\sqrt{a^2 - x^2}$	$x = a\sin\theta,\ -\dfrac{\pi}{2} \le \theta \le \dfrac{\pi}{2}$	$1 - \sin^2\theta = \cos^2\theta$
$\sqrt{a^2 + x^2}$	$x = a\tan\theta,\ -\dfrac{\pi}{2} < \theta < \dfrac{\pi}{2}$	$1 + \tan^2\theta = \sec^2\theta$
$\sqrt{x^2 - a^2}$	$x = a\sec\theta,\ 0 \le \theta < \dfrac{\pi}{2}$ 또는 $\pi \le \theta < \dfrac{3\pi}{2}$	$\sec^2\theta - 1 = \tan^2\theta$

[표 1]

◀예제 7 $\displaystyle\int \frac{\sqrt{9-x^2}}{x^2}\,dx$를 계산하라.

풀이

$x = 3\sin\theta$이고 $-\pi/2 \le \theta \le \pi/2$라 하자. 그러면 $dx = 3\cos\theta\,d\theta$이고 다음을 얻는다.

$$\sqrt{9 - x^2} = \sqrt{9 - 9\sin^2\theta} = \sqrt{9\cos^2\theta} = 3|\cos\theta| = 3\cos\theta$$

($-\pi/2 \le \theta \le \pi/2$이므로 $\cos\theta \ge 0$이다.)

따라서 역치환법을 이용하여 다음을 얻는다.

$$\int \frac{\sqrt{9-x^2}}{x^2}\,dx = \int \frac{3\cos\theta}{9\sin^2\theta}\,3\cos\theta\,d\theta = \int \frac{\cos^2\theta}{\sin^2\theta}\,d\theta$$

$$= \int \cot^2\theta\,d\theta = \int (\csc^2\theta - 1)\,d\theta = -\cot\theta - \theta + C$$

이것은 x에 대한 부정적분이므로 원래 변수 x로 되돌려야 한다. 삼각항등식을 이용하여 $\cot\theta$를 $\sin\theta = x/3$로 표현하거나 [그림 4]와 같이 θ를 직각삼각형의 각으로 해석하는 그림을 그려서 되돌릴 수 있다. $\sin\theta = x/3$이므로 대변과 빗변의 길이는 각각 x와 3이고 피타고라스 정리에 의해 밑변의 길이는 $\sqrt{9-x^2}$이므로 [그림 4]로부터 $\cot\theta$의 값을 다음과 같이 간단히 구할 수 있다.

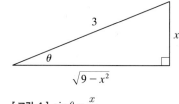

[그림 4] $\sin\theta = \dfrac{x}{3}$

$$\cot \theta = \frac{\sqrt{9-x^2}}{x}$$

(그림에서 $\theta > 0$이지만 $\cot\theta$에 대한 이 식은 $\theta < 0$일 때도 성립한다.) $\sin\theta = x/3$ 이므로 $\theta = \sin^{-1}(x/3)$이고, 따라서 다음을 얻는다.

$$\int \frac{\sqrt{9-x^2}}{x^2}\,dx = -\frac{\sqrt{9-x^2}}{x} - \sin^{-1}\left(\frac{x}{3}\right) + C$$

◀예제 8 타원 $\dfrac{x^2}{a^2} + \dfrac{y^2}{b^2} = 1$로 둘러싸인 영역의 넓이를 구하라.

풀이

타원의 방정식을 y에 대해 풀면 다음을 얻는다.

$$\frac{y^2}{b^2} = 1 - \frac{x^2}{a^2} = \frac{a^2 - x^2}{a^2} \quad \text{또는} \quad y = \pm\frac{b}{a}\sqrt{a^2 - x^2}$$

타원은 두 좌표축에 대해 대칭이므로 전체 넓이 A는 제1사분면에 있는 넓이의 4배 이다([그림 5] 참조). 제1사분면에 있는 타원의 부분은 다음 함수로 주어진다.

$$y = \frac{b}{a}\sqrt{a^2 - x^2}, \quad 0 \le x \le a$$

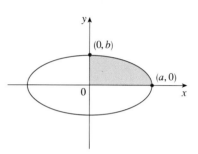

[**그림 5**] $\dfrac{x^2}{a^2} + \dfrac{y^2}{b^2} = 1$

그러므로 다음이 성립한다.

$$\frac{1}{4}A = \int_0^a \frac{b}{a}\sqrt{a^2 - x^2}\,dx$$

이 적분을 계산하기 위해 $x = a\sin\theta$로 치환한다. 그러면 $dx = a\cos\theta\,d\theta$이다. 적분의 범위를 바꿔서 $x = 0$일 때 $\sin\theta = 0$이므로 $\theta = 0$이고, $x = a$일 때 $\sin\theta = 1$이므로 $\theta = \pi/2$이다. 또한 $0 \le \theta \le \pi/2$이므로 다음과 같다.

$$\sqrt{a^2 - x^2} = \sqrt{a^2 - a^2\sin^2\theta} = \sqrt{a^2\cos^2\theta} = a|\cos\theta| = a\cos\theta$$

따라서 다음을 얻는다.

$$A = 4\frac{b}{a}\int_0^a \sqrt{a^2 - x^2}\,dx = 4\frac{b}{a}\int_0^{\pi/2} a\cos\theta \cdot a\cos\theta\,d\theta$$

$$= 4ab\int_0^{\pi/2}\cos^2\theta\,d\theta = 4ab\int_0^{\pi/2}\frac{1}{2}(1 + \cos 2\theta)\,d\theta$$

$$= 2ab\left[\theta + \frac{1}{2}\sin 2\theta\right]_0^{\pi/2} = 2ab\left(\frac{\pi}{2} + 0 - 0\right) = \pi ab$$

양의 x축과 y축이 각각 a와 b인 타원의 넓이는 πab임을 보였다. 특히 $a = b = r$일 때 반지름이 r인 원의 넓이가 πr^2이라는 유명한 공식이 증명된다. ❭

NOTE _[예제 8]에 있는 적분이 정적분이므로 적분 범위만 바꾸고 원래 변수 x로 되돌리지 않아야 한다.

❰ 예제 9 ❭ $\displaystyle \int \frac{1}{x^2 \sqrt{x^2 + 4}} \, dx$를 구하라.

풀이

$x = 2\tan\theta$, $-\pi/2 < \theta < \pi/2$라 하자. 그러면 $dx = 2\sec^2\theta \, d\theta$이고 다음과 같다.

$$\sqrt{x^2 + 4} = \sqrt{4(\tan^2\theta + 1)} = \sqrt{4\sec^2\theta} = 2|\sec\theta| = 2\sec\theta$$

그러면 다음을 얻는다.

$$\int \frac{dx}{x^2\sqrt{x^2+4}} = \int \frac{2\sec^2\theta \, d\theta}{4\tan^2\theta \cdot 2\sec\theta} = \frac{1}{4}\int \frac{\sec\theta}{\tan^2\theta} \, d\theta$$

이 삼각함수의 적분을 계산하기 위해 다음과 같이 $\sin\theta$와 $\cos\theta$로 나타낸다.

$$\frac{\sec\theta}{\tan^2\theta} = \frac{1}{\cos\theta} \cdot \frac{\cos^2\theta}{\sin^2\theta} = \frac{\cos\theta}{\sin^2\theta}$$

그러므로 $u = \sin\theta$로 치환하면 다음을 얻는다.

$$\int \frac{dx}{x^2\sqrt{x^2+4}} = \frac{1}{4}\int \frac{\cos\theta}{\sin^2\theta} \, d\theta = \frac{1}{4}\int \frac{du}{u^2}$$

$$= \frac{1}{4}\left(-\frac{1}{u}\right) + C = -\frac{1}{4\sin\theta} + C$$

$$= -\frac{\csc\theta}{4} + C$$

[그림 6]을 이용하면 $\csc\theta = \sqrt{x^2 + 4}/x$이므로 다음을 얻는다.

$$\int \frac{1}{x^2\sqrt{x^2+4}} \, dx = -\frac{\sqrt{x^2+4}}{4x} + C$$

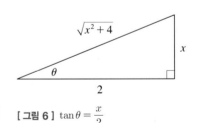

❭ [그림 6] $\tan\theta = \dfrac{x}{2}$

❰ 예제 10 ❭ $a > 0$일 때 $\displaystyle \int \frac{dx}{\sqrt{x^2 - a^2}}$를 계산하라.

풀이

$x = a\sec\theta$이고 $0 < \theta < \pi/2$ 또는 $\pi < \theta < 3\pi/2$라 하면 $dx = a\sec\theta\tan\theta \, d\theta$

이므로 다음을 얻는다.

$$\sqrt{x^2 - a^2} = \sqrt{a^2(\sec^2\theta - 1)} = \sqrt{a^2\tan^2\theta} = a|\tan\theta| = a\tan\theta$$

따라서 다음을 얻는다.

$$\int \frac{dx}{\sqrt{x^2 - a^2}} = \int \frac{a\sec\theta\tan\theta}{a\tan\theta}\,d\theta$$

$$= \int \sec\theta\,d\theta = \ln|\sec\theta + \tan\theta| + C$$

[그림 7]의 삼각형으로부터 $\tan\theta = \sqrt{x^2 - a^2}/a$이므로 다음을 얻는다.

$$\int \frac{dx}{\sqrt{x^2 - a^2}} = \ln\left| \frac{x}{a} + \frac{\sqrt{x^2 - a^2}}{a} \right| + C$$

$$= \ln\left| x + \sqrt{x^2 - a^2} \right| - \ln a + C$$

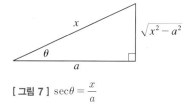

[그림 7] $\sec\theta = \dfrac{x}{a}$

$C_1 = C - \ln a$로 쓰면 다음을 얻는다.

$$\int \frac{dx}{\sqrt{x^2 - a^2}} = \ln\left| x + \sqrt{x^2 - a^2} \right| + C_1$$

6.2 연습문제

01~09 다음 적분을 계산하라.

01 $\displaystyle\int \sin^2 x \cos^3 x\,dx$

02 $\displaystyle\int_0^{\pi/2} \cos^2\theta\,d\theta$

03 $\displaystyle\int_0^{\pi/2} \sin^2 x \cos^2 x\,dx$

04 $\displaystyle\int \cos^2 x \tan^3 x\,dx$

05 $\displaystyle\int \tan x \sec^3 x\,dx$

06 $\displaystyle\int \tan^4 x \sec^6 x\,dx$

07 $\displaystyle\int \tan^3 x \sec x\,dx$

08 $\displaystyle\int_{\pi/6}^{\pi/2} \cot^2 x\,dx$

09 $\displaystyle\int_0^{\pi/6} \sqrt{1 + \cos 2x}\,dx$

10 (a) $\cos(A+B)$와 $\cos(A-B)$에 대한 공식을 이용하여 다음을 보여라.

$$\sin A \sin B = \frac{1}{2}[\cos(A-B) - \cos(A+B)]$$

(b) (a)를 이용하여 $\displaystyle\int \sin 5x \sin 2x\,dx$를 계산하라.

11~12 주어진 삼각치환을 이용하여 적분을 계산하라. 관련된 직각삼각형을 그리고 명칭을 적어라.

11 $\displaystyle\int \frac{dx}{x^2\sqrt{4-x^2}}, \quad x = 2\sin\theta$

12 $\displaystyle\int \frac{\sqrt{x^2 - 4}}{x}\,dx, \quad x = 2\sec\theta$

13~18 다음 적분을 계산하라.

13 $\displaystyle\int_{\sqrt{2}}^{2} \frac{1}{t^3\sqrt{t^2-1}}\,dt$

14 $\displaystyle\int_{0}^{a} \frac{dx}{(a^2+x^2)^{3/2}}, \quad a>0$

15 $\displaystyle\int \frac{dx}{\sqrt{x^2+16}}$

16 $\displaystyle\int_{0}^{0.6} \frac{x^2}{\sqrt{9-25x^2}}\,dx$

17 $\displaystyle\int \frac{\sqrt{1+x^2}}{x}\,dx$

18 $\displaystyle\int x\sqrt{1-x^4}\,dx$

---

19 먼저 $\displaystyle\int \frac{1}{\sqrt{9x^2+6x-8}}\,dx$를 완전제곱으로 고치고 $u=3x+1$ 로 치환하여 적분을 계산하라.

20 입자가 속도함수 $v(t)=\sin\omega t\cos^2\omega t$로 움직인다. $f(0)=0$일 때 위치함수 $s=f(t)$를 구하라.

21 $1\le x\le 7$일 때 $f(x)=\sqrt{x^2-1}/x$의 평균값을 구하라.

22 반지름이 r이고 중심각이 θ인 원형 부채꼴의 넓이에 대한 공식 $A=\dfrac{1}{2}r^2\theta$를 증명하라. (힌트 : $0<\theta<\pi/2$라 가정하고 원의 중심을 원점에 놓는다. 그러면 방정식 $x^2+y^2=r^2$을 얻고, A는 삼각형 POQ와 그림에 있는 영역 PQR의 넓이의 합이다.)

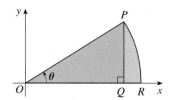

6.3 부분분수법

이 절에서는 임의의 유리함수(다항함수들의 비)를 소위 부분분수라 부르는, 이미 적분하는 방법을 알고 있는 간단한 분수들의 합으로 표현하여 적분하는 방법을 알아본다.

부분분수에 의한 적분 방법을 알기 위해 다항함수 P와 Q에 대해 다음과 같은 유리함수를 생각하자.

$$f(x)=\frac{P(x)}{Q(x)}$$

P의 차수가 Q의 차수보다 작으면 f를 간단한 분수식의 합으로 나타낼 수 있다. $a_n\ne 0$일 때 $P(x)$가 다음과 같다고 하자.

$$P(x)=a_n x^n + a_{n-1}x^{n-1}+\cdots+a_1 x+a_0$$

그러면 P의 차수는 n이고, 이것을 $\deg(P)=n$이라고 한 것을 기억하자.

f가 가분수이면, 즉 $\deg(P)\ge\deg(Q)$이면 나머지 $R(x)$가 $\deg(R)<\deg(Q)$가 될 때까지 P를 Q로 나눠야 한다. 그러면 나눗셈 결과는 다음과 같다.

$$\boxed{1} \qquad f(x)=\frac{P(x)}{Q(x)}=S(x)+\frac{R(x)}{Q(x)}$$

여기서 S와 R은 다항함수이다.

◀예제 1 $\int \dfrac{x^3 + x}{x - 1} \, dx$를 구하라.

풀이

분자의 차수가 분모의 차수보다 크므로 먼저 장제법에 의해 나눗셈을 한다. 그러면 다음을 얻는다.

$$\int \frac{x^3 + x}{x - 1} \, dx = \int \left(x^2 + x + 2 + \frac{2}{x - 1} \right) dx$$

$$= \frac{x^3}{3} + \frac{x^2}{2} + 2x + 2\ln|x - 1| + C \qquad \text{❯}$$

$$
\begin{array}{r}
x^2 + x + 2 \\
x - 1 \overline{)\, x^3 \qquad + x} \\
\underline{x^3 - x^2} \\
x^2 + x \\
\underline{x^2 - x} \\
2x \\
\underline{2x - 2} \\
2
\end{array}
$$

다음 단계는 가능한 끝까지 분모 $Q(x)$를 인수분해하는 것이다. 임의의 다항함수 $Q(x)$는 1차 인수($ax + b$ 형태)와 기약인 2차 인수($ax^2 + bx + c$이고, $b^2 - 4ac < 0$인 형태)의 곱으로 인수분해할 수 있음을 보일 수 있다. 예를 들어 $Q(x) = x^4 - 16$이면 다음과 같이 인수분해할 수 있다.

$$Q(x) = (x^2 - 4)(x^2 + 4) = (x - 2)(x + 2)(x^2 + 4)$$

세 번째 단계는 진분수식 $R(x)/Q(x)$(식 ①로부터)를 다음 형태의 **부분분수**partial fraction의 합으로 나타내는 것이다.

$$\frac{A}{(ax + b)^i} \quad \text{또는} \quad \frac{Ax + B}{(ax^2 + bx + c)^j}$$

이와 같이 하는 것은 대수학의 한 정리로부터 항상 가능하다. 이것을 네 가지 경우로 나누어 자세히 설명한다.

■ 경우 1 : 분모 $Q(x)$가 서로 다른 1차 인수의 곱인 경우

반복되는 인수가 없다면 (인수가 다른 인수의 상수배가 아닐 때) 다음과 같이 쓸 수 있다.

$$Q(x) = (a_1 x + b_1)(a_2 x + b_2) \cdots (a_k x + b_k)$$

이 경우에 부분분수 정리는 다음을 만족하는 상수 A_1, A_2, $\cdots$, A_k가 존재함을 말한다.

$$\boxed{2} \qquad \frac{R(x)}{Q(x)} = \frac{A_1}{a_1 x + b_1} + \frac{A_2}{a_2 x + b_2} + \cdots + \frac{A_k}{a_k x + b_k}$$

이와 같은 상수는 다음 예제와 같이 결정할 수 있다.

◀ 예제 2 $\int \dfrac{x^2+2x-1}{2x^3+3x^2-2x}\,dx$를 계산하라.

풀이

분자의 차수가 분모의 차수보다 낮으므로 나눌 필요가 없다. 분모를 다음과 같이 인수분해한다.

$$2x^3+3x^2-2x=x(2x^2+3x-2)=x(2x-1)(x+2)$$

분모가 서로 다른 세 개의 1차 인수를 가지므로 피적분함수의 부분분수 분해 ②는 다음과 같은 형태를 갖는다.

③
$$\frac{x^2+2x-1}{x(2x-1)(x+2)}=\frac{A}{x}+\frac{B}{2x-1}+\frac{C}{x+2}$$

A, B, C의 값을 결정하기 위해 분모의 곱인 $x(2x-1)(x+2)$를 이 식의 양변에 곱하여 다음을 얻는다.

④
$$x^2+2x-1=A(2x-1)(x+2)+Bx(x+2)+Cx(2x-1)$$

식 ④의 우변을 전개하고 다항함수에 대한 표준형으로 쓰면 다음을 얻는다.

⑤
$$x^2+2x-1=(2A+B+2C)x^2+(3A+2B-C)x-2A$$

식 ⑤의 다항함수는 항등식이므로 계수들이 서로 같아야 한다. 그러므로 우변의 x^2의 계수 $2A+B+2C$는 좌변의 x^2의 계수 1과 같아야 한다. 마찬가지로 x의 계수들과 상수항들도 같아야 한다. A, B, C에 대한 다음 연립방정식을 얻는다.

$$2A+\ \ B+2C=1$$
$$3A+2B-\ \ C=2$$
$$-2A\qquad\qquad=-1$$

이를 풀면 $A=\dfrac{1}{2}$, $B=\dfrac{1}{5}$, $C=-\dfrac{1}{10}$이다. 따라서 다음을 얻는다.

$$\int \frac{x^2+2x-1}{2x^3+3x^2-2x}\,dx=\int\left(\frac{1}{2}\,\frac{1}{x}+\frac{1}{5}\,\frac{1}{2x-1}-\frac{1}{10}\,\frac{1}{x+2}\right)dx$$

$$=\frac{1}{2}\ln|x|+\frac{1}{10}\ln|2x-1|-\frac{1}{10}\ln|x+2|+K$$

가운데 항을 적분할 때 마음속으로 $u=2x-1$로 치환하고 $du=2dx$, $dx=du/2$임을 이용한 것이다. ❯

A, B, C를 구하기 위한 또 다른 방법은 이 예제의 끝에 이어진 NOTE에서 설명한다.

[그림 8]은 [예제 2]의 피적분함수와 $K=0$인 부정적분의 그래프이다. 어떤 함수가 어떤 그래프인가?

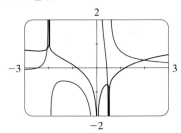

[그림 8]

각 항들의 공통분모를 취하고 더해서 부분분수의 합으로 잘 나타냈는지 확인할 수 있다.

NOTE _ [예제 2]에서 계수 A, B, C를 구하기 위해 다른 방법을 사용할 수 있다. 식 $\boxed{4}$는 항등식이다. 즉 모든 x값에 대해 등식이 성립해야 한다. 방정식을 간단하게 하는 x값을 선택하자. 식 $\boxed{4}$에서 $x=0$을 대입하면 우변의 둘째 항과 셋째 항이 없어지고 방정식은 $-2A=-1$ 또는 $A=\frac{1}{2}$이 된다. 같은 방법으로 $x=\frac{1}{2}$이면 $\frac{5B}{4}=\frac{1}{4}$이고, $x=-2$이면 $10C=-1$이다. 따라서 $B=\frac{1}{5}$과 $C=-\frac{1}{10}$을 얻는다.

■ 경우 2 : $Q(x)$가 반복되는 1차 인수의 곱인 경우

먼저 1차 인수 $(a_1 x + b_1)$이 r번 반복된다고 하자. 즉 $(a_1 x + b_1)^r$이 $Q(x)$의 인수분해에 나타난다고 하자. 그러면 식 $\boxed{2}$에서 단일 항 $\dfrac{A_1}{(a_1 x + b_1)}$ 대신 다음을 이용한다.

$\boxed{6}$
$$\frac{A_1}{a_1 x + b_1} + \frac{A_2}{(a_1 x + b_1)^2} + \cdots + \frac{A_r}{(a_1 x + b_1)^r}$$

◀예제 3 $\displaystyle\int \frac{x^4 - 2x^2 + 4x + 1}{x^3 - x^2 - x + 1}\,dx$를 구하라.

풀이

첫 단계로 나눗셈을 한다. 장제법의 결과는 다음과 같다.

$$\frac{x^4 - 2x^2 + 4x + 1}{x^3 - x^2 - x + 1} = x + 1 + \frac{4x}{x^3 - x^2 - x + 1}$$

다음 단계는 분모 $Q(x) = x^3 - x^2 - x + 1$의 인수분해이다. $Q(1) = 0$이므로 $x-1$이 인수이고 따라서 다음을 얻는다.

$$x^3 - x^2 - x + 1 = (x-1)(x^2 - 1) = (x-1)(x-1)(x+1)$$
$$= (x-1)^2(x+1)$$

1차 인수 $x-1$이 두 번 나타나므로 부분분수 분해는 다음과 같다.

$$\frac{4x}{(x-1)^2(x+1)} = \frac{A}{x-1} + \frac{B}{(x-1)^2} + \frac{C}{x+1}$$

가장 작은 공통분모 $(x-1)^2(x+1)$을 양변에 곱하면 다음을 얻는다.

$\boxed{7}$
$$4x = A(x-1)(x+1) + B(x+1) + C(x-1)^2$$
$$= (A+C)x^2 + (B-2C)x + (-A+B+C)$$

이제 다음과 같이 양변의 각 계수가 같다고 놓는다.

$$
\begin{aligned}
A \qquad\quad + C &= 0 \\
B - 2C &= 4 \\
-A + B + C &= 0
\end{aligned}
$$

계수를 구하기 위한 또 다른 방법은 다음과 같다.
$\boxed{7}$에서 $x=1$로 놓으면 $B=2$, $x=-1$로 놓으면 $C=-1$, $x=0$으로 놓으면 $A=B+C=1$이다.

이 방정식을 풀면 $A = 1$, $B = 2$, $C = -1$을 얻는다. 따라서 다음과 같다.

$$\int \frac{x^4 - 2x^2 + 4x + 1}{x^3 - x^2 - x + 1} \, dx = \int \left[x + 1 + \frac{1}{x-1} + \frac{2}{(x-1)^2} - \frac{1}{x+1} \right] dx$$

$$= \frac{x^2}{2} + x + \ln|x-1| - \frac{2}{x-1} - \ln|x+1| + K$$

$$= \frac{x^2}{2} + x - \frac{2}{x-1} + \ln\left| \frac{x-1}{x+1} \right| + K$$

여기서 $\ln \frac{a}{b} = \ln a - \ln b$를 이용한다.

■ **경우 3 : $Q(x)$가 반복되지 않는 기약 2차 인수를 포함하는 경우**

$Q(x)$가 $b^2 - 4ac < 0$인 인수 $ax^2 + bx + c$를 가지면, $R(x)/Q(x)$에 대한 식은 1차 인수를 포함한 식 ②와 ⑥에 있는 부분분수에 덧붙여서 다음 형태의 항을 갖게 된다.

⑧
$$\frac{Ax + B}{ax^2 + bx + c}$$

⑧에 있는 항을 완전제곱으로 변형(필요 시)하고 다음 공식을 이용하여 적분할 수 있다.

⑨
$$\int \frac{dx}{x^2 + a^2} = \frac{1}{a} \tan^{-1}\left(\frac{x}{a} \right) + C$$

◀예제 4 $\int \dfrac{2x^2 - x + 4}{x^3 + 4x} \, dx$를 계산하라.

풀이

$x^3 + 4x = x(x^2 + 4)$는 더 이상 인수분해할 수 없으므로 다음과 같이 쓴다.

$$\frac{2x^2 - x + 4}{x(x^2 + 4)} = \frac{A}{x} + \frac{Bx + C}{x^2 + 4}$$

$x(x^2 + 4)$를 양변에 곱하면 다음을 얻는다.

$$2x^2 - x + 4 = A(x^2 + 4) + (Bx + C)x$$
$$= (A + B)x^2 + Cx + 4A$$

양변의 계수를 비교하면 $A + B = 2$, $C = -1$, $4A = 4$이다.

따라서 $A = 1$, $B = 1$, $C = -1$이므로 다음과 같다.

$$\int \frac{2x^2 - x + 4}{x^3 + 4x} \, dx = \int \left(\frac{1}{x} + \frac{x-1}{x^2 + 4} \right) dx$$

두 번째 항을 적분하기 위해 다음과 같이 두 부분으로 분리한다.

$$\int \frac{x-1}{x^2+4}\,dx = \int \frac{x}{x^2+4}\,dx - \int \frac{1}{x^2+4}\,dx$$

우변의 첫 번째 적분은 $u = x^2 + 4$로 치환하면 $du = 2x\,dx$이다. 두 번째 적분은 $a = 2$에 대한 공식 ⑨에 의해 다음과 같이 계산한다.

$$\int \frac{2x^2 - x + 4}{x(x^2+4)}\,dx = \int \frac{1}{x}\,dx + \int \frac{x}{x^2+4}\,dx - \int \frac{1}{x^2+4}\,dx$$

$$= \ln|x| + \frac{1}{2}\ln(x^2+4) - \frac{1}{2}\tan^{-1}(x/2) + K \quad \text{❱}$$

■ 경우 4 : $Q(x)$가 반복되는 기약 2차 인수를 포함하는 경우

$Q(x)$가 $b^2 - 4ac < 0$인 인수 $(ax^2 + bx + c)^r$을 가지면 $R(x)/Q(x)$의 부분분수 분해는 부분분수 ⑧의 단일 항 대신에 다음의 합으로 분해된다.

⑩
$$\frac{A_1 x + B_1}{ax^2 + bx + c} + \frac{A_2 x + B_2}{(ax^2 + bx + c)^2} + \cdots + \frac{A_r x + B_r}{(ax^2 + bx + c)^r}$$

식 ⑩ 안에 있는 각 항은 필요하면 먼저 완전제곱으로 바꾸고 치환하여 적분할 수 있다.

❰ 예제 5 ❱ $\displaystyle\int \frac{1 - x + 2x^2 - x^3}{x(x^2+1)^2}\,dx$를 계산하라.

풀이

이 함수의 부분분수 분해의 형태는 다음과 같다.

$$\frac{1 - x + 2x^2 - x^3}{x(x^2+1)^2} = \frac{A}{x} + \frac{Bx+C}{x^2+1} + \frac{Dx+E}{(x^2+1)^2}$$

양변에 $x(x^2+1)^2$을 곱하면 다음을 얻는다.

$$-x^3 + 2x^2 - x + 1 = A(x^2+1)^2 + (Bx+C)x(x^2+1) + (Dx+E)x$$

$$= A(x^4 + 2x^2 + 1) + B(x^4 + x^2) + C(x^3 + x) + Dx^2 + Ex$$

$$= (A+B)x^4 + Cx^3 + (2A+B+D)x^2 + (C+E)x + A$$

양변의 계수를 같게 놓으면 다음 연립방정식을 얻는다.

$$A + B = 0, \quad C = -1, \quad 2A + B + D = 2, \quad C + E = -1, \quad A = 1$$

즉 $A = 1$, $B = -1$, $C = -1$, $D = 1$, $E = 0$이므로 다음을 얻는다.

$$\int \frac{1 - x + 2x^2 - x^3}{x(x^2+1)^2}\,dx = \int \left(\frac{1}{x} - \frac{x+1}{x^2+1} + \frac{x}{(x^2+1)^2} \right) dx$$

$$= \int \frac{dx}{x} - \int \frac{x}{x^2+1}\,dx - \int \frac{dx}{x^2+1} + \int \frac{x\,dx}{(x^2+1)^2}$$

$$= \ln|x| - \frac{1}{2}\ln(x^2+1) - \tan^{-1}x - \frac{1}{2(x^2+1)} + K \quad \text{❯}$$

두 번째와 네 번째 항에서 마음속으로 $u = x^2 + 1$로 치환한 것이다.

6.3 연습문제

01~14 다음 적분을 계산하라.

01 $\displaystyle\int \frac{x^4}{x-1}\,dx$

02 $\displaystyle\int \frac{5x+1}{(2x+1)(x-1)}\,dx$

03 $\displaystyle\int_0^1 \frac{2}{2x^2+3x+1}\,dx$

04 $\displaystyle\int \frac{ax}{x^2-bx}\,dx$

05 $\displaystyle\int_0^1 \frac{2x+3}{(x+1)^2}\,dx$

06 $\displaystyle\int_1^2 \frac{4y^2-7y-12}{y(y+2)(y-3)}\,dy$

07 $\displaystyle\int \frac{x^2+1}{(x-3)(x-2)^2}\,dx$

08 $\displaystyle\int \frac{x^3+4}{x^2+4}\,dx$

09 $\displaystyle\int \frac{10}{(x-1)(x^2+9)}\,dx$

10 $\displaystyle\int \frac{x^3+x^2+2x+1}{(x^2+1)(x^2+2)}\,dx$

11 $\displaystyle\int \frac{x+4}{x^2+2x+5}\,dx$

12 $\displaystyle\int \frac{1}{x^3-1}\,dx$

13 $\displaystyle\int \frac{dx}{x(x^2+4)^2}$

14 $\displaystyle\int \frac{x-3}{(x^2+2x+4)^2}\,dx$

15~16 피적분함수를 치환하여 유리함수로 표현하고 적분을 계산하라.

15 $\displaystyle\int_9^{16} \frac{\sqrt{x}}{x-4}\,dx, \quad u = \sqrt{x}$

16 $\displaystyle\int \frac{e^{2x}}{e^{2x}+3e^x+2}\,dx$

17 이 절에서의 기법과 함께 부분적분법을 이용하여 $\displaystyle\int \ln(x^2 - x + 2)\,dx$를 계산하라.

18 살충제를 쓰지 않고 곤충의 개체수의 증가를 억제시키는 한 가지 방법은 번식 능력이 있는 암컷과 짝짓기는 하되 생식 능력이 없는 다수의 수컷을 개체군에 투입하는 것이다. P를 암컷의 수, S를 각 세대에 투입된 생식 능력이 없는 수컷의 수, r을 그 집단의 자연증가율이라고 하자. 그러면 암컷의 개체수와 시간 t 사이에는 다음과 같은 관계식이 성립한다.

$$t = \int \frac{P+S}{P[(r-1)P-S]}\,dP$$

$r = 0.10$의 증가율로 증가하고 있는 암컷 $10{,}000$마리가 있는 곤충 집단에 900마리의 생식 능력이 없는 수컷을 투입했다고 하자. 적분을 계산해서 암컷의 개체수와 시간 사이의 관계를 나타내는 방정식을 구하라. (이 방정식은 P에 대해 명확하게 풀리지는 않는다는 점에 유의하라.)

6.4 근사 적분

이 절에서는 근삿값에 의해 적분을 계산하는 방법을 설명한다.

모든 연속함수는 적분할 수 있는가?

다음과 같은 질문에 대해 생각해보자. 치환 법칙, 부분적분법과 더불어 기본 적분 공식들을 이용하면 모든 연속함수들의 적분을 구할 수 있을 것인가? 특히 이것들을 이용하여 $\int e^{x^2} dx$를 계산할 수 있을까? 답은 "아니다."이다. 피적분함수는 지금까지 접해봤던 익숙한 함수가 아니다.

이 책에서 다루는 대부분의 함수들은 **기본함수**^{elementary function}라고 부르는 것들이다. 이 함수들은 다항함수, 유리함수, 거듭제곱 함수, 지수함수, 로그함수, 삼각함수, 역삼각함수 그리고 이들의 덧셈, 뺄셈, 곱셈, 나눗셈, 합성의 다섯 가지 연산을 통해 얻어지는 함수들이다. 예를 들어 다음은 기본함수이다.

$$f(x) = \sqrt{\frac{x^2 - 1}{x^3 + 2x - 1}} + \ln(\cos x) - x\, e^{\sin 2x}$$

f가 기본함수이면 f'도 기본함수이지만 $\int f(x)dx$가 반드시 기본함수가 된다고 할 수는 없다. $f(x) = e^{x^2}$을 생각하면 f가 연속이므로 그 적분은 존재한다. 함수 F를

$$F(x) = \int_0^x e^{t^2} dt$$

와 같이 정의한다면 미적분학의 기본 정리 1로부터 다음과 같음을 알 수 있다.

$$F'(x) = e^{x^2}$$

따라서 $f(x) = e^{x^2}$은 역도함수 F를 갖지만 F는 기본함수가 아님을 증명할 수 있다. 이것은 아무리 노력해도 이미 알고 있는 함수를 이용해서 $\int e^{x^2} dx$를 결코 계산할 수 없음을 의미한다. (그러나 8장에서 $\int e^{x^2} dx$가 어떻게 무한급수로 표현되는지 볼 것이다.) 다음 적분들도 마찬가지로 적분을 구할 수 없다.

$$\int \frac{e^x}{x} dx \qquad \int \sin(x^2)\, dx \qquad \int \cos(e^x)\, dx$$

$$\int \sqrt{x^3 + 1}\, dx \qquad \int \frac{1}{\ln x}\, dx \qquad \int \frac{\sin x}{x}\, dx$$

사실상 대부분의 기본함수의 역도함수는 기본함수가 아니다. 따라서 다음 적분을 정확히 계산한다는 것은 불가능하다.

$$\int_0^1 e^{x^2}\,dx, \quad \int_{-1}^1 \sqrt{1+x^3}\,dx$$

그러나 정적분은 리만 합의 극한으로 정의되므로 리만 합은 다음과 같이 근삿값으로 사용될 수 있다.

$[a, b]$를 동일한 길이 $\Delta x = (b-a)/n$를 갖는 n개의 부분 구간으로 분할하면, i번째 부분 구간 $[x_{i-1}, x_i]$ 안에 있는 임의의 점 x_i^*에 대해 다음을 얻는다.

$$\int_a^b f(x)\,dx \approx \sum_{i=1}^n f(x_i^*)\,\Delta x$$

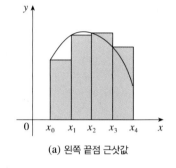
(a) 왼쪽 끝점 근삿값

만일 x_i^*를 구간의 왼쪽 끝점으로 선택하면 $x_i^* = x_{i-1}$이고 다음을 얻는다.

$$\boxed{1} \qquad \int_a^b f(x)\,dx \approx L_n = \sum_{i=1}^n f(x_{i-1})\,\Delta x$$

만일 $f(x) \geq 0$이면 적분은 넓이를 나타내고, ①은 [그림 9(a)]와 같이 직사각형들에 의한 넓이의 근삿값을 나타낸다. x_i^*를 구간의 오른쪽 끝점으로 선택하면 $x_i^* = x_i$이고 다음을 얻는다([그림 9(b)] 참조).

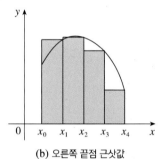
(b) 오른쪽 끝점 근삿값

$$\boxed{2} \qquad \int_a^b f(x)\,dx \approx R_n = \sum_{i=1}^n f(x_i)\,\Delta x$$

식 ①과 ②에 의해 정의된 근삿값 L_n과 R_n을 각각 **왼쪽 끝점 근삿값** left endpoint approximation과 **오른쪽 끝점 근삿값** right endpoint approximation이라 한다.

5.2절에서 x_i^*를 부분 구간 $[x_{i-1}, x_i]$의 중점 $\bar{x}_i$로 택한 경우도 생각했다. [그림 9(c)]는 L_n 또는 R_n보다 더 좋은 형태인 중점 근삿값 M_n을 보여준다.

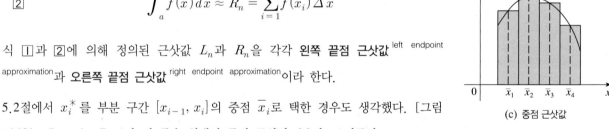
(c) 중점 근삿값

[그림 9]

중점 법칙

$$\int_a^b f(x)\,dx \approx M_n = \Delta x \left[f(\bar{x}_1) + f(\bar{x}_2) + \cdots + f(\bar{x}_n) \right]$$

여기서 $\Delta x = \dfrac{b-a}{n}$이고 $\bar{x}_i = \dfrac{1}{2}(x_{i-1} + x_i)$는 $[x_{i-1}, x_i]$의 중점이다.

또 다른 근삿값으로 다음과 같이 식 ①과 ②의 근삿값을 평균한 결과인 **사다리꼴 공식** trapezoidal rule이 있다.

$$\int_a^b f(x)\,dx \approx \frac{1}{2}\left[\sum_{i=1}^{n} f(x_{i-1})\,\Delta x + \sum_{i=1}^{n} f(x_i)\,\Delta x\right] = \frac{\Delta x}{2}\left[\sum_{i=1}^{n}\left(f(x_{i-1}) + f(x_i)\right)\right]$$

$$= \frac{\Delta x}{2}\left[\left(f(x_0) + f(x_1)\right) + \left(f(x_1) + f(x_2)\right) + \cdots + \left(f(x_{n-1}) + f(x_n)\right)\right]$$

$$= \frac{\Delta x}{2}\left[f(x_0) + 2f(x_1) + 2f(x_2) + \cdots + 2f(x_{n-1}) + f(x_n)\right]$$

사다리꼴 공식

$$\int_a^b f(x)\,dx$$
$$\approx T_n = \frac{\Delta x}{2}\left[f(x_0) + 2f(x_1) + 2f(x_2) + \cdots + 2f(x_{n-1}) + f(x_n)\right]$$

여기서 $\Delta x = (b-a)/n$이고 $x_i = a + i\,\Delta x$이다.

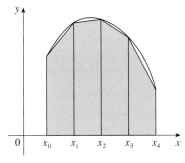

[그림 10] 사다리꼴 근삿값

사다리꼴 공식이라고 부르는 이유는 $f(x) \geq 0$일 때를 설명하는 [그림 10]을 보면 알 수 있다. i번째 부분 구간 위에 있는 사다리꼴의 넓이는 다음과 같다.

$$\Delta x\left(\frac{f(x_{i-1}) + f(x_i)}{2}\right) = \frac{\Delta x}{2}\left[f(x_{i-1}) + f(x_i)\right]$$

그리고 이러한 사다리꼴의 모든 넓이를 더하면 사다리꼴 공식의 우변을 얻는다.

◀예제 1 $n = 5$에 대해 **(a)** 사다리꼴 공식 **(b)** 중점 법칙을 이용하여 적분

$\displaystyle\int_1^2 (1/x)\,dx$의 근삿값을 구하라.

풀이

(a) $n = 5$, $a = 1$, $b = 2$일 때 $\Delta x = (2-1)/5 = 0.2$이므로 사다리꼴 공식을 이용 하여 다음을 얻는다.

$$\int_1^2 \frac{1}{x}\,dx \approx T_5 = \frac{0.2}{2}\left[f(1) + 2f(1.2) + 2f(1.4) + 2f(1.6) + 2f(1.8) + f(2)\right]$$

$$= 0.1\left(\frac{1}{1} + \frac{2}{1.2} + \frac{2}{1.4} + \frac{2}{1.6} + \frac{2}{1.8} + \frac{1}{2}\right)$$

$$\approx 0.695635$$

이 근삿값은 [그림 11]에서 설명한다.

(b) 5개 부분 구간의 중점은 1.1, 1.3, 1.5, 1.7, 1.9이므로 중점 법칙을 이용하여 다음을 얻는다.

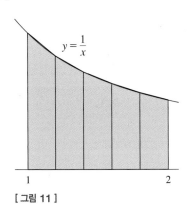

[그림 11]

$$\int_{1}^{2} \frac{1}{x}\,dx \approx M_5 = \Delta x\,[\,f(1.1)+f(1.3)+f(1.5)+f(1.7)+f(1.9)\,]$$

$$= \frac{1}{5}\left(\frac{1}{1.1}+\frac{1}{1.3}+\frac{1}{1.5}+\frac{1}{1.7}+\frac{1}{1.9}\right)$$

$$\approx 0.691908$$

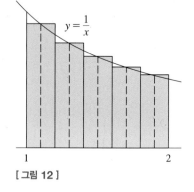

[그림 12]

이 근삿값은 [그림 12]에서 설명한다.

[예제 1]에서는 사다리꼴 공식과 중점 법칙이 얼마나 정확한지를 알기 위해 의도적으로 명확하게 계산되는 적분을 택했다. 미적분학의 기본 정리에 의해 다음을 얻는다.

$$\int_{1}^{2} \frac{1}{x}\,dx = \ln x \,\Big]_{1}^{2} = \ln 2 = 0.693147\cdots$$

근삿값을 사용할 때 **오차**^{error}는 정확한 값을 얻기 위해 근삿값에 더해야 하는 양으로 정의된다. [예제 1]에서 구한 값들로부터 $n=5$인 경우의 사다리꼴 공식과 중점 법칙 의 오차는 각각 다음과 같다.

$$E_T \approx -0.002488, \quad E_M \approx 0.001239$$

$$\int_{a}^{b} f(x)\,dx = 근삿값 + 오차$$

일반적으로 다음이 성립한다.

$$E_T = \int_{a}^{b} f(x)\,dx - T_n, \quad E_M = \int_{a}^{b} f(x)\,dx - M_n$$

[표 2]는 [예제 1]에서 구한 계산과 비슷하게 $n=5,\ 10,\ 20$일 때 사다리꼴 공식과 중점 법칙뿐만 아니라 왼쪽, 오른쪽 끝점에 대한 근삿값을 계산한 결과이다.

n	L_n	R_n	T_n	M_n
5	0.745635	0.645635	0.695635	0.691908
10	0.718771	0.668771	0.693771	0.692835
20	0.705803	0.680803	0.693303	0.693069

$\int_{1}^{2} \dfrac{1}{x}\,dx$의 근삿값

n	E_L	E_R	E_T	E_M
5	-0.052488	0.047512	-0.002488	0.001239
10	-0.025624	0.024376	-0.000624	0.000312
20	-0.012656	0.012344	-0.000156	0.000078

대응하는 오차

[표 2]

[표 2]로부터 다음과 같이 여러 가지 사실을 관찰할 수 있다.

1. 모든 방법에서 n의 값이 증가할수록 더욱 정확한 근삿값을 얻는다. (그러나 n의 값이 매우 커지면 수많은 산술연산의 결과로 반올림 오차가 누적된다는 것에 주의해 야 한다.)

2. 왼쪽과 오른쪽 끝점 근삿값에서 오차는 부호가 서로 다르며, n의 값이 2배로 늘어 나면 약 $1/2$로 줄어든다.

3. 끝점 근삿값보다 사다리꼴 공식과 중점 법칙이 더 정확하다.

대부분의 경우에 관찰 결과는 참이다.

4. 사다리꼴 공식과 중점 법칙에서의 오차는 부호가 서로 다르며, n의 값이 2배로 늘어나면 약 1/4로 줄어든다.

5. 중점 법칙에서 오차의 크기는 사다리꼴 공식에서 오차의 약 반이다.

---

③ 오차한계

$a \leq x \leq b$에서 $|f''(x)| \leq K$라 하자. E_T와 E_M을 각각 사다리꼴 공식과 중점 법칙에서의 오차라고 한다면 다음이 성립한다.

$$|E_T| \leq \frac{K(b-a)^3}{12n^2}, \quad |E_M| \leq \frac{K(b-a)^3}{24n^2}$$

[예제 1]에서 사다리꼴 공식에 의한 근삿값에 이 오차 추정을 적용해보자. $f(x) = 1/x$이면 $f'(x) = -1/x^2$, $f''(x) = 2/x^3$이다. $1 \leq x \leq 2$일 때 $1/x \leq 1$이므로 다음을 얻는다.

$$|f''(x)| = \left| \frac{2}{x^3} \right| \leq \frac{2}{1^3} = 2$$

그러므로 오차 추정 ③에서 $K = 2$, $a = 1$, $b = 2$, $n = 5$라 하면 다음을 알 수 있다.

$$|E_T| \leq \frac{2(2-1)^3}{12(5)^2} = \frac{1}{150} \approx 0.006667$$

K는 $|f''(x)|$의 값보다 큰 임의의 수가 될 수 있지만 K 값이 작을수록 오차한계가 더 나아진다.

이 오차 추정 0.006667을 실제 오차인 약 0.002488과 비교하면 실제 오차가 식 ③에서 주어진 오차의 상한보다 상당히 작은 것을 알 수 있다.

◀예제 2 (a) $n = 10$인 중점 법칙을 이용하여 적분 $\int_0^1 e^{x^2} dx$의 근삿값을 구하라.

(b) 이 오차에 따른 오차의 상한을 구하라.

풀이

(a) $a = 0$, $b = 1$, $n = 10$이므로 중점 법칙에 의해 다음을 얻는다.

$$\int_0^1 e^{x^2} dx \approx \Delta x \left[f(0.05) + f(0.15) + \cdots + f(0.85) + f(0.95) \right]$$

$$= 0.1 \left[e^{0.0025} + e^{0.0225} + e^{0.0625} + e^{0.1225} + e^{0.2025} + e^{0.3025} \right.$$

$$\left. + e^{0.4225} + e^{0.5625} + e^{0.7225} + e^{0.9025} \right]$$

$$\approx 1.460393$$

[그림 13]은 이 근삿값을 설명한다.

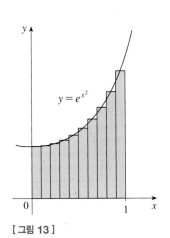

[그림 13]

(b) $f(x) = e^{x^2}$일 때 $f'(x) = 2x e^{x^2}$, $f''(x) = (2 + 4x^2) e^{x^2}$이다. 또한 $0 \leq x \leq 1$ 이므로 $x^2 \leq 1$이다. 따라서 다음을 얻는다.

$$0 \leq |f''(x)| = (2 + 4x^2) e^{x^2} \leq 6e$$

오차 추정 ③에서 $K = 6e$, $a = 0$, $b = 1$, $n = 10$을 택하면 오차의 상한은 다음 과 같음을 알 수 있다.

$$\frac{6e(1)^3}{24(10)^2} = \frac{e}{400} \approx 0.007$$

❱

오차 추정은 오차에 대한 상한으로, 실제 오 차보다 더 큰 최악의 경우를 제시한다. 이 경 우에 실제 오차는 약 0.0023이다.

심프슨의 공식

또 다른 근사 적분은 곡선을 근사하기 위해 직선 대신 포물선을 이용하여 얻는다. 앞에 서와 같이 $[a, b]$를 동일한 길이 $h = \Delta x = (b - a)/n$를 갖는 n개의 부분 구간으로 분할하지만, 이번에는 n을 짝수라고 가정한다. [그림 14]와 같이 연속한 두 구간 에서 곡선 $y = f(x) \geq 0$을 포물선으로 근사시킨다. 만일 $y_i = f(x_i)$라 하면 점 $P_i(x_i, y_i)$는 x_i 위에 있는 곡선 위의 점이다. 전형적인 포물선은 연이은 세 점 P_i, P_{i+1}, P_{i+2}를 지나간다.

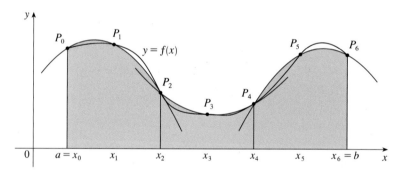

[그림 14]

계산을 간단히 하기 위해 먼저 $x_0 = -h$, $x_1 = 0$, $x_2 = h$인 경우를 생각하자([그 림 15] 참조). P_0, P_1, P_2를 지나는 포물선의 방정식은 $y = A x^2 + B x + C$의 형 태이므로 $x = -h$에서 $x = h$까지 포물선 아래의 넓이는 다음과 같다.

$$\int_{-h}^{h} (A x^2 + B x + C) \, dx = 2 \int_{0}^{h} (A x^2 + C) \, dx$$

$$= 2 \left[A \frac{x^3}{3} + C x \right]_0^h$$

$$= 2 \left(A \frac{h^3}{3} + C h \right) = \frac{h}{3} (2 A h^2 + 6 C)$$

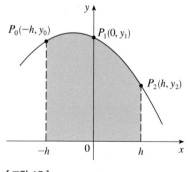

[그림 15]

여기서 정리 5.5절 정리 ⑥을 사용했다. $A x^2 + C$는 우함수, $B x$는 기함수이다.

한편 이 포물선이 $P_0(-h, y_0)$, $P_1(0, y_1)$, $P_2(h, y_2)$를 지나므로 다음을 얻는다.

$$y_0 = A(-h)^2 + B(-h) + C = Ah^2 - Bh + C$$

$$y_1 = C$$

$$y_2 = Ah^2 + Bh + C$$

그러므로 $y_0 + 4y_1 + y_2 = 2Ah^2 + 6C$이다. 따라서 포물선 아래의 넓이를 다음과 같이 쓸 수 있다.

$$\frac{h}{3}(y_0 + 4y_1 + y_2)$$

이 포물선을 수평으로 평행이동 시켜도 그 넓이는 변하지 않는다. 이것은 [그림 14]와 같이 $x = x_0$에서 $x = x_2$까지 P_0, P_1, P_2를 지나는 포물선 아래의 넓이가 다음과 같음을 의미한다.

$$\frac{h}{3}(y_0 + 4y_1 + y_2)$$

비슷한 방법으로 $x = x_2$에서 $x = x_4$까지 P_2, P_3, P_4를 지나는 포물선 아래의 넓이는 다음과 같다.

$$\frac{h}{3}(y_2 + 4y_3 + y_4)$$

이와 같은 방법으로 모든 포물선 아래의 넓이를 계산하여 그 결과들을 모두 더하면 다음을 얻는다.

$$\int_a^b f(x)\,dx \approx \frac{h}{3}(y_0 + 4y_1 + y_2) + \frac{h}{3}(y_2 + 4y_3 + y_4) + \cdots + \frac{h}{3}(y_{n-2} + 4y_{n-1} + y_n)$$

$$= \frac{h}{3}(y_0 + 4y_1 + 2y_2 + 4y_3 + 2y_4 + \cdots + 2y_{n-2} + 4y_{n-1} + y_n)$$

$f(x) \geq 0$인 경우에 대해 이 근삿값을 유도했지만, 이것은 임의의 연속함수 f에 대해서도 타당한 근삿값이다. 그리고 이것을 영국의 수학자 **심프슨**$^{\text{Thomas Simpson, 1710~1761}}$의 이름을 따서 심프슨의 공식이라 부른다. 계수의 형태는 1, 4, 2, 4, 2, 4, 2, ⋯, 4, 2, 4, 1임에 주의하자.

심프슨의 공식

n이 짝수이고 $\Delta x = (b-a)/n$이면 다음이 성립한다.

$$\int_a^b f(x)\,dx \approx S_n = \frac{\Delta x}{3}\left[f(x_0) + 4f(x_1) + 2f(x_2) + 4f(x_3) + \cdots\right.$$

$$\left. + 2f(x_{n-2}) + 4f(x_{n-1}) + f(x_n)\right]$$

심프슨

심프슨은 방직공이었으나 독학으로 수학을 연구하여 18세기 영국 최고의 수학자 중 한 사람이 되었다. 우리가 심프슨의 공식이라고 부르는 공식은 실제로 17세기의 카발리에리와 그레고리도 알고 있었으나 심프슨의 저서인 「Mathematical Dissertations(1743)」에서 이 공식을 대중화시켰다.

심프슨 공식에 의한 근삿값 계산에서 오차 한계는 다음과 같다.

---

4 심프슨의 공식에 대한 오차한계

$a \leq x \leq b$에서 $|f^{(4)}(x)| \leq K$라 하자. 심프슨의 공식을 사용할 때 발생하는 오차를 E_S라 하면 다음이 성립한다.

$$|E_S| \leq \frac{K(b-a)^5}{180n^4}$$

◀ **예제 3** (a) $n = 10$인 심프슨의 공식을 이용하여 $\int_0^1 e^{x^2}\,dx$의 근삿값을 구하라.
(b) 이 근삿값에 대한 오차를 추정하라.

[그림 16]은 [예제 3]의 계산을 설명한다. 포물선의 호가 $y = e^{x^2}$의 그래프와 구별하기 힘들 정도로 근접해 있음에 주목하자.

풀이

(a) $n = 10$이면 $\Delta x = 0.1$이므로 심프슨 공식에 의해 다음을 얻는다.

$$\int_0^1 e^{x^2}\,dx \approx \frac{\Delta x}{3}\left[f(0) + 4f(0.1) + 2f(0.2) + \cdots + 2f(0.8) + 4f(0.9) + f(1)\right]$$

$$= \frac{0.1}{3}\left[e^0 + 4e^{0.01} + 2e^{0.04} + 4e^{0.09} + 2e^{0.16} + 4e^{0.25} + 2e^{0.36}\right.$$

$$\left. + 4e^{0.49} + 2e^{0.64} + 4e^{0.81} + e^1\right]$$

$$\approx 1.462681$$

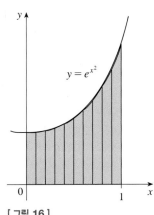

[그림 16]

(b) $f(x) = e^{x^2}$의 4계 도함수는 다음과 같다.

$$f^{(4)}(x) = (12 + 48x^2 + 16x^4)e^{x^2}$$

그리고 $0 \leq x \leq 1$이므로 다음을 얻는다.

$$0 \leq f^{(4)}(x) \leq (12 + 48 + 16)e^1 = 76e$$

그러므로 4에서 $K = 76e$, $a = 0$, $b = 1$, $n = 10$으로 놓으면, 오차는 기껏해야 다음과 같음을 알 수 있다.

$$\frac{76e\,(1)^5}{180\,(10)^4} \approx 0.000115$$

[이것을 [예제 2]와 비교하자.] 따라서 소수점 아래 셋째 자리까지 정확하게 다음을 얻는다.

$$\int_0^1 e^{x^2}\,dx \approx 1.463$$

6.4 연습문제

01 그래프가 다음과 같은 함수 f에 대해 $I = \int_0^4 f(x)\,dx$라 하자.

(a) 그래프를 이용하여 L_2, R_2, M_2를 구하라.

(b) 위의 값들이 I에 대해 과대 추정인가 아니면 과소 추정인가?

(c) 그래프를 이용해서 T_2를 구하고 I의 값과 비교하라.

(d) 임의의 n에 대해 L_n, R_n, M_n, T_n, I의 값을 크기 순으로 나열하라.

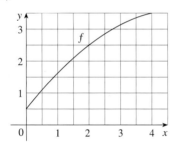

02 지정된 n에 대해 다음을 이용하여 $\int_0^2 \frac{x}{1+x^2}\,dx$, $n=10$의 근삿값을 구하라. (반올림하여 소수점 아래 여섯째 자리까지 구한다.) 오차를 결정하기 위해 구한 값과 정확한 값을 비교하라.

(a) 중점 법칙

(b) 심프슨의 공식

03~04 주어진 n에 대해 (a) 사다리꼴 공식 (b) 중점 법칙 (c) 심프슨의 공식을 이용하여 적분의 근삿값을 구하라. (반올림하여 소수점 아래 여섯째 자리까지 구한다.)

03 $\int_0^2 \frac{e^x}{1+x^2}\,dx$, $n=10$ **04** $\int_1^5 \frac{\cos x}{x}\,dx$, $n=8$

05 (a) $\int_0^\pi \sin x\,dx$에 대한 근삿값 T_{10}, M_{10}, S_{10}을 구하고 이에 대응하는 오차 E_T, E_M, E_S를 구하라.

(b) ③과 ④에 의해 주어진 추정오차와 (a)에서 구한 실제 오차들을 비교하라.

(c) (a)에 있는 적분의 근삿값 T_n, M_n, S_n이 0.00001 이내로 정확하기 위해서 n은 얼마여야 하는가?

06 $n=5,\ 10,\ 20$에 대해 적분 $\int_0^1 xe^x\,dx$의 근삿값 L_n, R_n, T_n, M_n을 구하라. 각 근삿값에 대응하는 오차 E_L, E_R, E_T, E_M을 구하라. (반올림해서 소수점 아래 여섯째 자리까지 구한다. 컴퓨터 대수체계에서 합의 명령어를 사용할 수 있다.) 무엇을 관찰할 수 있는가? 특히 n이 두 배가 될 때 오차는 어떻게 되는가?

07 다음은 m/s²으로 측정된 자동차의 가속도 $a(t)$의 그래프이다. 심프슨의 공식을 이용하여 처음 6초 동안 자동차 속도의 증분을 추정하라.

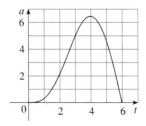

08 CAS 다음 그림은 수직에서 최대 각이 θ_0이고 길이가 L인 진자를 나타낸다. 뉴턴의 제2법칙을 이용하여 진자의 주기 T(완전히 한 번 움직이는 시간)가 다음과 같이 주어진다.

$$T = 4\sqrt{\frac{L}{g}} \int_0^{\pi/2} \frac{dx}{\sqrt{1-k^2\sin^2 x}}$$

여기서 $k=\sin\left(\frac{1}{2}\theta_0\right)$이고 g는 중력가속도이다. $L=1$이고 $\theta_0=42°$일 때 $n=10$인 심프슨의 공식을 이용하여 주기를 구하라.

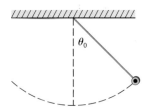

09 N개의 틈이 있는 회절격자를 통해 각 θ를 이루며 진행하는 파장이 λ인 빛의 세기는 $I(\theta)=N^2\sin^2 k/k^2$이다. 여기서 $k=(\pi Nd\sin\theta)/\lambda$이고 d는 이웃한 틈 사이의 거리이다. 파장이 $\lambda=632.8\times10^{-9}\,\mathrm{m}$인 헬륨-네온 레이저가 $10^{-4}\,\mathrm{m}$ 간격으로 떨어져 있는 10000개의 틈이 있는 회절격자를 통해 $-10^{-6}<\theta<10^{-6}$인 협대역의 빛을 방출하고 있다. $n=10$인 중점 법칙을 이용해서 격자로부터 나오는 빛의 전체 강도 $\int_{-10^{-6}}^{10^{-6}} I(\theta)\,d\theta$를 추정하라.

6.5 이상적분

정적분 $\int_a^b f(x)\,dx$를 정의할 때 f는 유한 구간 $[a,b]$에서 정의된 함수를 다루었다. 이 절에서는 정적분의 개념을 구간이 무한인 경우와 f가 구간 $[a,b]$에서 무한 불연속성을 갖는 경우로 확장한다. 이런 함수의 적분을 **이상적분**^{improper integral}이라 한다.

유형 1 : 무한 구간

곡선 $y=1/x^2$의 아래, x축 위, 직선 $x=1$의 오른쪽에 놓이는 무한 영역 S를 생각하자. S가 무한히 뻗어나가기 때문에 넓이도 무한일 것이라 생각하겠지만 좀 더 자세히 살펴보자. 직선 $x=t$의 왼쪽에 있는 S의 일부 넓이([그림 17]에서 색칠한 부분)는 다음과 같다.

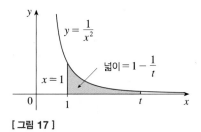

[그림 17]

$$A(t) = \int_1^t \frac{1}{x^2}\,dx = -\frac{1}{x}\Big]_1^t = 1-\frac{1}{t}$$

즉 t가 아무리 커도 $A(t)<1$이므로 다음을 얻는다.

$$\lim_{t\to\infty} A(t) = \lim_{t\to\infty}\left(1-\frac{1}{t}\right) = 1$$

$t\to\infty$일 때 색칠한 부분의 넓이는 1로 접근하므로([그림 18] 참조) 무한 영역 S의 넓이는 1과 같다고 하고 다음과 같이 쓴다.

$$\int_1^{\infty} \frac{1}{x^2}\,dx = \lim_{t\to\infty} \int_1^t \frac{1}{x^2}\,dx = 1$$

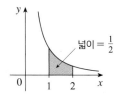
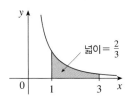
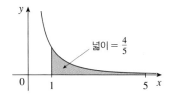
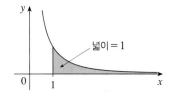

[그림 18]

이 예를 지침으로 이용하여 무한 구간 위에서 f 의(반드시 양의 함수일 필요는 없다.) 적분을 유한 구간에서의 적분의 극한으로 정의한다.

---

① 유형 1인 이상적분의 정의

(a) 모든 수 $t \geq a$ 에 대해 $\int_a^t f(x)\,dx$ 가 존재하고, 다음 극한이 (유한한 수로) 존재하면 다음과 같이 정의한다.

$$\int_a^{\infty} f(x)\,dx = \lim_{t\to\infty} \int_a^t f(x)\,dx$$

(b) 모든 수 $t \leq b$ 에 대해 $\int_t^b f(x)\,dx$ 가 존재하고, 다음 극한이 (유한한 수로) 존재하면 다음과 같이 정의한다.

$$\int_{-\infty}^b f(x)\,dx = \lim_{t\to -\infty} \int_t^b f(x)\,dx$$

극한이 존재할 때 이상적분 $\int_a^{\infty} f(x)\,dx$ 와 $\int_{-\infty}^b f(x)\,dx$ 는 수렴^{convergent}한 다고 하고, 극한이 존재하지 않을 때 발산^{divergent}한다고 한다.

(c) $\int_a^{\infty} f(x)\,dx$ 와 $\int_{-\infty}^a f(x)\,dx$ 가 모두 수렴할 때 다음과 같이 정의한다.

$$\int_{-\infty}^{\infty} f(x)\,dx = \int_{-\infty}^a f(x)\,dx + \int_a^{\infty} f(x)\,dx$$

여기서 a 는 임의의 실수이다([연습문제 17] 참조).

---

f 가 양의 함수라 하면 정의 ①의 이상적분은 모두 넓이로 해석할 수 있다.

◀ 예제 1 적분 $\int_1^{\infty} (1/x)\,dx$ 가 수렴하는지 또는 발산하는지 판정하라.

풀이

정의 ①의 (a)에 따라 다음을 얻는다.

$$\int_1^\infty \frac{1}{x}\,dx = \lim_{t\to\infty}\int_1^t \frac{1}{x}\,dx = \lim_{t\to\infty}\ln|x|\ \Big]_1^t$$

$$= \lim_{t\to\infty}(\ln t - \ln 1) = \lim_{t\to\infty}\ln t = \infty$$

이 극한은 유한한 수가 아니므로 이상적분 $\int_1^\infty (1/x)\,dx$는 발산한다.

이 절의 도입부에서 언급한 예와 함께 [예제 1]의 결과를 다음과 같이 비교해보자.

$$\int_1^\infty \frac{1}{x^2}\,dx\text{는 수렴하고}\quad \int_1^\infty \frac{1}{x}\,dx\text{는 발산한다.}$$

기하학적으로 $x > 0$에서 두 곡선 $y = 1/x^2$과 $y = 1/x$은 매우 유사해 보인다. 그러나 $x = 1$의 오른쪽에 있는 $y = 1/x^2$의 아래 영역([그림 19]에서 색칠한 부분)의 넓이는 유한하지만, $y = 1/x$에 대응하는 영역([그림 20]에서 색칠한 부분)의 넓이는 무한하다는 것을 의미한다. $1/x^2$과 $1/x$은 모두 $x \to \infty$일 때 0에 접근하지만, $1/x^2$이 $1/x$보다 훨씬 빠르게 0에 접근한다는 사실에 주목하자. $1/x$의 값은 그 적분이 유한한 값이 될 만큼 빠르게 감소하지 않는다.

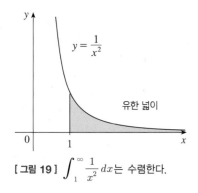

[그림 19] $\int_1^\infty \frac{1}{x^2}\,dx$는 수렴한다.

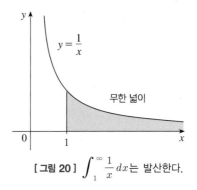

[그림 20] $\int_1^\infty \frac{1}{x}\,dx$는 발산한다.

◀ 예제 2 $\int_{-\infty}^0 x\,e^x\,dx$를 계산하라.

풀이

정의 ①의 (b)를 이용하여 다음을 얻는다.

$$\int_{-\infty}^0 x\,e^x\,dx = \lim_{t\to -\infty}\int_t^0 x\,e^x\,dx$$

$u = x,\ dv = e^x\,dx$라 하면 $du = dx,\ v = e^x$이므로 부분적분법에 의해 다음을 얻는다.

$$\int_{t}^{0} x\, e^{x}\, dx = x\, e^{x} \Big]_{t}^{0} - \int_{t}^{0} e^{x}\, dx = -t\, e^{t} - 1 + e^{t}$$

$t \to -\infty$ 일 때 $e^{t} \to 0$ 이므로 로피탈 법칙에 의해 다음을 얻는다.

$$\lim_{t \to -\infty} t\, e^{t} = \lim_{t \to -\infty} \frac{t}{e^{-t}} = \lim_{t \to -\infty} \frac{1}{-e^{-t}} = \lim_{t \to -\infty} (-e^{t}) = 0$$

그러므로 다음을 얻는다.

$$\int_{-\infty}^{0} x\, e^{x}\, dx = \lim_{t \to -\infty} (-t\, e^{t} - 1 + e^{t}) = -0 - 1 + 0 = -1$$

◀ 예제 3 $\displaystyle\int_{-\infty}^{\infty} \frac{1}{1+x^{2}}\, dx$ 를 계산하라.

풀이

정의 ①의 (c)에서 $a = 0$ 으로 택하면 편리하다.

$$\int_{-\infty}^{\infty} \frac{1}{1+x^{2}}\, dx = \int_{-\infty}^{0} \frac{1}{1+x^{2}}\, dx + \int_{0}^{\infty} \frac{1}{1+x^{2}}\, dx$$

이제 우변의 적분을 다음과 같이 분리해서 계산해야만 한다.

$$\int_{0}^{\infty} \frac{1}{1+x^{2}}\, dx = \lim_{t \to \infty} \int_{0}^{t} \frac{dx}{1+x^{2}} = \lim_{t \to \infty} \tan^{-1} x \Big]_{0}^{t}$$

$$= \lim_{t \to \infty} (\tan^{-1} t - \tan^{-1} 0) = \lim_{t \to \infty} \tan^{-1} t = \frac{\pi}{2}$$

$$\int_{-\infty}^{0} \frac{1}{1+x^{2}}\, dx = \lim_{t \to -\infty} \int_{t}^{0} \frac{dx}{1+x^{2}} = \lim_{t \to -\infty} \tan^{-1} x \Big]_{t}^{0}$$

$$= \lim_{t \to -\infty} (\tan^{-1} 0 - \tan^{-1} t)$$

$$= 0 - \left(-\frac{\pi}{2}\right) = \frac{\pi}{2}$$

두 적분이 모두 수렴하므로 주어진 적분은 수렴하고 다음과 같이 된다.

$$\int_{-\infty}^{\infty} \frac{1}{1+x^{2}}\, dx = \frac{\pi}{2} + \frac{\pi}{2} = \pi$$

$1/(1+x^{2}) > 0$ 이므로 주어진 이상적분은 곡선 $y = 1/(1+x^{2})$ 의 아래와 x 축 위에 놓인 무한 영역의 넓이로 해석될 수 있다([그림 21] 참조).

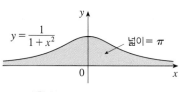

[**그림 21**]

◀예제 4▶ $\int_1^\infty \dfrac{1}{x^p}\,dx$ 가 수렴하기 위한 p의 값을 구하라.

풀이

[예제 1]로부터 $p = 1$이면 이 적분은 발산하므로 $p \neq 1$이라고 가정하자. 그러면 다음이 성립한다.

$$\int_1^\infty \frac{1}{x^p}\,dx = \lim_{t \to \infty} \int_1^t x^{-p}\,dx = \lim_{t \to \infty} \frac{x^{-p+1}}{-p+1}\bigg]_{x=1}^{x=t}$$

$$= \lim_{t \to \infty} \frac{1}{1-p}\left[\frac{1}{t^{p-1}} - 1\right]$$

$p > 1$이면 $p - 1 > 0$이므로 $t \to \infty$일 때 $t^{p-1} \to \infty$ 이고, $1/t^{p-1} \to 0$이다. 따라서 다음을 얻는다.

$$p > 1\text{이면} \int_1^\infty \frac{1}{x^p}\,dx = \frac{1}{p-1}$$

그러므로 적분은 수렴한다.

반면, $p < 1$이면 $p - 1 < 0$이므로 다음을 얻는다.

$$t \to \infty \text{ 이면 } \frac{1}{t^{p-1}} = t^{1-p} \to \infty$$

그러므로 적분은 발산한다.

[예제 4]의 결과를 요약하면 다음과 같다.

> ② $p > 1$이면 $\int_1^\infty \dfrac{1}{x^p}\,dx$는 수렴하고, $p \leq 1$이면 발산한다.

유형 2 : 불연속인 피적분함수

유한 구간 $[a, b)$에서 f는 양의 연속함수이고 b에서 수직점근선을 갖는다고 하자. S를 f의 그래프 아래와 a와 b 사이의 x축 위에서 유계하지 않은 영역이라 하자. (유형 1의 적분에서는 영역이 수평으로 무한히 뻗어 있다. 여기서는 영역이 수직으로 무한하다.) a와 t 사이에 있는 S의 일부 넓이([그림 22]에서 색칠한 부분)는 다음과 같다.

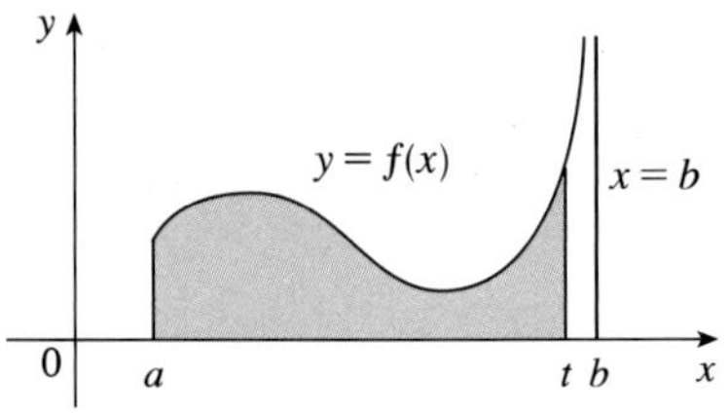

[그림 22]

$$A(t) = \int_a^t f(x)\,dx$$

$t \to b^-$일 때 $A(t)$의 값이 유한한 수 A에 접근하면 영역 S의 넓이를 A라 하고, 다음과 같이 쓴다.

$$\int_a^b f(x)\,dx = \lim_{t \to b^-} \int_a^t f(x)\,dx$$

f가 양의 함수가 아니어도, b에서 f가 불연속이든 상관없이 이 식을 이용해서 유형 2의 이상적분을 정의한다.

---

③ **유형 2인 이상적분의 정의**

(a) f가 $[a, b)$에서 연속이고 b에서 불연속일 때, 다음 극한이 (유한한 수로써) 존재하면 다음과 같이 정의한다.

$$\int_a^b f(x)\,dx = \lim_{t \to b^-} \int_a^t f(x)\,dx$$

(b) f가 $(a, b]$에서 연속이고 a에서 불연속일 때, 다음 극한이 (유한한 수로써) 존재하면 다음과 같이 정의한다.

$$\int_a^b f(x)\,dx = \lim_{t \to a^+} \int_t^b f(x)\,dx$$

이상적분 $\int_a^b f(x)\,dx$는 대응하는 극한이 존재하면 수렴한다고 하고, 극한이 존재하지 않으면 발산한다고 한다.

(c) $a < c < b$일 때 f가 c에서 불연속이고 $\int_a^c f(x)\,dx$와 $\int_c^b f(x)\,dx$가 수렴하면 다음과 같이 정의한다.

$$\int_a^b f(x)\,dx = \int_a^c f(x)\,dx + \int_c^b f(x)\,dx$$

정의 ③의 (b)와 (c)는 $f(x) \geq 0$이고 f가 a와 c에서 수직점근선을 갖는 경우를 각각 [그림 23]과 [그림 24]에서 설명한다.

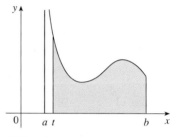

[그림 23]

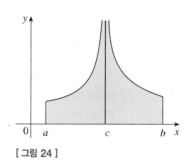

[그림 24]

◀예제 5 $\displaystyle\int_2^5 \dfrac{1}{\sqrt{x-2}}\,dx$를 구하라.

풀이

먼저 $f(x) = 1/\sqrt{x-2}$은 $x = 2$에서 수직점근선을 갖기 때문에 주어진 적분이 이상적분인 것에 주의한다. $[2, 5]$의 왼쪽 끝점에서 무한 불연속이므로 정의 ③의 (b)를 이용하여 다음을 얻는다.

$$\int_2^5 \frac{dx}{\sqrt{x-2}} = \lim_{t \to 2^+} \int_t^5 \frac{dx}{\sqrt{x-2}} = \lim_{t \to 2^+} 2\sqrt{x-2}\,\Big]_t^5$$

$$= \lim_{t \to 2^+} 2\big(\sqrt{3} - \sqrt{t-2}\big) = 2\sqrt{3}$$

따라서 주어진 이상적분은 수렴하고 피적분함수가 양이므로, 적분 값은 [그림 25]에서 색칠한 영역의 넓이로 해석할 수 있다.

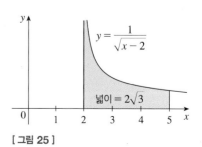

[그림 25]

◀예제 6 $\int_0^{\pi/2} \sec x \, dx$ 가 수렴하는지 결정하라.

풀이

$\lim\limits_{x \to (\pi/2)^-} \sec x = \infty$ 이므로 주어진 적분은 이상적분이다. 정의 ③의 (a)를 이용하면,
$t \to (\pi/2)^-$ 일 때 $\sec t \to \infty$ 이고 $\tan t \to \infty$ 이므로 다음을 얻는다.

$$\int_0^{\pi/2} \sec x \, dx = \lim_{t \to (\pi/2)^-} \int_0^t \sec x \, dx$$

$$= \lim_{t \to (\pi/2)^-} \ln|\sec x + \tan x|\Big]_0^t$$

$$= \lim_{t \to (\pi/2)^-} [\ln(\sec t + \tan t) - \ln 1] = \infty$$

따라서 주어진 이상적분은 발산한다. ❱

◀예제 7 $\int_0^3 \dfrac{dx}{x-1}$ 가 존재하면 계산하라.

풀이

직선 $x = 1$이 피적분함수의 수직점근선이다. 이 직선이 구간 $[0, 3]$의 중간에서 나타
나므로 $c = 1$인 정의 ③의 (c)를 이용해야 한다.

$$\int_0^3 \frac{dx}{x-1} = \int_0^1 \frac{dx}{x-1} + \int_1^3 \frac{dx}{x-1}$$

여기서 $t \to 1^-$ 이면 $1 - t \to 0^+$ 이므로 다음을 얻는다.

$$\int_0^1 \frac{dx}{x-1} = \lim_{t \to 1^-} \int_0^t \frac{dx}{x-1} = \lim_{t \to 1^-} \ln|x-1|\,\Big]_0^t$$

$$= \lim_{t \to 1^-} (\ln|t-1| - \ln|-1|)$$

$$= \lim_{t \to 1^-} \ln(1-t) = -\infty$$

따라서 $\int_0^1 dx/(x-1)$는 발산한다. 이는 $\int_0^3 dx/(x-1)$가 발산함을 의미한다.
$[\int_1^3 dx/(x-1)$를 따로 계산할 필요가 없다.] ❱

⊘ **주의** _ [예제 7]에서 점근선 $x = 1$을 인식하지 못하고 이 적분을 통상적인 적분으로 혼동하면 다음과
같이 틀린 계산을 할 수 있다.

$$\int_0^3 \frac{dx}{x-1} = \ln|x-1|\,\Big]_0^3 = \ln 2 - \ln 1 = \ln 2$$

이 적분은 이상적분이고 극한을 이용하여 계산해야 하므로 위 계산은 틀렸다.

이제부터는 기호 $\int_a^b f(x)\,dx$와 마주칠 때마다 $[a,\,b]$에서 함수 f를 살펴보아 이것이 통상적인 적분인지 아니면 이상적분인지 결정해야 한다.

이상적분에 대한 비교판정법

때로는 이상적분의 정확한 값을 구하는 것이 불가능하지만 이상적분의 수렴 여부가 중요한 경우가 있다. 이런 경우에 다음 정리가 유용하다. 이 정리는 유형 1의 적분을 나타내지만 유사한 정리가 유형 2의 적분에서도 성립한다.

비교 정리 f와 g가 $x \geq a$일 때 $f(x) \geq g(x) \geq 0$을 만족하는 연속함수라 하자.

(a) $\displaystyle\int_a^\infty f(x)\,dx$가 수렴하면 $\displaystyle\int_a^\infty g(x)\,dx$도 수렴한다.

(b) $\displaystyle\int_a^\infty g(x)\,dx$가 발산하면 $\displaystyle\int_a^\infty f(x)\,dx$도 발산한다.

비교 정리의 증명은 생략하지만 [그림 26]으로부터 이 정리가 타당함을 알 수 있다. 위의 곡선 $y = f(x)$ 아래의 넓이가 유한하면 그 밑에 있는 곡선 $y = g(x)$ 아래의 넓이 역시 유한하다. 또한 $y = g(x)$ 아래의 넓이가 무한하면 $y = f(x)$ 아래의 넓이도 무한하다. [그러나 그 역은 다음과 같이 참이 아닐 수 있으니 조심하자. $\displaystyle\int_a^\infty g(x)\,dx$ 가 수렴하면 $\displaystyle\int_a^\infty f(x)\,dx$는 수렴하거나 그렇지 않을 수 있다. 그리고 $\displaystyle\int_a^\infty f(x)\,dx$ 가 발산하면 $\displaystyle\int_a^\infty g(x)\,dx$는 수렴하거나 그렇지 않을 수 있다.]

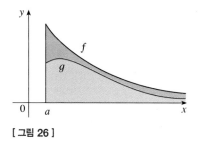

[그림 26]

◀ **예제 8** $\displaystyle\int_0^\infty e^{-x^2}\,dx$가 수렴함을 보여라.

풀이

(6.4절에서 설명한 바와 같이) e^{-x^2}의 역도함수는 기본함수가 아니므로 적분을 직접 구할 수 없다. 다음과 같이 쓴다.

$$\int_0^\infty e^{-x^2}\,dx = \int_0^1 e^{-x^2}\,dx + \int_1^\infty e^{-x^2}\,dx$$

우변의 첫 번째 적분은 통상적인 정적분이다. 두 번째 적분에서 $x \geq 1$에 대해 $x^2 \geq x$이다. 즉 $-x^2 \leq -x$이기 때문에 $e^{-x^2} \leq e^{-x}$이다([그림 27] 참조). e^{-x}의 적분은 다음과 같이 구하기 쉽다.

$$\int_1^\infty e^{-x}\,dx = \lim_{t \to \infty} \int_1^t e^{-x}\,dx = \lim_{t \to \infty}(e^{-1} - e^{-t}) = e^{-1}$$

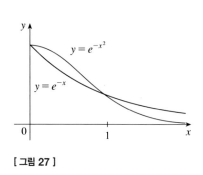

[그림 27]

그러므로 비교 정리에서 $f(x) = e^{-x}$, $g(x) = e^{-x^2}$으로 놓으면 $\int_1^\infty e^{-x^2} dx$가 수렴하는 것을 알 수 있다. 결과적으로 $\int_0^\infty e^{-x^2} dx$도 수렴한다. ❱

[예제 8]에서 실제 값을 계산하지 않고도 $\int_0^\infty e^{-x^2} dx$가 수렴하는 것을 알았다.

6.5 연습문제

01 다음 적분이 이상적분인 이유를 설명하라.

(a) $\displaystyle\int_1^2 \frac{x}{x-1} dx$　　　　(b) $\displaystyle\int_0^\infty \frac{1}{1+x^3} dx$

(c) $\displaystyle\int_{-\infty}^\infty x^2 e^{-x^2} dx$　　　　(d) $\displaystyle\int_0^{\pi/4} \cot x \, dx$

02 $x = 1$에서 $x = t$까지 곡선 $y = 1/x^3$ 아래의 넓이를 구하고, $t = 10$, 100, 1000에 대해 계산하라. $x \geq 1$에 대해 이 곡선 아래의 전체 넓이를 구하라.

03~09 다음 적분이 수렴하는지 아니면 발산하는지 판정하라. 수렴하면 그 값을 구하라.

03 $\displaystyle\int_3^\infty \frac{1}{(x-2)^{3/2}} dx$　　　　**04** $\displaystyle\int_2^\infty e^{-5p} dp$

05 $\displaystyle\int_{-\infty}^\infty x e^{-x^2} dx$　　　　**06** $\displaystyle\int_1^\infty \frac{\ln x}{x} dx$

07 $\displaystyle\int_{-\infty}^\infty \frac{x^2}{9+x^6} dx$　　　　**08** $\displaystyle\int_{-2}^{14} \frac{dx}{\sqrt[4]{x+2}}$

09 $\displaystyle\int_{-1}^1 \frac{e^x}{e^x-1} dx$

10~11 다음 영역을 그리고, 넓이가 유한이면 그 넓이를 구하라.

10 $S = \{(x, y) | x \geq 1, \ 0 \leq y \leq e^{-x}\}$

11 🔲 $S = \{(x, y) | 0 \leq x < \pi/2, \ 0 \leq y \leq \sec^2 x\}$

12~13 비교 정리를 이용하여 다음 적분이 수렴하는지 아니면 발산하는지 결정하라.

12 $\displaystyle\int_0^\infty \frac{x}{x^3+1} dx$　　　　**13** $\displaystyle\int_0^1 \frac{\sec^2 x}{x\sqrt{x}} dx$

14 적분 $\displaystyle\int_0^\infty \frac{1}{\sqrt{x}\,(1+x)} dx$는 다음 두 가지 이유에서 이상적분이다. 구간 $[0, \infty)$는 무한 구간이고, 피적분함수가 0에서 무한 불연속이다. 이것을 다음과 같이 유형 1과 유형 2의 이상적분의 합으로 표현하여 계산하라.

$$\int_0^\infty \frac{1}{\sqrt{x}\,(1+x)} dx$$
$$= \int_0^1 \frac{1}{\sqrt{x}\,(1+x)} dx + \int_1^\infty \frac{1}{\sqrt{x}\,(1+x)} dx$$

15 적분 $\displaystyle\int_0^1 \frac{1}{x^p} dx$가 수렴하기 위한 p의 값을 구하고 p의 값에 대해 적분을 계산하라.

16 (a) $\displaystyle\int_{-\infty}^\infty x \, dx$가 발산함을 보여라.

(b) $\displaystyle\lim_{t \to \infty} \int_{-t}^t x \, dx = 0$임을 보여라. 이는 다음과 같이 정의할 수 없음을 보여준다.

$$\int_{-\infty}^\infty f(x) \, dx = \lim_{t \to \infty} \int_{-t}^t f(x) \, dx$$

17 $\displaystyle\int_{-\infty}^\infty f(x) \, dx$가 수렴하고 a와 b가 실수일 때, 다음이 성립함을 보여라.

$$\int_{-\infty}^a f(x) \, dx + \int_a^\infty f(x) \, dx = \int_{-\infty}^b f(x) \, dx + \int_b^\infty f(x) \, dx$$

18 전구 제조회사에서 수명이 약 700시간 지속되는 전구를 생산하려고 한다. 물론 어떤 전구는 다른 것보다 더 빨리 끊어진다.

$F(t)$를 t시간 전에 끊어지는 전구의 비율이라고 하자. 그러면 $F(t)$는 항상 0과 1 사이에 있다.

(a) F의 그래프를 대략적으로 그려라.

(b) 도함수 $r(t) = F'(t)$의 의미는 무엇인가?

(c) $\int_0^\infty r(t)\,dt$의 값은 얼마인가? 그 이유는 무엇인가?

19 다음을 만족하기 위해 a가 얼마나 큰 수여야 하는지 결정하라.

$$\int_a^\infty \frac{1}{x^2+1}\,dx < 0.001$$

20 $\int_0^\infty e^{-x^2}dx$를 두 적분 $\int_0^4 e^{-x^2}dx$와 $\int_4^\infty e^{-x^2}dx$의 합으로 변형하여 수치적인 값을 추정하라. 첫 번째 적분은 $n=8$인 심프슨의 공식을 이용하여 근삿값을 구하고, 두 번째 적분은 정확도 0.0000001 이내에서 $\int_4^\infty e^{-4x}\,dx$보다 작음을 보여라.

21 $\int_0^\infty x^2 e^{-x^2}dx = \frac{1}{2}\int_0^\infty e^{-x^2}dx$임을 보여라.

22 다음 적분이 수렴하기 위한 C의 값을 구하라. 그리고 이 상수 C에 대해 적분을 계산하라.

$$\int_0^\infty \left(\frac{1}{\sqrt{x^2+4}} - \frac{C}{x+2} \right)dx$$

6장 복습문제

개념 확인

01 부분적분법을 서술하라. 실제로 어떻게 사용하는가?

02 홀수 m에 대해 $\int \sin^m x \cos^n x\,dx$를 어떻게 계산할 수 있는가? n이 홀수이면 어떻게 계산하는가? m과 n이 모두 짝수이면 어떻게 계산하는가?

03 식 $\sqrt{a^2-x^2}$을 포함하는 적분은 어떻게 치환해야 하는가? $\sqrt{a^2+x^2}$과 $\sqrt{x^2-a^2}$을 포함하는 적분은 각각 어떻게 치환해야 하는가?

04 P의 차수가 Q의 차수보다 작고 $Q(x)$가 1차 인수만을 가질 때, 유리함수 $P(x)/Q(x)$의 부분분수식의 형태는 어떻게 되는가? 1차 인수가 반복된다면 어떻게 되는가? $Q(x)$가 반복되지 않는 기약 2차 인수를 갖는다면 어떻게 되는가? 반복되는 기약 2차 인수를 갖는다면 어떻게 되는가?

05 중점 법칙, 사다리꼴 공식, 심프슨의 공식을 이용하여 정적분 $\int_a^b f(x)\,dx$의 근삿값을 구하는 규칙을 설명하라. 어느 것이 가장 좋은 추정값을 줄 것으로 기대하는가? 각 공식에 대한 오차는 얼마인가?

06 다음 이상적분을 정의하라.

(a) $\int_a^\infty f(x)\,dx$ (b) $\int_{-\infty}^b f(x)\,dx$

(c) $\int_{-\infty}^\infty f(x)\,dx$

07 다음 각각의 경우 이상적분 $\int_a^b f(x)\,dx$를 정의하라.

(a) f가 a에서 무한 불연속이다.

(b) f가 b에서 무한 불연속이다.

(c) f가 $a < c < b$인 c에서 무한 불연속이다.

08 이상적분에 대한 비교 정리를 설명하라.

참/거짓 질문

다음 명제가 참인지 거짓인지 결정하라. 참이면 이유를 설명하고, 거짓이면 이유를 설명하거나 반례를 들어라.

01 $\dfrac{x(x^2+4)}{x^2-4}$는 $\dfrac{A}{x+2} + \dfrac{B}{x-2}$와 같은 형태로 쓸 수 있다.

02 $\dfrac{x^2+4}{x^2(x-4)}$ 는 $\dfrac{A}{x^2}+\dfrac{B}{x-4}$ 와 같은 형태로 쓸 수 있다.

03 $\displaystyle\int_0^4 \dfrac{x}{x^2-1}\,dx = \dfrac{1}{2}\ln 15$

04 f 가 연속이면 $\displaystyle\int_{-\infty}^{\infty} f(x)\,dx = \lim_{t\to\infty}\int_{-t}^{t} f(x)\,dx$ 이다.

05 (a) 모든 기본함수는 기본함수인 도함수를 갖는다.

(b) 모든 기본함수는 기본함수인 역도함수를 갖는다.

06 f 가 $[1,\infty)$ 에서 연속이고 감소함수일 때 $\displaystyle\lim_{x\to\infty} f(x)=0$ 이면 $\displaystyle\int_1^{\infty} f(x)\,dx$ 는 수렴한다.

07 $\displaystyle\int_a^{\infty} f(x)\,dx$ 와 $\displaystyle\int_a^{\infty} g(x)\,dx$ 가 모두 발산하면 $\displaystyle\int_a^{\infty} [f(x)+g(x)]\,dx$ 는 발산한다.

연습문제

01~20 다음 적분을 계산하라.

01 $\displaystyle\int_1^2 \dfrac{(x+1)^2}{x}\,dx$

02 $\displaystyle\int_0^{\pi/2} \sin\theta\, e^{\cos\theta}\,d\theta$

03 $\displaystyle\int \dfrac{dt}{2t^2+3t+1}$

04 $\displaystyle\int \dfrac{\sin(\ln t)}{t}\,dt$

05 $\displaystyle\int_1^4 x^{3/2}\ln x\,dx$

06 $\displaystyle\int_1^2 \dfrac{\sqrt{x^2-1}}{x}\,dx$

07 $\displaystyle\int \dfrac{dx}{x^3+x}$

08 $\displaystyle\int_0^{\pi/2} \sin^3\theta\cos^2\theta\,d\theta$

09 $\displaystyle\int x\sec x\tan x\,dx$

10 $\displaystyle\int \dfrac{x+1}{9x^2+6x+5}\,dx$

11 $\displaystyle\int \dfrac{dx}{\sqrt{x^2-4x}}$

12 $\displaystyle\int \csc^4 4x\,dx$

13 $\displaystyle\int \dfrac{3x^3-x^2+6x-4}{(x^2+1)(x^2+2)}\,dx$

14 $\displaystyle\int_0^{\pi/2} \cos^3 x\sin 2x\,dx$

15 $\displaystyle\int_{-3}^3 \dfrac{x}{1+|x|}\,dx$

16 $\displaystyle\int_0^{\ln 10} \dfrac{e^x\sqrt{e^x-1}}{e^x+8}\,dx$

17 $\displaystyle\int \dfrac{x^2}{(4-x^2)^{3/2}}\,dx$

18 $\displaystyle\int \dfrac{1}{\sqrt{x+x^{3/2}}}\,dx$

19 $\displaystyle\int (\cos x+\sin x)^2\cos 2x\,dx$

20 $\displaystyle\int_0^{1/2} \dfrac{xe^{2x}}{(1+2x)^2}\,dx$

21~24 적분을 계산하거나 발산하는 것을 보여라.

21 $\displaystyle\int_1^{\infty} \dfrac{1}{(2x+1)^3}\,dx$

22 $\displaystyle\int_2^{\infty} \dfrac{dx}{x\ln x}$

23 $\displaystyle\int_0^4 \dfrac{\ln x}{\sqrt{x}}\,dx$

24 $\displaystyle\int_0^1 \dfrac{x-1}{\sqrt{x}}\,dx$

---

25 $\displaystyle\int_0^{\infty} x^n\,dx$ 가 수렴하기 위한 n 의 값을 구하는 것이 가능한가?

26 $n=10$ 에 대해 (a) 사다리꼴 공식 (b) 중점 법칙 (c) 심프슨의 공식을 이용하여 적분 $\displaystyle\int_2^4 \dfrac{1}{\ln x}\,dx$ 의 근삿값을 구하라. 소수점 아래 여섯째 자리까지 반올림한다.

27 자동차의 속도계 기록(v)을 1분 단위로 관찰하여 표로 작성하였다. 심프슨의 공식을 이용해서 자동차가 움직인 거리를 추정하라.

$t\,(\text{min})$	$v\,(\text{km/h})$	$t\,(\text{min})$	$v\,(\text{km/h})$
0	64	6	90
1	67	7	91
2	72	8	91
3	78	9	88
4	83	10	90
5	86		

28 **CAS** (a) $f(x)=\sin(\sin x)$ 일 때 그래프를 이용하여 $|f^{(4)}(x)|$ 에 대한 상한을 구하라.

(b) $n=10$ 인 심프슨의 공식을 이용하여 $\displaystyle\int_0^{\pi} f(x)\,dx$ 의 근삿값을 구하라. 그리고 (a)를 이용하여 오차를 추정하라.

(c) 사용한 S_n 에서 오차가 0.00001보다 작기 위해서는 얼마나 큰 n 을 택해야 하는가?

29 f' 이 $[0,\infty)$ 에서 연속이고 $\displaystyle\lim_{x\to\infty} f(x)=0$ 일 때 $\displaystyle\int_0^{\infty} f'(x)\,dx = -f(0)$ 임을 보여라.

7장 적분의 응용

APPLICATIONS OF INTEGRATION

이 장에서는 곡선 사이의 넓이, 입체의 부피, 곡선의 길이, 회전체의 부피와 곡면 넓이를 계산하기 위해 정적분을 이용함으로써 몇 가지 정적분의 응용을 탐구한다. 대부분의 이러한 응용에 있어 공통적인 주제는 곡선 아래의 넓이를 구할 때 사용한 것과 유사한 일반적인 방법이다. 즉 하나의 양 Q를 수많은 작은 부분으로 나눈다. 그 다음 나뉜 각각의 작은 부분을 $f(x_i^*)\Delta x$ 형태의 양으로 근사하여 리만 합으로 Q를 근사시킨다. 그런 후 극한을 취하여 Q를 적분으로 표현하고, 마지막으로 기본 정리, 심프슨의 공식, 다른 기교로 적분을 계산한다.

7.1 곡선 사이의 넓이

5장에서 함수의 그래프 아래에 놓이는 영역의 넓이를 정의하고 계산했다. 여기에서는 적분을 이용하여 두 함수의 그래프 사이에 놓이는 영역의 넓이를 구한다.

두 곡선 $y = f(x)$, $y = g(x)$와 두 직선 $x = a$, $x = b$ 사이에 놓이는 영역 S를 생각하자. 이때 함수 f와 g는 폐구간 $[a, b]$ 안에 있는 모든 x에 대해 연속함수이고 $f(x) \geq g(x)$를 만족한다([그림 1] 참조).

5.1절에서 곡선 아래의 넓이를 구했을 때와 마찬가지로 S를 너비가 같은 n개의 조각으로 나누고, i번째 조각을 밑변이 Δx이고 높이가 $f(x_i^*) - g(x_i^*)$인 직사각형으로 근사시킨다.([그림 2]를 참조하라. 원한다면 모든 표본점을 $x_i^* = x_i$인 오른쪽 끝점으로 취할 수 있다.) 따라서 다음 리만 합은 직관적으로 생각한 S의 넓이로 근사한다.

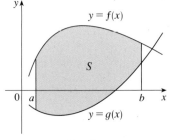

[**그림 1**] $S = \{ (x, y) \mid a \leq x \leq b,$
$g(x) \leq y \leq f(x) \}$

$$\sum_{i=1}^{n} [f(x_i^*) - g(x_i^*)] \Delta x$$

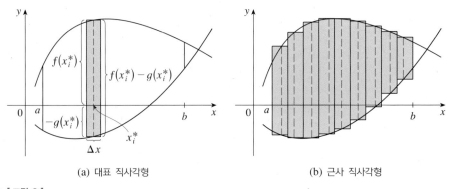

(a) 대표 직사각형   (b) 근사 직사각형

[**그림 2**]

이 근삿값은 $n \to \infty$일수록 더 정확해진다. 그러므로 S의 **넓이**^{area} A를 이러한 근사 직사각형들의 넓이의 합에 대한 극한으로 정의한다.

$$\boxed{1} \qquad A = \lim_{n \to \infty} \sum_{i=1}^{n} [f(x_i^*) - g(x_i^*)] \Delta x$$

$\boxed{1}$에서의 극한은 $f - g$의 정적분이므로 넓이에 대한 다음 공식을 얻는다.

$\boxed{2}$ $[a, b]$ 안에 있는 모든 x에 대해 f와 g가 연속이고 $f(x) \geq g(x)$일 때, 곡선 $y = f(x)$, $y = g(x)$와 직선 $x = a$, $x = b$로 둘러싸인 영역의 넓이 A는 다음과 같다.

$$A = \int_a^b [f(x) - g(x)] \, dx$$

$g(x) = 0$인 특수한 경우에 S는 f의 그래프 아래의 영역이다. 그리고 넓이에 대한 일반적인 정의 ①은 5.1절의 정의 ②로 바뀐다는 것에 주목하자.

두 함수 f와 g가 모두 양인 경우에 다음과 같이 식 ②가 참인 이유를 [그림 3]으로부터 알 수 있다.

$$A = [y = f(x)\ \text{아래의 넓이}] - [y = g(x)\ \text{아래의 넓이}]$$
$$= \int_a^b f(x)\,dx - \int_a^b g(x)\,dx = \int_a^b [f(x) - g(x)]\,dx$$

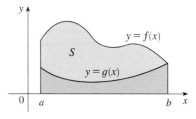

[그림 3] $A = \int_a^b f(x)dx - \int_a^b g(x)dx$

◀ 예제 1 ▶ $y = e^x$의 아래쪽, $y = x$의 위쪽, $x = 0$, $x = 1$로 둘러싸인 영역의 넓이를 구하라.

풀이

영역은 [그림 4]와 같다. 위쪽 경계 곡선은 $y = e^x$, 아래쪽 경계 곡선은 $y = x$이다. 따라서 $f(x) = e^x$, $g(x) = x$, $a = 0$, $b = 1$인 넓이 공식 ②를 이용하여 다음을 얻는다.

$$A = \int_0^1 (e^x - x)\,dx = e^x - \frac{1}{2}x^2 \Big|_0^1 = e - \frac{1}{2} - 1 = e - 1.5$$ ❯

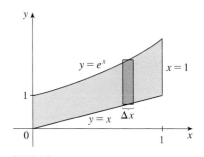

[그림 4]

[그림 4]에서 넓이가 식 ①로 정의되는 과정의 나머지로 너비가 Δx인 대표 근사 직사각형을 그렸다. 일반적으로 넓이에 대한 적분을 세울 때 [그림 5]에서와 같이 위쪽 곡선 y_T, 아래쪽 곡선 y_B를 나타내는 영역과 대표 직사각형의 넓이 $(y_T - y_B)\Delta x$를 더하는 과정을 요약하고 있다.

$$A = \lim_{n \to \infty} \sum_{i=1}^b (y_T - y_B)\Delta x = \int_a^b (y_T - y_B)\,dx$$

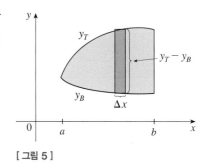

[그림 5]

◀ 예제 2 ▶ 포물선 $y = x^2$과 $y = 2x - x^2$으로 둘러싸인 영역의 넓이를 구하라.

풀이

먼저 두 포물선의 교점을 구하기 위해 방정식을 연립하여 푼다. 이로부터 $x^2 = 2x - x^2$ 또는 $2x^2 - 2x = 0$을 얻는다. $2x(x-1) = 0$이므로 $x = 0$ 또는 1이다. 교점은 $(0, 0)$과 $(1, 1)$이다. [그림 6]으로부터 위와 아래의 경계는 다음과 같다.

$$y_T = 2x - x^2, \quad y_B = x^2$$

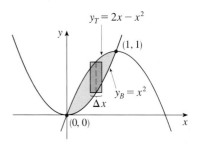

[그림 6]

대표 직사각형의 넓이는 다음과 같다.

$$(y_T - y_B)\Delta x = (2x - x^2 - x^2)\Delta x = (2x - 2x^2)\Delta x$$

그리고 이 영역은 $x = 0$과 $x = 1$ 사이에 놓여있다. 따라서 전체 넓이는 다음과 같다.

$$A = \int_0^1 (2x - 2x^2)\, dx = 2 \int_0^1 (x - x^2)\, dx$$

$$= 2\left[\frac{x^2}{2} - \frac{x^3}{3} \right]_0^1 = 2\left(\frac{1}{2} - \frac{1}{3} \right) = \frac{1}{3}$$

어떤 영역은 x를 y의 함수로 간주하면 더 쉽게 계산할 수 있다. 구간 $c \le y \le d$에서 $f(y) \ge g(y)$인 연속함수 f와 g에 대해 $x = f(y)$, $x = g(y)$, $y = c$, $y = d$로 둘러싸인([그림 7] 참조) 그 영역의 넓이는 다음과 같다.

$$A = \int_c^d [f(y) - g(y)]\, dy$$

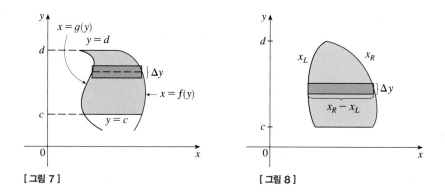

[그림 7]   [그림 8]

[그림 8]과 같이 오른쪽 경계를 x_R, 왼쪽 경계를 x_L로 나타내면 다음을 얻는다.

$$A = \int_c^d (x_R - x_L)\, dy$$

여기서 대표 근사 직사각형의 너비는 $x_R - x_L$이고 높이는 Δy이다.

◀예제 3▶ 직선 $y = x - 1$과 포물선 $y^2 = 2x + 6$으로 둘러싸인 넓이를 구하라.

풀이

두 방정식을 풀면 교점의 좌표는 $(-1, -2)$, $(5, 4)$이다. x에 대해 포물선 방정식을 풀면 [그림 9]로부터 왼쪽과 오른쪽 경계 곡선이 다음과 같음에 주목한다.

$$x_L = \frac{1}{2} y^2 - 3, \quad x_R = y + 1$$

적절한 y 값들, 즉 $y = -2$와 $y = 4$ 사이에서 적분을 해야 한다. 따라서 다음을 얻는다.

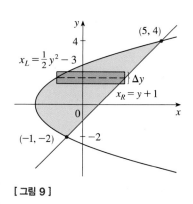

[그림 9]

$$A = \int_{-2}^{4} (x_R - x_L)\,dy = \int_{-2}^{4} \left[(y+1) - \left(\frac{1}{2}y^2 - 3 \right) \right] dy$$

$$= \int_{-2}^{4} \left(-\frac{1}{2}y^2 + y + 4 \right) dy$$

$$= -\frac{1}{2}\left(\frac{y^3}{3} \right) + \frac{y^2}{2} + 4y \Big]_{-2}^{4}$$

$$= -\frac{1}{6}(64) + 8 + 16 - \left(\frac{4}{3} + 2 - 8 \right) = 18$$

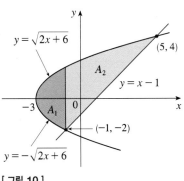

[**그림 10**]

NOTE _ [예제 3]에서의 넓이는 y 대신 x에 대해 적분하여 구할 수도 있으나 계산이 훨씬 더 복잡하다. 이것은 [그림 10]과 같이 영역을 두 개로 나누어 A_1과 A_2로 표시된 넓이를 계산하는 것과 같다. [예제 3]에서 이용한 방법이 훨씬 쉽다.

7.1 연습문제

01~02 색칠한 부분의 넓이를 구하라.

01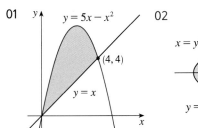

02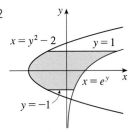

03~04 주어진 곡선으로 둘러싸인 영역을 그려라. x 또는 y에 대해 적분할지 결정하라. 대표 근사 직사각형을 그려 그것의 높이와 너비를 표시하라. 그리고 영역의 넓이를 구하라.

03 $y = x$, $\quad y = x^2$

04 $x = 2y^2$, $\quad x + y = 1$

05~08 주어진 곡선으로 둘러싸인 영역을 그리고 그 영역의 넓이를 구하라.

05 $y = 12 - x^2$, $\quad y = x^2 - 6$

06 $y = e^x$, $\quad y = xe^x$, $\quad x = 0$

07 $x = 2y^2$, $\quad x = 4 + y^2$

08 $y = \cos \pi x$, $\quad y = 4x^2 - 1$

09 곡선 $y = \cos x$, $y = \sin 2x$와 $x = 0$, $x = \pi/2$ 사이에 놓이는 영역을 그려라. 이 영역은 두 개의 분리된 영역으로 구성되는 것에 주목하여 영역의 넓이를 구하라.

10 두 곡선 $y = \dfrac{2}{1 + x^4}$, $y = x^2$ 사이의 영역을 그려라. 계산기나 컴퓨터를 이용하여 소수점 아래 다섯째 자리까지 정확하게 계산하라.

11 인구의 출생률은 1년당 $b(t) = 2200\,e^{0.024t}$명, 사망률은 1년당 $d(t) = 1460\,e^{0.018t}$명이다. $0 \le t \le 10$에 대해 두 곡선으로 둘러싸인 넓이를 구하라. 이 넓이는 무엇을 나타내는가?

12 반지름 r과 R인 두 원의 호로 둘러싸인 초승달 모양(활꼴) 영역의 넓이를 구하라(그림 참조).

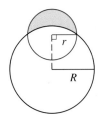

13 곡선 $y = x^2$과 $y = 4$로 둘러싸인 영역을 직선 $y = b$가 동일한 넓이를 갖는 두 영역으로 분할한다. b의 값을 구하라.

14 0에서 t까지 f의 그래프 아래의 넓이가 $A(t) = t^3$, $t > 0$인 양의 연속함수 f를 구하라.

15 직선 $y = mx$와 곡선 $y = x/(x^2+1)$로 둘러싸인 영역이 존재하기 위한 m 값은 얼마인가? 이 영역의 넓이를 구하라.

7.2 부피

입체도형의 부피를 구할 때 넓이를 구할 때와 동일한 형태의 문제에 직면하게 된다. 부피의 의미가 무엇인지 직관적으로 알고 있으나 부피에 대해 정확히 정의하기 위해서 미적분학을 이용하여 이 개념을 분명하게 해야만 한다.

기둥면이 아닌 입체 S에 대해 먼저 S를 얇은 조각으로 '자르고' 각각의 조각을 기둥면으로 근사시킨다. 그리고 이 기둥면들의 부피를 더하여 S의 부피를 추정한다. 끝으로 조각의 수를 크게 증가시키는 극한 과정을 통하여 정확한 S의 부피를 얻는다.

S를 평면으로 잘라서 생긴 평면 영역을 S의 **절단면**^{cross-section}이라고 한다. $a \leq x \leq b$일 때 점 x를 지나고 x축에 수직인 평면 P_x에 속한 S의 절단면의 넓이를 $A(x)$라 하자. ([그림 11]을 보라. 점 x를 지나면서 칼로 S를 얇은 조각으로 잘라 이 조각의 넓이를 계산해보자). x가 a에서 b까지 증가함에 따라 절단면의 넓이 $A(x)$는 변할 것이다.

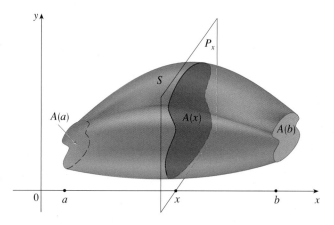

[그림 11]

분할점이 x_0, x_1, x_2, $\cdots$, x_n인 n개의 부분 구간으로 나누어진 구간 $[a, b]$의 분할을 생각해보자. 그러면 평면 P_{x_1}, P_{x_2}, $\cdots$이 얇은 조각으로 된 입체가 되도록 두께가 $\Delta x_i = x_i - x_{i-1}$인 n개의 평판으로 S를 분할한다. (빵 덩어리를 얇게 자른다고 생각하자.) 부분 구간 $[x_{i-1}, x_i]$에서 표본점 x_i^*를 택한다면 i번째 평판 S_i (평면 $P_{x_{i-1}}$와 P_{x_i} 사이에 놓인 S의 일부)는 밑면의 넓이가 $A(x_i^*)$, '높이'가 Δx_i인 기둥면으로 근사시킬 수 있다([그림 12] 참조).

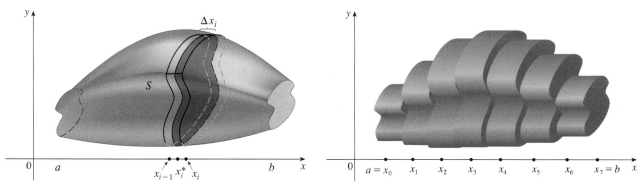

[그림 12]

이 기둥면의 부피는 $A(x_i^*)\Delta x_i$이므로 직관적으로 i번째 평판 S_i의 부피에 대한 근삿값은 다음과 같다.

$$V(S_i) \approx A(x_i^*)\Delta x_i$$

이런 평판들의 부피를 모두 더해서 전체 부피의 근삿값(직관적으로 부피라고 생각하는 것)을 다음과 같이 얻는다.

$$V \approx \sum_{i=1}^{n} A(x_i^*)\Delta x_i$$

이 근삿값은 평판이 얇아질수록 더욱더 정확해진다. 따라서 $\max \Delta x_i \to 0$임에 따라 이러한 합의 극한으로써 부피를 정의한다. 리만 합의 극한이 정적분임을 알고 있으므로 다음 정의를 얻는다.

부피의 정의
S를 $x=a$와 $x=b$ 사이에 놓인 입체라고 하자. x를 지나고 x축에 수직인 평면 P_x에 속한 S의 절단면의 넓이가 적분 가능한 함수 $A(x)$라 하면 S의 부피^{volume}는 다음과 같다.

$$V = \lim_{\max \Delta x_i \to 0} \sum_{i=1}^{n} A(x_i^*)\Delta x_i = \int_a^b A(x)\,dx$$

이 정의는 S가 x축에 대해 어떻게 놓이든지 관계가 없다는 사실을 증명할 수 있다. 다시 말해서 S를 평행면으로 어떻게 자르더라도 V에 대한 답은 항상 동일하게 얻을 것이다.

부피 공식 $V=\displaystyle\int_a^b A(x)\,dx$를 이용할 때, $A(x)$는 x축에 수직이고 x를 지나는 얇은 조각에 의해 얻어지는 유동적인 절단면의 넓이임을 기억하는 것이 중요하다.

기둥면일 때 절단면의 넓이는 항상 일정하다. 즉 모든 점 x에 대해 $A(x)=A$이다. 따라서 부피의 정의로부터 $V=\displaystyle\int_a^b A\,dx = A(b-a)$이고 이는 공식 $V=Ah$와 일치한다.

◀◀**예제1** 반지름이 r 인 구의 부피는 $V = \dfrac{4}{3}\pi r^3$ 임을 보여라.

풀이

구의 중심이 원점이 되도록 구를 놓는다면([그림 13] 참조) 평면 P_x 는(피타고라스 정리에 의해) 반지름이 $y = \sqrt{r^2 - x^2}$ 인 원의 모양으로 구와 만난다. 그러므로 절단면의 넓이는 다음과 같다.

$$A(x) = \pi y^2 = \pi(r^2 - x^2)$$

$a = -r$, $b = r$ 인 부피의 정의를 이용하여 다음을 얻는다.

$$V = \int_{-r}^{r} A(x)\,dx = \int_{-r}^{r} \pi(r^2 - x^2)\,dx$$

$$= 2\pi \int_{0}^{r} (r^2 - x^2)\,dx \quad \text{(피적분함수가 우함수)}$$

$$= 2\pi \left[r^2 x - \frac{x^3}{3} \right]_{0}^{r} = 2\pi \left(r^3 - \frac{r^3}{3} \right)$$

$$= \frac{4}{3}\pi r^3$$

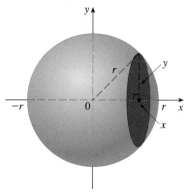

[그림 13]

◀◀**예제2** 0에서 1까지 곡선 $y = \sqrt{x}$ 아래의 영역을 x축에 대해 회전하여 얻은 입체의 부피를 구하라. 대표 근사 기둥면을 그려서 부피의 정의를 설명하라.

풀이

영역은 [그림 14(a)]와 같다. x축에 대해 회전하면 [그림 14(b)]와 같은 입체를 얻는다. 점 x를 지나는 얇은 조각으로 자를 때 반지름이 $\sqrt{x}$ 인 원판을 얻는다. 이 절단면의 넓이는 다음과 같다.

$$A(x) = \pi(\sqrt{x})^2 = \pi x$$

그리고 근사 기둥면(두께가 Δx인 원판)의 부피는 다음과 같다.

$$A(x)\Delta x = \pi x \, \Delta x$$

입체가 $x = 0$과 $x = 1$ 사이에 놓여있으므로 따라서 부피는 다음과 같다.

$$V = \int_{0}^{1} A(x)\,dx = \int_{0}^{1} \pi x\,dx = \pi \frac{x^2}{2} \Bigg]_{0}^{1} = \frac{\pi}{2}$$

[예제 2]에서 타당한 답을 구했는가? 이것을 확인하기 위해 주어진 영역을 밑면이 [0, 1], 높이가 1인 정사각형으로 바꾸자. 이 정사각형을 회전시키면 반지름이 1, 높이가 1, 부피가 $\pi \cdot 1^2 \cdot 1 = \pi$인 기둥면을 얻는다. 주어진 입체의 부피는 이 부피의 반으로 계산된다. 따라서 구한 답이 옳은 것을 알 수 있다.

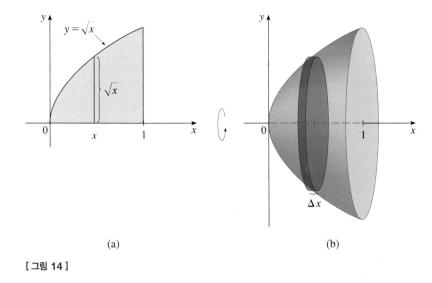

(a)

(b)

[그림 14]

TEC Visual 7.2B/7.3은 [예제 2] ~ [예제 5]에 있는 회전체가 어떻게 형성되는지 보여 준다.

◀예제 3 직선 $y = x$와 곡선 $y = x^2$으로 둘러싸인 영역 $\mathfrak{R}$을 x축에 대해 회전시킨다. 이 입체의 부피를 구하라.

풀이

직선 $y = x$와 곡선 $y = x^2$은 점 $(0, 0)$과 $(1, 1)$에서 만난다. 직선과 곡선 사이의 영역, 회전체, x축에 수직인 절단면은 [그림 15]와 같다.

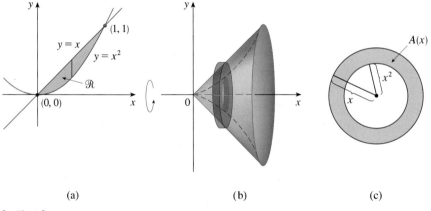

(a)

(b)

(c)

[그림 15]

평면 P_x 안에 놓여있는 절단면은 안쪽 반지름이 x^2, 바깥쪽 반지름이 x인 나사받이 모양(고리 모양)이므로 절단면의 넓이는 다음과 같이 바깥쪽 원의 넓이에서 안쪽 원의 넓이를 빼서 얻는다.

$$A(x) = \pi x^2 - \pi (x^2)^2 = \pi (x^2 - x^4)$$

따라서 다음을 얻는다.

$$V = \int_0^1 A(x)\, dx = \int_0^1 \pi (x^2 - x^4)\, dx$$

$$= \pi \left[\frac{x^3}{3} - \frac{x^5}{5} \right]_0^1 = \frac{2\pi}{15}$$

◀ 예제 4 [예제 3]의 영역을 직선 $y = 2$에 대해 회전시켜 얻은 입체의 부피를 구하라.

풀이

입체와 절단면은 [그림 16]과 같다. 절단면은 나사받이 모양이지만 이 경우에 안쪽 반지름은 $2 - x$, 바깥쪽 반지름은 $2 - x^2$이다. 절단면의 넓이는 다음과 같다.

$$A(x) = \pi(2 - x^2)^2 - \pi(2 - x)^2$$

따라서 S의 부피는 다음과 같다.

$$V = \int_0^1 A(x)\,dx = \pi \int_0^1 \left[(2 - x^2)^2 - (2 - x)^2 \right] dx$$

$$= \pi \int_0^1 (x^4 - 5x^2 + 4x)\,dx$$

$$= \pi \left[\frac{x^5}{5} - 5\frac{x^3}{3} + 4\frac{x^2}{2} \right]_0^1 = \frac{8\pi}{15}$$

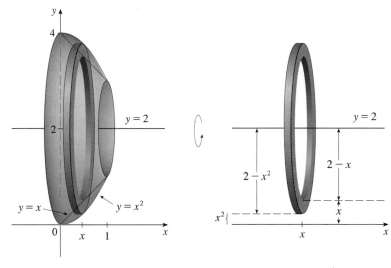

[그림 16]

[예제 1]~[예제 4]의 입체는 모두 주어진 영역을 한 직선에 대해 회전시켜 얻기 때문에 모두 **회전체** solid of revolution 라고 한다. 일반적으로 회전체의 부피는 다음과 같은 기본적인 정의 공식을 이용하여 계산한다.

$$V = \int_a^b A(x)\,dx \quad \text{또는} \quad V = \int_c^d A(y)\,dy$$

절단면의 넓이 $A(x)$ 또는 $A(y)$는 다음 방법 중 하나로 구한다.

- 절단면이 원판이면([예제 1]~[예제 2]) 원판의 반지름을 구하고 (x 또는 y로) 다음을 이용한다.

$$A = \pi(반지름)^2$$

- 절단면이 나사받이 모양이면([예제 3]~[예제 4]) 안쪽 반지름 r_{in}과 바깥쪽 반지름 r_{out}을 구하여([그림 16], [그림 17]과 같이) 바깥쪽 원판의 넓이에서 안쪽 원판의 넓이를 빼 나사받이 모양의 넓이를 구한다.

$$A = \pi(바깥쪽\ 반지름)^2 - \pi(안쪽\ 반지름)^2$$

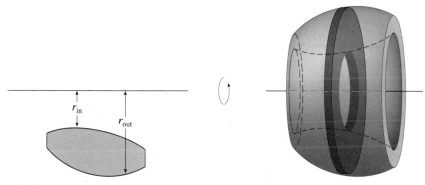

[그림 17]

다음 예제는 이런 과정을 상세히 보여준다.

◀예제 5 [예제 3]의 영역을 직선 $x = -1$에 대해 회전시켜 얻은 입체의 부피를 구하라.

풀이

[그림 18]은 수평 절단면을 보여준다. 이 절단면은 안쪽 반지름이 $1+y$, 바깥쪽 반지름이 $1 + \sqrt{y}$인 나사받이 모양이다. 따라서 절단면의 넓이는 다음과 같다.

$$\begin{aligned} A(y) &= \pi(바깥쪽\ 반지름)^2 - \pi(안쪽\ 반지름)^2 \\ &= \pi(1 + \sqrt{y})^2 - \pi(1+y)^2 \end{aligned}$$

입체의 부피는 다음과 같다.

$$\begin{aligned} V &= \int_0^1 A(y)\,dy = \pi \int_0^1 \left[(1 + \sqrt{y})^2 - (1+y)^2 \right] dy \\ &= \pi \int_0^1 (2\sqrt{y} - y - y^2)\,dy \\ &= \pi \left[\frac{4y^{3/2}}{3} - \frac{y^2}{2} - \frac{y^3}{3} \right]_0^1 = \frac{\pi}{2} \end{aligned}$$

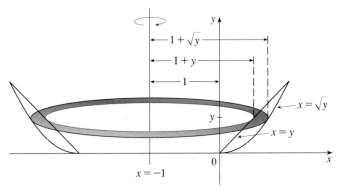

[그림 18]

이제 회전체가 아닌 입체의 부피를 구해보자.

◀예제 6 한 변의 길이가 L인 정사각형을 밑면으로 하고 높이가 h인 각뿔의 부피를 구하라.

풀이

[그림 19]와 같이 각뿔의 꼭짓점을 원점 O에 놓고 x축을 중심축으로 택한다. 점 x를 지나면서 x축에 수직인 임의의 평면 P_x가 각뿔과 만나서 생기는 정사각형의 한 변의 길이를 s라 하자.

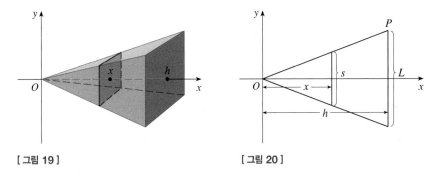

[그림 19]　　　　　　　[그림 20]

[그림 20]에서 닮은 삼각형들로부터 s를 x로 다음과 같이 표현할 수 있다.

$$\frac{x}{h} = \frac{s/2}{L/2} = \frac{s}{L}$$

그러므로 $s = Lx/h$이다. [또 다른 방법은 직선 OP의 기울기가 $L/(2h)$이므로 이 직선의 방정식이 $y = Lx/(2h)$임을 관찰하는 것이다.] 따라서 절단면의 넓이는 다음과 같다.

$$A(x) = s^2 = \frac{L^2}{h^2} x^2$$

각뿔이 $x = 0$과 $x = h$ 사이에 놓이므로 부피는 다음과 같다.

$$V = \int_0^h A(x)\,dx = \int_0^h \frac{L^2}{h^2}x^2\,dx = \frac{L^2}{h^2}\frac{x^3}{3}\Bigg]_0^h = \frac{L^2 h}{3}$$

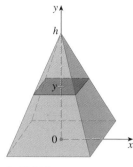

[그림 21]

NOTE _ [예제 6]과 같이 각뿔의 꼭짓점을 원점에 놓을 필요는 없다. 이것은 단지 방정식을 간단히 만들기 위한 것이다. 반면에 [그림 21]에서와 같이 밑면의 중심을 원점에 놓고, 꼭짓점을 양의 y축에 놓으면 다음과 같은 적분을 확인할 수 있다.

$$V = \int_0^h \frac{L^2}{h^2}(h-y)^2\,dy = \frac{L^2 h}{3}$$

7.2 연습문제

01~04 주어진 곡선과 지정된 직선으로 둘러싸인 영역을 회전시켜 얻은 입체의 부피를 구하라. 영역, 입체, 대표 원판, 나사받이 모양 원판을 그려라.

01 $y = 2 - \dfrac{1}{2}x$, $y = 0$, $x = 1$, $x = 2$; x축에 대해

02 $x = 2\sqrt{y}$, $x = 0$, $y = 9$; y축에 대해

03 $y = x$, $y = \sqrt{x}$; $y = 1$에 대해

04 $y = x^2$, $x = y^2$; $x = -1$에 대해

05~06 주어진 곡선으로 둘러싸인 영역을 지정된 직선에 대해 회전시킨 회전체의 부피를 구하라.

05 $x - y = 1$, $y = x^2 - 4x + 3$; $y = 3$에 대해

06 $y = x^3$, $y = \sqrt{x}$; $x = 1$에 대해

07~08 주어진 곡선과 지정된 직선으로 둘러싸인 영역을 회전시켜 얻은 입체의 부피를 구하는 적분식을 세워라. 계산기를 이용하여 소수점 아래 다섯째 자리까지 정확하게 적분을 계산하라.

07 $y = e^{-x^2}$, $y = 0$, $x = -1$, $x = 1$

    (a) x축에 대해   (b) $y = -1$에 대해

08 $x^2 + 4y^2 = 4$

    (a) $y = 2$에 대해   (b) $x = 2$에 대해

09 **CAS** 컴퓨터 대수체계를 이용하여 주어진 곡선으로 둘러싸인 영역을 지정된 직선에 대해 회전시켜 얻은 입체의 정확한 부피를 구하라.

$$y = \sin^2 x, \ y = 0, \ 0 \le x \le \pi; \ y = -1\text{에 대해}$$

10 다음 각 적분은 입체의 부피를 나타낸다. 각각의 입체에 대해 설명하라.

    (a) $\pi\displaystyle\int_0^{\pi/2} \cos^2 x\,dx$ (b) $\pi\displaystyle\int_0^1 (y^4 - y^8)\,dy$

11~15 설명된 입체 S의 부피를 구하라.

11 높이가 h, 밑면의 반지름이 r인 직원뿔

12 반지름이 r, 높이가 h인 구 모양의 모자

13 밑면이 가로 b, 세로 $2b$인 직사각형이고 높이가 h인 각뿔

14 S의 밑면은 경계 곡선 $9x^2 + 4y^2 = 36$인 타원 영역이다. x축에 수직인 절단면은 밑변이 빗변인 직각이등변삼각형이다.

15 S의 밑면은 꼭짓점이 $(0, 0)$, $(1, 0)$, $(0, 1)$인 삼각형 영역이다. y축에 평행인 절단면은 정삼각형이다.

---

16 (a) 다음 그림과 같이 반지름 r과 R을 갖는 원환체(그림에서와 같은 도넛 모양의 입체)의 부피를 구하는 적분식을 세워라.

(b) 적분을 넓이로 해석하여 원환체의 부피를 구하라.

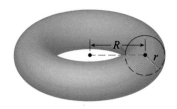

17 반지름 r인 두 구에 대해 한 구의 중심이 다른 구의 표면에 있을 때, 두 구의 공통부분의 부피를 구하라.

7.3 원통껍질에 의한 부피

어떤 부피 문제는 앞 절의 방법으로 구하기 매우 어렵다. 예를 들어 곡선 $y = 2x^2 - x^3$ 과 $y = 0$으로 둘러싸인 영역을 y축에 대해 회전시켜 얻은 입체의 부피를 구한다고 생각해보자([그림 22] 참조). 만일 y축에 수직으로 얇게 자르면 나사받이 모양을 얻는다. 그러나 나사받이 모양의 안쪽 반지름과 바깥쪽 반지름을 계산하기 위해서는 3차방정식 $y = 2x^2 - x^3$을 풀어서 x를 y로 나타내야 하는데 그것이 쉽지 않다. 다행히 이럴 때 사용하는 쉬운 방법으로 **원통껍질 방법**method of cylindrical shells이 있다. [그림 23]은 안쪽 반지름이 r_1, 바깥쪽 반지름이 r_2, 높이가 h인 원통껍질을 보여준다. 이 원통껍질의 부피 V는 다음과 같이 외부 원기둥의 부피 V_2에서 내부 원기둥의 부피 V_1을 빼서 구한다.

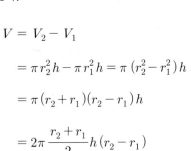

[그림 22]

$$V = V_2 - V_1$$
$$= \pi r_2^2 h - \pi r_1^2 h = \pi (r_2^2 - r_1^2) h$$
$$= \pi (r_2 + r_1)(r_2 - r_1) h$$
$$= 2\pi \frac{r_2 + r_1}{2} h (r_2 - r_1)$$

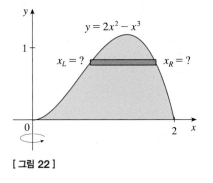

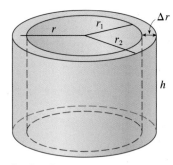

[그림 23]

$\Delta r = r_2 - r_1$(원통껍질의 두께), $r = \dfrac{1}{2}(r_2 + r_1)$(원통껍질의 평균반지름)이라 할 때, 원통껍질의 부피에 대한 공식은 다음과 같다.

☐
$$V = 2\pi r h \, \Delta r$$

이 공식은 다음과 같이 기억할 수 있다.

$$V = [원둘레] \times [높이] \times [두께]$$

이제 곡선 $y = f(x)$, $y = 0$, $x = a$, $x = b$로 둘러싸인 영역을 y축에 대해 회전시켜 얻은 입체를 S라 하자. 여기서 f는 연속이고 $f(x) \geq 0$, $b > a \geq 0$이다([그림 24] 참조).

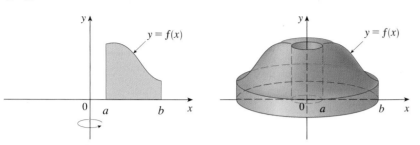

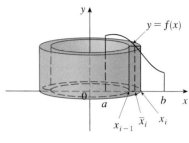

[그림 24]

구간 $[a, b]$를 너비가 Δx로 동일한 n개의 부분 구간 $[x_{i-1}, x_i]$로 나누고 $\overline{x}_i$를 i번째 부분 구간의 중점이라고 하자. 밑변이 $[x_{i-1}, x_i]$이고 높이가 $f(\overline{x}_i)$인 직사각형을 y축에 대해 회전시킨 결과는 평균반지름 $\overline{x}_i$, 높이 $f(\overline{x}_i)$, 두께 Δx인 원통껍질이다([그림 25] 참조).

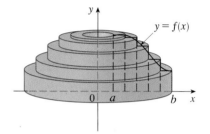

따라서 공식 ①에 의해 원통껍질의 부피는 다음과 같다.

$$V_i = (2\pi \overline{x}_i)[f(\overline{x}_i)] \Delta x$$

그러므로 입체 S의 부피 V에 대한 근삿값은 다음과 같이 원통껍질 부피의 합이 된다.

$$V \approx \sum_{i=1}^{n} V_i = \sum_{i=1}^{n} 2\pi \overline{x}_i [f(\overline{x}_i)] \Delta x$$

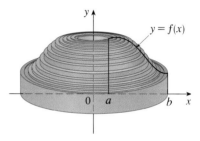

[그림 25]

이것은 $n \to \infty$일 때 좀 더 정확한 근삿값이 된다. 그러므로 정적분의 정의로부터 다음을 알 수 있다.

$$\lim_{n \to \infty} \sum_{i=1}^{n} 2\pi \overline{x}_i [f(\overline{x}_i)] \Delta x = \int_a^b 2\pi x f(x) \, dx$$

따라서 다음이 타당해 보인다.

② a에서 b까지 곡선 $y = f(x)$ 아래의 영역을 y축에 대해 회전시켜 얻은 [그림 24]와 같은 입체의 부피 V는 다음과 같다.

$$V = \int_a^b 2\pi x f(x) \, dx, \quad 0 \leq a < b$$

공식 ②를 기억하는 가장 좋은 방법은 [그림 26]에서와 같이 반지름 x, 원둘레 $2\pi x$, 높이 $f(x)$, 두께 Δx 또는 dx로 잘라내어 평평하게 펼친 대표 원통껍질을 생각하는 것이다. 그러면 다음과 같다.

$$\int_a^b \underbrace{(2\pi x)}_{\text{원둘레}} \underbrace{[f(x)]}_{\text{높이}} \, dx$$

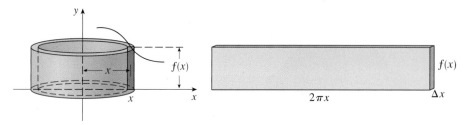

[그림 26]

이와 같은 추론은 y축이 아닌 다른 직선에 대해 회전시킬 때와 같은 다른 상황에서도 도움이 될 것이다.

◀예제 1▶ $y = 2x^2 - x^3$과 $y = 0$으로 둘러싸인 영역을 y축에 대해 회전시켜 얻은 입체의 부피를 구하라.

풀이

[그림 27]로부터 대표 원통껍질은 반지름 x, 원둘레 $2\pi x$, 높이 $f(x) = 2x^2 - x^3$임을 알 수 있다. 따라서 원통껍질 방법에 의해 부피는 다음과 같다.

$$V = \int_0^2 (2\pi x)(2x^2 - x^3)\,dx = 2\pi \int_0^2 (2x^3 - x^4)\,dx$$

$$= 2\pi \left[\frac{1}{2}x^4 - \frac{1}{5}x^5 \right]_0^2 = 2\pi \left(8 - \frac{32}{5} \right) = \frac{16}{5}\pi$$

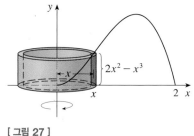

[그림 27]

원통껍질 방법으로 얻은 답과 조각으로 나누어 얻은 답이 같음을 확인할 수 있다. **◀**

TEC Visual 7.2B/7.3은 [예제 1]에 있는 입체와 껍질이 어떻게 만들어지는지 보여 준다.

NOTE _ [예제 1]의 풀이를 이 절의 도입부와 비교해 볼 때, 위와 같은 문제에서 원통껍질 방법이 나사받이 모양 방법보다는 훨씬 쉽다는 것을 알 수 있다. 원통껍질 방법은 극댓값의 좌표를 구할 필요가 없으며, 또한 곡선의 방정식을 풀어서 x를 y로 나타낼 필요도 없다. 그러나 다른 예제에서는 앞 절의 방법이 훨씬 쉬울 수도 있다.

다음 예제에서 보여주는 바와 같이 원통껍질 방법은 x축에 대해 회전시키는 경우에도 마찬가지로 적용할 수 있다. 원통껍질의 반지름과 높이를 알아볼 수 있는 그림만 그리면 된다.

◀예제 2▶ 원통껍질의 방법을 이용하여 0에서 1까지 곡선 $y = \sqrt{x}$ 아래의 영역을 x축에 대해 회전시킬 때 생기는 입체의 부피를 구하라.

풀이

이 문제는 7.2절의 [예제 2]에서 원판을 이용하여 풀었다. 원통껍질 방법을 이용하기 위해 곡선 $y = \sqrt{x}$ (그 예제에 있는 그림에서)를 [그림 28]에 있는 $x = y^2$으로 다시 표현한다. x축에 대해 회전할 때 대표 원통껍질은 반지름 y, 원둘레 $2\pi y$, 높이 $1 - y^2$을 갖는다. 따라서 구하고자 하는 부피는 다음과 같다.

$$V = \int_0^1 (2\pi y)(1 - y^2)\,dy = 2\pi \int_0^1 (y - y^3)\,dy$$

$$= 2\pi \left[\frac{y^2}{2} - \frac{y^4}{4} \right]_0^1 = \frac{\pi}{2}$$

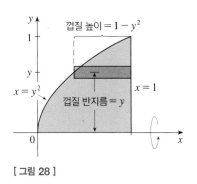

[그림 28]

이 문제의 경우에는 원판 방법이 더 간단하다. ❱

◀**예제 3** $y = x - x^2$과 $y = 0$으로 둘러싸인 영역을 직선 $x = 2$에 대해 회전시켜서 얻은 입체의 부피를 구하라.

풀이

[그림 29]는 영역과 직선 $x = 2$에 대해 회전시켜 얻은 원통껍질을 보여준다. 이 원통껍질은 반지름 $2 - x$, 원둘레 $2\pi(2 - x)$, 높이 $x - x^2$을 갖는다. 따라서 주어진 입체의 부피는 다음과 같다.

$$V = \int_0^1 2\pi(2 - x)(x - x^2)\,dx = 2\pi \int_0^1 (x^3 - 3x^2 + 2x)\,dx$$

$$= 2\pi \left[\frac{x^4}{4} - x^3 + x^2 \right]_0^1 = \frac{\pi}{2} \qquad ❱$$

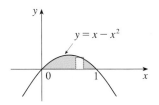 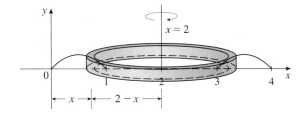

[그림 29]

7.3 연습문제

01 다음 그림에 보인 영역을 y축에 대해 회전시켜 얻은 입체를 S라고 하자. S의 부피 V를 구하기 위해 얇은 조각을 이용하는 방법이 왜 어려운지 설명하라. 대표 근사 원통껍질을 그리고 원둘레와 높이를 구하라. 원통껍질 방법을 이용하여 부피 V를 구하라.

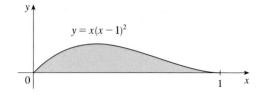

02~03 원통껍질 방법을 이용하여 주어진 곡선으로 둘러싸인 영역을 y축에 대해 회전시켜 얻은 입체의 부피를 구하라.

02 $y = \sqrt[3]{x}$, $y = 0$, $x = 1$

03 $y = e^{-x^2}$, $y = 0$, $x = 0$, $x = 1$

04~05 원통껍질 방법을 이용하여 주어진 곡선으로 둘러싸인 영역을 x축에 대해 회전시켜 얻은 입체의 부피를 구하라.

04 $xy = 1$, $x = 0$, $y = 1$, $y = 3$

05 $x = 1 + (y-2)^2$, $x = 2$

06~07 원통껍질 방법을 이용하여 주어진 곡선으로 둘러싸인 영역을 지정된 축에 대해 회전시켜 얻은 입체의 부피를 구하라.

06 $y = 4x - x^2$, $y = 3$; $x = 1$에 대해

07 $y = x^3$, $y = 0$, $x = 1$; $y = 1$에 대해

08~09 (a) 주어진 곡선으로 둘러싸인 영역을 지정된 축에 대해 회전시켜 얻은 입체의 부피를 구하는 적분식을 세워라.

(b) 계산기를 이용하여 소수점 아래 다섯째 자리까지 정확하게 적분을 계산하라.

08 $y = xe^{-x}$, $y = 0$, $x = 2$; y축에 대해

09 $y = \cos^4 x$, $y = -\cos^4 x$, $-\pi/2 \le x \le \pi/2$; $x = \pi$에 대해

10 $\displaystyle\int_0^1 2\pi(3-y)(1-y^2)\,dy$는 입체의 부피를 나타낸다. 각 입체에 대해 설명하라.

11~12 주어진 곡선으로 둘러싸인 영역이 지정된 축에 대해 회전한다. 이렇게 생성된 입체의 부피를 임의의 방법으로 구하라.

11 $y^2 - x^2 = 1$, $y = 2$; x축에 대해

12 $x^2 + (y-1)^2 = 1$; y축에 대해

13~14 원통껍질 방법을 이용하여 입체의 부피를 구하라.

13 7.2절 [연습문제 16]의 원환체

14 높이가 h, 밑면의 반지름이 r인 직원뿔

15 역함수 f^{-1}를 갖는 일대일 함수 f에 대해 공식 [2]를 증명하기 위해 다음 단계를 이용하라. 주어진 그림을 이용하여 다음을 보여라.

$$V = \pi b^2 d - \pi a^2 c - \int_c^d \pi [f^{-1}(y)]^2\,dy$$

$y = f(x)$를 대입한 후에 얻어진 적분에 부분적분법을 이용하여 다음을 증명하라.

$$V = \int_a^b 2\pi x f(x)\,dx$$

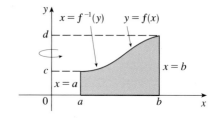

7.4 호의 길이

곡선이 다각형이라면 그 길이를 쉽게 구할 수 있다. 다각형을 이루는 선분들의 길이를 모두 더하면 되기 때문이다. 다각형이 아닌 경우에 먼저 곡선을 다각형으로 근접시킨 후에 다각형의 선분의 수를 늘려 나가며 극한을 취하여 일반적인 곡선의 길이를 정의할 것이다. 이런 과정은 원의 경우에 친숙하며 원둘레는 내접하는 다각형의 길이의 극한이다([그림 30] 참조).

TEC Visual 7.4는 [그림 30]의 움직임을 보여준다.

[그림 30]

이제 $a \le x \le b$에서 연속인 함수 f에 대해 곡선 C가 방정식 $y = f(x)$로 정의된다고 하자. 구간 $[a, b]$를 끝점이 $x_0, x_1, \cdots, x_n$이고 너비가 Δx로 동일한 n개의 부분 구간으로 분할하여 C에 근사하는 다각형을 얻는다. $y_i = f(x_i)$라 하면 점 $P_i(x_i, y_i)$는 C에 있고 [그림 31]에 나타낸 꼭짓점 $P_0, P_1, \cdots, P_n$을 갖는 다각형은 C에 근사하게 된다.

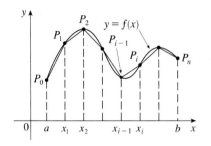

[그림 31]

C의 길이 L은 다각형의 길이에 근접하며 n이 커질수록 더 정확한 근삿값을 얻게 된다.([그림 32]를 보자. P_{i-1}과 P_i를 잇는 곡선의 호가 확대되고 Δx의 값이 작아지면서 이 호가 곡선에 근사함을 알 수 있다.) 그러므로 $a \le x \le b$에서 방정식 $y = f(x)$로 주어지는 곡선 C의 **길이**^{length} L을 다음과 같이 내접하는 다각형의 길이의 극한(존재한다면)으로 정의한다.

$$\boxed{1} \qquad L = \lim_{n \to \infty} \sum_{i=1}^{n} |P_{i-1}P_i|$$

호의 길이를 정의하는 절차는 넓이와 부피를 정의하기 위해 사용된 절차와 매우 유사하다는 점에 주목한다. 즉 곡선을 많은 수의 작은 부분으로 분할하여 작은 부분들의 근사 길이를 더한 후에 $n \to \infty$ 인 극한을 취한다.(수열의 극한에 대해서는 8.1절을 보라.)

식 $\boxed{1}$로 주어진 호의 길이에 대한 정의는 계산이 편하지는 않지만 f가 연속인 도함수를 갖는 경우에는 L에 대해 적분 공식을 유도할 수 있다.

$\Delta y_i = y_i - y_{i-1}$이라 놓으면 다음을 얻는다.

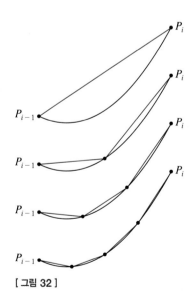

[그림 32]

$$|P_{i-1}P_i| = \sqrt{(x_i - x_{i-1})^2 + (y_i - y_{i-1})^2} = \sqrt{(\Delta x)^2 + (\Delta y_i)^2}$$

구간 $[x_{i-1}, x_i]$에서 f에 평균값 정리를 적용하면 x_{i-1}과 x_i 사이에 다음을 만족하는 수 x_i^*가 존재함을 알 수 있다.

$$f(x_i) - f(x_{i-1}) = f'(x_i^*)(x_i - x_{i-1})$$

즉 $\Delta y_i = f'(x_i^*) \Delta x$이다. 그러므로 다음을 얻는다.

$$
\begin{aligned}
|P_{i-1}P_i| &= \sqrt{(\Delta x)^2 + (\Delta y_i)^2} \\
&= \sqrt{(\Delta x)^2 + [f'(x_i^*)\Delta x]^2} \\
&= \sqrt{1 + [f'(x_i^*)]^2}\,\sqrt{(\Delta x)^2} \\
&= \sqrt{1 + [f'(x_i^*)]^2}\,\Delta x \quad (\Delta x > 0 \text{이므로})
\end{aligned}
$$

따라서 정의 ①에 의해 다음이 성립한다.

$$L = \lim_{n \to \infty} \sum_{i=1}^{n} |P_{i-1}P_i| = \lim_{n \to \infty} \sum_{i=1}^{n} \sqrt{1 + [f'(x_i^*)]^2}\,\Delta x$$

이 식은 정적분의 정의에 의해 다음과 같이 표현됨을 알 수 있다.

$$\int_a^b \sqrt{1 + [f'(x)]^2}\,dx$$

함수 $g(x) = \sqrt{1 + [f'(x)]^2}$이 연속이므로 이 적분은 존재한다. 따라서 다음 정리가 증명된다.

---

② **호의 길이 공식** f'이 $[a, b]$에서 연속이면 곡선 $y = f(x)$, $a \le x \le b$의 길이는 다음과 같다.

$$L = \int_a^b \sqrt{1 + [f'(x)]^2}\,dx$$

도함수에 대한 라이프니츠 기호를 이용하면 호의 길이 공식을 다음과 같이 쓸 수 있다.

③
$$L = \int_a^b \sqrt{1 + \left(\frac{dy}{dx}\right)^2}\,dx$$

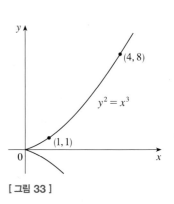

[그림 33]

◀예제 1▶ 두 점 $(1, 1)$과 $(4, 8)$ 사이에 있는 반입방 포물선$^{\text{semicubical parabola}}$ $y^2 = x^3$의 호의 길이를 구하라([그림 33] 참조).

풀이

곡선의 위쪽 절반은 다음과 같다.

$$y = x^{3/2}, \quad \frac{dy}{dx} = \frac{3}{2} x^{1/2}$$

그러므로 호의 길이 공식으로 다음을 얻는다.

$$L = \int_1^4 \sqrt{1 + \left(\frac{dy}{dx}\right)^2}\, dx = \int_1^4 \sqrt{1 + \frac{9}{4}x}\, dx$$

이제 $u = 1 + \dfrac{9}{4}x$로 치환하면 $du = \dfrac{9}{4}dx$이다. $x = 1$일 때 $u = \dfrac{13}{4}$, $x = 4$일 때 $u = 10$이다. 따라서 다음을 얻는다.

$$L = \frac{4}{9} \int_{13/4}^{10} \sqrt{u}\, du = \frac{4}{9} \cdot \frac{2}{3} u^{3/2} \Big]_{13/4}^{10}$$

$$= \frac{8}{27} \left[10^{3/2} - \left(\frac{13}{4}\right)^{3/2} \right] = \frac{1}{27}\left(80\sqrt{10} - 13\sqrt{13}\right)$$

[예제 1]의 답을 확인하기 위해 [그림 33]으로부터 호의 길이는 다음과 같이 $(1, 1)$에서 $(4, 8)$까지 거리보다 약간 더 길어야 한다는 것에 주목하자.

$$\sqrt{58} \approx 7.615773$$

[예제 1]의 계산 결과에 따르면 다음을 얻는다.

$$L = \frac{1}{27}\left(80\sqrt{10} - 13\sqrt{13}\right) \approx 7.633705$$

이것은 확실히 선분의 길이보다 조금 더 길다.

곡선의 방정식이 $x = g(y)$, $c \leq y \leq d$이고 $g'(y)$가 연속이면, 공식 ② 또는 식 ③에서 x와 y를 바꿔 그 길이에 대해 다음과 같은 공식을 얻는다.

④
$$L = \int_c^d \sqrt{1 + [g'(y)]^2}\, dy = \int_c^d \sqrt{1 + \left(\frac{dx}{dy}\right)^2}\, dy$$

◀**예제 2** 점 $(0, 0)$에서 $(1, 1)$까지 포물선 $y^2 = x$의 호의 길이를 구하라.

풀이

$x = y^2$이므로 $dx/dy = 2y$이고 공식 ④로부터 다음을 얻는다.

$$L = \int_0^1 \sqrt{1 + \left(\frac{dx}{dy}\right)^2}\, dy = \int_0^1 \sqrt{1 + 4y^2}\, dy$$

$y = \dfrac{1}{2}\tan\theta$로 삼각치환하면 $dy = \dfrac{1}{2}\sec^2\theta\, d\theta$, $\sqrt{1 + 4y^2} = \sqrt{1 + \tan^2\theta} = \sec\theta$이다. $y = 0$일 때 $\tan\theta = 0$이므로 $\theta = 0$이고, $y = 1$일 때 $\tan\theta = 2$이므로 $\theta = \tan^{-1}2 (= \alpha$라 하자.$)$이다. 그러면 다음이 성립한다.

$$L = \int_0^\alpha \sec\theta \cdot \frac{1}{2}\sec^2\theta\, d\theta = \frac{1}{2}\int_0^\alpha \sec^3\theta\, d\theta$$

$$= \frac{1}{2} \cdot \frac{1}{2} \Big[\sec\theta \tan\theta + \ln|\sec\theta + \tan\theta| \Big]_0^\alpha \quad \text{(6.2절의 [예제 6]으로부터)}$$

$$= \frac{1}{4} (\sec\alpha \tan\alpha + \ln|\sec\alpha + \tan\alpha|)$$

$\tan\alpha = 2$이므로 $\sec^2\alpha = 1 + \tan^2\alpha = 5$, $\sec\alpha = \sqrt{5}$이다. 따라서 호의 길이는 다음과 같다.

$$L = \frac{\sqrt{5}}{2} + \frac{\ln(\sqrt{5} + 2)}{4}$$

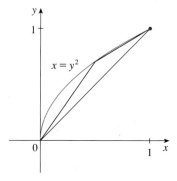

n	L_n
1	1.414
2	1.445
4	1.464
8	1.472
16	1.476
32	1.478
64	1.479

[표 1]

[그림 34]

[그림 34]는 [예제 2]에서 계산된 길이를 갖는 포물선의 호와 더불어 $n = 1$과 $n = 2$인 선분을 갖는 근사 다각형을 보인다. $n = 1$에 대한 근사 길이는 정사각형의 대각선인 $L_1 = \sqrt{2}$이다. [표 1]은 $[0, 1]$을 길이가 동일한 n개의 부분 구간으로 분할하여 얻은 근삿값 L_n을 보여준다. 다각형의 변의 수를 2배로 할 때마다 아래의 정확한 길이에 더 가까운 값을 얻는다는 것에 주목한다.

$$L = \frac{\sqrt{5}}{2} + \frac{\ln(\sqrt{5} + 2)}{4} \approx 1.478943$$

공식 ②와 ④에서 근호가 있기 때문에 호의 길이에 대해 계산하기가 매우 어렵거나 명확하게 계산할 수 없는 상황에 이르기도 한다.

호의 길이함수

곡선 위의 한 특별한 출발점에서 곡선 위의 임의의 다른 점까지 호의 길이를 측정하는 함수가 있다면 유용할 것이다. 따라서 매끄러운 곡선 C가 방정식 $y = f(x)$, $a \le x \le b$를 가질 때, 시점 $P_0(a, f(a))$에서 점 $Q(x, f(x))$까지 C를 따라 측정한 거리를 $s(x)$라 하자. 그러면 s는 **호의 길이함수**$^{\text{arc length function}}$라 부르며 식 ②에 의해 다음과 같이 정의되는 함수이다.

⑤
$$s(x) = \int_a^x \sqrt{1 + [f'(t)]^2}\, dt$$

(x가 두 가지 의미를 갖지 않도록 적분 변수를 t로 바꿔 놓았다.) 미적분학의 기본 정리 1을 이용하여(피적분함수가 연속이므로) 식 ⑤를 다음과 같이 미분할 수 있다.

⑥
$$\frac{ds}{dx} = \sqrt{1 + [f'(x)]^2} = \sqrt{1 + \left(\frac{dy}{dx}\right)^2}$$

식 ⑥은 x에 대한 s의 변화율은 항상 적어도 1이고, 곡선의 기울기인 $f'(x)$가 0일 때 변화율이 1임을 보여준다. 호의 길이의 미분은 다음과 같다.

$$\boxed{7} \qquad ds = \sqrt{1 + \left(\frac{dy}{dx}\right)^2}\, dx$$

이 식은 때때로 대칭적인 형태로 다음과 같이 표현된다.

$$\boxed{8} \qquad (ds)^2 = (dx)^2 + (dy)^2$$

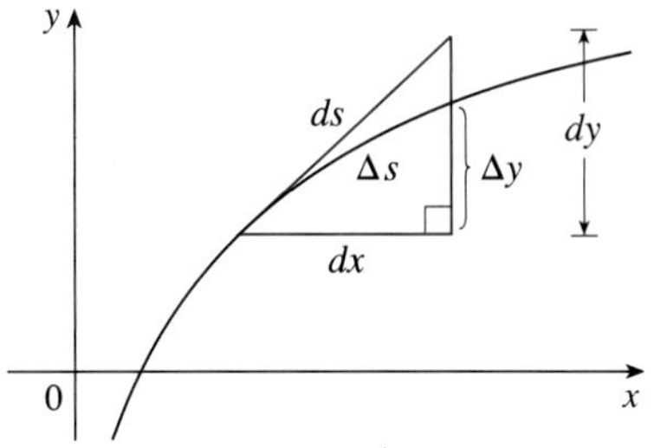

식 $\boxed{8}$의 기하학적 해석은 [그림 35]에 보인다. 이것은 식 $\boxed{3}$과 $\boxed{4}$를 기억하기 위한 한 방법이다. $L = \int ds$로 쓴다면 식 $\boxed{8}$을 풀어서 식 $\boxed{7}$을 얻거나 $\boxed{3}$으로 나타낼 수 있고 다음 식을 풀어서 식 $\boxed{4}$를 얻을 수 있다.

$$ds = \sqrt{1 + \left(\frac{dx}{dy}\right)^2}\, dy$$

[그림 35]

◀ 예제 3 ▶ $P_0(1, 1)$을 시점으로 택하여 곡선 $y = x^2 - \frac{1}{8}\ln x$에 대한 호의 길이함수를 구하라.

풀이

$f(x) = x^2 - \frac{1}{8}\ln x$라 하면 다음과 같다.

$$f'(x) = 2x - \frac{1}{8x}$$

$$1 + [f'(x)]^2 = 1 + \left(2x - \frac{1}{8x}\right)^2 = 1 + 4x^2 - \frac{1}{2} + \frac{1}{64x^2}$$

$$= 4x^2 + \frac{1}{2} + \frac{1}{64x^2} = \left(2x + \frac{1}{8x}\right)^2$$

$$\sqrt{1 + [f'(x)]^2} = 2x + \frac{1}{8x}$$

따라서 호의 길이함수는 다음과 같다.

$$s(x) = \int_1^x \sqrt{1 + [f'(t)]^2}\, dt$$

$$= \int_1^x \left(2t + \frac{1}{8t}\right) dt = t^2 + \frac{1}{8}\ln t \Big]_1^x$$

$$= x^2 + \frac{1}{8}\ln x - 1$$

예를 들어 $(1, 1)$에서 $(3, f(3))$까지 곡선을 따르는 호의 길이는 다음과 같다.

$$s(3) = 3^2 + \frac{1}{8}\ln 3 - 1 = 8 + \frac{\ln 3}{8} \approx 8.1373$$

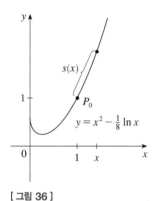

[그림 36]

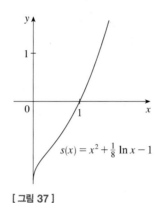

[그림 37]

[그림 36]은 [예제 3]에 있는 호의 길이함수에 대한 해석을 보여주고, [그림 37]은 이 호의 길이함수의 그래프를 보여준다. x가 1보다 작을 때 $s(x)$가 음수인 이유는 무엇일까?

7.4 연습문제

01 호의 길이 공식 **3**을 이용하여 곡선 $y = 2 - 3x$, $-2 \le x \le 1$의 길이를 구하라. 이 곡선이 직선이라는 것에 주목하고 거리 공식에 의해 그 길이를 계산하여 이미 구한 답을 확인하라.

02 $0 \le x \le \pi$에서 곡선 $y = \sin x$의 길이를 나타내는 적분식을 세운 후, 계산기를 이용하여 소수점 아래 넷째 자리까지 정확한 길이를 구하라.

03~06 다음 곡선의 길이를 구하라.

03 $y = 1 + 6x^{3/2}$, $0 \le x \le 1$

04 $y = \dfrac{x^3}{3} + \dfrac{1}{4x}$, $1 \le x \le 2$

05 $y = \ln(\sec x)$, $0 \le x \le \pi/4$

06 $y = \dfrac{1}{4}x^2 - \dfrac{1}{2}\ln x$, $1 \le x \le 2$

07 곡선 $y = x^2 + x^3$, $1 \le x \le 2$의 그래프를 그리고 호의 길이를 가시적으로 추정하라. 그 다음 계산기를 이용하여 소수점 아래 넷째 자리까지 정확한 호의 길이를 구하라.

08 $n = 10$인 심프슨의 공식을 이용하여 $0 \le x \le 2\pi$에서 곡선 $y = x\sin x$에 대한 호의 길이를 추정하라. 그 답을 계산기로 얻은 적분 값과 비교하라.

09 **CAS** 컴퓨터 대수체계를 이용하여 점 $(0, 0)$과 점 $\left(\ln\dfrac{3}{4}, \dfrac{1}{2}\right)$ 사이에 놓이는 곡선 $x = \ln(1 - y^2)$에 대한 정확한 호의 길이를 구하라.

10 방정식 $x^{2/3} + y^{2/3} = 1$을 갖는 곡선을 그려라. 대칭성을 이용하여 이 곡선의 길이를 구하라.

11 시점이 $(0, 1)$인 곡선 $y = \sin^{-1}x + \sqrt{1 - x^2}$에 대한 호의 길이 함수를 구하라.

12 고도 $180\,\mathrm{m}$에서 $15\,\mathrm{m/s}$로 날고 있는 매가 먹이를 실수로 떨어뜨렸다. 먹이가 땅에 닿을 때까지 그려지는 포물선 궤도는 다음 방정식과 같다.

$$y = 180 - \frac{x^2}{45}$$

여기서 $y\,(\mathrm{m})$는 땅에서부터 높이, $x\,(\mathrm{m})$는 이동한 수평거리이다. 먹이가 떨어지는 순간부터 땅에 닿을 때까지 이동한 거리를 계산하라. 이 답을 $10\,\mathrm{m}$ 단위까지 정확하게 나타내라.

7.5 회전체의 곡면 넓이

회전체의 곡면은 곡선이 직선을 중심으로 회전될 때 만들어진다. 이와 같은 곡면은 7.2절과 7.3절에서 논의한 형태의 회전체의 경계 측면이다.

호의 길이를 구할 때 사용한 방법에 따르면 원래 곡선을 다각형으로 근접시킬 수 있다. 이 다각형을 축에 대해 회전시켜 곡면 넓이가 실제 곡면 넓이에 근사하는 간단한 표면을 만든다. 그런 후 극한을 취함으로써 정확한 곡면의 넓이를 구할 수 있다.

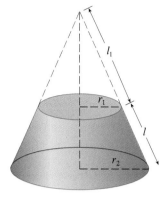

근사 표면은 축에 대해 선분을 회전시켜 얻은 여러 개의 띠들로 구성된다. 곡면의 넓이를 구하기 위해서는 [그림 38]과 같이 개개의 띠를 원뿔의 한 부분으로 생각할 수 있다. 측면의 길이가 l, 윗면과 아랫면의 반지름이 각각 r_1과 r_2인 띠(원뿔대)의 넓이는 다음과 같이 두 원뿔의 넓이를 빼서 얻는다.

[그림 38]

$$\boxed{1} \qquad A = \pi r_2(l_1 + l) - \pi r_1 l_1 = \pi [(r_2 - r_1)l_1 + r_2 l]$$

닮은 삼각형으로부터 다음을 얻는다.

$$\frac{l_1}{r_1} = \frac{l_1 + l}{r_2}$$

따라서 다음이 성립한다.

$$r_2 l_1 = r_1 l_1 + r_1 l \;\; \text{또는} \;\; (r_2 - r_1)l_1 = r_1 l$$

이것을 식 $\boxed{1}$에 대입하면 다음을 얻는다.

$$A = \pi(r_1 l + r_2 l)$$

또는 띠의 평균 반지름 $r = \dfrac{1}{2}(r_1 + r_2)$에 대해 다음을 얻는다.

$$\boxed{2} \qquad A = 2\pi r l$$

이제 이 공식을 지금까지 사용한 전략에 적용해보자. [그림 39]에서 보인 바와 같이 $a \le x \le b$에서 양수이고 연속인 도함수를 갖는 곡선 $y = f(x)$를 x축에 대해 회전시켜 얻은 곡면을 생각하자. 이 곡면의 넓이를 정의하기 위해 호의 길이를 구할 때처럼, 구간 $[a, b]$를 끝점이 $x_0, x_1, \cdots, x_n$이고 너비가 Δx로 동일한 n개의 부분 구간으로 분할한다. 만일 $y_i = f(x_i)$라 하면 점 $P_i(x_i, y_i)$는 곡선 위에 놓여있다. x_{i-1}과 x_i 사이의 부분 곡면은 선분 $P_{i-1}P_i$를 택하여 이것을 x축에 대해 회전시켜 근사시킨다. 이 결과는 측면 길이가 $l = |P_{i-1}P_i|$이고, 평균 반

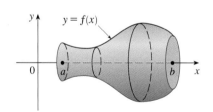

(a) 회전체의 곡면

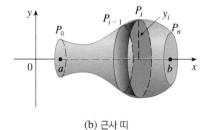

(b) 근사 띠

[그림 39]

지름이 $r = \dfrac{1}{2}(y_{i-1} + y_i)$인 원뿔대이다. 따라서 공식 $\boxed{2}$에 의해 이 곡면 넓이를 구하면 다음과 같다.

$$A = 2\pi \frac{y_{i-1} + y_i}{2} |P_{i-1}P_i|$$

7.4절의 정리 $\boxed{2}$의 증명 과정과 같이 다음을 얻는다.

$$|P_{i-1}P_i| = \sqrt{1 + [f'(x_i^*)]^2}\, \Delta x$$

여기서 x_i^*는 $[x_{i-1}, x_i]$에 있는 어떤 수이다. 한편 Δx가 작을 때 f가 연속이므로 $y_i = f(x_i) \approx f(x_i^*),\ y_{i-1} = f(x_{i-1}) \approx f(x_i^*)$이다. 그러므로 다음과 같다.

$$2\pi \frac{y_{i-1} + y_i}{2} |P_{i-1}P_i| \approx 2\pi f(x_i^*)\sqrt{1 + [f'(x_i^*)]^2}\, \Delta x$$

따라서 완전한 회전체의 곡면 넓이라고 생각한 것에 대한 근삿값은 다음과 같다.

$\boxed{3}$
$$\sum_{i=1}^{n} 2\pi f(x_i^*)\sqrt{1 + [f'(x_i^*)]^2}\, \Delta x$$

이 근삿값은 $n \to \infty$일 때 더 정확한 값이 되며 $\boxed{3}$을 함수 $g(x) = 2\pi f(x)$ $\sqrt{1 + [f'(x)]^2}$에 대한 리만 합으로 인식하면 다음을 얻는다.

$$\lim_{n \to \infty} \sum_{i=1}^{n} 2\pi f(x_i^*)\sqrt{1 + [f'(x_i^*)]^2}\, \Delta x = \int_a^b 2\pi f(x)\sqrt{1 + [f'(x)]^2}\, dx$$

그러므로 $a \le x \le b$에서 f가 양이고 연속인 도함수를 갖는 경우 이 구간에서 곡선 $y = f(x)$를 x축에 대해 회전시켜 얻은 **곡면 넓이**^{surface area}를 다음과 같이 정의한다.

$\boxed{4}$
$$S = \int_a^b 2\pi f(x)\sqrt{1 + [f'(x)]^2}\, dx$$

도함수에 대해 라이프니츠 기호를 이용하면 이 공식은 다음과 같이 된다.

$\boxed{5}$
$$S = \int_a^b 2\pi y \sqrt{1 + \left(\frac{dy}{dx}\right)^2}\, dx$$

곡선이 $x = g(y),\ c \le y \le d$로 표현되면 곡면의 넓이 공식은 다음과 같다.

$\boxed{6}$
$$S = \int_c^d 2\pi x \sqrt{1 + \left(\frac{dx}{dy}\right)^2}\, dy$$

그리고 7.4절에 주어진 호의 길이를 나타내는 기호를 이용하면 공식 ⑤와 ⑥은 상징적으로 다음과 같이 요약될 수 있다.

⑦
$$S = \int 2\pi y\, ds$$

y축에 대해 회전시키는 경우 곡면의 넓이 공식은 다음과 같다.

⑧
$$S = \int 2\pi x\, ds$$

앞에서와 같이 다음 중 어느 하나를 사용할 수 있다.

$$ds = \sqrt{1 + \left(\frac{dy}{dx}\right)^2}\, dx \quad \text{또는} \quad ds = \sqrt{1 + \left(\frac{dx}{dy}\right)^2}\, dy$$

이 공식들은 곡선 위의 점 (x, y)를 x축 또는 y축에 대해 회전시킬 때 그려지는 각각의 원둘레로 $2\pi y$ 또는 $2\pi x$를 생각하면 기억하기 쉬울 것이다([그림 40] 참조).

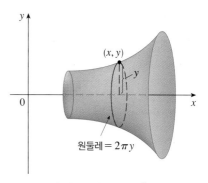

(a) x축에 대해 회전 $S = \int 2\pi y\, ds$

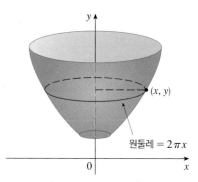

(b) y축에 대해 회전 $S = \int 2\pi x\, ds$

[그림 40]

◀예제 1▶ 곡선 $y = \sqrt{4 - x^2}$, $-1 \le x \le 1$은 원 $x^2 + y^2 = 4$의 호이다. x축에 대해 회전시켜 얻은 곡면의 넓이를 구하라. (이 곡면은 반지름이 2인 구의 일부이다. [그림 41]을 참조하라.)

풀이

$\dfrac{dy}{dx} = \dfrac{1}{2}(4 - x^2)^{-1/2}(-2x) = \dfrac{-x}{\sqrt{4 - x^2}}$ 이므로 식 ⑤에 의해 곡면 넓이를 구하면 다음과 같다.

$$
\begin{aligned}
S &= \int_{-1}^{1} 2\pi y \sqrt{1 + \left(\frac{dy}{dx}\right)^2}\, dx \\
&= 2\pi \int_{-1}^{1} \sqrt{4 - x^2}\, \sqrt{1 + \frac{x^2}{4 - x^2}}\, dx \\
&= 2\pi \int_{-1}^{1} \sqrt{4 - x^2}\, \frac{2}{\sqrt{4 - x^2}}\, dx \\
&= 4\pi \int_{-1}^{1} 1\, dx = 4\pi(2) = 8\pi
\end{aligned}
$$

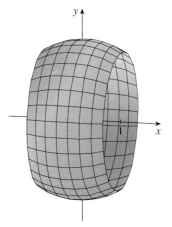

[그림 41]

[그림 41]은 [예제 1]에서 계산된 곡면 넓이를 가지는 구의 일부이다.

◀예제 2 $(1, 1)$에서 $(2, 4)$까지의 포물선 $y = x^2$의 호를 y축에 대해 회전시킨다. 이 결과에 대한 곡면 넓이를 구하라.

풀이

$x = \sqrt{y}$, $\dfrac{dx}{dy} = \dfrac{1}{2\sqrt{y}}$ 이므로 다음을 얻는다.

$$
\begin{aligned}
S &= \int 2\pi x \, ds = \int_1^4 2\pi x \sqrt{1 + \left(\frac{dx}{dy}\right)^2} \, dy \\
&= 2\pi \int_1^4 \sqrt{y} \sqrt{1 + \frac{1}{4y}} \, dy = \pi \int_1^4 \sqrt{4y + 1} \, dy \\
&= \frac{\pi}{4} \int_5^{17} \sqrt{u} \, du \quad (u = 1 + 4y \text{로 치환}) \\
&= \frac{\pi}{4} \left[\frac{2}{3} u^{3/2} \right]_5^{17} \\
&= \frac{\pi}{6} (17\sqrt{17} - 5\sqrt{5})
\end{aligned}
$$

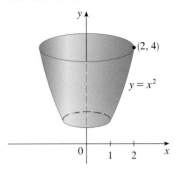

[그림 42]는 [예제 2]에서 계산된 넓이를 가지는 회전체의 곡면이다.

[그림 42]

[예제 2]의 답을 확인할 때는 [그림 42]의 곡면 넓이는 다음과 같이 이 곡면과 높이가 같고 위쪽 반지름과 아래쪽 반지름의 중간 반지름을 가진 원기둥의 곡면 넓이와 같다는 사실에 주목한다.

$$2\pi (1.5)(3) \approx 28.27$$

우리가 계산한 다음 곡면 넓이는 타당해 보인다.

$$\frac{\pi}{6}(17\sqrt{17} - 5\sqrt{5}) \approx 30.85$$

또는 이 곡면과 동일한 윗면과 아랫면을 가진 원뿔대의 넓이보다 약간 클 것이다. 식 ②로부터 넓이를 구하면 $2\pi(1.5)(\sqrt{10}) \approx 29.80$이다.

7.5 연습문제

01 $0 \leq x \leq \pi/3$에서 함수 $y = \tan x$를 생각하자.

 (a) (i) x축과 (ii) y축에 대해 곡선을 회전시켜 얻은 곡면의 넓이에 대한 적분식을 세워라.

 (b) 계산기의 수치적분 기능을 이용하여 곡면의 넓이를 소수점 아래 넷째 자리까지 정확하게 구하라.

02~03 다음 곡선을 x축에 대해 회전시켜 얻은 곡면의 정확한 넓이를 구하라.

02 $y = x^3$, $0 \leq x \leq 2$ **03** $y = \sin \pi x$, $0 \leq x \leq 1$

04~05 다음 곡선을 y축에 대해 회전시켜 얻은 곡면의 넓이를 구하라.

04 $y = \sqrt[3]{x}$, $1 \leq y \leq 2$ **05** $x = \sqrt{a^2 - y^2}$, $0 \leq y \leq a/2$

06 (a) $a > 0$일 때 곡선 $3ay^2 = x(a - x)^2$의 고리를 x축에 대해 회전시켜 얻은 곡면의 넓이를 구하라.

 (b) 이 고리를 y축에 대해 회전시켰을 때 곡면의 넓이를 구하라.

07 (a) 다음 타원을 x축에 대해 회전시켰을 때 생기는 곡면을 타원면^{ellipsoid} 또는 길쭉한 회전타원면$^{prolate\ spheroid}$이라 한다. 이 타원면의 곡면 넓이를 구하라.

$$\frac{x^2}{a^2} + \frac{y^2}{b^2} = 1, \quad a > b$$

 (b) (a)의 타원을 단축(y축)에 대해 회전시켰을 때 생기는 타원면을 편구면$^{oblate\ spheroid}$이라 한다. 이 편구면의 곡면 넓이를 구하라.

08 7.2절 [연습문제 16]에 있는 원환체의 곡면 넓이를 구하라.

09 곡선 $y = f(x)$, $a \leq x \leq b$가 수평직선 $y = c$에 대해 회전시켜 얻은 곡면의 넓이에 대한 공식을 구하라. 여기서 $f(x) \leq c$이다.

10 원 $x^2 + y^2 = r^2$을 직선 $y = r$에 대해 회전시켜 얻은 곡면 넓이를 구하라.

7장 복습문제

개념 확인

01 (a) $a \leq x \leq b$에서 $f(x) \geq g(x)$일 때, 대표적인 두 곡선 $y = f(x)$와 $y = g(x)$를 그려라. 리만 합에 의해 두 곡선 사이의 넓이를 어떻게 근사시키는지 보인 후 이에 대응하는 근사 직사각형을 그려라. 그 다음 정확한 넓이에 대한 식을 쓰라.

(b) $c \leq y \leq d$에서 $f(y) \geq g(y)$일 때, 곡선이 방정식 $x = f(y)$와 $x = g(y)$를 갖는다면 상황이 어┬떻게 변하는지 설명하라.

02 1500 m 경주에서 민준이가 성준이보다 빠르게 달린다고 하자. 경주 시작 후 1분 동안의 속도 곡선 사이의 넓이에 대한 물리학적 의미는 무엇인가?

03 (a) S를 단면적을 알고 있는 입체라고 하자. 리만 합에 의해 S의 부피를 근사시키는 방법을 설명하라. 정확한 부피에 대한 식을 쓰라.

(b) S가 회전체이면 단면적을 어떻게 구하는가?

04 (a) 원통껍질의 부피란 무엇인가?

(b) 원통껍질을 이용하여 회전체의 부피를 구하는 방법을 설명하라.

(c) 얇은 원판 대신 원통껍질 방법을 사용하는 이유는 무엇인가?

05 (a) 곡선의 길이는 어떻게 정의되는가?

(b) $a \leq x \leq b$에서 $y = f(x)$로 주어진 부드러운 곡선의 길이에 대한 식을 쓰라.

(c) x가 y의 함수로 주어지면 어떻게 되는가?

06 (a) 곡선 $y = f(x)$, $a \leq x \leq b$를 x축에 대해 회전시켜 얻은 곡면의 넓이에 대한 식을 쓰라.

(b) x가 y에 대한 함수로 주어진다면 어떻게 되는가?

(c) 이 곡선을 y축에 대해 회전시킨다면 어떻게 되는가?

연습문제

01~02 주어진 곡선으로 둘러싸인 영역의 넓이를 구하라.

01 $y = x^2$, $y = 4x - x^2$

02 $y = 1 - 2x^2$, $y = |x|$

03~05 주어진 곡선에 의해 둘러싸인 영역을 지정된 축에 대해 회전시켜 얻은 입체의 부피를 구하라.

03 $y = 2x$, $y = x^2$; x축에 대해

04 $x = 0$, $x = 9 - y^2$; $x = -1$에 대해

05 $x^2 - y^2 = a^2$, $x = a + h$(여기서 $a > 0$, $h > 0$이다.); y축에 대해

06 다음 주어진 곡선으로 둘러싸인 영역을 지정된 축에 대해 회전시켜 얻은 입체의 부피를 구하는 적분을 세워라. 단, 계산하지는 않는다.

$$y = \cos^2 x, \ |x| \leq \pi/2, \ y = \frac{1}{4}; \ x = \frac{\pi}{2}\text{에 대해}$$

07 $y = x$와 $y = x^2$으로 둘러싸인 영역을 다음 직선에 대해 회전시켜 얻은 입체의 부피를 구하라.

(a) x축

(b) y축

(c) $y = 2$

08 $\Re$은 곡선 $y = \tan(x^2)$, $x = 1$, $y = 0$으로 둘러싸인 영역이다. $n = 4$인 중점법칙을 이용하여 다음 양을 추정하라.

(a) $\Re$의 넓이

(b) $\Re$을 x축에 대해 회전시켜 얻은 부피

09~10 다음 적분은 입체의 부피를 나타낸다. 입체를 설명하라.

09 $\displaystyle\int_0^{\pi/2} 2\pi x \cos x \, dx$ 　　　**10** $\displaystyle\int_0^{\pi} \pi(2 - \sin x)^2 \, dx$

---

11 입체의 밑면은 반지름이 3인 원판이다. 밑면에 수직인 평행한 단면들이 밑면을 따라 빗변을 갖는 직각이등변삼각형일 때, 이 입체의 부피를 구하라.

12 산의 높이가 20 m이다. 정상에서 x m 떨어진 거리에서 수평 단면은 변의 길이가 $\frac{1}{4}x$ m인 정삼각형이다. 이 산의 부피를 구하라.

13 (a) 다음 곡선의 길이를 구하라.

$$y = \frac{x^4}{16} + \frac{1}{2x^2}, \quad 1 \le x \le 2$$

(b) (a)에 있는 곡선을 y축에 대해 회전시켜 얻은 곡면의 넓이를 구하라.

14 $n = 10$인 심프슨의 공식을 이용하여 사인 곡선 $y = \sin x$, $0 \le x \le \pi$의 길이를 추정하라.

15 다음 곡선의 길이를 구하라.

$$y = \int_1^x \sqrt{\sqrt{t} - 1} \, dt, \quad 1 \le x \le 16$$

16 [연습문제 15]의 곡선을 y축에 대해 회전시켜 얻은 곡면의 넓이를 구하라.

17 그림과 같이 회전 포물면 모양의 탱크에 물이 가득 차 있다. 즉 탱크는 수직축에 대해 포물선을 회전시켜 얻은 모양이다.

(a) 탱크의 높이가 4 ft, 윗면의 반지름이 4 ft이면 탱크에서 물을 완전히 퍼내기 위해 필요한 일을 구하라.

(b) 🖥 4000 ft-lb의 일이 이루어진 후에 탱크 안에 남아있는 물의 깊이는 얼마인가?

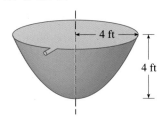

18 반지름이 1, 중심이 $(1, 0)$인 원을 y축에 대해 회전시켜 얻은 입체의 부피를 구하라.

8장 급수

SERIES

무한급수는 무한히 많은 항들의 합이다. (이 장의 학습목표 중 하나는 무한 합이 무엇을 의미하는지 정확히 정의하는 것이다). 미적분학에서 급수의 중요성은 함수를 무한급수의 합으로 표현하는 뉴턴의 생각에서 유래한다. 예를 들어 넓이를 구할 때 그는 함수를 먼저 급수로 표현하고 그 다음에 급수의 각 항을 적분하는 방법으로 함수를 적분했다.

8.7절에서는 e^{-x^2}을 적분하기 위해 뉴턴의 사고를 따라가 볼 것이다. (예전에는 할 수 없었던 일이었음을 상기하자). 수리물리학과 화학에서 등장하는 베셀 함수 같은 많은 함수들이 급수의 합으로 정의된다. 따라서 무한수열과 무한급수의 수렴에 대한 기본 개념에 익숙해지는 것은 중요하다.

또한 물리학자들은 다른 방법으로 급수를 사용하는 데 이것을 8.8절에서 보게 될 것이다.

8.1 수열

수열^{sequence}은 다음과 같이 뚜렷한 순서로 쓰여진 수의 나열로 생각할 수 있다.

$$a_1, a_2, a_3, a_4, \cdots, a_n, \cdots$$

수 a_1을 첫 번째 항, a_2를 두 번째 항이라 하고, 일반적으로 a_n을 n번째 항이라 한다. 여기서는 오직 무한수열만 다루기 때문에 각 항 a_n 다음에는 a_{n+1}이 뒤따라 나올 것이다.

모든 양의 정수 n에 대해 대응하는 수 a_n이 존재하므로 수열은 양의 정수들의 집합이 정의역이 되는 함수로 정의할 수 있음을 주목하자. 그러나 수 n의 함숫값은 기호 $f(n)$ 대신에 항상 a_n으로 쓴다.

기호 수열 $\{a_1, a_2, a_3, \cdots\}$은 다음과 같이 표현한다.

$$\{a_n\} \quad \text{또는} \quad \{a_n\}_{n=1}^{\infty}$$

◀예제 1 어떤 수열은 n번째 항에 대한 식을 제시함으로써 정의할 수 있다. 다음 예에서 수열의 세 가지 표현 방법을 보여준다. 하나는 앞에서 보인 기호로, 다른 하나는 정의하는 식을 이용하여, 세 번째는 수열의 항들을 나열하는 방법이다. n이 반드시 1에서 시작할 필요가 없음에 주목한다.

(a) $\left\{\dfrac{n}{n+1}\right\}_{n=1}^{\infty}$ $\qquad a_n = \dfrac{n}{n+1}$ $\qquad \left\{\dfrac{1}{2}, \dfrac{2}{3}, \dfrac{3}{4}, \dfrac{4}{5}, \cdots, \dfrac{n}{n+1}, \cdots\right\}$

(b) $\left\{\dfrac{(-1)^n (n+1)}{3^n}\right\}_{n=1}^{\infty}$ $\qquad a_n = \dfrac{(-1)^n (n+1)}{3^n}$ $\qquad \left\{-\dfrac{2}{3}, \dfrac{3}{9}, -\dfrac{4}{27}, \dfrac{5}{81}, \cdots, \dfrac{(-1)^n (n+1)}{3^n}, \cdots\right\}$

(c) $\left\{\sqrt{n-3}\right\}_{n=3}^{\infty}$ $\qquad a_n = \sqrt{n-3}, \; n \geq 3$ $\qquad \left\{0, 1, \sqrt{2}, \sqrt{3}, \cdots, \sqrt{n-3}, \cdots\right\}$ ❱

◀예제 2 연속적인 처음 몇 항에 대한 규칙을 가정하고 다음 수열의 일반항 a_n에 대한 식을 구하라.

$$\left\{\dfrac{3}{5}, -\dfrac{4}{25}, \dfrac{5}{125}, -\dfrac{6}{625}, \dfrac{7}{3125}, \cdots\right\}$$

풀이

다음을 얻는다.

$$a_1 = \dfrac{3}{5}, \quad a_2 = -\dfrac{4}{25}, \quad a_3 = \dfrac{5}{125}, \quad a_4 = -\dfrac{6}{625}, \quad a_5 = \dfrac{7}{3125}$$

이러한 분수들의 분자는 3에서 시작하여 다음 항으로 갈 때마다 1씩 증가한다. 두 번째 항의 분자는 4, 세 번째 항의 분자는 5, 일반적으로 n번째 항의 분자는 $n+2$이다. 분모들은 5의 거듭제곱이므로 a_n의 분모는 5^n이다. 항들의 부호는 양과 음이 교대로 나타난다. 따라서 -1의 거듭제곱을 곱할 필요가 있다. 여기서는 양의 항으로 시작해야 하므로 $(-1)^{n-1}$ 또는 $(-1)^{n+1}$을 곱해야 한다. 따라서 구하고자 하는 수열은 다음과 같다.

$$a_n = (-1)^{n-1} \frac{n+2}{5^n}$$

[예제 1(a)]에 있는 수열 $a_n = n/(n+1)$은 [그림 1]과 같이 수직선 위에 각 항을 표시하거나 [그림 2]와 같이 그래프로 그려서 표시할 수 있다. 수열은 정의역이 양의 정수들의 집합인 함수이므로 그래프는 다음과 같은 좌표를 갖는 고립점들로 구성된다.

$$(1, a_1), \ (2, a_2), \ (3, a_3), \ \cdots, \ (n, a_n), \ \cdots$$

[그림 1]

[그림 1] 또는 [그림 2]로부터 수열 $a_n = n/(n+1)$의 각 항은 n이 커질 때 1에 접근한다. 사실상 충분히 큰 n을 택할수록 다음 차를 가능한 작게 만들 수 있다.

$$1 - \frac{n}{n+1} = \frac{1}{n+1}$$

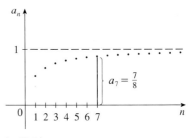

[그림 2]

이것은 다음과 같이 나타낼 수 있음을 의미한다.

$$\lim_{n \to \infty} \frac{n}{n+1} = 1$$

일반적으로 다음 표현은 n이 커질수록 수열 $\{a_n\}$의 항들이 L에 접근한다는 의미이다.

$$\lim_{n \to \infty} a_n = L$$

수열의 극한에 대한 다음 정의는 1.6절에서 주어진 무한대에서 함수의 극한에 대한 정의와 매우 유사하다.

⑴ 정의

충분히 큰 n을 택해 항 a_n을 L에 가깝게 만들 수 있다면 수열 $\{a_n\}$은 **극한**^{limit} L을 갖는다고 하며 다음과 같이 나타낸다.

$$\lim_{n \to \infty} a_n = L \quad \text{또는} \quad n \to \infty \text{일 때} \ a_n \to L$$

$\lim\limits_{n \to \infty} a_n$이 존재하면 수열은 **수렴한다**^{converge}고 하고, 그렇지 않으면 **발산한다**^{diverge}고 한다.

[그림 3]은 극한이 L인 두 수열의 그래프를 보임으로써 정의 ①을 설명한다.

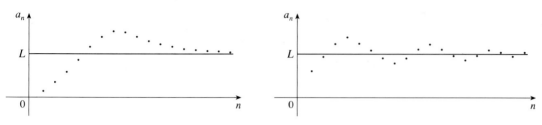

[그림 3] $\lim\limits_{n \to \infty} a_n = L$인 두 수열의 그래프

$a_n = f(n)$일 때 정의 ①을 1.6절의 정의 ③과 비교해보면 $\lim\limits_{n \to \infty} a_n = L$과 $\lim\limits_{x \to \infty} f(x) = L$ 사이의 유일한 차이는 실수 x가 정수 n으로 바뀐 것이다. 따라서 [그림 4]에 나타낸 것처럼 다음 정리를 얻는다.

---

② **정리**

$\lim\limits_{x \to \infty} f(x) = L$이고, n이 정수일 때 $f(n) = a_n$이면 $\lim\limits_{n \to \infty} a_n = L$이다.

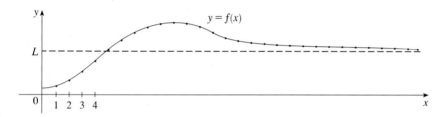

[그림 4]

특히 $r > 0$일 때 $\lim\limits_{x \to \infty} (1/x^r) = 0$이므로 다음을 얻는다.

③
$$\lim_{n \to \infty} \frac{1}{n^r} = 0, \quad r > 0$$

n이 커질 때 a_n이 커진다면 기호 $\lim\limits_{n \to \infty} a_n = \infty$를 사용해서 나타낸다.

만일 $\lim\limits_{n \to \infty} a_n = \infty$이면 특별한 경우를 제외하고 수열 $\{a_n\}$은 발산한다. 즉 "수열 $\{a_n\}$은 ∞로 발산한다."고 한다.

1.4절에 주어진 극한 정리는 수열의 극한에 대해서도 성립한다.

수열에 대한 극한 법칙

$\{a_n\}$과 $\{b_n\}$이 수렴하는 수열이고 c가 상수이면 다음이 성립한다.

$$\lim_{n \to \infty}(a_n + b_n) = \lim_{n \to \infty}a_n + \lim_{n \to \infty}b_n$$

$$\lim_{n \to \infty}(a_n - b_n) = \lim_{n \to \infty}a_n - \lim_{n \to \infty}b_n$$

$$\lim_{n \to \infty}c\,a_n = c\lim_{n \to \infty}a_n \qquad\qquad \lim_{n \to \infty}c = c$$

$$\lim_{n \to \infty}(a_n b_n) = \lim_{n \to \infty}a_n \cdot \lim_{n \to \infty}b_n$$

$$\lim_{n \to \infty}\frac{a_n}{b_n} = \frac{\displaystyle\lim_{n \to \infty}a_n}{\displaystyle\lim_{n \to \infty}b_n}, \quad \lim_{n \to \infty}b_n \neq 0$$

$$\lim_{n \to \infty}a_n^p = \left[\lim_{n \to \infty}a_n\right]^p, \quad p > 0,\ a_n > 0$$

압축정리 또한 다음의 수열에 적용할 수 있다([그림 5] 참조).

수열에 대한 압축정리

$n \geq n_0$에 대해 $a_n \leq b_n \leq c_n$이고, $\displaystyle\lim_{n \to \infty}a_n = \lim_{n \to \infty}c_n = L$이면 $\displaystyle\lim_{n \to \infty}b_n = L$이다.

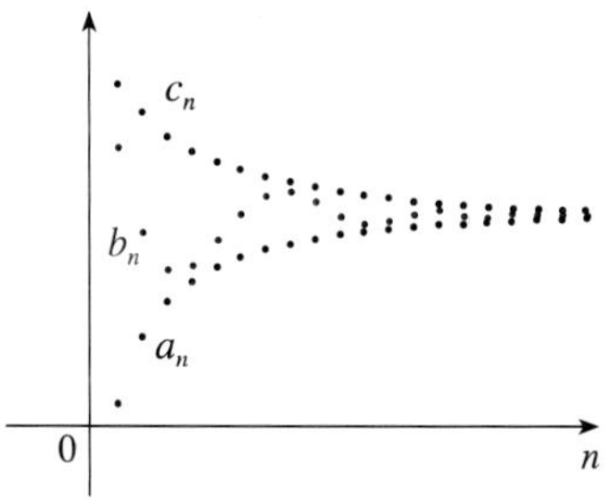

다음 정리는 수열의 극한에 대한 또 다른 유용한 성질이다.

[그림 5] 수열 $\{b_n\}$은 수열 $\{a_n\}$과 $\{c_n\}$ 사이에서 압축된다.

---

④ 정리 $\displaystyle\lim_{n \to \infty}|a_n| = 0$이면 $\displaystyle\lim_{n \to \infty}a_n = 0$이다.

◀예제3 $\displaystyle\lim_{n \to \infty}\frac{n}{n+1}$을 구하라.

풀이

구하는 방법은 1.6절에서 사용한 방법과 유사하다. 분모에 나타나는 n의 최고차항으로 분자와 분모를 나누고 극한 정리를 이용한다.

$$\lim_{n \to \infty}\frac{n}{n+1} = \lim_{n \to \infty}\frac{1}{1+\dfrac{1}{n}} = \frac{\displaystyle\lim_{n \to \infty}1}{\displaystyle\lim_{n \to \infty}1 + \lim_{n \to \infty}\frac{1}{n}}$$

$$= \frac{1}{1+0} = 1$$

여기서 $r = 1$인 식 ③을 이용했다.

이는 [그림 1]과 [그림 2]에서 보인 추측이 정확했음을 의미한다.

◀예제 4 $\displaystyle\lim_{n\to\infty}\dfrac{\ln n}{n}$ 을 계산하라.

풀이

$n \to \infty$ 일 때 분자와 분모가 모두 무한대로 발산함에 주목한다. 로피탈 법칙은 실변수 함수에만 적용할 수 있기 때문에 직접 적용할 수 없다. 그러나 관련된 함수 $f(x) = (\ln x)/x$에 로피탈 법칙을 적용할 수 있으며 다음을 얻는다.

$$\lim_{x\to\infty}\frac{\ln x}{x} = \lim_{x\to\infty}\frac{1/x}{1} = 0$$

따라서 정리 ②에 의해 다음을 얻는다.

$$\lim_{n\to\infty}\frac{\ln n}{n} = 0$$

◀예제 5 $\displaystyle\lim_{n\to\infty}\dfrac{(-1)^n}{n}$ 이 존재한다면 그 극한을 계산하라.

풀이

$$\lim_{n\to\infty}\left|\frac{(-1)^n}{n}\right| = \lim_{n\to\infty}\frac{1}{n} = 0$$

그러므로 정리 ④에 의해 다음을 얻는다.

$$\lim_{n\to\infty}\frac{(-1)^n}{n} = 0$$

[예제 5]의 수열에 대한 그래프는 [그림 6]과 같고 이는 [예제 5]의 답을 뒷받침한다.

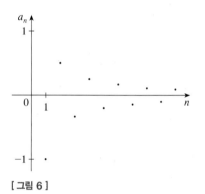

[그림 6]

다음 정리는 연속함수를 수렴하는 수열의 항들에 적용하면 그 결과도 수렴한다는 것을 의미한다.

연속성과 수렴정리

$\displaystyle\lim_{n\to\infty} a_n = L$ 이고 함수 f가 L에서 연속이면 다음이 성립한다.

$$\lim_{n\to\infty} f(a_n) = f(L)$$

◀예제 6 $\displaystyle\lim_{n\to\infty}\sin(\pi/n)$를 구하라.

풀이

사인함수는 0에서 연속이므로 연속성과 수렴정리에 의해 다음을 얻을 수 있다.

$$\lim_{n\to\infty}\sin(\pi/n) = \sin\left(\lim_{n\to\infty}(\pi/n)\right) = \sin 0 = 0$$

◀예제 7 수열 $\{r^n\}$은 어떤 r에 대해 수렴하는가?

풀이

1.6절과 2.2절의 지수함수의 그래프로부터 $a > 1$이면 $\lim_{x \to \infty} a^x = \infty$이고, $0 < a < 1$ 이면 $\lim_{x \to \infty} a^x = 0$임을 알고 있다. 그러므로 $a = r$이라 놓고 정리 ②를 이용하면 다음을 얻는다.

$$\lim_{n \to \infty} r^n = \begin{cases} \infty, & r > 1 \\ 0, & 0 < r < 1 \end{cases}$$

$r = 1$과 $r = 0$인 경우에 대해 다음을 얻는다.

$$\lim_{n \to \infty} 1^n = \lim_{n \to \infty} 1 = 1, \quad \lim_{n \to \infty} 0^n = \lim_{n \to \infty} 0 = 0$$

$-1 < r < 0$이면 $0 < |r| < 1$이므로 다음이 성립한다.

$$\lim_{n \to \infty} |r^n| = \lim_{n \to \infty} |r|^n = 0$$

따라서 정리 ④에 의해 $\lim_{n \to \infty} r^n = 0$이다. 만일 $r \le -1$이면 $\{r^n\}$은 발산한다. [그림 7]은 여러 가지 r 값에 대한 그래프를 보여준다.

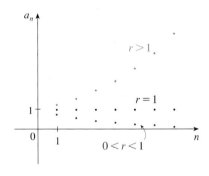
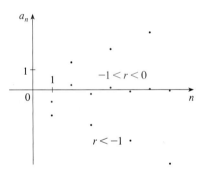

[그림 7] 수열 $a_n = r^n$

앞으로 [예제 7]의 결과를 사용하기 위해 요약하면 다음과 같다.

> ⑤ 수열 $\{r^n\}$은 $-1 < r \le 1$이면 다음과 같이 수렴하고 그 이외의 r에 대해서는 발산한다.
>
> $$\lim_{n \to \infty} r^n = \begin{cases} 0, & -1 < r < 1 \\ 1, & r = 1 \end{cases}$$

모든 $n \geq 1$에 대해 $a_n < a_{n+1}$, 즉 $a_1 < a_2 < a_3 < \cdots$일 때 수열 $\{a_n\}$은 증가한다^{increasing}고 하고, 모든 $n \geq 1$에 대해 $a_n > a_{n+1}$이면 수열 $\{a_n\}$은 감소한다^{decreasing}고 한다. 증가하거나 감소하는 수열을 **단조수열**$^{monotonic \ sequence}$이라 한다.

◀ **예제8** 수열 $a_n = \dfrac{n}{n^2+1}$이 감소수열임을 보여라.

풀이

$a_{n+1} < a_n$, 즉 다음이 성립함을 보여야 한다.

$$\frac{n+1}{(n+1)^2+1} < \frac{n}{n^2+1}$$

이 부등식은 다음과 같이 분모와 분자를 엇갈려 곱해서 얻은 부등식과 동치이다.

$$\frac{n+1}{(n+1)^2+1} < \frac{n}{n^2+1} \iff (n+1)(n^2+1) < n[(n+1)^2+1]$$

$$\iff n^3+n^2+n+1 < n^3+2n^2+2n$$

$$\iff 1 < n^2+n$$

$n \geq 1$이므로 부등식 $n^2+n > 1$은 참이다. 따라서 $a_{n+1} < a_n$이므로 $\{a_n\}$은 감소한다. ▶

[예제 8]을 푸는 또 다른 방법은 다음 함수 $f(x)$가 $x > 1$에서 $f'(x) < 0$이므로 감소하고 있음을 보이는 것이다.

$$f(x) = \frac{x}{x^2+1}, \quad x \geq 1$$

모든 $n \geq 1$에 대해 $a_n \leq M$을 만족하는 수 M이 존재하면 수열 $\{a_n\}$은 **위로 유계**$^{bounded \ above}$라 한다.

모든 $n \geq 1$에 대해 $m \leq a_n$을 만족하는 수 m이 존재하면 수열 $\{a_n\}$은 **아래로 유계**$^{bounded \ below}$라 한다.

위로 유계이고 동시에 아래로 유계인 수열 $\{a_n\}$을 **유계수열**$^{bounded \ sequence}$이라 한다.

예를 들어 수열 $a_n = n$은 아래로 유계지만($a_n > 0$) 위로 유계는 아니다. 수열 $a_n = n/(n+1)$은 모든 n에 대해 $0 < a_n < 1$이므로 유계이다.

모든 유계수열이 수렴하는 것은 아니라는 사실을 알고 있다. [예를 들어 수열 $a_n = (-1)^n$은 $-1 \leq a_n \leq 1$을 만족하지만 이 수열은 발산한다.] 또한 단조수열이 반드시 수렴하는 것은 아니다($a_n = n \to \infty$). 그러나 다음과 같이 유계이고 단조로운 수열은 반드시 수렴한다.

⑧ **단조수열 정리** 모든 유계한 단조수열은 수렴한다.

정리 ⑧이 어떤 경우에 또 다르게 이용되는지 [연습문제 11~12]에서 설명한다.

8.1 연습문제

01 다음과 같이 정의되는 수열의 처음 여섯 개 항을 나열하라. 이 수열은 극한을 갖는가? 만일 그렇다면 극한을 구하라.

$$a_n = \frac{n}{2n+1}$$

02 처음 몇 개의 항에 대한 규칙이 유지된다고 가정하여 수열의 일반항 a_n에 대한 식을 구하라.

$$\left\{ \frac{1}{2}, \ -\frac{4}{3}, \ \frac{9}{4}, \ -\frac{16}{5}, \ \frac{25}{6}, \ \cdots \right\}$$

03~07 다음 수열이 수렴하는지 아니면 발산하는지 결정하라. 만일 수렴한다면 극한을 구하라.

03 $a_n = \dfrac{3+5n^2}{n+n^2}$ **04** $a_n = \dfrac{n^2}{\sqrt{n^3+4n}}$

05 $a_n = \cos(n/2)$ **06** $\{n^2 e^{-n}\}$

07 $a_n = \ln(2n^2+1) - \ln(n^2+1)$

08 1000달러를 연이율 6%인 복리로 투자하면 n년 후의 투자금은 $a_n = 1000(1.06)^n$달러의 가치가 있다.

(a) 수열 $\{a_n\}$의 처음 다섯 개 항을 나열하라.

(b) 이 수열이 수렴하는지 아니면 발산하는지 설명하라.

09~10 다음 수열이 증가, 감소하는지 또한 단조수열인지 아닌지 결정하라. 각 수열은 유계한가?

09 $a_n = \dfrac{1}{2n+3}$ **10** $a_n = n(-1)^n$

11 수열 $\{a_n\}$은 $a_1 = \sqrt{2}$, $a_{n+1} = \sqrt{2+a_n}$으로 주어진다.

(a) 수학적 귀납법 또는 다른 방법으로 $\{a_n\}$이 증가하고 3에 의해 위로 유계임을 보여라. 단조수열 정리를 적용하여 $\lim\limits_{n \to \infty} a_n$이 존재함을 보여라.

(b) $\lim\limits_{n \to \infty} a_n$을 구하라.

12 다음과 같이 정의되는 수열이 $0 < a_n \leq 2$를 만족하며 감소수열임을 보여라.

$$a_1 = 2, \quad a_{n+1} = \frac{1}{3-a_n}$$

이 수열이 수렴하는 것을 추론하고 극한을 구하라.

13 [$r = 0.8$인 식 ⑤로부터] $\lim\limits_{n \to \infty} (0.8)^n = 0$임을 알고 있다. 로그를 이용하여 $(0.8)^n < 0.000001$이 되기 위해 n이 얼마나 커야 하는지 결정하라.

14 $\lim\limits_{n \to \infty} a_n = 0$이고 $\{b_n\}$이 유계하다면 $\lim\limits_{n \to \infty} (a_n b_n) = 0$임을 증명하라.

15 (a) $\lim\limits_{n \to \infty} a_{2n} = L$이고 $\lim\limits_{n \to \infty} a_{2n+1} = L$이면 $\{a_n\}$이 수렴하고 $\lim\limits_{n \to \infty} a_n = L$임을 증명하라.

(b) $a_1 = 1$일 때 다음과 같은 수열 $\{a_n\}$의 처음 8개 항을 구하라.

$$a_{n+1} = 1 + \frac{1}{1+a_n}$$

그리고 (a)를 이용하여 $\lim\limits_{n \to \infty} a_n = \sqrt{2}$임을 보여라. 이것은 다음과 같은 **연분수**^{continued fraction expansion}이다.

$$\sqrt{2} = 1 + \cfrac{1}{2 + \cfrac{1}{2 + \cdots}}$$

8.2 급수

숫자를 무한소수로 표현할 때 의미하는 바는 무엇인가? 예를 들어 다음과 같이 쓰는 것은 무엇을 의미하는가?

$$\pi = 3.14159\ 26535\ 89793\ 23846\ 26433\ 83279\ 50288\cdots$$

소수에 숨겨진 의미는 임의의 수를 무한합으로 쓸 수 있다는 것이다.

$$\pi = 3 + \frac{1}{10} + \frac{4}{10^2} + \frac{1}{10^3} + \frac{5}{10^4} + \frac{9}{10^5} + \frac{2}{10^6} + \frac{6}{10^7} + \frac{5}{10^8} + \cdots$$

일반적으로 무한수열 $\{a_n\}_{n=1}^{\infty}$ 의 각 항들을 더하려고 한다면 다음 형태를 얻는다.

$$\boxed{1} \qquad\qquad a_1 + a_2 + a_3 + \cdots + a_n + \cdots$$

이것을 **무한급수**infinite series (또는 간단히 **급수**series)라 하며 다음 기호로 나타낸다.

$$\sum_{n=1}^{\infty} a_n \quad \text{또는} \quad \sum a_n$$

무한히 많은 항들의 합에 대해 언급하는 것은 어떤 의미가 있을까? 다음 **부분합**partial sum을 생각해보자.

$$
\begin{aligned}
s_1 &= a_1 \\
s_2 &= a_1 + a_2 \\
s_3 &= a_1 + a_2 + a_3 \\
s_4 &= a_1 + a_2 + a_3 + a_4
\end{aligned}
$$

일반적으로 다음과 같다.

$$s_n = a_1 + a_2 + a_3 + \cdots + a_n = \sum_{i=1}^{n} a_i$$

이 부분합의 극한이 존재하든, 존재하지 않든 새로운 수열 $\{s_n\}$을 형성한다. 만일 $\lim_{n\to\infty} s_n = s$ 가 (유한한 값으로) 존재한다면 앞의 예에서와 같이 $\sum a_n$ 을 무한급수의 합이라고 한다.

π에 대한 현재의 기록(2011년)은 시게루 곤도(Shigeru Kondo)와 알렉산더 리(Alexander Yee)에 의해 소수점 아래 10조 자리까지 계산되었다.

2 정의

주어진 급수 $\displaystyle\sum_{n=1}^{\infty} a_n = a_1 + a_2 + a_3 + \cdots$ 에 대해 s_n을 다음과 같은 n번째 부분합이라 하자.

$$s_n = \sum_{i=1}^{n} a_i = a_1 + a_2 + \cdots + a_n$$

수열 $\{s_n\}$이 수렴하고 $\displaystyle\lim_{n \to \infty} s_n = s$가 실수로 존재한다면 급수 $\sum a_n$은 수렴한다 convergent고 하며 다음과 같이 나타낸다.

$$a_1 + a_2 + \cdots + a_n + \cdots = s \quad \text{또는} \quad \sum_{n=1}^{\infty} a_n = s$$

이때 수 s를 급수의 **합**sum이라 한다. 수열 $\{s_n\}$이 발산하면 급수는 **발산한다** divergent고 한다.

따라서 급수의 합은 부분합열의 극한이다. 그러므로 $\displaystyle\sum_{n=1}^{\infty} a_n = s$라고 쓸 때 충분히 많은 항들을 더함으로써 원하는 만큼 수 s에 가깝게 할 수 있음을 의미한다. 다음을 유의하자.

$$\sum_{n=1}^{\infty} a_n = \lim_{n \to \infty} \sum_{i=1}^{n} a_i$$

다음 이상적분과 비교하자.

$$\int_1^{\infty} f(x)dx = \lim_{t \to \infty} \int_1^t f(x)dx$$

이 적분을 구하기 위해 1에서 t까지 적분한 다음 $t \to \infty$로 놓는다. 급수에 대해 1에서 n까지 더한 다음 $n \to \infty$로 놓는다.

◀예제 1 무한급수의 중요한 예로 다음과 같은 **등비급수**geometric series가 있다.

$$a + ar + ar^2 + ar^3 + \cdots + ar^{n-1} + \cdots = \sum_{n=1}^{\infty} ar^{n-1}, \quad a \neq 0$$

각 항은 앞의 항에 **공비**common ratio r을 곱해서 얻는다.

$r = 1$이면 $s_n = a + a + \cdots + a = na \to \pm\infty$ 이다. $\displaystyle\lim_{n \to \infty} s_n$이 존재하지 않으므로 이 경우에 등비급수는 발산한다.

$r \neq 1$이면 다음을 얻는다.

$$s_n = a + ar + ar^2 + \cdots + ar^{n-1}$$
$$rs_n = \quad\; ar + ar^2 + \cdots + ar^{n-1} + ar^n$$

두 식을 빼면 다음을 얻는다.

$$s_n - rs_n = a - ar^n$$

3
$$s_n = \frac{a(1-r^n)}{1-r}$$

$-1 < r < 1$이라면 8.1절의 식 $\boxed{5}$로부터 $n \to \infty$일 때 $r^n \to 0$임을 알고 있다. 그러므로 다음을 얻는다.

$$\lim_{n \to \infty} s_n = \lim_{n \to \infty} \frac{a(1-r^n)}{1-r} = \frac{a}{1-r} - \frac{a}{1-r} \lim_{n \to \infty} r^n = \frac{a}{1-r}$$

따라서 $|r| < 1$일 때 등비급수는 수렴하며 그 합은 $a/(1-r)$이다.

$r \le -1$ 또는 $r > 1$일 때 수열 $\{r^n\}$은 (8.1절의 식 $\boxed{5}$에 의해) 발산하므로 식 $\boxed{3}$에 의해 $\lim_{n \to \infty} s_n$이 존재하지 않는다. 따라서 이 경우에 등비급수는 발산한다. ❱

[예제 1]의 결과를 요약하면 다음을 얻는다.

$\boxed{4}$ $|r| < 1$이면 다음 등비급수는 수렴한다.

$$\sum_{n=1}^{\infty} a\, r^{n-1} = a + ar + ar^2 + \cdots$$

그 합은 다음과 같다.

$$\sum_{n=1}^{\infty} a\, r^{n-1} = \frac{a}{1-r}, \quad |r| < 1$$

$|r| \ge 1$이면 등비급수는 발산한다.

〈예제 2〉 다음 등비급수의 합을 구하라.

$$5 - \frac{10}{3} + \frac{20}{9} - \frac{40}{27} + \cdots$$

풀이

첫째 항이 $a = 5$, 공비가 $r = -\dfrac{2}{3}$이다. $|r| = \dfrac{2}{3} < 1$이므로 $\boxed{4}$에 의해 이 급수는 수렴하고 합은 다음과 같다.

$$5 - \frac{10}{3} + \frac{20}{9} - \frac{40}{27} + \cdots = \frac{5}{1 - \left(-\dfrac{2}{3}\right)} = \frac{5}{\dfrac{5}{3}} = 3$$ ❱

〈예제 3〉 $2.3\overline{17} = 2.3171717\cdots$을 가장 간단한 정수의 비로 나타내라.

풀이

$$2.3171717\cdots = 2.3 + \frac{17}{10^3} + \frac{17}{10^5} + \frac{17}{10^7} + \cdots$$

두 번째 항부터 $a = 17/10^3$, $r = 1/10^2$인 등비급수이다. 따라서 다음을 얻는다.

[그림 8]은 [예제 1]의 결과에 대한 기하학적인 증명을 보여준다. 그림과 같이 삼각형을 그리고 급수의 합을 s라 하면, 닮은 삼각형에 의해 다음을 얻는다.

$$\frac{s}{a} = \frac{a}{a - ar}, \text{ 따라서 } s = \frac{a}{1-r}$$

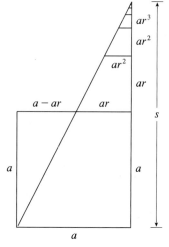

[그림 8]

[예제 2]에서 급수의 합이 3이라는 것은 실제로 어떤 의미일까? 물론 문자 그대로 무한개의 항을 더할 수 없다. 그러나 정의 $\boxed{2}$에 따라 전체합은 부분합열의 극한이다. 따라서 충분히 많은 항의 합을 택하여 3에 원하는 만큼 접근시킬 수 있다.

$$2.3\overline{17} = 2.3 + \frac{\frac{17}{10^3}}{1 - \frac{1}{10^2}} = 2.3 + \frac{\frac{17}{1000}}{\frac{99}{100}}$$

$$= \frac{23}{10} + \frac{17}{990} = \frac{1147}{495}$$

TEC Module 8.2는 삼각형에서 각 θ에 의존하는 급수를 조사하고, θ가 변할 때 급수가 얼마나 빠르게 수렴하는가를 볼 수 있다.

◀ 예제 4 $|x| < 1$일 때 급수 $\displaystyle\sum_{n=0}^{\infty} x^n$의 합을 구하라.

풀이

이 급수는 $n = 0$으로 시작하므로 첫 번째 항은 $x^0 = 1$임에 유의한다. (관례적으로 급수에서 $x = 0$일 때도 $x^0 = 1$로 약속한다.) 따라서 다음을 얻는다.

$$\sum_{n=0}^{\infty} x^n = 1 + x + x^2 + x^3 + x^4 + \cdots$$

이 급수는 $a = 1$, $r = x$인 등비급수이다. $|r| = |x| < 1$이므로 이 급수는 수렴하고 ④에 의해 다음을 얻는다.

⑤
$$\sum_{n=0}^{\infty} x^n = \frac{1}{1-x}$$

◀ 예제 5 급수 $\displaystyle\sum_{n=1}^{\infty} \frac{1}{n(n+1)}$이 수렴함을 보이고 합을 구하라.

풀이

이 급수는 등비급수가 아니므로 수렴하는 급수의 정의로 되돌아가서 다음 부분합을 구한다.

$$s_n = \sum_{i=1}^{n} \frac{1}{i(i+1)} = \frac{1}{1 \cdot 2} + \frac{1}{2 \cdot 3} + \frac{1}{3 \cdot 4} + \cdots + \frac{1}{n(n+1)}$$

다음과 같은 부분분수를 사용하면 이 식을 간단히 할 수 있다(6.3절 참조).

$$\frac{1}{i(i+1)} = \frac{1}{i} - \frac{1}{i+1}$$

그러면 다음을 얻는다.

$$s_n = \sum_{i=1}^{n} \frac{1}{i(i+1)} = \sum_{i=1}^{n} \left(\frac{1}{i} - \frac{1}{i+1} \right)$$

$$= \left(1 - \frac{1}{2} \right) + \left(\frac{1}{2} - \frac{1}{3} \right) + \left(\frac{1}{3} - \frac{1}{4} \right) + \cdots + \left(\frac{1}{n} - \frac{1}{n+1} \right)$$

$$= 1 - \frac{1}{n+1}$$

항들이 쌍으로 소거되는 점에 유의하자. 이것은 망원경 합(telescoping sum)의 예이다. 쌍들이 모두 소거되기 때문에 합은 (해적의 접이식 망원경과 같이) 단 두 개의 항만 남는다.

따라서 다음을 얻는다.

$$\lim_{n \to \infty} s_n = \lim_{n \to \infty}\left(1 - \frac{1}{n+1}\right) = 1 - 0 = 1$$

그러므로 주어진 급수는 수렴하고 다음과 같다.

$$\sum_{n=1}^{\infty} \frac{1}{n(n+1)} = 1$$

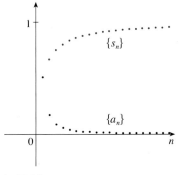

[그림 9]는 항 $a_n = \dfrac{1}{n(n+1)}$인 수열과 부분합열 $\{s_n\}$의 그래프를 보여줌으로써 [예제 5]를 설명한다. $a_n \to 0$이고 $s_n \to 1$임에 주목하자. [예제 5]의 기하학적인 두 가지 해석은 [연습문제 14~15]로 남긴다.

[그림 9]

$\boxed{6}$ **정리** 급수 $\displaystyle\sum_{n=1}^{\infty} a_n$이 수렴하면 $\displaystyle\lim_{n \to \infty} a_n = 0$이다.

NOTE 1 _ 임의의 급수 Σa_n에 대해 다음과 같이 2개의 수열이 연관된다. 하나는 부분합열 $\{s_n\}$이고, 다른 하나는 각 항들의 수열 $\{a_n\}$이다. Σa_n이 수렴하면 수열 $\{s_n\}$의 극한은 s(급수의 합)이고, 정리 $\boxed{6}$에 따라 수열 $\{a_n\}$의 극한값은 0이다.

⊘ **NOTE 2 _** 정리 $\boxed{6}$의 역은 일반적으로 참이 아니다. 즉 $\displaystyle\lim_{n \to \infty} a_n = 0$일지라도 Σa_n이 반드시 수렴한다고 결론지을 수 없다. 조화급수 $\Sigma\dfrac{1}{n}$에 대해 $n \to \infty$일 때 $a_n = \dfrac{1}{n} \to 0$이지만 $\Sigma\dfrac{1}{n}$이 발산하는 것을 [예제 7]에서 보였다.

$\boxed{7}$ **발산 판정법** $\displaystyle\lim_{n \to \infty} a_n$이 존재하지 않거나 $\displaystyle\lim_{n \to \infty} a_n \ne 0$이면 급수 $\displaystyle\sum_{n=1}^{\infty} a_n$은 발산한다.

발산 판정법은 정리 $\boxed{6}$으로부터 나온다. 그 이유는 급수가 발산하지 않으면 급수는 수렴하므로 $\displaystyle\lim_{n \to \infty} a_n = 0$이기 때문이다.

◀ **예제 6** 급수 $\displaystyle\sum_{n=1}^{\infty} \frac{n^2}{5n^2 + 4}$이 발산함을 보여라.

풀이

$$\lim_{n \to \infty} a_n = \lim_{n \to \infty} \frac{n^2}{5n^2 + 4} = \lim_{n \to \infty} \frac{1}{5 + 4/n^2} = \frac{1}{5} \ne 0$$

따라서 발산 판정법에 따라 이 급수는 발산한다.

NOTE 3 _ $\displaystyle\lim_{n \to \infty} a_n \ne 0$임을 구할 수 있다면 Σa_n이 발산함을 알고 있다. 그러나 $\displaystyle\lim_{n \to \infty} a_n = 0$을 구한다면 Σa_n의 수렴 여부에 대해 아무것도 알지 못한다. NOTE 2를 떠올려보자. $\displaystyle\lim_{n \to \infty} a_n = 0$이면 급수 Σa_n은 수렴할 수도 있고 발산할 수도 있다.

> **⑧ 정리** $\sum a_n$과 $\sum b_n$이 수렴하는 급수이면 상수 c에 대해 $\sum c a_n$, $\sum (a_n + b_n)$, $\sum (a_n - b_n)$도 수렴하며 다음이 성립한다.
>
> (i) $\displaystyle\sum_{n=1}^{\infty} c a_n = c \sum_{n=1}^{\infty} a_n$
> (ii) $\displaystyle\sum_{n=1}^{\infty} (a_n + b_n) = \sum_{n=1}^{\infty} a_n + \sum_{n=1}^{\infty} b_n$
>
> (iii) $\displaystyle\sum_{n=1}^{\infty} (a_n - b_n) = \sum_{n=1}^{\infty} a_n - \sum_{n=1}^{\infty} b_n$

수렴하는 급수들의 이런 성질은 8.1절에 있는 수열에서 대응하는 극한 법칙으로부터 나온다.

◀예제 7 급수 $\displaystyle\sum_{n=1}^{\infty} \left(\frac{3}{n(n+1)} + \frac{1}{2^n} \right)$의 합을 구하라.

풀이

급수 $\sum \dfrac{1}{2^n}$은 $a = \dfrac{1}{2}$, $r = \dfrac{1}{2}$인 등비급수이므로 다음과 같다.

$$\sum_{n=1}^{\infty} \frac{1}{2^n} = \frac{\dfrac{1}{2}}{1 - \dfrac{1}{2}} = 1$$

[예제 5]에서 다음을 구했다.

$$\sum_{n=1}^{\infty} \frac{1}{n(n+1)} = 1$$

따라서 정리 ⑧에 의해 주어진 급수는 수렴하고 그 합은 다음과 같다.

$$\sum_{n=1}^{\infty} \left(\frac{3}{n(n+1)} + \frac{1}{2^n} \right) = 3 \sum_{n=1}^{\infty} \frac{1}{n(n+1)} + \sum_{n=1}^{\infty} \frac{1}{2^n} = 3 \cdot 1 + 1 = 4 \qquad \textbf{❯}$$

NOTE 4 – 유한개의 항은 급수의 수렴 여부에 영향을 미치지 않는다. 예를 들어 다음 급수가 수렴하는 것을 보일 수 있다고 하자.

$$\sum_{n=4}^{\infty} \frac{n}{n^3 + 1}$$

그러면 다음과 같이 쓸 수 있다.

$$\sum_{n=1}^{\infty} \frac{n}{n^3 + 1} = \frac{1}{2} + \frac{2}{9} + \frac{3}{28} + \sum_{n=4}^{\infty} \frac{n}{n^3 + 1}$$

이것으로부터 전체 급수 $\displaystyle\sum_{n=1}^{\infty} \frac{n}{n^3 + 1}$이 수렴한다. 마찬가지로 $\displaystyle\sum_{n=N+1}^{\infty} a_n$이 수렴하는 것을 안다면 다음과 같은 전체 급수도 역시 수렴한다.

$$\sum_{n=1}^{\infty} a_n = \sum_{n=1}^{N} a_n + \sum_{n=N+1}^{\infty} a_n$$

8.2 연습문제

01 (a) 수열과 급수의 차이는 무엇인가?

    (b) 수렴하는 급수는 무엇인가? 발산하는 급수는 무엇인가?

02~03 다음 등비급수가 수렴하는지 아니면 발산하는지 결정하라. 만일 수렴한다면 그 합을 구하라.

02 $\displaystyle\sum_{n=1}^{\infty} \frac{(-3)^{n-1}}{4^n}$ **03** $\displaystyle\sum_{n=0}^{\infty} \frac{\pi^n}{3^{n+1}}$

04~07 다음 급수가 수렴하는지 아니면 발산하는지 결정하라. 만일 수렴한다면 그 합을 구하라.

04 $\displaystyle\sum_{n=1}^{\infty} \frac{1}{2n}$ **05** $\displaystyle\sum_{n=1}^{\infty} \frac{n-1}{3n-1}$

06 $\displaystyle\sum_{n=1}^{\infty} \frac{1+2^n}{3^n}$ **07** $\dfrac{1}{3} + \dfrac{1}{6} + \dfrac{1}{9} + \dfrac{1}{12} + \dfrac{1}{15} + \cdots$

---

08 [예제 5]에서와 같이 s_n을 망원경 합으로 표현하여 급수 $\displaystyle\sum_{n=1}^{\infty} \frac{3}{n(n+3)}$이 수렴하는지 아니면 발산하는지 결정하라. 만일 수렴한다면 그 합을 구하라.

09 항들의 수열이 다음과 같이 정의된다. $\displaystyle\sum_{n=1}^{\infty} a_n$을 구하라.

$$a_1 = 1, \quad a_n = (5-n)a_{n-1}$$

10 수 $2.\overline{516} = 2.516516516\cdots$ 을 가장 간단한 정수의 비로 나타내라.

11~12 다음 급수가 수렴하는 x의 값을 구하라. 그런 x의 값에 대해 급수의 합을 구하라.

11 $\displaystyle\sum_{n=1}^{\infty} \frac{x^n}{3^n}$ **12** $\displaystyle\sum_{n=0}^{\infty} \frac{(x-2)^n}{3^n}$

---

13 환자가 매일 같은 시각에 $150\,\mathrm{mg}$의 약을 먹는다. 각 알약을 먹기 직전에 약의 5%가 몸에 남는다.

    (a) 세 번째 알약을 먹은 후에 몸에 남아 있는 약의 양은 얼마인가? n번째 약을 먹은 후에 몸에 남아 있는 약의 양은 얼마인가?

    (b) 장기적으로 몸에 남아 있는 약의 양은 얼마인가?

14 $n = 0, 1, 2, 3, 4, \ldots$에 대해 곡선 $y = x^n$, $0 \le x \le 1$의 그래프를 동일한 보기화면에 그려라. 연속 곡선들 사이의 넓이를 구하여 [예제 5]에서 보인 다음 사실에 대한 기하학적인 설명을 제시하라.

$$\sum_{n=1}^{\infty} \frac{1}{n(n+1)} = 1$$

15 그림과 같이 반지름의 길이가 1인 두 원 C, D가 점 P에서 접한다. T는 공통접선이다. 원 C_1은 C, D, T와 접하고, 원 C_2는 C, D, C_1과 접하며, 원 C_3은 C, D, C_2와 접한다. 이 과정은 무한히 계속될 수 있으며 원들의 무한수열 $\{C_n\}$을 만들 수 있다. 원 C_n의 지름에 대한 식을 구하고, [예제 5]의 또 다른 기하학적인 설명을 제시하라.

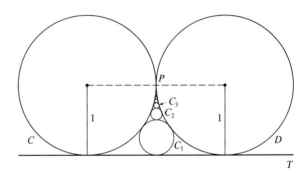

16 다음 계산에서 잘못된 점은 무엇인가?

$$\begin{aligned}
0 &= 0 + 0 + 0 + \cdots \\
&= (1-1) + (1-1) + (1-1) + \cdots \\
&= 1 - 1 + 1 - 1 + 1 - 1 + \cdots \\
&= 1 + (-1+1) + (-1+1) + (-1+1) + \cdots \\
&= 1 + 0 + 0 + 0 + \cdots = 1
\end{aligned}$$

[우발두스$^{\text{Guido Ubaldus}}$는 이것이 신의 존재성을 증명한다고 생각했다. 왜냐하면 '무로부터 유가 창조됐기' 때문이다.]

17 급수 $\displaystyle\sum_{n=1}^{\infty} \frac{n}{(n+1)!}$을 생각하자.

    (a) 부분합 s_1, s_2, s_3, s_4를 구하라. 분모에 나타난 규칙을 알 수 있는가? 그 규칙을 이용해서 s_n에 대한 식을 추측하라.

    (b) 수학적 귀납법을 이용해서 추측을 증명하라.

    (c) 주어진 무한급수가 수렴함을 보이고 그 합을 구하라.

8.3 적분 판정법과 비교 판정법

일반적으로 급수의 정확한 합을 구하는 것은 어렵다. 등비급수와 급수 $\sum 1/[n(n+1)]$ 의 경우 n번째 부분합 s_n에 대한 간단한 공식을 구할 수 있기 때문에 정확한 합을 얻을 수 있다. 그러나 통상적으로 $\lim_{n \to \infty} s_n$을 계산하는 것은 쉽지 않다. 그러므로 이번 절과 다음 절에서 급수의 합을 명확하게 구하지 않고도 급수가 수렴하는지 아니면 발산하는지를 결정할 수 있는 판정법에 대해 알아본다.

이 절에서는 양항급수만을 다루므로 부분합열은 항상 증가한다. 단조수열 정리의 관점에서 급수가 수렴하는지 아니면 감소하는지 판정하기 위하여 부분합열이 위로 유계인지 아닌지를 결정할 필요가 있다.

적분 판정법

다음과 같이 항들이 양의 정수의 제곱의 역수인 급수를 조사해보자.

$$\sum_{n=1}^{\infty} \frac{1}{n^2} = \frac{1}{1^2} + \frac{1}{2^2} + \frac{1}{3^2} + \frac{1}{4^2} + \frac{1}{5^2} + \cdots$$

[그림 10]은 곡선 $y = 1/x^2$과 곡선 아래에 놓인 직사각형을 보여준다. 각 직사각형의 밑변은 길이가 1인 구간이고, 높이는 구간의 오른쪽 끝점에서 $y = 1/x^2$의 함숫값과 일치한다. 따라서 직사각형들의 넓이의 합은 다음과 같다.

$$\frac{1}{1^2} + \frac{1}{2^2} + \frac{1}{3^2} + \frac{1}{4^2} + \frac{1}{5^2} + \cdots = \sum_{n=1}^{\infty} \frac{1}{n^2}$$

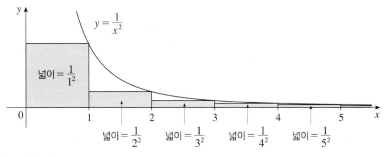

[그림 10]

첫 번째 직사각형을 제외한다면 나머지 직사각형의 전체 넓이는 $x \geq 1$에 대해 곡선 $y = 1/x^2$ 아래의 넓이인 적분 $\int_1^{\infty} \frac{1}{x^2} dx$의 값보다 작다. 6.5절에서 이 이상적분은 수렴하고 그 값이 1임을 알았다. 따라서 그림으로부터 모든 부분합은 다음의 값보다 작다는 것을 알 수 있다.

$$\frac{1}{1^2} + \int_1^\infty \frac{1}{x^2}\,dx = 2$$

그러므로 부분합들은 유계이고 이 급수는 수렴한다. 부분합의 극한인 이 급수의 합도 역시 다음과 같이 2보다 작다.

$$\sum_{n=1}^{\infty} \frac{1}{n^2} = \frac{1}{1^2} + \frac{1}{2^2} + \frac{1}{3^2} + \frac{1}{4^2} + \cdots < 2$$

[이 급수의 정확한 합은 스위스 수학자 오일러$^{Leonhard\ Euler,\ 1707\sim1783}$에 의해 $\pi^2/6$임이 밝혀졌지만 이 사실에 대한 증명은 이 책의 범위를 벗어나므로 여기서는 다루지 않는다.] 이제 다음과 같은 급수를 살펴보자.

$$\sum_{n=1}^{\infty} \frac{1}{\sqrt{n}} = \frac{1}{\sqrt{1}} + \frac{1}{\sqrt{2}} + \frac{1}{\sqrt{3}} + \frac{1}{\sqrt{4}} + \frac{1}{\sqrt{5}} + \cdots$$

이 급수가 발산하는 것을 확인하기 위해 다시 그림을 이용한다. [그림 11]은 곡선 $y = 1/\sqrt{x}$ 을 보여주며 이번에는 곡선의 위쪽에 놓인 직사각형을 이용한다.

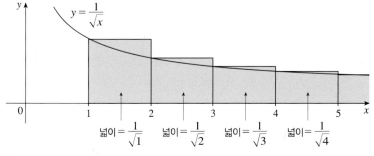

[그림 11]

각 직사각형의 밑변은 길이가 1인 구간이고 높이는 구간의 왼쪽 끝점에서 $y = 1/\sqrt{x}$ 의 함숫값과 일치한다. 따라서 전체 직사각형의 넓이의 합은 다음과 같다.

$$\frac{1}{\sqrt{1}} + \frac{1}{\sqrt{2}} + \frac{1}{\sqrt{3}} + \frac{1}{\sqrt{4}} + \frac{1}{\sqrt{5}} + \cdots = \sum_{n=1}^{\infty} \frac{1}{\sqrt{n}}$$

이 전체 넓이는 $x \geq 1$에 대한 곡선 $y = 1/\sqrt{x}$ 아래의 넓이인 적분 $\displaystyle\int_1^\infty (1/\sqrt{x})\,dx$ 의 값보다 크다. 그러나 6.5절로부터 이 이상적분이 발산함을 알고 있다. 다시 말해서 곡선 아래의 넓이는 무한이다. 즉 급수의 합도 반드시 무한이어야 하므로 급수는 발산한다.

이와 같은 두 급수에 대해 사용한 기하학적인 논리와 동일한 방법으로 다음 판정법을 증명할 수 있다.

적분 판정법 f가 $[1, \infty)$에서 연속이고 양의 값을 갖는 감소함수라 하고, $a_n = f(n)$이라 하자. 그러면 급수 $\displaystyle\sum_{n=1}^{\infty} a_n$이 수렴하기 위한 필요충분조건은 이상적분 $\displaystyle\int_1^{\infty} f(x)\,dx$가 수렴하는 것이다. 다시 말해서 다음이 성립한다.

(i) $\displaystyle\int_1^{\infty} f(x)\,dx$가 수렴하면 $\displaystyle\sum_{n=1}^{\infty} a_n$은 수렴한다.

(ii) $\displaystyle\int_1^{\infty} f(x)\,dx$가 발산하면 $\displaystyle\sum_{n=1}^{\infty} a_n$은 발산한다.

NOTE _ 적분 판정법을 이용할 때 급수나 적분을 반드시 $n=1$에서 시작할 필요는 없다. 예를 들어 다음과 같다.

$$\sum_{n=4}^{\infty} \frac{1}{(n-3)^2} \text{을 판정할 때 } \int_4^{\infty} \frac{1}{(x-3)^2}\,dx\text{를 이용한다.}$$

또한 f가 항상 감소할 필요는 없다. f가 궁극적으로 감소한다는 사실이 중요하다. 즉 어떤 수 N보다 큰 x 값에 대해 감소하면 된다. 그러면 $\displaystyle\sum_{n=N}^{\infty} a_n$이 수렴하므로 8.2절의 NOTE 4에 의해 $\displaystyle\sum_{n=1}^{\infty} a_n$은 수렴한다.

◀ **예제 1** 급수 $\displaystyle\sum_{n=1}^{\infty} \frac{\ln n}{n}$이 수렴하는지 아니면 발산하는지 결정하라.

풀이
로그함수는 $x > 1$에서 양이고 연속이므로 함수 $f(x) = (\ln x)/x$은 $x > 1$에서 양이고 연속이다. 그러나 f가 감소하는지 아닌지는 명확하지 않으므로 다음과 같이 이 함수의 도함수를 계산한다.

$$f'(x) = \frac{x(1/x) - \ln x}{x^2} = \frac{1 - \ln x}{x^2}$$

$\ln x > 1$, 즉 $x > e$일 때 $f'(x) < 0$이다. 따라서 $x > e$일 때 f는 감소하고 다음과 같이 적분 판정법을 적용할 수 있다.

$$\int_1^{\infty} \frac{\ln x}{x}\,dx = \lim_{t \to \infty} \int_1^t \frac{\ln x}{x}\,dx = \lim_{t \to \infty} \left. \frac{(\ln x)^2}{2} \right|_1^t$$

$$= \lim_{t \to \infty} \frac{(\ln t)^2}{2} = \infty$$

이상적분이 발산하므로 적분 판정법에 의해 급수 $\sum (\ln n)/n$도 역시 발산한다. ▶

적분 판정법을 이용하기 위해서는 $\displaystyle\int_1^{\infty} f(x)\,dx$를 계산할 수 있어야 하므로 f의 역도함수를 구할 수 있어야만 한다. 그러나 이는 어렵거나 불가능하므로 수렴성에 대한 다른 판정법이 필요하다.

◀예제 2 급수 $\displaystyle\sum_{n=1}^{\infty} \frac{1}{n^p}$ 이 수렴하도록 하는 p의 값을 구하라.

풀이

$p < 0$이면 $\displaystyle\lim_{n \to \infty}(1/n^p) = \infty$ 이다. 그리고 $p = 0$이면 $\displaystyle\lim_{n \to \infty}(1/n^p) = 1$ 이다. 두 경우 모두 $\displaystyle\lim_{n \to \infty}(1/n^p) \neq 0$이므로 발산 판정법에 의해 주어진 급수는 발산한다(8.2절 ⑦ 참조).

$p > 0$이면 함수 $f(x) = 1/x^p$은 $[1, \infty)$에서 연속이고 양의 값을 가지며 감소한다. 6.5절의 ②에서 다음을 알고 있다.

$$\int_1^{\infty} \frac{1}{x^p}\,dx \text{는 } p > 1 \text{일 때 수렴하고, } p \leq 1 \text{일 때 발산한다.}$$

[연습문제 11~12]는 적분 판정법에 의해 급수의 합이 수렴하는지 추정하는 방법을 보여준다.

그러므로 적분 판정법에 의해 급수 $\sum 1/n^p$은 $p > 1$일 때 수렴하고, $0 < p \leq 1$일 때 발산한다. ▶

[예제 2]의 급수를 **p급수**^p-series라 한다. 이 장에서 앞으로 설명할 내용 중에서 p급수는 매우 중요한 역할을 하므로 참고용으로 [예제 2]의 결과를 다음과 같이 요약한다.

> ① p급수 $\displaystyle\sum_{n=1}^{\infty} \frac{1}{n^p}$ 은 $p > 1$일 때 수렴하고, $p \leq 1$일 때 발산한다.

예를 들어 다음 급수는 $p = 3 > 1$인 p급수이므로 수렴한다.

$$\sum_{n=1}^{\infty} \frac{1}{n^3} = \frac{1}{1^3} + \frac{1}{2^3} + \frac{1}{3^3} + \frac{1}{4^3} + \cdots$$

그러나 다음 **조화급수**^harmonic series는 $p = 1$인 p급수이므로 발산한다.

$$\sum_{n=1}^{\infty} \frac{1}{n} = 1 + \frac{1}{2} + \frac{1}{3} + \frac{1}{4} + \cdots$$

비교 판정법

다음 급수는 $a = \dfrac{1}{2}$, $r = \dfrac{1}{2}$인 등비급수이므로 수렴하는 $\displaystyle\sum_{n=1}^{\infty} 1/2^n$을 떠올리게 될 것이다.

$$② \qquad \sum_{n=1}^{\infty} \frac{1}{2^n + 1}$$

다음 부등식에서는 주어진 급수 ②의 항들이 등비급수의 항들보다 작다는 것을 보여준다.

$$\frac{1}{2^n + 1} < \frac{1}{2^n}$$

그러므로 이 급수의 모든 부분합들도 등비급수의 합인 1보다 작다. 이것은 부분합들이 유계이고 증가하는 수열이므로 수렴함을 의미한다.

이와 유사한 방법으로 수렴하거나 발산하는 또 다른 급수와 비교하여 주어진 급수의 수렴성을 판정하는 다음 판정법을 생각할 수 있다. 이런 추론은 양항급수에만 적용된다.

비교 판정법 $\sum a_n$과 $\sum b_n$이 양항급수라 하자.

(i) $\sum b_n$이 수렴하고, 모든 n에 대해 $a_n \le b_n$이면 $\sum a_n$도 수렴한다.

(ii) $\sum b_n$이 발산하고, 모든 n에 대해 $a_n \ge b_n$이면 $\sum a_n$도 발산한다.

비교 판정법을 사용할 때 비교라는 목적을 위해 수렴성이 잘 알려진 어떤 급수 $\sum b_n$을 도입해야 한다. 대부분의 경우에 다음 급수 중 하나를 사용한다.

비교 판정법을 사용하기 위한 표준형인 급수

- p급수 [$\sum 1/n^p$은 $p > 1$이면 수렴하고, $p \le 1$이면 발산한다(① 참조).]
- 등비급수 [$\sum ar^{n-1}$은 $|r| < 1$이면 수렴하고, $|r| \ge 1$이면 발산한다(8.2절의 ④ 참조).]

비교 판정법에서 $a_n \le b_n$ 또는 $a_n \ge b_n$이라는 조건이 모든 n에 대해 주어졌으나 어떤 주어진 정수 N에 대해 $n \ge N$일 때 이 조건이 성립하면 이 판정법을 적용할 수 있다. 급수의 수렴성은 처음 유한개의 항에 영향을 받지 않기 때문이다. 다음 예는 이 것을 설명한다.

◀예제 3▶ 급수 $\displaystyle\sum_{k=1}^{\infty} \frac{\ln k}{k}$가 수렴하는지 아니면 발산하는지 판정하라.

풀이

[예제 1]에서 이 급수를 판정하기 위해 적분 판정법을 사용했다. 그러나 조화급수와 비교하여 판정할 수도 있다. $k \ge 3$에 대해 $\ln k > 1$이므로 다음을 얻는다.

$$\frac{\ln k}{k} > \frac{1}{k}, \quad k \ge 3$$

급수 $\sum 1/k(p = 1$인 p급수)은 발산하는 것을 알고 있다. 따라서 주어진 급수는 비교 판정법에 의해 발산한다. ❯

NOTE _ 판정하고자 하는 급수의 항은 수렴하는 급수의 항보다 작거나 발산하는 급수의 항보다 커야 한다. 주어진 급수의 항이 수렴하는 급수의 항보다 크거나 발산하는 급수의 항보다 작으면 비교 판정법을 적용할 수 없다. 예를 들어 다음 급수를 생각하자.

$$\sum_{n=1}^{\infty} \frac{1}{2^n - 1}$$

그러면 다음 부등식을 생각할 수 있다.

$$\frac{1}{2^n - 1} > \frac{1}{2^n}$$

이때 $\sum b_n = \sum \left(\frac{1}{2}\right)^n$ 이 수렴하고, $a_n > b_n$ 이므로 비교 판정법은 아무 소용이 없다. 그럼에도 불구하고 $\sum 1/(2^n - 1)$ 은 수렴할 것으로 느껴진다. 그 이유는 이 급수가 수렴하는 등비급수 $\sum \left(\frac{1}{2}\right)^n$ 과 매우 유사하기 때문이다. 이러한 경우에는 다음 판정법을 이용할 수 있다.

> **극한비교 판정법** $\sum a_n$ 과 $\sum b_n$ 이 양항급수라 하자. c 가 유한한 수이고 $c > 0$ 이라 할 때, 다음이 성립하면 두 급수가 모두 수렴하거나 모두 발산한다.
>
> $$\lim_{n \to \infty} \frac{a_n}{b_n} = c$$

[연습문제 14~15]는 $c = 0$ 과 $c = \infty$ 인 경우를 다룬다.

◀ 예제 4 급수 $\displaystyle\sum_{n=1}^{\infty} \frac{1}{2^n - 1}$ 이 수렴하는지 아니면 발산하는지 판정하라.

풀이

다음과 같이 놓고 극한비교 판정법을 사용한다.

$$a_n = \frac{1}{2^n - 1}, \quad b_n = \frac{1}{2^n}$$

그러면 다음을 얻는다.

$$\lim_{n \to \infty} \frac{a_n}{b_n} = \lim_{n \to \infty} \frac{1/(2^n - 1)}{1/2^n} = \lim_{n \to \infty} \frac{2^n}{2^n - 1} = \lim_{n \to \infty} \frac{1}{1 - 1/2^n} = 1 > 0$$

이 극한이 존재하고 $\sum 1/2^n$ 이 수렴하는 등비급수이므로 주어진 급수는 극한비교 판정법에 의해 수렴한다. **❯**

8.3 연습문제

01 $\sum a_n$ 과 $\sum b_n$ 이 양항급수이고 $\sum b_n$ 은 수렴한다고 하자.

   (a) 모든 n에 대해 $a_n > b_n$ 일 때, $\sum a_n$ 에 대해서는 어떻게 말할 수 있는가? 그리고 그 이유는 무엇인가?

   (b) 모든 n에 대해 $a_n < b_n$ 일 때, $\sum a_n$ 에 대해서는 어떻게 말할 수 있는가? 그리고 그 이유는 무엇인가?

02 적분 판정법을 이용하여 급수 $\displaystyle\sum_{n=1}^{\infty} \frac{1}{\sqrt[5]{n}}$ 이 수렴하는지 아니면 발산하는지 결정하라.

03 비교 판정법을 이용하여 급수 $\displaystyle\sum_{n=1}^{\infty} \frac{1}{n^2 + n + 1}$ 이 수렴하는지 아니면 발산하는지 결정하라.

04~09 다음 급수가 수렴하는지 아니면 발산하는지 결정하라.

04 $\displaystyle\sum_{n=1}^{\infty} \frac{2}{n^{0.85}}$

05 $1+\dfrac{1}{8}+\dfrac{1}{27}+\dfrac{1}{64}+\dfrac{1}{125}+\cdots$

06 $\displaystyle\sum_{n=2}^{\infty} \frac{1}{n\ln n}$

07 $\displaystyle\sum_{n=1}^{\infty} \frac{\cos^2 n}{n^2+1}$

08 $\displaystyle\sum_{n=1}^{\infty} \frac{2+(-1)^n}{n\sqrt{n}}$

09 $\displaystyle\sum_{n=1}^{\infty} \sin\left(\frac{1}{n}\right)$

10 급수 $\displaystyle\sum_{n=2}^{\infty} \frac{1}{n(\ln n)^p}$ 이 수렴하기 위한 p의 값을 구하라.

11 급수 $\displaystyle\sum_{n=1}^{\infty} \frac{1}{n^5}$ 의 합을 소수점 아래 셋째 자리까지 정확하게 구하라.

12 (a) $y=1/x$의 그래프를 이용하여 조화급수의 n번째 부분합이 s_n일 때 다음이 성립하는 것을 보여라.

$$s_n \le 1+\ln n$$

(b) 조화급수는 매우 느리게 발산한다. (a)를 이용하여 처음 100만 개 항의 합이 15보다 작고 10억 개 항의 합이 22보다 작다는 것을 보여라.

13 수 $0.d_1 d_2 d_3 d_4 \cdots$의 소수 표현법의 의미는 다음과 같다.

$$0.d_1 d_2 d_3 d_4 \cdots = \frac{d_1}{10} + \frac{d_2}{10^2} + \frac{d_3}{10^3} + \frac{d_4}{10^4} + \cdots$$

(여기서 자릿수 d_i는 0, 1, 2, $\cdots$, 9 가운데 어느 하나이다.) 이 급수는 항상 수렴함을 보여라.

14 (a) $\sum a_n$과 $\sum b_n$이 양항급수이고 $\sum b_n$이 수렴한다고 하자. 다음이 성립하면 $\sum a_n$도 수렴함을 증명하라.

$$\lim_{n\to\infty} \frac{a_n}{b_n} = 0$$

(b) (a)를 이용하여 다음 급수가 수렴함을 보여라.

(i) $\displaystyle\sum_{n=1}^{\infty} \frac{\ln n}{n^3}$

(ii) $\displaystyle\sum_{n=1}^{\infty} \frac{\ln n}{\sqrt{n}\,e^n}$

15 (a) $\sum a_n$과 $\sum b_n$이 양항급수이고 $\sum b_n$이 발산한다고 하자. 다음이 성립하면 $\sum a_n$도 발산함을 증명하라.

$$\lim_{n\to\infty} \frac{a_n}{b_n} = \infty$$

(b) (a)를 이용하여 다음 급수가 수렴함을 보여라.

(i) $\displaystyle\sum_{n=2}^{\infty} \frac{1}{\ln n}$

(ii) $\displaystyle\sum_{n=1}^{\infty} \frac{\ln n}{n}$

16 $a_n \ge 0$이고 $\sum a_n$이 수렴하면 $\sum a_n^2$도 역시 수렴함을 증명하라.

17 $a_n > 0$이고 $\displaystyle\lim_{n\to\infty} na_n \ne 0$이면 $\sum a_n$이 발산함을 보여라.

8.4 다른 수렴 판정법들

지금까지 살펴본 수렴 판정법은 단지 양의 항을 갖는 급수에만 적용된다. 이번 절에서는 항이 반드시 양수일 필요가 없는 급수를 다룬다.

교대급수

항들이 양수와 음수가 교대로 나타나는 급수를 **교대급수**^{alternating series}라 한다. 다음 두 예를 보자.

$$1 - \frac{1}{2} + \frac{1}{3} - \frac{1}{4} + \frac{1}{5} - \frac{1}{6} + \cdots = \sum_{n=1}^{\infty} (-1)^{n-1} \frac{1}{n}$$

$$-\frac{1}{2} + \frac{2}{3} - \frac{3}{4} + \frac{4}{5} - \frac{5}{6} + \frac{6}{7} - \cdots = \sum_{n=1}^{\infty} (-1)^n \frac{n}{n+1}$$

위와 같은 교대급수의 n번째 항은 다음과 같은 형태임을 알 수 있다.

$$a_n = (-1)^{n-1} b_n \quad \text{또는} \quad a_n = (-1)^n b_n$$

여기서 b_n은 양수이다. (실제로 $b_n = |a_n|$이다.)

다음은 교대급수의 항의 절댓값이 0으로 감소한다면 교대급수는 수렴한다는 말이다.

> **교대급수 판정법** 교대급수가 다음 조건을 만족하면 이 급수는 수렴한다.
>
> $$\sum_{n=1}^{\infty} (-1)^{n-1} b_n = b_1 - b_2 + b_3 - b_4 + b_5 - b_6 + \cdots , \quad b_n > 0$$
>
> (i) 모든 n에 대해 $b_{n+1} \le b_n$이다.
>
> (ii) $\lim_{n \to \infty} b_n = 0$

◀**예제 1**▶ 다음 교대조화급수는

$$1 - \frac{1}{2} + \frac{1}{3} - \frac{1}{4} + \cdots = \sum_{n=1}^{\infty} \frac{(-1)^{n-1}}{n}$$

다음 조건을 만족한다.

(i) $\dfrac{1}{n+1} < \dfrac{1}{n}$이므로 $b_{n+1} < b_n$이다.

(ii) $\lim_{n \to \infty} b_n = \lim_{n \to \infty} \dfrac{1}{n} = 0$

그러므로 이 급수는 교대급수 판정법에 의해 수렴한다. ▶

◀**예제 2**▶ 급수 $\displaystyle\sum_{n=1}^{\infty} \frac{(-1)^n 3n}{4n-1}$은 교대급수이지만 다음과 같이 조건 **(ii)**를 만족하지 않는다.

$$\lim_{n \to \infty} b_n = \lim_{n \to \infty} \frac{3n}{4n-1} = \lim_{n \to \infty} \frac{3}{4 - \dfrac{1}{n}} = \frac{3}{4}$$

반면에 급수의 n번째 항의 극한을 조사하면 다음과 같고 이 극한은 존재하지 않는다.

[그림 12]는 항 $a_n = (-1)^{n-1}/n$과 부분합 s_n의 그래프를 보임으로써 [예제 1]을 설명한다. s_n 값들이 지그재그 모양으로 약 0.7로 나타나는 극한값에 유의하자. 실제로 급수의 정확한 합은 $\ln 2 \approx 0.693$임을 증명할 수 있다.

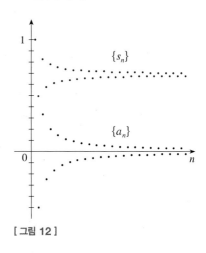

[그림 12]

$$\lim_{n \to \infty} a_n = \lim_{n \to \infty} \frac{(-1)^n 3n}{4n-1}$$

따라서 발산 판정법에 의해 이 급수는 발산한다. ❯

임의의 수렴하는 급수의 부분합 s_n은 전체합 s에 대한 근삿값으로 이용될 수는 있지만 근삿값의 정확도를 추정할 수 없는 경우에는 그다지 쓸모가 없다. $s \approx s_n$을 이용할 때 나타나는 오차는 나머지 $R_n = s - s_n$이다. 다음 정리는 교대급수 판정법의 조건을 만족하는 급수에 대해 오차의 크기는 처음으로 무시할 수 있는 항의 절댓값인 b_{n+1}보다 작다는 것을 의미한다.

> **교대급수 추정정리** 교대급수의 합 $s = \sum (-1)^{n-1} b_n$이 다음 두 조건을 만족한다고 하자.
>
> (i) $0 \leq b_{n+1} \leq b_n$ (ii) $\lim_{n \to \infty} b_n = 0$
>
> 그러면 다음이 성립한다.
> $$|R_n| = |s - s_n| \leq b_{n+1}$$

◀ **예제 3** 급수 $\displaystyle\sum_{n=0}^{\infty} \frac{(-1)^n}{n!}$의 합을 소수점 아래 셋째 자리까지 정확하게 구하라. (정의에 의해 $0! = 1$이다.)

풀이

먼저 이 급수가 다음과 같이 교대급수 판정법에 의해 수렴하는 것을 알 수 있다.

(i) $b_{n+1} = \dfrac{1}{(n+1)!} = \dfrac{1}{n!(n+1)} < \dfrac{1}{n!} = b_n$

(ii) $0 < \dfrac{1}{n!} < \dfrac{1}{n} \to 0$이므로 $n \to \infty$일 때 $b_n = \dfrac{1}{n!} \to 0$이다.

근사시킬 때 사용할 항의 수가 몇 개인지 감을 잡기 위해 이 급수의 처음 몇 개의 항을 다음과 같이 써 보자.

$$s = \frac{1}{0!} - \frac{1}{1!} + \frac{1}{2!} - \frac{1}{3!} + \frac{1}{4!} - \frac{1}{5!} + \frac{1}{6!} - \frac{1}{7!} + \cdots$$

$$= 1 - 1 + \frac{1}{2} - \frac{1}{6} + \frac{1}{24} - \frac{1}{120} + \frac{1}{720} - \frac{1}{5040} + \cdots$$

다음에 주목하자.

$$b_7 = \frac{1}{5040} < \frac{1}{5000} = 0.0002$$

$$s_6 = 1 - 1 + \frac{1}{2} - \frac{1}{6} + \frac{1}{24} - \frac{1}{120} + \frac{1}{720} \approx 0.368056$$

교대급수 추정정리에 의해 다음을 알 수 있다.

$$|s - s_6| \le b_7 < 0.0002$$

0.0002보다 작은 오차는 소수점 아래 셋째 자리에는 영향을 미치지 않는다. 따라서 소수점 아래 셋째 자리까지 정확하게 $s \approx 0.368$이다. ❯

⊘ NOTE _ 일반적으로 '오차(s_n을 이용한 s의 근삿값에서)는 처음으로 무시되는 항보다 작다'는 법칙은 교대급수 추정정리의 조건을 만족하는 교대급수에만 유효하다. 이 법칙은 다른 형태의 급수에는 적용되지 않는다.

8.7절에서 모든 x에 대해 $e^x = \sum\limits_{n=0}^{\infty} x^n/n!$ 임을 보일 것이다. 따라서 [예제 3]에서 얻은 결과는 수 e^{-1}에 대한 실제 근삿값이다.

절대수렴

임의의 주어진 급수 $\sum a_n$에 대해 이 급수의 각 항에 절댓값을 취해서 얻어지는 다음 급수를 생각하자.

$$\sum_{n=1}^{\infty} |a_n| = |a_1| + |a_2| + |a_3| + \cdots$$

정의 절댓값의 급수 $\sum |a_n|$이 수렴할 때 급수 $\sum a_n$은 **절대수렴**absolutely convergent 한다고 한다.

$\sum a_n$이 양항급수이면 $|a_n| = a_n$이므로 이 경우에는 절대수렴과 수렴이 같다는 것에 주목하자.

양항급수와 교대급수에 대한 수렴 판정법이 있다. 그러나 각 항의 부호가 불규칙하게 바뀐다면 어떻게 될까? 이러한 경우에 때때로 절대수렴의 개념이 도움이 되는 것을 [예제 6]에서 알게 될 것이다.

◀예제 4 급수 $\sum\limits_{n=1}^{\infty} \frac{(-1)^{n-1}}{n^2} = 1 - \frac{1}{2^2} + \frac{1}{3^2} - \frac{1}{4^2} + \cdots$ 은 절대수렴한다.

왜냐하면 이에 대응하는 절댓값의 급수가 다음과 같이 $p = 2$인 p급수이기 때문이다.

$$\sum_{n=1}^{\infty} \left| \frac{(-1)^{n-1}}{n^2} \right| = \sum_{n=1}^{\infty} \frac{1}{n^2} = 1 + \frac{1}{2^2} + \frac{1}{3^2} + \frac{1}{4^2} + \cdots \qquad ❯$$

◀예제 5 다음 교대조화급수는 수렴한다([예제 1] 참조).

$$\sum_{n=1}^{\infty} \frac{(-1)^{n-1}}{n} = 1 - \frac{1}{2} + \frac{1}{3} - \frac{1}{4} + \cdots$$

그러나 이에 대응하는 절댓값의 급수가 다음과 같은 조화급수($p = 1$인 p급수)이므로 이 급수는 절대수렴하지 않는다.

$$\sum_{n=1}^{\infty} \left| \frac{(-1)^{n-1}}{n} \right| = \sum_{n=1}^{\infty} \frac{1}{n} = 1 + \frac{1}{2} + \frac{1}{3} + \frac{1}{4} + \cdots$$ ❯

정의 급수 $\sum a_n$이 수렴하지만 절대수렴하지 않으면 급수 $\sum a_n$을 **조건부 수렴**
conditionally convergent 한다고 한다.

절대수렴하는 급수의 항들이 재배열되어 순서가 바뀌어도 합은 변하지 않는 것을 증명할 수 있다. 그러나 조건부 수렴하는 급수의 항을 재배열하면 그 합이 다를 수 있다.

[예제 5]는 교대조화급수가 조건부 수렴함을 보인다. 즉 수렴하는 급수가 절대수렴하지 않을 수 있다. 그러나 다음 정리는 절대수렴하는 급수는 반드시 수렴함을 보여준다.

---

[1] 정리 급수 $\sum a_n$이 절대수렴하면 그 급수는 수렴한다.

⟨증명

$|a_n|$은 a_n 또는 $-a_n$이므로 다음 부등식이 성립한다.

$$0 \le a_n + |a_n| \le 2|a_n|$$

$\sum a_n$이 절대수렴하면 $\sum |a_n|$이 수렴하므로 $\sum 2|a_n|$도 수렴한다. 그러므로 비교 판정법에 의해 $\sum (a_n + |a_n|)$이 수렴한다. 따라서 $\sum a_n$은 다음과 같이 수렴하는 두 급수의 차이므로 이 급수는 수렴한다.

$$\sum a_n = \sum (a_n + |a_n|) - \sum |a_n|$$ ⟩

◀ 예제 6 다음 급수가 수렴하는지 아니면 발산하는지 결정하라.

$$\sum_{n=1}^{\infty} \frac{\cos n}{n^2} = \frac{\cos 1}{1^2} + \frac{\cos 2}{2^2} + \frac{\cos 3}{3^2} + \cdots$$

풀이

이 급수는 양의 항과 음의 항을 모두 갖지만 교대급수는 아니다. (첫 항은 양수, 다음 세 항은 음수, 그 다음 세 항은 양수이다. 즉 부호가 불규칙하게 바뀐다.) 다음과 같이 절댓값의 급수에 비교 판정법을 적용할 수 있다.

$$\sum_{n=1}^{\infty} \left| \frac{\cos n}{n^2} \right| = \sum_{n=1}^{\infty} \frac{|\cos n|}{n^2}$$

모든 n에 대해 $|\cos n| \le 1$이므로 다음을 얻는다.

$$\frac{|\cos n|}{n^2} \le \frac{1}{n^2}$$

급수 $\sum 1/n^2$은 수렴한다($p = 2$인 p급수). 따라서 $\sum |\cos n|/n^2$은 비교 판정법에

[그림 13]은 [예제 6]의 급수에 대한 일반항 a_n과 부분합 s_n의 그래프를 보인다. 이 급수는 교대급수는 아니지만 양의 항과 음의 항을 갖는 것에 주의한다.

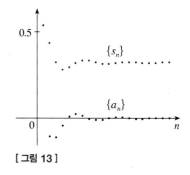

[그림 13]

의해 수렴한다. 그러므로 주어진 급수 $\sum (\cos n)/n^2$은 절대수렴하므로 정리 $\boxed{1}$에 의해 주어진 급수는 수렴한다.

비판정법

다음 판정법은 주어진 급수가 절대수렴하는지를 결정하는 데 매우 유용하다.

비판정법

(i) $\displaystyle\lim_{n \to \infty} \left| \frac{a_{n+1}}{a_n} \right| = L < 1$이면 급수 $\displaystyle\sum_{n=1}^{\infty} a_n$은 절대수렴한다. (따라서 수렴한다.)

(ii) $\displaystyle\lim_{n \to \infty} \left| \frac{a_{n+1}}{a_n} \right| = L > 1$ 또는 $\displaystyle\lim_{n \to \infty} \left| \frac{a_{n+1}}{a_n} \right| = \infty$이면 급수 $\displaystyle\sum_{n=1}^{\infty} a_n$은 발산한다.

(iii) $\displaystyle\lim_{n \to \infty} \left| \frac{a_{n+1}}{a_n} \right| = 1$이면 비판정법으로 결론을 낼 수 없다. 즉 $\sum a_n$의 수렴 또는 발산에 대한 어떤 결론도 내릴 수 없다.

NOTE _ 비판정법 (iii)은 $\displaystyle\lim_{n \to \infty}|a_{n+1}/a_n| = 1$이면 이 판정법이 아무런 정보도 제공하지 못하는 것을 의미한다. 예를 들어 수렴하는 급수 $\sum 1/n^2$에 대해 $n \to \infty$일 때 다음을 얻는다.

$$\left| \frac{a_{n+1}}{a_n} \right| = \frac{\dfrac{1}{(n+1)^2}}{\dfrac{1}{n^2}} = \frac{n^2}{(n+1)^2} = \frac{1}{\left(1 + \dfrac{1}{n}\right)^2} \to 1$$

반면에 발산하는 급수 $\sum 1/n$에 대해 $n \to \infty$일 때 다음을 얻는다.

$$\left| \frac{a_{n+1}}{a_n} \right| = \frac{\dfrac{1}{n+1}}{\dfrac{1}{n}} = \frac{n}{n+1} = \frac{1}{1 + \dfrac{1}{n}} \to 1$$

그러므로 $\displaystyle\lim_{n \to \infty}|a_{n+1}/a_n| = 1$이면 급수 $\sum a_n$은 수렴할 수도 있고, 발산할 수도 있다. 이 경우에 비판정법을 적용할 수 없으며 다른 판정법을 사용해야 한다.

◀예제 7 급수 $\displaystyle\sum_{n=1}^{\infty} (-1)^n \frac{n^3}{3^n}$이 절대수렴함을 보여라.

풀이

$a_n = (-1)^n n^3/3^n$에 비판정법을 적용한다.

$$\left| \frac{a_{n+1}}{a_n} \right| = \left| \frac{(-1)^{n+1} \dfrac{(n+1)^3}{3^{n+1}}}{(-1)^n \dfrac{n^3}{3^n}} \right| = \frac{(n+1)^3}{3^{n+1}} \cdot \frac{3^n}{n^3}$$

$$= \frac{1}{3}\left(\frac{n+1}{n}\right)^3 = \frac{1}{3}\left(1 + \frac{1}{n}\right)^3 \to \frac{1}{3} < 1$$

계승(상수의 n 거듭제곱을 포함하는)이나 다른 곱을 포함하는 급수는 종종 비판정법을 사용하여 편하게 판정한다.

따라서 비판정법에 의해 주어진 급수는 절대수렴한다.

◀예제8 급수 $\displaystyle\sum_{n=1}^{\infty} \frac{n^n}{n!}$ 의 수렴성을 판정하라.

풀이

항 $a_n = n^n/n!$ 은 양수이므로 절댓값 기호를 사용할 필요가 없다. $n \to \infty$ 일 때 다음을 얻는다.

$$\frac{a_{n+1}}{a_n} = \frac{(n+1)^{n+1}}{(n+1)!} \cdot \frac{n!}{n^n} = \frac{(n+1)(n+1)^n}{(n+1)n!} \cdot \frac{n!}{n^n}$$

$$= \left(\frac{n+1}{n}\right)^n = \left(1 + \frac{1}{n}\right)^n \to e$$

e의 정의에 의해 $\displaystyle\lim_{x \to 0}(1+x)^{1/x} = e$ 임을 알고 있다. $n = 1/x$ 이라 놓으면 $x \to 0^+$ 일 때 $n \to \infty$ 이므로 $\displaystyle\lim_{n \to \infty}(1+1/n)^n = e$ 이다.

한편 $e > 1$ 이므로 비판정법에 의해 주어진 급수는 발산한다.

다음 판정법은 n차 거듭제곱이 나오는 경우에 적용하면 편리하다.

근판정법

(i) $\displaystyle\lim_{n \to \infty} \sqrt[n]{|a_n|} = L < 1$ 이면 급수 $\displaystyle\sum_{n=1}^{\infty} a_n$은 절대수렴한다. (따라서 수렴한다.)

(ii) $\displaystyle\lim_{n \to \infty} \sqrt[n]{|a_n|} = L > 1$ 또는 $\displaystyle\lim_{n \to \infty} \sqrt[n]{|a_n|} = \infty$ 이면 급수 $\displaystyle\sum_{n=1}^{\infty} a_n$은 발산한다.

(iii) $\displaystyle\lim_{n \to \infty} \sqrt[n]{|a_n|} = 1$ 이면 근판정법으로 결론을 낼 수 없다.

근판정법 (iii)은 $\displaystyle\lim_{n \to \infty} \sqrt[n]{|a_n|} = 1$ 이면 이 판정법이 아무런 정보도 제공하지 못하는 것을 의미한다. 이때 급수 $\sum a_n$은 수렴할 수도 있고 발산할 수도 있다.

◀예제9 급수 $\displaystyle\sum_{n=1}^{\infty} \left(\frac{2n+3}{3n+2}\right)^n$ 의 수렴성을 판정하라.

풀이

$a_n = \left(\dfrac{2n+3}{3n+2}\right)^n$ 이라 하면 다음이 성립한다.

$$\sqrt[n]{|a_n|} = \frac{2n+3}{3n+2} = \frac{2 + \dfrac{3}{n}}{3 + \dfrac{2}{n}} \to \frac{2}{3} < 1$$

따라서 근판정법에 의해 주어진 급수는 수렴한다.

■ www.stewartcalculus.com
지금까지 급수의 수렴성에 대한 여러 가지 판정법을 다루었다. 따라서 급수가 주어질 때 어떤 판정법을 사용해야 할지를 알기 위해 'Additional Topics'를 클릭한 후에 'Strategy for Testing Series'를 클릭하라.

8.4 연습문제

01~02 다음 급수의 수렴성을 판정하라.

01 $\sum\limits_{n=1}^{\infty} \dfrac{(-1)^{n-1}}{2n+1}$

02 $\sum\limits_{n=1}^{\infty} (-1)^n \dfrac{3n-1}{2n+1}$

03 급수 $\sum\limits_{n=1}^{\infty} \dfrac{(-1)^{n+1}}{n^6}$ 이 수렴함을 보여라. 지정된 정확도에서 합을 구하기 위해 더해야 할 급수의 항은 몇 개인가? 단, 오차 < 0.00005 이다.

04 급수 $\sum\limits_{n=1}^{\infty} \dfrac{(-1)^n}{(2n)!}$ 의 합을 소수점 아래 넷째 자리까지 나타낸 근삿값을 구하라.

05~10 다음 급수가 절대수렴, 조건부 수렴, 발산하는지 결정하라.

05 $\sum\limits_{n=0}^{\infty} \dfrac{(-10)^n}{n!}$

06 $\sum\limits_{n=0}^{\infty} \dfrac{(-1)^n}{5n+1}$

07 $\sum\limits_{n=1}^{\infty} \dfrac{10^n}{(n+1)\,4^{2n+1}}$

08 $\sum\limits_{n=1}^{\infty} \dfrac{(-1)^n \arctan n}{n^2}$

09 $\sum\limits_{n=1}^{\infty} \left(1 + \dfrac{1}{n}\right)^{n^2}$

10 $\sum\limits_{n=1}^{\infty} \dfrac{2 \cdot 4 \cdot 6 \cdot \,\cdots\, \cdot (2n)}{n!}$

11 $\{b_n\}$ 을 $\dfrac{1}{2}$ 로 수렴하는 양수들의 수열이라 하자. $\sum\limits_{n=1}^{\infty} \dfrac{b_n^n \cos n\pi}{n}$ 가 절대수렴하는지 아닌지 결정하라.

12 다음 중에서 비판정법으로 판정할 수 없는 급수는 어느 것인가? (즉 비판정법으로 확답을 할 수 없는 급수는 어느 것인가?)

(a) $\sum\limits_{n=1}^{\infty} \dfrac{1}{n^3}$

(b) $\sum\limits_{n=1}^{\infty} \dfrac{n}{2^n}$

(c) $\sum\limits_{n=1}^{\infty} \dfrac{(-3)^{n-1}}{\sqrt{n}}$

(d) $\sum\limits_{n=1}^{\infty} \dfrac{\sqrt{n}}{1+n^2}$

13 (a) 모든 x 에 대해 $\sum\limits_{n=0}^{\infty} \dfrac{x^n}{n!}$ 이 수렴함을 보여라.

(b) 모든 x 에 대해 $\lim\limits_{n \to \infty} x^n/n! = 0$ 임을 추론하라.

8.5 거듭제곱급수

다음과 같은 형태의 급수를 **거듭제곱급수**$^{\text{power series}}$ 라 한다.

$$\boxed{1} \qquad \sum\limits_{n=0}^{\infty} c_n x^n = c_0 + c_1 x + c_2 x^2 + c_3 x^3 + \cdots$$

여기서 x 는 변수, c_n 은 상수로 이 급수의 **계수**^{coefficient} 라고 한다. 거듭제곱급수는 x 의 값에 따라 수렴하기도 하고 발산하기도 할 것이다. 급수의 합은 이 급수가 수렴하는 모든 x 들의 집합을 정의역으로 갖는 다음 함수로 나타낼 수 있다.

$$f(x) = c_0 + c_1 x + c_2 x^2 + \cdots + c_n x^n + \cdots$$

f 는 다항함수와 비슷한데 항이 무수히 많다는 것만 다를 뿐이다.

예를 들어 모든 n에 대해 $c_n = 1$을 택하면 거듭제곱급수는 다음과 같은 등비급수가 되며 $-1 < x < 1$에서 수렴하고 $|x| \geq 1$에서 발산한다(8.2절의 식 ⑤ 참조).

$$\sum_{n=0}^{\infty} x^n = 1 + x + x^2 + \cdots + x^n + \cdots$$

좀 더 일반적으로 다음 형태의 급수를 $(x - a)$의 **거듭제곱급수** 또는 중심이 a인 **거듭제곱급수** 또는 a에 대한 **거듭제곱급수**라 한다.

② $$\sum_{n=0}^{\infty} c_n (x - a)^n = c_0 + c_1 (x - a) + c_2 (x - a)^2 + \cdots$$

식 ①과 ②에서 $n = 0$에 대응하는 항을 쓸 때 $x = a$일 때에도 관습적으로 $(x - a)^0 = 1$을 택한다. 또한 $x = a$일 때 $n \geq 1$에 대해 모든 항이 0이므로 거듭제곱급수 ②는 $x = a$일 때 항상 수렴한다.

◀ **예제 1** 급수 $\displaystyle\sum_{n=0}^{\infty} n! x^n$이 수렴하기 위한 x의 값을 구하라.

풀이

비판정법을 이용한다. 통상적으로 a_n을 이 급수의 n번째 항이라 하면 $a_n = n! x^n$이다. 만일 $x \neq 0$이면 다음을 얻는다.

$$\lim_{n \to \infty} \left| \frac{a_{n+1}}{a_n} \right| = \lim_{n \to \infty} \left| \frac{(n+1)! \, x^{n+1}}{n! \, x^n} \right|$$
$$= \lim_{n \to \infty} (n+1)|x| = \infty$$

비판정법에 의해 $x \neq 0$일 때 이 급수는 발산한다. 따라서 주어진 급수는 $x = 0$일 때 수렴한다. ▶

◀ **예제 2** 급수 $\displaystyle\sum_{n=1}^{\infty} \frac{(x-3)^n}{n}$이 수렴하기 위한 x의 값을 구하라.

풀이

$a_n = (x-3)^n / n$이라 놓으면 $n \to \infty$일 때 다음이 성립한다.

$$\left| \frac{a_{n+1}}{a_n} \right| = \left| \frac{(x-3)^{n+1}}{n+1} \cdot \frac{n}{(x-3)^n} \right|$$
$$= \frac{1}{1 + \dfrac{1}{n}} |x-3| \to |x-3|$$

삼각급수 trigonometric series

거듭제곱급수는 각 항이 거듭제곱함수인 급수이다. **삼각급수**는 다음과 같이 각 항이 삼각함수인 급수이다.

$$\sum_{n=0}^{\infty} (a_n \cos nx + b_n \sin nx)$$

이와 같은 급수 형태를

http://www.stewartcalculus.com

에서 논의한다. 'Additional Topics'에서 'Fourier Series'를 클릭하라.

다음에 유의하자.
$(n+1)!$
$\quad = (n+1)n(n-1) \cdots \cdot 3 \cdot 2 \cdot 1$
$\quad = (n+1)n!$

비판정법에 의해 주어진 급수는 $|x-3|<1$일 때 절대수렴하므로 수렴하며, $|x-3|>1$일 때 발산한다. 이제 다음과 같이 나타낼 수 있다.

$$|x-3|<1 \iff -1<x-3<1 \iff 2<x<4$$

따라서 $2<x<4$일 때 급수는 수렴하고, $x<2$ 또는 $x>4$일 때 발산한다. 그러나 $|x-3|=1$일 때 비판정법은 아무런 정보도 주지 못하므로 $x=2$와 $x=4$를 분리해서 생각해야 한다. 급수에서 $x=4$라 하면 주어진 거듭제곱급수는 조화급수 $\sum 1/n$이 되므로 발산한다. $x=2$이면 급수는 $\sum (-1)^n/n$이고 교대급수 판정법에 의해 수렴한다. 따라서 주어진 거듭제곱급수는 $2 \le x < 4$에서 수렴한다. ❱

거듭제곱급수를 사용하는 주된 목적은 수학, 물리학, 화학 등에서 사용하는 중요한 몇몇 함수들을 표현하기 위한 것임을 알게 될 것이다. 특히 다음 예제에서 나오는 거듭제곱급수의 합은 독일의 천문학자 베셀$^{Friedrich\ Bessel,\ 1784\sim1846}$의 이름에서 따온 **베셀 함수**$^{Bessel\ function}$라고 한다. [연습문제 8]에 주어진 함수는 베셀 함수의 또 다른 예이다. 실제로 이 함수는 베셀이 행성운동을 기술한 케플러의 방정식을 풀었을 때 처음으로 나타났다. 그 이후로 이 함수는 원판의 온도 분포, 진동하는 막의 형태를 포함한 많은 다른 물리적 상황에 응용되고 있다.

(베셀 함수와 코사인함수가 연관된) 컴퓨터로 생성된 모형이 진동하는 고무막의 사진과 얼마나 가깝게 일치하는지 주목하자.

❰ **예제 3** ❱ 다음과 같이 정의되는 0차 베셀 함수의 정의역을 구하라.

$$J_0(x) = \sum_{n=0}^{\infty} \frac{(-1)^n x^{2n}}{2^{2n}(n!)^2}$$

풀이

$a_n = (-1)^n x^{2n}/[2^{2n}(n!)^2]$이라 하자. 그러면 모든 x에 대해 다음이 성립한다.

$$\left| \frac{a_{n+1}}{a_n} \right| = \left| \frac{(-1)^{n+1} x^{2(n+1)}}{2^{2(n+1)}[(n+1)!]^2} \cdot \frac{2^{2n}(n!)^2}{(-1)^n x^{2n}} \right|$$

$$= \frac{x^{2n+2}}{2^{2n+2}(n+1)^2(n!)^2} \cdot \frac{2^{2n}(n!)^2}{x^{2n}}$$

$$= \frac{x^2}{4(n+1)^2} \to 0 < 1$$

따라서 비판정법에 의해 주어진 급수는 모든 x에 대해 수렴한다. 다시 말해서 베셀 함수 J_0의 정의역은 $(-\infty, \infty) = \mathbb{R}$이다. ❱

급수의 합은 부분합열의 극한임을 떠올려보자. 따라서 [예제 3]에서 베셀 함수를 급수의 합으로 정의할 때 모든 실수 x에 대해 다음을 의미한다.

$$J_0(x) = \lim_{n \to \infty} s_n(x), \quad s_n(x) = \sum_{i=0}^{n} \frac{(-1)^i x^{2i}}{2^{2i}(i!)^2}$$

처음 몇 개의 부분합은 다음과 같다.

$$s_0(x) = 1 \qquad s_1(x) = 1 - \frac{x^2}{4} \qquad s_2(x) = 1 - \frac{x^2}{4} + \frac{x^4}{64}$$

$$s_3(x) = 1 - \frac{x^2}{4} + \frac{x^4}{64} - \frac{x^6}{2304} \qquad s_4(x) = 1 - \frac{x^2}{4} + \frac{x^4}{64} - \frac{x^6}{2304} + \frac{x^8}{147,456}$$

[그림 14]는 다항함수인 부분합들의 그래프를 보여준다. 이것들은 모두 함수 J_0에 대한 근사이지만 더 많은 항이 포함될수록 근삿값은 참값에 더욱 가까워지는 것에 주목한다. [그림 15]는 좀 더 완전한 베셀 함수의 그래프를 보여준다.

지금까지 살펴본 거듭제곱급수들에 대해 급수가 수렴하는 x값의 집합은 항상 하나의 구간으로 나타난다. (등비급수와 [예제 2]의 급수에 대해서는 유한한 구간, [예제 3]에서는 무한한 구간 $(-\infty, \infty)$, [예제 1]은 붕괴된 구간 $[0, 0] = \{0\}$이다.) 다음 정리는 이것이 일반적으로 참이라는 사실을 보여준다.

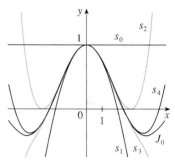
[그림 14] 베셀 함수 J_0의 부분합

---

③ **정리** 주어진 거듭제곱급수 $\displaystyle\sum_{n=0}^{\infty} c_n(x-a)^n$에 대해 다음 세 가지 중 어느 하나만 가능하다.

(i) $x = a$일 때만 급수가 수렴한다.

(ii) 모든 x에 대해 급수가 수렴한다.

(iii) $|x-a| < R$이면 급수가 수렴하고, $|x-a| > R$이면 발산하는 양수 R이 존재한다.

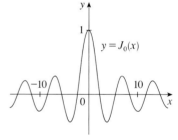
[그림 15]

(iii)의 경우에 수 R을 거듭제곱급수의 **수렴반지름**^{radius of convergence}이라고 한다. 편의상 (i)의 경우에 수렴반지름을 $R = 0$, (ii)의 경우에 $R = \infty$라고 한다. 거듭제곱급수의 **수렴구간**^{interval of convergence}은 급수가 수렴하는 x의 모든 값으로 구성된 구간이다. (i)의 경우에 수렴구간은 단일 점 a로 구성되며, (ii)의 경우에 수렴구간은 $(-\infty, \infty)$이다. (iii)의 경우에 부등식 $|x-a| < R$은 $a - R < x < a + R$로 고쳐 쓸 수 있음에 유의하자. 이때 x가 구간의 끝점, 즉 $x = a \pm R$일 때 급수가 어느 한 끝점 또는 두 개의 양 끝점에서 수렴하거나 모두 발산할 수도 있다. 따라서 (iii)의 경우에 가능한 수렴구간은 다음 네 가지가 있다.

$$(a-R, a+R), \quad (a-R, a+R], \quad [a-R, a+R), \quad [a-R, a+R]$$

이러한 상황을 [그림 16]에서 설명한다.

[그림 16]

이제 이 절에서 이미 살펴본 예제들의 수렴반지름과 수렴구간을 요약하면 다음과 같다.

	급수	수렴반지름	수렴구간
등비급수	$\displaystyle\sum_{n=0}^{\infty} x^n$	$R=1$	$(-1, 1)$
[예제 1]	$\displaystyle\sum_{n=0}^{\infty} n! x^n$	$R=0$	$\{0\}$
[예제 2]	$\displaystyle\sum_{n=1}^{\infty} \frac{(x-3)^n}{n}$	$R=1$	$[2, 4)$
[예제 3]	$\displaystyle\sum_{n=0}^{\infty} \frac{(-1)^n x^{2n}}{2^{2n}(n!)^2}$	$R=\infty$	$(-\infty, \infty)$

대부분의 경우에 비판정법을 이용하여 수렴반지름 R을 결정한다. x가 수렴 구간의 끝점일 때는 비판정법으로 판정할 수 없으므로 다른 판정법을 이용해야 한다.

◀예제 4 급수 $\displaystyle\sum_{n=0}^{\infty} \frac{(-3)^n x^n}{\sqrt{n+1}}$ 의 수렴반지름 및 수렴구간을 구하라.

풀이

$a_n = (-3)^n x^n / \sqrt{n+1}$ 이라 하자. $n \to \infty$ 일 때 다음을 얻는다.

$$\left| \frac{a_{n+1}}{a_n} \right| = \left| \frac{(-3)^{n+1} x^{n+1}}{\sqrt{n+2}} \cdot \frac{\sqrt{n+1}}{(-3)^n x^n} \right| = \left| -3x \sqrt{\frac{n+1}{n+2}} \right|$$

$$= 3 \sqrt{\frac{1+(1/n)}{1+(2/n)}} \, |x| \to 3|x|$$

비판정법에 의해 $3|x| < 1$이면 주어진 급수는 수렴하고 $3|x| > 1$이면 발산한다. 따라서 이 급수는 $|x| < \dfrac{1}{3}$이면 수렴하고 $|x| > \dfrac{1}{3}$이면 발산한다. 이것은 수렴반지름이 $R = \dfrac{1}{3}$임을 의미한다. 이 급수는 구간 $\left(-\dfrac{1}{3}, \dfrac{1}{3}\right)$에서 수렴하지만 이 구간의 양 끝점에서의 수렴성에 대해 새롭게 판정해야 한다. 만일 $x = -\dfrac{1}{3}$이면 급수는 다음과 같이 된다. (적분 판정법을 사용하거나 간단히 $p = \dfrac{1}{2} < 1$인 p급수인 것을 관찰하면 이 급수는 발산한다.)

$$\sum_{n=0}^{\infty} \frac{(-3)^n \left(-\dfrac{1}{3}\right)^n}{\sqrt{n+1}} = \sum_{n=0}^{\infty} \frac{1}{\sqrt{n+1}} = \frac{1}{\sqrt{1}} + \frac{1}{\sqrt{2}} + \frac{1}{\sqrt{3}} + \frac{1}{\sqrt{4}} + \cdots$$

만일 $x = \dfrac{1}{3}$이면 주어진 급수는 다음과 같으며 교대급수 판정법에 따라 수렴한다.

$$\sum_{n=0}^{\infty} \frac{(-3)^n \left(\dfrac{1}{3}\right)^n}{\sqrt{n+1}} = \sum_{n=0}^{\infty} \frac{(-1)^n}{\sqrt{n+1}}$$

그러므로 주어진 거듭제곱급수는 $-\dfrac{1}{3} < x \le \dfrac{1}{3}$일 때 수렴하므로 수렴구간은 $\left(-\dfrac{1}{3}, \dfrac{1}{3}\right]$이다. ❱

8.5 연습문제

01~06 다음 급수의 수렴반지름과 수렴구간을 구하라.

01 $\displaystyle\sum_{n=1}^{\infty} (-1)^n n x^n$

02 $\displaystyle\sum_{n=0}^{\infty} \frac{x^n}{n!}$

03 $\displaystyle\sum_{n=1}^{\infty} (-1)^n \frac{n^2 x^n}{2^n}$

04 $\displaystyle\sum_{n=2}^{\infty} (-1)^n \frac{x^n}{4^n \ln n}$

05 $\displaystyle\sum_{n=0}^{\infty} \frac{(x-2)^n}{n^2+1}$

06 $\displaystyle\sum_{n=1}^{\infty} n!(2x-1)^n$

07 k가 양의 정수일 때 다음 급수의 수렴반지름을 구하라.

$$\sum_{n=0}^{\infty} \frac{(n!)^k}{(kn)!} x^n$$

08 다음과 같이 정의되는 함수 J_1을 1차 베셀 함수라 한다.

$$J_1(x) = \sum_{n=0}^{\infty} \frac{(-1)^n x^{2n+1}}{n!(n+1)! 2^{2n+1}}$$

(a) 정의역을 구하라.

(b) 🖎 처음 몇 개의 부분합의 그래프를 동일한 보기화면에 그려라.

(c) **CAS** CAS에 베셀 함수가 내장되어 있다면 (b)에 있는 부분합과 같이 동일한 보기화면에 J_1의 그래프를 그려라. 그리고 부분합들이 어떻게 J_1에 근사하는지 관찰하라.

09 함수 f가 다음과 같이 정의된다.

$$f(x) = 1 + 2x + x^2 + 2x^3 + x^4 + \cdots$$

즉 모든 $n \ge 0$에 대해 계수가 $c_{2n} = 1$, $c_{2n+1} = 2$이다. 이 급수의 수렴구간과 $f(x)$에 대한 명확한 식을 구하라.

10 급수 $\sum c_n x^n$의 수렴반지름이 2, 급수 $\sum d_n x^n$의 수렴반지름이 3이라고 하자. 급수 $\sum (c_n + d_n) x^n$의 수렴반지름은 얼마인가?

8.6 함수를 거듭제곱급수로 표현하기

이 절에서는 등비급수를 조작하거나 등비급수를 미분 또는 적분하여 어떤 형태의 함수들을 거듭제곱급수의 합으로 나타내는 방법을 살펴본다.

먼저 앞에서 공부한 다음 식으로 시작한다.

$$\boxed{1}\qquad \frac{1}{1-x} = 1 + x + x^2 + x^3 + \cdots = \sum_{n=0}^{\infty} x^n, \qquad |x| < 1$$

이 식을 8.2절 [예제 4]에서 처음 접했을 때는 관찰을 통해 $a=1$, $r=x$인 등비급수라는 것을 알았다. 그러나 여기서의 관점은 다르다. 식 $\boxed{1}$은 함수 $f(x) = \dfrac{1}{1-x}$을 거듭제곱급수의 합으로 나타낸다.

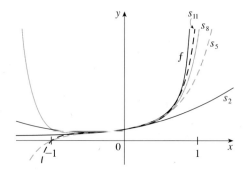

[그림 17]

식 $\boxed{1}$에 대한 기하학적인 설명은 [그림 17]에서 보여준다. 급수의 합이 부분합열의 극한이므로 다음을 얻는다.

$$\frac{1}{1-x} = \lim_{n \to \infty} s_n(x)$$

여기서 $s_n(x) = 1 + x + x^2 + \cdots + x^n$은 n번째 부분합이다. n이 커질 때 $s_n(x)$는 $-1 < x < 1$에서 $f(x)$에 점점 가까워짐에 주목하자.

◀예제 1▶ $1/(1+x^2)$을 거듭제곱급수의 합으로 표현하고 그 수렴구간을 구하라.

풀이

식 $\boxed{1}$에서 x 대신 $-x^2$으로 대체하면 다음을 얻는다.

$$\frac{1}{1+x^2} = \frac{1}{1-(-x^2)} = \sum_{n=0}^{\infty} (-x^2)^n$$

$$= \sum_{n=0}^{\infty} (-1)^n x^{2n} = 1 - x^2 + x^4 - x^6 + x^8 - \cdots$$

이것은 등비급수이고 $|-x^2| < 1$, 즉 $x^2 < 1$ 또는 $|x| < 1$일 때 수렴한다. 따라서 수렴구간은 $(-1, 1)$이다. (물론 비판정법을 적용해서 수렴반지름을 결정할 수 있지만 여기서는 그렇게 많은 작업이 불필요하다.) ▶

◀예제 2▶ $1/(x+2)$을 거듭제곱급수로 나타내라.

풀이

이 함수를 식 $\boxed{1}$의 좌변 형태로 만들기 위해 다음과 같이 분모에서 2를 묶어낸다.

$$\frac{1}{2+x} = \frac{1}{2\left(1+\dfrac{x}{2}\right)} = \frac{1}{2\left[1-\left(-\dfrac{x}{2}\right)\right]}$$

$$= \frac{1}{2} \sum_{n=0}^{\infty} \left(-\frac{x}{2}\right)^n = \sum_{n=0}^{\infty} \frac{(-1)^n}{2^{n+1}} x^n$$

이 급수는 $\left|-\dfrac{x}{2}\right| < 1$일 때, 즉 $|x| < 2$일 때 수렴한다. 그래서 수렴구간은 $(-2, 2)$ 이다.

거듭제곱급수의 미분과 적분

거듭제곱급수의 합은 함수 $f(x) = \displaystyle\sum_{n=0}^{\infty} c_n (x-a)^n$과 같고 정의역은 급수의 수렴구간 이다. 이와 같은 함수들을 미분하거나 적분할 수 있으며, 다음 정리는 다항식과 마찬가지로 거듭제곱급수의 각 항들을 개별적으로 미분하거나 적분하여 얻을 수 있음을 말해준다. 이것을 **항별 미분과 항별 적분**^{term by term differentiation and integration}이라 한다. 증명은 생략한다.

> 2 **정리** 거듭제곱급수 $\sum c_n (x-a)^n$이 수렴반지름 $R > 0$을 갖는다면 다음과 같이 정의된 함수 f는 구간 $(a-R, a+R)$에서 미분가능하다. (따라서 연속이다.)
>
> $$f(x) = c_0 + c_1 (x-a) + c_2 (x-a)^2 + \cdots = \sum_{n=0}^{\infty} c_n (x-a)^n$$
>
> 그리고 다음이 성립한다.
>
> (i) $f'(x) = c_1 + 2c_2 (x-a) + 3c_3 (x-a)^2 + \cdots = \displaystyle\sum_{n=1}^{\infty} n c_n (x-a)^{n-1}$
>
> (ii) $\displaystyle\int f(x)\, dx = C + c_0 (x-a) + c_1 \frac{(x-a)^2}{2} + c_2 \frac{(x-a)^3}{3} + \cdots$
>
> $$= C + \sum_{n=0}^{\infty} c_n \frac{(x-a)^{n+1}}{n+1}$$
>
> 식 (i)과 (ii)의 거듭제곱급수의 수렴반지름은 모두 R이다.

(ii)에서 $\int c_0\, dx = c_0 x + C_1$은 $c_0 (x-a) + C$로 쓸 수 있다. 여기서 $C = C_1 + ac_0$ 이므로 급수의 모든 항은 동일한 형태를 갖는다.

NOTE 1 _ 정리 2의 식 (i)과 (ii)는 다음과 같이 바꿔 쓸 수 있다.

(iii) $\dfrac{d}{dx}\left[\displaystyle\sum_{n=0}^{\infty} c_n (x-a)^n\right] = \displaystyle\sum_{n=0}^{\infty} \dfrac{d}{dx}\left[c_n (x-a)^n\right]$

(iv) $\displaystyle\int \left[\sum_{n=0}^{\infty} c_n (x-a)^n\right] dx = \sum_{n=0}^{\infty} \int c_n (x-a)^n\, dx$

유한합인 경우 합의 도함수는 도함수의 합과 같으며 합의 적분은 적분의 합과 같다는 것을 알고 있다. 거듭제곱급수를 다룬다는 조건 하에서 식 (iii)과 (iv)는 무한합에 대해서도 동일하게 성립하는 것을 의미한다.

NOTE 2 _ 정리 2는 거듭제곱급수를 미분하거나 적분할 때 수렴반지름이 동일함을 의미하지만 수렴구간까지 동일하다는 의미는 아니다. 원래 급수는 양 끝점에서 수렴하지만 미분을 시행한 거듭제곱급수는 양 끝점에서 발산할 수 있다([연습문제 14] 참조).

■ www.stewartcalculus.com
거듭제곱급수를 항별로 미분한다는 생각은 미분방정식을 풀기 위한 강력한 방법의 근간이다. 'Additional Topics'를 클릭한 후에 'Using Series to Solve Differential Equations'를 클릭하라.

❮ 예제 3 식 □을 미분하여 $1/(1-x)^2$을 거듭제곱급수로 표현하라. 수렴반지름은 얼마 인가?

풀이

다음 방정식의 각 변을 미분한다.

$$\frac{1}{1-x} = 1 + x + x^2 + x^3 + \cdots = \sum_{n=0}^{\infty} x^n$$

그러면 다음을 얻는다.

$$\frac{1}{(1-x)^2} = 1 + 2x + 3x^2 + \cdots = \sum_{n=1}^{\infty} n\,x^{n-1}$$

n을 $n+1$로 바꿔서 다음과 같이 쓸 수 있다.

$$\frac{1}{(1-x)^2} = \sum_{n=0}^{\infty} (n+1)\,x^n$$

정리 ②에 따라 미분한 급수의 수렴반지름은 원래 급수의 수렴반지름, 즉 $R=1$이다.

❱

◀예제4▶ $\ln(1+x)$에 대한 거듭제곱급수 표현과 수렴반지름을 구하라.

풀이

이 함수의 도함수는 $1/(1+x)$인 것에 유의한다. 식 ①로부터 다음을 얻는다.

$$\frac{1}{1+x} = \frac{1}{1-(-x)} = 1 - x + x^2 - x^3 + \cdots, \quad |x| < 1$$

이 방정식의 양변을 적분하여 다음을 얻는다.

$$\ln(1+x) = \int \frac{1}{1+x}\,dx = \int (1 - x + x^2 - x^3 + \cdots)\,dx$$

$$= x - \frac{x^2}{2} + \frac{x^3}{3} - \frac{x^4}{4} + \cdots + C$$

$$= \sum_{n=1}^{\infty} (-1)^{n-1} \frac{x^n}{n} + C, \quad |x| < 1$$

C의 값을 결정하기 위해 $x=0$을 대입하면 $\ln(1+0) = C$를 얻는다. 따라서 $C=0$이고 다음을 얻는다.

$$\ln(1+x) = x - \frac{x^2}{2} + \frac{x^3}{3} - \frac{x^4}{4} + \cdots = \sum_{n=1}^{\infty} (-1)^{n-1} \frac{x^n}{n}, \quad |x| < 1$$

수렴반지름은 원래 급수의 수렴반지름인 $R=1$이다.

❱

〈 예제 5 〉 $f(x) = \tan^{-1} x$에 대해 거듭제곱급수로 표현하라.

풀이

$f'(x) = 1/(1 + x^2)$인 것을 알고 있으므로 [예제 1]에서 구한 $1/(1 + x^2)$에 대한 거듭제곱급수를 적분하여 요구하는 급수를 구한다.

$$\tan^{-1} x = \int \frac{1}{1 + x^2}\, dx = \int (1 - x^2 + x^4 - x^6 + \cdots)\, dx$$

$$= C + x - \frac{x^3}{3} + \frac{x^5}{5} - \frac{x^7}{7} + \cdots$$

C를 구하기 위해 $x = 0$이라 놓으면 $C = \tan^{-1} 0 = 0$이다. 따라서 다음을 얻는다.

$$\tan^{-1} x = x - \frac{x^3}{3} + \frac{x^5}{5} - \frac{x^7}{7} + \cdots = \sum_{n=0}^{\infty} (-1)^n \frac{x^{2n+1}}{2n+1}$$

$1/(1 + x^2)$에 대한 급수의 수렴반지름이 1이므로 $\tan^{-1} x$에 대한 이 급수의 수렴반지름도 1이다. ❱

[예제 5]에서 얻은 $\tan^{-1} x$에 대한 거듭제곱급수를 그레고리 급수(Gregory's series)라 한다. 이 이름은 스코틀랜드의 수학자 그레고리(James Gregory, 1638~1675)의 이름에서 따온 것으로 그는 몇 가지 뉴턴의 발견을 예견했다. 그레고리 급수는 $-1 < x < 1$일 때 유효하다. 또한 $x = \pm 1$일 때도 이 급수는 유효하지만 증명하기는 쉽지 않다. $x = 1$일 때 이 급수는 다음과 같다.

$$\frac{\pi}{4} = 1 - \frac{1}{3} + \frac{1}{5} - \frac{1}{7} + \cdots$$

이 아름다운 결과는 π에 대한 라이프니츠 공식으로 알려져 있다.

8.6 연습문제

01 거듭제곱급수 $\sum_{n=0}^{\infty} c_n x^n$의 수렴반지름이 10이면 $\sum_{n=1}^{\infty} n c_n x^{n-1}$의 수렴반지름은 얼마인가? 그 이유는 무엇인가?

02~03 다음 함수에 대해 거듭제곱급수로 표현하고, 수렴구간을 결정하라.

02 $f(x) = \dfrac{2}{3 - x}$

03 $f(x) = \dfrac{x}{9 + x^2}$

---

04 먼저 부분분수로 분해하여 $f(x) = \dfrac{3}{x^2 - x - 2}$을 거듭제곱급수의 합으로 표현하라. 수렴구간을 구하라.

05 (a) 미분을 이용하여 함수 $f(x) = \dfrac{1}{(1 + x)^2}$에 대한 거듭제곱급수를 구하라. 수렴반지름은 얼마인가?

(b) (a)를 이용하여 함수 $f(x) = \dfrac{1}{(1 + x)^3}$에 대한 거듭제곱급수를 구하라.

(c) (b)를 이용하여 함수 $f(x) = \dfrac{x^2}{(1 + x)^3}$에 대한 거듭제곱급수를 구하라.

06~07 다음 함수에 대해 거듭제곱급수로 표현하고, 수렴반지름을 결정하라.

06 $f(x) = \ln(5 - x)$

07 $f(x) = \dfrac{1 + x}{(1 - x)^2}$

---

08 📈 $f(x) = \ln\left(\dfrac{1 + x}{1 - x}\right)$에 대해 거듭제곱급수로 표현하고, 동일한 보기화면에 몇 개의 부분합 $s_n(x)$와 f의 그래프를 그려라. n이 증가할 때 어떻게 변하는가?

09~10 다음 부정적분을 거듭제곱급수로 계산하라. 수렴반지름은 얼마인가?

09 $\displaystyle\int \frac{t}{1-t^8}\,dt$ **10** $\displaystyle\int x^2 \ln(1+x)\,dx$

11~12 거듭제곱급수를 이용하여 다음 정적분을 소수점 아래 여섯째 자리까지의 근삿값으로 나타내라.

11 $\displaystyle\int_0^{0.2} \frac{1}{1+x^5}\,dx$ **12** $\displaystyle\int_0^{0.1} x\arctan(3x)\,dx$

13 [예제 5]의 결과를 이용하여 $\arctan 0.2$를 소수점 아래 다섯째 자리까지의 근삿값으로 나타내라.

14 $\displaystyle f(x) = \sum_{n=1}^{\infty} \frac{x^n}{n^2}$ 이라 하자. f, f', f''에 대한 수렴구간을 각각 구하라.

15 $\tan^{-1} x$에 대한 거듭제곱급수를 이용하여 π가 다음과 같은 무한 급수의 합으로 표현됨을 증명하라.

$$\pi = 2\sqrt{3} \sum_{n=0}^{\infty} \frac{(-1)^n}{(2n+1)\,3^n}$$

8.7 테일러 급수와 매클로린 급수

앞 절에서는 어떤 특별한 형태의 함수들에 대한 거듭제곱급수 표현을 구할 수 있었다. 여기서는 어떤 함수가 거듭제곱급수 표현을 갖는지 그리고 그러한 표현을 어떻게 구할 것인지 살펴본다.

f가 다음과 같이 거듭제곱급수로 표현되는 임의의 함수라 하자.

  ① $f(x) = c_0 + c_1(x-a) + c_2(x-a)^2 + c_3(x-a)^3 + c_4(x-a)^4 + \cdots, \quad |x-a| < R$

계수 c_n이 f에 의해 어떻게 되는지 결정되는지 알아보자. 이를 위해서 식 ①에서 $x=a$라 놓으면 첫 번째 항 이후의 모든 항은 0이므로 다음을 얻는다.

$$f(a) = c_0$$

8.6절의 정리 ②에 의해 $|x-a| < R$에서 식 ①의 급수를 다음과 같이 반복적으로 항 별로 미분할 수 있다.

$$f'(x) = c_1 + 2c_2(x-a) + 3c_3(x-a)^2 + 4c_4(x-a)^3 + \cdots, \quad |x-a| < R$$

$$f''(x) = 2c_2 + 2\cdot 3c_3(x-a) + 3\cdot 4c_4(x-a)^2 + \cdots, \quad |x-a| < R$$

$$f'''(x) = 2\cdot 3c_3 + 2\cdot 3\cdot 4c_4(x-a) + 3\cdot 4\cdot 5c_5(x-a)^2 + \cdots, \quad |x-a| < R$$

그리고 각 도함수에 $x=a$를 대입하면 다음을 얻는다.

$$f'(a) = c_1, \quad f''(a) = 2c_2, \quad f'''(a) = 2\cdot 3c_3 = 3!\,c_3$$

이제 계수에 대한 형태를 알 수 있다. 계속해서 미분하여 $x=a$를 대입하면 다음을 얻는다.

$$f^{(n)}(a) = 2 \cdot 3 \cdot 4 \cdots n\, c_n = n!\, c_n$$

n번째 계수 c_n에 대해 이 방정식을 풀면 다음을 얻는다.

$$c_n = \frac{f^{(n)}(a)}{n!}$$

$0! = 1$이라 하고 $f^{(0)} = f$라 하면 위 식은 $n = 0$인 경우에도 이 식은 성립한다. 따라서 다음 정리가 증명된다.

---

2 **정리** f를 a에서 다음과 같이 거듭제곱급수 표현(전개)을 갖는다고 하자.

$$f(x) = \sum_{n=0}^{\infty} c_n (x-a)^n, \quad |x-a| < R$$

그러면 계수들은 다음 공식으로 주어진다.

$$c_n = \frac{f^{(n)}(a)}{n!}$$

---

c_n에 대한 이 공식을 급수 안에 다시 대입하면 f가 a에서 거듭제곱급수로 표현될 때 다음과 같은 형태가 되어야 함을 알 수 있다.

---

3 $\displaystyle f(x) = \sum_{n=0}^{\infty} \frac{f^{(n)}(a)}{n!}(x-a)^n$

$\displaystyle \qquad = f(a) + \frac{f'(a)}{1!}(x-a) + \frac{f''(a)}{2!}(x-a)^2 + \frac{f'''(a)}{3!}(x-a)^3 + \cdots$

식 3의 급수를 a에서(a에 대한 또는 중심이 a인) f의 **테일러 급수**^{Taylor series}라 한다. $a = 0$인 특수한 경우에 테일러 급수는 다음과 같다.

---

4 $\displaystyle f(x) = \sum_{n=0}^{\infty} \frac{f^{(n)}(0)}{n!}x^n$

$\displaystyle \qquad = f(0) + \frac{f'(0)}{1!}x + \frac{f''(0)}{2!}x^2 + \frac{f'''(0)}{3!}x^3 + \cdots$

이 급수는 **매클로린 급수**^{Maclaurin series}라고 불리며 상당히 자주 나타난다.

NOTE _ f가 a에 대한 거듭제곱급수로 표현될 때 f는 그 테일러 급수들의 합과 같음을 보였다. 그러나 테일러 급수의 합과 같지 않은 함수들이 존재한다. 그러한 함수의 예는 [연습문제 24]에서 다룬다.

◀**예제 1** 함수 $f(x) = e^x$의 매클로린 급수와 그 수렴반지름을 구하라.

풀이

$f(x) = e^x$이면 모든 n에 대해 $f^{(n)}(x) = e^x$이므로 $f^{(n)}(0) = e^0 = 1$이다. 그러므

테일러 급수는 영국의 수학자 테일러(Brook Taylor, 1685~1731)의 이름에서 따온 것이다. 매클로린 급수는 테일러 급수의 특별한 경우임에도 불구하고 스코틀랜드의 수학자 매클로린(Colin Maclaurin, 1698~1746)을 기리기 위해 그의 이름을 붙였다. 그러나 특별한 함수를 거듭제곱급수로 표현하는 아이디어는 뉴턴까지 거슬러 올라가며 일반적인 테일러 급수에 대해서는 스코틀랜드의 수학자 그레고리(James Gregory)는 1668년에, 스위스의 수학자 베르누이(John Bernoulli)는 1690년대에 알고 있었다. 테일러는 1715년에 저서 "증분법(Methodus incrementorum directa et inversa)"에 급수에 대한 발견을 실었을 때 그레고리와 베르누이의 업적을 알지 못했다. 매클로린 급수는 매클로린의 이름에서 따온 것으로 1742년에 출판한 그의 미적분학 교재 "유율법(Treatise of Fluxions)"에서 그것들을 대중화시켰기 때문에 매클로린의 이름을 붙였다.

로 0에서 f의 테일러 급수(즉 매클로린 급수)는 다음과 같다.

$$\sum_{n=0}^{\infty} \frac{f^{(n)}(0)}{n!}x^n = \sum_{n=0}^{\infty} \frac{x^n}{n!} = 1 + \frac{x}{1!} + \frac{x^2}{2!} + \frac{x^3}{3!} + \cdots$$

수렴반지름을 구하기 위해 $a_n = x^n/n!$이라 하면 다음을 얻는다.

$$\left| \frac{a_{n+1}}{a_n} \right| = \left| \frac{x^{n+1}}{(n+1)!} \cdot \frac{n!}{x^n} \right| = \frac{|x|}{n+1} \to 0 < 1$$

따라서 비판정법에 의해 모든 x에 대해 이 급수는 수렴하고 수렴반지름은 $R = \infty$ 이다.

정리 $\boxed{2}$와 [예제 1]로부터 얻을 수 있는 결론은 e^x이 0에서 거듭제곱급수로 표현된다면 다음과 같다는 것이다.

$$e^x = \sum_{n=0}^{\infty} \frac{x^n}{n!}$$

어떤 조건 아래서 함수가 그 함수의 테일러 급수의 합과 같아지는가? 다시 말해서 f가 모든 계의 도함수를 갖는다면 다음 식이 언제 성립하는가? 이와 같은 훨씬 더 일반적인 의문에 대한 답을 내려보자.

$$f(x) = \sum_{n=0}^{\infty} \frac{f^{(n)}(a)}{n!}(x-a)^n$$

이것은 임의의 수렴하는 급수로서 $f(x)$가 부분합열의 극한임을 의미한다. 테일러 급수의 경우에 부분합은 다음과 같다.

$$T_n(x) = \sum_{i=0}^{n} \frac{f^{(i)}(a)}{i!}(x-a)^i$$

$$= f(a) + \frac{f'(a)}{1!}(x-a) + \frac{f''(a)}{2!}(x-a)^2 + \cdots + \frac{f^{(n)}(a)}{n!}(x-a)^n$$

T_n은 n차 다항함수로서 이것을 a에서 f의 n차 **테일러 다항식**$^{\text{Taylor polynomial}}$이라 한다. 예를 들어 지수함수 $f(x) = e^x$에 대해 [예제 1]의 결과는 $n = 1, 2, 3$일 때 0에서 테일러 다항식(또는 매클로린 다항식)은 다음과 같음을 보여준다.

$$T_1(x) = 1 + x, \quad T_2(x) = 1 + x + \frac{x^2}{2!}, \quad T_3(x) = 1 + x + \frac{x^2}{2!} + \frac{x^3}{3!}$$

지수함수와 이들 세 개의 테일러 다항식의 그래프는 [그림 18]과 같다.

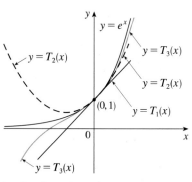

[그림 18]

일반적으로 다음이 성립하면 $f(x)$는 자신의 테일러 급수의 합이 된다.

$$f(x) = \lim_{n \to \infty} T_n(x)$$

다음과 같이 놓자.

$$R_n(x) = f(x) - T_n(x)$$

그러므로 다음이 성립한다.

$$f(x) = T_n(x) + R_n(x)$$

여기서 $R_n(x)$를 테일러 급수의 **나머지**remainder라 한다. $\lim_{n \to \infty} R_n(x) = 0$임을 보일 수 있다면 다음이 성립한다.

$$\lim_{n \to \infty} T_n(x) = \lim_{n \to \infty} [f(x) - R_n(x)] = f(x) - \lim_{n \to \infty} R_n(x) = f(x)$$

따라서 다음 정리가 증명된다.

⑤ **정리** $f(x) = T_n(x) + R_n(x)$라 하자. 여기서 T_n은 a에서 f의 n차 테일러 다항식이고 $|x - a| < R$에 대해 다음이 성립한다.

$$\lim_{n \to \infty} R_n(x) = 0$$

그러면 f는 구간 $|x - a| < R$에서 f의 테일러 급수의 합과 같다.

특별한 함수 f에 대해 $\lim_{n \to \infty} R_n(x) = 0$임을 보이고자 할 때 다음 정리에 있는 표현을 자주 사용한다.

⑥ **테일러 공식** f가 수 a를 포함하는 구간 I에서 $n + 1$번 미분가능하면, I 안의 x에 대해 테일러 급수의 나머지 항이 다음과 같이 표현되는 수 z가 x와 a 사이에 존재한다.

$$R_n(x) = \frac{f^{(n+1)}(z)}{(n+1)!}(x - a)^{n+1}$$

NOTE 1 _ $n = 0$인 특별한 경우에 테일러 공식에서 $x = b$와 $z = c$라 놓으면 평균값 정리인 $f(b) = f(a) + f'(c)(b - a)$를 얻는다.

NOTE 2 _ $f^{(n+1)}$이 a 대신 z에서 산출된다는 것만 제외하면 다음 나머지 항은 테일러 급수 안에 있는 항들과 매우 유사하다.

⑦
$$R_n(x) = \frac{f^{(n+1)}(z)}{(n+1)!}(x - a)^{n+1}$$

[그림 18]에서 n이 증가함에 따라 $T_n(x)$는 e^x으로 접근함을 알 수 있다. 이것은 e^x이 자신의 테일러 급수의 합과 같다는 것을 암시한다.

여기서 z는 x와 a 사이의 어딘가에 놓인다. 식 $\boxed{7}$의 $R_n(x)$에 대한 표현은 **나머지 항의 라그랑주 형태** Lagrange's form로 알려져 있다.

NOTE 3_ 8.8절에서 근사함수에 테일러 공식을 적용할 것이다. 이는 정리 $\boxed{5}$와 관련이 있다.

정리 $\boxed{5}$와 $\boxed{6}$을 적용할 때 다음 사실을 이용하면 도움이 된다.

$$\boxed{8} \qquad \text{모든 실수 } x\text{에 대해 } \lim_{n \to \infty} \frac{x^n}{n!} = 0 \text{이다.}$$

[예제 1]로부터 급수 $\sum x^n/n!$이 모든 x에 대해 수렴하고, 이 급수의 n번째 항이 0으로 수렴하므로 $\boxed{8}$이 성립한다.

◀ 예제 2 e^x이 자신의 테일러 급수의 합과 같음을 증명하라.

풀이

$f(x) = e^x$이면 $f^{(n+1)}(x) = e^x$이므로 테일러 공식에서 나머지 항은 다음과 같다.

$$R_n(x) = \frac{e^z}{(n+1)!} x^{n+1}$$

여기서 z는 0과 x 사이에 있다. (그러나 z는 n에 의존함에 주의한다.) 만일 $x > 0$이면 $0 < z < x$이고 $e^z < e^x$이다. 그러므로 식 $\boxed{8}$에 의해 다음을 얻는다.

$$0 < R_n(x) = \frac{e^z}{(n+1)!} x^{n+1} < e^x \frac{x^{n+1}}{(n+1)!} \to 0$$

압축정리에 의해 $n \to \infty$일 때 $R_n(x) \to 0$이다. 만일 $x < 0$이면 $x < z < 0$, $e^z < e^0 = 1$이므로 다음이 성립한다.

$$|R_n(x)| < \frac{|x|^{n+1}}{(n+1)!} \to 0$$

다시 $R_n(x) \to 0$이므로 정리 $\boxed{5}$에 의해 e^x은 자신의 테일러 급수의 합과 같다. 즉 다음이 성립한다.

$$\boxed{9} \qquad \text{모든 } x\text{에 대해 } e^x = \sum_{n=0}^{\infty} \frac{x^n}{n!}$$

특히 식 $\boxed{9}$에서 $x = 1$이라 놓으면 수 e가 무한급수의 합으로 표현된 식을 얻는다.

$$\boxed{10} \qquad e = \sum_{n=0}^{\infty} \frac{1}{n!} = 1 + \frac{1}{1!} + \frac{1}{2!} + \frac{1}{3!} + \cdots$$

1748년 오일러(Leonhard Euler)는 식 $\boxed{10}$을 이용하여 e의 값을 소수점 아래 23자리까지 정확히 구했다. 2010년에 시게루 곤도(Shigeru Kondo)는 $\boxed{10}$에 있는 급수를 이용하여 e의 값을 소수점 아래 1조 자리 이상까지 계산했다.

◀ 예제 3 $\sin x$에 대한 매클로린 급수를 구하고, 그 급수가 모든 x에 대해 $\sin x$를 나타냄을 보여라.

풀이

다음과 같이 계산하여 두 열로 정리하자.

$$f(x) = \sin x \qquad f(0) = 0$$
$$f'(x) = \cos x \qquad f'(0) = 1$$
$$f''(x) = -\sin x \qquad f''(0) = 0$$
$$f'''(x) = -\cos x \qquad f'''(0) = -1$$
$$f^{(4)}(x) = \sin x \qquad f^{(4)}(0) = 0$$

도함수가 4를 주기로 반복되므로 매클로린 급수는 다음과 같다.

$$f(0) + \frac{f'(0)}{1!}x + \frac{f''(0)}{2!}x^2 + \frac{f'''(0)}{3!}x^3 + \cdots$$

$$= x - \frac{x^3}{3!} + \frac{x^5}{5!} - \frac{x^7}{7!} + \cdots = \sum_{n=0}^{\infty}(-1)^n \frac{x^{2n+1}}{(2n+1)!}$$

$a = 0$인 나머지 항 ⑦을 이용하면 다음을 얻는다.

$$R_n(x) = \frac{f^{(n+1)}(z)}{(n+1)!}x^{n+1}$$

여기서 $f(x) = \sin x$이고 z는 0과 x 사이에 놓인다. 그러나 $f^{(n+1)}(z)$는 $\pm\sin z$ 또는 $\pm\cos z$이다. 어느 경우든 $|f^{(n+1)}(z)| \le 1$이므로 다음을 얻는다.

⑪ $$0 \le |R_n(x)| = \frac{|f^{(n+1)}(z)|}{(n+1)!}|x^{n+1}| \le \frac{|x|^{n+1}}{(n+1)!}$$

식 ⑧에 의해 부등식의 우변은 $n \to \infty$일 때 0으로 접근한다. 따라서 압축정리에 의해 $|R_n(x)| \to 0$이다. 즉 $n \to \infty$일 때 $R_n(x) \to 0$이므로 $\sin x$는 정리 ⑤에 의해 매클로린 급수의 합과 같다. ❯

참고로 [예제 3]의 결과는 모든 x에 대해 다음과 같이 나타난다.

⑫ $$\sin x = x - \frac{x^3}{3!} + \frac{x^5}{5!} - \frac{x^7}{7!} + \cdots = \sum_{n=0}^{\infty}(-1)^n \frac{x^{2n+1}}{(2n+1)!}$$

$\sin x$에 대한 매클로린 급수가 모든 x에 대해 수렴하므로 8.6절의 정리 ②에 따라 $\cos x$에 대해 미분된 급수도 모든 x에 대해 수렴한다. 따라서 모든 x에 대해 다음을 얻는다.

[그림 19]는 $\sin x$와 자신의 테일러(또는 매클로린) 다항식의 그래프를 보여준다.

$$T_1(x) = x$$
$$T_3(x) = x - \frac{x^3}{3!}$$
$$T_5(x) = x - \frac{x^3}{3!} + \frac{x^5}{5!}$$

n이 증가할수록 $T_n(x)$는 $\sin x$에 더욱 가까워지는 것에 주목하자.

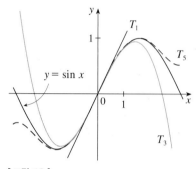

[그림 19]

e^x, $\sin x$, $\cos x$에 대한 매클로린 급수는 뉴턴이 다른 방법을 이용하여 발견했다. 이들 방정식은 매우 놀라운 것이다. 왜냐하면 한 점 0에서 그들의 도함수를 안다면 이들 함수 각각에 대한 모든 특성을 알 수 있기 때문이다.

$$\boxed{13} \qquad \cos x = 1 - \frac{x^2}{2!} + \frac{x^4}{4!} - \frac{x^6}{6!} + \cdots = \sum_{n=0}^{\infty} (-1)^n \frac{x^{2n}}{(2n)!}$$

◀예제 4 함수 $f(x) = x\cos x$에 대한 매클로린 급수를 구하라.

풀이

$\cos x$의 급수(식 $\boxed{13}$)에 x를 곱한다.

$$x\cos x = x \sum_{n=0}^{\infty} (-1)^n \frac{x^{2n}}{(2n)!} = \sum_{n=0}^{\infty} (-1)^n \frac{x^{2n+1}}{(2n)!} \qquad\qquad ❯$$

◀예제 5 임의의 실수 k에 대해 $f(x) = (1+x)^k$에 대한 매클로린 급수를 구하라.

풀이

다음과 같이 두 열로 정리하여 계산하자.

$$f(x) = (1+x)^k \qquad\qquad\qquad f(0) = 1$$

$$f'(x) = k(1+x)^{k-1} \qquad\qquad\qquad f'(0) = k$$

$$f''(x) = k(k-1)(1+x)^{k-2} \qquad\qquad f''(0) = k(k-1)$$

$$f'''(x) = k(k-1)(k-2)(1+x)^{k-3} \qquad f'''(0) = k(k-1)(k-2)$$

$$\vdots \qquad\qquad\qquad\qquad\qquad\qquad \vdots$$

$$f^{(n)}(x) = k(k-1)\cdots(k-n+1)(1+x)^{k-n} \qquad f^{(n)}(0) = k(k-1)\cdots(k-n+1)$$

따라서 $f(x) = (1+x)^k$의 매클로린 급수는 다음과 같다.

$$\sum_{n=0}^{\infty} \frac{f^{(n)}(0)}{n!} x^n = \sum_{n=0}^{\infty} \frac{k(k-1)\cdots(k-n+1)}{n!} x^n$$

이 급수를 **이항급수**$^{\text{binomial series}}$라고 한다. k가 음이 아닌 정수이면 항들은 결국 0이 되므로 급수는 유한하다. 다른 k에 대해서는 어느 항도 0이 되지 않으므로 비판정법을 사용할 수 있다. n번째 항을 a_n이라 하면 $n \to \infty$일 때 다음을 얻는다.

$$\left| \frac{a_{n+1}}{a_n} \right| = \left| \frac{k(k-1)\cdots(k-n+1)(k-n) x^{n+1}}{(n+1)!} \cdot \frac{n!}{k(k-1)\cdots(k-n+1) x^n} \right|$$

$$= \frac{|k-n|}{n+1} |x| = \frac{\left| 1 - \dfrac{k}{n} \right|}{1 + \dfrac{1}{n}} |x| \to |x|$$

따라서 비판정법에 의해 이항급수는 $|x| < 1$일 때 수렴, $|x| > 1$일 때 발산한다. ❯

이항급수에서 계수를 표현하는 방식은 다음과 같다.

$$\binom{k}{n} = \frac{k(k-1)(k-2)\cdots(k-n+1)}{n!}$$

이 수를 **이항계수**binomial coefficient라 한다.

다음 정리는 $(1+x)^k$이 자신의 매클로린 급수의 합과 같다는 것을 보여준다. [연습문제 23]에서 개략적인 증명을 보인다.

> 14 **이항급수** k가 임의의 실수이고 $|x| < 1$이면 다음이 성립한다.
>
> $$(1+x)^k = \sum_{n=0}^{\infty} \binom{k}{n} x^n = 1 + kx + \frac{k(k-1)}{2!}x^2 + \frac{k(k-1)(k-2)}{3!}x^3 + \cdots$$

$|x| < 1$일 때 이항급수는 항상 수렴하지만 끝점 ± 1에서의 수렴 여부는 k의 값에 의존한다. $-1 < k \le 0$이면 그 급수는 1에서 수렴하고 $k \ge 0$이면 양 끝점에서 수렴한다는 것이 밝혀졌다. k가 양의 정수이고 $n > k$이면 $\binom{k}{n}$에 대한 식은 인수 $(k-k)$를 포함하고 있으므로 $n > k$인 경우 항상 $\binom{k}{n} = 0$이다. 이것은 k가 양의 정수일 때 이항급수는 유한 항을 갖고 일반적인 이항정리[1]가 됨을 의미한다.

◀예제 6 함수 $f(x) = \dfrac{1}{\sqrt{4-x}}$ 에 대한 매클로린 급수와 수렴반지름을 구하라.

풀이

$f(x)$를 다음과 같이 이항급수를 이용할 수 있는 형태로 나타낸다.

$$\frac{1}{\sqrt{4-x}} = \frac{1}{\sqrt{4\left(1-\frac{x}{4}\right)}} = \frac{1}{2\sqrt{1-\frac{x}{4}}} = \frac{1}{2}\left(1-\frac{x}{4}\right)^{-1/2}$$

$k = -\dfrac{1}{2}$이고 x 대신 $-\dfrac{x}{4}$로 대치한 이항급수를 이용하면 다음을 얻는다.

$$\frac{1}{\sqrt{4-x}} = \frac{1}{2}\left(1-\frac{x}{4}\right)^{-1/2} = \frac{1}{2}\sum_{n=0}^{\infty}\binom{-\frac{1}{2}}{n}\left(-\frac{x}{4}\right)^n$$

$$= \frac{1}{2}\left[1 + \left(-\frac{1}{2}\right)\left(-\frac{x}{4}\right) + \frac{\left(-\frac{1}{2}\right)\left(-\frac{3}{2}\right)}{2!}\left(-\frac{x}{4}\right)^2 + \frac{\left(-\frac{1}{2}\right)\left(-\frac{3}{2}\right)\left(-\frac{5}{2}\right)}{3!}\left(-\frac{x}{4}\right)^3\right.$$

$$\left. + \cdots + \frac{\left(-\frac{1}{2}\right)\left(-\frac{3}{2}\right)\left(-\frac{5}{2}\right)\cdots\left(-\frac{1}{2}-n+1\right)}{n!}\left(-\frac{x}{4}\right)^n + \cdots\right]$$

---

1 자연수 n에 대해 $(x+y)^n = x^n + nx^{n-1}y + \frac{n(n-1)}{2}x^{n-2}y^2 + \cdots + \binom{n}{k}x^{n-k}y^k + \cdots + nxy^{n-1} + y^n$이다.
여기서 $\binom{n}{k} = \frac{n(n-1)\cdots(n-k+1)}{1\cdot 2\cdot 3\cdot \cdots \cdot k}$이다.

$$= \frac{1}{2}\left[1 + \frac{1}{8}x + \frac{1\cdot 3}{2!\,8^2}x^2 + \frac{1\cdot 3\cdot 5}{3!\,8^3}x^3 + \cdots + \frac{1\cdot 3\cdot 5\cdot\,\cdots\,\cdot(2n-1)}{n!\,8^n}x^n + \cdots\right]$$

식 ⑭로부터 이 급수는 $|-x/4| < 1$, 즉 $|x| < 4$일 때 수렴하므로 수렴반지름은 $R = 4$이다.

앞으로 참고하기 위해 이 절과 앞 절에서 유도한 몇 가지 중요한 매클로린 급수를 [표 1]에 정리했다.

[표 1] 중요한 매클로린 급수와 그의 수렴반지름

$\dfrac{1}{1-x} = \displaystyle\sum_{n=0}^{\infty} x^n = 1 + x + x^2 + x^3 + \cdots$	$R = 1$
$e^x = \displaystyle\sum_{n=0}^{\infty} \frac{x^n}{n!} = 1 + \frac{x}{1!} + \frac{x^2}{2!} + \frac{x^3}{3!} + \cdots$	$R = \infty$
$\sin x = \displaystyle\sum_{n=0}^{\infty} (-1)^n \frac{x^{2n+1}}{(2n+1)!} = x - \frac{x^3}{3!} + \frac{x^5}{5!} - \frac{x^7}{7!} + \cdots$	$R = \infty$
$\cos x = \displaystyle\sum_{n=0}^{\infty} (-1)^n \frac{x^{2n}}{(2n)!} = 1 - \frac{x^2}{2!} + \frac{x^4}{4!} - \frac{x^6}{6!} + \cdots$	$R = \infty$
$\tan^{-1} x = \displaystyle\sum_{n=0}^{\infty} (-1)^n \frac{x^{2n+1}}{2n+1} = x - \frac{x^3}{3} + \frac{x^5}{5} - \frac{x^7}{7} + \cdots$	$R = 1$
$\ln(1+x) = \displaystyle\sum_{n=1}^{\infty} (-1)^{n-1} \frac{x^n}{n} = x - \frac{x^2}{2} + \frac{x^3}{3} - \frac{x^4}{4} + \cdots$	$R = 1$
$(1+x)^k = \displaystyle\sum_{n=0}^{\infty} \binom{k}{n} x^n = 1 + kx + \frac{k(k-1)}{2!}x^2 + \frac{k(k-1)(k-2)}{3!}x^3 + \cdots$	$R = 1$

테일러 급수가 중요한 이유 중 하나는 지금까지 적분할 수 없었던 함수들을 테일러 급수를 이용하여 적분할 수 있기 때문이다. 함수 $f(x) = e^{-x^2}$은 역도함수가 기본함수 (6.4절 참조)가 아니므로 지금까지 논의된 방법으로는 적분할 수 없다.

TEC Module 8.7/8.8에서 연속적인 테일러 다항식이 원래 주어진 함수로 어떻게 접근하는지 알 수 있다.

◀ **예제 7** (a) 거듭제곱급수를 이용하여 $\displaystyle\int e^{-x^2}\,dx$를 계산하라.

(b) $\displaystyle\int_0^1 e^{-x^2}\,dx$를 오차 범위 0.001 이내로 정확하게 계산하라.

풀이

(a) 먼저 $f(x) = e^{-x^2}$의 매클로린 급수를 구한다. 직접적인 방법으로 구할 수 있지만 매클로린 급수의 [표 1]에 있는 e^x의 급수에서 x를 $-x^2$으로 대치하여 간단히 구할 수 있다. 따라서 모든 x의 값에 대해 다음을 얻는다.

$$e^{-x^2} = \sum_{n=0}^{\infty} \frac{(-x^2)^n}{n!} = \sum_{n=0}^{\infty} (-1)^n \frac{x^{2n}}{n!} = 1 - \frac{x^2}{1!} + \frac{x^4}{2!} - \frac{x^6}{3!} + \cdots$$

이제 이것을 항별로 적분하면 다음을 얻는다.

$$\int e^{-x^2}dx = \int \left(1 - \frac{x^2}{1!} + \frac{x^4}{2!} - \frac{x^6}{3!} + \cdots + (-1)^n\frac{x^{2n}}{n!} + \cdots\right)dx$$

$$= C + x - \frac{x^3}{3\cdot 1!} + \frac{x^5}{5\cdot 2!} - \frac{x^7}{7\cdot 3!} + \cdots + (-1)^n\frac{x^{2n+1}}{(2n+1)\,n!} + \cdots$$

e^{-x^2}에 대한 원래 급수가 모든 x에서 수렴하므로 이 급수도 모든 x에서 수렴한다.

(b) 미적분학의 기본정리에 의해 다음을 얻는다.

$$\int_0^1 e^{-x^2}dx = \left[x - \frac{x^3}{3\cdot 1!} + \frac{x^5}{5\cdot 2!} - \frac{x^7}{7\cdot 3!} + \frac{x^9}{9\cdot 4!} - \cdots\right]_0^1$$

$$= 1 - \frac{1}{3} + \frac{1}{10} - \frac{1}{42} + \frac{1}{216} - \cdots$$

$$\approx 1 - \frac{1}{3} + \frac{1}{10} - \frac{1}{42} + \frac{1}{216} \approx 0.7475$$

(a)에서 $C=0$인 역도함수를 택할 수 있다.

교대급수 추정정리는 이 근삿값의 오차가 다음보다 작음을 보여준다.

$$\frac{1}{11\cdot 5!} = \frac{1}{1320} < 0.001 \qquad\qquad \text{❯}$$

다음 예제에서 테일러 급수의 또 다른 용도를 설명한다. 극한은 로피탈 정리로 구할 수 있으나 급수를 이용하여 대신 구한다.

❮ **예제 8** $\displaystyle\lim_{x\to 0}\frac{e^x - 1 - x}{x^2}$ 를 계산하라.

풀이

e^x에 대한 매클로린 급수를 이용하여 다음을 얻는다.

$$\lim_{x\to 0}\frac{e^x - 1 - x}{x^2} = \lim_{x\to 0}\frac{\left(1 + \frac{x}{1!} + \frac{x^2}{2!} + \frac{x^3}{3!} + \cdots\right) - 1 - x}{x^2}$$

$$= \lim_{x\to 0}\frac{\frac{x^2}{2!} + \frac{x^3}{3!} + \frac{x^4}{4!} + \cdots}{x^2}$$

$$= \lim_{x\to 0}\left(\frac{1}{2} + \frac{x}{3!} + \frac{x^2}{4!} + \frac{x^3}{5!} + \cdots\right) = \frac{1}{2}$$

일부 컴퓨터 대수체계는 이와 같은 방법으로 극한을 계산한다.

이는 거듭제곱급수가 연속함수이기 때문에 성립한다. ❯

거듭제곱급수의 곱셈과 나눗셈

거듭제곱급수의 합 또는 차는 (8.2절의 정리 [8]과 같이) 다항식의 합 또는 차와 같이 계산할 수 있다. 다음 예제에서 설명하듯이 거듭제곱급수는 다항함수와 같이 곱하거나 나눌 수 있다. 뒤의 항들의 계산은 장황하기만 할 뿐 중요한 것은 앞의 항들이므로 앞의 몇 개의 항만을 구한다.

◀ 예제 9 함수 $e^x \sin x$에 대한 매클로린 급수에서 0이 아닌 처음 세 항을 구하라.

풀이

[표 1]에서 e^x과 $\sin x$에 대한 매클로린 급수를 이용하면 다음과 같다.

$$e^x \sin x = \left(1 + \frac{x}{1!} + \frac{x^2}{2!} + \frac{x^3}{3!} + \cdots\right)\left(x - \frac{x^3}{3!} + \cdots\right)$$

이 식들을 곱하고 다항식과 같이 동류항끼리 묶으면 다음과 같다.

$$
\begin{array}{r}
1 + x + \dfrac{1}{2}x^2 + \dfrac{1}{6}x^3 + \cdots \\
\times \qquad x \qquad\qquad - \dfrac{1}{6}x^3 + \cdots \\
\hline
x \ + \ x^2 + \dfrac{1}{2}x^3 + \dfrac{1}{6}x^4 + \cdots \\
+ \qquad\qquad\qquad - \dfrac{1}{6}x^3 - \dfrac{1}{6}x^4 - \cdots \\
\hline
x \ + \ x^2 + \dfrac{1}{3}x^3 + \cdots
\end{array}
$$

따라서 $e^x \sin x = x + x^2 + \dfrac{1}{3}x^3 + \cdots$이다. ▶

[예제 9]에서 이용한 형식적인 계산 방법을 정당화하려고 시도하지는 않았지만 그 방법은 타당하다. $f(x) = \sum c_n x^n$과 $g(x) = \sum b_n x^n$이 모두 $|x| < R$에서 수렴하면 다항함수와 같이 이 급수들을 곱한다면 결과 급수도 $|x| < R$에서 수렴하고 $f(x)g(x)$를 나타낸다는 사실이 밝혀졌다. 나눗셈에서는 $b_0 \neq 0$이어야 하며 나눗셈으로 얻은 급수는 $|x|$가 충분히 작을 때 수렴한다.

8.7 연습문제

01 $n = 0, 1, 2, \cdots$ 에 대해 $f^{(n)}(0) = (n+1)!$일 때 f에 대한 매클로린 급수와 수렴반지름을 구하라.

02~03 매클로린 급수의 정의를 이용하여 $f(x)$에 대한 매클로린 급수를 구하라. [f는 거듭제곱급수 표현을 갖는 것으로 가정하자. $R_n(x) \to 0$인 것은 보이지 말라.] 또한 연관된 수렴반지름을 구하라.

02 $f(x) = (1-x)^{-2}$ **03** $f(x) = \sin \pi x$

04~05 주어진 a의 값에서 $f(x)$에 대한 테일러 급수를 구하라. [f는 거듭제곱급수 표현을 갖는 것으로 가정하자. $R_n(x) \to 0$인 것은 보이지 말라.]

04 $f(x) = \ln x, \quad a = 2$ **05** $f(x) = \cos x, \quad a = \pi$

06 [연습문제 3]에서 얻은 급수가 모든 x에 대해 $\sin \pi x$를 나타냄을 증명하라.

07~08 이항급수를 이용하여 다음 함수를 거듭제곱급수로 확장하라. 수렴반지름을 설명하라.

07 $\sqrt[4]{1-x}$ **08** $\dfrac{1}{(2+x)^3}$

09~12 [표 1]의 매클로린 급수를 이용하여 주어진 함수의 매클로린 급수를 구하라.

09 $f(x) = e^x + e^{2x}$ **10** $f(x) = x \cos\left(\dfrac{1}{2}x^2\right)$

11 $f(x) = \dfrac{x}{\sqrt{4+x^2}}$

12 $f(x) = \sin^2 x$ [힌트 : $\sin^2 x = \dfrac{1}{2}(1 - \cos 2x)$를 사용하라.]

13 (a) 이항급수를 이용하여 $1/\sqrt{1-x^2}$을 전개하라.

    (b) (a)를 이용하여 $\sin^{-1} x$에 대한 매클로린 급수를 구하라.

14~15 무한급수를 이용하여 다음 부정적분을 계산하라.

14 $\displaystyle\int x \cos(x^3)\, dx$ **15** $\displaystyle\int \dfrac{\cos x - 1}{x}\, dx$

16 급수를 이용하여 소수점 아래 셋째 자리까지 정확하게 정적분 $\displaystyle\int_0^1 x \cos(x^3)\, dx$의 근삿값을 구하라.

17~18 급수를 이용하여 다음 극한을 계산하라.

17 $\displaystyle\lim_{x \to 0} \dfrac{x - \ln(1+x)}{x^2}$ **18** $\displaystyle\lim_{x \to 0} \dfrac{\sin x - x + \dfrac{1}{6}x^3}{x^5}$

19 거듭제곱급수의 곱셈과 나눗셈을 이용하여 함수 $y = e^{-x^2} \cos x$의 매클로린 급수에서 처음 세 개의 0이 아닌 항을 구하라.

20~21 다음 급수의 합을 구하라.

20 $\displaystyle\sum_{n=0}^{\infty} (-1)^n \dfrac{x^{4n}}{n!}$ **21** $\displaystyle\sum_{n=0}^{\infty} \dfrac{(-1)^n \pi^{2n+1}}{4^{2n+1}(2n+1)!}$

22 (a) $f(x) = x/(1-x)^2$을 거듭제곱급수로 전개하라.

    (b) (a)를 이용하여 급수 $\displaystyle\sum_{n=1}^{\infty} \dfrac{n}{2^n}$의 합을 구하라.

23 다음 단계를 이용하여 **14**를 증명하라.

    (a) $g(x) = \displaystyle\sum_{n=0}^{\infty} \binom{k}{n} x^n$이라 하자. 이 급수를 미분하여 다음을 보여라.

$$g'(x) = \dfrac{kg(x)}{1+x}, \quad -1 < x < 1$$

    (b) $h(x) = (1+x)^{-k} g(x)$라 하고 $h'(x) = 0$임을 보여라.

    (c) $g(x) = (1+x)^k$임을 추론하라.

24 (a) 다음과 같이 정의되는 함수 f는 자신의 매클로린 급수와 같지 않음을 보여라.

$$f(x) = \begin{cases} e^{-1/x^2}, & x \neq 0 \\ 0 & , \ x = 0 \end{cases}$$

(b) ⊞ (a)의 그래프를 그리고 원점 부근에서 이 함수의 자취에 대해 설명하라.

8.8 테일러 다항식의 응용

이 절에서는 테일러 다항식에 대한 두 종류의 응용에 대해 탐구한다. 먼저 함수를 근사하는 데 테일러 다항식이 어떻게 사용되는지 살펴본다.

다항함수에 의한 함수의 근사

$f(x)$가 a에서 자신의 테일러 급수의 합과 같다고 가정하자.

$$f(x) = \sum_{n=0}^{\infty} \frac{f^{(n)}(a)}{n!}(x-a)^n$$

8.7절에서 a에서 f의 n차 테일러 다항식을 다음과 같이 정의했다.

$$T_n(x) = \sum_{i=0}^{n} \frac{f^{(i)}(a)}{i!}(x-a)^i$$

$$= f(a) + \frac{f'(a)}{1!}(x-a) + \frac{f''(a)}{2!}(x-a)^2 + \cdots + \frac{f^{(n)}(a)}{n!}(x-a)^n$$

f가 테일러 급수의 합이므로 $n \to \infty$일 때 $T_n(x) \to f(x)$임을 알고 있다. 따라서 T_n은 f의 근삿값, 즉 $f(x) \approx T_n(x)$로 이용할 수 있다.

다음과 같은 1차 테일러 다항식은 3.9절에서 논의했던 a에서의 f의 선형화와 같다.

$$T_1(x) = f(a) + f'(a)(x-a)$$

T_1과 이의 도함수는 각각 a에서 f와 f'의 값과 동일하다. 일반적으로 a에서 T_n의 도함수들은 n계 도함수를 포함해서 f의 도함수들과 일치함을 보일 수 있다.

테일러 다항식 T_n을 이용하여 함수 f에 근사시킬 때 다음과 같은 질문을 해야만 한다. 얼마나 좋은 근사인가? 요구되는 정확도를 달성하기 위해 얼마나 큰 n의 값을 택해야 하는가? 이런 질문에 답하기 위해서는 다음과 같은 나머지의 절댓값을 관찰할 필요가 있다.

$$|R_n(x)| = |f(x) - T_n(x)|$$

오차의 크기를 추정하기 위해서 다음 세 가지 방법을 이용할 수 있다.

1. 그래픽 도구를 사용할 수 있다면 이를 이용해서 $|R_n(x)|$의 그래프를 그리고 오차를 추정한다.

2. 급수가 교대급수일 때는 교대급수 추정정리를 이용할 수 있다.

3. 모든 경우에 테일러 공식(8.7절의 정리 6), 즉 다음을 만족하는 수 z가 x와 a 사이에 놓인다는 사실을 이용한다.

$$R_n(x) = \frac{f^{(n+1)}(z)}{(n+1)!}(x-a)^{n+1}$$

◀예제 1▶ (a) $a = 8$에서 2차 테일러 다항식에 의해 함수 $f(x) = \sqrt[3]{x}$를 근사시켜라.
(b) $7 \le x \le 9$일 때 이 근사의 정확도는 어느 정도인가?

풀이

(a)
$$f(x) = \sqrt[3]{x} = x^{1/3}, \qquad f(8) = 2$$

$$f'(x) = \frac{1}{3}x^{-2/3}, \qquad f'(8) = \frac{1}{12}$$

$$f''(x) = -\frac{2}{9}x^{-5/3}, \qquad f''(8) = -\frac{1}{144}$$

$$f'''(x) = \frac{10}{27}x^{-8/3}$$

그러므로 2차 테일러 다항식은 다음과 같다.

$$T_2(x) = f(8) + \frac{f'(8)}{1!}(x-8) + \frac{f''(8)}{2!}(x-8)^2$$

$$= 2 + \frac{1}{12}(x-8) - \frac{1}{288}(x-8)^2$$

구하고자 하는 근사식은 다음과 같다.

$$\sqrt[3]{x} \approx T_2(x) = 2 + \frac{1}{12}(x-8) - \frac{1}{288}(x-8)^2$$

(b) $x < 8$일 때 테일러 급수는 교대급수가 아니므로 이 예제에서 교대급수 추정정리를 사용할 수 없다. 그러나 테일러 공식을 사용하여 8과 x 사이에 놓이는 z에 대해 다음과 같이 쓸 수 있다.

$$R_2(x) = \frac{f'''(z)}{3!}(x-8)^3 = \frac{10}{27}z^{-8/3}\frac{(x-8)^3}{3!} = \frac{5(x-8)^3}{81z^{8/3}}$$

오차를 추정하기 위해 $7 \le x \le 9$이면 $-1 \le x-8 \le 1$, $|x-8| \le 1$이므로

$|x-8|^3 \le 1$인 것에 주의한다. 또한 $z > 7$이므로 다음을 얻는다.

$$z^{8/3} > 7^{8/3} > 179$$

따라서 다음이 성립한다.

$$|R_2(x)| \le \frac{5|x-8|^3}{81z^{8/3}} < \frac{5 \cdot 1}{81 \cdot 179} < 0.0004$$

따라서 $7 \le x \le 9$이면 (a)에서 얻은 근사는 0.0004 이내로 정확하다.

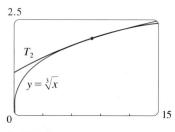

[그림 20]

[예제 1]의 계산을 확인하기 위해 그래픽 도구를 이용하자. [그림 20]은 x가 8 부근에 있을 때 $y = \sqrt[3]{x}$와 $y = T_2(x)$의 그래프가 서로 매우 가까운 것을 보여준다. [그림 21]은 다음 식으로부터 계산된 $|R_2(x)|$의 그래프를 보여준다.

$$|R_2(x)| = |\sqrt[3]{x} - T_2(x)|$$

이 그래프로부터 $7 \le x \le 9$일 때 다음을 알 수 있다.

$$|R_2(x)| < 0.0003$$

따라서 이 경우에 그래프 방법에 의한 오차 추정은 테일러 공식에 의한 오차 추정보다 약간 더 정밀하다.

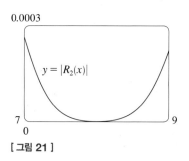

[그림 21]

물리학에서의 응용

테일러 다항식은 물리학에서도 자주 이용된다. 어떤 식에 대한 식견을 갖기 위해 물리학자는 종종 테일러 급수의 처음 두세 개 항만을 생각함으로써 함수를 간략화한다. 다시 말해서 물리학자는 함수의 근사식으로 테일러 다항식을 사용한다.

◀예제 2▶ 아인슈타인의 특수 상대성 이론에서 속도 v로 움직이는 물체의 질량은 다음과 같다. 여기서 m_0는 정지 상태에서 물체의 질량, c는 빛의 속력이다.

$$m = \frac{m_0}{\sqrt{1 - v^2/c^2}}$$

물체의 운동에너지는 다음과 같이 전체 에너지와 정지 상태에서의 에너지의 차이다.

$$K = mc^2 - m_0 c^2$$

(a) v가 c에 비해 매우 작을 때, K에 대한 표현이 고전 뉴턴 물리학에서의 표현인 $K = \frac{1}{2}m_0 v^2$과 일치함을 보여라.

(b) 테일러 공식을 이용하여 $|v| \le 100\,\mathrm{m/s}$일 때 K에 대한 이들 표현에서 차를 추정하라.

풀이

(a) K와 m에 대해 주어진 식을 이용하면 다음을 얻는다.

$$K = mc^2 - m_0 c^2 = \frac{m_0 c^2}{\sqrt{1 - v^2/c^2}} - m_0 c^2$$

$$= m_0 c^2 \left[\left(1 - \frac{v^2}{c^2} \right)^{-1/2} - 1 \right]$$

$x = -v^2/c^2$이라 하면 $(1+x)^{-1/2}$에 대한 매클로린 급수는 $k = -\frac{1}{2}$인 이항급수로 매우 쉽게 계산된다. ($v < c$이므로 $|x| < 1$임에 주의하자.) 그러므로 다음을 얻는다.

$$(1+x)^{-1/2} = 1 - \frac{1}{2}x + \frac{\left(-\frac{1}{2}\right)\left(-\frac{3}{2}\right)}{2!}x^2 + \frac{\left(-\frac{1}{2}\right)\left(-\frac{3}{2}\right)\left(-\frac{5}{2}\right)}{3!}x^3 + \cdots$$

$$= 1 - \frac{1}{2}x + \frac{3}{8}x^2 - \frac{5}{16}x^3 + \cdots$$

따라서 운동에너지는 다음과 같다.

$$K = m_0 c^2 \left[\left(1 + \frac{1}{2}\frac{v^2}{c^2} + \frac{3}{8}\frac{v^4}{c^4} + \frac{5}{16}\frac{v^6}{c^6} + \cdots \right) - 1 \right]$$

$$= m_0 c^2 \left(\frac{1}{2}\frac{v^2}{c^2} + \frac{3}{8}\frac{v^4}{c^4} + \frac{5}{16}\frac{v^6}{c^6} + \cdots \right)$$

v가 c에 비해 훨씬 작으면 첫째 항 다음의 모든 항은 첫째 항에 비해 매우 작다. 이 항들을 모두 생략하면 다음을 얻는다.

$$K \approx m_0 c^2 \left(\frac{1}{2}\frac{v^2}{c^2} \right) = \frac{1}{2}m_0 v^2$$

(b) 테일러 공식에 의해 나머지 항을 다음과 같이 쓸 수 있다.

$$R_1(x) = \frac{f''(z)}{2!}x^2$$

여기서 $f(x) = m_0 c^2 \left[(1+x)^{-1/2} - 1 \right]$, $x = -v^2/c^2$이다. $f''(x) = \frac{3}{4}m_0 c^2$ $(1+x)^{-5/2}$이므로 0과 $-\frac{v^2}{c^2}$ 사이에 놓이는 z에 대해 다음을 얻는다.

$$R_1(x) = \frac{3m_0 c^2}{8(1+z)^{5/2}} \cdot \frac{v^4}{c^4}$$

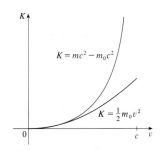

[그림 22]에서 위쪽 곡선은 특수 상대성 이론에서 속도 v인 물체의 운동에너지 K에 대한 식을 그래프로 나타낸 것이다. 아래쪽 곡선은 고전 뉴턴 물리학에서 K에 대한 함수를 보여준다. 실제로 v가 빛의 속력보다 매우 작을 때 두 곡선은 같다.

$K = mc^2 - m_0 c^2$

$K = \frac{1}{2}m_0 v^2$

[그림 22]

$c = 3 \times 10^8\,\mathrm{m/s}$, $|v| \leq 100\,\mathrm{m/s}$ 이므로 다음을 얻는다.

$$R_1(x) \leq \frac{\frac{3}{8} m_0 (9 \times 10^{16})(100/c)^4}{(1 - 100^2/c^2)^{5/2}} < (4.17 \times 10^{-10}) m_0$$

따라서 $|v| \leq 100\,\mathrm{m/s}$ 일 때 운동에너지에 대한 뉴턴 표현을 사용하는 경우의 오차 크기는 기껏해야 $(4.2 \times 10^{-10}) m_0$ 이다.

8.8 연습문제

01 (a) ⊞ $f(x) = \cos x$에 대해 중심이 $a = 0$인 6차 테일러 다항식을 구하라. f와 이들 다항식들의 그래프를 동일한 보기화면에 그려라.

(b) $x = \pi/4$, $\pi/2$, π에서 f와 이 다항식들의 값을 계산하라.

(c) 테일러 다항식이 어떻게 $f(x)$에 수렴하는지 설명하라.

02~03 ⊞ 다음 함수 f에 대해 중심이 a인 테일러 다항식 $T_3(x)$를 구하라. f와 T_3의 그래프를 동일한 보기화면에 그려라.

02 $f(x) = \cos x$, $a = \pi/2$　　**03** $f(x) = xe^{-2x}$, $a = 0$

04~06 (a) 수 a에서 n차 테일러 다항식을 이용하여 f를 근사하라.

(b) x가 주어진 구간 안에 놓일 때 테일러 공식을 이용하여 근사식 $f(x) \approx T_n(x)$의 정확도를 추정하라.

(c) ⊞ $|R_n(x)|$를 그려서 (b)의 결과를 확인하라.

04 $f(x) = \sqrt{1+x}$, $a = 0$, $n = 1$, $0 \leq x \leq 0.1$

05 $f(x) = \sin x$, $a = \pi/6$, $n = 4$, $0 \leq x \leq \pi/3$

06 $f(x) = e^{x^2}$, $a = 0$, $n = 3$, $0 \leq x \leq 0.1$

07 [연습문제 2]의 정보를 이용하여 $\cos 80°$ 를 소수점 아래 다섯 자리까지 정확하게 추정하라.

08 ⊞ 교대급수 추정정리 또는 테일러 공식을 이용하여 주어진 근

사가 지정된 오차범위 내에서 정확한 x 값의 범위를 추정하라. 구한 답을 그래프로 확인하라.

$$\sin x \approx x - \frac{x^3}{6} \quad (|오차| < 0.01)$$

09 자동차가 주어진 순간에 속도 $20\,\mathrm{m/s}$와 가속도 $2\,\mathrm{m/s^2}$으로 움직이고 있다. 2차 테일러 다항식을 이용하여 다음 2초 동안 자동차가 얼마나 멀리 움직이는지 추정하라. 다음 1분 동안 움직인 거리를 추정하기 위해 이 다항식을 사용하는 것이 타당한가?

10 사막을 횡단하는 고속도로를 건설할 때 측량기사가 표고의 차이를 측정한다면 지표면의 곡률에 대해 보정이 이루어져야 한다.

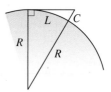

(a) R을 지구의 반지름, L을 고속도로의 길이라 할 때 보정이 다음과 같음을 보여라.

$$C = R\sec(L/R) - R$$

(b) 테일러 다항식을 이용해서 다음을 보여라.

$$C \approx \frac{L^2}{2R} + \frac{5L^4}{24R^3}$$

(c) $100\,\mathrm{km}$ 길이의 고속도로에서 식으로 주어진 (a)와 (b)의 보정을 비교하라. (지구의 반지름은 $6370\,\mathrm{km}$이다.)

개념 확인

01 (a) 수렴하는 수열이란 무엇인가?

(b) 수렴하는 급수란 무엇인가?

(c) $\lim\limits_{n \to \infty} a_n = 3$은 무엇을 의미하는가?

(d) $\sum\limits_{n=1}^{\infty} a_n = 3$은 무엇을 의미하는가?

02 (a) 유계수열이란 무엇인가?

(b) 단조수열이란 무엇인가?

(c) 유계하고 단조인 수열에 대해 무엇을 말할 수 있는가?

03 (a) 등비급수란 무엇인가? 이 급수가 수렴하기 위한 조건은 무엇인가? 합은 얼마인가?

(b) p급수란 무엇인가? 이 급수가 수렴하기 위한 조건은 무엇인가?

04 $\sum a_n = 3$, s_n은 급수의 n번째 부분합이다. $\lim\limits_{n \to \infty} a_n$은 무엇인가? $\lim\limits_{n \to \infty} s_n$은 무엇인가?

05 다음을 설명하라.

(a) 발산 판정법　　　　(b) 적분 판정법

(c) 비교 판정법　　　　(d) 극한비교 판정법

(e) 교대급수 판정법　　(f) 비판정법

(g) 근판정법

06 (a) 절대수렴하는 급수란 무엇인가?

(b) 절대수렴하는 급수에 대해 무엇을 말할 수 있는가?

(c) 조건부 수렴하는 급수란 무엇인가?

07 급수가 교대급수 판정법에 의해 수렴한다면 이 급수의 합을 어떻게 추정하는가?

08 (a) 거듭제곱급수의 일반적인 형태를 써라.

(b) 거듭제곱급수의 수렴반지름은 무엇인가?

(c) 거듭제곱급수의 수렴구간은 무엇인가?

09 $f(x)$는 수렴반지름이 R인 거듭제곱급수의 합이라고 하자.

(a) f를 어떻게 미분하는가? f'에 대한 급수의 수렴반지름은 무엇인가?

(b) f를 어떻게 적분하는가? $\int f(x)\,dx$에 대한 급수의 수렴반지름은 무엇인가?

10 (a) 중심이 a인 f의 n차 테일러 다항식에 대한 표현을 써라.

(b) 중심이 a인 f의 테일러 급수에 대한 표현을 써라.

(c) f의 매클로린 급수에 대한 표현을 써라.

(d) $f(x)$가 테일러 급수의 합과 같음을 어떻게 보이는가?

(e) 테일러 공식을 설명하라.

11 다음 함수에 대한 매클로린 급수와 수렴구간을 각각 써라.

(a) $1/(1-x)$　　　　　(b) e^x

(c) $\sin x$　　　　　　(d) $\cos x$

(e) $\tan^{-1} x$　　　　(f) $\ln(1+x)$

12 $(1+x)^k$에 대한 이항급수 표현을 써라. 이 급수의 수렴반지름은 무엇인가?

참/거짓 질문

다음 명제가 참인지 아니면 거짓인지 판별하라. 참이면 이유를 설명하고, 거짓이면 이유를 설명하거나 반례를 들어라.

01 $\lim\limits_{n \to \infty} a_n = 0$이면 $\sum a_n$은 수렴한다.

02 $\lim\limits_{n \to \infty} a_n = L$이면 $\lim\limits_{n \to \infty} a_{2n+1} = L$이다.

03 $\sum c_n 6^n$이 수렴하면 $\sum c_n (-6)^n$이 수렴한다.

04 $\sum 1/n^3$의 수렴 여부를 알기 위해 비판정법을 쓸 수 있다.

05 $0 \le a_n \le b_n$이고 $\sum b_n$이 발산하면 $\sum a_n$이 발산한다.

06 $-1 < \alpha < 1$이면 $\lim\limits_{n \to \infty} \alpha^n = 0$이다.

07 $f(x) = 2x - x^2 + \dfrac{1}{3}x^3 - \cdots$ 가 모든 x에 대해 수렴하면 $f'''(0) = 2$이다.

08 $\{a_n\}$과 $\{b_n\}$이 발산하면 $\{a_n b_n\}$이 발산한다.

09 $a_n > 0$이고 Σa_n이 수렴하면 $\Sigma (-1)^n a_n$이 수렴한다.

10 $0.99999\cdots = 1$

11 수렴하는 급수에 유한개의 항을 더한 새로운 급수는 수렴한다.

연습문제

01~02 다음 수열의 수렴성을 결정하라. 수렴한다면 그 극한을 구하라.

01 $a_n = \dfrac{2+n^3}{1+2n^3}$　　**02** $a_n = \dfrac{n\sin n}{n^2+1}$

03~06 다음 급수가 수렴하는지 아니면 발산하는지 결정하라.

03 $\displaystyle\sum_{n=1}^{\infty} \frac{n}{n^3+1}$　　**04** $\displaystyle\sum_{n=2}^{\infty} \frac{1}{n\sqrt{\ln n}}$

05 $\displaystyle\sum_{n=1}^{\infty} \frac{1\cdot 3\cdot 5\cdot \cdots\cdot (2n-1)}{5^n\, n!}$

06 $\displaystyle\sum_{n=1}^{\infty} (-1)^{n-1}\frac{\sqrt{n}}{n+1}$

07~08 다음 급수가 조건부 수렴하는지 절대수렴하는지 또는 발산하는지 결정하라.

07 $\displaystyle\sum_{n=1}^{\infty} (-1)^{n-1} n^{-1/3}$　　**08** $\displaystyle\sum_{n=1}^{\infty} \frac{(-1)^n (n+1)3^n}{2^{2n+1}}$

09~10 다음 급수의 합을 구하라.

09 $\displaystyle\sum_{n=1}^{\infty} \frac{2^{2n+1}}{5^n}$　　**10** $\displaystyle\sum_{n=1}^{\infty} \left[\tan^{-1}(n+1) - \tan^{-1} n\right]$

---

11 모든 x에 대해 $\cosh x \ge 1 + \dfrac{1}{2}x^2$임을 보여라.

12 급수 $\displaystyle\sum_{n=1}^{\infty} a_n$이 절대수렴할 때 다음 급수도 절대수렴함을 보여라.

$$\sum_{n=1}^{\infty} \left(\frac{n+1}{n}\right) a_n$$

13~14 다음 급수의 수렴반지름과 수렴구간을 구하라.

13 $\displaystyle\sum_{n=1}^{\infty} \frac{(x+2)^n}{n\,4^n}$　　**14** $\displaystyle\sum_{n=0}^{\infty} \frac{2^n (x-3)^n}{\sqrt{n+3}}$

---

15 $a = \pi/6$에서 $f(x) = \sin x$의 테일러 급수를 구하라.

16~17 f의 매클로린 급수와 수렴반지름을 구하라. 직접적인 방법(매클로린 급수의 정의)이나 등비급수, 이항급수 또는 e^x, $\sin x$, $\tan^{-1} x$와 같이 이미 알고 있는 매클로린 급수를 사용할 수 있다.

16 $f(x) = \dfrac{x^2}{1+x}$　　**17** $f(x) = \ln(4-x)$

---

18 급수를 이용하여 $\displaystyle\int \frac{e^x}{x}\, dx$를 계산하라.

19 (a) 수 a에서 n차 테일러 다항식을 이용하여 f를 근사하라.

(b) ⊞ f와 T_n의 그래프를 동일한 보기화면에 그려라.

(c) 테일러 공식을 이용하여 x가 주어진 구간 안에 있을 때의 근사식 $f(x) \approx T_n$의 정확도를 추정하라.

(d) ⊞ $|R_n(x)|$의 그래프를 그려서 (c)의 결과를 확인하라.

$$f(x) = \sqrt{x}, \quad a = 1, \quad n = 3, \quad 0.9 \le x \le 1.1$$

20 급수를 이용하여 극한 $\displaystyle\lim_{x\to 0}\frac{\sin x - x}{x^3}$를 구하라.

9장 매개변수 방정식과 벡터

PARAMETRIC EQUATIONS AND VECTORS

이 장에서는 곡선을 기술하기 위한 새로운 방법 두 가지를 논한다. 물결선과 같은 어떤 곡선들은 x와 y가 모두 소위 매개변수라 부르는 제3의 변수 t에 의해 주어질 때 $[x = f(t),\ y = g(t)]$ 다루기가 더욱 쉬워진다. 심장형과 같은 곡선들은 소위 극좌표계라 불리는 새로운 좌표계를 사용할 때 가장 편리하게 기술된다.

또한 3차원 공간에 대한 벡터와 좌표계를 소개한다. 벡터를 이용하면 직선과 평면, 곡선을 간단히 나타낼 수 있음을 알게 될 것이다.

복습문제

9.1 매개변수 곡선

[그림 1]과 같이 곡선 C를 따라 움직이는 한 입자를 생각하자. C를 $y = f(x)$ 형태의 방정식으로 나타내는 것은 불가능하다. C가 수직선 판정법을 만족하지 않기 때문이다. 그러나 입자의 x좌표와 y좌표는 시간의 함수이므로 $x = f(t)$와 $y = g(t)$로 쓸 수 있다. 이와 같은 한 쌍의 방정식은 곡선을 나타내기에 편리한 방법이며 다음과 같이 정의한다.

x와 y가 모두 제3의 변수 t (**매개변수**parameter)의 함수로서 다음 방정식(**매개변수 방정식**parametric equation)으로 주어진다고 하자.

$$x = f(t), \quad y = g(t)$$

각 t의 값은 좌표평면에 좌표로 위치를 정할 수 있는 점 (x, y)를 결정한다. t가 변함에 따라 점 $(x, y) = (f(t), g(t))$도 변하고, **매개변수 곡선**parametric curve이라고 하는 곡선 C의 자취를 그린다. 매개변수 t가 반드시 시간을 나타내는 것은 아니며 매개변수로 t가 아닌 다른 문자를 사용할 수 있다. 그러나 대부분의 매개변수 곡선은 시간을 나타내는 t로 표현되어 응용된다. 그러므로 $(x, y) = (f(t), g(t))$를 시각 t에서 입자의 위치로 해석할 수 있다.

◀예제 1 다음 매개변수 방정식으로 표현되는 곡선은 무엇인가?

$$x = \cos t, \quad y = \sin t, \quad 0 \leq t \leq 2\pi$$

풀이

점들을 그려 보면 곡선이 하나의 원으로 나타난다. 이는 다음과 같이 t를 소거함으로써 이를 확인할 수 있다.

$$x^2 + y^2 = \cos^2 t + \sin^2 t = 1$$

따라서 점 (x, y)는 단위원 $x^2 + y^2 = 1$에서 움직인다. 이 예제에서 매개변수 t는 [그림 2]와 같이 각(라디안)으로 해석할 수 있다. t가 0에서 2π로 증가함에 따라 점 $(x, y) = (\cos t, \sin t)$는 점 $(1, 0)$에서 시작하여 시계 반대 방향으로 원 주위를 한 바퀴 움직인다.

화살표는 t가 0에서 2π로 증가할수록 곡선이 그려지는 방향을 나타낸다.

일반적으로 다음 매개변수 방정식을 갖는 곡선은 **시점**initial point $(f(a), g(a))$와 **종점**terminal point $(f(b), g(b))$를 갖는다.

$$x = f(t), \quad y = g(t), \quad a \leq t \leq b$$

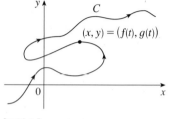

[그림 1]

TEC Module 9.1A는 매개변수 곡선 $x = f(t)$, $y = g(t)$에 따른 동작과 t의 함수로서 f와 g의 그래프에 따른 동작 사이의 관계를 보여준다.

x와 y의 관계로 주어진 방정식은 입자가 '언제' 특정한 점에 있었는가가 아니라, 입자가 '어디에' 있었는가를 나타낸다. 매개변수 방정식의 장점은 '언제' 입자가 한 점에 있었는지를 알려준다는 것이다. 또한 운동의 방향도 알려준다.

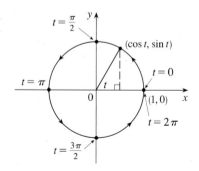

[그림 2]

◀예제 2 매개변수 방정식이 $x = \sin t$, $y = \sin^2 t$인 곡선을 그려라.

풀이

$y = (\sin t)^2 = x^2$이므로 점 (x, y)가 포물선 $y = x^2$ 위에서 움직이는 것을 관찰해보자. 이때 $-1 \leq \sin t \leq 1$이므로 $-1 \leq x \leq 1$이다. 그래서 매개변수 방정식은 $-1 \leq x \leq 1$에 대한 포물선의 일부분만을 나타내는 것에 주의한다. $\sin t$는 주기적이므로 점 $(x, y) = (\sin t, \sin^2 t)$는 포물선을 따라 $(-1, 1)$에서 $(1, 1)$까지 좌우로 무한히 움직인다([그림 3] 참조). ❯

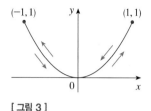

[그림 3]

물결선

◀예제 3 원이 직선을 따라 굴러갈 때 원주에 있는 점 P에 의해 그려지는 곡선을 물결선 cycloid라 한다([그림 4] 참조). 반지름 r인 원이 x축을 따라 구르고, 점 P의 한 위치가 원점일 때 물결선의 매개변수 방정식을 구하라.

TEC Module 9.1B에서는 원이 움직일 때 물결선이 어떻게 만들어지는지를 보여준다.

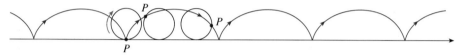

[그림 4]

풀이

원의 회전각 θ를 매개변수로 택한다(P가 원점에 있을 때 $\theta = 0$이다.). 원이 θ라디안만큼 회전했다고 가정하자. 원이 직선과 접해 있기 때문에 [그림 5]와 같이 원점으로부터 굴러간 거리는 다음과 같다.

$$|OT| = \text{arc } PT = r\theta$$

그러므로 원의 중심은 $C(r\theta, r)$이다. P의 좌표를 (x, y)라 놓으면 [그림 5]로부터 다음을 알 수 있다.

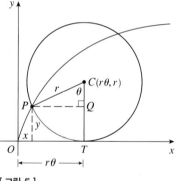

[그림 5]

$$x = |OT| - |PQ| = r\theta - r\sin\theta = r(\theta - \sin\theta)$$
$$y = |TC| - |QC| = r - r\cos\theta = r(1 - \cos\theta)$$

그러므로 물결선의 매개변수 방정식은 다음과 같다.

$$\boxed{1} \qquad x = r(\theta - \sin\theta), \quad y = r(1 - \cos\theta), \quad \theta \in \mathbb{R}$$

물결선의 한 아치는 원이 한 번 회전할 때 생기므로 $0 \leq \theta \leq 2\pi$에서 그려진다. $0 < \theta < \pi/2$인 경우를 설명하는 [그림 5]로부터 식 $\boxed{1}$이 유도되지만 이 방정식이 다른 θ값에 대해서도 타당함을 보일 수 있다([연습문제 8] 참조).

식 $\boxed{1}$에서 매개변수 θ를 소거할 수 있더라도 그 결과로 얻은 x와 y에 관한 직교방정식은 매우 복잡하고 매개변수 방정식만큼 작업이 편리하지도 않다. ❯

접선

f와 g가 미분 가능한 함수라고 가정하자. y가 x의 미분 가능한 함수일 때 매개변수 곡선 $x = f(t)$, $y = g(t)$ 위의 점에서 접선을 구하고자 한자. 그러면 연쇄법칙에 의해 다음을 얻는다.

$$\frac{dy}{dt} = \frac{dy}{dx} \cdot \frac{dx}{dt}$$

$dx/dt \neq 0$이면 dy/dx에 대해 다음과 같이 풀 수 있다.

[2]
$$\frac{dy}{dx} = \frac{\dfrac{dy}{dt}}{\dfrac{dx}{dt}}, \quad \frac{dx}{dt} \neq 0$$

곡선을 움직이는 입자가 그리는 자취라고 생각하면 dy/dt와 dx/dt는 입자의 수직속도와 수평속도이다. 그리고 식 [2]는 접선의 기울기가 이 속도의 비율임을 나타낸다.

(dt를 약분한다고 생각하여 떠올릴 수 있는) 식 [2]는 매개변수 t를 소거하지 않고도 매개변수 곡선에 대한 접선의 기울기 dy/dx를 구할 수 있음을 의미한다. 식 [2]부터 ($dx/dt \neq 0$인 조건에서) $dy/dt = 0$일 때 곡선은 수평접선을 갖고, ($dy/dt \neq 0$인 조건에서) $dx/dt = 0$일 때 곡선은 수직접선을 갖는다는 것을 알 수 있다. 이런 정보는 매개변수 곡선을 그리는 데 유용하다.

4장에서 살펴봤듯이 d^2y/dx^2을 생각하는 것 또한 유용하다. 이것은 식 [2]에서 y를 dy/dx로 대치하면 다음을 구할 수 있다.

$$\frac{d^2y}{dx^2} = \frac{d}{dx}\left(\frac{dy}{dx}\right) = \frac{\dfrac{d}{dt}\left(\dfrac{dy}{dx}\right)}{\dfrac{dx}{dt}}$$

$\oslash$ $\dfrac{d^2y}{dx^2} \neq \dfrac{\dfrac{d^2y}{dt^2}}{\dfrac{d^2x}{dt^2}}$ 임에 주의하라.

◀예제 4 (a) $\theta = \pi/3$인 점에서 물결선 $x = r(\theta - \sin\theta)$, $y = r(1 - \cos\theta)$에 대한 접선을 구하라([예제 3] 참조).

(b) 어느 점에서 접선이 수평인가? 언제 수직인가?

풀이

(a) 접선의 기울기는 다음과 같다.

$$\frac{dy}{dx} = \frac{dy/d\theta}{dx/d\theta} = \frac{r\sin\theta}{r(1 - \cos\theta)} = \frac{\sin\theta}{1 - \cos\theta}$$

$\theta = \pi/3$일 때 다음을 얻는다.

$$x = r\left(\frac{\pi}{3} - \sin\frac{\pi}{3}\right) = r\left(\frac{\pi}{3} - \frac{\sqrt{3}}{2}\right), \quad y = r\left(1 - \cos\frac{\pi}{3}\right) = \frac{r}{2}$$

그리고 다음을 얻는다.

$$\frac{dy}{dx} = \frac{\sin(\pi/3)}{1 - \cos(\pi/3)} = \frac{\sqrt{3}/2}{1 - \dfrac{1}{2}} = \sqrt{3}$$

그러므로 접선의 기울기는 $\sqrt{3}$ 이고 접선의 방정식은 다음과 같다.

$$y - \frac{r}{2} = \sqrt{3}\left(x - \frac{r\pi}{3} + \frac{r\sqrt{3}}{2}\right) \quad \text{또는} \quad \sqrt{3}\,x - y = r\left(\frac{\pi}{\sqrt{3}} - 2\right)$$

접선은 [그림 6]과 같다.

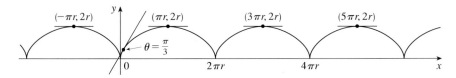

[그림 6]

(b) $dy/dx = 0$일 때 접선은 수평이고, 이는 $\sin\theta = 0$, $1 - \cos\theta \neq 0$, 즉 $\theta = (2n-1)\pi$(n은 정수)일 때 나타난다. 이에 대응하는 물결선 위의 점은 $((2n-1)\pi r, 2r)$이다. $\theta = 2n\pi$일 때 $dx/d\theta$와 $dy/d\theta$는 모두 0이다. 이런 점들에서 수직접선이 존재함을 그래프를 통해 알 수 있다. 로피탈 법칙을 이용해서 이것을 다음과 같이 밝힐 수 있다.

$$\lim_{\theta \to 2n\pi^+} \frac{dy}{dx} = \lim_{\theta \to 2n\pi^+} \frac{\sin\theta}{1 - \cos\theta} = \lim_{\theta \to 2n\pi^+} \frac{\cos\theta}{\sin\theta} = \infty$$

비슷한 계산에 의해 $\theta \to 2n\pi^-$ 일 때 $dy/dx \to -\infty$ 임을 보일 수 있다. 따라서 $\theta = 2n\pi$, 즉 $x = 2n\pi r$일 때 수직접선이 존재한다.

넓이

$F(x) \geq 0$이면 a에서 b까지 곡선 $y = F(x)$ 아래의 넓이는 $A = \displaystyle\int_a^b F(x)\,dx$임을 알고 있다. 곡선이 매개변수 방정식 $x = f(t)$, $y = g(t)$로 주어지고 t가 α에서 β까지 증가함에 따라 곡선이 한 번만 그려진다면 정적분에 대한 치환법을 이용하여 앞에서의 공식을 다음과 같이 다시 쓸 수 있다.

$$A = \int_a^b y\,dx = \int_\alpha^\beta g(t)f'(t)\,dt$$

$$\left[\text{또는 } (f(\beta), g(\beta))\text{가 왼쪽 끝점이면 } \int_\beta^\alpha g(t)f'(t)\,dt\text{이다.}\right]$$

예제 5 물결선 $x = r(\theta - \sin\theta)$, $y = r(1 - \cos\theta)$의 한 아치 아래의 넓이를 구하라 ([그림 7] 참조).

[그림 7]

풀이

물결선의 한 아치는 $0 \leq \theta \leq 2\pi$에서 주어진다. 치환법을 이용하여 $y = r(1 - \cos\theta)$라 하면 $dx = r(1 - \cos\theta)\,d\theta$이므로 다음을 얻는다.

$$A = \int_0^{2\pi r} y\,dx = \int_0^{2\pi} r(1 - \cos\theta)\,r(1 - \cos\theta)\,d\theta$$

$$= r^2 \int_0^{2\pi} (1 - \cos\theta)^2\,d\theta = r^2 \int_0^{2\pi} (1 - 2\cos\theta + \cos^2\theta)\,d\theta$$

$$= r^2 \int_0^{2\pi} \left[1 - 2\cos\theta + \frac{1}{2}(1 + \cos 2\theta)\right] d\theta$$

$$= r^2 \left[\frac{3}{2}\theta - 2\sin\theta + \frac{1}{4}\sin 2\theta\right]_0^{2\pi} = r^2\left(\frac{3}{2}\cdot 2\pi\right) = 3\pi r^2$$

[예제 5]의 결과는 물결선의 한 아치 아래의 넓이가 물결선을 만드는 회전원의 넓이의 3배임을 의미한다(9.1절의 [예제 3] 참조). 갈릴레오가 이 결과를 추측했지만, 이것을 처음으로 증명한 사람은 프랑스의 수학자 로베르발(Roberval)과 이탈리아의 수학자 토리첼리(Torricelli)이다.

호의 길이

$y = F(x)$, $a \leq x \leq b$ 형태로 주어진 곡선 C의 길이 L을 구하는 방법을 7장에서 살펴보았다. 7.4절의 공식 ③으로부터 F'이 연속이면 다음이 성립한다.

③
$$L = \int_a^b \sqrt{1 + \left(\frac{dy}{dx}\right)^2}\,dx$$

곡선 C가 $dx/dt = f'(t) > 0$인 곳에서 매개변수 방정식이 $x = f(t)$, $y = g(t)$, $\alpha \leq t \leq \beta$로 표현된다고 하자. 이것은 $f(\alpha) = a$, $f(\beta) = b$이고 t가 α에서 β로 증가할 때 곡선 C는 왼쪽에서 오른쪽으로 한 번만 그려지는 것을 의미한다. 식 ②를 식 ③에 대입하고 치환법을 이용하면 다음과 같다.

$$L = \int_a^b \sqrt{1 + \left(\frac{dy}{dx}\right)^2}\,dx = \int_\alpha^\beta \sqrt{1 + \left(\frac{dy/dt}{dx/dt}\right)^2}\,\frac{dx}{dt}\,dt$$

$dx/dt > 0$이므로 다음을 얻는다.

④
$$L = \int_\alpha^\beta \sqrt{\left(\frac{dx}{dt}\right)^2 + \left(\frac{dy}{dt}\right)^2}\,dt$$

따라서 다음 결과를 얻는다.

⑤ 정리 곡선 C가 매개변수 방정식 $x = f(t)$, $y = g(t)$, $\alpha \leq t \leq \beta$로 정의되고 f'과 g'이 $[\alpha, \beta]$에서 연속이라 하자. t가 α에서 β로 증가함에 따라 C가 꼭 한 번 그려지면 C의 길이는 다음과 같다.

$$L = \int_{\alpha}^{\beta} \sqrt{\left(\frac{dx}{dt}\right)^2 + \left(\frac{dy}{dt}\right)^2} \, dt$$

정리 ⑤의 공식은 7.4절의 일반적인 공식 $L = \int ds$와 $(ds)^2 = (dx)^2 + (dy)^2$과 일치함에 주의하자.

◀ 예제 6 물결선 $x = r(\theta - \sin\theta)$, $y = r(1 - \cos\theta)$의 한 아치의 호의 길이를 구하라.

풀이

[예제 5]로부터 한 아치는 매개변수의 구간 $0 \leq \theta \leq 2\pi$에서 그려진다는 것을 알고 있다. 그리고 다음이 성립한다.

$$\frac{dx}{d\theta} = r(1 - \cos\theta), \quad \frac{dy}{d\theta} = r\sin\theta$$

그러므로 다음을 얻는다.

$$L = \int_0^{2\pi} \sqrt{\left(\frac{dx}{d\theta}\right)^2 + \left(\frac{dy}{d\theta}\right)^2} \, d\theta = \int_0^{2\pi} \sqrt{r^2(1 - \cos\theta)^2 + r^2\sin^2\theta} \, d\theta$$

$$= \int_0^{2\pi} \sqrt{r^2(1 - 2\cos\theta + \cos^2\theta + \sin^2\theta)} \, d\theta = r\int_0^{2\pi} \sqrt{2(1 - \cos\theta)} \, d\theta$$

이 적분을 계산하기 위해 항등식 $\sin^2 x = \frac{1}{2}(1 - \cos 2x)$를 사용해 $\theta = 2x$를 대입하면 $1 - \cos\theta = 2\sin^2(\theta/2)$를 얻는다. $0 \leq \theta \leq 2\pi$이므로 $0 \leq \theta/2 \leq \pi$이고 $\sin(\theta/2) \geq 0$이다. 그러므로 다음을 얻는다.

$$\sqrt{2(1 - \cos\theta)} = \sqrt{4\sin^2(\theta/2)} = 2|\sin(\theta/2)| = 2\sin(\theta/2)$$

따라서 다음을 얻는다.

$$L = 2r\int_0^{2\pi} \sin(\theta/2) \, d\theta = 2r\left[-2\cos(\theta/2)\right]_0^{2\pi}$$

$$= 2r[2 + 2] = 8r$$

❭

[예제 6]의 결과는 물결선의 한 아치의 길이가 물결선을 만드는 원의 반지름의 8배임을 의미한다([그림 8] 참조). 이것은 런던의 세인트 폴 대성당을 건축한 것으로 알려진 렌(Christopher Wren) 경이 1658년에 처음으로 증명했다.

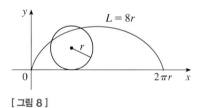

[**그림 8**]

9.1 연습문제

01~02 다음 매개변수 방정식으로 주어진 곡선을 그려라. t가 증가할 때 곡선이 그려지는 방향을 화살표로 표시하라.

01 $x = t^2 + t, \quad y = t^2 - t, \quad -2 \le t \le 2$

02 $x = \cos^2 t, \quad y = 1 - \sin t, \quad 0 \le t \le \pi/2$

03~04 (a) 매개변수를 소거하여 곡선의 직교방정식을 구하라.

(b) 곡선을 그리고 매개변수가 증가할 때 곡선이 그려지는 방향을 화살표로 표시하라.

03 $x = \sin \frac{1}{2}\theta, \quad y = \cos \frac{1}{2}\theta, \quad -\pi \le \theta \le \pi$

04 $x = e^{2t}, \quad y = t + 1$

---

05 주어진 구간에서 t가 변할 때 위치가 (x, y)인 입자의 운동을 설명하라.

$$x = 3 + 2\cos t, \quad y = 1 + 2\sin t, \quad \pi/2 \le t \le 3\pi/2$$

06 ▦ 곡선 $x = y - 2\sin \pi y$의 그래프를 그려라.

07 입자가 원 $x^2 + (y-1)^2 = 4$를 따라 다음과 같이 설명된 방법으로 움직일 때 이 입자의 경로에 대한 매개변수 방정식을 구하라.

(a) $(2, 1)$에서 시작해서 시계 방향으로 한 바퀴

(b) $(2, 1)$에서 시작해서 시계 반대 방향으로 세 바퀴

(c) $(0, 3)$에서 시작해서 시계 반대 방향으로 반 바퀴

08 $\pi/2 < \theta < \pi$인 경우에 식 ⬚을 유도하라.

09 $x = t \sin t, \ y = t^2 + t$의 dy/dx를 구하라.

10 $t = 1$에 대응하는 점에서 곡선 $x = 1 + 4t - t^2, \ y = 2 - t^3$에 대한 접선의 방정식을 구하라.

11 점 $(1, 3)$에서 곡선 $x = 1 + \ln t, \ y = t^2 + 2$에 대한 접선의 방정식을 다음 두 가지 방법으로 구하라.

(a) 매개변수를 소거하지 않는 방법

(b) 먼저 매개변수를 소거하는 방법

12 $x = e^t, \ y = te^{-t}$에 대해 $dy/dx, \ d^2y/dx^2$을 구하라. 곡선이 위로 오목인 t의 값을 구하라.

13 매개변수 곡선 $x = t^3 - 3t, \ y = t^2 - 3$에 대해 접선이 수평 또는 수직이 되는 곡선 위의 점을 구하라. 그래픽 도구를 갖고 있다면 그래프를 그려서 구한 답을 확인하라.

14 곡선 $x = \cos t, \ y = \sin t \cos t$는 $(0, 0)$에서 접선이 두 개임을 보이고, 접선의 방정식을 구하라. 그리고 곡선을 그려라.

15 타원이 매개변수 방정식 $x = a\cos\theta, \ y = b\sin\theta, \ 0 \le \theta \le 2\pi$를 이용하여 타원으로 둘러싸인 넓이를 구하라.

16 $0 \le t \le 4\pi$에서 곡선 $x = t - 2\sin t, \ y = 1 - 2\cos t$의 길이를 나타내는 적분을 세워라. 그리고 계산기를 이용하여 곡선의 길이를 소수점 아래 넷째 자리까지 정확하게 구하라.

17~18 다음 곡선의 정확한 길이를 구하라.

17 $x = 1 + 3t^2, \quad y = 4 + 2t^3, \quad 0 \le t \le 1$

18 $x = t\sin t, \quad y = t\cos t, \quad 0 \le t \le 1$

---

19 ▦ 시각 t에서 한 입자의 위치가 다음과 같다.

$$x_1 = 3\sin t, \quad y_1 = 2\cos t, \quad 0 \le t \le 2\pi$$

그리고 두 번째 입자의 위치는 다음과 같다.

$$x_2 = -3 + \cos t, \quad y_2 = 1 + \sin t, \quad 0 \le t \le 2\pi$$

(a) 두 입자에 대한 경로를 그려라. 교점은 몇 개가 있는가?

(b) 임의의 교점들이 충돌점인가? 다시 말해서 입자가 같은 시각에 같은 위치에 있는가? 만일 그렇다면 충돌점을 구하라.

(c) 두 번째 입자의 경로가 다음과 같을 때 어떤 일이 발생하는지 설명하라.

$$x_2 = 3 + \cos t, \quad y_2 = 1 + \sin t, \quad 0 \le t \le 2\pi$$

20 원둘레를 따라 끈을 감다가 팽팽해지면 푼다. 끈의 끝점 P에 의해 그려지는 곡선을 원의 **신개선**^{involute}이라 한다. 원의 반지름을 r, 중심을 O라 하면 P의 처음 위치는 $(r, 0)$이다. 매개변수 θ가 다음 그림과 같다면 신개선의 매개변수 방정식이 다음과 같음을 보여라.

$$x = r(\cos\theta + \theta\sin\theta), \quad y = r(\sin\theta - \theta\cos\theta)$$

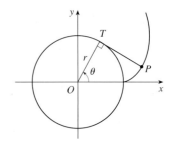

9.2 극좌표

통상적으로 직교좌표를 사용하며 이 좌표는 두 개의 수직인 축으로부터 유향 거리를 나타낸다.

이 절에서는 여러 가지 면에서 좀 더 편리한 **극좌표계**$^{\text{polar coordinate system}}$를 설명한다. **극**^{pole}(또는 원점)이라 부르고 O로 표시하는 평면 안의 한 점을 선택한다. 그리고 O에서 시작하는 **극축**$^{\text{polar axis}}$이라 부르는 반직선을 그린다. 이 극축은 통상적으로 오른쪽을 향하는 수평선으로 그리며 직교좌표계에서 양의 x축과 대응한다.

평면의 임의의 다른 점을 P라 하면 r을 O에서 P까지의 거리라 하고, [그림 9]와 같이 극축과 직선 OP 사이의 각을 θ(통상 라디안으로 측정한다.)라 하자. 그러면 점 P는 순서쌍 (r, θ)로 표현되고 r, θ를 P의 **극좌표**$^{\text{polar coordinate}}$라 한다. 관습적으로 각이 극축으로부터 시계 반대 방향으로 측정되면 양의 각이고, 시계 방향으로 측정되면 음의 각이다. $P = O$이면 $r = 0$이고 $(0, \theta)$는 임의의 θ 값에 대해 극 O를 나타내기로 한다.

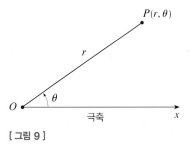

[그림 9]

극좌표 (r, θ)의 의미를 다음과 같이 정의함으로써 r이 음수인 경우까지 확장한다. [그림 10]과 같이 두 점 $(-r, \theta)$와 (r, θ)는 O를 지나는 직선 위에 놓이면서 O로부터 동일한 거리 $|r|$을 갖고 각각 O를 중심으로 반대쪽에 놓인다.

$r > 0$이면 점 (r, θ)는 θ와 같은 사분면에 놓여있고, $r < 0$이면 점 (r, θ)는 극의 반대편 사분면에 놓여있다. $(-r, \theta)$는 $(r, \theta + \pi)$와 동일한 점을 나타내는 것에 주의하자.

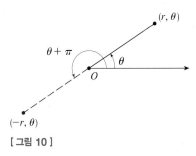

[그림 10]

◀ **예제 1** 다음 극좌표의 점을 평면 위에 나타내라.

(a) $(1, 5\pi/4)$ (b) $(2, 3\pi)$ (c) $(2, -2\pi/3)$ (d) $(-3, 3\pi/4)$

풀이

이 점들은 [그림 11]과 같이 좌표로 위치가 표시된다. (d)에서 점 $(-3, 3\pi/4)$는 각 $3\pi/4$가 제2사분면에 있고 $r = -3$이 음수이기 때문에 제4사분면에서 극으로부터 3 단위인 곳에 위치한다.

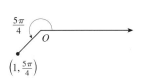 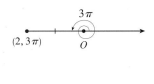 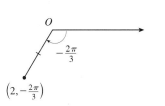 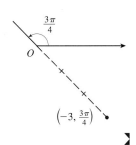

[그림 11]

직교좌표계에서 모든 점은 오직 한 가지 표현을 갖지만 극좌표계에서는 각 점이 많은 표현을 갖는다. 예를 들어 [예제 1(a)]의 점 $(1, 5\pi/4)$는 $(1, -3\pi/4)$, $(1, 13\pi/4)$, $(-1, \pi/4)$로 쓸 수도 있다([그림 12] 참조).

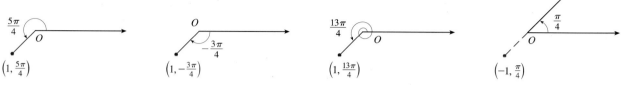

[그림 12]

실제로 시계 반대 방향으로 완전히 회전한 각은 2π이므로 극좌표 (r, θ)로 표현되는 점은 다음과 같이 표현된다.

$$(r, \theta + 2n\pi), \quad (-r, \theta + (2n+1)\pi), \quad (단, \ n은 \ 정수)$$

극좌표와 직교좌표 사이의 관계는 [그림 13]으로부터 알 수 있다. 이때 극은 원점에 대응되고 극축은 양의 x축과 일치한다. 점 P가 직교좌표 (x, y)와 극좌표 (r, θ)를 가지면 [그림 13]으로부터 다음을 얻는다.

$$\cos\theta = \frac{x}{r}, \quad \sin\theta = \frac{y}{r}$$

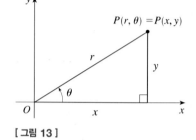

[그림 13]

따라서 다음을 얻는다.

$\boxed{1}$
$$x = r\cos\theta, \quad y = r\sin\theta$$

식 $\boxed{1}$은 $r > 0$, $0 < \theta < \pi/2$인 경우를 설명한 [그림 13]으로부터 유도했지만 이 방정식들은 모든 r과 θ값에 대해서도 성립한다.

식 $\boxed{1}$은 극좌표가 알려진 점에 대한 직교좌표를 구할 때 사용한다. x와 y를 알고 있을 때 r과 θ를 구하기 위해 다음 방정식을 이용한다.

$\boxed{2}$
$$r^2 = x^2 + y^2, \quad \tan\theta = \frac{y}{x}$$

이것은 식 $\boxed{1}$로부터 유도되거나 [그림 13]으로부터 쉽게 알 수 있다.

◀ 예제 2 ▶ 극좌표가 $(2, \pi/3)$인 점을 직교좌표로 변환하라.

풀이

$r = 2$, $\theta = \pi/3$이므로 식 $\boxed{1}$로부터 다음을 얻는다.

$$x = r\cos\theta = 2\cos\frac{\pi}{3} = 2 \cdot \frac{1}{2} = 1$$

$$y = r\sin\theta = 2\sin\frac{\pi}{3} = 2\cdot\frac{\sqrt{3}}{2} = \sqrt{3}$$

그러므로 이 점의 직교좌표는 $(1, \sqrt{3})$이다.

◀ 예제3 직교좌표가 $(1, -1)$인 점을 극좌표로 나타내라.

풀이

r을 양수라 하면 식 $\boxed{2}$로부터 다음을 얻는다.

$$r = \sqrt{x^2 + y^2} = \sqrt{1^2 + (-1)^2} = \sqrt{2}$$

$$\tan\theta = \frac{y}{x} = -1$$

점 $(1, -1)$은 제4사분면에 놓이므로 $\theta = -\pi/4$ 또는 $\theta = 7\pi/4$를 택할 수 있다. 따라서 $(\sqrt{2}, -\pi/4)$ 또는 $(\sqrt{2}, 7\pi/4)$이다.

NOTE _ x와 y가 주어졌을 때 식 $\boxed{2}$가 θ를 유일하게 결정하지는 않는다. 그 이유는 θ가 구간 $0 \leq \theta < 2\pi$에서 증가할 때 $\tan\theta$의 각 값은 두 번씩 나오기 때문이다. 그러므로 직교좌표를 극좌표로 변환할 때 식 $\boxed{2}$를 만족하는 r과 θ만 구하는 것만으로는 충분하지 않다. [예제 3]에서와 같이 점 (r, θ)가 놓이는 정확한 사분면에서 θ를 선택해야 한다.

극곡선

극방정식의 그래프graph of a polar equation $r = f(\theta)$ 또는 좀 더 일반적으로 $F(r, \theta) = 0$은 극방정식을 만족하는 극좌표 표현 (r, θ)를 적어도 하나 갖고 있는 모든 점 P로 구성된다.

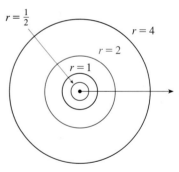

[그림 14]

◀ 예제4 극방정식 $r = 2$로 표현되는 곡선은 무엇인가?

풀이

곡선은 $r = 2$인 모든 점 (r, θ)로 구성된다. r이 이 점으로부터 극까지의 거리를 나타내므로 곡선 $r = 2$는 중심이 O이고 반지름이 2인 원을 나타낸다. 일반적으로 방정식 $r = a$는 중심이 O이고 반지름이 $|a|$인 원을 나타낸다([그림 14] 참조).

◀ 예제5 극곡선 $\theta = 1$을 그려라.

풀이

이 곡선은 극각 θ가 1 라디안인 모든 점 (r, θ)로 구성된다. 즉 이 극곡선은 O를 지나고 극축과 1 라디안인 각을 이루는 직선이다([그림 15] 참조). $r > 0$인 직선 위의 점 $(r, 1)$은 제1사분면에 있는 반면에 $r < 0$이면 제3사분면에 있다.

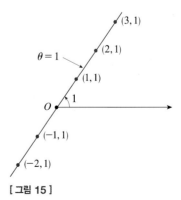

[그림 15]

◀예제 6 **(a)** 극방정식이 $r = 2\cos\theta$인 곡선을 그려라.

(b) 이 곡선에 대한 직교방정식을 구하라.

풀이

(a) [그림 16]에서 계산이 편리한 몇 개의 θ에 대하여 r의 값을 구해 이에 대응하는 점 (r, θ)를 좌표로 위치를 정한다. 그리고 이 점들을 연결하여 곡선을 그리면 원이 된다. 0과 π 사이의 θ 값을 이용했는데 그 이유는 θ가 π를 벗어나 증가하면 동일한 점을 다시 얻기 때문이다.

θ	$r = 2\cos\theta$
0	2
$\pi/6$	$\sqrt{3}$
$\pi/4$	$\sqrt{2}$
$\pi/3$	1
$\pi/2$	0
$2\pi/3$	-1
$3\pi/4$	$-\sqrt{2}$
$5\pi/6$	$-\sqrt{3}$
π	-2

[표 1] 특수각에 대한 r의 값

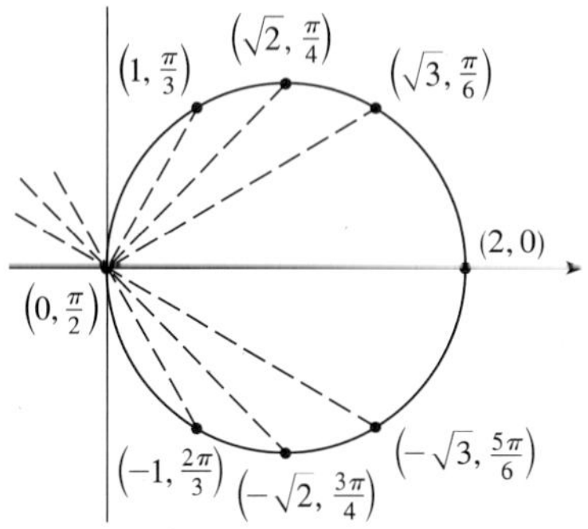

[그림 16] $r = 2\cos\theta$의 그래프

[예제 6]에서의 곡선은 $\cos(-\theta) = \cos\theta$이므로 극축에 대해 대칭이다.

(b) 주어진 방정식을 직교방정식으로 변환하기 위해 식 ①과 ②를 이용한다. $x = r\cos\theta$로부터 $\cos\theta = x/r$이므로 방정식 $r = 2\cos\theta$는 $r = 2x/r$가 되고 다음을 얻는다.

$$2x = r^2 = x^2 + y^2, \quad 즉 \quad x^2 + y^2 - 2x = 0$$

완전제곱을 이용하여 중심이 $(1, 0)$, 반지름이 1인 다음 원의 방정식을 얻는다.

$$(x-1)^2 + y^2 = 1$$

[그림 17]은 [예제 6]에서 원의 방정식이 $r = 2\cos\theta$인 것을 기하학적으로 설명한다. 각 OPQ가 직각이므로(이유를 생각해보자.) $r/2 = \cos\theta$이다.

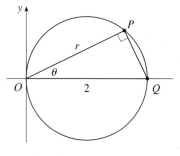

[그림 17]

◀예제 7 곡선 $r = 1 + \sin\theta$를 그려라.

풀이

제4사분면과 제1사분면에서 계산이 편리한 몇 개의 θ에 대하여 r의 값을 구하고, 이에 대응하는 점 (r, θ)를 좌표로 위치를 정한다. 그리고 이 점들을 연결하여 $\theta = \pi/2$에 대해 대칭시킨다. 그러면 이 곡선은 [그림 18]과 같으며 곡선의 모양이 심장처럼 생겨서 이 곡선을 **심장형**^{cardioid}이라 한다.

[예제 7]에서의 곡선은 $\sin(\pi-\theta) = \sin\theta$이므로 $\theta = \pi/2$(y축)에 대해 대칭이다.

θ	$r = 1 + \sin\theta$
$-\pi/2$	0
$-\pi/3$	$1 - (\sqrt{3}/2)$
$-\pi/4$	$1 - (\sqrt{2}/2)$
$-\pi/6$	$1/2$
0	1
$\pi/6$	$3/2$
$\pi/4$	$1 + (\sqrt{2}/2)$
$\pi/3$	$1 + (\sqrt{3}/2)$
$\pi/2$	2

[표 2] 특수각에 대한 r의 값

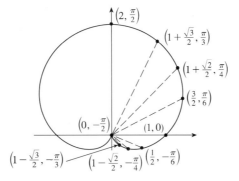

[그림 18] $r = 1 + \sin\theta$의 그래프

◀ 예제 8 곡선 $r = \cos 2\theta$를 그려라.

풀이

극축과 $\theta = \pi/2$에 대해 대칭이므로 제1사분면에서 계산이 편리한 몇 개의 θ에 대하여 r의 값을 구하고, 이에 대응하는 점 (r, θ)를 좌표로 위치를 정한다. 그리고 이 점들을 연결하여 극축과 $\theta = \pi/2$에 대해 대칭시킨다. 결과로 얻은 곡선은 [그림 19]와 같이 4개의 고리를 갖고 있으며 이 곡선을 **4엽장미**^{four-leaved rose}라 한다. ▶

[예제 8]에서의 곡선은 $\cos 2(\pi - \theta) = \cos(2\pi - 2\theta) = \cos(-2\theta) = \cos 2\theta$이므로 극축과 $\theta = \pi/2$(y축)에 대해 대칭이다.

θ	$r = \cos 2\theta$
0	1
$\pi/12$	$\sqrt{3}/2$
$\pi/8$	$\sqrt{2}/2$
$\pi/6$	$1/2$
$\pi/4$	0
$\pi/3$	$-1/2$
$3\pi/8$	$-\sqrt{2}/2$
$5\pi/12$	$-\sqrt{3}/2$
$\pi/2$	-1

[표 3] 특수각에 대한 r의 값

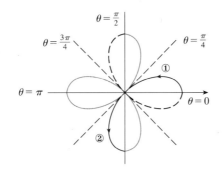

[그림 19] $r = \cos 2\theta$의 그래프

극곡선의 접선

극곡선 $r = f(\theta)$에 대한 접선을 구하기 위해 θ를 매개변수로 생각하고 곡선의 매개변수 방정식을 다음과 같이 쓴다.

$$x = r\cos\theta = f(\theta)\cos\theta, \quad y = r\sin\theta = f(\theta)\sin\theta$$

매개변수 곡선의 기울기를 구하는 방법(9.1절의 식 2)과 곱의 법칙을 이용하여 다음을 얻는다.

③
$$\frac{dy}{dx} = \frac{\dfrac{dy}{d\theta}}{\dfrac{dx}{d\theta}} = \frac{\dfrac{dr}{d\theta}\sin\theta + r\cos\theta}{\dfrac{dr}{d\theta}\cos\theta - r\sin\theta}$$

$dx/d\theta \neq 0$인 조건으로 $dy/d\theta = 0$인 점들을 구함으로써 수평접선의 위치를 알 수 있다. 마찬가지로 $dy/d\theta \neq 0$일 때 $dx/d\theta = 0$인 점들에 수직접선이 위치한다. 극에서의 접선을 찾으려면 $r = 0$이고 식 ③은 다음과 같이 간단해진다.

$$\frac{dy}{dx} = \tan\theta, \quad 단, \quad \frac{dr}{d\theta} \neq 0$$

◀ 예제 9 ▶ **(a)** [예제 7]의 심장형 $r = 1 + \sin\theta$에 대해 $\theta = \pi/3$일 때 접선의 기울기를 구하라.

(b) 접선이 수평 또는 수직이 되는 심장형 위의 점들을 구하라.

풀이

$r = 1 + \sin\theta$에 식 ③을 이용하여 다음을 얻는다.

$$\frac{dy}{dx} = \frac{\dfrac{dr}{d\theta}\sin\theta + r\cos\theta}{\dfrac{dr}{d\theta}\cos\theta - r\sin\theta} = \frac{\cos\theta\sin\theta + (1+\sin\theta)\cos\theta}{\cos\theta\cos\theta - (1+\sin\theta)\sin\theta}$$

$$= \frac{\cos\theta(1+2\sin\theta)}{1-2\sin^2\theta - \sin\theta} = \frac{\cos\theta(1+2\sin\theta)}{(1+\sin\theta)(1-2\sin\theta)}$$

(a) $\theta = \pi/3$인 점에서 접선의 기울기는 다음과 같다.

$$\left.\frac{dy}{dx}\right|_{\theta=\pi/3} = \frac{\cos(\pi/3)(1+2\sin(\pi/3))}{(1+\sin(\pi/3))(1-2\sin(\pi/3))} = \frac{\dfrac{1}{2}(1+\sqrt{3})}{(1+\sqrt{3}/2)(1-\sqrt{3})}$$

$$= \frac{1+\sqrt{3}}{(2+\sqrt{3})(1-\sqrt{3})} = \frac{1+\sqrt{3}}{-1-\sqrt{3}} = -1$$

(b) 다음을 확인한다.

$$\theta = \frac{\pi}{2}, \ \frac{3\pi}{2}, \ \frac{7\pi}{6}, \ \frac{11\pi}{6} 일 때 \ \frac{dy}{d\theta} = \cos\theta(1+2\sin\theta) = 0$$

$$\theta = \frac{3\pi}{2}, \ \frac{\pi}{6}, \ \frac{5\pi}{6} 일 때 \ \frac{dx}{d\theta} = (1+\sin\theta)(1-2\sin\theta) = 0$$

그러므로 점 $\left(2, \dfrac{\pi}{2}\right)$, 점 $\left(\dfrac{1}{2}, \dfrac{7\pi}{6}\right)$, 점 $\left(\dfrac{1}{2}, \dfrac{11\pi}{6}\right)$에서 수평접선이 존재하고 점 $\left(\dfrac{3}{2}, \dfrac{\pi}{6}\right)$, 점 $\left(\dfrac{3}{2}, \dfrac{5\pi}{6}\right)$에서 수직접선이 존재한다. $\theta = 3\pi/2$일 때 $dy/d\theta$와 $dx/d\theta$가 모두 0이므로 주의해야 한다. 로피탈 법칙을 이용하면 다음을 얻는다.

$$\lim_{\theta \to (3\pi/2)^-} \frac{dy}{dx} = \left(\lim_{\theta \to (3\pi/2)^-} \frac{1+2\sin\theta}{1-2\sin\theta}\right)\left(\lim_{\theta \to (3\pi/2)^-} \frac{\cos\theta}{1+\sin\theta}\right)$$

$$= -\frac{1}{3}\lim_{\theta \to (3\pi/2)^-} \frac{\cos\theta}{1+\sin\theta}$$

$$= -\frac{1}{3}\lim_{\theta \to (3\pi/2)^-} \frac{-\sin\theta}{\cos\theta} = \infty$$

대칭성에 의해 다음을 얻는다.

$$\lim_{\theta \to (3\pi/2)^+} \frac{dy}{dx} = -\infty$$

그러므로 극에서 수직접선이 존재한다([그림 20] 참조).

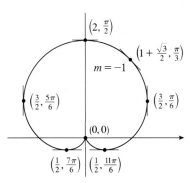

[그림 20] $r = 1 + \sin\theta$에 대한 접선들

NOTE _ 식 ③을 기억하는 대신 이것을 유도할 때 이용되는 방법을 사용할 수 있다. 예를 들어 [예제 9]에서 다음과 같이 쓸 수 있다.

$$x = r\cos\theta = (1+\sin\theta)\cos\theta = \cos\theta + \frac{1}{2}\sin 2\theta$$

$$y = r\sin\theta = (1+\sin\theta)\sin\theta = \sin\theta + \sin^2\theta$$

그러면 다음 식을 얻는다. 이는 앞에서 얻은 식과 동치이다.

$$\frac{dy}{dx} = \frac{dy/d\theta}{dx/d\theta} = \frac{\cos\theta + 2\sin\theta\cos\theta}{-\sin\theta + \cos 2\theta} = \frac{\cos\theta + \sin 2\theta}{-\sin\theta + \cos 2\theta}$$

극좌표에서의 넓이

이 절에서는 경계가 극방정식으로 주어지는 영역의 넓이에 대한 공식을 알아본다. [그림 21]과 같은 부채꼴의 넓이에 대한 다음 공식을 이용할 필요가 있다.

④
$$A = \frac{1}{2}r^2\theta$$

[그림 21]

여기서 r은 반지름, θ는 단위가 라디안인 중심각이다. 식 ④는 부채꼴의 넓이가 다음과 같이 중심각에 비례한다는 사실로부터 얻어진다(6.2절의 [연습문제 22] 참조).

$$A = \frac{\theta}{2\pi}(\pi r^2) = \frac{1}{2}r^2\theta$$

[그림 22]에서 설명한 $\Re$을 극곡선 $r = f(\theta)$와 반직선 $\theta = a$, $\theta = b$로 유계된 영역이라 하자. 여기서 f는 양의 연속함수이고 $0 < b - a \le 2\pi$이다. 구간 $[a, b]$를 끝점이 θ_0, θ_1, θ_2, $\cdots$, θ_n이고 너비가 $\Delta\theta$로 동일한 부분 구간으로 분할한다. 그러면 반직선 $\theta = \theta_i$는 $\Re$을 중심각이 $\Delta\theta = \theta_i - \theta_{i-1}$인 n개의 작은 영역으로 분

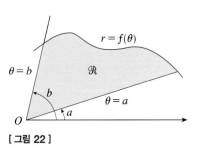

[그림 22]

할한다. θ_i^* 를 i 번째 부분 구간 $[\theta_{i-1}, \theta_i]$ 에서 택하면 i 번째 영역의 넓이 ΔA_i 는 중심각이 $\Delta\theta$ 이고 반지름이 $f(\theta_i^*)$ 인 부채꼴의 넓이로 근사시킬 수 있다([그림 23] 참조).

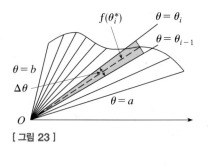

[그림 23]

따라서 공식 $\boxed{4}$ 로부터 다음을 얻는다.

$$\Delta A_i \approx \frac{1}{2}\left[f(\theta_i^*)\right]^2 \Delta\theta$$

따라서 $\Re$ 의 전체 넓이 A 에 대한 근삿값은 다음과 같다.

$\boxed{5}$
$$A \approx \sum_{i=1}^{n} \frac{1}{2}\left[f(\theta_i^*)\right]^2 \Delta\theta$$

[그림 23]으로부터 $\boxed{5}$ 에서의 근삿값은 $n \to \infty$ 일 때 참값에 더욱 가까워짐을 알 수 있다. 한편 $\boxed{5}$ 에서의 합은 함수 $g(\theta) = \frac{1}{2}[f(\theta)]^2$ 에 대한 리만 합이므로 다음과 같다.

$$\lim_{n\to\infty} \sum_{i=1}^{n} \frac{1}{2}\left[f(\theta_i^*)\right]^2 \Delta\theta = \int_a^b \frac{1}{2}\left[f(\theta)\right]^2 d\theta$$

그러므로 극 영역 $\Re$ 의 넓이 A 에 대한 공식은 다음과 같다. (실제로 증명할 수 있다.)

$\boxed{6}$
$$A = \int_a^b \frac{1}{2}\left[f(\theta)\right]^2 d\theta$$

$r = f(\theta)$ 이므로 공식 $\boxed{6}$ 은 다음과 같이 쓸 수 있다.

$\boxed{7}$
$$A = \int_a^b \frac{1}{2} r^2 d\theta$$

공식 $\boxed{4}$ 와 $\boxed{7}$ 사이의 유사점에 주목하자.

◀ 예제 10 ▶ 4엽장미 $r = \cos 2\theta$ 의 한 고리로 둘러싸인 넓이를 구하라.

풀이

곡선 $r = \cos 2\theta$ 는 [예제 8]에서 그렸다. [그림 24]로부터 오른쪽 고리로 둘러싸인 영역은 $\theta = -\pi/4$ 에서 $\theta = \pi/4$ 로 회전하는 반직선에 의해 생긴다. 그러므로 식 $\boxed{7}$ 로부터 다음과 같다.

$$A = \int_{-\pi/4}^{\pi/4} \frac{1}{2} r^2 d\theta = \frac{1}{2}\int_{-\pi/4}^{\pi/4} \cos^2 2\theta\, d\theta = \int_0^{\pi/4} \cos^2 2\theta\, d\theta$$

$$= \int_0^{\pi/4} \frac{1}{2}(1 + \cos 4\theta)\, d\theta = \frac{1}{2}\left[\theta + \frac{1}{4}\sin 4\theta\right]_0^{\pi/4} = \frac{\pi}{8}$$

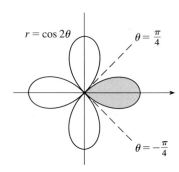

[그림 24]

◀ 예제 11 원 $r = 3\sin\theta$의 내부와 심장형 $r = 1+\sin\theta$의 외부에 놓인 영역의 넓이를 구하라.

풀이

심장형([예제 7] 참조)과 원은 [그림 25]와 같고 구하고자 하는 영역은 색칠한 부분이다. 공식 $\boxed{7}$에서의 a와 b의 값은 두 곡선의 교점을 구하면 결정된다. $3\sin\theta = 1 + \sin\theta$일 때 두 곡선은 교차하며 $\sin\theta = \dfrac{1}{2}$이므로 $\theta = \pi/6$, $5\pi/6$이다. 구하고자 하는 넓이는 $\theta = \pi/6$에서 $\theta = 5\pi/6$까지 원의 내부 넓이에서 $\theta = \pi/6$와 $\theta = 5\pi/6$ 사이의 심장형의 내부 넓이를 빼서 구한다. 따라서 다음과 같다.

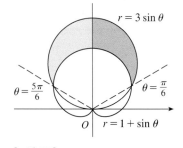

[그림 25]

$$A = \frac{1}{2}\int_{\pi/6}^{5\pi/6}(3\sin\theta)^2\,d\theta - \frac{1}{2}\int_{\pi/6}^{5\pi/6}(1+\sin\theta)^2\,d\theta$$

영역이 세로축 $\theta = \pi/2$에 대해 대칭이므로 다음과 같이 구할 수 있다.

$$A = 2\left[\frac{1}{2}\int_{\pi/6}^{\pi/2}9\sin^2\theta\,d\theta - \frac{1}{2}\int_{\pi/6}^{\pi/2}(1+2\sin\theta+\sin^2\theta)\,d\theta\right]$$

$$= \int_{\pi/6}^{\pi/2}(8\sin^2\theta - 1 - 2\sin\theta)\,d\theta$$

$$= \int_{\pi/6}^{\pi/2}(3 - 4\cos2\theta - 2\sin\theta)\,d\theta \quad [\sin^2\theta = \frac{1}{2}(1-\cos2\theta)\text{이므로}]$$

$$= 3\theta - 2\sin2\theta + 2\cos\theta\,\Big]_{\pi/6}^{\pi/2} = \pi \qquad \blacktriangleright$$

[예제 11]은 두 개의 극곡선으로 유계된 영역의 넓이를 구하는 과정을 설명한다. 일반적으로 [그림 26]에서 설명한 것과 같이 $\Re$을 극방정식 $r = f(\theta)$, $r = g(\theta)$, $\theta = a$, $\theta = b$로 유계한 영역이라 하자. 이때 $f(\theta) \geq g(\theta) \geq 0$이고 $0 < b - a \leq 2\pi$이다. $\Re$의 넓이 A는 $r = f(\theta)$의 내부 넓이에서 $r = g(\theta)$의 내부 넓이를 빼서 구한다. 따라서 공식 $\boxed{6}$을 이용하여 다음을 얻는다.

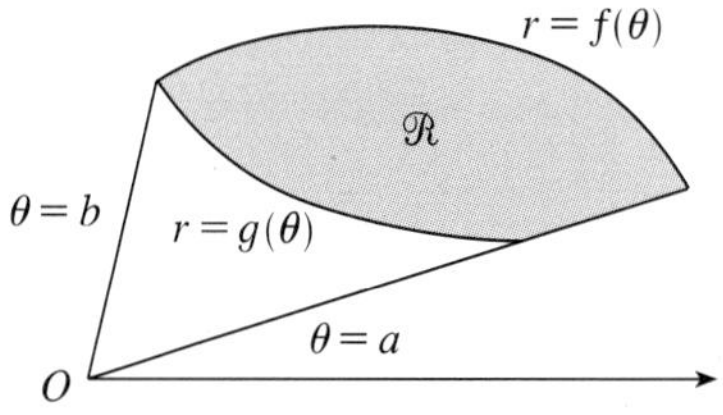

[그림 26]

$$A = \int_a^b \frac{1}{2}[f(\theta)]^2\,d\theta - \int_a^b \frac{1}{2}[g(\theta)]^2\,d\theta = \frac{1}{2}\int_a^b([f(\theta)]^2 - [g(\theta)]^2)\,d\theta$$

⊘ **주의** _ 극좌표에서 한 점을 여러 가지로 표현할 수 있기 때문에 두 극곡선의 교점을 모두 구하는 것이 종종 어렵다. 예를 들어 [그림 25]로부터 원과 심장형은 세 교점을 갖는 것이 명백하다. 그러나 [예제 11]에서 방정식 $r = 3\sin\theta$와 $r = 1+\sin\theta$를 풀어 두 교점 $\left(\dfrac{3}{2}, \pi/6\right)$와 $\left(\dfrac{3}{2}, 5\pi/6\right)$만 구했다. 원점도 역시 교점이지만 이 점을 곡선들의 방정식을 풀어서 얻을 수 없다. 원점은 두 방정식을 모두 만족하는 단 하나의 극좌표 표현을 갖지 않기 때문이다. 원점을 $(0, 0)$ 또는 $(0, \pi)$로 표현할 때 원점은 $r = 3\sin\theta$를 만족하므로 원 위에 놓인다. 또한 원점을 $(0, 3\pi/2)$로 표현할 때 원점은 $r = 1+\sin\theta$를 만족하므로 심장형 위에 놓인다. 매개변수의 값 θ가 0에서 2π까지 증가할 때 곡선을 따라 움직이는 두 점을 생각하자. 한 곡선에서 원점은

$\theta=0$과 $\theta=\pi$일 때 도달하지만, 다른 곡선에서는 $\theta=3\pi/2$일 때 원점에 도달한다. 점들이 서로 다른 시각에 원점에 도달하기 때문에 원점에서 충돌하지 않는다. 그렇지만 곡선들은 원점에서 교차한다.

따라서 두 극곡선의 모든 교점을 구하기 위해서는 두 곡선의 그래프를 그릴 것을 권장한다. 이런 작업을 할 때는 그래픽 계산기나 컴퓨터를 이용하는 것이 매우 편리하다.

◀예제12 곡선 $r=\cos 2\theta$와 $r=\dfrac{1}{2}$의 교점을 모두 구하라.

풀이

방정식 $r=\cos 2\theta$와 $r=\dfrac{1}{2}$을 풀면 $\cos 2\theta=\dfrac{1}{2}$을 얻으므로 $2\theta=\pi/3,\ 5\pi/3,\ 7\pi/3,\ 11\pi/3$이다. 따라서 두 방정식을 만족하는 0과 2π 사이에 있는 θ의 값은 $\theta=\pi/6,\ 5\pi/6,\ 7\pi/6,\ 11\pi/6$이다. 이때 네 개의 교점 $\left(\dfrac{1}{2},\dfrac{\pi}{6}\right)$, $\left(\dfrac{1}{2},\dfrac{5\pi}{6}\right)$, $\left(\dfrac{1}{2},\dfrac{7\pi}{6}\right)$, $\left(\dfrac{1}{2},\dfrac{11\pi}{6}\right)$를 얻는다.

그러나 [그림 27]을 보면 다른 네 개의 교점 $\left(\dfrac{1}{2},\dfrac{\pi}{3}\right)$, $\left(\dfrac{1}{2},\dfrac{2\pi}{3}\right)$, $\left(\dfrac{1}{2},\dfrac{4\pi}{3}\right)$, $\left(\dfrac{1}{2},\dfrac{5\pi}{3}\right)$가 있다. 이 점들은 대칭을 이용하여 얻거나 이 원의 다른 방정식이 $r=-\dfrac{1}{2}$임에 유의하여 두 방정식 $r=\cos 2\theta$와 $r=-\dfrac{1}{2}$을 풀어서 구할 수 있다.

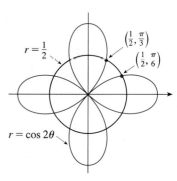

[그림 27]

호의 길이

극곡선 $r=f(\theta),\ a\le\theta\le b$의 길이를 구하기 위해 θ를 매개변수로 생각하고 곡선의 매개변수 방정식을 다음과 같이 나타낸다.

$$x=r\cos\theta=f(\theta)\cos\theta,\quad y=r\sin\theta=f(\theta)\sin\theta$$

곱의 법칙을 이용하고 θ에 대해 미분하면 다음을 얻는다.

$$\frac{dx}{d\theta}=\frac{dr}{d\theta}\cos\theta-r\sin\theta,\qquad \frac{dy}{d\theta}=\frac{dr}{d\theta}\sin\theta+r\cos\theta$$

$\cos^2\theta+\sin^2\theta=1$을 이용하여 다음을 얻는다.

$$\begin{aligned}\left(\frac{dx}{d\theta}\right)^2+\left(\frac{dy}{d\theta}\right)^2&=\left(\frac{dr}{d\theta}\right)^2\cos^2\theta-2r\frac{dr}{d\theta}\cos\theta\sin\theta+r^2\sin^2\theta\\ &\quad+\left(\frac{dr}{d\theta}\right)^2\sin^2\theta+2r\frac{dr}{d\theta}\sin\theta\cos\theta+r^2\cos^2\theta\\ &=\left(\frac{dr}{d\theta}\right)^2+r^2\end{aligned}$$

f'이 연속이라 가정하면 9.1절의 정리 5를 이용하여 호의 길이를 다음과 같이 쓸 수 있다.

$$L = \int_a^b \sqrt{\left(\frac{dx}{d\theta}\right)^2 + \left(\frac{dy}{d\theta}\right)^2}\, d\theta$$

그러므로 극방정식이 $r = f(\theta)$, $a \leq \theta \leq b$인 곡선의 길이는 다음과 같다.

8
$$L = \int_a^b \sqrt{r^2 + \left(\frac{dr}{d\theta}\right)^2}\, d\theta$$

◀ **예제 13** 심장형 $r = 1 + \sin\theta$의 길이를 구하라.

풀이

심장형은 [그림 28]과 같다([예제 7] 참조). 곡선의 전체 길이는 매개변수 구간 $0 \leq \theta \leq 2\pi$에서 주어진다. 따라서 식 8로부터 다음을 얻는다.

$$L = \int_0^{2\pi} \sqrt{r^2 + \left(\frac{dr}{d\theta}\right)^2}\, d\theta = \int_0^{2\pi} \sqrt{(1+\sin\theta)^2 + \cos^2\theta}\, d\theta$$

$$= \int_0^{2\pi} \sqrt{2 + 2\sin\theta}\, d\theta$$

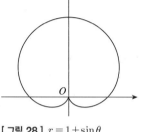

[**그림 28**] $r = 1 + \sin\theta$

이 적분은 피적분함수에 $\sqrt{2 - 2\sin\theta}$를 곱하고 나눠서 계산하거나 컴퓨터 대수체계를 이용하여 구할 수 있다. 어떤 방법으로 구하든지 심장형의 길이는 $L = 8$이다. ▶

9.2 연습문제

01 다음 극좌표로 주어진 점을 직교좌표에 표시하라. 그리고 이 점에 대한 직교좌표를 구하라.

   (a) $(1, \pi)$ (b) $(2, -2\pi/3)$ (c) $(-2, 3\pi/4)$

02 다음과 같이 직교좌표의 점이 주어져 있다.

   (a) $(2, -2)$ (b) $(-1, \sqrt{3})$

   (i) $r > 0$, $0 \leq \theta < 2\pi$일 때, 주어진 점의 극좌표 (r, θ)를 구하라.

   (ii) $r < 0$, $0 \leq \theta < 2\pi$일 때, 주어진 점의 극좌표 (r, θ)를 구하라.

03~04 극좌표가 다음 조건을 만족하는 점들로 구성된 영역을 그려라.

03 $1 \leq r \leq 2$ **04** $2 < r < 3$, $5\pi/3 \leq \theta \leq 7\pi/3$

05 곡선 $r^2\cos 2\theta = 1$에 대한 직교방정식을 구해서 곡선을 확인하라.

06 직교방정식 $x^2 + y^2 = 2cx$로 주어진 곡선에 대한 극방정식을 구하라.

07~10 먼저 직교좌표에서 θ의 함수로서 r의 그래프를 그린 다음 극방정식의 곡선을 그려라.

07 $r = -2\sin\theta$ **08** $r = \theta,\ \theta \geq 0$

09 $r = 2\cos 4\theta$ **10** $r^2 = 9\sin 2\theta$

11 나사선^{conchold}이라 부르는 극곡선 $r = 4 + 2\sec\theta$의 수직점근선이 $x = 2$임을 보이기 위해 $\displaystyle\lim_{r \to \pm\infty} x = 2$임을 보여라. 이 사실을 이용하여 나사선을 그려라.

12~13 θ의 값으로 주어진 점에서 다음 극곡선에 대한 접선의 기울기를 구하라.

12 $r = 2\sin\theta,\quad \theta = \pi/6$ **13** $r = 1/\theta,\quad \theta = \pi$

14~15 수평접선 또는 수직접선을 갖는 곡선 위의 점을 구하라.

14 $r = 3\cos\theta$ **15** $r = 1 + \cos\theta$

16~17 다음 지정된 범위에서 곡선으로 유계된 영역의 넓이를 구하라.

16 $r = e^{-\theta/4},\quad \pi/2 \leq \theta \leq \pi$

17 $r^2 = 9\sin 2\theta,\quad r \geq 0,\quad 0 \leq \theta \leq \pi/2$

18~19 다음 곡선을 그리고 그 곡선으로 둘러싸인 넓이를 구하라.

18 $r = 2\sin\theta$ **19** $r = 3 + 2\cos\theta$

20~21 다음 곡선의 한 고리로 둘러싸인 영역의 넓이를 구하라.

20 $r = 4\cos 3\theta$ **21** $r = 1 + 2\sin\theta$ (안쪽 고리)

22 $r = 2\cos\theta$의 내부와 $r = 1$의 외부에 놓이는 영역의 넓이를 구하라.

23~24 두 곡선의 내부에 놓이는 영역의 넓이를 구하라.

23 $r = \sqrt{3}\cos\theta,\ r = \sin\theta$ **24** $r = \sin 2\theta,\ r = \cos 2\theta$

25~26 주어진 곡선들의 모든 교점을 구하라.

25 $r = 1 + \sin\theta,\ r = 3\sin\theta$ **26** $r = \sin\theta,\ r = \sin 2\theta$

27~28 주어진 극곡선의 정확한 길이를 구하라.

27 $r = 3\sin\theta,\ 0 \leq \theta \leq \pi/3$ **28** $r = \theta^2,\ 0 \leq \theta \leq 2\pi$

29 P를 곡선 $r = f(\theta)$ 위의 (원점을 제외한) 임의의 점이라 하자. Ψ를 P에서의 접선과 동경 OP 사이의 각이라 할 때 다음을 보여라.

$$\tan\Psi = \frac{r}{dr/d\theta}$$

[힌트 : 다음 그림에서 $\Psi = \phi - \theta$임을 이용한다.]

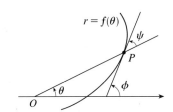

9.3 행렬과 행렬식

1.2절에서 함수의 변환을 이용하여 수직·수평이동, 확대, 대칭이동을 살펴보았다. 행렬을 이용하면 벡터의 회전, 확대, 대칭이동을 손쉽게 얻을 수 있으며, 행렬식을 이용하여 복잡한 일차연립방정식의 해를 쉽게 얻을 수 있다.

행렬

nm개의 실수 또는 복소수 $a_{11}, \cdots, a_{1m} ; a_{21}, \cdots, a_{2m} ; \cdots ; a_{n1}, \cdots, a_{nm}$을 다음과 같이 괄호 안에 배열한 것을 $n \times m$ **행렬**^{matrix}이라 하고, $A_{n \times m}$ 또는 $A = \left(a_{ij} \right)_{n \times m}$로 나타낸다.

$$A = \begin{pmatrix} a_{11} \cdots a_{1j} \cdots a_{1m} \\ \vdots \\ a_{i1} \cdots a_{ij} \cdots a_{im} \\ \vdots \\ a_{n1} \cdots a_{nj} \cdots a_{nm} \end{pmatrix}$$

이때 행렬 A의 가로줄에 놓이는 수의 배열을 **행**^{row}이라 하며, i번째 행을 다음과 같이 나타낸다.

$$\mathbf{r}_i = \left(a_{i1} \cdots a_{ij} \cdots a_{im} \right)$$

또한 세로줄에 놓이는 수의 배열을 **열**^{column}이라 하고, j번째 열을 다음과 같이 나타낸다.

$$\mathbf{c}_j = \begin{pmatrix} a_{1j} \\ \vdots \\ a_{ij} \\ \vdots \\ a_{nj} \end{pmatrix}$$

그리고 i번째 행과 j번째 열에 있는 수 a_{ij}를 행렬 A의 (i, j) **원소**^{element} 또는 **성분**^{entry}이라 한다. 모든 원소가 0인 $n \times m$ 행렬을 **영행렬**^{null matrix}이라 하고, O으로 나타낸다. 다음과 같이 행의 개수와 열의 개수가 동일하게 n인 행렬을 n차의 **정방행렬**^{square matrix}이라 하고, 이때 원소 $a_{11}, a_{22}, \cdots, a_{nn}$을 **주대각원소**^{main diagonal elements}라 한다.

$$A = \begin{pmatrix} a_{11} \cdots a_{1n} \\ \vdots \\ a_{n1} \cdots a_{nn} \end{pmatrix}$$

이때 주대각원소가 1이고 나머지 모든 원소가 0인 행렬 정방행렬을 **단위행렬**^{unit matrix}이라 하고 I로 나타낸다.

$$I_n = \begin{pmatrix} 1 & 0 & \cdots & 0 & 0 \\ 0 & 1 & \cdots & 0 & 0 \\ & & \vdots & & \\ 0 & & \cdots & 0 & 1 \end{pmatrix}$$

$n \times m$ 행렬 A와 B의 동일한 위치에 있는 모든 원소가 각각 같은 경우에 두 행렬

A와 B는 **같다**^{equal}하고, $A = B$로 나타낸다. 다시 말해서 $i = 1, 2, \cdots, n$, $j = 1, 2,$ $\cdots, m$ 에 대하여 $a_{ij} = b_{ij}$이면 두 행렬은 같다. 예를 들어, 두 행렬 $A = \begin{pmatrix} 2 & x \\ 1 & 3 \end{pmatrix}$,

$B = \begin{pmatrix} 2 & 4 \\ y & 3 \end{pmatrix}$가 서로 같기 위한 필요충분조건은 $x = 4$, $y = 1$이다.

그리고 두 행렬 $A = (a_{ij})_{n \times m}$와 $B = (b_{ij})_{n \times m}$의 합 $A + B$는 동일한 위치의 성분 끼리 더한 행렬, 즉 다음과 같이 정의한다.

두 행렬이 같거나 두 행렬의 합을 정의하기 위해서는 반드시 두 행렬의 행의 개수와 열의 개수가 각각 동일해야 한다.

$$\boxed{1} \qquad A + B = (a_{ij} + b_{ij})_{n \times m}$$

또한 행렬 A에 상수 k를 곱한 행렬 kA는 다음과 같이 행렬 A안의 모든 성분에 상수 k를 곱한 것으로 정의한다.

$$\boxed{2} \qquad kA = (ka_{ij})_{n \times m}$$

그러면 $\boxed{1}$과 $\boxed{2}$를 이용하여 두 행렬의 차를 정의할 수 있으며, 그 결과는 다음과 같다.

$$\boxed{3} \qquad A - B = A + (-1)B = (a_{ij} - b_{ij})_{n \times m}$$

◀예제 1 두 행렬 $A = \begin{pmatrix} 1 & 1 & 0 \\ 1 & -1 & 2 \\ -1 & 1 & 1 \end{pmatrix}$, $B = \begin{pmatrix} 2 & 1 & -1 \\ 0 & 3 & 1 \\ 1 & 2 & 3 \end{pmatrix}$에 대해 다음 행렬을 구하라.

(a) $2B$ (b) $A + B$ (c) $A - 2B$

풀이

(a) $2B = \begin{pmatrix} 2 \cdot 2 & 1 \cdot 2 & -1 \cdot 2 \\ 0 \cdot 2 & 3 \cdot 2 & 1 \cdot 2 \\ 1 \cdot 2 & 2 \cdot 2 & 3 \cdot 2 \end{pmatrix} = \begin{pmatrix} 4 & 2 & -2 \\ 0 & 6 & 2 \\ 2 & 4 & 6 \end{pmatrix}$

(b) $A + B = \begin{pmatrix} 1 & 1 & 0 \\ 1 & -1 & 2 \\ -1 & 1 & 1 \end{pmatrix} + \begin{pmatrix} 2 & 1 & -1 \\ 0 & 3 & 1 \\ 1 & 2 & 3 \end{pmatrix} = \begin{pmatrix} 1+2 & 1+1 & 0-1 \\ 1+0 & -1+3 & 2+1 \\ -1+1 & 1+2 & 1+3 \end{pmatrix} = \begin{pmatrix} 3 & 2 & -1 \\ 1 & 2 & 3 \\ 0 & 3 & 4 \end{pmatrix}$

(c) $A - 2B = \begin{pmatrix} 1 & 1 & 0 \\ 1 & -1 & 2 \\ -1 & 1 & 1 \end{pmatrix} - \begin{pmatrix} 4 & 2 & -2 \\ 0 & 6 & 2 \\ 2 & 4 & 6 \end{pmatrix} = \begin{pmatrix} 1-4 & 1-2 & 0+2 \\ 1-0 & -1-6 & 2-2 \\ -1-2 & 1-4 & 1-6 \end{pmatrix} = \begin{pmatrix} -3 & -1 & 2 \\ 1 & -7 & 0 \\ -3 & -3 & -5 \end{pmatrix}$ ❱

한편 $n \times k$ 행렬 A와 $k \times m$ 행렬 B의 곱을 정의할 수 있다. 두 행렬의 곱 $C = AB$ 는 $n \times m$ 행렬이며 이 행렬의 (i, j) 성분은 [그림 29]와 같이 행렬 A의 i행과 행렬 B의 j열에 있는 대응하는 성분들의 곱을 더한 수이다.

$$\boxed{4} \qquad c_{ij} = a_{i1}b_{1j} + a_{i2}b_{2j} + \cdots + a_{ik}b_{kj} = \sum_{r=1}^{k} a_{ir}b_{rj}$$

$$\begin{pmatrix} a_{11} & a_{12} & \cdots & a_{1k} \\ a_{21} & a_{22} & \cdots & a_{2k} \\ & & \vdots & \\ a_{i1} & a_{i2} & \cdots & a_{ik} \\ & & \vdots & \\ a_{n1} & a_{n2} & \cdots & a_{nk} \end{pmatrix} \begin{pmatrix} b_{11} & b_{12} & \cdots & b_{1j} & \cdots & b_{1m} \\ b_{21} & b_{22} & \cdots & b_{2j} & \cdots & b_{2m} \\ & & & \vdots & & \\ b_{k1} & b_{k2} & \cdots & b_{kj} & \cdots & b_{km} \end{pmatrix} = \begin{pmatrix} c_{11} & \cdots & c_{1j} & \cdots & c_{1n} \\ & & \vdots & & \\ c_{i1} & \cdots & c_{ij} & \cdots & c_{in} \\ & & \vdots & & \\ c_{n1} & \cdots & c_{nj} & \cdots & c_{nm} \end{pmatrix}$$

행렬 A와 행렬 B를 곱하기 위해서는 행렬 A의 열의 개수와 행렬 B의 행의 개수가 같아야 한다.

[그림 29] 두 행렬의 곱

◀예제 2▶ 두 행렬 $A = \begin{pmatrix} 2 & 1 \\ 3 & 2 \end{pmatrix}$, $B = \begin{pmatrix} 1 & -2 \\ 3 & 4 \end{pmatrix}$에 대하여 AB와 BA를 구하라.

풀이

$$AB = \begin{pmatrix} 2 & 1 \\ 3 & 2 \end{pmatrix} \begin{pmatrix} 1 & -2 \\ 3 & 4 \end{pmatrix} = \begin{pmatrix} 2 \cdot 1 + 1 \cdot 3 & 2 \cdot (-2) + 1 \cdot 4 \\ 3 \cdot 1 + 2 \cdot 3 & 3 \cdot (-2) + 2 \cdot 4 \end{pmatrix} = \begin{pmatrix} 5 & 0 \\ 9 & 2 \end{pmatrix}$$

$$BA = \begin{pmatrix} 1 & -2 \\ 3 & 4 \end{pmatrix} \begin{pmatrix} 2 & 1 \\ 3 & 2 \end{pmatrix} = \begin{pmatrix} 1 \cdot 2 + (-2) \cdot 3 & 1 \cdot 1 + (-2) \cdot 2 \\ 3 \cdot 2 + 4 \cdot 3 & 3 \cdot 1 + 4 \cdot 2 \end{pmatrix} = \begin{pmatrix} -4 & -3 \\ 18 & 11 \end{pmatrix}$$ ❯

NOTE 1 _ [예제 2]에서 두 행렬의 곱에 대해 교환법칙이 성립하지 않는 것을 알 수 있다.

NOTE 2 _ 실수의 곱에서는 소거법칙이 성립한다. 즉 $ab = ac$이고 $a \neq 0$이면 $b = c$가 성립한다. 그러나 행렬의 곱에서는 소거법칙이 성립하지 않는다. 다시 말해서 $AB = AC$이고 A가 영행렬이 아니더라도 항상 $B = C$인 것은 아니다. 예를 들어 행렬 $A = \begin{pmatrix} 0 & 1 \\ 0 & 2 \end{pmatrix}$, $B = \begin{pmatrix} 1 & 2 \\ 3 & 4 \end{pmatrix}$, $C = \begin{pmatrix} 2 & 5 \\ 3 & 4 \end{pmatrix}$에 대하여 $AB = AC = \begin{pmatrix} 3 & 4 \\ 6 & 8 \end{pmatrix}$이다. 즉 $AB = AC$, $A \neq O$이지만 $B \neq C$이다.

행렬식

2차 정방행렬 $A = \begin{pmatrix} a & b \\ c & d \end{pmatrix}$에 대하여, 이 행렬을 실수 $ad - bc$에 대응시키는 것을 2차 **행렬식**^{determinant}이라 하고, $\det(A)$ 또는 $|A|$로 나타낸다. 즉 2차 행렬식은 다음과 같이 정의한다.

⑤
$$|A| = \begin{vmatrix} a & b \\ c & d \end{vmatrix} = ad - bc$$

3차 정방행렬

$$A = \begin{pmatrix} a_{11} & a_{12} & a_{13} \\ a_{21} & a_{22} & a_{23} \\ a_{31} & a_{32} & a_{33} \end{pmatrix}$$

의 행렬식을 3차 행렬식이라 하며, 다음과 같이 정의한다.

⑥
$$|A| = \begin{vmatrix} a_{11} & a_{12} & a_{13} \\ a_{21} & a_{22} & a_{23} \\ a_{31} & a_{32} & a_{33} \end{vmatrix}$$
$$= a_{11}a_{22}a_{33} + a_{21}a_{32}a_{13} + a_{31}a_{23}a_{12} - a_{13}a_{22}a_{31} - a_{12}a_{21}a_{33} - a_{11}a_{23}a_{32}$$

그러면 3차 행렬식은 2차 행렬식을 이용하여 다음과 같이 나타낼 수 있다.

$$|A| = a_{11}a_{22}a_{33} + a_{21}a_{32}a_{13} + a_{31}a_{23}a_{12} - a_{13}a_{22}a_{31} - a_{12}a_{21}a_{33} - a_{11}a_{23}a_{32}$$

$$= a_{11}(a_{22}a_{33} - a_{23}a_{32}) - a_{12}(a_{21}a_{33} - a_{23}a_{31}) + a_{13}(a_{21}a_{32} - a_{22}a_{31})$$

$$= a_{11}\begin{vmatrix} a_{22} & a_{23} \\ a_{32} & a_{33} \end{vmatrix} - a_{12}\begin{vmatrix} a_{21} & a_{22} \\ a_{31} & a_{33} \end{vmatrix} + a_{13}\begin{vmatrix} a_{21} & a_{22} \\ a_{31} & a_{32} \end{vmatrix}$$

즉 다음과 같다.

$$\boxed{7} \qquad |A| = \begin{vmatrix} a_{11} & a_{12} & a_{13} \\ a_{21} & a_{22} & a_{23} \\ a_{31} & a_{32} & a_{33} \end{vmatrix} = a_{11}\begin{vmatrix} a_{22} & a_{23} \\ a_{32} & a_{33} \end{vmatrix} - a_{12}\begin{vmatrix} a_{21} & a_{22} \\ a_{31} & a_{33} \end{vmatrix} + a_{13}\begin{vmatrix} a_{21} & a_{22} \\ a_{31} & a_{32} \end{vmatrix}$$

2차 행렬식에 비해 3차 행렬식은 매우 복잡해 보인다. 우선 2차 행렬식은 주대각선 위의 두 성분의 곱 $a_{11}a_{22}$에 + 부호를 부여하고, 부대각선 위의 두 성분의 곱 $a_{12}a_{21}$에 − 부호를 부여하여 더한다. 3차 행렬식도 동일하게 주대각선 방향에 있는 다음 세 성분의 곱에 + 부호를 부여한다.

$$a_{11}a_{22}a_{33}, \quad a_{21}a_{32}a_{13}, \quad a_{31}a_{23}a_{12}$$

그리고 부대각선 방향에 있는 다음 세 성분의 곱에 − 부호를 부여한다.

$$a_{13}a_{22}a_{31}, \quad a_{12}a_{21}a_{33}, \quad a_{11}a_{23}a_{32}$$

이렇게 얻은 6개의 수를 모두 더한 수가 3차 행렬식의 값이다. 이러한 행렬식의 값을 프랑스 수학자인 사뤼스Pierre Frédéric Sarrus가 [그림 30]과 같이 손쉽게 구할 수 있음을 발견했다.

사뤼스(Pierre Frédéric Sarrus)는 스트라스부르그 대학교 교수이면서 프랑스 과학아카데미 회원이었다. 그는 3×3 행렬식을 [그림 30]과 같이 손쉽게 구하는 방법을 발견했다.

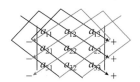

(a) 2차 행렬식   (b) 3차 행렬식

[그림 30] 사뤼스의 방법

◀ 예제 3 다음 행렬식의 값을 구하라.

(a) $\begin{vmatrix} 2 & 1 \\ 1 & 3 \end{vmatrix}$

(b) $\begin{vmatrix} 1 & 1 & 0 \\ 1 & -1 & 2 \\ -1 & 1 & 1 \end{vmatrix}$

풀이

(a) $\begin{vmatrix} 2 & 1 \\ 1 & 3 \end{vmatrix} = 2 \cdot 3 - 1 \cdot 1 = 5$

(b) $\begin{vmatrix} 1 & 1 & 0 \\ 1 & -1 & 2 \\ -1 & 1 & 1 \end{vmatrix} = 1 \cdot (-1) \cdot 1 + 1 \cdot 1 \cdot 0 + (-1) \cdot 1 \cdot 2 - 0 \cdot (-1) \cdot (-1) - 1 \cdot 1 \cdot 1 - 1 \cdot 2 \cdot 1$

$\qquad\qquad = -6$

그러나 이 방법은 4차 이상의 행렬식에 대해서는 적용되지 않는다. 4차 이상의 행렬식을 구하기 위해 다음 행렬식의 성질을 이용한다.

---

⑧ 행렬식의 성질

(1) $a_{11} \neq 0$이고 제1행(또는 열)의 모든 원소가 0이면, 행렬식 값은 제1행과 제1열을 제외한 $(n-1) \times (n-1)$행렬식 값에 a_{11}을 곱한 것과 같다.

$$\begin{vmatrix} a_{11} & 0 & \cdots & 0 \\ a_{21} & a_{22} & \cdots & a_{2n} \\ & & \vdots & \\ a_{n1} & a_{n2} & \cdots & a_{nn} \end{vmatrix} = a_{11} \begin{vmatrix} a_{22} & \cdots & a_{2n} \\ & \vdots & \\ a_{n2} & \cdots & a_{nn} \end{vmatrix}, \quad \begin{vmatrix} a_{11} & a_{12} & \cdots & a_{1n} \\ 0 & a_{22} & \cdots & a_{2n} \\ & & \vdots & \\ 0 & a_{n2} & \cdots & a_{nn} \end{vmatrix} = a_{11} \begin{vmatrix} a_{22} & \cdots & a_{2n} \\ & \vdots & \\ a_{n2} & \cdots & a_{nn} \end{vmatrix}$$

(2) 주대각선 위 또는 아래의 모든 성분이 0이면 다음과 같다.

$$\begin{vmatrix} a_{11} & 0 & \cdots & 0 \\ a_{21} & a_{22} & \cdots & 0 \\ & & \vdots & \\ a_{n1} & a_{n2} & \cdots & a_{nn} \end{vmatrix} = a_{11}a_{22}\cdots a_{nn}, \quad \begin{vmatrix} a_{11} & a_{12} & \cdots & a_{1n} \\ 0 & a_{22} & \cdots & a_{2n} \\ & & \vdots & \\ 0 & 0 & \cdots & a_{nn} \end{vmatrix} = a_{11}a_{22}\cdots a_{nn}$$

(3) 임의의 두 행(또는 열)을 교환하면 행렬식은 부호가 바뀐다.

$$\begin{vmatrix} a_{11} & a_{12} & \cdots & a_{1n} \\ & \vdots & & \\ a_{i1} & a_{i2} & \cdots & a_{in} \\ & \vdots & & \\ a_{j1} & a_{j2} & \cdots & a_{jn} \\ & \vdots & & \\ a_{n1} & a_{n2} & \cdots & a_{nn} \end{vmatrix} = (-1) \begin{vmatrix} a_{11} & a_{12} & \cdots & a_{1n} \\ & \vdots & & \\ a_{j1} & a_{j2} & \cdots & a_{jn} \\ & \vdots & & \\ a_{i1} & a_{i2} & \cdots & a_{in} \\ & \vdots & & \\ a_{n1} & a_{n2} & \cdots & a_{nn} \end{vmatrix}$$

(4) 어느 한 행(또는 열)의 모든 성분에 상수 k를 곱하면 행렬식 값도 k배이다.

$$\begin{vmatrix} a_{11} & a_{12} & \cdots & a_{1n} \\ & \vdots & & \\ ka_{i1} & ka_{i2} & \cdots & ka_{in} \\ & \vdots & & \\ a_{n1} & a_{n2} & \cdots & a_{nn} \end{vmatrix} = k \begin{vmatrix} a_{11} & a_{12} & \cdots & a_{1n} \\ & \vdots & & \\ a_{i1} & a_{i2} & \cdots & a_{in} \\ & \vdots & & \\ a_{n1} & a_{n2} & \cdots & a_{nn} \end{vmatrix}$$

$$\begin{vmatrix} a_{11} & \cdots & ka_{1j} & \cdots & a_{1n} \\ & & \vdots & & \\ a_{i1} & \cdots & ka_{ij} & \cdots & a_{in} \\ & & \vdots & & \\ a_{n1} & \cdots & ka_{nj} & \cdots & a_{nn} \end{vmatrix} = k \begin{vmatrix} a_{11} & \cdots & a_{1j} & \cdots & a_{1n} \\ & & \vdots & & \\ a_{i1} & \cdots & a_{ij} & \cdots & a_{in} \\ & & \vdots & & \\ a_{n1} & \cdots & a_{nj} & \cdots & a_{nn} \end{vmatrix}$$

(5) 행렬식에서 임의의 두 행(또는 열)이 일치하거나 비례하면 행렬식 값은 0이다.

(6) 행렬식의 한 행(또는 열)의 모든 원소에 상수 k를 곱하여 다른 행(또는 열)에 더해도 행렬식 값은 변하지 않는다. 따라서 행렬식의 임의의 두 행(또는 열)을 가감해도 행렬식 값은 변화가 없다.

(7) 두 행렬식의 곱은 각각의 행렬식의 곱과 같다. 즉, $|AB| = |A||B|$이다.

◀예제 4 행렬식의 성질을 이용하여 다음 행렬의 행렬식 값을 구하라.

$$\begin{pmatrix} 1 & 2 & 2 & 3 \\ 2 & -1 & -1 & 1 \\ 0 & -1 & 2 & 1 \\ -1 & 2 & 1 & 0 \end{pmatrix}$$

풀이

$$\begin{vmatrix} 1 & 2 & 2 & 3 \\ 2 & -1 & -1 & 1 \\ 0 & -1 & 2 & 1 \\ -1 & 2 & 1 & 0 \end{vmatrix} = \begin{vmatrix} 1 & 2 & 2 & 3 \\ 0 & -5 & -5 & -5 \\ 0 & -1 & 2 & 1 \\ 0 & 4 & 3 & 3 \end{vmatrix} \begin{pmatrix} 1\text{행에 }(-2)\text{를 곱하여 2행에 더한다.} \\ 1\text{행을 4행에 더한다. 성질 (6)} \end{pmatrix}$$

$$= \begin{vmatrix} -5 & -5 & -5 \\ -1 & 2 & 1 \\ 4 & 3 & 3 \end{vmatrix} \quad (\text{성질 (1)})$$

$$= (-5)\begin{vmatrix} 1 & 1 & 1 \\ -1 & 2 & 1 \\ 4 & 3 & 3 \end{vmatrix} \quad (\text{성질 (4)})$$

$$= (-5)\begin{vmatrix} 1 & 1 & 1 \\ 0 & 3 & 2 \\ 0 & -1 & -1 \end{vmatrix} \begin{pmatrix} 1\text{행을 2행에 더한다.} \\ 1\text{행에 }(-4)\text{를 곱하여 3행에 더한다. 성질 (6)} \end{pmatrix}$$

$$= (-5)(-1)\begin{vmatrix} 1 & 1 & 1 \\ 0 & 3 & 2 \\ 0 & 1 & 1 \end{vmatrix} \quad (\text{성질 (1)})$$

$$= 5\begin{vmatrix} 3 & 2 \\ 1 & 1 \end{vmatrix} \quad (\text{사뤼스의 방법})$$

$$= 5(3 \cdot 1 - 2 \cdot 1)$$

$$= 5$$

행렬식의 응용

행렬식의 가장 보편적인 응용은 크래머의 규칙으로 알려진 선형연립방정식의 해법이다. 다음과 같이 미지수가 n개인 연립방정식을 생각하자.

⑨
$$\begin{aligned} a_{11}x_1 + a_{12}x_2 + \cdots + a_{1n}x_n &= b_1 \\ a_{21}x_1 + a_{22}x_2 + \cdots + a_{2n}x_n &= b_2 \\ &\vdots \\ a_{n1}x_1 + a_{n2}x_2 + \cdots + a_{nn}x_n &= b_n \end{aligned}$$

이때 연립방정식 ⑨의 계수들로 구성된 계수행렬 A와 이 행렬의 k번째 열을 상수항으로 바꾼 행렬 A_k는 각각 다음과 같다.

$$A = \begin{pmatrix} a_{11} & a_{12} & \cdots & a_{1n} \\ a_{21} & a_{22} & \cdots & a_{2n} \\ & & \vdots & \\ a_{n1} & a_{n2} & \cdots & a_{nn} \end{pmatrix}, \quad A_k = \begin{pmatrix} a_{11} & \cdots & a_{1k-1} & b_1 & a_{1k+1} & \cdots & a_{1n} \\ a_{21} & \cdots & a_{2k-1} & b_2 & a_{2k+1} & \cdots & a_{2n} \\ & & \vdots & & \vdots & & \vdots \\ a_{n1} & \cdots & a_{nk-1} & b_n & a_{nk+1} & \cdots & a_{nn} \end{pmatrix}$$

그러면 연립방정식 ⑨가 유일한 해를 갖기 위한 필요충분조건과 해는 다음과 같다.

---

⑩ **크래머의 규칙**^{Cramer's rule}

연립방정식 ⑨가 유일한 해를 갖기 위한 필요충분조건은 $|A| \neq 0$이고, 이때 연립방정식의 해는 다음과 같다.

$$x_1 = \frac{|A_1|}{|A|}, \ x_2 = \frac{|A_2|}{|A|}, \ \cdots, \ x_n = \frac{|A_n|}{|A|}$$

여기서 A_k는 A의 k번째 열을 상수항으로 대치한 행렬이다.

크래머(Cramer 1704~1752)는 18세에 박사학위를 받았으며 20세에 제네바대학교 수학과에서 공동 학과장을 지냈다. 40대에 가장 잘 알려진 업적인 대수 곡선에 대한 논문을 발표하였다. 1750년에 유일한 해를 갖는 선형연립방정식의 해를 구하는 일반적인 방법인 크래머 규칙을 발표하였으며, 이 규칙은 아직도 표준적인 해법으로 사용하고 있다.

◀ **예제 5** 다음 연립방정식의 해를 다음을 구하라.

(a) $\quad 2x + 3y - 4z = 3$
$\quad -2x + 4y + 5z = 1$
$\quad 6x + y + 2z = 2$

(b) $\quad x + y + z = 6$
$\quad 2x - y + z = 3$
$\quad 3x + 2y - z = 4$

풀이

(a) 계수행렬식과 상수항을 바꾼 행렬식들을 구하면 다음과 같다.

$$|A| = \begin{vmatrix} 2 & 3 & -4 \\ -2 & 4 & 5 \\ 6 & 1 & 2 \end{vmatrix} = 212, \quad |A_1| = \begin{vmatrix} 3 & 3 & -4 \\ 1 & 4 & 5 \\ 2 & 1 & 2 \end{vmatrix} = 61$$

$$|A_2| = \begin{vmatrix} 2 & 3 & -4 \\ -2 & 1 & 5 \\ 6 & 2 & 2 \end{vmatrix} = 126, \quad |A_3| = \begin{vmatrix} 2 & 3 & 3 \\ -2 & 4 & 1 \\ 6 & 1 & 2 \end{vmatrix} = -34$$

따라서 구하고자 하는 해는 다음과 같다.

$$x_1 = \frac{|A_1|}{|A|} = \frac{61}{212}, \ x_2 = \frac{|A_2|}{|A|} = \frac{63}{106}, \ x_3 = \frac{|A_3|}{|A|} = -\frac{17}{106}$$

(b) 계수행렬식과 상수항을 바꾼 행렬식들을 구하면 다음과 같다.

$$|A| = \begin{vmatrix} 1 & 1 & 1 \\ 2 & -1 & 1 \\ 3 & 2 & -1 \end{vmatrix} = 11, \quad |A_1| = \begin{vmatrix} 6 & 1 & 1 \\ 3 & -1 & 1 \\ 4 & 2 & -1 \end{vmatrix} = 11$$

$$|A_2| = \begin{vmatrix} 1 & 6 & 1 \\ 2 & 3 & 1 \\ 3 & 4 & -1 \end{vmatrix} = 22, \quad |A_3| = \begin{vmatrix} 1 & 1 & 6 \\ 2 & -1 & 3 \\ 3 & 2 & 4 \end{vmatrix} = 33$$

따라서 구하고자 하는 해는 다음과 같다.

$$x_1 = \frac{|A_1|}{|A|} = \frac{11}{11} = 1, \ x_2 = \frac{|A_2|}{|A|} = \frac{22}{11} = 2, \ x_3 = \frac{|A_3|}{|A|} = \frac{33}{11} = 3$$

9.3 연습문제

01~02 다음 행렬이 같기 위한 상수 a, b, c, d를 구하라.

01 $\begin{pmatrix} a-b & 2c+d \\ c-d & a+2b \end{pmatrix} = \begin{pmatrix} 1 & 3 \\ 0 & 7 \end{pmatrix}$

02 $\begin{pmatrix} a+b & 2 \\ d & c-2d \end{pmatrix} = \begin{pmatrix} 1 & a-b \\ 3 & 2a+4b \end{pmatrix}$

03 두 행렬 $A = \begin{pmatrix} 1 & 2 & -4 \\ 1 & 1 & 1 \\ -2 & 3 & -1 \end{pmatrix}$, $B = \begin{pmatrix} 2 & 1 & 1 \\ -1 & 1 & 1 \\ 4 & 2 & 3 \end{pmatrix}$에 대하여 다음을 구하라.

(a) $3A$ (b) $A+2B$

(c) $A-B$ (d) AB

04~05 다음 방정식을 풀어라

04 $(1 \ k \ 1) \begin{pmatrix} 1 & 2 & 0 \\ 1 & 0 & 1 \\ 0 & 3 & 1 \end{pmatrix} \begin{pmatrix} 1 \\ k \\ 1 \end{pmatrix} = 0$ **05** $(k \ 2 \ 1) \begin{pmatrix} 1 & 1 & 0 \\ 1 & 0 & 1 \\ 0 & 2 & -3 \end{pmatrix} \begin{pmatrix} k \\ k \\ 1 \end{pmatrix} = 0$

06~07 다음 주어진 조건을 만족하는 4×4 행렬 $A = (a_{ij})$를 구하라.

06 $a_{ij} = i+j$ **07** $a_{ij} = \begin{cases} 1 & , \ |i-j| > 1 \\ -1 & , \ |i-j| \le 1 \end{cases}$

08 임의의 실수 x, y, z에 대하여 다음을 만족하는 3×3 행렬 A의 예를 구하라.

$$A \begin{pmatrix} x \\ y \\ z \end{pmatrix} = \begin{pmatrix} x+y \\ x-y \\ 0 \end{pmatrix}$$

09 임의의 실수 x, y, z에 대하여 다음을 만족하는 3×3 행렬 A가 존재하지 않음을 보여라.

$$A \begin{pmatrix} x \\ y \\ z \end{pmatrix} = \begin{pmatrix} xy \\ 0 \\ 0 \end{pmatrix}$$

10~13 다음 행렬식을 구하라.

10 $\begin{vmatrix} 3 & 2 \\ 4 & -1 \end{vmatrix}$ **11** $\begin{vmatrix} 3 & 0 & 1 \\ 2 & 1 & 0 \\ 1 & 2 & 1 \end{vmatrix}$

12 $\begin{vmatrix} 1 & 2 & 4 & 1 \\ 2 & 4 & 1 & 2 \\ 4 & 1 & 2 & 3 \\ 1 & 2 & 3 & 1 \end{vmatrix}$ **13** $\begin{vmatrix} 2 & 1 & 0 & 3 \\ -1 & -2 & 1 & 0 \\ 1 & 0 & 0 & 1 \\ 3 & 2 & 1 & 1 \end{vmatrix}$

14~18 다음 행렬식을 구하라.

14 $\begin{vmatrix} a+b & a-b \\ a-b & a+b \end{vmatrix}$ **15** $\begin{vmatrix} a & b & c \\ b & c & a \\ c & a & b \end{vmatrix}$

16 $\begin{vmatrix} 1 & a & c \\ 1 & b & a \\ 1 & c & b \end{vmatrix}$ **17** $\begin{vmatrix} 1 & 1 & 1 \\ a & b & c \\ a^2 & b^2 & c^2 \end{vmatrix}$

18 $\begin{vmatrix} a & 0 & c & 0 \\ 0 & a & 0 & c \\ b & 0 & d & 0 \\ 0 & b & 0 & d \end{vmatrix}$

19~20 다음 방정식의 실근을 구하라.

19 $\begin{vmatrix} \lambda-2 & 2 \\ 4 & \lambda+4 \end{vmatrix} = 0$ **20** $\begin{vmatrix} \lambda-1 & -1 & 1 \\ 1 & \lambda & 0 \\ -1 & 0 & \lambda-2 \end{vmatrix} = 0$

21 임의의 상수 a_1, a_2, b_1, b_2에 대하여 방정식 $\begin{vmatrix} x & y & 1 \\ a_1 & b_1 & 1 \\ a_2 & b_2 & 1 \end{vmatrix} = 0$이 나

타내는 식은 무엇을 의미하는지 말하라. 단, $a_1 \neq a_2$이다.

22 $A = \begin{pmatrix} a_1 & b_1 & c_1 \\ a_2 & b_2 & c_2 \\ a_3 & b_3 & c_3 \end{pmatrix}$이라 할 때, 다음 식이 성립함을 보여라.

(a) $\begin{vmatrix} a_1 & b_1 & a_1 + b_1 + c_1 \\ a_2 & b_2 & a_2 + b_2 + c_2 \\ a_3 & b_3 & a_3 + b_3 + c_3 \end{vmatrix} = |A|$

(b) $\begin{vmatrix} a_1 + b_1 & a_1 - b_1 & c_1 \\ a_2 + b_2 & a_2 - b_2 & c_2 \\ a_3 + b_3 & a_3 - b_3 & c_3 \end{vmatrix} = -2|A|$

(c) $\begin{vmatrix} a_1 + t b_1 & a_2 + t b_2 & a_3 + t b_3 \\ t a_1 + b_1 & t a_2 + b_2 & t a_3 + b_3 \\ c_1 & c_2 & c_3 \end{vmatrix} = (1-t)^2 |A|$

(d) $\begin{vmatrix} a_1 & t a_1 + b_1 & r a_1 + s b_1 + c_1 \\ a_2 & t a_2 + b_2 & r a_2 + s b_2 + c_2 \\ a_3 & t a_3 + b_3 & r a_3 + s b_3 + c_3 \end{vmatrix} = |A|$

23~25 크래머의 규칙을 이용하여 다음 연립방정식의 해를 구하라.

23 $x - 2z = 6$, $\quad -2x + 4y + 3z = 8$, $\quad -x + 2y - 2z = 4$

24 $x + y + 2z = 8$, $\quad -x + 2y - 3z = 1$, $\quad 3x - 7y + 4z = 10$

25 $2x - 3y + 4z - w = 1$, $\quad 4x - y + 2z - 2w = 3$,
$\quad x + 2y - 3z - 3w = 5$

26~27 다음 전기회로의 전류를 구하라.

26

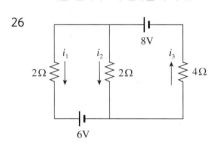

27

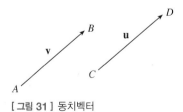

9.4 벡터

과학자들은 **벡터**^{vector}라는 용어를 크기와 방향을 모두 가진 (변위, 속도, 힘과 같은) 물리량을 나타내기 위해 이용한다. 벡터는 흔히 화살표나 유향 선분으로 나타낸다. 화살표의 길이는 벡터의 크기를 나타내고 화살표는 벡터의 방향을 가리킨다. 벡터는 볼드체 활자($\mathbf{v}$) 또는 문자 위에 화살표($\vec{v}$)를 붙여 나타낸다.

예를 들어 입자가 점 A에서 점 B까지 선분을 따라 움직인다고 하자. [그림 31]과 같이 이에 대응하는 **변위벡터**$^{\text{displacement vector}}$ $\mathbf{v}$는 **시점**$^{\text{initial point}}$이 A (꼬리)이고 **종점**$^{\text{terminal point}}$이 B (머리)이며 $\mathbf{v} = \overrightarrow{AB}$로 나타낸다. 벡터 $\mathbf{u} = \overrightarrow{CD}$는 $\mathbf{v}$와 다른 위치에 있다 하더라도 길이와 방향이 같음에 유의하자. $\mathbf{u}$와 $\mathbf{v}$를 **동치**^{equivalent} 또는 **같다**^{equal}라 하고 $\mathbf{u} = \mathbf{v}$라 쓴다. $\mathbf{0}$으로 나타내는 **영벡터**$^{\text{zero vector}}$는 길이가 0이다. 영벡터는 특정한 방향이 없는 유일한 벡터이다.

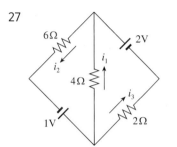

[그림 31] 동치벡터

벡터의 결합

입자가 A에서 B까지 움직인다고 하면 이에 대한 변위벡터는 $\overrightarrow{AB}$이다. 그 다음에 입자가 방향을 바꾸어 [그림 32]와 같이 변위벡터가 $\overrightarrow{BC}$가 되도록 B에서 C까지 움직인다고 하자.

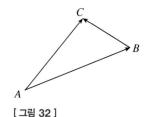

[그림 32]

이 변위벡터들의 결합 효과는 입자가 A에서 C까지 움직인 것과 같다. 이 결과에 의한 변위벡터 $\overrightarrow{AC}$를 $\overrightarrow{AB}$와 $\overrightarrow{BC}$의 합이라 하고 다음과 같이 쓴다.

$$\overrightarrow{AC} = \overrightarrow{AB} + \overrightarrow{BC}$$

일반적으로 벡터 u와 v를 가지고 시작한다면 v의 시점이 u의 종점과 일치하도록 v를 옮겨서 u와 v의 합을 다음과 같이 정의한다.

> **벡터합** v의 시점이 u의 종점에 놓이도록 위치한 두 벡터를 u와 v라 하면 두 벡터의 **합**^{sum} u + v는 u의 시점에서 v의 종점까지를 나타내는 벡터이다.

[그림 33]은 벡터 합의 정의를 설명한다. 이 그림을 보면 이 정의를 때때로 **삼각형 법칙**$^{Triangle\ Law}$이라 부르는 이유를 알 수 있을 것이다.

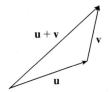

[그림 33] 삼각형 법칙

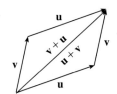

[그림 34] 평행사변형 법칙

[그림 34]에서 [그림 33]과 같이 동일한 벡터 u와 v를 가지고 시작한다. u와 동일한 시점을 갖는 v의 또 다른 복사본을 그린다. 평행사변형을 그리면 u + v = v + u가 되는 것을 알 수 있다. 이것 역시 벡터의 합을 그리는 또 다른 방법을 제시한다. 벡터 u와 v를 동일한 점에서 시작하도록 놓으면 u + v는 u와 v를 변으로 갖는 평행사변형의 대각선을 따라 놓인다. [이것을 **평행사변형 법칙**$^{Parallelogram\ Law}$이라 한다.]

◀ **예제 1** [그림 35]의 벡터 a와 b의 합을 그려라.

풀이

먼저 a의 종점에 b의 복사본 시점이 놓이도록 이동한다. b의 복사본은 b의 길이와 방향이 같도록 유의해서 그린다. 그런 후 a의 시점에서 시작해서 b의 복사본의 종점에서 끝나는 벡터 a + b를 그린다([그림 36(a)] 참조).

[그림 35]

또 다른 방법으로는 a가 시작하는 곳에서 b가 시작하도록 놓고, [그림 36(b)]와 같이 평행사변형 법칙에 따라 a + b를 그린다.

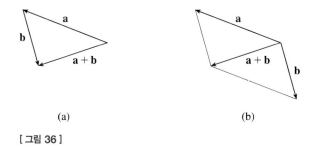

(a)   (b)

[그림 36]

TEC Visual 10.2는 다양한 벡터들 u와 v 에 대해 삼각형 법칙과 평행사변형 법칙을 어떻게 활용할 수 있는지를 보여준다.

벡터에 실수 c를 곱할 수 있다.[이때 실수 c를 벡터와 구별하기 위해 **스칼라**^{scalar}라 한다.] 예를 들어 $2\mathbf{v}$는 $\mathbf{v} + \mathbf{v}$와 같은 벡터로서 방향은 $\mathbf{v}$와 같으나 길이는 2배이다. 일반적으로 다음과 같이 벡터에 스칼라를 곱한다.

> **스칼라 배** c가 스칼라이고 $\mathbf{v}$가 벡터이면 **스칼라 배**^{scalar multiple} $c\mathbf{v}$는 $\mathbf{v}$의 길이에 $|c|$배 한 것과 같은 벡터이다. $c > 0$이면 $\mathbf{v}$와 같은 방향이고 $c < 0$이면 $\mathbf{v}$와 반대 방향의 벡터이다. $c = 0$이거나 $\mathbf{v} = \mathbf{0}$이면 $c\mathbf{v} = \mathbf{0}$이다.

이 정의는 [그림 37]에서 설명된다. 여기서 실수는 비례인수와 같은 역할을 하므로 이 실수를 스칼라라 부른다. 0이 아닌 두 벡터가 다른 한 벡터의 스칼라 배이면 두 벡터는 **평행**^{parallel}이다. 특히 벡터 $-\mathbf{v} = (-1)\mathbf{v}$는 $\mathbf{v}$와 길이는 같지만 방향은 반대이다. 이것을 $\mathbf{v}$의 **음벡터**^{negative vector}라 한다.

두 벡터의 차 $\mathbf{u} - \mathbf{v}$는 다음을 의미한다.

$$\mathbf{u} - \mathbf{v} = \mathbf{u} + (-\mathbf{v})$$

따라서 먼저 $\mathbf{v}$의 음벡터인 $-\mathbf{v}$를 그린 다음 [그림 38(a)]와 같이 평행사변형 법칙으로 $\mathbf{u}$에 $-\mathbf{v}$를 더하여 $\mathbf{u} - \mathbf{v}$를 그릴 수 있다. 다른 방법으로 $\mathbf{v} + (\mathbf{u} - \mathbf{v}) = \mathbf{u}$이므로 벡터 $\mathbf{u} - \mathbf{v}$를 $\mathbf{v}$에 더해서 $\mathbf{u}$를 얻는다. 따라서 [그림 38(b)]와 같이 삼각형 법칙을 이용하여 $\mathbf{u} - \mathbf{v}$를 그릴 수 있다.

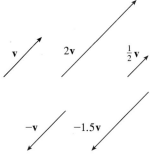

[그림 37] $\mathbf{v}$의 스칼라 배

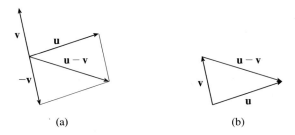

(a)   (b)

[그림 38] $\mathbf{u} - \mathbf{v}$ 그리기

◀ **예제 2** 벡터 a와 b가 [그림 39]와 같을 때 $\mathbf{a} - 2\mathbf{b}$를 그려라.

풀이

먼저 방향이 b와 반대이고 길이가 2배인 벡터 $-2\mathbf{b}$를 그린다. 이 벡터의 시점을 a의 종점에 놓고 삼각형 법칙을 이용해서 [그림 40]과 같이 $\mathbf{a} + (-2\mathbf{b})$를 그린다.

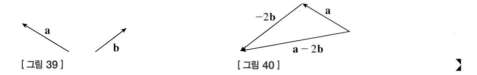

[그림 39]　　　　　　　　　　　　　　[그림 40]

성분

직교 좌표계의 원점에 벡터 $\mathbf{a}$의 시점을 놓으면 좌표계가 2차원 또는 3차원인가에 따라서 $\mathbf{a}$의 종점은 (a_1, a_2) 또는 (a_1, a_2, a_3) 형태가 된다([그림 41] 참조). 이러한 좌표를 $\mathbf{a}$의 **성분**^{component}이라 하고 다음과 같이 쓴다.

$$\mathbf{a} = <a_1, a_2> \quad \text{또는} \quad \mathbf{a} = <a_1, a_2, a_3>$$

평면에 있는 점과 관련된 순서쌍 (a_1, a_2)와 혼동을 피하기 위해 벡터와 관련된 순서쌍의 기호를 $\langle a_1, a_2 \rangle$로 표시한다.

예를 들어 [그림 42]에 있는 벡터들은 모두 종점이 $P(3, 2)$인 벡터 $\overrightarrow{OP} = \langle 3, 2 \rangle$와 동치인 벡터이다. 이 벡터들의 공통점은 종점이 시점에서 오른쪽으로 3단위, 위로 2단위만큼 이동한다는 것이다. 이런 모든 기하학적 벡터를 대수적 벡터 $\mathbf{a} = \langle 3, 2 \rangle$의 표현으로 생각할 수 있다. 원점으로부터 점 $P(3, 2)$에 이르는 특별한 표현 $\overrightarrow{OP}$를 점 P의 **위치벡터**$^{position\ vector}$라 한다.

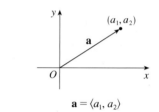

$\mathbf{a} = \langle a_1, a_2 \rangle$

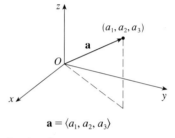

$\mathbf{a} = \langle a_1, a_2, a_3 \rangle$

[그림 41]

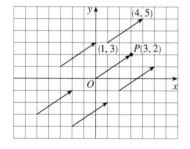

[그림 42] 벡터 $\mathbf{a} = <3, 2>$의 표현

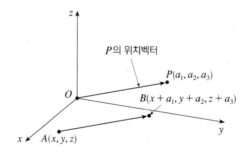

[그림 43] $\mathbf{a} = <a_1, a_2, a_3>$의 표현

3차원에서 벡터 $\mathbf{a} = \overrightarrow{OP} = \langle a_1, a_2, a_3 \rangle$은 점 $P(a_1, a_2, a_3)$의 위치벡터이다([그림 43] 참조). 시점이 $A(x_1, y_1, z_1)$, 종점이 $B(x_2, y_2, z_2)$인 $\mathbf{a}$의 또 다른 표현 $\overrightarrow{AB}$를 생각하자. 그러면 $x_1 + a_1 = x_2$, $y_1 + a_2 = y_2$, $z_1 + a_3 = z_2$이므로 $a_1 = x_2 - x_1$, $a_2 = y_2 - y_1$, $a_3 = z_2 - z_1$이다. 따라서 다음 결과를 얻는다.

1️⃣ 주어진 점 $A(x_1, y_1, z_1)$과 $B(x_2, y_2, z_2)$에 대해 $\overrightarrow{AB}$ 형태의 벡터 $\mathbf{a}$는 다음과 같다.

$$\mathbf{a} = \langle x_2 - x_1, \, y_2 - y_1, \, z_2 - z_1 \rangle$$

◤ **예제 3** 시점이 $A(2, -3, 4)$, 종점이 $B(-2, 1, 1)$인 유향 선분으로 표현된 벡터를 구하라.

풀이

1️⃣에 의해 $\overrightarrow{AB}$에 대응하는 벡터는 다음과 같다.

$$\mathbf{a} = \langle -2 - 2, \, 1 - (-3), \, 1 - 4 \rangle = \langle -4, \, 4, \, -3 \rangle \qquad \blacktriangleright$$

벡터 $\mathbf{v}$의 **크기**^{magnitude} 또는 **길이**^{length}는 임의의 표현에 대한 길이이고 기호 $|\mathbf{v}|$ 또는 $\|\mathbf{v}\|$로 나타낸다. 선분 OP의 길이를 구하는 거리 공식을 이용하면 다음을 얻는다.

2차원 벡터 $\mathbf{a} = \langle a_1, a_2 \rangle$의 길이는 다음과 같다.

$$|\mathbf{a}| = \sqrt{a_1^2 + a_2^2}$$

3차원 벡터 $\mathbf{a} = \langle a_1, a_2, a_3 \rangle$의 길이는 다음과 같다.

$$|\mathbf{a}| = \sqrt{a_1^2 + a_2^2 + a_3^2}$$

그러면 [그림 44]와 같이 $\mathbf{a} = \langle a_1, a_2 \rangle$와 $\mathbf{b} = \langle b_1, b_2 \rangle$일 때 두 벡터의 합은 $\mathbf{a} + \mathbf{b} = \langle a_1 + b_1, \, a_2 + b_2 \rangle$이다. 다시 말해서 대수적 벡터의 합을 구하기 위해 그들의 성분끼리 더한다. 마찬가지로 벡터의 차를 구하려면 성분끼리 빼면 된다. [그림 45]의 닮은 삼각형으로부터 $c\mathbf{a}$의 성분은 ca_1과 ca_2이다. 따라서 벡터에 스칼라를 곱하기 위해 각 성분에 그 스칼라를 곱한다.

$\mathbf{a} = \langle a_1, a_2 \rangle$와 $\mathbf{b} = \langle b_1, b_2 \rangle$이면 다음과 같다.

$$\mathbf{a} + \mathbf{b} = \langle a_1 + b_1, \, a_2 + b_2 \rangle, \quad \mathbf{a} - \mathbf{b} = \langle a_1 - b_1, \, a_2 - b_2 \rangle$$
$$c\mathbf{a} = \langle ca_1, \, ca_2 \rangle$$

마찬가지로 3차원 벡터에 대해 다음과 같다.

$$\langle a_1, a_2, a_3 \rangle + \langle b_1, b_2, b_3 \rangle = \langle a_1 + b_1, \, a_2 + b_2, \, a_3 + b_3 \rangle$$
$$\langle a_1, a_2, a_3 \rangle - \langle b_1, b_2, b_3 \rangle = \langle a_1 - b_1, \, a_2 - b_2, \, a_3 - b_3 \rangle$$
$$c\langle a_1, a_2, a_3 \rangle = \langle ca_1, \, ca_2, \, ca_3 \rangle$$

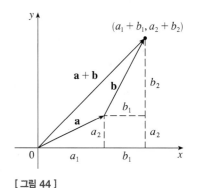

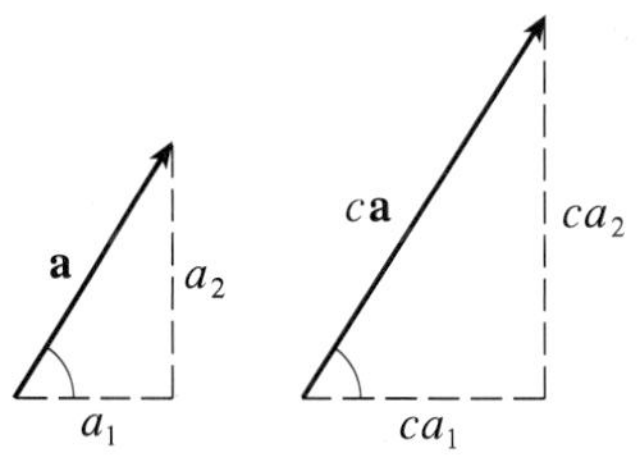

[그림 44]

[그림 45]

◄예제 4 $\mathbf{a} = \langle 4, 0, 3 \rangle$, $\mathbf{b} = \langle -2, 1, 5 \rangle$일 때 $|\mathbf{a}|$와 벡터 $\mathbf{a} + \mathbf{b}$, $\mathbf{a} - \mathbf{b}$, $3\mathbf{b}$, $2\mathbf{a} + 5\mathbf{b}$를 각각 구하라.

풀이

$$|\mathbf{a}| = \sqrt{4^2 + 0^2 + 3^2} = \sqrt{25} = 5$$

$$\mathbf{a} + \mathbf{b} = \langle 4, 0, 3 \rangle + \langle -2, 1, 5 \rangle$$
$$= \langle 4 - 2, 0 + 1, 3 + 5 \rangle = \langle 2, 1, 8 \rangle$$

$$\mathbf{a} - \mathbf{b} = \langle 4, 0, 3 \rangle - \langle -2, 1, 5 \rangle$$
$$= \langle 4 - (-2), 0 - 1, 3 - 5 \rangle = \langle 6, -1, -2 \rangle$$

$$3\mathbf{b} = 3 \langle -2, 1, 5 \rangle = \langle 3(-2), 3(1), 3(5) \rangle = \langle -6, 3, 15 \rangle$$

$$2\mathbf{a} + 5\mathbf{b} = 2 \langle 4, 0, 3 \rangle + 5 \langle -2, 1, 5 \rangle$$
$$= \langle 8, 0, 6 \rangle + \langle -10, 5, 25 \rangle = \langle -2, 5, 31 \rangle$$

모든 2차원 벡터의 집합을 V_2, 모든 3차원 벡터의 집합을 V_3로 나타낸다. 이를 일반화 하면 모든 n차원 벡터의 집합 V_n으로 나타낼 수 있다. n차원 벡터는 다음과 같이 n 순서쌍이다.

$$\mathbf{a} = \langle a_1, a_2, \cdots, a_n \rangle$$

여기서 n개의 실수 a_1, a_2, $\cdots$, a_n을 $\mathbf{a}$의 성분이라 한다. 합과 스칼라 배는 $n = 2$와 $n = 3$인 경우와 마찬가지로 성분을 이용해서 정의된다.

> **벡터의 성질** $\mathbf{a}$, $\mathbf{b}$, $\mathbf{c}$가 V_n의 벡터이고 c와 d가 스칼라일 때 다음이 성립한다.
>
> (1) $\mathbf{a} + \mathbf{b} = \mathbf{b} + \mathbf{a}$
> (2) $\mathbf{a} + (\mathbf{b} + \mathbf{c}) = (\mathbf{a} + \mathbf{b}) + \mathbf{c}$
> (3) $\mathbf{a} + \mathbf{0} = \mathbf{a}$
> (4) $\mathbf{a} + (-\mathbf{a}) = \mathbf{0}$
> (5) $c(\mathbf{a} + \mathbf{b}) = c\mathbf{a} + c\mathbf{b}$
> (6) $(c + d)\mathbf{a} = c\mathbf{a} + d\mathbf{a}$
> (7) $(cd)\mathbf{a} = c(d\mathbf{a})$
> (8) $1\mathbf{a} = \mathbf{a}$

이와 같은 여덟 가지 벡터의 성질은 기하학적으로 또는 대수적으로 쉽게 증명할 수 있다. V_3에는 특별한 역할을 하는 3개의 벡터가 있다. 다음 벡터를 정의하자.

$$\mathbf{i} = \langle 1, 0, 0 \rangle, \quad \mathbf{j} = \langle 0, 1, 0 \rangle, \quad \mathbf{k} = \langle 0, 0, 1 \rangle$$

이와 같은 벡터 $\mathbf{i}$, $\mathbf{j}$, $\mathbf{k}$를 **표준기저벡터**$^{\text{standard basis vector}}$라 한다. 이 벡터들은 각각 길이가 1이고 양의 x축, y축, z축을 향한다. 마찬가지로 2차원에서는 $\mathbf{i} = \langle 1, 0 \rangle$, $\mathbf{j} = \langle 0, 1 \rangle$로 정의한다([그림 46] 참조).

n차원 안의 벡터는 구성 방법에 따라 다양한 양을 나열하는 데 사용된다. 예를 들어 다음과 같은 6차원 벡터의 성분은 특정한 상품을 만들기 위해 필요한 6종류의 서로 다른 원료의 가격을 표현할 수 있다.

$$\mathbf{p} = \langle p_1, p_2, p_3, p_4, p_5, p_6 \rangle$$

4차원 벡터 $\langle x, y, z, t \rangle$는 상대성 이론에 사용되는데 처음 세 성분은 공간에서의 위치를 나타내고 네 번째 성분은 시간을 나타낸다.

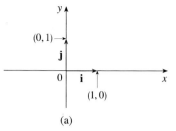

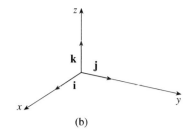

[그림 46] V_2와 V_3에서 표준기저벡터

$\mathbf{a} = \langle a_1, a_2, a_3 \rangle$이면 다음과 같이 쓸 수 있다.

$$\mathbf{a} = \langle a_1, a_2, a_3 \rangle = \langle a_1, 0, 0 \rangle + \langle 0, a_2, 0 \rangle + \langle 0, 0, a_3 \rangle$$
$$= a_1 \langle 1, 0, 0 \rangle + a_2 \langle 0, 1, 0 \rangle + a_3 \langle 0, 0, 1 \rangle$$

$\boxed{2}$
$$\mathbf{a} = a_1 \mathbf{i} + a_2 \mathbf{j} + a_3 \mathbf{k}$$

따라서 V_3 안에 있는 임의의 벡터는 $\mathbf{i}$, $\mathbf{j}$, $\mathbf{k}$를 이용하여 표현할 수 있다. 예를 들어 다음과 같다.

$$\langle 1, -2, 6 \rangle = \mathbf{i} - 2\mathbf{j} + 6\mathbf{k}$$

마찬가지로 2차원에서 다음과 같이 쓸 수 있다.

$\boxed{3}$
$$\mathbf{a} = \langle a_1, a_2 \rangle = a_1 \mathbf{i} + a_2 \mathbf{j}$$

[그림 47]에서 식 $\boxed{3}$과 $\boxed{2}$의 기하학적 해석을 알아보고 이를 [그림 46]과 비교해보자.

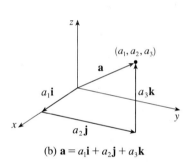

(a) $\mathbf{a} = a_1 \mathbf{i} + a_2 \mathbf{j}$

(b) $\mathbf{a} = a_1 \mathbf{i} + a_2 \mathbf{j} + a_3 \mathbf{k}$

[그림 47]

◀**예제 5** $\mathbf{a} = \mathbf{i} + 2\mathbf{j} - 3\mathbf{k}$, $\mathbf{b} = 4\mathbf{i} + 7\mathbf{k}$일 때 $2\mathbf{a} + 3\mathbf{b}$를 $\mathbf{i}, \mathbf{j}, \mathbf{k}$를 이용하여 표현하라.

풀이

벡터의 성질 (1), (2), (5), (6), (7)을 이용하면 다음을 얻는다.

$$2\mathbf{a} + 3\mathbf{b} = 2(\mathbf{i} + 2\mathbf{j} - 3\mathbf{k}) + 3(4\mathbf{i} + 7\mathbf{k})$$
$$= 2\mathbf{i} + 4\mathbf{j} - 6\mathbf{k} + 12\mathbf{i} + 21\mathbf{k} = 14\mathbf{i} + 4\mathbf{j} + 15\mathbf{k}$$

➤

단위벡터$^{unit\ vector}$는 길이가 1인 벡터이다. 예를 들어 $\mathbf{i}$, $\mathbf{j}$, $\mathbf{k}$는 모두 단위벡터이다. 일반적으로 $\mathbf{a} \neq \mathbf{0}$이면 $\mathbf{a}$와 방향이 같은 단위벡터는 다음과 같다.

$\boxed{4}$
$$\mathbf{u} = \frac{1}{|\mathbf{a}|} \mathbf{a} = \frac{\mathbf{a}}{|\mathbf{a}|}$$

깁스$^{Josiah\ Willard\ Gibbs,\ 1839\sim1903}$

예일대학의 수리물리학 교수였던 깁스는 1881년에 "벡터해석"(Vector Analysis)이라는 벡터에 관한 책을 처음으로 출판했다. 해밀턴(Hamilton)이 일찍이 공간을 설명하기 위한 도구로 4원수라는 좀 더 복잡한 대상을 발명했지만 이는 과학자들이 사용하기에는 쉽지 않았다. 4원수는 스칼라 부분과 벡터 부분을 갖는다. 깁스는 벡터 부분을 분리해서 사용했다. 맥스웰(Maxwell)과 헤비사이드(Heaviside)도 비슷한 생각을 했으나 깁스의 접근이 공간을 연구하기 위한 가장 편리한 방법임이 증명되었다.

이를 증명하기 위해 $c = 1/|\mathbf{a}|$ 로 놓자. $\mathbf{u} = c\mathbf{a}$ 이고 c 는 양의 스칼라이므로 $\mathbf{u}$ 는 $\mathbf{a}$ 와 방향이 같다. 또한 다음이 성립한다.

$$|\mathbf{u}| = |c\mathbf{a}| = |c||\mathbf{a}| = \frac{1}{|\mathbf{a}|}|\mathbf{a}| = 1$$

◀예제6▶ 벡터 $2\mathbf{i} - \mathbf{j} - 2\mathbf{k}$ 방향의 단위벡터를 구하라.

풀이

주어진 벡터의 길이는 다음과 같다.

$$|2\mathbf{i} - \mathbf{j} - 2\mathbf{k}| = \sqrt{2^2 + (-1)^2 + (-2)^2} = \sqrt{9} = 3$$

따라서 식 ④에 의해 동일한 방향을 갖는 단위벡터는 다음과 같다.

$$\frac{1}{3}(2\mathbf{i} - \mathbf{j} - 2\mathbf{k}) = \frac{2}{3}\mathbf{i} - \frac{1}{3}\mathbf{j} - \frac{2}{3}\mathbf{k}$$

❯

응용

벡터는 물리학과 공학의 여러 분야에서 매우 유용하다. 예를 들어 힘은 (파운드 또는 뉴턴으로 측정되는) 크기와 방향을 모두 갖고 있으므로 벡터로 표현된다. 한 물체에 여러 힘이 작용하면 이 물체에 영향을 주는 **합력**$^{resultant\ force}$은 이 힘들의 벡터 합이다.

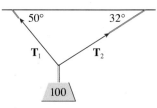

[그림 48]

◀예제7▶ [그림 48]과 같이 질량 $100\,\mathrm{kg}$인 물체가 두 줄에 매달려 있을 때 두 줄에 걸리는 장력(힘) $\mathbf{T}_1$, $\mathbf{T}_2$와 그 크기를 구하라.

풀이

먼저 $\mathbf{T}_1$과 $\mathbf{T}_2$를 수평 및 수직성분으로 나타낸다. [그림 49]로부터 다음을 알 수 있다.

⑤ $$\mathbf{T}_1 = -|\mathbf{T}_1|\cos 50°\mathbf{i} + |\mathbf{T}_1|\sin 50°\mathbf{j}$$

⑥ $$\mathbf{T}_2 = |\mathbf{T}_2|\cos 32°\mathbf{i} + |\mathbf{T}_2|\sin 32°\mathbf{j}$$

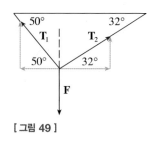

[그림 49]

물체에 작용하는 중력의 힘은 $\mathbf{F} = -100(9.8)\mathbf{j} = -980\mathbf{j}$ 이다. 두 장력의 합력 $\mathbf{T}_1 + \mathbf{T}_2$는 $\mathbf{F}$와 균형을 이루므로 다음과 같다.

$$\mathbf{T}_1 + \mathbf{T}_2 = -\mathbf{F} = 980\mathbf{j}$$

그러므로 다음을 얻는다.

$$(-|\mathbf{T}_1|\cos 50° + |\mathbf{T}_2|\cos 32°)\mathbf{i} + (|\mathbf{T}_1|\sin 50° + |\mathbf{T}_2|\sin 32°)\mathbf{j} = 980\mathbf{j}$$

성분을 같게 놓으면 다음을 얻는다.

$$- |\mathbf{T}_1| \cos 50° + |\mathbf{T}_2| \cos 32° = 0$$

$$|\mathbf{T}_1| \sin 50° + |\mathbf{T}_2| \sin 32° = 980$$

첫 번째 방정식을 $|\mathbf{T}_2|$에 대해 풀어서 두 번째 방정식에 대입하면 다음을 얻는다.

$$|\mathbf{T}_1| \sin 50° + \frac{|\mathbf{T}_1| \cos 50°}{\cos 32°} \sin 32° = 980$$

따라서 각 장력의 크기는 다음과 같다.

$$|\mathbf{T}_1| = \frac{980}{\sin 50° + \tan 32° \cos 50°} \approx 839\,\text{N}$$

$$|\mathbf{T}_2| = \frac{|\mathbf{T}_1| \cos 50°}{\cos 32°} \approx 636\,\text{N}$$

이 값들을 ⑤와 ⑥에 대입하면 다음과 같은 장력벡터를 얻는다.

$$\mathbf{T}_1 \approx -539\mathbf{i} + 643\mathbf{j}, \quad \mathbf{T}_2 \approx 539\mathbf{i} + 337\mathbf{j}$$

9.4 연습문제

---

01 다음 평행사변형에서 서로 동치인 벡터를 모두 말하라.

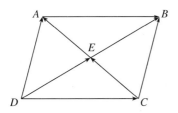

02~03 유향 선분 $\overrightarrow{AB}$로 표현되는 벡터 $\mathbf{a}$를 구하라. $\overrightarrow{AB}$와 원점에서 시작하는 이와 동치인 표현을 그려라.

02 $A(-1, 1)$, $B(3, 2)$ **03** $A(0, 3, 1)$, $B(2, 3, -1)$

04~05 주어진 벡터의 합을 구하고 이를 기하학적으로 설명하라.

04 $\langle -1, 4 \rangle$, $\langle 6, -2 \rangle$ **05** $\langle 3, 0, 1 \rangle$, $\langle 0, 8, 0 \rangle$

06~07 $\mathbf{a} + \mathbf{b}$, $2\mathbf{a} + 3\mathbf{b}$, $|\mathbf{a}|$, $|\mathbf{a} - \mathbf{b}|$를 구하라.

06 $\mathbf{a} = \langle 5, -12 \rangle$, $\mathbf{b} = \langle -3, -6 \rangle$

07 $\mathbf{a} = \mathbf{i} + 2\mathbf{j} - 3\mathbf{k}$, $\mathbf{b} = -2\mathbf{i} - \mathbf{j} + 5\mathbf{k}$

---

08 $8\mathbf{i} - \mathbf{j} + 4\mathbf{k}$와 방향이 같은 단위벡터를 구하라.

09 $\mathbf{i} + \sqrt{3}\,\mathbf{j}$가 x축의 양의 방향과 이루는 사이의 각을 구하라.

10 쿼터백이 초속 $60\,\text{ft/s}$로 지면과 $40°$의 각도로 풋볼 공을 던진다. 속도벡터의 수평성분과 수직성분을 구하라.

11 다음 그림에서 두 벡터의 합력을 나타내는 벡터가 양의 x축과 이루는 각도를 구하라.

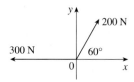

12 8m 떨어진 두 기둥에 빨랫줄이 처지지 않고 팽팽하게 묶여 있다. 질량이 0.8kg인 젖은 셔츠를 빨랫줄 가운데에 널면 빨랫줄의 중간점이 아래로 8cm 처진다고 한다. 중간점에서 양 끝점까지 빨랫줄의 장력을 구하라.

13 사공이 너비 3km인 수로를 가로질러 출발점으로부터 상류 2km 지점에 상륙하려고 한다. 수로의 흐름은 3.5km/h, 배의 속력은 13km/h이다.

(a) 사공은 배를 어떤 방향으로 조정해야 하는가?

(b) 이동 시간은 얼마나 걸리는가?

14 (a) 벡터 $\mathbf{a} = \langle 3, 2 \rangle$, $\mathbf{b} = \langle 2, -1 \rangle$, $\mathbf{c} = \langle 7, 1 \rangle$을 그려라.

(b) 그림을 그려서 $\mathbf{c} = s\mathbf{a} + t\mathbf{b}$를 만족하는 스칼라 s와 t가 존재함을 보여라.

(c) 그림을 이용하여 s와 t의 값을 추정하라.

(d) s와 t의 정확한 값을 구하라.

15 $\mathbf{r} = \langle x, y, z \rangle$, $\mathbf{r}_0 = \langle x_0, y_0, z_0 \rangle$일 때 $|\mathbf{r} - \mathbf{r}_0| = 1$을 만족하는 점 (x, y, z) 전체의 집합을 설명하라.

9.5 내적과 외적

지금까지 두 벡터의 덧셈, 벡터와 스칼라의 곱을 살펴봤다. 두 벡터를 곱할 수 있는가? 그 곱이 유용한 양이 되는가? 하는 의문이 생길 것이다. 이와 같은 곱의 하나는 내적이고, 다른 하나는 외적이다.

> ① **정의** $\mathbf{a} = \langle a_1, a_2, a_3 \rangle$, $\mathbf{b} = \langle b_1, b_2, b_3 \rangle$이라 하면 $\mathbf{a}$와 $\mathbf{b}$의 **내적**$^{inner\ product}$은 다음과 같이 정의되는 수 $\mathbf{a} \cdot \mathbf{b}$이다.
>
> $$\mathbf{a} \cdot \mathbf{b} = a_1 b_1 + a_2 b_2 + a_3 b_3$$

따라서 대응하는 성분끼리 곱한 다음 더하여 $\mathbf{a}$와 $\mathbf{b}$의 내적을 구한다. 그 결과는 벡터가 아니라 실수, 즉 스칼라이다. 이와 같은 이유로 내적을 때때로 **스칼라 곱**$^{scalar\ product}$ 또는 **점적**$^{dot\ product}$이라 한다. 정의 ①은 3차원 벡터에 대한 내적의 정의이지만 다음과 같이 유사한 방법으로 2차원 벡터의 내적을 정의한다.

$$\langle a_1, a_2 \rangle \cdot \langle b_1, b_2 \rangle = a_1 b_1 + a_2 b_2$$

◀ 예제 1

$$\langle 2, 4 \rangle \cdot \langle 3, -1 \rangle = 2(3) + 4(-1) = 2$$

$$\langle -1, 7, 4 \rangle \cdot \left\langle 6, 2, -\frac{1}{2} \right\rangle = (-1)(6) + 7(2) + 4\left(-\frac{1}{2}\right) = 6$$

$$(\mathbf{i} + 2\mathbf{j} - 3\mathbf{k}) \cdot (2\mathbf{j} - \mathbf{k}) = 1(0) + 2(2) + (-3)(-1) = 7 \qquad \textbf{❯}$$

내적도 실수들 사이의 곱셈에서 성립하는 많은 성질을 따른다. 다음 정리는 이러한 사실을 나타낸다.

$\boxed{2}$ **내적의 성질** a, b, c가 V_3의 벡터이고 c가 스칼라이면 다음이 성립한다.

(1) $\mathbf{a} \cdot \mathbf{a} = |\mathbf{a}|^2$ (2) $\mathbf{a} \cdot \mathbf{b} = \mathbf{b} \cdot \mathbf{a}$

(3) $\mathbf{a} \cdot (\mathbf{b} + \mathbf{c}) = \mathbf{a} \cdot \mathbf{b} + \mathbf{a} \cdot \mathbf{c}$ (4) $(c\mathbf{a}) \cdot \mathbf{b} = c(\mathbf{a} \cdot \mathbf{b}) = \mathbf{a} \cdot (c\mathbf{b})$

(5) $\mathbf{0} \cdot \mathbf{a} = 0$

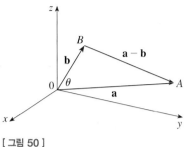

내적 $\mathbf{a} \cdot \mathbf{b}$는 a와 b 사이의 각 θ를 이용하여 기하학적으로 설명할 수 있다. 이때 각 θ는 원점에서 시작하는 a와 b의 표현들 사이의 각을 나타내며 $0 \le \theta \le \pi$이다. 다시 말해서 θ는 [그림 50]의 선분 $\overrightarrow{OA}$와 $\overrightarrow{OB}$ 사이의 각이다. a와 b가 평행한 벡터이면 $\theta = 0$ 또는 $\theta = \pi$임에 주의한다.

[그림 50]

다음 정리에 나타나는 공식은 물리학자들이 내적의 정의로 사용한다.

$\boxed{3}$ **정리** θ가 벡터 a와 b 사이의 각이면 다음이 성립한다.
$$\mathbf{a} \cdot \mathbf{b} = |\mathbf{a}||\mathbf{b}| \cos \theta$$

◀**예제2**▶ 벡터 a와 b의 길이가 각각 4와 6이고 그들 사이의 각이 $\dfrac{\pi}{3}$일 때, $\mathbf{a} \cdot \mathbf{b}$를 구하라.

풀이

정리 $\boxed{3}$을 이용하면 다음을 얻는다.

$$\mathbf{a} \cdot \mathbf{b} = |\mathbf{a}||\mathbf{b}| \cos(\pi/3) = 4 \cdot 6 \cdot \frac{1}{2} = 12 \qquad \blacktriangleright$$

역시 정리 $\boxed{3}$의 공식을 이용하여 두 벡터 사이의 각을 구할 수 있다.

$\boxed{4}$ **따름 정리** θ가 영이 아닌 두 벡터 a와 b 사이의 각이면 다음이 성립한다.
$$\cos \theta = \frac{\mathbf{a} \cdot \mathbf{b}}{|\mathbf{a}||\mathbf{b}|}$$

◀**예제3**▶ 벡터 $\mathbf{a} = \langle 2, 2, -1 \rangle$와 $\mathbf{b} = \langle 5, -3, 2 \rangle$ 사이의 각을 구하라.

풀이

$|\mathbf{a}| = \sqrt{2^2 + 2^2 + (-1)^2} = 3$, $|\mathbf{b}| = \sqrt{5^2 + (-3)^2 + 2^2} = \sqrt{38}$,

$$\mathbf{a} \cdot \mathbf{b} = 2(5) + 2(-3) + (-1)(2) = 2$$

이므로 따름 정리 $\boxed{4}$로부터 다음을 얻는다.

$$\cos \theta = \frac{\mathbf{a} \cdot \mathbf{b}}{|\mathbf{a}||\mathbf{b}|} = \frac{2}{3\sqrt{38}}$$

따라서 $\mathbf{a}$와 $\mathbf{b}$ 사이의 각은 다음과 같다.

$$\theta = \cos^{-1}\left(\frac{2}{3\sqrt{38}}\right) \approx 1.46 \ (\text{또는 } 84°)$$

영이 아닌 두 벡터 $\mathbf{a}$와 $\mathbf{b}$ 사이의 각이 $\theta = \pi/2$일 때 $\mathbf{a}$와 $\mathbf{b}$는 서로 **수직**perpendicular 또는 서로 **직교**orthogonal한다고 한다. 그러면 정리 ③으로부터 다음을 얻는다.

$$\mathbf{a} \cdot \mathbf{b} = |\mathbf{a}||\mathbf{b}|\cos(\pi/2) = 0$$

역으로 $\mathbf{a} \cdot \mathbf{b} = 0$이면 $\cos \theta = 0$이므로 $\theta = \pi/2$이다. 영벡터 $\mathbf{0}$는 모든 벡터에 수직 인 것으로 생각한다. 그러므로 두 벡터가 직교하는지 아닌지를 결정하기 위해 다음 방법을 사용한다.

⑤ 두 벡터 $\mathbf{a}$와 $\mathbf{b}$가 직교하기 위한 필요충분조건은 $\mathbf{a} \cdot \mathbf{b} = 0$이다.

◀ 예제 4 $2\mathbf{i} + 2\mathbf{j} - \mathbf{k}$가 $5\mathbf{i} - 4\mathbf{j} + 2\mathbf{k}$에 수직임을 보여라.

풀이
$(2\mathbf{i} + 2\mathbf{j} - \mathbf{k}) \cdot (5\mathbf{i} - 4\mathbf{j} + 2\mathbf{k}) = 2(5) + 2(-4) + (-1)(2) = 0$이므로 ⑤에 의해 두 벡터는 수직이다.

$0 \le \theta < \pi/2$이면 $\cos \theta > 0$, $\pi/2 < \theta \le \pi$이면 $\cos \theta < 0$이므로 $\theta < \pi/2$에 대해 $\mathbf{a} \cdot \mathbf{b}$는 양수이고 $\theta > \pi/2$에 대해 $\mathbf{a} \cdot \mathbf{b}$는 음수이다. $\mathbf{a} \cdot \mathbf{b}$를 $\mathbf{a}$와 $\mathbf{b}$가 같은 방향을 가리키는 정도를 측정하는 척도로 생각할 수 있다. $\mathbf{a}$와 $\mathbf{b}$가 일반적으로 같은 방향을 가리키면 $\mathbf{a} \cdot \mathbf{b}$는 양수, 서로 수직이면 0, 반대 방향을 가리키면 음수이다([그림 51] 참조). $\mathbf{a}$와 $\mathbf{b}$가 정확히 같은 방향을 가리키는 극단적인 경우에는 $\theta = 0$이므로 $\cos \theta = 1$이고 다음이 성립한다.

$$\mathbf{a} \cdot \mathbf{b} = |\mathbf{a}||\mathbf{b}|$$

$\mathbf{a}$와 $\mathbf{b}$가 정확히 반대 방향을 가리키면 $\theta = \pi$이므로 $\cos \theta = -1$이고 다음이 성립한다.

$$\mathbf{a} \cdot \mathbf{b} = -|\mathbf{a}||\mathbf{b}|$$

$\mathbf{a} \cdot \mathbf{b} > 0$
θ는 예각

$\mathbf{a} \cdot \mathbf{b} = 0$
$\theta = \pi/2$

$\mathbf{a} \cdot \mathbf{b} < 0$
θ는 둔각

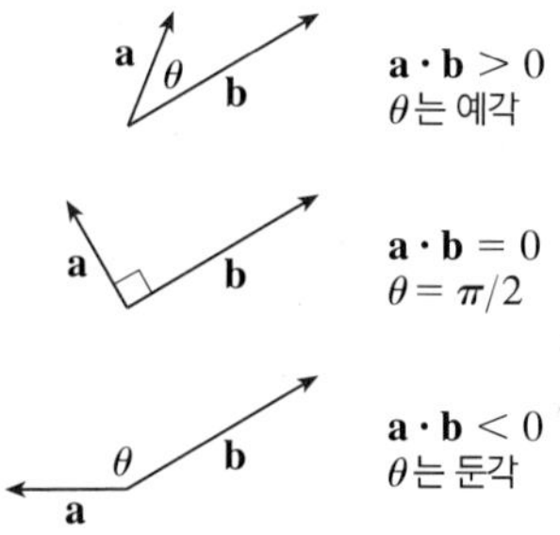

[그림 51]

TEC Visual 10.3A는 [그림 51]이 움직이는 모습을 보여준다.

사영

[그림 52]는 동일한 시점 P를 갖는 두 벡터 **a**와 **b**의 표현 $\overrightarrow{PQ}$와 $\overrightarrow{PR}$을 보이고 있다. R에서 $\overrightarrow{PQ}$를 포함하는 직선에 내린 수선의 발을 S라고 할 때, $\overrightarrow{PS}$로 표현된 벡터를 **a** 위로 **b**의 **벡터 사영**^{vector projection}이라 하고, $\text{proj}_a\mathbf{b}$로 나타낸다. (이를 벡터 **b**의 그림자로 생각할 수 있다.)

TEC Visual 10.3B는 **a**와 **b**가 변할 때 [그림 52]가 어떻게 변하는지 보여준다.

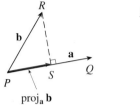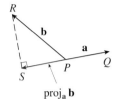

[**그림 52**] 벡터 사영

a 위로 **b**의 **스칼라 사영**^{scalar projection} (**a** 방향의 **b**의 **성분**이라 한다.)은 **a**와 **b** 사이의 각 θ에 대해 벡터 사영의 부호가 있는 크기, 즉 $|\mathbf{b}|\cos\theta$로 정의한다([그림 53] 참조). 이것을 $\text{comp}_a\mathbf{b}$로 나타낸다.

$\pi/2 < \theta \le \pi$이면 스칼라 사영은 음수임에 주목한다. 다음 방정식은 **a**와 **b**의 내적이 **a**의 길이에 **a** 위로 **b**의 스칼라 사영을 곱한 것으로 해석할 수 있음을 보여준다.

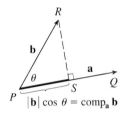

[**그림 53**] 스칼라 사영

$$\mathbf{a} \cdot \mathbf{b} = |\mathbf{a}||\mathbf{b}|\cos\theta = |\mathbf{a}|\,(|\mathbf{b}|\cos\theta)$$

그러므로 다음을 얻는다.

$$|\mathbf{b}|\cos\theta = \frac{\mathbf{a} \cdot \mathbf{b}}{|\mathbf{a}|} = \frac{\mathbf{a}}{|\mathbf{a}|} \cdot \mathbf{b}$$

따라서 **a** 방향의 **b**의 성분은 **a** 방향의 단위벡터와 **b**의 내적으로 계산할 수 있다. 이것을 요약하면 다음과 같다.

a 위로 **b**의 스칼라 사영: $\text{comp}_a\mathbf{b} = \dfrac{\mathbf{a} \cdot \mathbf{b}}{|\mathbf{a}|}$

a 위로 **b**의 벡터 사영: $\text{proj}_a\mathbf{b} = \left(\dfrac{\mathbf{a} \cdot \mathbf{b}}{|\mathbf{a}|}\right)\dfrac{\mathbf{a}}{|\mathbf{a}|} = \dfrac{\mathbf{a} \cdot \mathbf{b}}{|\mathbf{a}|^2}\,\mathbf{a}$

벡터 사영은 스칼라 사영과 **a** 방향의 단위벡터의 곱이라는 사실에 주목하자.

◀**예제 5** **a** $= \langle -2, 3, 1 \rangle$ 위로 **b** $= \langle 1, 1, 2 \rangle$의 스칼라 사영과 벡터 사영을 구하라.

풀이

$|\mathbf{a}| = \sqrt{(-2)^2 + 3^2 + 1^2} = \sqrt{14}$이므로 **a** 위로 **b**의 스칼라 사영은 다음과 같다.

$$\text{comp}_{\mathbf{a}}\mathbf{b} = \frac{\mathbf{a} \cdot \mathbf{b}}{|\mathbf{a}|} = \frac{(-2)(1)+3(1)+1(2)}{\sqrt{14}} = \frac{3}{\sqrt{14}}$$

벡터 사영은 이 스칼라 사영과 $\mathbf{a}$ 방향의 단위벡터의 곱이므로 다음과 같다.

$$\text{proj}_{\mathbf{a}}\mathbf{b} = \frac{3}{\sqrt{14}}\frac{\mathbf{a}}{|\mathbf{a}|} = \frac{3}{14}\mathbf{a} = \left\langle -\frac{3}{7},\ \frac{9}{14},\ \frac{3}{14} \right\rangle$$

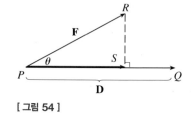

[그림 54]

물리학에서 일을 계산할 때도 사영을 이용한다. 이것은 물체가 움직이는 선을 따라 힘의 방향이 주어질 때에만 적용된다. 그러나 [그림 54]와 같이 일정한 힘이 어떤 다른 방향을 향하는 벡터 $\mathbf{F} = \overrightarrow{PR}$이라고 하자. 힘이 물체를 P에서 Q로 이동시킬 때 **변위벡터**$^{\text{displacement vector}}$는 $\mathbf{D} = \overrightarrow{PQ}$이다. 이 힘에 의해 이루어진 **일**^{work}은 다음과 같이 $\mathbf{D}$ 방향의 힘의 성분과 움직인 거리의 곱으로 정의한다.

$$W = (|\mathbf{F}|\cos\theta)|\mathbf{D}|$$

그러면 정리 ③으로부터 다음을 얻는다.

⑥ $$W = |\mathbf{F}||\mathbf{D}|\cos\theta = \mathbf{F}\cdot\mathbf{D}$$

따라서 $\mathbf{D}$가 변위벡터일 때 일정한 힘 $\mathbf{F}$가 한 일은 내적 $\mathbf{F}\cdot\mathbf{D}$이다.

◀ 예제6 짐수레를 $70\,\text{N}$의 일정한 힘으로 수평인 길을 따라서 $100\,\text{m}$를 끌고 있다. 짐수레의 손잡이가 수평 위로 $35°$의 각도로 달려 있다. 이 힘이 한 일을 구하라.

풀이

[그림 55]와 같이 $\mathbf{F}$와 $\mathbf{D}$를 각각 힘과 변위벡터라고 하면 한 일은 다음과 같다.

$$W = \mathbf{F}\cdot\mathbf{D} = |\mathbf{F}||\mathbf{D}|\cos 35°$$
$$= (70)(100)\cos 35° \approx 5734\,\text{N·m} = 5734\,\text{J}$$

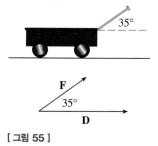

[그림 55]

외적

내적과는 달리 두 벡터 $\mathbf{a}$와 $\mathbf{b}$의 **외적**$^{\text{outer product}}$ $\mathbf{a}\times\mathbf{b}$는 벡터이다. 이러한 이유로 외적을 **크로스 곱**$^{\text{cross product}}$ 또는 **벡터곱**$^{\text{vector product}}$이라고도 한다. $\mathbf{a}\times\mathbf{b}$는 오로지 $\mathbf{a}$와 $\mathbf{b}$가 3차원 벡터일 때만 정의된다.

⑦ **정의** $\mathbf{a} = \langle a_1,\ a_2,\ a_3 \rangle$와 $\mathbf{b} = \langle b_1,\ b_2,\ b_3 \rangle$이면 $\mathbf{a}$와 $\mathbf{b}$의 **외적**$^{\text{outer product}}$은 다음과 같이 정의한다.

$$\mathbf{a}\times\mathbf{b} = \langle a_2 b_3 - a_3 b_2,\ a_3 b_1 - a_1 b_3,\ a_1 b_2 - a_2 b_1 \rangle$$

외적은 일반적으로 알고 있는 곱과 달리 생소하게 느낄 것이다. 정의 7과 같이 외적을 특별하게 정의함으로써 외적이 매우 유용한 성질들을 갖는다는 것을 곧 알게 될 것이다. 특히 벡터 $\mathbf{a} \times \mathbf{b}$는 $\mathbf{a}$와 $\mathbf{b}$에 모두 수직이다.

정의 7을 쉽게 기억하기 위해 행렬식의 기호를 이용한다. 2차 행렬식과 표준기저벡터 $\mathbf{i}$, $\mathbf{j}$, $\mathbf{k}$를 이용하여 정의 7을 다시 쓴다면 $\mathbf{a} = a_1 \mathbf{i} + a_2 \mathbf{j} + a_3 \mathbf{k}$, $\mathbf{b} = b_1 \mathbf{i} + b_2 \mathbf{j} + b_3 \mathbf{k}$의 외적은 다음과 같다.

8
$$\mathbf{a} \times \mathbf{b} = \begin{vmatrix} a_2 & a_3 \\ b_2 & b_3 \end{vmatrix} \mathbf{i} - \begin{vmatrix} a_1 & a_3 \\ b_1 & b_3 \end{vmatrix} \mathbf{j} + \begin{vmatrix} a_1 & a_2 \\ b_1 & b_2 \end{vmatrix} \mathbf{k}$$

9.3절의 식 7을 이용하여 형식적으로 다음과 같이 쓰기도 한다.

9
$$\mathbf{a} \times \mathbf{b} = \begin{vmatrix} \mathbf{i} & \mathbf{j} & \mathbf{k} \\ a_1 & a_2 & a_3 \\ b_1 & b_2 & b_3 \end{vmatrix}$$

◀예제 7 $\mathbf{a} = \langle 1, 3, 4 \rangle$와 $\mathbf{b} = \langle 2, 7, -5 \rangle$이면 다음을 얻는다.

$$\mathbf{a} \times \mathbf{b} = \begin{vmatrix} \mathbf{i} & \mathbf{j} & \mathbf{k} \\ 1 & 3 & 4 \\ 2 & 7 & -5 \end{vmatrix} = \begin{vmatrix} 3 & 4 \\ 7 & -5 \end{vmatrix} \mathbf{i} - \begin{vmatrix} 1 & 4 \\ 2 & -5 \end{vmatrix} \mathbf{j} + \begin{vmatrix} 1 & 3 \\ 2 & 7 \end{vmatrix} \mathbf{k}$$
$$= (-15 - 28) \mathbf{i} - (-5 - 8) \mathbf{j} + (7 - 6) \mathbf{k} = -43 \mathbf{i} + 13 \mathbf{j} + \mathbf{k}$$

◀예제 8 V_3 안에 있는 임의의 벡터 $\mathbf{a}$에 대해 $\mathbf{a} \times \mathbf{a} = 0$ 임을 보여라.

풀이

$\mathbf{a} = \langle a_1, a_2, a_3 \rangle$이라 하면 다음을 얻는다.

$$\mathbf{a} \times \mathbf{a} = \begin{vmatrix} \mathbf{i} & \mathbf{j} & \mathbf{k} \\ a_1 & a_2 & a_3 \\ a_1 & a_2 & a_3 \end{vmatrix}$$
$$= (a_2 a_3 - a_3 a_2) \mathbf{i} + (a_1 a_3 - a_3 a_1) \mathbf{j} + (a_1 a_2 - a_2 a_1) \mathbf{k}$$
$$= 0 \mathbf{i} - 0 \mathbf{j} + 0 \mathbf{k} = 0$$

다음은 외적에 관한 중요한 성질 중 하나이다.

10 **정리** 벡터 $\mathbf{a} \times \mathbf{b}$는 $\mathbf{a}$와 $\mathbf{b}$에 모두 직교한다.

$\mathbf{a}$와 $\mathbf{b}$를 [그림 56]과 같이 동일한 시점을 갖는 유향 선분으로 표현하면 정리 10은 외적 $\mathbf{a} \times \mathbf{b}$가 $\mathbf{a}$와 $\mathbf{b}$를 지나는 평면에 수직인 방향을 가리키고 있음을 의미한다. $\mathbf{a} \times \mathbf{b}$의 방향은 오른손 법칙에 의해 주어진다. 즉 오른손 손가락을 $\mathbf{a}$에서 $\mathbf{b}$로

해밀턴Sir William Rowan Hamilton, 1805~1865
외적은 아일랜드 수학자인 해밀턴경이 고안한 것이다. 그는 4원수라 하는 벡터의 전조를 만들었다. 해밀턴은 5살 때 라틴어, 그리스어, 히브리어를 읽을 수 있었고, 8살 때 프랑스어와 이탈리아어를 구사했다. 10살 때에는 아랍어와 산스크리트어를 읽을 수 있었다. 21살에 더블린에 있는 트리니티 대학 학부 시절 동안 그는 천문학 교수와 아일랜드의 왕립 천문대장에 임명됐다.

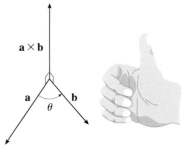

[**그림 56**] 오른손 법칙은 $\mathbf{a} \times \mathbf{b}$의 방향을 알려준다.

(180°보다 작은 각으로) 회전하는 방향으로 구부리면 엄지손가락이 $a \times b$의 방향을 향한다.

이제 벡터 $a \times b$의 방향을 알았다. 기하학적 설명을 완성하기 위해 필요한 나머지는 길이 $|a \times b|$이다. 이것은 다음 정리로 주어진다.

TEC Visual 10.4는 b가 변함에 따라 $a \times b$가 어떻게 변하는지 보여준다.

---

⑪ **정리** a와 b 사이의 각을 $\theta\,(0 \le \theta \le \pi)$라 하면 다음이 성립한다.

$$|a \times b| = |a|\,|b| \sin\theta$$

$a \times b$의 기하학적인 특성

벡터는 온전히 크기와 방향에 의해 결정되므로 이제 $a \times b$는 a와 b에 모두 수직이고 오른손 법칙에 의해 방향이 결정되며, 크기가 $|a|\,|b|\sin\theta$인 벡터라고 말할 수 있다.

---

⑫ **따름 정리** 영이 아닌 두 벡터 a와 b가 서로 평행하기 위한 필요충분조건은 다음과 같다.

$$a \times b = 0$$

[그림 57]을 보면 정리 ⑪의 기하학적인 해석을 알 수 있다. a와 b를 시점이 같은 유향 선분으로 표현하면 이들은 밑변이 $|a|$이고 높이가 $|b|\sin\theta$인 평행사변형이 되며 넓이는 다음과 같다.

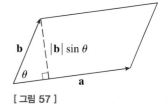

[그림 57]

$$A = |a|\,(|b|\sin\theta) = |a \times b|$$

따라서 외적의 크기를 다음과 같은 방식으로 설명할 수 있다.

외적 $a \times b$의 길이는 a와 b에 의해 결정되는 평행사변형의 넓이와 같다.

◀예제 9▶ 세 점 $P(1, 4, 6)$, $Q(-2, 5, -1)$, $R(1, -1, 1)$을 지나는 평면에 수직인 벡터를 구하라.

풀이

벡터 $\overrightarrow{PQ} \times \overrightarrow{PR}$은 두 벡터 $\overrightarrow{PQ}$와 $\overrightarrow{PR}$에 모두 직교하므로 P, Q, R을 지나는 평면에 직교한다. 9.4절의 ⑪로부터 다음을 알 수 있다.

$$\overrightarrow{PQ} = (-2-1)i + (5-4)j + (-1-6)k = -3i + j - 7k$$

$$\overrightarrow{PR} = (1-1)i + (-1-4)j + (1-6)k = -5j - 5k$$

이 벡터들의 외적을 구하면 다음과 같다.

$$\overrightarrow{PQ} \times \overrightarrow{PR} = \begin{vmatrix} \mathbf{i} & \mathbf{j} & \mathbf{k} \\ -3 & 1 & -7 \\ 0 & -5 & -5 \end{vmatrix}$$

$$= (-5-35)\mathbf{i} - (15-0)\mathbf{j} + (15-0)\mathbf{k} = -40\mathbf{i} - 15\mathbf{j} + 15\mathbf{k}$$

따라서 벡터 $\langle -40, -15, 15 \rangle$는 주어진 평면에 수직이다. $\langle -8, -3, 3 \rangle$과 같이 이 벡터에 영이 아닌 임의의 스칼라를 곱해도 역시 평면과 수직이다. ❱

◀예제10 꼭짓점이 $P(1, 4, 6)$, $Q(-2, 5, -1)$, $R(1, -1, 1)$인 삼각형의 넓이를 구하라.

풀이

[예제 9]에서 구한 바와 같이 $\overrightarrow{PQ} \times \overrightarrow{PR} = \langle -40, -15, 15 \rangle$이다. 이웃하는 두 변이 PQ와 PR인 평행사변형의 넓이는 다음과 같이 이 외적의 길이와 같다.

$$|\overrightarrow{PQ} \times \overrightarrow{PR}| = \sqrt{(-40)^2 + (-15)^2 + 15^2} = 5\sqrt{82}$$

삼각형 PQR의 넓이 A는 이 평행사변형의 넓이의 반이다. 즉 $\dfrac{5}{2}\sqrt{82}$이다. ❱

정리 ⑩과 ⑪을 표준기저벡터 $\mathbf{i}$, $\mathbf{j}$, $\mathbf{k}$에 적용하고 $\theta = \pi/2$를 이용하면 다음을 얻는다.

$$\mathbf{i} \times \mathbf{j} = \mathbf{k} \qquad \mathbf{j} \times \mathbf{k} = \mathbf{i} \qquad \mathbf{k} \times \mathbf{i} = \mathbf{j}$$

$$\mathbf{j} \times \mathbf{i} = -\mathbf{k} \qquad \mathbf{k} \times \mathbf{j} = -\mathbf{i} \qquad \mathbf{i} \times \mathbf{k} = -\mathbf{j}$$

다음에 주목하자.

⊘ $$\mathbf{i} \times \mathbf{j} \neq \mathbf{j} \times \mathbf{i}$$

따라서 외적은 교환 법칙이 성립하지 않는다. 또한 다음이 성립한다.

$$\mathbf{i} \times (\mathbf{i} \times \mathbf{j}) = \mathbf{i} \times \mathbf{k} = -\mathbf{j}$$

반면에 다음과 같다.

$$(\mathbf{i} \times \mathbf{i}) \times \mathbf{j} = \mathbf{0} \times \mathbf{j} = \mathbf{0}$$

그러므로 곱셈에 관한 결합 법칙도 통상적으로 성립하지 않는다. 즉 일반적으로 다음과 같다.

⊘ $$(\mathbf{a} \times \mathbf{b}) \times \mathbf{c} \neq \mathbf{a} \times (\mathbf{b} \times \mathbf{c})$$

그러나 통상적인 대수 법칙 몇 가지가 외적에 대해 성립한다. 다음 정리는 외적의 성질을 요약한 것이다.

> [13] **정리** $\mathbf{a}$, $\mathbf{b}$, $\mathbf{c}$가 벡터이고 c가 스칼라이면 다음이 성립한다.
>
> (1) $\mathbf{a} \times \mathbf{b} = -\mathbf{b} \times \mathbf{a}$
>
> (2) $(c\mathbf{a}) \times \mathbf{b} = c(\mathbf{a} \times \mathbf{b}) = \mathbf{a} \times (c\mathbf{b})$
>
> (3) $\mathbf{a} \times (\mathbf{b} + \mathbf{c}) = \mathbf{a} \times \mathbf{b} + \mathbf{a} \times \mathbf{c}$
>
> (4) $(\mathbf{a} + \mathbf{b}) \times \mathbf{c} = \mathbf{a} \times \mathbf{c} + \mathbf{b} \times \mathbf{c}$
>
> (5) $\mathbf{a} \cdot (\mathbf{b} \times \mathbf{c}) = (\mathbf{a} \times \mathbf{b}) \cdot \mathbf{c}$
>
> (6) $\mathbf{a} \times (\mathbf{b} \times \mathbf{c}) = (\mathbf{a} \cdot \mathbf{c})\mathbf{b} - (\mathbf{a} \cdot \mathbf{b})\mathbf{c}$

이 성질들은 벡터를 성분으로 나타내고 외적의 정의를 이용하면 증명할 수 있다.

삼중적

성질 (5)에서 나타나는 곱 $\mathbf{a} \cdot (\mathbf{b} \times \mathbf{c})$를 벡터 $\mathbf{a}$, $\mathbf{b}$, $\mathbf{c}$의 **스칼라 삼중적**scalar triple product이라 하며, 이 삼중적은 다음 행렬식으로 쓸 수 있음에 주의하자.

$$[14] \qquad \mathbf{a} \cdot (\mathbf{b} \times \mathbf{c}) = \begin{vmatrix} a_1 & a_2 & a_3 \\ b_1 & b_2 & b_3 \\ c_1 & c_2 & c_3 \end{vmatrix}$$

스칼라 삼중적의 기하학적 의미는 벡터 $\mathbf{a}$, $\mathbf{b}$, $\mathbf{c}$로 결정되는 평행육면체를 생각하면 알 수 있다([그림 58] 참조). 평행사변형인 밑면의 넓이는 $A = |\mathbf{b} \times \mathbf{c}|$이다. $\mathbf{a}$와 $\mathbf{b} \times \mathbf{c}$ 사이의 각을 θ라 하면 평행육면체의 높이 h는 $h = |\mathbf{a}||\cos\theta|$이다. ($\theta > \pi/2$인 경우에는 $\cos\theta$ 대신에 $|\cos\theta|$를 이용해야 한다.) 따라서 평행육면체의 부피는 다음과 같다.

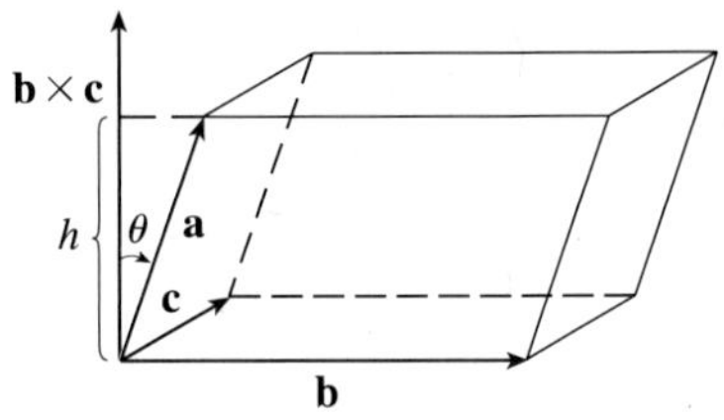

[그림 58]

$$V = Ah = |\mathbf{b} \times \mathbf{c}||\mathbf{a}||\cos\theta| = |\mathbf{a} \cdot (\mathbf{b} \times \mathbf{c})|$$

따라서 다음 공식이 증명된다.

> [15] 벡터 $\mathbf{a}$, $\mathbf{b}$, $\mathbf{c}$에 의해 결정되는 평행육면체의 부피는 다음과 같이 스칼라 삼중적의 크기이다.
>
> $$V = |\mathbf{a} \cdot (\mathbf{b} \times \mathbf{c})|$$

[15]에 있는 식을 이용하고 $\mathbf{a}$, $\mathbf{b}$, $\mathbf{c}$에 의해 결정되는 평행육면체의 부피가 0이면, 이 벡터들은 동일한 평면 안에 놓여야 한다. 즉 이 벡터들은 **공면벡터**coplanar vectors이다.

◀ **예제 11** 스칼라 삼중적을 이용하여 벡터 $\mathbf{a} = \langle 1, 4, -7 \rangle$, $\mathbf{b} = \langle 2, -1, 4 \rangle$, $\mathbf{c} = \langle 0, -9, 18 \rangle$이 공면벡터임을 보여라.

풀이

식 ⑭를 이용하여 스칼라 삼중적을 계산하면 다음과 같다.

$$\mathbf{a} \cdot (\mathbf{b} \times \mathbf{c}) = \begin{vmatrix} 1 & 4 & -7 \\ 2 & -1 & 4 \\ 0 & -9 & 18 \end{vmatrix}$$

$$= 1 \begin{vmatrix} -1 & 4 \\ -9 & 18 \end{vmatrix} - 4 \begin{vmatrix} 2 & 4 \\ 0 & 18 \end{vmatrix} - 7 \begin{vmatrix} 2 & -1 \\ 0 & -9 \end{vmatrix}$$

$$= 1(18) - 4(36) - 7(-18) = 0$$

그러므로 ⑮에 의해 $\mathbf{a}$, $\mathbf{b}$, $\mathbf{c}$로 결정되는 평행육면체의 부피는 0이다. 이것은 $\mathbf{a}$, $\mathbf{b}$, $\mathbf{c}$가 공면벡터임을 의미한다.

성질 (6)의 곱 $\mathbf{a} \times (\mathbf{b} \times \mathbf{c})$를 $\mathbf{a}$, $\mathbf{b}$, $\mathbf{c}$의 **벡터 삼중적**^{vector triple product}이라 한다.

회전력

외적의 개념은 물리학에서 자주 나타난다. 특히 위치벡터 $\mathbf{r}$에 의해 주어진 점에서 강체에 작용하는 힘 $\mathbf{F}$를 생각하자. (예를 들어 [그림 59]와 같이 렌치에 힘을 가해 볼트를 조인다면 회전력이 생긴다.) (원점에 대한) **회전력**^{torque} τ는 다음과 같이 위치벡터와 힘벡터의 외적으로 정의한다.

$$\tau = \mathbf{r} \times \mathbf{F}$$

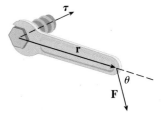

[그림 59]

그리고 이 힘은 원점을 중심으로 회전하는 물체의 성향을 나타낸다. 회전력 벡터의 방향은 회전축을 나타낸다. 정리 ⑪에 따라 회전력 벡터의 크기는 다음과 같다.

$$|\tau| = |\mathbf{r} \times \mathbf{F}| = |\mathbf{r}||\mathbf{F}|\sin\theta$$

여기서 θ는 위치벡터와 힘벡터 사이의 각이다. 회전을 유발시키는 $\mathbf{F}$의 유일한 성분은 $\mathbf{r}$에 수직인 성분, 즉 $|\mathbf{F}|\sin\theta$임에 주목하라. 회전력의 크기는 $\mathbf{r}$과 $\mathbf{F}$에 의해 결정되는 평행사변형의 넓이와 같다.

◀예제12 [그림 60]과 같이 길이가 $0.25\,\mathrm{m}$인 렌치에 $40\,\mathrm{N}$의 힘을 가해 볼트를 조인다. 볼트의 중심에 대한 회전력의 크기를 구하라.

풀이

회전력 벡터의 크기는 다음과 같다.

$$|\tau| = |\mathbf{r} \times \mathbf{F}| = |\mathbf{r}||\mathbf{F}|\sin 75° = (0.25)(40)\sin 75°$$

$$= 10\sin 75° \approx 9.66\,\mathrm{N \cdot m}$$

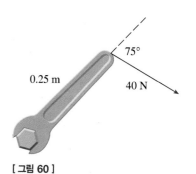

[그림 60]

볼트가 오른 나사이면 회전력 벡터 자체는 다음과 같다.

$$\tau = |\tau|\,\mathbf{n} \approx 9.66\,\mathbf{n}$$

$\mathbf{n}$ 은 평면 안으로 들어가는 방향의 단위벡터이다.

9.5 연습문제

01 다음 식 중에서 의미가 있는 것과 의미가 없는 것은 각각 어느 것인가? 그 이유를 설명하라.

(a) $(\mathbf{a} \cdot \mathbf{b}) \cdot \mathbf{c}$

(b) $(\mathbf{a} \cdot \mathbf{b})\mathbf{c}$

(c) $|\mathbf{a}|(\mathbf{b} \cdot \mathbf{c})$

(d) $\mathbf{a} \cdot (\mathbf{b} + \mathbf{c})$

(e) $\mathbf{a} \cdot \mathbf{b} + \mathbf{c}$

(f) $|\mathbf{a}| \cdot (\mathbf{b} + \mathbf{c})$

02 다음 각 식이 의미가 있는지 말하라. 의미가 없다면 이유를 설명하라. 의미가 있다면 벡터인지 아니면 스칼라인지 말하라.

(a) $\mathbf{a} \cdot (\mathbf{b} \times \mathbf{c})$

(b) $\mathbf{a} \times (\mathbf{b} \cdot \mathbf{c})$

(c) $\mathbf{a} \times (\mathbf{b} \times \mathbf{c})$

(d) $\mathbf{a} \cdot (\mathbf{b} \cdot \mathbf{c})$

(e) $(\mathbf{a} \cdot \mathbf{b}) \times (\mathbf{c} \cdot \mathbf{d})$

(f) $(\mathbf{a} \times \mathbf{b}) \cdot (\mathbf{c} \times \mathbf{d})$

03~04 $\mathbf{a} \cdot \mathbf{b}$를 구하라.

03 $\mathbf{a} = 2\mathbf{i} + \mathbf{j}$, $\mathbf{b} = \mathbf{i} - \mathbf{j} + \mathbf{k}$

04 $|\mathbf{a}| = 6$, $|\mathbf{b}| = 5$, $\mathbf{a}$와 $\mathbf{b}$ 사이의 각이 $2\pi/3$이다.

---

05 외적 $\mathbf{a} \times \mathbf{b}$를 구하라. 이것이 $\mathbf{a}$와 $\mathbf{b}$에 모두 수직임을 보여라.

(a) $\mathbf{a} = \langle 6, 0, -2 \rangle$, $\mathbf{b} = \langle 0, 8, 0 \rangle$

(b) $\mathbf{a} = \mathbf{i} + 3\mathbf{j} - 2\mathbf{k}$, $\mathbf{b} = -\mathbf{i} + 5\mathbf{k}$

06 (a) $\mathbf{i} \cdot \mathbf{j} = \mathbf{j} \cdot \mathbf{k} = \mathbf{k} \cdot \mathbf{i} = 0$임을 보여라.

(b) $\mathbf{i} \cdot \mathbf{i} = \mathbf{j} \cdot \mathbf{j} = \mathbf{k} \cdot \mathbf{k} = 1$임을 보여라.

07~08 행렬식을 사용하지 않고 외적의 성질만을 이용하여 다음 벡터를 구하라.

07 $(\mathbf{i} \times \mathbf{j}) \times \mathbf{k}$

08 $(\mathbf{j} - \mathbf{k}) \times (\mathbf{k} - \mathbf{i})$

09~10 두 벡터 사이의 각을 구하라. (먼저 정확한 식을 구한 다음 가장 가까운 정수 각도로 근사시킨다.)

09 $\mathbf{a} = \langle 4, 3 \rangle$, $\mathbf{b} = \langle 2, -1 \rangle$

10 $\mathbf{a} = 4\mathbf{i} - 3\mathbf{j} + \mathbf{k}$, $\mathbf{b} = 2\mathbf{i} - \mathbf{k}$

---

11 주어진 벡터가 직교한지, 평행한지 아무 관계도 아닌지 결정하라.

(a) $\mathbf{a} = \langle 4, 6 \rangle$, $\mathbf{b} = \langle -3, 2 \rangle$

(b) $\mathbf{a} = 2\mathbf{i} + 6\mathbf{j} - 4\mathbf{k}$, $\mathbf{b} = -3\mathbf{i} - 9\mathbf{j} + 6\mathbf{k}$

12 벡터를 이용해서 꼭짓점이 $P(1, -3, -2)$, $Q(2, 0, -4)$, $R(6, -2, -5)$인 삼각형이 직각삼각형인지 결정하라.

13 직선 $2x - y = 3$, $3x + y = 7$ 사이의 예각을 구하라.

14 세 점 $P(1, 0, 1)$, $Q(-2, 1, 3)$, $R(4, 2, 5)$을 생각하자.

(a) 점 P, Q, R을 지나는 평면에 수직이고 영이 아닌 벡터를 구하라.

(b) 삼각형 PQR의 넓이를 구하라.

15~16 $\mathbf{a}$ 위로 $\mathbf{b}$의 스칼라 사영과 벡터 사영을 구하라.

15 $\mathbf{a} = \langle -5, 12 \rangle$, $\mathbf{b} = \langle 4, 6 \rangle$

16 $\mathbf{a} = \langle 3, 6, -2 \rangle$, $\mathbf{b} = \langle 1, 2, 3 \rangle$

---

17 $\mathbf{a} = \langle 2, -1, 3 \rangle$이고 $\mathbf{b} = \langle 4, 2, 1 \rangle$일 때, $\mathbf{a} \times \mathbf{b}$와 $\mathbf{b} \times \mathbf{a}$를 구하라.

18 $\langle 3, 2, 1 \rangle$과 $\langle -1, 1, 0 \rangle$에 모두 수직인 두 단위벡터를 구하라.

19 꼭짓점이 $A(-2, 1)$, $B(0, 4)$, $C(4, 2)$, $D(2, -1)$인 평행사변형

의 넓이를 구하라.

20 벡터 $\mathrm{orth_a b = b - proj_a b}$는 벡터 $\mathbf{a}$와 직교함을 보여라.[이 벡터를 $\mathbf{b}$의 **직교 사영**^{orthogonal projection}이라 한다.]

21 $\mathbf{a} = \langle 3, 0, -1 \rangle$일 때 $\mathrm{comp_a b} = 2$를 만족하는 벡터 $\mathbf{b}$를 구하라.

22 한 여성이 나무상자에 수평인 힘 $140\,\mathrm{N}$을 가해서 수평과 $20°$의 각을 이루는 길이가 $4\,\mathrm{m}$인 경사로 끝까지 이 상자를 밀어올렸다. 이 상자에 한 일을 구하라.

23 스칼라 사영을 이용하여 점 $P_1(x_1, y_1)$에서 직선 $ax + by + c = 0$까지 거리가 다음과 같음을 보여라.

$$\frac{|ax_1 + by_1 + c|}{\sqrt{a^2 + b^2}}$$

이 식을 이용하여 점 $(-2, 3)$에서 직선 $3x - 4y + 5 = 0$까지 거리를 구하라.

24 정리 ③을 이용하여 다음 **코시-슈바르츠 부등식**^{Cauchy-Schwarz inequality}을 증명하라.

$$|\mathbf{a} \cdot \mathbf{b}| \le |\mathbf{a}|\,|\mathbf{b}|$$

25 벡터에 대한 삼각부등식은 다음과 같다.

$$|\mathbf{a} + \mathbf{b}| \le |\mathbf{a}| + |\mathbf{b}|$$

(a) 삼각부등식에 대한 기하학적인 설명을 제시하라.

(b) [연습문제 24]의 코시-슈바르츠 부등식을 이용하여 삼각부등식을 증명하라. [힌트 : $|\mathbf{a} + \mathbf{b}|^2 = (\mathbf{a} + \mathbf{b}) \cdot (\mathbf{a} + \mathbf{b})$와 내적의 성질 (3)을 이용하라.]

26 벡터 $\mathbf{a}$, $\mathbf{b}$, $\mathbf{c}$에 의해 결정되는 평행육면체의 부피를 구하라.

$$\mathbf{a} = \langle 1, 2, 3 \rangle, \quad \mathbf{b} = \langle -1, 1, 2 \rangle, \quad \mathbf{c} = \langle 2, 1, 4 \rangle$$

27 그림과 같이 자전거의 페달을 $60\,\mathrm{N}$의 힘으로 밟는다. 페달의 축의 길이가 $18\,\mathrm{cm}$일 때 P에 대한 회전력의 크기를 구하라.

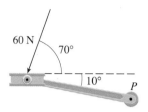

28 양의 y축을 따라 놓여있는 $30\,\mathrm{cm}$ 길이의 렌치로 원점에 있는 볼트를 죄고 있다. 렌치의 끝에서 $\langle 0, 3, -4 \rangle$ 방향으로 힘이 작용한다. 볼트에 $100\,\mathrm{N \cdot m}$의 회전력을 전달하기 위해 필요한 힘의 크기를 구하라.

29 $\mathbf{a} \cdot \mathbf{b} = \sqrt{3}$, $\mathbf{a} \times \mathbf{b} = \langle 1, 2, 2 \rangle$일 때 $\mathbf{a}$와 $\mathbf{b}$의 사잇각을 구하라.

30 (a) P는 점 Q와 R을 지나는 직선 L 위에 있지 않다고 하자. P에서 직선 L까지의 거리 d가 다음과 같음을 보여라.

$$d = \frac{|\mathbf{a} \times \mathbf{b}|}{|\mathbf{a}|}$$

여기서 $\mathbf{a} = \overrightarrow{QR}$, $\mathbf{b} = \overrightarrow{QP}$이다.

(b) (a)의 식을 이용하여 점 $P(1, 1, 1)$에서 $Q(0, 6, 8)$과 $R(-1, 4, 7)$을 지나는 직선까지의 거리를 구하라.

9.6 직선과 평면의 방정식

3차원 공간의 직선 L은 L 위의 한 점 $P_0(x_0, y_0, z_0)$와 L의 방향을 알면 결정된다. 3차원에서 직선의 방향은 벡터로 편리하게 설명되므로 $\mathbf{v}$를 L과 평행한 벡터라 하자. $P(x, y, z)$를 L 위의 임의의 점이고, $\mathbf{r}_0$와 $\mathbf{r}$을 각각 P_0와 P의 위치벡터(즉 $\mathbf{r}_0 = \overrightarrow{OP_0}$, $\mathbf{r} = \overrightarrow{OP}$)라 하자. [그림 61]과 같이 $\mathbf{a}$를 $\overrightarrow{P_0 P}$로 표현되는 벡터라 하면 벡터의 합에 관한 삼각형 법칙으로부터 $\mathbf{r} = \mathbf{r}_0 + \mathbf{a}$를 얻는다.

이때 $\mathbf{a}$와 $\mathbf{v}$가 평행한 벡터이므로 $\mathbf{a} = t\mathbf{v}$를 만족하는 스칼라 t가 존재한다. 따라서

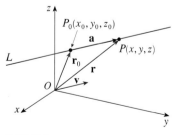

[그림 61]

다음과 같은 L 의 **벡터 방정식**vector equation을 얻는다.

$$\boxed{1} \qquad \mathbf{r} = \mathbf{r}_0 + t\mathbf{v}$$

매개변수parameter t 에 대한 각각의 값에 따라 직선 L 위에 있는 점의 위치벡터 $\mathbf{r}$ 이 정해진다. 다시 말해서 t 가 변함에 따라 직선의 자취는 벡터 $\mathbf{r}$ 의 종점에 의해 그려진다. [그림 62]에서 나타낸 것과 같이 t 가 양수이면 P_0 의 한쪽에 있는 L 의 점이 대응하는 반면, t 가 음수이면 P_0 의 다른 한쪽에 있는 L 의 점이 대응한다.

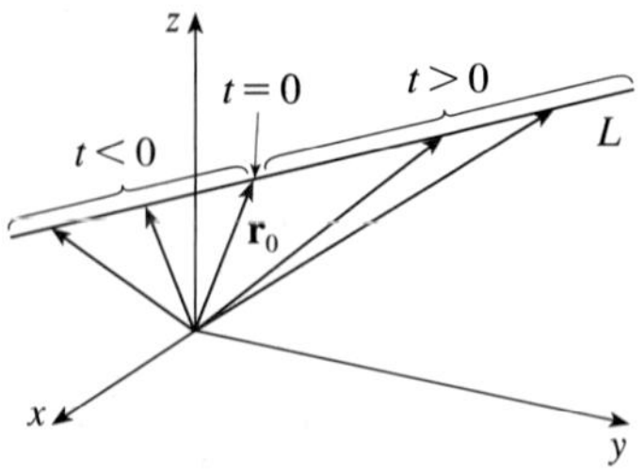

[그림 62]

직선 L 의 방향을 결정하는 벡터 $\mathbf{v}$ 를 $\mathbf{v} = \langle a,\ b,\ c \rangle$ 와 같이 성분으로 나타내면 $t\mathbf{v} = \langle ta,\ tb,\ tc \rangle$ 이다. 또한 $\mathbf{r} = \langle x,\ y,\ z \rangle$ 와 $\mathbf{r}_0 = \langle x_0,\ y_0,\ z_0 \rangle$ 로 쓸 수 있으므로 벡터 방정식 $\boxed{1}$은 다음과 같다.

$$\langle x,\ y,\ z \rangle = \langle x_0 + ta,\ y_0 + tb,\ z_0 + tc \rangle$$

두 벡터가 같기 위한 필요충분조건은 대응하는 성분들이 같은 것이다. 그러므로 $t \in \mathbb{R}$ 에 대해 다음과 같은 세 개의 스칼라 방정식을 얻는다.

$$\boxed{2} \qquad x = x_0 + at, \quad y = y_0 + bt, \quad z = z_0 + ct$$

이들 방정식을 점 $P_0(x_0,\ y_0,\ z_0)$를 지나고 벡터 $\mathbf{v} = \langle a,\ b,\ c \rangle$ 에 평행한 직선 L 의 **매개변수 방정식**parametric equation이라 한다. 매개변수 t 에 대한 각각의 값에 따라 L 위에 있는 점 $(x,\ y,\ z)$가 결정된다.

예제 1 (a) 점 $(5,\ 1,\ 3)$을 지나고 벡터 $\mathbf{i} + 4\mathbf{j} - 2\mathbf{k}$ 에 평행한 직선에 대한 벡터 방정식과 매개변수 방정식을 구하라.

(b) 직선 위의 다른 두 점을 구하라.

풀이

(a) 여기서 $\mathbf{r}_0 = \langle 5,\ 1,\ 3 \rangle = 5\mathbf{i} + \mathbf{j} + 3\mathbf{k}$ 이고 $\mathbf{v} = \mathbf{i} + 4\mathbf{j} - 2\mathbf{k}$ 이다. 따라서 벡터 방정식 $\boxed{1}$은 다음과 같다.

$$\begin{aligned} \mathbf{r} &= (5\mathbf{i} + \mathbf{j} + 3\mathbf{k}) + t(\mathbf{i} + 4\mathbf{j} - 2\mathbf{k}) \\ &= (5+t)\mathbf{i} + (1+4t)\mathbf{j} + (3-2t)\mathbf{k} \end{aligned}$$

매개변수 방정식은 다음과 같다.

$$x = 5 + t, \quad y = 1 + 4t, \quad z = 3 - 2t$$

(b) 매개변수의 값을 $t = 1$ 이라 하면 $x = 6,\ y = 5,\ z = 1$ 이므로 $(6,\ 5,\ 1)$은 직선 위의 점이다. 마찬가지로 $t = -1$ 이면 점 $(4,\ -3,\ 5)$를 얻는다. ◀

[그림 63]은 [예제 1]의 직선 L을 보여주며, 주어진 점과 직선의 방향을 제시하는 벡터의 관계를 알 수 있다.

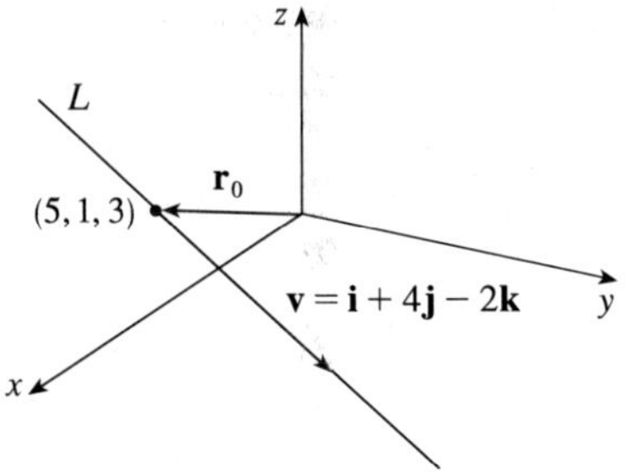

[그림 63]

직선을 나타내는 벡터 방정식과 매개변수 방정식이 유일한 것은 아니다. 점이나 매개변수를 바꾸거나 평행한 다른 벡터를 택하면 방정식은 달라진다. 예를 들어 [예제 1]에서 $(5, 1, 3)$ 대신 점 $(6, 5, 1)$을 택하면 직선의 매개변수 방정식은 다음과 같다.

$$x = 6 + t, \quad y = 5 + 4t, \quad z = 1 - 2t$$

또는 점 $(5, 1, 3)$을 그대로 두고 평행한 벡터 $2\mathbf{i} + 8\mathbf{j} - 4\mathbf{k}$를 택하면 방정식은 다음과 같다.

$$x = 5 + 2t, \quad y = 1 + 8t, \quad z = 3 - 4t$$

일반적으로 직선 L의 방향을 나타내기 위해 벡터 $\mathbf{v} = \langle a, b, c \rangle$를 이용할 때 a, b, c를 L의 **방향수**$^{\text{direction number}}$라 한다. $\mathbf{v}$에 평행한 임의의 벡터가 사용될 수 있으므로 a, b, c에 비례하는 세 수들도 L의 방향수로 사용될 수 있다.

직선 L을 설명하는 또 다른 방법은 식 ②에서 매개변수 t를 소거하는 것이다. a, b, c 중 어느 것도 0이 아니면 각 방정식을 t에 대해 풀 수 있다. 그 결과를 같게 놓으면 다음 식을 얻는다.

③
$$\frac{x - x_0}{a} = \frac{y - y_0}{b} = \frac{z - z_0}{c}$$

이 방정식을 L의 **대칭 방정식**$^{\text{symmetric equation}}$이라 한다. 식 ③의 분모에 나타난 수 a, b, c는 L의 방향수, 즉 L과 평행한 벡터의 성분임에 주목하자. a, b, c 중 어느 하나가 0인 경우에도 역시 t를 소거할 수 있다. 예를 들어 $a = 0$이면 L의 방정식은 다음과 같다.

$$x = x_0, \quad \frac{y - y_0}{b} = \frac{z - z_0}{c}$$

이것은 L이 수직평면 $x = x_0$ 안에 놓여있음을 의미한다.

예제 2 (a) 점 $A(2, 4, -3)$과 $B(3, -1, 1)$을 지나는 직선의 매개변수 방정식과 대칭 방정식을 구하라.

(b) 이 직선은 어느 점에서 xy평면과 만나는가?

풀이

(a) 직선과 평행한 벡터가 명확하지 않다. 그러나 $\overrightarrow{AB}$로 표현되는 벡터 $\mathbf{v}$는 직선에 평행하고 다음과 같은 것을 알고 있다.

$$\mathbf{v} = \langle 3 - 2, -1 - 4, 1 - (-3) \rangle = \langle 1, -5, 4 \rangle$$

[그림 64]는 [예제 2]의 직선 L과 이 직선이 xy평면과 만나는 점 P를 보여준다.

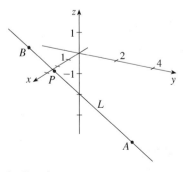

[그림 64]

따라서 방향수는 $a = 1$, $b = -5$, $c = 4$이다. 점 $(2, 4, -3)$을 P_0로 택하면 매개변수 방정식 ②는 다음과 같다.

$$x = 2 + t, \quad y = 4 - 5t, \quad z = -3 + 4t$$

그리고 대칭 방정식 ③은 다음과 같다.

$$\frac{x-2}{1} = \frac{y-4}{-5} = \frac{z+3}{4}$$

(b) $z = 0$일 때 직선은 xy평면과 만난다. 따라서 대칭 방정식에서 $z = 0$이라 놓으면 다음을 얻는다.

$$\frac{x-2}{1} - \frac{y-4}{-5} = \frac{3}{4}$$

이로부터 $x = \frac{11}{4}$, $y = \frac{1}{4}$을 얻고, 이 직선은 점 $\left(\frac{11}{4}, \frac{1}{4}, 0 \right)$에서 xy평면과 만난다. ❯

[예제 2]의 풀이 과정에서 보인 바와 같이 일반적으로 점 $P_0(x_0, y_0, z_0)$와 $P_1(x_1, y_1, z_1)$을 지나는 직선 L의 방향수는 $x_1 - x_0$, $y_1 - y_0$, $z_1 - z_0$이다. 따라서 L의 대칭 방정식은 다음과 같다.

$$\frac{x - x_0}{x_1 - x_0} = \frac{y - y_0}{y_1 - y_0} = \frac{z - z_0}{z_1 - z_0}$$

종종 직선 전체가 아닌 그 일부분인 선분에 대해서만 설명이 필요할 때가 있다.

일반적으로 식 ①로부터 벡터 $\mathbf{v}$의 방향으로 벡터 $\mathbf{r}_0$의 종점을 지나는 직선의 벡터 방정식은 $\mathbf{r} = \mathbf{r}_0 + t\mathbf{v}$임을 알고 있다. 직선이 벡터 $\mathbf{r}_1$의 종점도 지나면 $\mathbf{v} = \mathbf{r}_1 - \mathbf{r}_0$를 택할 수 있다. 직선의 벡터 방정식은 다음과 같다.

$$\mathbf{r} = \mathbf{r}_0 + t(\mathbf{r}_1 - \mathbf{r}_0) = (1 - t)\mathbf{r}_0 + t\mathbf{r}_1$$

$\mathbf{r}_0$에서 $\mathbf{r}_1$까지 이은 선분은 매개변수 구간 $0 \leq t \leq 1$로 주어진다.

---

④ $\mathbf{r}_0$에서 $\mathbf{r}_1$까지 이은 선분은 다음 벡터 방정식으로 주어진다.

$$\mathbf{r}(t) = (1 - t)\mathbf{r}_0 + t\mathbf{r}_1, \ \ 0 \leq t \leq 1$$

❮ 예제 3 ❯ 다음과 같은 매개변수 방정식을 갖는 L_1과 L_2는 서로 꼬인 위치의 직선$^{\text{skew line}}$, 즉 만나지도 않고 평행하지도 않는 직선(따라서 같은 평면에 있지 않는 직선)임을 보여라.

$$x = 1 + t, \quad y = -2 + 3t, \quad z = 4 - t$$
$$x = 2s, \quad\quad y = 3 + s, \quad\quad z = -3 + 4s$$

[그림 65]와 같이 [예제 3]의 두 직선 L_1과 L_2는 꼬인 위치의 직선이다.

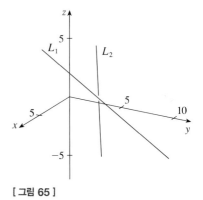

[그림 65]

풀이

두 직선에 대응하는 벡터 $<1, 3, -1>$과 $<2, 1, 4>$가 평행하지 않으므로 직선들은 평행하지 않는다.(그들의 성분이 비례하지 않는다.) 만일 L_1과 L_2의 교점이 있다면 다음을 만족하는 t와 s의 값이 존재해야 한다.

$$1 + t = 2s$$
$$-2 + 3t = 3 + s$$
$$4 - t = -3 + 4s$$

그러나 처음 두 방정식을 풀면 $t = \dfrac{11}{5}$와 $s = \dfrac{8}{5}$을 얻지만 이 값들은 세 번째 방정식을 만족하지 않는다. 따라서 세 방정식을 모두 만족하는 t와 s의 값은 존재하지 않는다. 따라서 L_1과 L_2는 만나지 않는다. 그러므로 L_1과 L_2는 서로 꼬인 위치의 직선이다.

평면

공간에 있는 직선이 점과 방향으로 결정된다 하더라도 공간에 있는 평면은 설명하기가 훨씬 어렵다. 평면에 평행한 하나의 벡터로는 평면의 '방향'을 전달하기에는 충분하지 않다. 그러나 평면에 수직인 벡터는 평면의 방향을 정확하게 나타낸다. 따라서 공간에서 평면은 평면 안의 한 점 $P_0(x_0, y_0, z_0)$와 이 평면에 수직인 벡터 $\mathbf{n}$으로 결정된다. 이때 수직인 벡터 $\mathbf{n}$을 평면의 **법선벡터**^{normal vector}라 한다. $P(x, y, z)$를 평면 안의 임의의 점이라 하고 $\mathbf{r}_0$와 $\mathbf{r}$을 P_0와 P의 위치벡터라 하면 벡터 $\mathbf{r} - \mathbf{r}_0$는 $\overrightarrow{P_0P}$로 표현된다([그림 66] 참조). 법선벡터 $\mathbf{n}$은 주어진 평면 안의 모든 벡터와 수직이다. 특히 $\mathbf{n}$은 $\mathbf{r} - \mathbf{r}_0$와 수직이므로 다음을 얻는다.

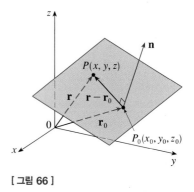

[그림 66]

⑤ $$\mathbf{n} \cdot (\mathbf{r} - \mathbf{r}_0) = 0$$

이것은 다음과 같이 고쳐 쓸 수 있다.

⑥ $$\mathbf{n} \cdot \mathbf{r} = \mathbf{n} \cdot \mathbf{r}_0$$

방정식 ⑤ 또는 ⑥을 **평면의 벡터 방정식**^{vector equation of the plane}이라 한다.

평면의 스칼라 방정식을 얻기 위해 $\mathbf{n} = \langle a, b, c \rangle$, $\mathbf{r} = \langle x, y, z \rangle$, $\mathbf{r}_0 = \langle x_0, y_0, z_0 \rangle$라 하면 벡터 방정식 ⑤는 다음과 같다.

$$\langle a, b, c \rangle \cdot \langle x - x_0, y - y_0, z - z_0 \rangle = 0$$

또는 다음을 얻는다.

[7] $$a(x - x_0) + b(y - y_0) + c(z - z_0) = 0$$

시 [7]은 법선벡터가 $\mathbf{n} = \langle a, b, c \rangle$이고 $P_0(x_0, y_0, z_0)$를 지나는 **평면의 스칼라 방정식**scalar equation of the plane이다.

◀예제4▶ 점 $(2, 4, -1)$을 지나고 법선벡터가 $\mathbf{n} = \langle 2, 3, 4 \rangle$인 평면의 방정식을 구하라. 절편을 구하고 평면의 그래프를 그려라.

풀이

식 [7]에서 $a = 2$, $b = 3$, $c = 4$, $x_0 = 2$, $y_0 = 4$, $z_0 = -1$이라 놓으면 평면의 방정식은 다음과 같다.

$$2(x-2) + 3(y-4) + 4(z+1) = 0$$
$$2x + 3y + 4z = 12$$

x절편을 구하기 위해 이 방정식에서 $y = z = 0$이라 놓으면 $x = 6$을 얻는다. 마찬가지로 y절편은 4, z절편은 3이다. 이것으로 제1팔분공간에 있는 평면의 일부분을 그릴 수 있다([그림 67] 참조).

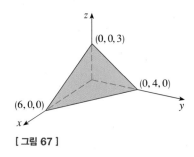

[그림 67]

[예제 4]에서 풀이한 것과 같이 식 [7]의 항을 묶으면 평면의 방정식은 다음과 같이 고쳐 쓸 수 있다.

[8] $$ax + by + cz + d = 0$$

여기서 $d = -(ax_0 + by_0 + cz_0)$이다. 식 [8]을 x, y, z에 대한 **선형방정식**linear equation이라 한다. 역으로 a, b, c가 모두 0이 아닐 때 선형방정식 [8]은 법선벡터가 $\langle a, b, c \rangle$인 평면을 나타낸다([연습문제 20] 참조).

[그림 68]은 [예제 5]의 평면 중 삼각형 PQR로 둘러싸인 일부분이다.

◀예제5▶ 점 $P(1, 3, 2)$, $Q(3, -1, 6)$, $R(5, 2, 0)$을 지나는 평면의 방정식을 구하라.

풀이

$\mathbf{a}$와 $\mathbf{b}$를 각각 $\overrightarrow{PQ}$와 $\overrightarrow{PR}$에 대응하는 벡터라 하면 다음과 같다.

$$\mathbf{a} = \langle 2, -4, 4 \rangle, \ \mathbf{b} = \langle 4, -1, -2 \rangle$$

$\mathbf{a}$와 $\mathbf{b}$가 모두 평면 안에 놓여있다. 따라서 외적 $\mathbf{a} \times \mathbf{b}$는 평면에 수직이며 이것을 법선벡터로 택할 수 있다. 따라서 다음을 얻는다.

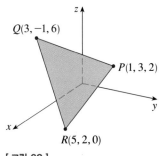

[그림 68]

$$\mathbf{n} = \mathbf{a} \times \mathbf{b} = \begin{vmatrix} \mathbf{i} & \mathbf{j} & \mathbf{k} \\ 2 & -4 & 4 \\ 4 & -1 & -2 \end{vmatrix} = 12\mathbf{i} + 20\mathbf{j} + 14\mathbf{k}$$

점 $P(1, 3, 2)$와 법선벡터 $\mathbf{n}$ 을 갖는 평면의 방정식은 다음과 같다.

$$12(x-1) + 20(y-3) + 14(z-2) = 0$$
$$6x + 10y + 7z = 50$$

두 평면에 대한 법선벡터가 평행하면 두 평면은 **평행**^{parallel}하다. 예를 들어 평면 $x + 2y - 3z = 4$와 $2x + 4y - 6z = 3$은 평행하다. 각각의 법선벡터가 $\mathbf{n}_1 = \langle 1, 2, -3 \rangle$, $\mathbf{n}_2 = \langle 2, 4, -6 \rangle$이므로 $\mathbf{n}_2 = 2\mathbf{n}_1$이기 때문이다. 두 평면이 평행하지 않으면 한 직선에서 만나고 두 평면 사이의 각은 법선벡터 사이의 예각으로 정의된다([그림 69]의 각 θ 참조).

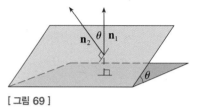

[그림 69]

예제 6 **(a)** 평면 $x + y + z = 1$과 $x - 2y + 3z = 1$ 사이의 각을 구하라.
(b) 이 두 평면의 교선 L의 대칭 방정식을 구하라.

풀이

(a) 두 평면의 법선벡터가 다음과 같다.

$$\mathbf{n}_1 = \langle 1, 1, 1 \rangle, \quad \mathbf{n}_2 = \langle 1, -2, 3 \rangle$$

또한 평면 사이의 각을 θ라 하면 다음을 얻는다.

$$\cos\theta = \frac{\mathbf{n}_1 \cdot \mathbf{n}_2}{|\mathbf{n}_1||\mathbf{n}_2|} = \frac{1(1) + 1(-2) + 1(3)}{\sqrt{1+1+1}\sqrt{1+4+9}} = \frac{2}{\sqrt{42}}$$

$$\theta = \cos^{-1}\left(\frac{2}{\sqrt{42}}\right) \approx 72°$$

[그림 70]은 [예제 6]의 평면들과 이들의 교선 L을 나타낸다.

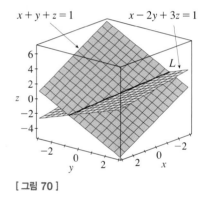

[그림 70]

(b) 먼저 L 위의 한 점을 구할 필요가 있다. 예를 들어 두 평면의 방정식에서 $z = 0$이라 놓음으로써 직선이 xy평면과 만나는 점을 구할 수 있다. 그러면 방정식 $x + y = 1$과 $x - 2y = 1$을 얻는데, 그 해는 $x = 1$, $y = 0$이다. 그래서 점 $(1, 0, 0)$은 L에 있다.

이제 L이 두 평면 안에 있으므로 L은 두 법선벡터에 모두 수직이다. 따라서 L과 평행한 벡터 $\mathbf{v}$는 다음 외적으로 주어진다.

$$\mathbf{v} = \mathbf{n}_1 \times \mathbf{n}_2 = \begin{vmatrix} \mathbf{i} & \mathbf{j} & \mathbf{k} \\ 1 & 1 & 1 \\ 1 & -2 & 3 \end{vmatrix} = 5\mathbf{i} - 2\mathbf{j} - 3\mathbf{k}$$

교선을 구하는 또 다른 방법은 두 변수를 매개변수로 택할 수 있는 제3의 변수에 대한 평면의 방정식을 푸는 것이다.

따라서 L의 대칭 방정식은 다음과 같다.

$$\frac{x-1}{5} = \frac{y}{-2} = \frac{z}{-3}$$

◀ 예제 7 점 $P_1(x_1,\, y_1,\, z_1)$에서 평면 $ax+by+cz+d=0$까지의 거리 D에 관한 식을 구하라.

풀이

$P_0(x_0,\, y_0,\, z_0)$를 주어진 평면 안의 임의의 점이라 하고 $\mathbf{b}$를 $\overrightarrow{P_0P_1}$에 대응하는 벡터라 하면 다음과 같다.

$$\mathbf{b} = \langle\, x_1 - x_0,\, y_1 - y_0,\, z_1 - z_0 \,\rangle$$

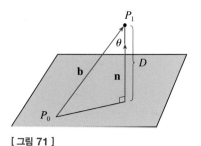

[그림 71]

[그림 71]로부터 P_1에서 평면까지의 거리 D는 법선벡터 $\mathbf{n} = \langle a,\, b,\, c \rangle$ 위로 $\mathbf{b}$의 스칼라 사영의 절댓값과 같음을 알 수 있다(9.5절 참조). 따라서 다음을 얻는다.

$$D = |\mathrm{comp}_{\mathbf{n}}\, \mathbf{b}| = \frac{|\mathbf{n} \cdot \mathbf{b}|}{|\mathbf{n}|} = \frac{|a(x_1 - x_0) + b(y_1 - y_0) + c(z_1 - z_0)|}{\sqrt{a^2 + b^2 + c^2}}$$

$$= \frac{|(ax_1 + by_1 + cz_1) - (ax_0 + by_0 + cz_0)|}{\sqrt{a^2 + b^2 + c^2}}$$

P_0이 평면 안에 있으므로 이 점의 좌표는 평면의 방정식을 만족하여 $ax_0 + by_0 + cz_0 + d = 0$을 얻는다. 따라서 D에 대한 식은 다음과 같이 쓸 수 있다.

⑨
$$D = \frac{|ax_1 + by_1 + cz_1 + d|}{\sqrt{a^2 + b^2 + c^2}}$$

◀ 예제 8 평행한 두 평면 $10x + 2y - 2z = 5$와 $5x + y - z = 1$ 사이의 거리를 구하라.

풀이

먼저 두 평면의 법선벡터 $\langle 10,\, 2,\, -2 \rangle$와 $\langle 5,\, 1,\, -1 \rangle$이 평행하므로 두 평면이 평행함에 주의한다. 두 평면 사이의 거리 D를 구하기 위해 한 평면 위에서 임의의 점을 택하고 이 점에서 다른 평면까지의 거리를 계산한다. 첫 번째 평면의 방정식에서 $y = z = 0$이라 놓으면 $10x = 5$이므로 $\left(\frac{1}{2},\, 0,\, 0\right)$은 이 평면의 한 점이다. 식 ⑨에 의해 점 $\left(\frac{1}{2},\, 0,\, 0\right)$과 평면 $5x + y - z - 1 = 0$ 사이의 거리는 다음과 같다.

$$D = \frac{\left|5\left(\frac{1}{2}\right) + 1(0) - 1(0) - 1\right|}{\sqrt{5^2 + 1^2 + (-1)^2}} = \frac{\frac{3}{2}}{3\sqrt{3}} = \frac{\sqrt{3}}{6}$$

따라서 두 평면 사이의 거리는 $\sqrt{3}\,/6$이다.

9.6 연습문제

01 다음 명제가 참인지 아니면 거짓인지 판별하라.

(a) 어떤 직선에 평행한 두 직선은 평행하다.

(b) 어떤 직선에 수직인 두 직선은 평행하다.

(c) 어떤 평면에 평행한 두 평면은 평행하다.

(d) 어떤 평면에 수직인 두 평면은 평행하다.

(e) 한 평면에 평행한 두 직선은 평행하다.

(f) 한 평면에 수직인 두 직선은 평행하다.

(g) 한 직선에 평행한 두 평면은 평행하다.

(h) 한 직선에 수직인 두 평면은 평행하다.

(i) 두 평면은 만나거나 평행하다.

(j) 두 직선은 만나거나 평행하다.

(k) 평면과 직선은 만나거나 평행하다.

02~03 다음 직선의 벡터 방정식과 매개변수 방정식을 구하라.

02 점 $(2, 2.4, 3.5)$를 지나고 벡터 $3\mathbf{i} + 2\mathbf{j} - \mathbf{k}$에 평행한 직선

03 점 $(1, 0, 6)$을 지나고 평면 $x + 3y + z = 5$와 수직인 직선

04~05 다음 직선의 매개변수 방정식과 대칭 방정식을 구하라.

04 점 $\left(0, \frac{1}{2}, 1\right)$과 $(2, 1, -3)$을 지나는 직선

05 점 $(1, -1, 1)$을 지나고 직선 $x + 2 = \frac{1}{2}y = z - 3$에 평행한 직선

06 점 $(-4, -6, 1)$과 $(-2, 0, -3)$을 지나는 직선은 점 $(10, 18, 4)$와 $(5, 3, 14)$를 지나는 직선과 평행한가?

07 점 $(2, -1, 4)$에서 $(4, 6, 1)$까지 이은 선분의 벡터 방정식을 구하라.

08 다음 직선 L_1과 L_2가 평행한지 꼬여있는지 아니면 교차하는지를 결정하라. 교차한다면 그 교점을 구하라.

$$L_1 : \frac{x-2}{1} = \frac{y-3}{-2} = \frac{z-1}{-3}$$

$$L_2 : \frac{x-3}{1} = \frac{y+4}{3} = \frac{z-2}{-7}$$

09~12 다음 평면의 방정식을 구하라.

09 점 $\left(-1, \frac{1}{2}, 3\right)$을 지나고 법선벡터가 $\mathbf{i} + 4\mathbf{j} + \mathbf{k}$인 평면

10 점 $(1, -1, -1)$을 지나고 평면 $5x - y - z = 6$에 평행한 평면

11 점 $(0, 1, 1)$, $(1, 0, 1)$, $(1, 1, 0)$을 지나는 평면

12 점 $(-1, 2, 1)$을 지나고 평면 $x + y - z = 2$와 $2x - y + 3z = 1$의 교선을 포함하는 평면

13 직선 $x = 3 - t$, $y = 2 + t$, $z = 5t$와 평면 $x - y + 2z = 9$가 만나는 점을 구하라.

14 두 평면 $x + y + z = 1$, $x - y + z = 1$이 평행 또는 수직인지 어느 것도 아닌지 결정하라. 어느 것도 아니라면 그들 사이의 각을 구하라.

15 (a) 평면 $x + y + z = 1$과 $x + 2y + 2z = 1$의 교선의 매개변수 방정식을 구하라.

(b) 평면 사이의 각을 구하라.

16 점 $(0, 1, 2)$를 지나며 평면 $x + y + z = 2$에 평행하고 직선 $x = 1 + t$, $y = 1 - t$, $z = 2t$에 수직인 직선에 대한 매개변수 방정식을 구하라.

17 주어진 평행한 평면 사이의 거리를 구하라.

$$2x - 3y + z = 4, \quad 4x - 6y + 2z = 3$$

18 평행한 평면 $ax + by + cz + d_1 = 0$과 $ax + by + cz + d_2 = 0$ 사이의 거리가 다음과 같음을 보여라.

$$D = \frac{|d_1 - d_2|}{\sqrt{a^2 + b^2 + c^2}}$$

19 대칭 방정식이 $x = y = z$와 $x + 1 = y/2 = z/3$인 직선은 서로 꼬여있음을 보여라. 그리고 두 직선 사이의 거리를 구하라.
[힌트 : 꼬인 직선들이 평행한 평면 위에 놓인다.]

20 a, b, c가 모두 0이 아닐 때 방정식 $ax + by + cz + d = 0$은 평면을 나타내고 $\langle a, b, c \rangle$는 이 평면에 대한 법선벡터임을 보여라.
[힌트 : $a \neq 0$이라 하고 주어진 방정식을 $a\left(x + \frac{d}{a}\right) + b(y - 0) + c(z - 0) = 0$ 형태로 변경하라.]

개념 확인

01 (a) 매개변수 곡선이란 무엇인가?

(b) 매개변수 곡선은 어떻게 그리는가?

02 (a) 매개변수 곡선에 대한 접선의 기울기는 어떻게 구하는가?

(b) 매개변수 곡선 아래의 넓이는 어떻게 구하는가?

03 매개변수 곡선의 길이에 대한 표현을 쓰라.

04 (a) 그림을 그려서 극좌표 점 (r, θ)의 의미를 설명하라.

(b) 직교좌표의 점 (x, y)를 극좌표를 이용한 점으로 표현하는 방정식을 쓰라.

(c) 직교좌표를 알고 있다면 극좌표의 점을 구하기 위해 사용할 수 있는 방정식은 무엇인가?

05 (a) 극곡선에 대한 접선의 기울기는 어떻게 구하는가?

(b) 극곡선에 의해 유계한 영역의 넓이를 어떻게 구하는가?

(c) 극곡선의 길이를 어떻게 구하는가?

06 벡터와 스칼라 사이의 차이점은 무엇인가?

07 두 벡터를 기하학적으로 어떻게 더하는가? 대수적으로는 어떻게 더하는가?

08 **a**가 벡터, c가 스칼라이면 $c\mathbf{a}$는 **a**와 기하학적으로 어떻게 연관되는가? 대수적으로 $c\mathbf{a}$를 어떻게 구하는가?

09 한 점으로부터 다른 점까지의 벡터를 어떻게 구하는가?

10 두 벡터 **a**와 **b**의 길이와 사잇각을 알 때 내적 $\mathbf{a} \cdot \mathbf{b}$를 어떻게 구하는가? 그것들의 성분을 알 때는 $\mathbf{a} \cdot \mathbf{b}$를 어떻게 구하는가?

11 **a** 위로 **b**의 스칼라 사영과 벡터 사영에 대한 식을 쓰고 그림을 그려 설명하라.

12 두 벡터 **a**와 **b**의 길이와 사잇각을 알 때 외적 $\mathbf{a} \times \mathbf{b}$를 어떻게 구하는가? 그것들의 성분을 알 때는 $\mathbf{a} \times \mathbf{b}$를 어떻게 구하는가?

13 (a) **a**와 **b**에 의해서 결정되는 평행사변형의 넓이를 어떻게 구하는가?

(b) **a**, **b**, **c**에 의해서 결정되는 평행육면체의 부피를 어떻게 구하는가?

14 평면에 수직인 벡터를 어떻게 구하는가?

15 교차하는 두 평면 사이의 각을 어떻게 구하는가?

16 직선에 대한 벡터 방정식, 매개변수 방정식, 대칭 방정식을 쓰라.

17 평면에 대한 벡터 방정식과 스칼라 방정식을 쓰라.

18 (a) 평행한 두 벡터에 대해 어떻게 말할 수 있는가?

(b) 수직인 두 벡터에 대해 어떻게 말할 수 있는가?

(c) 평행한 두 평면에 대해 어떻게 말할 수 있는가?

19 (a) 세 점 P, Q, R이 동일한 직선 위에 있는지 결정하는 방법을 설명하라.

(b) 네 점 P, Q, R, S가 동일한 평면 위에 있는지 결정하는 방법을 설명하라.

20 (a) 점과 직선 사이의 거리는 어떻게 구하는가?

(b) 점과 평면 사이의 거리는 어떻게 구하는가?

참/거짓 질문

다음 명제가 참인지 아니면 거짓인지 판별하라. 참이면 이유를 설명하고, 거짓이면 이유를 설명하거나 반례를 들라.

01 매개변수 곡선 $x = f(t)$, $y = g(t)$가 $g'(1) = 0$을 만족하면 $t = 1$일 때 수평접선을 갖는다.

02 곡선 $x = f(t)$, $y = g(t)$, $a \le t \le b$의 길이는

$\int_a^b \sqrt{[f'(t)]^2 + [g'(t)]^2} \, dt$ 이다.

03 극곡선 $r = 1 - \sin 2\theta$와 $r = \sin 2\theta - 1$은 동일한 그래프를 갖는다.

04 매개변수 방정식 $x = t^2$, $y = t^4$은 $x = t^3$, $y = t^6$과 동일한 그래프를 갖는다.

05 $\mathbf{u} = \langle u_1,\ u_2 \rangle$, $\mathbf{v} = \langle v_1,\ v_2 \rangle$이면 $\mathbf{u} \cdot \mathbf{v} = \langle u_1 v_1,\ u_2 v_2 \rangle$이다.

06 V_3 안의 임의의 벡터 $\mathbf{u}$, $\mathbf{v}$에 대해 $|\mathbf{u} \cdot \mathbf{v}| = |\mathbf{u}||\mathbf{v}|$이다.

07 V_3 안의 임의의 벡터 $\mathbf{u}$, $\mathbf{v}$에 대해 $\mathbf{u} \cdot \mathbf{v} = \mathbf{v} \cdot \mathbf{u}$이다.

08 V_3 안의 임의의 벡터 $\mathbf{u}$, $\mathbf{v}$에 대해 $|\mathbf{u} \times \mathbf{v}| = |\mathbf{v} \times \mathbf{u}|$이다.

09 V_3 안의 임의의 벡터 $\mathbf{u}$, $\mathbf{v}$와 임의의 스칼라 k에 대해 $k(\mathbf{u} \times \mathbf{v}) = (k\mathbf{u}) \times \mathbf{v}$이다.

10 V_3 안의 임의의 벡터 $\mathbf{u}$, $\mathbf{v}$, $\mathbf{w}$에 대해 $\mathbf{u} \cdot (\mathbf{v} \times \mathbf{w}) = (\mathbf{u} \times \mathbf{v}) \cdot \mathbf{w}$이다.

11 V_3 안의 임의의 벡터 $\mathbf{u}$, $\mathbf{v}$에 대해 $(\mathbf{u} \times \mathbf{v}) \cdot \mathbf{u} = 0$이다.

12 벡터 $\langle 3,\ -1,\ 2 \rangle$는 평면 $6x - 2y + 4z = 1$에 평행하다.

13 $\mathbf{u} \cdot \mathbf{v} = 0$이면 $\mathbf{u} = \mathbf{0}$ 또는 $\mathbf{v} = \mathbf{0}$이다.

14 $\mathbf{u} \cdot \mathbf{v} = 0$이고 $\mathbf{u} \times \mathbf{v} = \mathbf{0}$이면 $\mathbf{u} = \mathbf{0}$ 또는 $\mathbf{v} = \mathbf{0}$이다.

15 벡터 방정식이 $\mathbf{r}(t) = t^3\mathbf{i} + 2t^3\mathbf{j} + 3t^3\mathbf{k}$인 곡선은 직선이다.

16 곡선 $\mathbf{r}(t) = \langle 2t,\ 3-t,\ 0 \rangle$은 원점을 지나는 직선이다.

연습문제

01~02 다음 매개변수 곡선을 그리고 매개변수를 소거해서 곡선에 대한 직교방정식을 구하라.

01 $x = t^2 + 4t$, $y = 2 - t$, $-4 \leq t \leq 1$

02 $x = \cos\theta$, $y = \sec\theta$, $0 \leq \theta < \pi/2$

03 (a) 극좌표로 점 $(4, 2\pi/3)$를 나타내라. 그리고 이것의 직교좌표를 구하라.

(b) 한 점의 직교좌표가 $(-3, 3)$이다. 이 점에 대한 극좌표 두 개를 구하라.

04~07 다음 극곡선을 그려라.

04 $r = 1 - \cos\theta$

05 $r = \cos 3\theta$

06 $r = 1 + \cos 2\theta$

07 $r = \dfrac{3}{1 + 2\sin\theta}$

08 직교방정식으로 표현된 곡선 $x + y = 2$에 대한 극방정식을 구하라.

09~10 주어진 매개변수의 값에 대응하는 점에서 다음 곡선에 대한 접선의 기울기를 구하라.

09 $x = \ln t$, $y = 1 + t^2$; $t = 1$

10 $r = e^{-\theta}$; $\theta = \pi$

11 $x = t + \sin t$, $y = t - \cos t$에 대해 dy/dx와 d^2y/dx^2를 구하라.

12 곡선 $x = 2a\cos t - a\cos 2t$, $y = 2a\sin t - a\sin 2t$가 어떤 점에서 수직접선과 수평접선을 갖는가? 이 정보를 이용하여 곡선을 그려라.

13 [연습문제 12]의 곡선으로 둘러싸인 넓이를 구하라.

14 두 원 $r = 2\sin\theta$와 $r = \sin\theta + \cos\theta$의 내부에 놓이는 영역의 넓이를 구하라.

15~16 다음 곡선의 길이를 구하라.

15 $x = 3t^2$, $y = 2t^3$, $0 \leq t \leq 2$

16 $r = 1/\theta$, $\pi \leq \theta \leq 2\pi$

17~18 다음 주어진 조건을 만족하는 4×4 행렬 $A = (a_{ij})$를 구하라.

17 $a_{ij} = (-1)^{i+j}$

18 $a_{ij} = \begin{cases} (-1)^{i+j}, & |i-j| > 1 \\ i - j, & |i-j| \leq 1 \end{cases}$

19~22 다음 행렬식을 구하라.

19 $\begin{vmatrix} 1 & a & a^2 \\ 1 & a & a^2 \\ 1 & a & a^2 \end{vmatrix}$

20 $\begin{vmatrix} a & 1 & 1 & 1 \\ 1 & a & 1 & 1 \\ 1 & 1 & a & 1 \\ 1 & 1 & 1 & a \end{vmatrix}$

21 $\begin{vmatrix} b^2 + c^2 & ab & ca \\ ab & c^2 + a^2 & ca \\ ca & bc & a^2 + b^2 \end{vmatrix}$

22
$$\begin{vmatrix} \sin\theta & \cos\theta & 0 \\ -\cos\theta & \sin\theta & 0 \\ \sin\theta-\cos\theta & \sin\theta+\cos\theta & 1 \end{vmatrix}$$

23~24 다음 방정식의 실근을 구하라.

23 $\begin{vmatrix} x-1 & 1 \\ 2 & x \end{vmatrix} = \begin{vmatrix} x & 0 & 1 \\ 1 & x & 0 \\ 1 & 0 & x \end{vmatrix}$

24 $\begin{vmatrix} 2x & x \\ -4 & x+2 \end{vmatrix} = \begin{vmatrix} 2 & -1 & 0 \\ 0 & -x & -6 \\ -1 & 3 & 1-x \end{vmatrix}$

25~26 크래머의 규칙을 이용하여 다음 연립방정식의 해를 구하라.

25 $x-y+2z-w=1$, $2x+2y-z+2w=2$, $-x+y-4z-w=3$, $2x-3w=4$

26 $x^2+y^2+z^2=6$, $x^2-y^2+2z^2=2$, $2x^2+y^2-z^2=3$

27~28 다음 전기회로의 전류를 구하라.

27
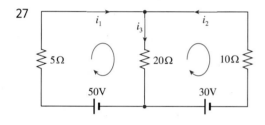

28
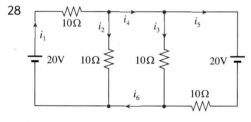

29 (a) 중심이 $(-1, 2, 1)$이고 점 $(6, -2, 3)$을 지나는 구면의 방정식을 구하라.

(b) (a)의 구면과 yz평면과의 교선을 구하라.

(c) 구면 $x^2+y^2+z^2-8x+2y+6z+1=0$의 중심과 반지름을 구하라.

30 벡터 $\langle 3, 2, x \rangle$와 $\langle 2x, 4, x \rangle$가 직교하는 x의 값을 구하라.

31 (a) 점 $A(1, 0, 0)$, $B(2, 0, -1)$, $C(1, 4, 3)$을 지나는 평면에 수직인 벡터를 구하라.

(b) 삼각형 ABC의 넓이를 구하라.

32 $(4, -1, 2)$와 $(1, 1, 5)$를 지나는 직선에 대한 매개변수 방정식을 구하라.

33 매개변수 방정식이 $x=2-t$, $y=1+3t$, $z=4t$인 직선과 평면 $2x-y+z=2$의 교점을 구하라.

34 다음 대칭 방정식으로 주어진 직선들이 평행한지 꼬임인지 또는 만나는지 결정하라.

$$\frac{x-1}{2}=\frac{y-2}{3}=\frac{z-3}{4}, \quad \frac{x+1}{6}=\frac{y-3}{-1}=\frac{z+5}{2}$$

35 두 평면 $x-z=1$과 $y+2z=3$의 교선을 지나고 평면 $x+y-2z=1$과 수직인 평면의 방정식을 구하라.

36 평면 $3x+y-4z=2$와 $3x+y-4z=24$ 사이의 거리를 구하라.

10장 편도함수

PARTIAL DERIVATIVES

지금까지는 일변수함수의 미적분학만 다루었지만 실세계에서의
물리량은 종종 두 개 이상의 변수에 의해 좌우된다. 그러므로 이
장에서는 다변수함수로 관심을 돌려 미분학의 기본적인 개념을
다변수함수로 확장해본다.

복습문제

10.1 다변수함수

주어진 시각에 지표면 위의 한 점에서의 온도 T는 그 점의 경도 x와 위도 y에 의해 좌우된다. T는 두 변수 x와 y의 함수 또는 순서쌍 (x, y)의 함수로 생각할 수 있다. 이러한 함수 관계를 $T = f(x, y)$로 나타낸다.

> **정의 이변수함수**^{function of two variables} f는 집합 D에 속하는 각 실수의 순서쌍 (x, y)에 대해 $f(x, y)$로 표시되는 유일한 실수를 대응시키는 규칙이다. 이때 집합 D는 f의 정의역이고 f의 치역은 f가 취하는 값들의 집합, 즉 $\{f(x, y) \mid (x, y) \in D\}$이다.

임의의 점 (x, y)에서 f가 취하는 값을 명확하게 표시하기 위해 흔히 $z = f(x, y)$로 쓴다. 이때 변수 x와 y는 **독립변수**이고 z는 **종속변수**이다. [일변수함수에 대한 기호 $y = f(x)$와 비교해보자.]

이변수함수는 정의역이 $\mathbb{R}^2$의 부분집합이고 치역이 $\mathbb{R}$의 부분집합인 함수이다. 이와 같은 함수를 시각적으로 나타내는 방법 중의 하나는 [그림 1]과 같이 화살표를 이용하는 것이다. 이때 정의역 D는 xy평면의 부분집합이고 치역은 z축으로 표시된 실직선 위의 수들의 집합이다.

함수 f가 정의역이 특별히 지정되지 않은 식으로 주어지면 f의 정의역은 주어진 식이 실수로 잘 정의되는 순서쌍 (x, y) 전체의 집합으로 이해한다.

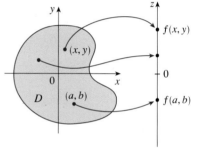

[그림 1]

> **◀예제1▶** 함수 $f(x, y) = x \ln(y^2 - x)$의 정의역을 구하고 $f(3, 2)$를 계산하라.

풀이

$$f(3, 2) = 3\ln(2^2 - 3) = 3\ln 1 = 0$$

$\ln(y^2 - x)$는 $y^2 - x > 0$, 즉 $x < y^2$일 때 정의되므로 f의 정의역은 다음과 같다.

$$D = \{(x, y) \mid x < y^2\}$$

이것은 포물선 $x = y^2$의 왼쪽에 있는 점들의 집합이다([그림 2] 참조).

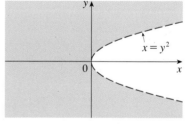

[그림 2] $f(x, y) = x \ln(y^2 - x)$의 정의역

그래프

이변수함수의 자취를 시각화하는 또 다른 방법으로 그래프를 생각해보자.

> **정의** f를 정의역이 D인 이변수함수라 하면 f의 **그래프**^{graph}는 (x, y)가 D에 속하고 $z = f(x, y)$인 $\mathbb{R}^3$ 안의 점 (x, y, z) 전체의 집합이다.

일변수함수 f의 그래프가 방정식이 $y = f(x)$인 곡선 C인 것과 마찬가지로 이변수함수 f의 그래프는 방정식이 $z = f(x, y)$인 곡면 S이다. f의 그래프 S는 xy평면에 있는 정의역 D의 바로 위 또는 아래에 놓음으로써 시각적으로 보여줄 수 있다([그림 3] 참조).

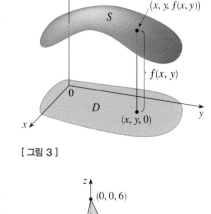

[그림 3]

〈예제 2〉 함수 $f(x, y) = 6 - 3x - 2y$의 그래프를 그려라.

풀이

f의 그래프는 방정식이 $z = 6 - 3x - 2y$ 또는 $3x + 2y + z = 6$인 평면이다. 평면을 그리기 위해 먼저 절편을 구한다. 방정식에서 $y = z = 0$으로 놓으면 x절편 2를 얻는다. 마찬가지로 y절편은 3이고 z절편은 6이다. 이로부터 제1팔분공간에 놓이는 그래프의 일부를 그릴 수 있다([그림 4] 참조). ❱

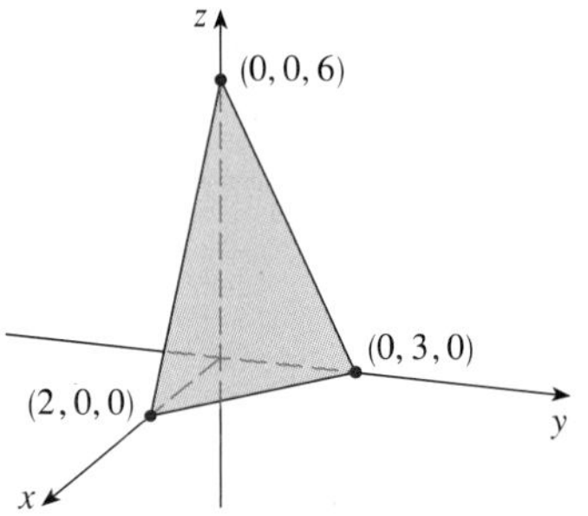

[예제 2]에 있는 함수는 다음과 같은 함수의 특별한 형태로서 **선형함수**^{linear function}라 한다.

$$f(x, y) = ax + by + c$$

이와 같은 함수의 그래프는 $z = ax + by + c$ 또는 $ax + by - z + c = 0$과 같은 방정식을 갖는 평면이다.

[그림 4] $f(x, y) = 6 - 3x - 2y$의 그래프

〈예제 3〉 $g(x, y) = \sqrt{9 - x^2 - y^2}$의 그래프를 그려라.

풀이

그래프의 방정식은 $z = \sqrt{9 - x^2 - y^2}$이다. 이 방정식의 양변을 제곱하여 $z^2 = 9 - x^2 - y^2$ 또는 $x^2 + y^2 + z^2 = 9$를 얻는다. 이것은 중심이 원점이고 반지름이 3인 구의 방정식이다. 그러나 $z \geq 0$이므로 g의 그래프는 이 구의 위쪽 절반이 된다([그림 5] 참조). ❱

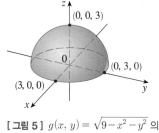

[그림 5] $g(x, y) = \sqrt{9 - x^2 - y^2}$의 그래프

[그림 6]은 함수 $f(x,y) = (x^2 + 3y^2) e^{-x^2 - y^2}$의 그래프를 컴퓨터로 생성한 것이다. 특히 그래프를 회전시켜 관찰하면 함수의 특성이 잘 드러나는 그래프를 얻을 수 있다. 그림 (a)와 (b)에서 f의 그래프는 원점 부근을 제외하고는 매우 평평하고 xy평면에 가깝다. x 또는 y가 커질수록 $e^{-x^2 - y^2}$은 매우 작아지기 때문이다.

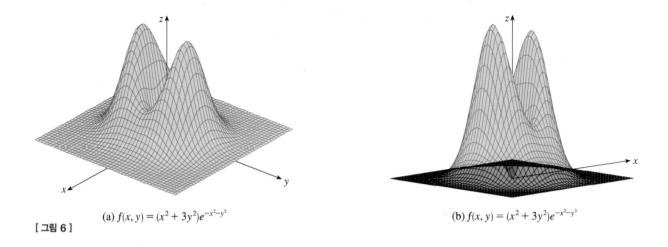

(a) $f(x, y) = (x^2 + 3y^2)e^{-x^2-y^2}$

(b) $f(x, y) = (x^2 + 3y^2)e^{-x^2-y^2}$

[그림 6]

등위곡선

지금까지 함수를 보여주기 위한 두 가지 방법, 즉 화살표 그림과 그래프를 살펴보았다. 세 번째 방법은 지도 제작자들이 이용하는 것으로 일정한 고도의 점들을 연결하여 등고선 또는 등위곡선을 형성하는 등고선 그림이다.

> 정의 이변수함수 f의 등위곡선$^{\text{level curves}}$은 방정식이 $f(x, y) = k$인 곡선이다. 여기서 k는 (f의 치역에 속한) 상수이다.

등위곡선 $f(x, y) = k$는 f가 주어진 값 k를 취하는 곳에서 f의 정의역에 속한 모든 점들의 집합이다. 다시 말해서 이는 높이가 k인 f의 그래프를 보여준다.

[그림 7]을 보면 등위곡선과 수평 자취 사이의 관계를 알 수 있다. 등위곡선 $f(x, y) = k$는 수평평면 $z = k$에서 f에 대한 그래프의 자취를 xy평면으로 투영한 것이다.

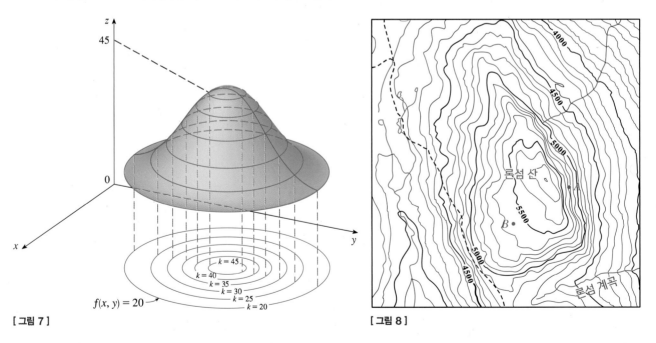

[그림 7]

[그림 8]

따라서 함수의 등위곡선을 그리고 지시된 높이만큼 곡면을 끌어올려서 시각화하면 마음속으로 그래프의 조각들을 서로 이어서 완전한 그래프를 그릴 수 있다. 등위곡선이 서로 가까운 곳에서는 곡면이 가파르고 멀리 떨어진 곳에서는 다소 평평하다.

등위곡선의 흔한 예로는 [그림 8]의 지도와 같이 산악지대의 지형도를 생각할 수 있다. 등위곡선은 해수면을 기준으로 고도가 일정한 곡선이다. 이러한 등고선 중 하나를 따라 걸으면 오르내리지 않아도 된다.

TEC Visual 11.1A는 [그림 7]의 등위곡선들을 함수의 그래프까지 들어 올려서 보여줌으로써 [그림 7]을 애니메이션으로 보여준다.

◀ **예제 4** $k = -6, 0, 6, 12$에 대한 함수 $f(x, y) = 6 - 3x - 2y$의 등위곡선을 그려라.

풀이

등위곡선은 다음과 같다.

$$6 - 3x - 2y = k, \quad 즉 \quad 3x + 2y + (k - 6) = 0$$

이것은 기울기가 $-\dfrac{3}{2}$인 직선족을 나타낸다. $k = -6, 0, 6, 12$인 특별한 등위곡선은 다음과 같다.

$$3x + 2y - 12 = 0, \quad 3x + 2y - 6 = 0, \quad 3x + 2y = 0, \quad 3x + 2y + 6 = 0$$

그리고 등위곡선들의 그래프는 [그림 9]와 같다. f의 그래프가 평면이므로 이 등위곡선들은 등간격의 평행선이 된다([그림 4] 참조). ▶

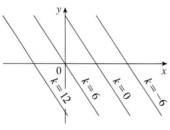

[그림 9] $f(x, y) = 6 - 3x - 2y$의 등위곡선

◀ **예제 5** $k = 0, 1, 2, 3$에 대한 함수 $g(x, y) = \sqrt{9 - x^2 - y^2}$의 등위곡선을 그려라.

풀이

등위곡선은 다음과 같다.

$$\sqrt{9 - x^2 - y^2} = k, \quad 즉 \quad x^2 + y^2 = 9 - k^2$$

이것은 중심이 $(0, 0)$, 반지름이 $\sqrt{9 - k^2}$인 동심원족이다. $k = 0, 1, 2, 3$인 경우의 등위곡선은 [그림 10]과 같다. 이런 등위곡선들을 들어 올려서 곡면을 만들어보고 [그림 5]와 같은 g의 그래프인 반구와 비교해보자(TEC Visual 11.1A 참조). ▶

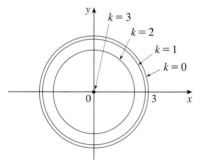

[그림 10] $g(x, y) = \sqrt{9 - x^2 - y^2}$의 등위곡선

삼변수 이상의 함수

삼변수함수^{function of three variables} f는 정의역 $D \subset \mathbb{R}^3$에 속하는 세 실수의 순서쌍 (x, y, z)에 대해 $f(x, y, z)$로 표시되는 유일한 실수를 대응시키는 규칙이다. 예를 들어 지표면 위의 한 지점에서의 온도 T는 경도 x, 위도 y, 시각 t에 좌우된다. 따라서 이를 $T = f(x, y, t)$로 쓸 수 있다.

◀예제6 $f(x, y, z) = \ln(z - y) + xy\sin z$의 정의역을 구하라.

풀이

$f(x, y, z)$에 대한 식은 $z - y > 0$일 때 정의된다. 따라서 f의 정의역은 다음과 같다.

$$D = \{(x, y, z) \in \mathbb{R}^3 \mid z > y\}$$

이것은 평면 $z = y$ 위에 놓이는 모든 점들로 구성된 **반공간**$^{\text{half-space}}$이다.   ▶

삼변수함수 f는 4차원 공간 안에 놓이므로 이 함수를 그래프로 그리기는 매우 어렵다. 그러나 상수 k에 대해 곡면의 방정식이 $f(x, y, z) = k$인 **등위곡면**$^{\text{level surface}}$을 조사해서 f를 파악할 수는 있다. 점 (x, y, z)가 등위곡면을 따라 움직일 때 $f(x, y, z)$의 값은 고정되어 있기 때문이다.

◀예제7 함수 $f(x, y, z) = x^2 + y^2 + z^2$의 등위곡면을 구하라.

풀이

등위곡면은 $k \geq 0$에 대해 $x^2 + y^2 + z^2 = k$이다. 이것은 반지름이 $\sqrt{k}$인 동심구면족을 이룬다([그림 11] 참조). 따라서 점 (x, y, z)가 중심이 O인 임의의 구면에서 변할 때 $f(x, y, z)$의 값은 고정되어 있다.   ▶

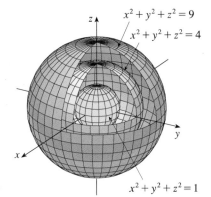

[그림 11]

변수가 임의의 개수인 함수도 생각할 수 있다. **n변수함수**$^{\text{function of n variables}}$는 실수의 n순서쌍 $(x_1, x_2, \cdots, x_n)$에 실수 $z = f(x_1, x_2, \cdots, x_n)$을 대응시키는 규칙이다. 이와 같은 n순서쌍 전체의 집합을 $\mathbb{R}^n$으로 나타낸다. 예를 들어 어떤 회사가 음식을 만드는 데 n개의 서로 다른 재료를 쓴다고 하자. 이때 c_i를 i번째 재료의 단위당 가격, x_i를 사용한 i번째 재료의 단위라 하자. 그러면 총 재료 구입비용 C는 다음과 같이 n변수 $x_1, x_2, \cdots, x_n$의 함수가 된다.

$$\boxed{1} \qquad C = f(x_1, x_2, \cdots, x_n) = c_1 x_1 + c_2 x_2 + \cdots + c_n x_n$$

함수 f는 정의역이 $\mathbb{R}^n$의 부분집합인 실숫값 함수이다. 때로는 이와 같은 함수를 좀 더 간단히 나타내기 위해 벡터 기호를 이용한다. $\mathbf{x} = \langle x_1, x_2, \cdots, x_n \rangle$이라 하면 $f(x_1, x_2, \cdots, x_n)$을 $f(\mathbf{x})$으로 자주 쓴다. 이 기호를 이용하면 식 $\boxed{1}$로 정의된 함수를 다음과 같이 쓸 수 있다.

$$f(\mathbf{x}) = \mathbf{c} \cdot \mathbf{x}$$

여기서 $\mathbf{c} = \langle c_1, c_2, \cdots, c_n \rangle$이고 $\mathbf{c} \cdot \mathbf{x}$는 V_n 안의 벡터 $\mathbf{c}$와 $\mathbf{x}$의 내적을 나타낸다.

10.1 연습문제

01 $g(x, y) = \cos(x + 2y)$라 하자.

(a) $g(2, -1)$을 계산하라.

(b) g의 정의역을 구하라.

(c) g의 치역을 구하라.

02 $f(x, y, z) = \sqrt{x} + \sqrt{y} + \sqrt{z} + \ln(4 - x^2 - y^2 - z^2)$이라 하자.

(a) $f(1, 1, 1)$을 계산하라.

(b) f의 정의역을 구하고 그림을 그려라.

03~04 다음 함수의 정의역을 구하고 그림을 그려라.

03 $f(x, y) = \ln(9 - x^2 - 9y^2)$

04 $f(x, y, z) = \sqrt{1 - x^2 - y^2 - z^2}$

05~06 다음 함수의 그래프를 그려라.

05 $f(x, y) = y^2 + 1$

06 $f(x, y) = \sqrt{4 - 4x^2 - y^2}$

---

07 xy평면 위에 놓여있는 얇은 금속판 안의 점 (x, y)에서의 온도를 $T(x, y)$라 한다. T의 등위곡선 위의 모든 점에서 온도가 같기 때문에 이 곡선을 등온선이라 한다. 온도함수가 다음과 같은

능온선의 그래프를 그려라.

$$T(x, y) = \frac{100}{1 + x^2 + 2y^2}$$

08~13 이 절의 끝장에서 각 함수와 맞는 (a) 그래프 A~F를 찾고 (b) 등고선 그림 I~VI을 선택하라. 그리고 그 이유를 설명하라.

08 $z = \sin(xy)$

09 $z = e^x \cos y$

10 $z = \sin(x - y)$

11 $z = \sin x - \sin y$

12 $z = (1 - x^2)(1 - y^2)$

13 $z = \dfrac{x - y}{1 + x^2 + y^2}$

14~15 다음 함수의 등위곡면을 설명하라.

14 $f(x, y, z) = x + 3y + 5z$

15 $f(x, y, z) = y^2 + z^2$

---

16 ⊞ 컴퓨터를 이용하여 다양한 정의역과 관찰 방향을 기준으로 함수 $f(x, y) = \dfrac{x + y}{x^2 + y^2}$의 그래프를 그려라. 극한 자취에 대해 설명하라. x와 y가 커질수록 어떻게 되는가? (x, y)가 원점에 가까워지면 어떻게 되는가?

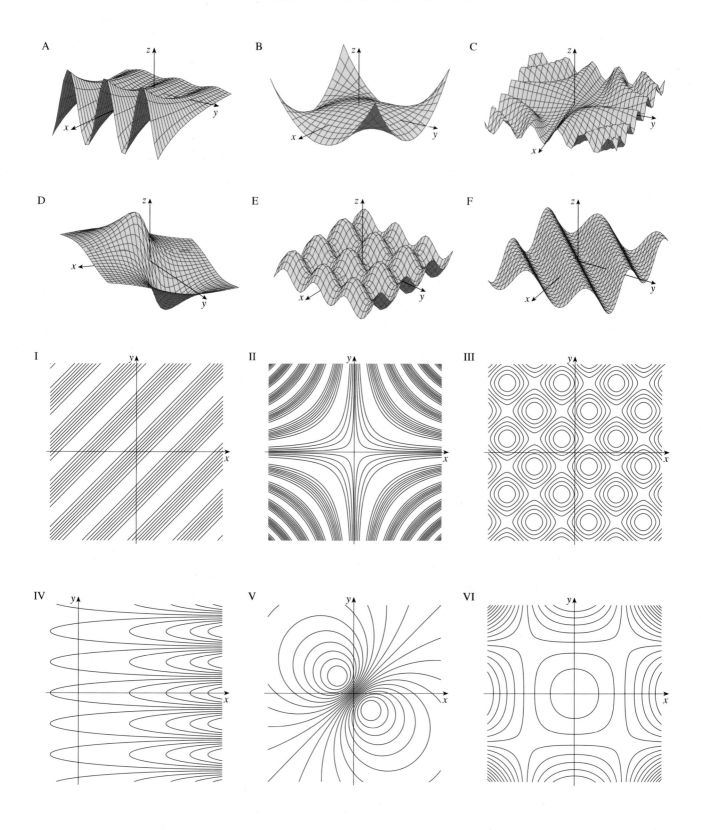

10.2 극한과 연속성

다변수함수의 극한은 일변수함수의 극한과 유사하다. 점 (x, y)가 f의 정의역 안에 있는 임의의 경로를 따라서 점 (a, b)에 가까워질 때 $f(x, y)$의 값이 수 L에 가까워진다면 다음 기호로 나타낸다.

$$\lim_{(x, y) \to (a, b)} f(x, y) = L$$

다시 말해서 점 (x, y)를 점 (a, b)와 같지는 않지만 충분히 가깝게 택할수록 $f(x, y)$의 값을 L에 원하는 만큼 가깝게 할 수 있다. 좀 더 명확한 정의는 다음과 같다.

---

① **정의** f를 점 (a, b)에 임의로 가까운 점들을 포함하는 집합 D를 정의역으로 갖는 이변수함수라 하자. 임의의 $\varepsilon > 0$에 대해 $(x, y) \in D$이고 $0 < \sqrt{(x-a)^2 + (y-b)^2} < \delta$일 때 $|f(x, y) - L| < \varepsilon$을 만족하는 $\delta > 0$이 존재하면, (x, y)가 (a, b)에 가까워질 때 $f(x, y)$의 극한^{limit}은 L이라 하고 다음과 같이 나타낸다.

$$\lim_{(x, y) \to (a, b)} f(x, y) = L$$

정의 ①의 극한을 다음과 같이 표기한다.

$$\lim_{\substack{x \to a \\ y \to b}} f(x, y) = L \quad \text{또는} \quad (x, y) \to (a, b) \text{일 때 } f(x, y) \to L$$

이때 $|f(x, y) - L|$은 수 $f(x, y)$와 L 사이의 거리이고, $\sqrt{(x-a)^2 + (y-b)^2}$은 점 (x, y)와 (a, b) 사이의 거리임에 주목한다. 따라서 정의 ①은 (x, y)에서 (a, b)까지의 거리를 (0은 아니고) 충분히 작게 만들면 $f(x, y)$와 L 사이의 거리를 충분히 작게 할 수 있음을 의미한다. [그림 12]는 화살표 그림을 이용하여 정의 ①을 설명한 것이다.

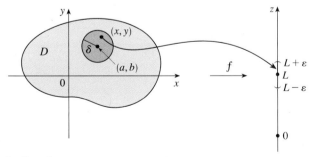

[그림 12]

일변수함수에서 x가 a에 접근할 때 오로지 두 가지 접근 방법, 즉 왼쪽 또는 오른쪽에서 접근하는 방법만 존재한다. 1장에서 $\lim\limits_{x \to a^-} f(x) \neq \lim\limits_{x \to a^+} f(x)$이면 $\lim\limits_{x \to a} f(x)$는 존재하지 않는다는 사실을 배웠다.

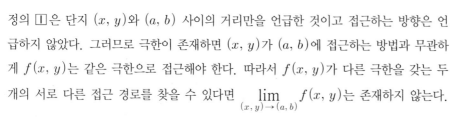

[그림 13]

이변수함수에서는 일변수함수와 달리 상황이 간단하지 않다. 왜냐하면 (x, y)가 f의 정의역에 있는 한 무수히 많은 방향과 방법으로 (a, b)에 접근할 수 있기 때문이다([그림 13] 참조).

정의 ①은 단지 (x, y)와 (a, b) 사이의 거리만을 언급한 것이고 접근하는 방향은 언급하지 않았다. 그러므로 극한이 존재하면 (x, y)가 (a, b)에 접근하는 방법과 무관하게 $f(x, y)$는 같은 극한으로 접근해야 한다. 따라서 $f(x, y)$가 다른 극한을 갖는 두 개의 서로 다른 접근 경로를 찾을 수 있다면 $\lim\limits_{(x, y) \to (a, b)} f(x, y)$는 존재하지 않는다.

> 경로 C_1을 따라 $(x, y) \to (a, b)$일 때 $f(x, y) \to L_1$이고, 경로 C_2를 따라 $(x, y) \to (a, b)$일 때 $f(x, y) \to L_2$이다. $L_1 \neq L_2$이면 $\lim\limits_{(x, y) \to (a, b)} f(x, y)$는 존재하지 않는다.

◀예제 1 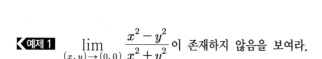 이 존재하지 않음을 보여라.

풀이

$f(x, y) = (x^2 - y^2)/(x^2 + y^2)$이라 하자. 먼저 x축을 따라 $(0, 0)$에 접근시켜보자. 그러면 $y = 0$이므로 모든 $x \neq 0$에 대해 $f(x, 0) = x^2/x^2 = 1$이다. 따라서 다음을 얻는다.

$$x축을 따라 (x, y) \to (0, 0)이면 f(x, y) \to 1이다.$$

이제 $x = 0$으로 놓고 y축을 따라 접근한다. 그러면 모든 $y \neq 0$에 대해 $f(0, y) = \dfrac{-y^2}{y^2} = -1$이다. 따라서 다음을 얻는다([그림 14] 참조).

$$y축을 따라 (x, y) \to (0, 0)이면 f(x, y) \to -1이다.$$

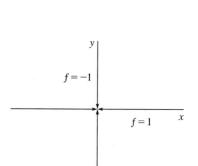

[그림 14]

f는 서로 다른 두 직선을 따라 다른 두 극한을 가지므로 주어진 극한은 존재하지 않는다. ❯

◀예제 2 $f(x, y) = xy/(x^2 + y^2)$일 때 $\lim\limits_{(x, y) \to (0, 0)} f(x, y)$는 존재하는가?

풀이

$y = 0$이면 $f(x, 0) = 0/x^2 = 0$이므로 다음을 얻는다.

x축을 따라 $(x, y) \to (0, 0)$이면 $f(x, y) \to 0$이다.

$x = 0$이면 $f(0, y) = 0/y^2 = 0$이므로 다음을 얻는다.

y축을 따라 $(x, y) \to (0, 0)$이면 $f(x, y) \to 0$이다.

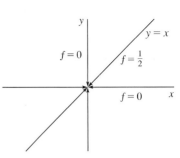

[그림 15]

두 좌표축을 따라 동일한 극한을 얻지만 주어진 극한이 0인 것은 아니다. 또 다른 직선인 $y = x$를 따라 $(0, 0)$으로 접근해보자. 모든 $x \neq 0$에 대해 다음을 얻는다.

$$f(x, x) = \frac{x^2}{x^2 + x^2} = \frac{1}{2}$$

TEC Visual 11.2에서 [그림 16]에 있는 곡면을 회전시키면 다른 방향에서 원점에 접근할 때 다른 극한이 나오는 것을 보여준다.

그러므로 다음을 얻는다([그림 15] 참조).

직선 $y = x$를 따라 $(x, y) \to (0, 0)$이면 $f(x, y) \to \frac{1}{2}$이다.

다른 경로에 따라 다른 극한을 가지므로 주어진 극한은 존재하지 않는다.

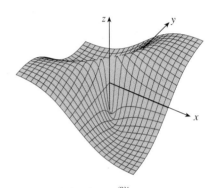

[그림 16] $f(x, y) = \dfrac{xy}{x^2 + y^2}$

◀예제 3 $f(x, y) = \dfrac{x y^2}{x^2 + y^4}$ 일 때 $\displaystyle \lim_{(x, y) \to (0, 0)} f(x, y)$는 존재하는가?

풀이

[예제 2]의 풀이를 참조해서 원점을 지나는 임의의 직선을 따라 $(x, y) \to (0, 0)$이라 하자. 그러면 $y = m x$(m은 기울기)이고 주어진 함수는 다음과 같다.

$$f(x, y) = f(x, m x) = \frac{x (m x)^2}{x^2 + (m x)^4} = \frac{m^2 x^3}{x^2 + m^4 x^4} = \frac{m^2 x}{1 + m^4 x^2}$$

따라서 다음을 얻는다.

$y = m x$를 따라 $(x, y) \to (0, 0)$이면 $f(x, y) \to 0$이다.

그러므로 f는 원점을 지나는 임의의 직선을 따라 동일한 극한을 갖는다. 그러나 이것만으로는 주어진 극한이 0임을 확신할 수 없다. 포물선 $x = y^2$을 따라 $(x, y) \to (0, 0)$이라 하면 다음과 같다.

[그림 17]은 [예제 3]의 함수의 그래프를 나타낸다. 포물선 $x = y^2$ 위로 능선을 이루고 있음에 유의하자.

$$f(x, y) = f(y^2, y) = \frac{y^2 \cdot y^2}{(y^2)^2 + y^4} = \frac{y^4}{2y^4} = \frac{1}{2}$$

따라서 다음을 얻는다.

$x = y^2$을 따라 $(x, y) \to (0, 0)$이면 $f(x, y) \to \frac{1}{2}$이다.

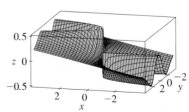

[그림 17]

다른 경로를 따라서 접근하면 다른 극한을 가지므로 주어진 극한은 존재하지 않는다.

이제 극한이 존재하는 경우를 살펴보자. 일변수함수의 경우와 마찬가지로 이변수함수
의 극한은 극한의 성질을 이용하여 간단하게 계산할 수 있다. 1.4절에서 나열한 극한
법칙을 이변수함수로 확장할 수 있다. 즉 합의 극한은 극한의 합과 같고, 곱의 극한은
극한의 곱과 같다. 특히 다음 식이 성립한다.

2
$$\lim_{(x,\,y)\to(a,\,b)} x = a, \qquad \lim_{(x,\,y)\to(a,\,b)} y = b, \qquad \lim_{(x,\,y)\to(a,\,b)} c = c$$

또한 압축 정리도 성립한다.

◀ 예제 4 $\displaystyle\lim_{(x,\,y)\to(0,\,0)} \frac{3x^2 y}{x^2 + y^2}$ 가 존재하면 그 값을 구하라.

풀이

[예제 3]과 같이 원점을 지나는 임의의 직선에 따른 극한이 0임을 보일 수 있으나, 원
주 위의 임의의 점이 원점에 가까워지는 경우를 생각하자.

$x = r\cos\theta$, $y = r\sin\theta$라 할 때 $(x,\,y)\to(0,\,0)$이면 $r \to 0^+$이므로 주어진 극한
은 다음과 같다([그림 18] 참조).

$$\lim_{(x,\,y)\to(0,\,0)} \frac{3x^2 y}{x^2 + y^2} = \lim_{r\to 0^+} \frac{3r^3 \cos^2\theta \sin\theta}{r^2} = \lim_{r\to 0^+} 3r\cos^2\theta \sin\theta = 0$$

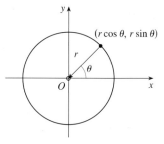

[**그림 18**] 임의의 θ에 대해
$(x,\,y)\to(0,\,0)$이면 $r\to 0$이다.

연속성

일변수 연속함수의 극한은 계산하기 쉽다는 것을 기억하자. 연속함수를 지배하는 성질
은 $\displaystyle\lim_{x\to a} f(x) = f(a)$이므로 이는 값을 직접 대입하여 계산할 수 있음을 의미한다.
이변수함수의 연속성도 역시 직접 값을 대입하는 성질에 의해 정의된다.

> 3 **정의** 다음을 만족하는 이변수함수 f는 $(a,\,b)$에서 **연속**^{continuous}이라고 한다.
>
> $$\lim_{(x,\,y)\to(a,\,b)} f(x,\,y) = f(a,\,b)$$
>
> D에 속하는 모든 점 $(a,\,b)$에서 f가 연속이면 f는 영역 D에서 연속이라고 한다.

연속성에 대한 직관적인 의미는 점 $(x,\,y)$가 조금 변하면 $f(x,\,y)$의 값도 조금 변한다
는 것이다. 이것은 연속함수의 그래프인 곡면이 구멍이나 갈라진 틈을 갖지 않는다는
것을 뜻한다.

극한의 성질을 이용하여 연속함수의 합, 차, 곱, 몫은 그들의 정의역에서 연속함수임을 알 수 있다. 이와 같은 사실을 연속함수의 예제에 적용시켜보자.

이변수 **다항함수**polynomial function(간단히 다항식)는 $c\,x^m\,y^n$ 형태의 항들의 합이다. 여기서 c는 상수, m과 n은 음이 아닌 정수이다. **유리함수**rational function는 다항함수의 비이다. 예를 들어 다음은 다항함수이다.

$$f(x,\,y) = x^4 + 5x^3 y^2 + 6xy^4 - 7y + 6$$

반면에 다음은 유리함수이다.

$$g(x,\,y) = \frac{2x\,y + 1}{x^2 + y^2}$$

②의 극한에서 함수 $f(x,\,y) = x$, $g(x,\,y) = y$, $h(x,\,y) = c$가 모두 연속임을 알 수 있다. 임의의 다항함수는 단항함수 f, g, h를 곱하고 더해서 만들 수 있으므로 모든 다항함수는 $\mathbb{R}^2$에서 연속이다. 마찬가지로 모든 유리함수도 연속함수의 몫이므로 정의역에서 연속이다.

◀ **예제 5** $\displaystyle \lim_{(x,\,y) \to (1,\,2)} (x^2 y^3 - x^3 y^2 + 3x + 2y)$를 계산하라.

풀이

$f(x,\,y) = x^2 y^3 - x^3 y^2 + 3x + 2y$는 다항함수이므로 이것은 모든 점에서 연속이다. 따라서 직접 대입하여 다음과 같이 극한을 구할 수 있다.

$$\lim_{(x,\,y) \to (1,\,2)} (x^2 y^3 - x^3 y^2 + 3x + 2y) = 1^2 \cdot 2^3 - 1^3 \cdot 2^2 + 3 \cdot 1 + 2 \cdot 2 = 11 \quad \blacktriangleright$$

◀ **예제 6** 함수 $f(x,\,y) = \dfrac{x^2 - y^2}{x^2 + y^2}$은 어디에서 연속인가?

풀이

함수 f는 $(0,\,0)$에서 정의되지 않으므로 이 점에서 불연속이다. f가 유리함수이므로 정의역 $D = \{(x,\,y) \mid (x,\,y) \neq (0,\,0)\}$에서 연속이다. $\quad \blacktriangleright$

◀ **예제 7** 다음 함수 g는 $(0,\,0)$에서 정의되지만 $\displaystyle \lim_{(x,\,y) \to (0,\,0)} g(x,\,y)$가 존재하지 않으므로 역시 $(0,\,0)$에서 불연속이다([예제 1] 참조).

$$g(x,\,y) = \begin{cases} \dfrac{x^2 - y^2}{x^2 + y^2}, & (x,\,y) \neq (0,\,0) \\[2ex] 0, & (x,\,y) = (0,\,0) \end{cases} \quad \blacktriangleright$$

◀예제8▶ 다음 함수 f는 $(x, y) \neq (0, 0)$일 때 유리함수이므로 원점을 제외한 곳에서 연속임을 알고 있다.

[그림 19]는 [예제 8]에서 다룬 연속함수의 그래프를 보여준다.

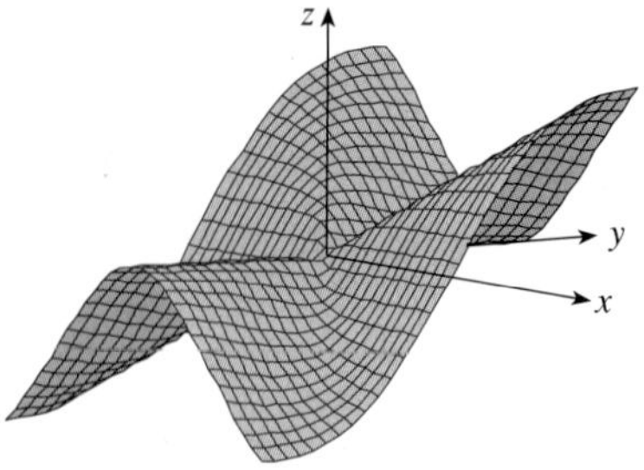

$$f(x, y) = \begin{cases} \dfrac{3x^2 y}{x^2 + y^2}, & (x, y) \neq (0, 0) \\ 0, & (x, y) = (0, 0) \end{cases}$$

또한 [예제 4]로부터 다음을 얻었다.

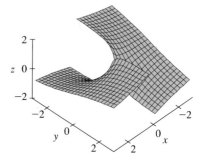

[그림 19]

$$\lim_{(x, y) \to (0, 0)} f(x, y) = \lim_{(x, y) \to (0, 0)} \frac{3x^2 y}{x^2 + y^2} = 0 = f(0, 0)$$

그러므로 f는 $(0, 0)$에서 연속이므로 $\mathbb{R}^2$에서 연속이다. ❭

일변수함수와 같이 합성은 두 연속함수를 결합하여 새로운 함수를 얻는 또 다른 방법이다. 사실상 f가 연속인 이변수함수이고 g를 f의 치역에서 정의되는 연속인 일변수함수라 하면, $h(x, y) = g(f(x, y))$로 정의되는 합성함수 $h = g \circ f$도 역시 연속이다.

◀예제9▶ 함수 $h(x, y) = \arctan(y/x)$는 어디에서 연속인가?

풀이

함수 $f(x, y) = y/x$는 유리함수이므로 직선 $x = 0$을 제외한 곳에서 연속이다. 또한 함수 $g(t) = \arctan t$는 모든 점에서 연속이다. 따라서 다음과 같은 합성함수는 $x = 0$을 제외하고 연속이다.

$$g(f(x, y)) = \arctan(y/x) = h(x, y)$$

[그림 20]은 h의 그래프가 y축 위의 부분에서 갈라진 틈을 보여준다. ❭

[그림 20] 함수 $h(x, y) = \arctan(y/x)$는 $x = 0$에서 불연속이다.

삼변수 이상의 함수

이 절에서 살펴본 모든 것을 삼변수 이상의 함수로 확장할 수 있다. 다음 기호는 점 (x, y, z)가 f의 정의역에 있는 임의의 경로를 따라 점 (a, b, c)에 가까워질 때, $f(x, y, z)$의 값이 실수 L에 가까워지는 것을 의미한다.

$$\lim_{(x, y, z) \to (a, b, c)} f(x, y, z) = L$$

또한 다음을 만족하면 함수 f는 (a, b, c)에서 **연속**이다.

$$\lim_{(x, y, z) \to (a, b, c)} f(x, y, z) = f(a, b, c)$$

예를 들어 다음 함수는 삼변수 유리함수이다. 따라서 $x^2 + y^2 + z^2 = 1$을 제외한 $\mathbb{R}^3$의 모든 점에서 연속이다.

$$f(x, y, z) = \frac{1}{x^2 + y^2 + z^2 - 1}$$

다시 말해서 이 함수는 중심이 원점이고 반지름이 1인 구면에서 불연속이다.

10.2 연습문제

01 $\lim\limits_{(x,y) \to (3,1)} f(x, y) = 6$이라 할 때 $f(3, 1)$의 값에 대해 어떻게 말할 수 있는가? f가 연속이면 어떻게 되는가?

02~05 극한이 존재하는 경우에 그 극한을 구하거나 존재하지 않음을 보여라.

02 $\lim\limits_{(x,y) \to (1,2)} (5x^3 - x^2 y^2)$

03 $\lim\limits_{(x,y) \to (0,0)} \dfrac{x^4 - 4y^2}{x^2 + 2y^2}$

04 $\lim\limits_{(x,y) \to (0,0)} \dfrac{xy}{\sqrt{x^2 + y^2}}$

05 $\lim\limits_{(x,y,z) \to (0,0,0)} \dfrac{xy + yz^2 + xz^2}{x^2 + y^2 + z^4}$

06 ⊞ 컴퓨터를 이용하여 $\lim\limits_{(x,y) \to (0,0)} \dfrac{2x^2 + 3xy + 4y^2}{3x^2 + 5y^2}$의 그래프를 그려서 극한이 존재하지 않는 이유를 설명하라.

07 $h(x, y) = g(f(x, y))$와 h가 연속인 집합을 구하라.

$$g(t) = t^2 + \sqrt{t}, \quad f(x, y) = 2x + 3y - 6$$

08~11 다음 함수가 연속이 되는 점들의 집합을 결정하라.

08 $F(x, y) = \dfrac{1 + x^2 + y^2}{1 - x^2 - y^2}$

09 $G(x, y) = \ln(x^2 + y^2 - 4)$

10 $f(x, y, z) = \arcsin(x^2 + y^2 + z^2)$

11 $f(x, y) = \begin{cases} \dfrac{x^2 y^3}{2x^2 + y^2}, & (x, y) \neq (0, 0) \\ 1, & (x, y) = (0, 0) \end{cases}$

12~13 극좌표를 이용하여 다음 극한을 구하라. [힌트 : (r, θ)가 점 (x, y)의 극좌표이고, $r \geq 0$이면 $(x, y) \to (0, 0)$일 때 $r \to 0^+$이다.]

12 $\lim\limits_{(x,y) \to (0,0)} \dfrac{x^3 + y^3}{x^2 + y^2}$

13 $\lim\limits_{(x,y) \to (0,0)} \dfrac{e^{-x^2 - y^2} - 1}{x^2 + y^2}$

10.3 편도함수

f가 두 변수 x와 y의 함수이고 y는 고정되며(즉, $y = b$, b는 상수) 오직 x만 변한다고 하자. 그러면 실제로 단일변수 x의 함수, 즉 $g(x) = f(x, b)$를 생각할 수 있다. g가 a에서 미분계수를 가지면 이 미분계수를 (a, b)에서 x에 대한 f의 **편미분계수**partial derivative라 하고 $f_x(a, b)$로 나타낸다. 그러므로 다음과 같다.

$$\boxed{1} \qquad g(x) = f(x, b) \text{일 때 } f_x(a, b) = g'(a)$$

미분계수의 정의에 의해 다음을 얻는다.

$$g'(a) = \lim_{h \to 0} \frac{g(a+h) - g(a)}{h}$$

따라서 식 $\boxed{1}$은 다음과 같다.

$$\boxed{2} \qquad f_x(a, b) = \lim_{h \to 0} \frac{f(a+h, b) - f(a, b)}{h}$$

같은 방법으로 (a, b)에서 y에 대한 f의 **편미분계수**는 $f_y(a, b)$로 나타낸다. 이는 x를 $x = a$로 고정시키고 b에서 함수 $G(y) = f(a, y)$의 일반직인 미분계수를 다음과 같이 구하여 얻을 수 있다.

$$\boxed{3} \qquad f_y(a, b) = \lim_{h \to 0} \frac{f(a, b+h) - f(a, b)}{h}$$

이제 식 $\boxed{2}$와 $\boxed{3}$에서 점 (a, b)가 변하면 f_x와 f_y는 이변수함수가 된다.

$\boxed{4}$ f가 이변수함수이면 **편도함수**$^{\text{partial derivative}}$ f_x와 f_y는 다음과 같이 정의된다.

$$f_x(x, y) = \lim_{h \to 0} \frac{f(x+h, y) - f(x, y)}{h}$$

$$f_y(x, y) = \lim_{h \to 0} \frac{f(x, y+h) - f(x, y)}{h}$$

편도함수를 나타내는 기호는 많이 있다. 예를 들어 f_x 대신 f_1 또는 $D_1 f$(첫 번째 변수에 대한 도함수) 또는 $\partial f / \partial x$로 쓸 수 있다. 이때 $\partial f / \partial x$는 미분의 몫으로 해석할 수 없다.

편도함수의 기호 $z = f(x, y)$일 때 다음과 같이 쓴다.

$$f_x(x, y) = f_x = \frac{\partial f}{\partial x} = \frac{\partial}{\partial x} f(x, y) = \frac{\partial z}{\partial x} = f_1 = D_1 f = D_x f$$

$$f_y(x, y) = f_y = \frac{\partial f}{\partial y} = \frac{\partial}{\partial y} f(x, y) = \frac{\partial z}{\partial y} = f_2 = D_2 f = D_y f$$

편도함수를 계산하기 위해 식 $\boxed{1}$로부터 x에 대한 편도함수는 y를 고정하여 얻어지는 일변수함수 g의 일반 도함수라는 사실을 기억해야 한다. 따라서 다음과 같은 규칙을 얻는다.

$z = f(x, y)$의 편도함수를 구하는 규칙

1. f_x를 구하기 위해 y를 상수로 간주하고 x에 대해 $f(x, y)$를 미분한다.
2. f_y를 구하기 위해 x를 상수로 간주하고 y에 대해 $f(x, y)$를 미분한다.

〔예제 1〕 $f(x, y) = x^3 + x^2 y^3 - 2y^2$일 때 $f_x(2, 1)$, $f_y(2, 1)$을 구하라.

풀이

y를 상수로 놓고 x에 대해 미분하면 다음을 얻는다.

$$f_x(x, y) = 3x^2 + 2x y^3$$

그러므로 다음과 같다.

$$f_x(2, 1) = 3 \cdot 2^2 + 2 \cdot 2 \cdot 1^3 = 16$$

x를 상수로 놓고 y에 대해 미분하면 다음을 얻는다.

$$f_y(x, y) = 3x^2 y^2 - 4y$$
$$f_y(2, 1) = 3 \cdot 2^2 \cdot 1^2 - 4 \cdot 1 = 8$$

편미분계수의 해석

편도함수를 기하학적으로 해석하기 위해 방정식 $z = f(x, y)$는 곡면 S(f의 그래프)를 나타낸다는 것을 상기하자. $f(a, b) = c$이면 점 $P(a, b, c)$는 S에 놓여있다. $y = b$를 고정하여 수직평면 $y = b$가 S와 만나는 곡선 C_1을 생각해보자. (C_1은 평면 $y = b$에서 S의 자취이다.) 마찬가지로 수직평면 $x = a$는 곡선 C_2에서 S와 만난다. 그리고 두 곡선 C_1과 C_2는 점 P를 지난다([그림 21] 참조).

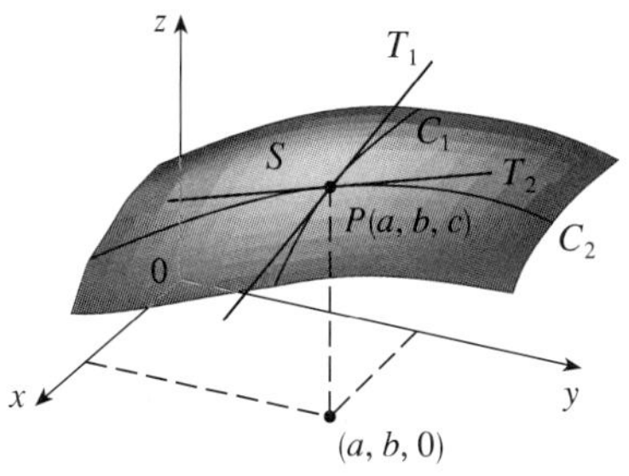

곡선 C_1이 함수 $g(x) = f(x, b)$의 그래프임에 주목하면 P에서 접선 T_1의 기울기는 $g'(a) = f_x(a, b)$이다. 곡선 C_2는 함수 $G(y) = f(a, y)$의 그래프이고, P에서 접선 T_2의 기울기는 $G'(b) = f_y(a, b)$이다.

따라서 편미분계수 $f_x(a, b)$와 $f_y(a, b)$는 기하학적으로 평면 $y = b$와 $x = a$에서의 S의 자취 C_1, C_2에 대한 $P(a, b, c)$에서의 접선의 기울기로 해석할 수 있다.

또한 편미분계수는 변화율로 해석할 수도 있다. $z = f(x, y)$이면 $\partial z / \partial x$는 y를 고정할 때 x에 대한 z의 변화율을 나타낸다. 마찬가지로 $\partial z / \partial y$는 x를 고정할 때 y에 대한 z의 변화율을 나타낸다.

[그림 21] (a, b)에서 f의 편도함수는 C_1과 C_2에 대한 접선의 기울기이다.

◀예제 2▶ $f(x, y) = 4 - x^2 - 2y^2$일 때 $f_x(1, 1)$과 $f_y(1, 1)$을 구하고, 이것을 기울기로 해석하라.

풀이

다음을 얻는다.

$$f_x(x, y) = -2x, \quad f_y(x, y) = -4y$$

$$f_x(1, 1) = -2, \quad f_y(1, 1) = -4$$

f의 그래프는 포물면 $z = 4 - x^2 - 2y^2$이고, 수직평면 $y = 1$은 포물선 $z = 2 - x^2$, $y = 1$에서 포물면과 만난다. (앞의 논의에 따라 이 곡선을 [그림 22]에서 C_1로 표기한다.) 점 $(1, 1, 1)$에서 이 포물선에 대한 접선의 기울기는 $f_x(1, 1) = -2$이다. 같은 방법으로 평면 $x = 1$이 포물면과 만나는 곡선 C_2는 포물선 $z = 3 - 2y^2$, $x = 1$이다. 그리고 $(1, 1, 1)$에서 접선의 기울기는 $f_y(1, 1) = -4$이다([그림 23] 참조). ▶

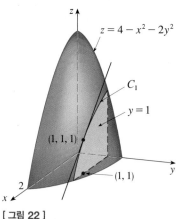

[그림 22]

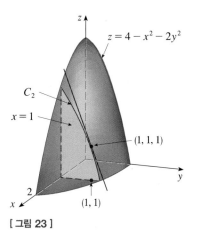

[그림 23]

◀예제 3▶ $f(x, y) = \sin\left(\dfrac{x}{1+y}\right)$일 때 $\dfrac{\partial f}{\partial x}$와 $\dfrac{\partial f}{\partial y}$를 계산하라.

풀이

일변수함수에 대한 연쇄법칙을 이용하여 다음을 얻는다.

$$\frac{\partial f}{\partial x} = \cos\left(\frac{x}{1+y}\right) \cdot \frac{\partial}{\partial x}\left(\frac{x}{1+y}\right) = \cos\left(\frac{x}{1+y}\right) \cdot \frac{1}{1+y}$$

$$\frac{\partial f}{\partial y} = \cos\left(\frac{x}{1+y}\right) \cdot \frac{\partial}{\partial y}\left(\frac{x}{1+y}\right) = -\cos\left(\frac{x}{1+y}\right) \cdot \frac{x}{(1+y)^2}$$

◀예제 4▶ 방정식 $x^3 + y^3 + z^3 + 6xyz = 1$에 의해 z가 x와 y에 대해 음함수로 정의될 때 $\partial z/\partial x$와 $\partial z/\partial y$를 구하라.

풀이

$\partial z/\partial x$를 구하기 위해 y를 상수로 취급하고 다음과 같이 x에 대해 음함수적으로 미분한다.

$$3x^2 + 3z^2\frac{\partial z}{\partial x} + 6yz + 6xy\frac{\partial z}{\partial x} = 0$$

이 식을 $\partial z/\partial x$에 대해 풀면 다음을 얻는다.

$$\frac{\partial z}{\partial x} = -\frac{x^2 + 2yz}{z^2 + 2xy}$$

일부 컴퓨터 대수체계는 삼변수에 대한 음함수 방정식으로 정의된 곡면을 그릴 수 있다. [그림 24]은 [예제 4]의 방정식으로 정의된 곡면의 그림을 보여준다.

[그림 24]

같은 방법을 사용하여 y에 대해 음함수 미분을 하면 다음을 얻는다.

$$\frac{\partial z}{\partial y} = -\frac{y^2 + 2xz}{z^2 + 2xy}$$　❱

삼변수 이상의 함수

편도함수는 삼변수 이상의 함수에 대해서도 정의할 수 있다. 예를 들어 f가 x, y, z 의 삼변수함수이면 x에 대한 편도함수는 다음과 같이 정의된다.

$$f_x(x, y, z) = \lim_{h \to 0} \frac{f(x+h, y, z) - f(x, y, z)}{h}$$

이것은 y와 z를 상수로 간주하고 $f(x, y, z)$를 x에 대해 미분하여 구한다. $w = f(x, y, z)$라 하면 $f_x = \partial w / \partial x$는 y와 z가 고정되어 있을 때 x에 대한 w의 변화율로 설명할 수 있다. 그러나 f의 그래프는 4차원 공간에 놓여있기 때문에 이것을 기하학적으로 설명할 수는 없다.

일반적으로 u가 n변수함수 $u = f(x_1, x_2, \cdots, x_n)$이면 이 함수의 i번째 변수 x_i에 대한 편도함수는 다음과 같다.

$$\frac{\partial u}{\partial x_i} = \lim_{h \to 0} \frac{f(x_1, \cdots, x_{i-1}, x_i + h, x_{i+1}, \cdots, x_n) - f(x_1, \cdots, x_i, \cdots, x_n)}{h}$$

또한 다음과 같이 나타낸다.

$$\frac{\partial u}{\partial x_i} = \frac{\partial f}{\partial x_i} = f_{x_i} = f_i = D_i f$$

❰ 예제 5 $f(x, y, z) = e^{xy} \ln z$일 때 f_x, f_y, f_z를 구하라.

풀이

y와 z를 상수로 취급하고 x에 대해 미분하면 다음을 얻는다.

$$f_x = y e^{xy} \ln z$$

같은 방법으로 다음을 얻는다.

$$f_y = x e^{xy} \ln z, \quad f_z = \frac{e^{xy}}{z}$$　❱

고계 도함수

f가 이변수함수이면 편도함수 f_x와 f_y도 이변수함수이다. 따라서 편도함수들의 편도함수 $(f_x)_x$, $(f_x)_y$, $(f_y)_x$, $(f_y)_y$를 생각할 수 있으며 이것을 f의 **2계 편도함수**second partial derivative라 한다. $z = f(x, y)$이면 2계 편도함수에 대해 다음 기호를 사용한다.

$$(f_x)_x = f_{xx} = f_{11} = \frac{\partial}{\partial x}\left(\frac{\partial f}{\partial x}\right) = \frac{\partial^2 f}{\partial x^2} = \frac{\partial^2 z}{\partial x^2}$$

$$(f_x)_y = f_{xy} = f_{12} = \frac{\partial}{\partial y}\left(\frac{\partial f}{\partial x}\right) = \frac{\partial^2 f}{\partial y \, \partial x} = \frac{\partial^2 z}{\partial y \, \partial x}$$

$$(f_y)_x = f_{yx} = f_{21} = \frac{\partial}{\partial x}\left(\frac{\partial f}{\partial y}\right) = \frac{\partial^2 f}{\partial x \, \partial y} = \frac{\partial^2 z}{\partial x \, \partial y}$$

$$(f_y)_y = f_{yy} = f_{22} = \frac{\partial}{\partial y}\left(\frac{\partial f}{\partial y}\right) = \frac{\partial^2 f}{\partial y^2} = \frac{\partial^2 z}{\partial y^2}$$

따라서 기호 f_{xy} (또는 $\partial^2 f/\partial y \, \partial x$)는 먼저 x에 대해 미분한 다음에 y에 대해 미분하는 것이고 반면 f_{yx}는 반대인 순서로 미분하는 것이다.

◀ 예제 6 $f(x, y) = x^3 + x^2 y^3 - 2y^2$의 2계 편도함수를 구하라.

풀이

[예제 1]에서 다음을 구했다.

$$f_x(x, y) = 3x^2 + 2xy^3, \quad f_y(x, y) = 3x^2 y^2 - 4y$$

그러므로 다음을 얻는다.

$$f_{xx} = \frac{\partial}{\partial x}(3x^2 + 2xy^3) = 6x + 2y^3 \qquad f_{xy} = \frac{\partial}{\partial y}(3x^2 + 2xy^3) = 6xy^2$$

$$f_{yx} = \frac{\partial}{\partial x}(3x^2 y^2 - 4y) = 6xy^2 \qquad f_{yy} = \frac{\partial}{\partial y}(3x^2 y^2 - 4y) = 6x^2 y - 4 \quad \blacktriangleright$$

[예제 6]에서 $f_{xy} = f_{yx}$에 주목하자. 이것은 항상 일치하는 것은 아니다. 실제로 접하는 대부분의 함수에서 편도함수 f_{xy}와 f_{yx}가 일치함을 알 수 있다. 프랑스의 수학자 알렉시스 클레로[1713-1765]가 발견한 다음 정리는 $f_{xy} = f_{yx}$라고 주장할 수 있는 조건을 제시한다.

> **클레로의 정리** f가 점 (a, b)를 포함하는 원판 D에서 정의되는 함수라 하자. 함수 f_{xy}와 f_{yx}가 D에서 모두 연속이면 다음이 성립한다.
> $$f_{xy}(a, b) = f_{yx}(a, b)$$

클레로Alexis Clairaut

알렉시스 클레로는 수학 영재였다. 그는 열 살 때 미적분학에 대한 로피탈의 책을 읽었으며, 열세 살 때는 프랑스 과학원에 기하학 논문을 제출했다. 열여덟 살 때 클레로는 공간곡선의 미적분을 포함하고 3차원 해석기하학에 관한 최초의 체계적인 논문인 "공간곡선의 곡률에 관한 연구"를 발표했다.

3계 이상의 편도함수도 정의할 수 있다. 예를 들어 다음과 같다.

$$f_{xyy} = (f_{xy})_y = \frac{\partial}{\partial y} \left(\frac{\partial^2 f}{\partial y \, \partial x} \right) = \frac{\partial^3 f}{\partial y^2 \, \partial x}$$

클레로의 정리를 이용하여 f_{xyy}, f_{yxy}, f_{yyx}가 연속이면 $f_{xyy} = f_{yxy} = f_{yyx}$임을 밝힐 수 있다.

◀ 예제 7 $f(x, y, z) = \sin(3x + yz)$일 때 f_{xxyz}를 계산하라.

풀이
$$f_x = 3\cos(3x + yz)$$
$$f_{xx} = -9\sin(3x + yz)$$
$$f_{xxy} = -9z\cos(3x + yz)$$
$$f_{xxyz} = -9\cos(3x + yz) + 9yz\sin(3x + yz)$$

10.3 연습문제

01 $f(x, y) = 16 - 4x^2 - y^2$일 때 $f_x(1, 2)$와 $f_y(1, 2)$를 구하고, 이 것을 기울기로 해석하라. 직접 그림을 그리거나 컴퓨터로 그래프를 그려서 설명하라.

02~07 다음 함수의 1계 편도함수를 구하라.

02 $f(x, t) = e^{-t}\cos \pi x$ **03** $f(x, y) = \dfrac{x}{y}$

04 $f(x, y) = \dfrac{ax + by}{cx + dy}$ **05** $F(x, y) = \displaystyle\int_y^x \cos(e^t)\,dt$

06 $w = \ln(x + 2y + 3z)$ **07** $u = xy\sin^{-1}(yz)$

08~09 지정된 편미분계수를 구하라.

08 $f(x, y) = \ln\left(x + \sqrt{x^2 + y^2}\right)$; $f_x(3, 4)$

09 $f(x, y, z) = \dfrac{y}{x + y + z}$; $f_y(2, 1, -1)$

10 극한 $\boxed{4}$와 같은 편도함수의 정의를 이용하여 $f(x, y) = xy^2 - x^3y$일 때 $f_x(x, y)$와 $f_y(x, y)$를 구하라.

11~12 음함수의 미분법을 이용하여 $\partial z / \partial x$와 $\partial z / \partial y$를 구하라.

11 $x^2 + 2y^2 + 3z^2 = 1$ **12** $e^z = xyz$

13 $\partial z / \partial x$와 $\partial z / \partial y$를 구하라.

   (a) $z = f(x) + g(y)$ (b) $z = f(x + y)$

14~15 2계 편도함수들을 구하라.

14 $f(x, y) = x^3y^5 + 2x^4y$ **15** $z = \arctan\dfrac{x + y}{1 - xy}$

16 $u = x^4y^3 - y^4$에 대해 클레로의 정리인 $u_{xy} = u_{yx}$가 성립하는지 확인하라.

17~18 지정된 편도함수를 구하라.

17 $f(x, y, z) = e^{x y z^2}$; f_{xyz}

18 $u = e^{r\theta}\sin\theta$; $\dfrac{\partial^3 u}{\partial r^2 \partial\theta}$

---

19 함수 $u = e^{-\alpha^2 k^2 t}\sin kx$가 열전도방정식 $u_t = \alpha^2 u_{xx}$의 해임을 확인하라.

20 다음 함수가 파동방정식 $u_{tt} = a^2 u_{xx}$의 해임을 보여라.

    (a) $u = \sin(kx)\sin(akt)$ (b) $u = \sin(x - at) + \ln(x + at)$

21 병렬 전기회로에 연결된 저항 R_1, R_2, R_3에 의해 생성되는 전체 저항 R은 다음 식으로 주어진다. $\partial R/\partial R_1$을 구하라.

$$\frac{1}{R} = \frac{1}{R_1} + \frac{1}{R_2} + \frac{1}{R_3}$$

22 질량이 m, 속도가 v인 물체의 운동에너지는 $K = \dfrac{1}{2}mv^2$이다. $\dfrac{\partial K}{\partial m}\dfrac{\partial^2 K}{\partial v^2} = K$임을 보여라.

23 $f(x, y) = x(x^2 + y^2)^{-3/2} e^{\sin(x^2 y)}$일 때 $f_x(1, 0)$을 구하라. [힌트: $f_x(x, y)$를 구하는 대신에 식 $\boxed{1}$ 또는 식 $\boxed{2}$를 이용하는 것이 더 쉽다.]

24 다음 함수를 생각하자.

$$f(x, y) = \begin{cases} \dfrac{x^3 y - x y^3}{x^2 + y^2}, & (x, y) \neq (0, 0) \\ 0, & (x, y) = (0, 0) \end{cases}$$

    (a) 컴퓨터를 이용하여 f의 그래프를 그려라.

    (b) $(x, y) \neq (0, 0)$일 때 $f_x(x, y)$와 $f_y(x, y)$를 구하라.

    (c) 식 $\boxed{2}$와 $\boxed{3}$을 이용하여 $f_x(0, 0)$과 $f_y(0, 0)$을 구하라.

    (d) $f_{xy}(0, 0) = -1$와 $f_{yx}(0, 0) = 1$임을 보여라.

    (e) **CAS** (d)의 결과는 클레로의 정리에 모순이 되는가? f_{xy}와 f_{yx}의 그래프를 그려서 설명하라.

10.4 접평면과 선형 근사

일변수함수의 미적분에서 가장 중요한 개념 중 하나는 미분 가능한 함수의 그래프 위에 있는 한 점을 향해 확대해 들어가면 그래프는 접선과 거의 구별하기 어려워지므로 그 함수를 선형함수로 근사시킬 수 있다는 것이다(3.9절 참조). 여기서는 이와 유사한 개념을 3차원으로 발전시킨다. 미분 가능한 이변수함수의 그래프인 곡면 위의 한 점을 향해 확대해 들어갈수록 곡면은 점점 더 평면(접평면)처럼 보인다. 따라서 이 함수를 이변수의 선형함수로 근사시킬 수 있다. 또한 미분의 개념을 이변수 이상의 함수로 확장할 수 있다.

접평면

곡면 S의 방정식이 $z = f(x, y)$이고 f는 연속인 1계 편도함수를 갖는다고 하자. 그리고 $P(x_0, y_0, z_0)$은 S 위의 점이라 하자. 앞 절에서와 같이 C_1과 C_2를 수직 평면 $x = x_0$와 $y = y_0$가 각각 곡면 S와 교차하여 얻어지는 곡선이라 하자. 그러면 점 P는 두 곡선 C_1과 C_2 위에 놓인다. T_1과 T_2를 점 P에서 C_1과 C_2에 대한 접선이라 하자. 그러면 점 P에서 곡면 S에 대한 **접평면**tangent plane은 접선 T_1과 T_2를 모두 포함하는 평면으로 정의한다([그림 25] 참조).

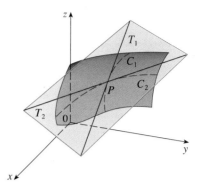

9.6절의 식 ⑦로부터 점 $P(x_0, y_0, z_0)$을 지나는 임의의 평면의 방정식은 다음과 같다.

$$A(x - x_0) + B(y - y_0) + C(z - z_0) = 0$$

이 식을 C로 나눠 $a = -A/C$, $b = -B/C$라고 놓으면, 다음과 같은 형태로 쓸 수 있다.

[그림 25] 접평면은 접선 T_1과 T_2를 포함한다.

⬜ $$z - z_0 = a(x - x_0) + b(y - y_0)$$

식 ⬜이 P에서의 접평면을 나타내면 평면 $y = y_0$과의 교선은 접선 T_1이 되어야 한다. 식 ⬜에서 $y = y_0$로 놓으면 다음을 얻는다.

$$z - z_0 = a(x - x_0), \quad y = y_0$$

이것은 기울기가 a인 (점-기울기형) 직선의 방정식이다. 한편 10.3절로부터 접선 T_1의 기울기는 $f_x(x_0, y_0)$임을 알고 있으므로 $a = f_x(x_0, y_0)$이다.

이와 마찬가지로 식 ⬜에서 $x = x_0$로 놓으면 $z - z_0 = b(y - y_0)$을 얻는다. 이는 접선 T_2를 나타낸다. 따라서 $b = f_y(x_0, y_0)$이다.

⬜ f가 연속인 편도함수를 갖는다고 가정하자. 점 $P(x_0, y_0, z_0)$에서 곡면 $z = f(x, y)$에 대한 접평면의 방정식은 다음과 같다.

$$z - z_0 = f_x(x_0, y_0)(x - x_0) + f_y(x_0, y_0)(y - y_0)$$

접평면의 방정식이 다음 접선의 방정식과 비슷하다는 사실에 주의하자.

$$y - y_0 = f'(x_0)(x - x_0)$$

◀ 예제 1 점 $(1, 1, 3)$에서 타원포물면 $z = 2x^2 + y^2$에 대한 접평면을 구하라.

풀이

$f(x, y) = 2x^2 + y^2$이라 하면 다음을 얻는다.

$$f_x(x, y) = 4x, \quad f_y(x, y) = 2y$$
$$f_x(1, 1) = 4, \quad f_y(1, 1) = 2$$

그러면 식 ⬜에 의해 $(1, 1, 3)$에서 접평면의 방정식은 다음과 같다.

$$z - 3 = 4(x - 1) + 2(y - 1)$$
$$z = 4x + 2y - 3$$

❱

TEC Visual 11.4는 [그림 26]의 움직임을 보여준다.

[그림 26(a)]는 [예제 1]에서 구한 타원포물면과 $(1, 1, 3)$에서의 접평면을 보여준다. [그림 26(b)]는 $f(x, y) = 2x^2 + y^2$의 정의역을 축소하여 점 $(1, 1, 3)$을 향해 확대한 것이다. 이를 더욱 더 확대할수록 곡면의 그래프는 점점 더 평평해지고 더욱 더 접평면과 비슷해지는 것에 주목하자.

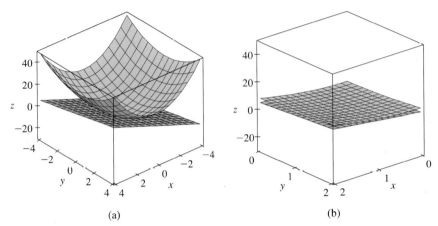

(a)   (b)

[그림 26] 타원포물면 $z = 2x^2 + y^2$은 점 $(1, 1, 3)$ 방향으로 확대할수록 접평면과 일치하는 것으로 보인다.

선형 근사

[예제 1]에서 점 $(1, 1, 3)$에서 함수 $f(x, y) = 2x^2 + y^2$의 그래프에 대한 접평면의 방정식이 $z = 4x + 2y - 3$임을 알았다. 그러므로 [그림 26]을 보면 알 수 있듯이 다음과 같은 이변수 선형함수는 (x, y)가 $(1, 1)$ 부근에 있을 때 $f(x, y)$의 좋은 근사식이다.

$$L(x, y) = 4x + 2y - 3$$

함수 L을 $(1, 1)$에서 f의 선형화라고 하고 다음과 같은 근사를 $(1, 1)$에서 f의 선형 근사 또는 접평면 근사라고 한다.

$$f(x, y) \approx 4x + 2y - 3$$

예를 들어 점 $(1.1, 0.95)$에서 선형 근사는 다음과 같다.

$$f(1.1, 0.95) \approx 4(1.1) + 2(0.95) - 3 = 3.3$$

이것은 $f(1.1, 0.95) = 2(1.1)^2 + (0.95)^2 = 3.3225$인 참값에 아주 가깝다.

일반적으로 ②로부터 점 $(a, b, f(a, b))$에서 이변수함수 f의 그래프에 대한 접평면의 방정식은 다음과 같다.

$$z = f(a, b) + f_x(a, b)(x - a) + f_y(a, b)(y - b)$$

여기서 f_x와 f_y는 연속이다. 이와 같은 접평면을 그래프로 가지는 선형함수, 즉 다음과 같은 선형함수를 (a, b)에서 f의 **선형화**linearization라 한다.

$$\boxed{3} \qquad L(x, y) = f(a, b) + f_x(a, b)(x - a) + f_y(a, b)(y - b)$$

또한 다음과 같은 근사식을 (a, b)에서 f의 **선형 근사**linear approximation 또는 **접평면 근사**tangent plane approximation라고 한다.

$$\boxed{4} \qquad f(x, y) \approx f(a, b) + f_x(a, b)(x - a) + f_y(a, b)(y - b)$$

일변수함수 $y = f(x)$에 대해 x가 a에서 $a + \Delta x$로 변하면 y의 증분을 다음과 같이 정의한 것을 기억하자.

$$\Delta y = f(a + \Delta x) - f(a)$$

이제 이변수함수 $z = f(x, y)$를 생각해보자. x가 a에서 $a + \Delta x$로 변하고 y가 b에서 $b + \Delta y$로 변한다고 하자. 그러면 이에 대응하는 z의 **증분**increment은 다음과 같다.

$$\boxed{5} \qquad \Delta z = f(a + \Delta x, b + \Delta y) - f(a, b)$$

따라서 증분 Δz는 (x, y)가 (a, b)에서 $(a + \Delta x, b + \Delta y)$로 변할 때 f의 값에 대한 변화를 나타낸다.

$\boxed{6}$ **정의** $z = f(x, y)$일 때 Δz가 다음과 같이 표현되면 f는 (a, b)에서 **미분 가능**differentiable하다고 한다.

$$\Delta z = f_x(a, b) \Delta x + f_y(a, b) \Delta y + \varepsilon_1 \Delta x + \varepsilon_2 \Delta y$$

여기서 $(\Delta x, \Delta y) \to (0, 0)$일 때 $\varepsilon_1 \to 0$, $\varepsilon_2 \to 0$이다.

정의 $\boxed{6}$은 미분 가능한 함수는 (x, y)가 (a, b) 부근에 있을 때 선형 근사식 $\boxed{4}$가 좋은 근사가 됨을 의미한다. 다시 말해서 접평면은 접촉점 부근에서 f의 그래프를 근사시킨다.

때때로 함수의 미분 가능성을 확인하기 위해 정의 $\boxed{6}$을 직접 이용하는 것이 곤란한 경우가 있다. 다음 정리는 미분 가능성을 판단하는 데 편리한 충분조건을 제공한다.

$\boxed{7}$ **정리** 편도함수 f_x와 f_y가 (a, b) 부근에서 존재하고 (a, b)에서 연속이면 f는 (a, b)에서 미분 가능하다.

예제 2 $f(x, y) = x e^{xy}$이 $(1, 0)$에서 미분 가능함을 보이고, 이 점에서 선형화를 구하라. 이것을 이용하여 $f(1.1, -0.1)$의 근삿값을 구하라.

풀이

편도함수가 다음과 같이 주어진다.

$$f_x(x, y) = e^{xy} + x y e^{xy}, \quad f_y(x, y) = x^2 e^{xy}$$

$$f_x(1, 0) = 1, \qquad\qquad f_y(1, 0) = 1$$

f_x와 f_y가 연속이므로 정리 [7]에 의해 f는 미분 가능하다. 그리고 $(1, 0)$에서 선형화는 다음과 같다.

$$L(x, y) - f(1, 0) \mid f_x(1, 0)(x-1) + f_y(1, 0)(y-0)$$

$$= 1 + 1(x-1) + 1 \cdot y = x + y$$

그러므로 대응하는 선형 근사식은 다음과 같다.

$$x e^{xy} \approx x + y$$

따라서 다음을 얻는다.

$$f(1.1, -0.1) \approx 1.1 - 0.1 = 1$$

이것을 참값 $f(1.1, -0.1) = 1.1 e^{-0.11} \approx 0.98542$와 비교해보자. ❱

[그림 27]은 함수 f와 [예제 2]에서의 선형화 L의 그래프를 보여준다.

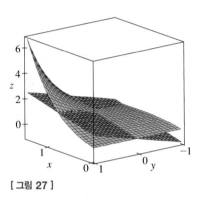

[**그림 27**]

미분

미분 가능한 일변수함수 $y = f(x)$에 대해 미분 dx를 독립변수로 정의한다.

같은 방법으로 미분 가능한 이변수함수 $z = f(x, y)$에 대해 **미분** dx와 dy를 독립변수로 정의한다. 즉 dx와 dy는 임의의 값으로 주어질 수 있다. 그러면 **미분** dz는 다음과 같이 정의되며 이것을 **전미분**total differential이라 한다.

[8]
$$dz = f_x(x, y)\,dx + f_y(x, y)\,dy = \frac{\partial z}{\partial x}\,dx + \frac{\partial z}{\partial y}\,dy$$

때때로 기호 dz 대신 df를 이용한다.

식 [8]에서 $dx = \Delta x = x - a$, $dy = \Delta y = y - b$로 택하면 z의 미분은 다음과 같다.

$$dz = f_x(a, b)(x-a) + f_y(a, b)(y-b)$$

따라서 미분 기호를 이용하면 선형 근사식 [4]는 다음과 같이 쓸 수 있다.

$$f(x, y) \approx f(a, b) + dz$$

[그림 28]은 $z = f(x, y)$일 때 미분 dz와 증분 Δz에 대한 기하학적 해석을 보여준다. 즉 (x, y)가 (a, b)에서 $(a + \Delta x, b + \Delta y)$까지 변할 때 dz는 접평면의 높이에 대한 변화를 나타내고, Δz는 곡면 $z = f(x, y)$의 높이에 대한 변화를 나타낸다.

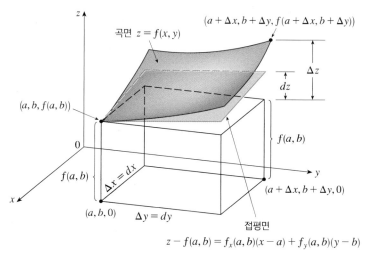

[그림 28]

예제 3 (a) $z = f(x, y) = x^2 + 3xy - y^2$일 때 미분 dz를 구하라.

(b) x가 2에서 2.05로 변하고 y가 3에서 2.96까지 변할 때 Δz와 dz의 값을 비교하라.

풀이

(a) 정의 ⑧로부터 다음을 얻는다.

$$dz = \frac{\partial z}{\partial x} dx + \frac{\partial z}{\partial y} dy = (2x + 3y) dx + (3x - 2y) dy$$

(b) $x = 2$, $dx = \Delta x = 0.05$, $y = 3$, $dy = \Delta y = -0.04$로 놓으면 다음을 얻는다.

$$dz = [2(2) + 3(3)]\,0.05 + [3(2) - 2(3)](-0.04)$$
$$= 0.65$$

z의 증분은 다음과 같다.

$$\Delta z = f(2.05, 2.96) - f(2, 3)$$
$$= [(2.05)^2 + 3(2.05)(2.96) - (2.96)^2] - [2^2 + 3(2)(3) - 3^2]$$
$$= 0.6449$$

$\Delta z \approx dz$이지만 dz가 계산하기 쉽다.

[예제 3]에서 dz는 Δz에 가깝다. 왜냐하면 $(2, 3, 13)$ 부근에서 접평면이 곡면 $z = x^2 + 3xy - y^2$에 대한 좋은 근사이기 때문이다([그림 29] 참조).

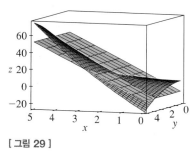

[그림 29]

삼변수 이상의 함수

선형 근사, 미분 가능성, 미분은 삼변수 이상의 함수에서도 비슷한 방법으로 정의할 수 있다. 미분 가능한 함수는 정의 $\boxed{6}$에 있는 것과 비슷한 식으로 정의된다. 그와 같은 함수들에 대한 **선형 근사**는 다음과 같다.

$$f(x, y, z) \approx f(a, b, c) + f_x(a, b, c)(x - a) + f_y(a, b, c)(y - b) + f_z(a, b, c)(z - c)$$

그리고 선형화 $L(x, y, z)$는 위 식의 우변이다.

$w = f(x, y, z)$이면 w의 **증분**은 다음과 같다.

$$\Delta w = f(x + \Delta x, y + \Delta y, z + \Delta z) - f(x, y, z)$$

미분 dw는 독립변수들의 미분들 dx, dy, dz를 이용하여 다음과 같이 정의된다.

$$dw = \frac{\partial w}{\partial x} dx + \frac{\partial w}{\partial y} dy + \frac{\partial w}{\partial z} dz$$

◀ 예제 4 직육면체 상자의 치수가 $0.2\,\mathrm{cm}$ 이내의 측정오차로 각각 $75\,\mathrm{cm}$, $60\,\mathrm{cm}$, $40\,\mathrm{cm}$로 정확하게 측정되었다. 측정값을 사용해 상자의 부피를 계산할 때 미분을 이용하여 최대로 가능한 오차를 계산하라.

풀이

직육면체의 치수를 x, y, z라 하면 부피가 $V = xyz$이므로 다음이 성립한다.

$$dV = \frac{\partial V}{\partial x} dx + \frac{\partial V}{\partial y} dy + \frac{\partial V}{\partial z} dz = yz\,dx + xz\,dy + xy\,dz$$

한편 $|\Delta x| \leq 0.2$, $|\Delta y| \leq 0.2$, $|\Delta z| \leq 0.2$이므로 $dx = 0.2$, $dy = 0.2$, $dz = 0.2$, $x = 75$, $y = 60$, $z = 40$을 이용하여 부피에 대한 최대 오차를 추정하면 다음을 얻는다.

$$\Delta V \approx dV = (60)(40)(0.2) + (75)(40)(0.2) + (75)(60)(0.2) = 1980$$

따라서 각 치수를 측정할 때 단지 $0.2\,\mathrm{cm}$만의 오차로 인해 부피의 계산에서 근사적으로 $1980\,\mathrm{cm}^3$에 이를 수 있다. 오차가 커 보이지만 상자 부피의 약 $1\,\%$에 불과하다.

❯

10.4 연습문제

01~02 지정된 점에서 주어진 곡면에 대한 접평면의 방정식을 구하라.

01 $z = 3y^2 - 2x^2 + x$, $(2, -1, -3)$

02 $z = x \sin(x+y)$, $(-1, 1, 0)$

03~04 다음 함수가 주어진 점에서 미분 가능한 이유를 설명하라. 그 점에서 함수의 선형화 $L(x, y)$를 구하라.

03 $f(x, y) = 1 + x \ln(xy - 5)$, $(2, 3)$

04 $f(x, y) = e^{-xy} \cos y$, $(\pi, 0)$

---

05 $(3, 2, 6)$에서 함수 $f(x, y, z) = \sqrt{x^2 + y^2 + z^2}$의 선형 근사식을 구하라. 이것을 이용하여 $\sqrt{(3.02)^2 + (1.97)^2 + (5.99)^2}$의 근삿

값을 구하라.

06~07 다음 함수의 미분을 구하라.

06 $m = p^5 q^3$ **07** $R = \alpha\beta^2 \cos\gamma$

---

08 $z = 5x^2 + y^2$이고 (x, y)가 $(1, 2)$에서 $(1.05, 2.1)$로 변할 때, Δz와 dz의 값을 비교하라.

09 직사각형의 가로와 세로의 길이가 측정오차 $0.1\,\mathrm{cm}$ 이내로 정확하게 각각 $30\,\mathrm{cm}$, $24\,\mathrm{cm}$로 측정되었다. 미분을 이용하여 직사각형의 넓이를 계산할 때 최대 오차를 추정하라.

10 미분을 이용하여 지름 $8\,\mathrm{cm}$, 높이 $12\,\mathrm{cm}$, 두께 $0.04\,\mathrm{cm}$인 뚜껑이 닫힌 주석 캔 안에 들어 있는 주석의 양을 추정하라.

10.5 연쇄법칙

일변수함수에 대한 연쇄법칙은 합성함수의 미분에 대한 법칙을 제공한다는 것을 상기하자. $y = f(x)$, $x = g(t)$이고 f와 g가 미분 가능한 함수이면, y는 간접적으로 t에 대해 미분 가능한 함수이고 다음이 성립한다.

$$\boxed{1} \qquad \frac{dy}{dt} = \frac{dy}{dx}\frac{dx}{dt}$$

이변수 이상의 함수에 대해 여러 가지 형태의 연쇄법칙이 있으며, 각각은 합성함수를 미분하기 위한 법칙을 제공한다. 첫 번째 유형(정리 $\boxed{2}$)은 $z = f(x, y)$인 경우를 다루고 변수 x, y는 각각 변수 t의 함수이다. 이것은 z가 간접적으로 t의 함수, 즉 $z = f(g(t), h(t))$인 것을 의미하고, 연쇄법칙은 t의 함수로서 z를 미분하는 공식을 제공한다. f가 미분 가능하다고 하자(10.4절 정의 $\boxed{6}$). 이것은 f_x와 f_y가 연속인 경우에 성립함을 상기하자(10.4절 정리 $\boxed{7}$).

2 연쇄법칙(유형 1) $z = f(x, y)$가 x와 y에 대해 미분 가능한 함수이고, $x = g(t)$와 $y = h(t)$가 모두 t에 대해 미분 가능한 함수라 하자. 그러면 z는 t에 대해 미분 가능한 함수이고 다음이 성립한다.

$$\frac{dz}{dt} = \frac{\partial f}{\partial x}\frac{dx}{dt} + \frac{\partial f}{\partial y}\frac{dy}{dt}$$

종종 $\partial f/\partial x$ 대신 $\partial z/\partial x$로 쓰기도 하므로, 연쇄법칙을 다음과 같은 형태로 다시 쓸 수 있다.

$$\frac{dz}{dt} = \frac{\partial z}{\partial x}\frac{dx}{dt} + \frac{\partial z}{\partial y}\frac{dy}{dt}$$

미분의 정의 $dz = \dfrac{\partial z}{\partial x}\,dx + \dfrac{\partial z}{\partial y}\,dy$와 유사한 것에 주목한다.

◀예제 1▶ $z = x^2 y + 3xy^4$, $x = \sin 2t$, $y = \cos t$일 때, $t = 0$에서 dz/dt를 구하라.

풀이

연쇄법칙에 따라 다음을 얻는다.

$$\frac{dz}{dt} = \frac{\partial z}{\partial x}\frac{dx}{dt} + \frac{\partial z}{\partial y}\frac{dy}{dt}$$

$$= (2xy + 3y^4)(2\cos 2t) + (x^2 + 12xy^3)(-\sin t)$$

x와 y를 다시 t의 식으로 쓸 필요가 없다. $t = 0$일 때 간단히 $x = \sin 0 = 0$, $y = \cos 0 = 1$이므로 다음과 같다.

$$\left.\frac{dz}{dt}\right|_{t=0} = (0 + 3)(2\cos 0) + (0 + 0)(-\sin 0) = 6$$ ❭

◀예제 2▶ 이상기체 $1\,\mathrm{mol}$에 대한 압력 $P(\mathrm{kPa})$, 부피 $V(\mathrm{L})$, 온도 $T(\mathrm{K})$의 관계는 방정식 $PV = 8.31 T$로 표현된다. 온도가 $300\,\mathrm{K}$이고 $0.1\,\mathrm{K/s}$의 비율로 증가하고, 부피가 $100\,\mathrm{L}$이고 $0.2\,\mathrm{L/s}$의 비율로 증가할 때, 압력의 변화율을 구하라.

풀이

t가 경과된 시간(초)을 나타내면 주어진 순간에 $T = 300$, $dT/dt = 0.1$, $V = 100$, $dV/dt = 0.2$이다. 주어진 관계식으로부터 다음을 얻는다.

$$P = 8.31\frac{T}{V}$$

그러므로 연쇄법칙에 따라 다음을 얻는다.

$$\frac{dP}{dt} = \frac{\partial P}{\partial T}\frac{dT}{dt} + \frac{\partial P}{\partial V}\frac{dV}{dt} = \frac{8.31}{V}\frac{dT}{dt} - \frac{8.31\,T}{V^2}\frac{dV}{dt}$$

$$= \frac{8.31}{100}\,(0.1) - \frac{8.31\,(300)}{100^2}\,(0.2) = -0.04155$$

압력은 약 $0.042\,\mathrm{kPa/s}$ 의 비율로 감소한다. ❱

이제 $z = f(x,\,y)$ 이고 x 와 y 가 각각 s 와 t 의 이변수함수 $x = g(s,\,t)$, $y = h(s,\,t)$ 인 경우를 생각하자. 그러면 z 는 간접적으로 s 와 t 의 함수이므로 $\partial z/\partial s$ 와 $\partial z/\partial t$ 를 구해야 한다. $\partial z/\partial t$ 를 계산할 때 s 를 고정하고 t 에 대해 z 의 통상적인 도함수를 계산하는 것을 상기하자. 그러므로 정리 ②를 적용해서 다음을 얻을 수 있다.

$$\frac{\partial z}{\partial t} = \frac{\partial z}{\partial x}\frac{\partial x}{\partial t} + \frac{\partial z}{\partial y}\frac{\partial y}{\partial t}$$

유사한 방법이 $\partial z/\partial s$ 에 대해서도 성립한다.

---

③ **연쇄법칙(유형 2)** $z = f(x,\,y)$ 가 x 와 y 의 미분 가능한 함수이고, $x = g(s,\,t)$ 와 $y = h(s,\,t)$ 가 모두 s 와 t 의 미분 가능한 함수라고 가정하자. 그러면 다음이 성립한다.

$$\frac{\partial z}{\partial s} = \frac{\partial z}{\partial x}\frac{\partial x}{\partial s} + \frac{\partial z}{\partial y}\frac{\partial y}{\partial s}, \qquad \frac{\partial z}{\partial t} = \frac{\partial z}{\partial x}\frac{\partial x}{\partial t} + \frac{\partial z}{\partial y}\frac{\partial y}{\partial t}$$

❰**예제 3**❱ $z = e^x \sin y$ 이고 $x = st^2$, $y = s^2 t$ 일 때 $\partial z/\partial s$ 와 $\partial z/\partial t$ 를 구하라.

풀이

유형 2인 연쇄법칙을 적용하여 다음을 얻는다.

$$\frac{\partial z}{\partial s} = \frac{\partial z}{\partial x}\frac{\partial x}{\partial s} + \frac{\partial z}{\partial y}\frac{\partial y}{\partial s} = (e^x \sin y)(t^2) + (e^x \cos y)(2st)$$

$$= t^2 e^{st^2} \sin(s^2 t) + 2st\,e^{st^2} \cos(s^2 t)$$

$$\frac{\partial z}{\partial t} = \frac{\partial z}{\partial x}\frac{\partial x}{\partial t} + \frac{\partial z}{\partial y}\frac{\partial y}{\partial t} = (e^x \sin y)(2st) + (e^x \cos y)(s^2)$$

$$= 2st\,e^{st^2} \sin(s^2 t) + s^2 e^{st^2} \cos(s^2 t)$$ ❱

유형 2의 연쇄법칙은 세 가지 형태의 변수를 갖는다. 즉 s 와 t 는 **독립변수**independent variable, x 와 y 는 **중간변수**intermediate variable, z 는 **종속변수**dependent variable 이다. 정리 ③은 각 중간변수의 항을 하나씩 갖고 있으며 이런 각 항은 식 ①의 1차원 연쇄법칙과 유사하다.

연쇄법칙을 기억하기 위해 [그림 30]과 같은 **수형도**^{tree diagram}를 그리는 것이 도움이
된다.

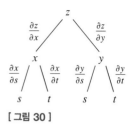

[그림 30]

종속변수 z로부터 중간변수 x와 y까지 나뭇가지를 그려서 z가 x와 y의 함수임을 나
타낸다. 그 다음 x와 y로부터 독립변수 s와 t까지 나뭇가지를 그린다. 끝으로 각 나
뭇가지에 대응하는 편도함수를 쓴다. 그러면 $\partial z/\partial s$를 구하기 위해 z부터 s까지 각
경로를 따라 편도함수를 곱하고, 이를 다음과 같이 더한다.

$$\frac{\partial z}{\partial s} = \frac{\partial z}{\partial x}\frac{\partial x}{\partial s} + \frac{\partial z}{\partial y}\frac{\partial y}{\partial s}$$

유사하게 z부터 t까지 경로를 이용하여 $\partial z/\partial t$를 구할 수 있다.

이제 종속변수 u가 n개의 중간변수 $x_1, x_2, \cdots, x_n$의 함수이고, 이들이 각각 m개
의 독립변수 $t_1, \cdots, t_m$의 함수인 일반적인 상황을 생각한다. 각각의 중간변수에 대한
나뭇가지가 하나씩 모두 n개의 항이 있음에 주목하자.

---

④ **연쇄법칙(일반적인 유형)** u가 n개의 변수 $x_1, x_2, \cdots, x_n$에 대해 미분 가능한
함수이고, 각 x_j는 m개의 변수 $t_1, t_2, \cdots, t_m$에 대해 미분 가능한 함수라 하자.
그러면 u는 $t_1, t_2, \cdots, t_m$의 함수이고, $i = 1, 2, ..., m$에 대해 다음이 성립한다.

$$\frac{\partial u}{\partial t_i} = \frac{\partial u}{\partial x_1}\frac{\partial x_1}{\partial t_i} + \frac{\partial u}{\partial x_2}\frac{\partial x_2}{\partial t_i} + \cdots + \frac{\partial u}{\partial x_n}\frac{\partial x_n}{\partial t_i}$$

◀ **예제 4** $w = f(x, y, z, t)$이고 $x = x(u, v)$, $y = y(u, v)$, $z = z(u, v)$, $t = t(u, v)$인 경우에 대한 연쇄법칙을 쓰라.

풀이

$n = 4$, $m = 2$인 정리 ④를 적용한다. [그림 31]은 이에 대한 수형도이다. 나뭇가
지 위에 편도함수를 명시하지 않더라도 나뭇가지가 y에서 u로 이어지면 그 가지에
대한 편도함수는 $\partial y/\partial u$로 이해한다. 그러면 수형도를 이용하여 요구되는 표현을 다
음과 같이 쓸 수 있다.

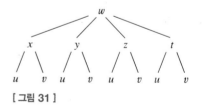

[그림 31]

$$\frac{\partial w}{\partial u} = \frac{\partial w}{\partial x}\frac{\partial x}{\partial u} + \frac{\partial w}{\partial y}\frac{\partial y}{\partial u} + \frac{\partial w}{\partial z}\frac{\partial z}{\partial u} + \frac{\partial w}{\partial t}\frac{\partial t}{\partial u}$$

$$\frac{\partial w}{\partial v} = \frac{\partial w}{\partial x}\frac{\partial x}{\partial v} + \frac{\partial w}{\partial y}\frac{\partial y}{\partial v} + \frac{\partial w}{\partial z}\frac{\partial z}{\partial v} + \frac{\partial w}{\partial t}\frac{\partial t}{\partial v}$$

❱

◀ **예제 5** $u = x^4 y + y^2 z^3$이고 $x = rse^t$, $y = rs^2 e^{-t}$, $z = r^2 s \sin t$이면 $r = 2$,
$s = 1$, $t = 0$일 때 $\partial u/\partial s$의 값을 구하라.

풀이

[그림 32]의 수형도의 도움을 받아 다음을 얻는다.

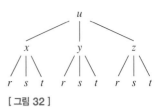

[그림 32]

$$\frac{\partial u}{\partial s} = \frac{\partial u}{\partial x}\,\frac{\partial x}{\partial s} + \frac{\partial u}{\partial y}\,\frac{\partial y}{\partial s} + \frac{\partial u}{\partial z}\,\frac{\partial z}{\partial s}$$

$$= (4x^3 y)(re^t) + (x^4 + 2yz^3)(2rse^{-t}) + (3y^2 z^2)(r^2 \sin t)$$

한편 $r = 2$, $s = 1$, $t = 0$일 때 $x = 2$, $y = 2$, $z = 0$이므로 다음을 얻는다.

$$\frac{\partial u}{\partial s} = (64)(2) + (16)(4) + (0)(0) = 192$$

◀예제 6 $z = f(x, y)$가 연속인 **2**계 편도함수를 가지고 $x = r^2 + s^2$, $y = 2rs$일 때,
(a) $\partial z/\partial r$와 **(b)** $\partial^2 z/\partial r^2$를 구하라.

풀이

(a) 연쇄법칙에 따라 다음을 얻는다.

$$\frac{\partial z}{\partial r} = \frac{\partial z}{\partial x}\,\frac{\partial x}{\partial r} + \frac{\partial z}{\partial y}\,\frac{\partial y}{\partial r} = \frac{\partial z}{\partial x}(2r) + \frac{\partial z}{\partial y}(2s)$$

(b) (a)의 결과에 미분에 관한 곱의 법칙을 적용하면 다음을 얻는다.

$$\boxed{5} \qquad \frac{\partial^2 z}{\partial r^2} = \frac{\partial}{\partial r}\left(2r\,\frac{\partial z}{\partial x} + 2s\,\frac{\partial z}{\partial y}\right)$$

$$= 2\frac{\partial z}{\partial x} + 2r\,\frac{\partial}{\partial r}\left(\frac{\partial z}{\partial x}\right) + 2s\,\frac{\partial}{\partial r}\left(\frac{\partial z}{\partial y}\right)$$

연쇄법칙을 다시 이용하여([그림 33] 참조) 다음을 얻는다.

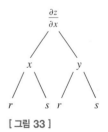

[그림 33]

$$\frac{\partial}{\partial r}\left(\frac{\partial z}{\partial x}\right) = \frac{\partial}{\partial x}\left(\frac{\partial z}{\partial x}\right)\frac{\partial x}{\partial r} + \frac{\partial}{\partial y}\left(\frac{\partial z}{\partial x}\right)\frac{\partial y}{\partial r} = \frac{\partial^2 z}{\partial x^2}(2r) + \frac{\partial^2 z}{\partial y\,\partial x}(2s)$$

$$\frac{\partial}{\partial r}\left(\frac{\partial z}{\partial y}\right) = \frac{\partial}{\partial x}\left(\frac{\partial z}{\partial y}\right)\frac{\partial x}{\partial r} + \frac{\partial}{\partial y}\left(\frac{\partial z}{\partial y}\right)\frac{\partial y}{\partial r} = \frac{\partial^2 z}{\partial x\,\partial y}(2r) + \frac{\partial^2 z}{\partial y^2}(2s)$$

이 식들을 식 $\boxed{5}$에 대입하고 혼합 2계 편도함수들에 대한 상등을 이용하면 다음을 얻는다.

$$\frac{\partial^2 z}{\partial r^2} = 2\frac{\partial z}{\partial x} + 2r\left(2r\,\frac{\partial^2 z}{\partial x^2} + 2s\,\frac{\partial^2 z}{\partial y\,\partial x}\right) + 2s\left(2r\,\frac{\partial^2 z}{\partial x\,\partial y} + 2s\,\frac{\partial^2 z}{\partial y^2}\right)$$

$$= 2\frac{\partial z}{\partial x} + 4r^2\,\frac{\partial^2 z}{\partial x^2} + 8rs\,\frac{\partial^2 z}{\partial x\,\partial y} + 4s^2\,\frac{\partial^2 z}{\partial y^2}$$

음함수의 미분법

3.6절과 10.3절 [예제 4]에서 소개한 음함수의 미분 과정을 좀 더 완벽하게 설명하는 데 연쇄법칙을 이용할 수 있다. $F(x, y) = 0$ 형태의 방정식이 y를 x의 미분 가능한 음함수, 즉 $y = f(x)$로 정의한다고 가정하자. 그러면 f의 정의역에 있는 모든 x에 대해 $F(x, f(x)) = 0$이 성립한다. F가 미분 가능하면 연쇄법칙의 유형 1을 적용하여 방정식 $F(x, y) = 0$의 양변을 x에 대해 미분할 수 있다. x와 y가 모두 x의 함수이므로 다음을 얻는다.

$$\frac{\partial F}{\partial x}\frac{dx}{dx} + \frac{\partial F}{\partial y}\frac{dy}{dx} = 0$$

이때 $dx/dx = 1$이므로 $\partial F/\partial y \neq 0$일 때 dy/dx에 대해 풀면 다음을 얻는다.

$$\boxed{6} \qquad \frac{dy}{dx} = -\frac{\dfrac{\partial F}{\partial x}}{\dfrac{\partial F}{\partial y}} = -\frac{F_x}{F_y}$$

이 방정식을 유도하기 위해 $F(x, y) = 0$이 y를 x의 음함수로 정의한다고 가정했다.

◀ **예제 7** $x^3 + y^3 = 6xy$일 때 y'을 구하라.

풀이

주어진 식은 다음과 같이 쓸 수 있다.

$$F(x, y) = x^3 + y^3 - 6xy = 0$$

따라서 식 $\boxed{6}$에 의해 다음을 얻는다.

$$\frac{dy}{dx} = -\frac{F_x}{F_y} = -\frac{3x^2 - 6y}{3y^2 - 6x} = -\frac{x^2 - 2y}{y^2 - 2x}$$

[예제 7]의 해는 3.6절의 [예제 2]와 비교된다.

이제 z가 $F(x, y, z) = 0$ 형태의 방정식에 의해 함수 $z = f(x, y)$와 같이 음함수로 주어진다고 하자. 이것은 f의 정의역 안에 있는 모든 (x, y)에 대해 $F(x, y, f(x, y)) = 0$임을 의미한다. F와 f가 미분 가능하면 방정식 $F(x, y, z) = 0$에 연쇄법칙을 적용하여 다음과 같이 미분할 수 있다.

$$\frac{\partial F}{\partial x}\frac{\partial x}{\partial x} + \frac{\partial F}{\partial y}\frac{\partial y}{\partial x} + \frac{\partial F}{\partial z}\frac{\partial z}{\partial x} = 0$$

그러나 $\dfrac{\partial}{\partial x}(x) = 1$, $\dfrac{\partial}{\partial x}(y) = 0$이므로 위 식은 다음과 같다.

$$\frac{\partial F}{\partial x} + \frac{\partial F}{\partial z}\frac{\partial z}{\partial x} = 0$$

$\partial F/\partial z \neq 0$이면 $\partial z/\partial x$에 대해 풀어서 식 $\boxed{7}$에 있는 첫 번째 공식을 얻는다. $\partial z/\partial y$ 에 대한 공식도 비슷한 방법으로 얻는다.

$$\boxed{7} \qquad \frac{\partial z}{\partial x} = -\frac{\dfrac{\partial F}{\partial x}}{\dfrac{\partial F}{\partial z}}, \qquad \frac{\partial z}{\partial y} = -\frac{\dfrac{\partial F}{\partial y}}{\dfrac{\partial F}{\partial z}}$$

한편 음함수 정리 버전은 다음 가정이 타당한 조건을 제시한다. F가 (a, b, c)를 포함 하는 구 안에서 정의되고, $F(a, b, c) = 0$, $F_z(a, b, c) \neq 0$이며 구의 내부에서 F_x, F_y, F_z가 연속이면 점 (a, b, c)의 부근에서 방정식 $F(x, y, z) = 0$은 z를 x와 y의 함수로 정의한다. 그리고 이 함수는 미분 가능하며 $\boxed{7}$에서 주어진 편도함수를 갖는다.

◀ **예제 8** $x^3 + y^3 + z^3 + 6xyz = 1$일 때 $\dfrac{\partial z}{\partial x}$와 $\dfrac{\partial z}{\partial y}$를 구하라.

풀이

$F(x, y, z) = x^3 + y^3 + z^3 + 6xyz - 1$이라 하자. 식 $\boxed{7}$로부터 다음을 얻는다.

$$\frac{\partial z}{\partial x} = -\frac{F_x}{F_z} = -\frac{3x^2 + 6yz}{3z^2 + 6xy} = -\frac{x^2 + 2yz}{z^2 + 2xy}$$

$$\frac{\partial z}{\partial y} = -\frac{F_y}{F_z} = -\frac{3y^2 + 6xz}{3z^2 + 6xy} = -\frac{y^2 + 2xz}{z^2 + 2xy}$$

[예제 8]의 해는 10.3절의 [예제 4]와 비교 된다.

10.5 연습문제

01~02 연쇄법칙을 이용하여 dz/dt 또는 dw/dt를 구하라.

01 $z = x^2 + y^2 + xy$, $x = \sin t$, $y = e^t$

02 $w = xe^{y/z}$, $x = t^2$, $y = 1 - t$, $z = 1 + 2t$

03~04 연쇄법칙을 이용하여 $\partial z/\partial s$와 $\partial z/\partial t$를 구하라.

03 $z = x^2 y^3$, $x = s\cos t$, $y = s\sin t$

04 $z = e^r \cos\theta$, $r = st$, $\theta = \sqrt{s^2 + t^2}$

05~06 연쇄법칙을 이용하여 제시된 편미분계수를 구하라.

05 $z = x^4 + x^2 y$, $x = s + 2t - u$, $y = stu^2$; $s = 4$, $t = 2$, $u = 1$에 서 $\dfrac{\partial z}{\partial s}$, $\dfrac{\partial z}{\partial t}$, $\dfrac{\partial z}{\partial u}$

06 $w = xy + yz + zx$, $x = r\cos\theta$, $y = r\sin\theta$, $z = r\theta$; $r = 2$, $\theta = \pi/2$에서 $\dfrac{\partial w}{\partial r}$, $\dfrac{\partial w}{\partial \theta}$

07~08 식 $\boxed{7}$을 이용하여 $\partial z/\partial x$와 $\partial z/\partial y$를 구하라.

07 $x^2 + 2y^2 + 3z^2 = 1$ 08 $e^z = xyz$

09 길이 l, 너비 w, 높이 h인 상자가 시간에 따라 그 모양이 변한다. 어느 순간에 치수가 $l = 1\mathrm{m}$, $w = h = 2\mathrm{m}$이고 l과 w는 $2\mathrm{m/s}$의 비율로 증가하며 h는 $3\mathrm{m/s}$의 비율로 감소한다. 그 순간에 다음 양이 변하는 비율을 구하라.

(a) 부피   (b) 곡면의 넓이   (c) 대각선의 길이

10 이상기체 $1\mathrm{mol}$의 압력은 $0.05\mathrm{kPa/s}$의 비율로 증가하고 온도는 $0.15\mathrm{K/s}$의 비율로 증가한다. [예제 2]의 방정식을 이용하여 압력이 $20\mathrm{kPa}$, 온도가 $320\mathrm{K}$일 때, 부피의 변화율을 구하라.

11 $z = f(x, y)$가 편미분 가능하고, $x = r\cos\theta$, $y = r\sin\theta$일 때

(a) $\partial z/\partial r$와 $\partial z/\partial\theta$를 구하고 (b) 다음을 보여라.

$$\left(\frac{\partial z}{\partial x}\right)^2 + \left(\frac{\partial z}{\partial y}\right)^2 = \left(\frac{\partial z}{\partial r}\right)^2 + \frac{1}{r^2}\left(\frac{\partial z}{\partial\theta}\right)^2$$

12 연속인 2계 편도함수를 갖는 함수 $z = f(x + at) + g(x - at)$는 파동방정식 $\dfrac{\partial^2 z}{\partial t^2} = a^2\dfrac{\partial^2 z}{\partial x^2}$를 만족함을 보여라.

[힌트 : $u = x + at$와 $v = x - at$로 놓는다.]

13 방정식 $F(x, y, z) = 0$은 세 변수 x, y, z 각각을 다른 두 변수에 대해 음함수적으로 정의한다. 즉 이 변수들은 각각 $z = f(x, y)$, $y = g(x, z)$, $x = h(y, z)$이다. F가 미분 가능하고 F_x, F_y, F_z가 모두 0이 아닐 때, 다음을 보여라.

$$\frac{\partial z}{\partial x}\frac{\partial x}{\partial y}\frac{\partial y}{\partial z} = -1$$

10.6 최댓값과 최솟값

3장에서 살펴본 바와 같이 일반적인 도함수의 주된 용도 중 하나는 최댓값과 최솟값을 구하는 것이다. 이 절에서는 편도함수를 이용하여 이변수함수의 최댓값과 최솟값의 위치를 구하는 방법을 알아본다.

[그림 34]와 같은 f의 그래프에서 언덕과 계곡을 살펴보자. f가 극댓값을 갖는 점 (a, b)가 2개 있다. 다시 말해서 $f(a, b)$가 $f(x, y)$ 부근의 값보다 큰 점 (a, b)가 2개 있다. 그 두 값 중에서 큰 값이 최댓값이다. 마찬가지로 $f(a, b)$가 주위의 값보다 작은 극솟값 2개를 갖는다. 그 두 값 중에서 작은 값이 최솟값이다.

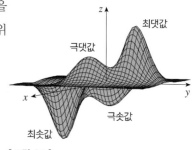

[그림 34]

$\boxed{1}$ **정의** (x, y)가 (a, b) 부근에 있을 때 $f(x, y) \leq f(a, b)$이면 이변수함수는 (a, b)에서 **극대**local maximum를 갖는다.[중심이 (a, b)인 어떤 원판에 속하는 모든 점 (x, y)에 대해 $f(x, y) \leq f(a, b)$임을 의미한다.] 수 $f(a, b)$는 **극댓값**local maximum value이다. (x, y)가 (a, b) 부근에 있을 때 $f(x, y) \geq f(a, b)$이면 $f(a, b)$는 **극솟값**local minimum value이다.

f의 정의역에 속한 모든 점 (x, y)에 대해 정의 $\boxed{1}$의 부등식이 성립할 때 f는 (a, b)에서 **최대**absolute maximum [또는 **최소**absolute minimum]를 갖는다.

$\boxed{2}$ **정리** f가 (a, b)에서 극대 또는 극소를 갖고, f의 1계 편도함수가 (a, b)에서 존재하면 $f_x(a, b) = 0$이고 $f_y(a, b) = 0$이다.

접평면의 방정식(10.4절 식 ②)에서 $f_x(a, b) = 0$, $f_y(a, b) = 0$이라 놓으면 $z = z_0$를 얻는다. 따라서 정리 ②를 기하학적으로 해석하면 f의 그래프가 극대 또는 극소인 곳에서 접평면을 가질 때 그 접평면은 수평이 되는 것을 의미한다.

점 (a, b)에서 $f_x(a, b) = 0$, $f_y(a, b) = 0$이거나 이들 편도함수 중 어느 하나가 존재하지 않을 때, 점 (a, b)를 f의 **임계점**$^{\text{critical point}}$ (또는 **정상점**$^{\text{stationary point}}$)이라 한다. 정리 ②는 f가 (a, b)에서 극대 또는 극소를 가지면 (a, b)는 f의 임계점임을 의미한다. 그러나 일변수 미적분에서와 같이 모든 임계점에서 극대 또는 극소가 나타나는 것은 아니다. 임계점에서 함수는 극대 또는 극소를 가질 수도 있고, 그렇지 않을 수도 있다.

◀**예제 1** $f(x, y) = x^2 + y^2 - 2x - 6y + 14$라 하면 다음과 같다.

$$f_x(x, y) = 2x - 2, \quad f_y(x, y) = 2y - 6$$

이 편도함수들은 $x = 1$과 $y = 3$에서 0이다. 따라서 유일한 임계점은 $(1, 3)$이다. 이 함수를 완전제곱으로 변형하면 다음과 같다.

$$f(x, y) = 4 + (x - 1)^2 + (y - 3)^2$$

이때 $(x - 1)^2 \geq 0$이고 $(y - 3)^2 \geq 0$이므로 모든 x와 y의 값에 대해 $f(x, y) \geq 4$를 얻는다. 그러므로 $f(1, 3) = 4$는 극솟값이자 사실상 f의 최솟값이다. f의 그래프로부터 이런 사실을 기하학적으로 확인할 수 있다. 즉 f의 그래프는 [그림 35]에서 보는 바와 같이 꼭짓점이 $(1, 3, 4)$인 타원포물면이다. ◀

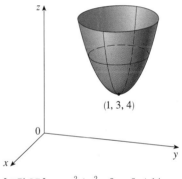

[**그림 35**] $z = x^2 + y^2 - 2x - 6y + 14$

◀**예제 2** $f(x, y) = y^2 - x^2$의 극값을 구하라.

풀이

$f_x = -2x$, $f_y = 2y$이므로 유일한 임계점은 $(0, 0)$이다. $y = 0$인 x축 위의 점에 대해 $f(x, y) = -x^2 < 0 (x \neq 0$이면$)$이다. 그러나 $x = 0$인 y축 위의 점에 대해 $f(x, y) = y^2 > 0 (y \neq 0$이면$)$이다. 그러므로 중심이 $(0, 0)$인 모든 원판은 f가 양의 값뿐만 아니라 음의 값을 갖는 점들을 포함한다. 따라서 $f(0, 0) = 0$은 f에 대한 극값이 될 수 없으므로 f는 극값을 갖지 않는다. ◀

[예제 2]는 임계점에서 함수가 반드시 극대 또는 극소를 가질 필요가 없다는 사실을 설명한다. [그림 36]은 이것이 어떻게 가능한지 보여준다. f의 그래프는 쌍곡포물면 $z = y^2 - x^2$이고 원점에서 수평인 접평면($z = 0$)을 갖는다. $f(0, 0) = 0$은 x축 방향에서 최대이지만 y축 방향에서 최소인 것을 알 수 있다. 그래프가 원점 부근에서 말안장 모양으로 나타나므로 $(0, 0)$을 f의 안장점이라 한다.

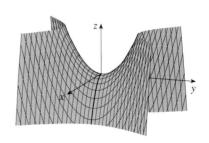

[**그림 36**] $z = y^2 - x^2$

임계점에서 함수의 극값에 대한 존재 여부를 판정하는 방법이 필요하다. 다음 판정법은 일변수함수에 대한 2계 도함수 판정법과 유사하다.

---

③ **2계 도함수 판정법** 중심이 (a, b)인 원판에서 f의 2계 편도함수들이 연속이고 $f_x(a, b) = 0$, $f_y(a, b) = 0$이라 하자. [즉 (a, b)는 f의 임계점이다.] D를 다음과 같이 놓자.

$$D = D(a, b) = f_{xx}(a, b) f_{yy}(a, b) - [f_{xy}(a, b)]^2$$

그러면 다음이 성립한다.

(a) $D > 0$, $f_{xx}(a, b) > 0$이면 $f(a, b)$는 극솟값이다.

(b) $D > 0$, $f_{xx}(a, b) < 0$이면 $f(a, b)$는 극댓값이다.

(c) $D < 0$이면 $f(a, b)$는 극솟값도 극댓값도 아니다.

NOTE 1_ (c)의 경우에 (a, b)는 f의 **안장점**$^{\text{saddle point}}$이라 하며 f의 그래프는 (a, b)에서 접평면과 교차한다.

NOTE 2_ $D = 0$이면 판정할 수 없다. 즉 f는 (a, b)에서 극댓값 또는 극솟값을 갖거나 아니면 (a, b)가 f의 안장점이 될 수 있다.

NOTE 3_ D에 대한 식을 기억하기 위해 다음과 같이 행렬식으로 쓰면 도움이 된다.

$$D = \begin{vmatrix} f_{xx} & f_{xy} \\ f_{yx} & f_{yy} \end{vmatrix} = f_{xx} f_{yy} - (f_{xy})^2$$

◀ **예제 3** $f(x, y) = x^4 + y^4 - 4xy + 1$의 극댓값, 극솟값, 안장점을 구하라.

풀이

먼저 임계점을 구하기 위해 다음과 같이 1계 편도함수를 얻는다.

$$f_x = 4x^3 - 4y, \quad f_y = 4y^3 - 4x$$

이 편도함수들을 0으로 놓으면 다음 식을 얻는다.

$$x^3 - y = 0, \quad y^3 - x = 0$$

이 식을 풀기 위해 첫 번째 방정식으로부터 $y = x^3$을 두 번째 방정식에 대입한다.

$$0 = x^9 - x = x(x^8 - 1) = x(x^4 - 1)(x^4 + 1) = x(x^2 - 1)(x^2 + 1)(x^4 + 1)$$

따라서 3개의 실근 $x = 0, 1, -1$을 얻는다. 세 임계점은 $(0, 0)$, $(1, 1)$, $(-1, -1)$이다.

다음으로 2계 편도함수와 $D(x, y)$를 계산한다.

$$f_{xx} = 12x^2, \qquad f_{xy} = -4, \qquad f_{yy} = 12y^2$$
$$D(x, y) = f_{xx}f_{yy} - (f_{xy})^2 = 144x^2y^2 - 16$$

$D(0, 0) = -16 < 0$이므로 2계 도함수 판정법의 (c)로부터 원점은 안장점이다. 즉 $(0, 0)$에서 f는 극대 또는 극소를 갖지 않는다. $D(1, 1) = 128 > 0$이고 $f_{xx}(1, 1) = 12 > 0$이므로 (a)로부터 $f(1, 1) = -1$은 극솟값이다. 마찬가지로 $D(-1, -1) = 128 > 0$이고 $f_{xx}(-1, -1) = 12 > 0$이므로 $f(-1, -1) = -1$은 극솟값이다. f의 그래프는 [그림 37]과 같다. ❯

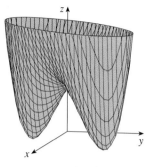

[그림 37] $z = x^4 + y^4 - 4xy + 1$

◀예제 4▶ 마분지 $12\,\mathrm{m}^2$를 이용하여 뚜껑이 없는 직육면체 상자를 만든다. 이 상자의 최대 부피를 구하라.

풀이

상자의 길이, 너비, 높이를 [그림 38]과 같이 x, y, z라 하자. 여기서 단위는 m이다. 그러면 상자의 부피는 다음과 같다.

$$V = xyz$$

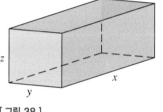

[그림 38]

상자의 네 옆면과 밑면의 넓이가 다음과 같다는 사실을 이용하여 V를 두 변수 x와 y의 함수로 표현할 수 있다.

$$2xz + 2yz + xy = 12$$

이 식을 z에 대해 풀면 $z = (12 - xy)/[2(x+y)]$를 얻는다. V에 대한 식은 다음과 같다.

$$V = xy\,\frac{12 - xy}{2(x+y)} = \frac{12xy - x^2y^2}{2(x+y)}$$

편도함수를 계산하면 다음과 같다.

$$\frac{\partial V}{\partial x} = \frac{y^2(12 - 2xy - x^2)}{2(x+y)^2}, \qquad \frac{\partial V}{\partial y} = \frac{x^2(12 - 2xy - y^2)}{2(x+y)^2}$$

V가 최대이면 $\partial V/\partial x = \partial V/\partial y = 0$이다. 그러나 $x = 0$ 또는 $y = 0$이면 $V = 0$이기 때문에 다음 방정식을 풀어야 한다.

$$12 - 2xy - x^2 = 0, \qquad 12 - 2xy - y^2 = 0$$

이 방정식으로부터 $x^2 = y^2$을 얻으므로 $x = y$이다. (x와 y는 모두 양수여야 함에 주의하자.) 두 식 가운데 어느 하나에 $x = y$로 놓으면 $12 - 3x^2 = 0$을 얻으므로 이로부터 $x = 2$, $y = 2$, $z = (12 - 2 \cdot 2)/[2(2+2)] = 1$을 얻는다.

2계 도함수 판정법을 이용하여 이것이 V의 극대임을 보일 수 있다. 또는 이 문제의 물리적 성질로부터 최대 부피가 존재한다. 이는 V의 임계점에서 나타난다. 따라서 $x = 2$, $y = 2$, $z = 1$임을 추론할 수 있다. $V = 2 \cdot 2 \cdot 1 = 4$이므로 상자의 최대 부피는 $4\,\mathrm{m}^3$이다.

최댓값과 최솟값

일변수함수 f에 대한 극값 정리는 f가 폐구간 $[a, b]$에서 연속이면 f는 최댓값과 최솟값을 갖는다는 것을 말한다. 4.1절의 폐구간 방법에 따르면 임계수뿐만 아니라 양 끝점 a와 b에서 f를 계산하여 최댓값과 최솟값을 구할 수 있었다.

이변수함수에 대해서도 비슷한 방법이 있다. 폐구간이 그 끝점들을 포함하는 것과 같이 $\mathbb{R}^2$에서 **폐집합**$^{\text{closed set}}$은 모든 경계점을 포함하는 집합이다. [중심이 (a, b)인 모든 원판이 D 안의 점뿐만 아니라 D 안에 없는 점을 포함할 때, 점 (a, b)를 D의 경계점이라 한다.] 예를 들어 원 $x^2 + y^2 = 1$ 위와 내부의 모든 점으로 구성된 다음 원판은 폐집합이다.

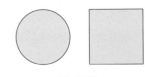

(a) 폐집합

$$D = \{(x, y) \mid x^2 + y^2 \leq 1\}$$

왜냐하면 이 집합은 모든 경계점(즉 원 $x^2 + y^2 = 1$ 위의 모든 점)을 모두 포함하고 있기 때문이다. 그러나 경계곡선 위의 점이 하나라도 빠지면 그 집합은 폐집합이 아니다([그림 39] 참조).

(b) 폐집합이 아닌 집합

[**그림 39**]

$\mathbb{R}^2$에서 **유계집합**$^{\text{bounded set}}$은 어떤 원판 내부에 포함되는 집합이다. 다시 말해서 크기가 유한한 집합이다. 그러면 유계인 폐집합을 이용하여 2차원의 극값 정리를 다음과 같이 말할 수 있다.

> ④ **이변수함수에 대한 극값 정리** f가 $\mathbb{R}^2$ 안의 유계인 폐집합 D에서 연속이면, f는 D에 속한 어떤 점 (x_1, y_1)과 (x_2, y_2)에서 최댓값 $f(x_1, y_1)$과 최솟값 $f(x_2, y_2)$를 갖는다.

정리 ④가 보장하는 극값을 구하기 위해 정리 ②에 따라 f가 (x_1, y_1)에서 극값을 가지면 (x_1, y_1)은 f의 임계점이거나 D의 경계점인 것에 주목한다. 따라서 폐구간 방법을 다음과 같이 확장한다.

5 유계인 폐집합 D에서 연속인 함수 f의 최댓값과 최솟값을 다음과 같이 구한다.

1. D의 내부에 속한 f의 임계점에서 f의 값을 구한다.

2. D의 경계에서 f의 최댓값과 최솟값을 구한다.

3. 1, 2단계로부터 얻은 값 중에서 가장 큰 값이 최댓값이고, 가장 작은 값이 최솟값이다.

◀**예제 5** 직사각형 $D = \{(x, y) \mid 0 \le x \le 3, 0 \le y \le 2\}$에서 함수 $f(x, y) = x^2 - 2xy + 2y$의 최댓값과 최솟값을 구하라.

풀이

f가 다항함수이므로 유계인 폐사각형 D에서 연속이다. 따라서 정리 4로부터 최댓값과 최솟값이 모두 존재한다. 5의 1단계에 따라 먼저 임계점을 구한다. 임계점은 다음과 같을 때 나타난다. 유일한 임계점은 $(1, 1)$이고, 이 점에서 f의 값은 $f(1, 1) = 1$이다.

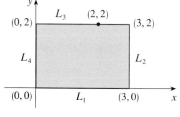

[**그림 40**]

$$f_x = 2x - 2y = 0, \quad f_y = -2x + 2 = 0$$

2단계로 [그림 40]과 같이 4개의 선분 L_1, L_2, L_3, L_4로 구성된 D의 경계 위에서 f의 값을 살펴본다.

L_1에서 $y = 0$이고 다음을 얻는다.

$$f(x, 0) = x^2, \quad 0 \le x \le 3$$

이것은 x의 증가함수이므로 $f(0, 0) = 0$이고 최댓값은 $f(3, 0) = 9$이다.

L_2에서 $x = 3$이고 다음을 얻는다.

$$f(3, y) = 9 - 4y, \quad 0 \le y \le 2$$

이것은 y의 감소함수이므로 최댓값은 $f(3, 0) = 9$이고 최솟값은 $f(3, 2) = 1$이다.

L_3에서 $y = 2$이고 다음을 얻는다.

$$f(x, 2) = x^2 - 4x + 4, \quad 0 \le x \le 3$$

4장의 방법을 이용하거나 단순히 $f(x, 2) = (x - 2)^2$을 관찰하면 이 함수의 최솟값은 $f(2, 2) = 0$이고 최댓값은 $f(0, 2) = 4$임을 알 수 있다.

마지막으로 L_4에서 $x = 0$이고 다음을 얻는다.

$$f(0, y) = 2y, \quad 0 \le y \le 2$$

그러므로 최댓값은 $f(0, 2) = 4$이고 최솟값은 $f(0, 0) = 0$이다. 따라서 경계에서 f의 최솟값은 0이고 최댓값은 9이다.

3단계로 경계에서 f의 최솟값과 최댓값을 임계점에서의 값 $f(1, 1) = 1$과 비교한다. 그러면 D에서 최댓값은 $f(3, 0) = 9$이고, 최솟값은 $f(0, 0) = f(2, 2) = 0$임을 결론짓는다. [그림 41]은 f의 그래프이다.

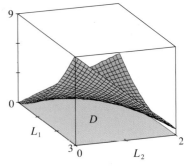

[그림 41] $f(x, y) = x^2 - 2xy + 2xy$

10.6 연습문제

01~04 다음 함수의 극댓값, 극솟값, 안장점을 구하라. 3차원 그래픽 소프트웨어가 있다면 함수의 중요한 형태를 보여주는 정의역과 방향을 설정하여 함수의 그래프를 그려라.

01 $f(x, y) = x^2 + xy + y^2 + y$

02 $f(x, y) = x^3 - 12xy + 8y^3$

03 $f(x, y) = e^x \cos y$

04 $f(x, y) = y^2 - 2y \cos x, \quad -1 \leq x \leq 7$

05~06 📈 그래프나 등위곡선 또는 모두를 이용하여 다음 함수의 극댓값, 극솟값, 안장점을 추정하라. 그 다음으로 이 값들을 명확하게 계산하라.

05 $f(x, y) = 3x^2 y + y^3 - 3x^2 - 3y^2 + 2$

06 $f(x, y) = \sin x + \sin y + \sin(x + y), \ 0 \leq x \leq 2\pi, \ 0 \leq y \leq 2\pi$

07~08 집합 D에서 f의 최댓값과 최솟값을 구하라.

07 $f(x, y) = x^2 + y^2 - 2x$, D는 꼭짓점이 $(2, 0)$, $(0, 2)$, $(0, -2)$인 폐삼각형

08 $f(x, y) = x^4 + y^4 - 4xy + 2$,
$D = \{(x, y) \mid 0 \leq x \leq 3, \ 0 \leq y \leq 2\}$

09 점 $(2, 0, -3)$에서 평면 $x + y + z = 1$까지의 최단거리를 구하라.

10 점 $(4, 2, 0)$에 가장 가까운 원뿔 $z^2 = x^2 + y^2$ 위의 점을 구하라.

11 제1팔분공간에서 좌표평면을 세 면으로 갖고 한 꼭짓점이 평면 $x + 2y + 3z = 6$에 있는 가장 큰 직육면체의 부피를 구하라.

12 뚜껑이 없는 마분지 상자의 부피는 $32000\,\mathrm{cm}^3$이어야 한다. 사용되는 마분지의 크기를 최소로 하는 치수를 구하라.

10장 복습문제

개념 확인

01 (a) 이변수함수란 무엇인가?

(b) 이변수함수를 시각화하는 세 가지 방법을 설명하라.

02 (a) 삼변수함수란 무엇인가?

(b) 삼변수함수를 어떻게 시각화할 수 있는가?

03 다음 극한의 의미는 무엇인가? 이와 같은 극한이 존재하지 않음을 어떻게 보일 수 있는가?

$$\lim_{(x,y)\to(a,b)} f(x,y) = L$$

04 (a) f가 (a, b)에서 연속이라는 것은 무엇을 의미하는가?

(b) f가 $\mathbb{R}^2$에서 연속이면 이 함수의 그래프에 대해 어떻게 말할 수 있는가?

05 (a) 편도함수 $f_x(a, b)$와 $f_y(a, b)$에 대한 식을 극한으로 표현하라.

(b) $f_x(a, b)$와 $f_y(a, b)$를 기하학적으로 어떻게 해석하는가? 이 것을 변화율로는 어떻게 해석하는가?

(c) $f(x, y)$가 식으로 주어질 때 f_x와 f_y를 어떻게 계산하는가?

06 클레로의 정리는 무엇을 말하는가?

07 다음과 같은 형태의 곡면에 대한 접평면을 어떻게 구하는가?

(a) 이변수함수 $z = f(x, y)$의 그래프

(b) 삼변수함수 $F(x, y, z) = k$의 등위곡면

08 (a, b)에서 f의 선형화를 정의하라. 이에 대응하는 선형 근사는 무엇인가? 선형 근사에 대한 기하학적 설명은 무엇인가?

09 (a) f가 (a, b)에서 미분 가능하다는 의미는 무엇인가?

(b) f가 미분 가능하다는 것을 보통 어떻게 보일 수 있는가?

10 $z = f(x, y)$일 때 미분 dx, dy, dz는 무엇인가?

11 x와 y가 일변수함수일 때 $z = f(x, y)$인 경우에 대한 연쇄법칙을 쓰라. x와 y가 이변수함수일 때의 연쇄법칙을 쓰라.

12 z가 $F(x, y, z) = 0$ 형태의 방정식으로 주어진 x와 y의 음함수로 정의된다. $\partial z/\partial x$와 $\partial z/\partial y$를 어떻게 구하는가?

13 다음 명제가 의미하는 바는 무엇인가?

(a) f가 (a, b)에서 극대이다.

(b) f가 (a, b)에서 최대이다.

(c) f가 (a, b)에서 극소이다.

(d) f가 (a, b)에서 최소이다.

(e) f가 (a, b)에서 안장점이다.

14 (a) f가 (a, b)에서 극댓값을 갖는다면 (a, b)에서 이 함수의 편도함수에 대해 어떻게 말할 수 있는가?

(b) f의 임계점은 무엇인가?

15 2계 도함수 판정법을 쓰라.

16 (a) $\mathbb{R}^2$에서 폐집합은 무엇인가? 유계집합은 무엇인가?

(b) 이변수함수에 대한 극값 정리를 설명하라.

(c) 극값 정리가 보증하는 값을 어떻게 구하는가?

참/거짓 질문

다음 명제가 참인지 아니면 거짓인지 판별하라. 참이면 이유를 설명하고, 거짓이면 이유를 설명하거나 반례를 들어라.

01 $f_y(a, b) = \lim_{y\to b} \dfrac{f(a, y) - f(a, b)}{y - b}$

02 $f_{xy} = \dfrac{\partial^2 f}{\partial x\, \partial y}$

03 (a, b)를 지나는 모든 직선을 따라 $(x, y)\to(a, b)$일 때 $f(x, y)\to L$이면 $\lim_{(x,y)\to(a,b)} f(x,y) = L$이다.

연습문제

01 $f(x, y) = \ln(x + y + 1)$의 정의역을 구하고 그래프를 그려라.

02 $f(x, y) = 1 - y^2$의 그래프를 그려라.

03 극한 $\lim_{(x,y)\to(1,1)} \dfrac{2xy}{x^2 + 2y^2}$을 구하거나 존재하지 않음을 보여라.

04~05 1계 편도함수를 구하라.

04 $F(\alpha, \beta) = \alpha^2 \ln(\alpha^2 + \beta^2)$ **05** $S(u, v, w) = u \arctan(v\sqrt{w})$

06~07 f의 2계 편도함수들을 구하라.

06 $f(x, y) = 4x^3 - xy^2$ **07** $f(x, y, z) = x^k y^l z^m$

08 $z = xy + xe^{y/x}$일 때 $x\dfrac{\partial z}{\partial x} + y\dfrac{\partial z}{\partial y} = xy + z$임을 보여라.

09~10 지정된 점에서 주어진 곡면에 대한 (a) 접평면 (b) 법선의 방정식을 구하라.

09 $z = 3x^2 - y^2 + 2x$, $(1, -2, 1)$

10 $\sin(xyz) = x + 2y + 3z$, $(2, -1, 0)$

---

11 점 $(2, 3, 4)$에서 함수 $f(x, y, z) = x^3\sqrt{y^2 + z^2}$의 선형 근사를 구하라. 이것을 이용하여 수 $(1.98)^3\sqrt{(3.01)^2 + (3.97)^2}$ 을 추정하라.

12 $u = x^2 y^3 + z^4$이고 $x = p + 3p^2$, $y = pe^p$, $z = p\sin p$일 때, 연쇄법칙을 이용하여 du/dp를 구하라.

13 f가 미분 가능하고 $z = y + f(x^2 - y^2)$일 때 다음이 성립함을 보여라.

$$y\frac{\partial z}{\partial x} + x\frac{\partial z}{\partial y} = x$$

14 $z = f(u, v)$인 경우 $u = xy$, $v = y/x$이고 f는 연속인 2계 편도함수들을 갖는다고 할 때 다음이 성립함을 보여라.

$$x^2\frac{\partial^2 z}{\partial x^2} - y^2\frac{\partial^2 z}{\partial y^2} = -4uv\frac{\partial^2 z}{\partial u\,\partial v} + 2v\frac{\partial z}{\partial v}$$

15 집합 D에서 f의 최댓값과 최솟값을 구하라.

$f(x, y) = 4xy^2 - x^2 y^2 - xy^3$; D는 꼭짓점이 $(0, 0)$, $(0, 6)$, $(6, 0)$인 xy평면 안의 폐삼각형 영역이다.

16 원점에 가장 가까운 곡면 $xy^2z^3 = 2$ 위의 점을 구하라.

17 그림과 같이 직사각형 위에 이등변삼각형을 놓아 오각형을 만들고자 한다. 오각형의 둘레가 P로 고정될 때 오각형의 넓이를 최대로 하는 각 변의 길이를 구하라.

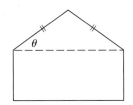

11장 중적분

MULTIPLE INTEGRALS

이 장에서는 정적분의 개념을 이변수함수 또는 삼변수함수의 이중적분과 삼중적분으로 확장한다. 이 개념들을 7장에서 생각했던 것보다 더 일반적인 영역에 대한 부피를 계산하는 데 이용할 수 있다. 이중적분을 계산할 때 어떤 영역은 극좌표를 이용하는 것이 더 유용하다. 마찬가지로 3차원 공간에서 새로운 두 좌표계, 즉 원기둥좌표와 구면좌표를 소개할 것이다. 어떤 입체 영역의 공통부분에서 삼중적분을 구할 때 이 두 좌표계를 이용하면 계산을 매우 간단히 할 수 있다.

11.1 직사각형 영역에서 이중적분

정적분의 정의를 유도하는 과정에서 넓이 문제를 해결하기 위해 시도했던 것과 동일한 방법으로 이제 입체의 부피를 구하고 그 과정에서 이중적분의 정의를 내린다.

부피와 이중적분

정적분을 정의할 때와 비슷한 방법으로 다음과 같은 폐직사각형에서 정의되는 이변수 함수 f를 생각하자. 이때 $f(x, y) \geq 0$이라 가정한다.

$$R = [a, b] \times [c, d] = \{(x, y) \in \mathbb{R}^2 \mid a \leq x \leq b, c \leq y \leq d\}$$

f의 그래프는 방정식 $z = f(x, y)$를 갖는 곡면이다. S를 R의 위와 f의 그래프 아래에 놓이는 입체, 즉 다음과 같다고 하자([그림 1] 참조).

$$S = \{(x, y, z) \in \mathbb{R}^3 \mid 0 \leq z \leq f(x, y), (x, y) \in R\}$$

S의 부피를 구하는 것이 목표이다.

첫 번째 단계는 R의 분할 P를 부분 직사각형으로 택하는 것이다. 구간 $[a, b]$와 $[c, d]$를 다음과 같이 분할하여 얻을 수 있다.

$$a = x_0 < x_1 < \cdots < x_{i-1} < x_i < \cdots < x_m = b$$

$$c = y_0 < y_1 < \cdots < y_{j-1} < y_j < \cdots < y_n = d$$

[그림 2]와 같이 이러한 분할점들을 지나고 좌표축에 평행한 직선을 그리면 $i = 1$, $\cdots$, m과 $j = 1, \cdots, n$에 대해 다음과 같은 부분 직사각형이 만들어진다.

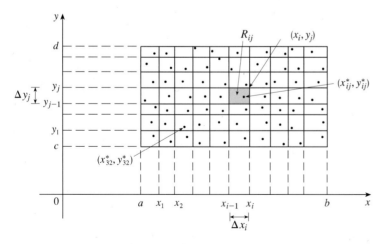

[그림 2] 직사각형의 분할

$$R_{ij} = [x_{i-1}, x_i] \times [y_{j-1}, y_j] = \{(x, y) \mid x_{i-1} \leq x \leq x_i,\ y_{j-1} \leq y \leq y_j\}$$

그러면 R은 mn개의 부분 직사각형으로 분할된다. $\Delta x_i = x_i - x_{i-1}$, $\Delta y_j = y_j - y_{j-1}$이라 하면 R_{ij}의 넓이는 다음과 같다.

$$\Delta A_{ij} = \Delta x_i \Delta y_j$$

각각의 R_{ij}에서 **표본점**$^{\text{sample point}}$ (x_{ij}^*, y_{ij}^*)를 택하면 R_{ij} 위에 놓이는 S의 부분을 [그림 3]과 같이 밑면이 R_{ij}이고 높이가 $f(x_{ij}^*, y_{ij}^*)$인 가느다란 직육면체(또는 기둥)로 근사시킬 수 있다. 이 직육면체의 부피는 다음과 같이 직사각형인 밑면의 넓이와 직육면체 높이를 곱한 것이다.

$$f(x_{ij}^*, y_{ij}^*) \Delta A_{ij}$$

이런 과정을 모든 직사각형에 대해 수행하고 대응하는 직육면체의 부피를 모두 더하면 다음과 같이 S의 전체 부피에 대한 근삿값을 얻는다([그림 4] 참조).

① $$V \approx \sum_{i=1}^{m} \sum_{j=1}^{n} f(x_{ij}^*, y_{ij}^*) \Delta A_{ij}$$

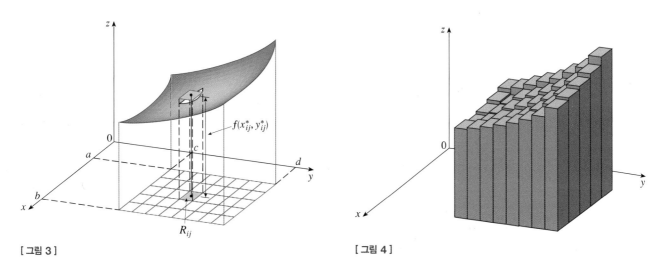

[그림 3]   [그림 4]

이러한 이중 리만 합은 각 부분 직사각형에 대해 선택한 점에서 f의 함숫값을 계산하고 여기에 부분 직사각형의 넓이를 곱한 다음에 그 결과를 모두 더한 것을 의미한다. 직관적으로 부분 직사각형의 크기가 작을수록 ①에 주어진 근삿값이 더욱 정확해질 것을 알고 있다. 모든 부분 구간들의 가장 큰 길이를 $\max \Delta x_i, \Delta y_j$라 하면 다음 식이 성립함을 알 수 있다.

② $$V = \lim_{\max \Delta x_i, \Delta y_j \to 0} \sum_{i=1}^{m} \sum_{j=1}^{n} f(x_{ij}^*, y_{ij}^*) \Delta A_{ij}$$

식 ②에서 이중극한은 부분 직사각형을 충분히 작게 만들면 $[R_{ij}$에서 (x_{ij}^*, y_{ij}^*)의 선택에 관계없이] 이중 합을 수 V에 원하는 만큼 가깝게 할 수 있음을 의미한다.

f의 그래프 아래와 직사각형 영역 R 위에 놓인 입체 S의 **부피**^{volume}를 정의하기 위해 식 ②의 표현을 이용한다. (이 정의는 7.2절에서 부피에 대한 공식과 일치함을 보일 수 있다.)

식 ②에서 나타나는 유형의 극한은 부피를 구할 때뿐만 아니라 11.4절에서 보게 될 다양한 상황에서 종종 나타난다. 심지어 f가 양수가 아닌 함수일 때에도 나타난다. 따라서 다음 정의를 만든다.

---

③ **정의** 직사각형 R 위에서 f의 **이중적분**^{double integral}을 (극한이 존재한다면) 다음과 같이 정의한다.

$$\iint_R f(x,y)\,dA = \lim_{\max \Delta x_i,\,\Delta y_j \to 0} \sum_{i=1}^{m}\sum_{j=1}^{n} f(x_{ij}^*, y_{ij}^*)\,\Delta A_{ij}$$

정의 ③과 단일적분의 정의 사이에 유사성이 있음에 주목하자.

정의 ③의 극한이 존재하면 함수 f는 **적분 가능**^{integrable}하다고 한다. 사실상 f가 유계하고 [즉 R 안의 모든 (x,y)에 대해 $|f(x,y)| \le M$인 상수 M이 존재한다.] f가 유한개의 매끄러운 곡선을 제외한 곳에서 연속이면 f는 R에서 적분 가능하다.

f가 적분 가능하다는 것을 안다면 분할 P를 **정칙**^{regular}이라 한다. 즉 모든 부분 직사각형 R_{ij}의 치수가 동일하므로 동일한 넓이 $\Delta A = \Delta x\,\Delta y$를 갖는다. 이 경우 단순하게 $m \to \infty$, $n \to \infty$로 놓을 수 있다. 추가적으로 표본점 (x_{ij}^*, y_{ij}^*)는 부분 직사각형 R_{ij}에 속하는 임의의 점을 택할 수 있지만 R_{ij}의 오른쪽 위의 모서리 점[즉 (x_i, y_j), [그림 2] 참조]을 택하면 이중적분에 대한 식은 다음과 같이 더욱 간단해진다.

④ $$\iint_R f(x,y)\,dA = \lim_{m,\,n \to \infty} \sum_{i=1}^{m}\sum_{j=1}^{n} f(x_i, y_j)\,\Delta A$$

정의 ②와 ③을 비교하면 부피를 다음과 같이 이중적분으로 쓸 수 있음을 알 수 있다.

$f(x,y) \ge 0$이면 직사각형 R의 위와 곡면 $z = f(x,y)$ 아래에 놓인 입체의 부피 V는 다음과 같다.

$$V = \iint_R f(x,y)\,dA$$

정의 ③의 다음 합을 **이중 리만 합**^{double Riemann sum}이라 한다.

$$\sum_{i=1}^{m}\sum_{j=1}^{n} f(x_{ij}^*, y_{ij}^*)\,\Delta A_{ij}$$

이는 이중적분의 값에 대한 근삿값으로 이용된다. f가 양의 함수이면 이중 리만 합은 [그림 4]와 같이 기둥들의 부피의 합을 나타내며 이는 f의 그래프 아래의 부피에 대한 근삿값이다.

예제 1 정사각형 $R = [0, 2] \times [0, 2]$ 위와 타원포물면 $z = 16 - x^2 - 2y^2$ 아래에 놓인 입체의 부피를 추정하라. R을 네 개의 동일한 정사각형으로 나누고 정사각형 R_{ij}의 오른쪽 위의 모서리를 표본점으로 선택한다. 입체와 근사 직육면체를 그려라.

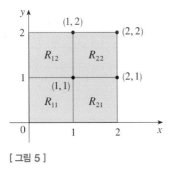

[그림 5]

풀이

정사각형들은 [그림 5]와 같다. 포물면은 $f(x, y) = 16 - x^2 - 2y^2$의 그래프이고 각 정사각형의 넓이는 1이다. $m = n = 2$인 리만 합에 의해 부피를 근사시키면 다음을 얻는다.

$$V \approx \sum_{i=1}^{2} \sum_{j=1}^{2} f(x_i, y_j) \Delta A$$

$$= f(1, 1) \Delta A + f(1, 2) \Delta A + f(2, 1) \Delta A + f(2, 2) \Delta A$$

$$= 13(1) + 7(1) + 10(1) + 4(1) = 34$$

이것은 [그림 6]에 표시된 근사 직육면체의 부피이다.

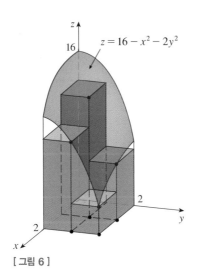

[그림 6]

[예제 1]에서 정사각형의 수를 늘리면 좀 더 정확한 부피값으로 근사할 수 있다. [그림 7]에서 16, 64, 256개로 정사각형의 수를 늘릴수록 직육면체들이 실제 입체와 더욱 비슷해 보이므로 대응하는 근삿값이 더욱 정확해지는 것을 알 수 있다. [예제 7]에서 정확한 부피가 48임을 보일 것이다.

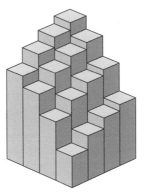 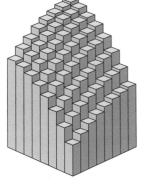 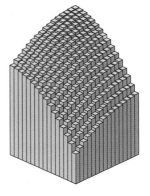

(a) $m = n = 4$, $V \approx 41.5$ (b) $m = n = 8$, $V \approx 44.875$ (c) $m = n = 16$, $V \approx 46.46875$

[그림 7] m과 n이 커질수록 $z = 16 - x^2 - 2y^2$ 아래의 부피에 대한 리만 합 근사는 더욱 정확해진다.

예제 2 $R = \{(x, y) \mid -1 \le x \le 1, \ -2 \le y \le 2\}$일 때 다음 적분을 계산하라.

$$\iint_R \sqrt{1 - x^2} \, dA$$

풀이

정의 **3**을 이용하여 이 적분을 직접 계산하는 것은 매우 어려울 것이다. 그러나 $\sqrt{1 - x^2} \ge 0$이므로 이것을 부피로 해석하여 적분을 계산할 수 있다. $z = \sqrt{1 - x^2}$

이라 하면 $x^2 + z^2 = 1$이고 $z \geq 0$이다. 따라서 주어진 이중적분은 원기둥 $x^2 + z^2 = 1$의 아래와 직사각형 R 위에 놓이는 입체 S의 부피를 나타낸다([그림 8] 참조). S의 부피는 다음과 같이 반지름 1인 반원의 넓이와 원기둥의 길이를 곱하여 얻는다.

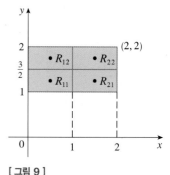

[그림 8]

$$\iint_R \sqrt{1-x^2}\, dA = \frac{1}{2}\pi (1)^2 \times 4 = 2\pi$$

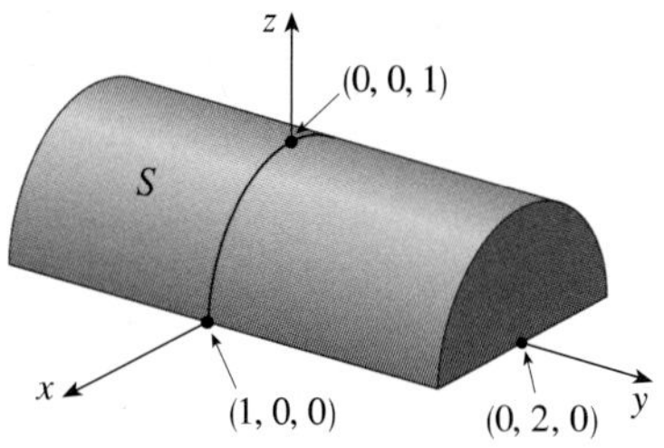

중점 법칙

단일적분을 근사시키기 위해 사용한 방법들(중점 법칙, 사다리꼴 공식, 심프슨의 공식)은 모두 이중적분에 대해서도 사용할 수 있다. 여기서는 이중적분에 대한 중점 법칙만 생각하기로 한다. 이것은 이중적분을 근사하기 위해 정칙분할에 의한 이중 리만 합을 이용하는 것을 의미한다. 이때 모든 부분 직사각형 R_{ij}의 넓이는 ΔA이며, R_{ij} 안의 표본점 (x_{ij}^*, y_{ij}^*)는 R_{ij}의 중점 $(\overline{x}_i, \overline{y}_j)$로 택한다. 다시 말해서 $\overline{x}_i$는 $[x_{i-1}, x_i]$의 중점, $\overline{y}_j$는 $[y_{i-1}, y_i]$의 중점이다.

> **이중적분에 대한 중점 법칙** $\overline{x}_i$가 $[x_{i-1}, x_i]$의 중점, $\overline{y}_j$가 $[y_{i-1}, y_i]$의 중점일 때 다음이 성립한다.
>
> $$\iint_R f(x, y)\, dA \approx \sum_{i=1}^{m} \sum_{j=1}^{n} f(\overline{x}_i, \overline{y}_j)\, \Delta A$$

◀예제 3 $m = n = 2$인 중점 법칙을 이용하여 $R = \{(x, y) \mid 0 \leq x \leq 2,\ 1 \leq y \leq 2\}$ 에서 적분 $\displaystyle\iint_R (x - 3y^2)\, dA$의 값을 추정하라.

풀이

$m = n = 2$인 중점 법칙을 이용할 때 [그림 9]에 보인 4개의 부분 직사각형의 중심에서 $f(x, y) = x - 3y^2$을 계산한다. 그러므로 $\overline{x}_1 = \dfrac{1}{2}$, $\overline{x}_2 = \dfrac{3}{2}$, $\overline{y}_1 = \dfrac{5}{4}$, $\overline{y}_2 = \dfrac{7}{4}$ 이고, 각 부분 직사각형의 넓이는 $\Delta A = \dfrac{1}{2}$이다. 따라서 다음을 얻는다.

$$\iint_R (x - 3y^2)\, dA \approx \sum_{i=1}^{2} \sum_{j=1}^{2} f(\overline{x}_i, \overline{y}_j)\, \Delta A$$

$$= f(\overline{x}_1, \overline{y}_1)\, \Delta A + f(\overline{x}_1, \overline{y}_2)\, \Delta A + f(\overline{x}_2, \overline{y}_1)\, \Delta A + f(\overline{x}_2, \overline{y}_2)\, \Delta A$$

$$= f\left(\frac{1}{2}, \frac{5}{4}\right)\Delta A + f\left(\frac{1}{2}, \frac{7}{4}\right)\Delta A + f\left(\frac{3}{2}, \frac{5}{4}\right)\Delta A + f\left(\frac{3}{2}, \frac{7}{4}\right)\Delta A$$

$$= \left(-\frac{67}{16}\right)\frac{1}{2} + \left(-\frac{139}{16}\right)\frac{1}{2} + \left(-\frac{51}{16}\right)\frac{1}{2} + \left(-\frac{123}{16}\right)\frac{1}{2}$$

[그림 9]

$$= -\frac{95}{8} = -11.875$$

따라서 $\displaystyle\iint_R (x - 3y^2)\,dA \approx -11.875$이다. ❯

[표 1]	
부분 직사각형의 수	중점 법칙의 근삿값
1	-11.5000
4	-11.8750
16	-11.9687
64	-11.9922
256	-11.9980
1024	-11.9995

NOTE _ [예제 3]의 이중적분에 대한 정확한 값이 -12인 것을 [예제 5]에서 보일 것이다. (피적분함수 f가 양의 함수일 때에만 이중적분을 부피로 해석할 수 있음을 기억하자. [예제 3]에 있는 피적분함수는 양의 함수가 아니므로 이 적분 결과는 부피가 아니다. [예제 5]와 [예제 6]에서 부피를 이용하여 양수가 아닌 함수의 적분을 어떻게 해석할 것인지 논의할 것이다.) [그림 9]에 있는 각 부분 직사각형을 유사한 모양의 더 작은 4개의 부분 직사각형으로 나누면 [표 1]과 같은 중점 법칙의 근삿값을 얻는다. 근삿값이 이중적분의 정확한 값 -12로 어떻게 접근하는지에 주목하자.

반복적분

미적분학의 첫 번째 원리로부터 이중적분의 값을 구하는 것은 좀 더 어렵지만 여기서는 이중적분을 반복적분으로 표현하는 방법을 알게 될 것이다. 그러면 두 개의 단일적분을 계산하여 이중적분의 값을 구할 수 있다.

f를 직사각형 $R = [a, b] \times [c, d]$에서 연속인 이변수함수라고 하자. x를 고정하고 $f(x, y)$를 $y = c$에서 $y = d$까지 y에 대해 적분한 것을 나타내기 위해 기호 $\displaystyle\int_c^d f(x, y)\,dy$를 사용한다. 이 결과를 y에 대한 편적분이라 한다.(편미분과 유사함에 주목하자.) 이제 $\displaystyle\int_c^d f(x, y)\,dy$는 x의 값에 의존하는 수이므로 이 값을 다음과 같이 x의 함수로 정의한다.

$$A(x) = \int_c^d f(x, y)\,dy$$

이제 함수 A를 $x = a$에서 $x = b$까지 x에 대해 적분하면 다음을 얻는다.

⑤
$$\int_a^b A(x)\,dx = \int_a^b \left[\int_c^d f(x, y)\,dy \right] dx$$

식 ⑤의 우변에 있는 적분을 **반복적분**^{iterated integral}이라 한다. 보통은 괄호를 생략한다. 그러므로 다음과 같이 쓴다.

⑥
$$\int_a^b \int_c^d f(x, y)\,dy\,dx = \int_a^b \left[\int_c^d f(x, y)\,dy \right] dx$$

이것은 먼저 c에서 d까지 y에 대해 적분하고, 다음으로 그 결과를 a에서 b까지 x에 대해 적분하는 것을 의미한다.

마찬가지로 다음 반복적분은 먼저 (y를 고정시키고) $x = a$에서 $x = b$까지 x에 대해 적분한 다음에, 그 결과인 y의 함수를 $y = c$에서 $y = d$까지 y에 대해 적분하는 것을 의미한다.

$$\boxed{7} \qquad \int_c^d \int_a^b f(x, y)\,dx\,dy = \int_c^d \left[\int_a^b f(x, y)\,dx \right] dy$$

식 $\boxed{6}$과 $\boxed{7}$에서 안쪽에서 바깥쪽으로 적분하는 것에 주의하자.

◀️예제 4 다음 반복적분을 계산하라.

(a) $\displaystyle\int_0^3 \int_1^2 x^2 y\,dy\,dx$ 　　　　　　　　(b) $\displaystyle\int_1^2 \int_0^3 x^2 y\,dx\,dy$

풀이

(a) x를 상수로 생각하면 다음을 얻는다.

$$\int_1^2 x^2 y\,dy = \left[x^2 \frac{y^2}{2} \right]_{y=1}^{y=2} = x^2 \left(\frac{2^2}{2} \right) - x^2 \left(\frac{1^2}{2} \right) = \frac{3}{2}x^2$$

따라서 이 예제에서 앞의 논의에 대한 함수 A는 $A(x) = \dfrac{3}{2}x^2$이다. 이제 x에 대한 이 함수를 0에서 3까지 적분하여 다음을 얻는다.

$$\int_0^3 \int_1^2 x^2 y\,dy\,dx = \int_0^3 \left[\int_1^2 x^2 y\,dy \right] dx$$

$$= \int_0^3 \frac{3}{2}x^2\,dx = \frac{x^3}{2} \bigg]_0^3 = \frac{27}{2}$$

(b) 여기서는 x에 대해 다음과 같이 먼저 적분한다.

$$\int_1^2 \int_0^3 x^2 y\,dx\,dy = \int_1^2 \left[\int_0^3 x^2 y\,dx \right] dy = \int_1^2 \left[\frac{x^3}{3} y \right]_{x=0}^{x=3} dy$$

$$= \int_1^2 9y\,dy = 9\frac{y^2}{2} \bigg]_1^2 = \frac{27}{2} \qquad\qquad \blacktriangleright$$

[예제 4]에서 x 또는 y 중에서 어느 것에 대하여 먼저 적분하더라도 동일한 결과를 얻는 것에 주목한다. 일반적으로 식 $\boxed{6}$과 $\boxed{7}$의 두 반복적분은 항상 같다(정리 $\boxed{8}$ 참조). 즉 적분순서는 아무 상관이 없다. (이것은 혼합 편미분의 상등에 대한 클레로의 정리와 유사하다.)

다음 정리는 이중적분을 반복적분으로 표시함으로써 (순서에 관계없이) 이중적분을 계산하는 실질적인 방법을 제공한다.

[8] **푸비니 정리** f가 직사각형 $R = \{(x, y) \mid a \le x \le b, \, c \le y \le d\}$에서 연속이면 다음이 성립한다.

$$\iint_R f(x, y)\,dA = \int_a^b \int_c^d f(x, y)\,dy\,dx = \int_c^d \int_a^b f(x, y)\,dx\,dy$$

좀 더 일반적으로 f가 R에서 유계이고, f가 단지 유한개의 매끄러운 곡선 위에서만 불연속이고 반복적분이 존재하면 위 식은 참이다.

정리 [8]은 1907년에 이 정리에 대한 가장 일반적인 형태를 증명한 이탈리아의 수학자 푸비니(Guido Fubini, 1879~1943)의 이름을 딴 것이다. 그러나 연속함수에 대한 이 정리는 프랑스의 수학자 코시(Augustin Louis Cauchy)에 의해 거의 1세기 앞서 알려졌다.

푸비니 정리는 $f(x, y) \ge 0$인 경우에 적어도 이 정리가 참이 되는 이유를 직관적으로 알 수 있다. f가 양수이면 이중적분 $\iint_R f(x, y)\,dA$를 R 위와 곡면 $z = f(x, y)$ 아래에 놓이는 입체 S의 부피 V로 해석할 수 있다. 한편 7장에서 부피에 대해 사용한 다음과 같은 또 다른 공식을 알고 있다.

$$V = \int_a^b A(x)\,dx$$

여기서 $A(x)$는 x를 지나고 x축에 수직인 평면으로서 S의 절단면의 넓이이다. [그림 10]으로부터 $A(x)$는 상수로 고정된 x와 $c \le y \le d$에 대해 방정식이 $z = f(x, y)$인 곡선 C 아래의 넓이이다. 그러므로 다음과 같다.

$$A(x) = \int_c^d f(x, y)\,dy$$

따라서 다음을 얻는다.

$$\iint_R f(x, y)\,dA = V = \int_a^b A(x)\,dx = \int_a^b \int_c^d f(x, y)\,dy\,dx$$

유사한 논의로 [그림 11]과 같이 y축에 수직인 단면을 이용하여 다음을 보일 수 있다.

$$\iint_R f(x, y)\,dA = \int_c^d \int_a^b f(x, y)\,dx\,dy$$

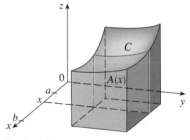

[그림 10]

TEC Visual 12.1은 [그림 10]과 [그림 11]에 대한 애니메이션을 보여 줌으로써 푸비니 정리를 설명한다.

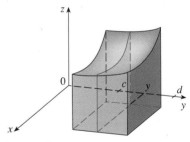

[그림 11]

◀**예제 5** $R = (x, y) \mid 0 \le x \le 2, \, 1 \le y \le 2\}$일 때 이중적분 $\iint_R (x - 3y^2)\,dA$를 계산하라([예제 3]과 비교).

풀이 1
푸비니 정리에 따라 다음을 얻는다.

[예제 5]의 답이 음수이고, 이 답에는 아무 문제가 없다. 이 예제에서 함수 f가 양의 함수가 아니므로 적분 결과는 부피를 나타내지 않는다. [그림 12]에서 f는 R에서 항상 음의 값을 갖는다. 따라서 적분값은 f의 그래프 위와 R 아래에 놓이는 부피에 음의 부호를 붙인 것이다.

$$\iint_R (x - 3y^2)\, dA = \int_0^2 \int_1^2 (x - 3y^2)\, dy\, dx = \int_0^2 \left[xy - y^3 \right]_{y=1}^{y=2} dx$$

$$= \int_0^2 (x - 7)\, dx = \frac{x^2}{2} - 7x \Big|_0^2 = -12$$

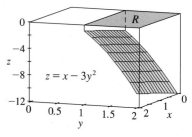

[그림 12]

풀이 2

푸비니 정리를 다시 적용하되 이번에는 먼저 x에 대해 적분하여 다음을 얻는다.

$$\iint_R (x - 3y^2)\, dA = \int_1^2 \int_0^2 (x - 3y^2)\, dx\, dy = \int_1^2 \left[\frac{x^2}{2} - 3xy^2 \right]_{x=0}^{x=2} dy$$

$$= \int_1^2 (2 - 6y^2)\, dy = 2y - 2y^3 \Big]_1^2 = -12$$

◀예제 6 $R = [1, 2] \times [0, \pi]$에서 $\displaystyle\iint_R y\sin(xy)\, dA$를 계산하라.

풀이

x에 대해 먼저 적분하면 다음을 얻는다.

$$\iint_R y\sin(xy)\, dA = \int_0^\pi \int_1^2 y\sin(xy)\, dx\, dy = \int_0^\pi \left[-\cos(xy) \right]_{x=1}^{x=2} dy$$

$$= \int_0^\pi (-\cos 2y + \cos y)\, dy = -\frac{1}{2}\sin 2y + \sin y \Big]_0^\pi = 0$$

NOTE_ [예제 6]에서 y에 대해 먼저 적분하면 다음을 얻는다.

$$\iint_R y\sin(xy)\, dA = \int_1^2 \int_0^\pi y\sin(xy)\, dy\, dx$$

그러나 이 적분 순서는 부분적분을 두 번 적용하여 적분을 계산해야 하므로 예제에서 주어진 방법보다 많이 어렵다. 그러므로 이중적분을 계산할 때 간단히 적분을 구하는 적분순서를 선택하는 것이 바람직하다.

양과 음의 값을 모두 갖는 함수 f에 대해 R 위와 f의 그래프 아래에 놓이는 부분의 부피를 V_1, R 아래와 f의 그래프 위에 놓이는 부분의 부피를 V_2라 할 때, 적분 $\displaystyle\iint_R f(x, y)\, dA$는 두 부피의 차인 $V_1 - V_2$이다. [예제 6]에서 적분값이 0이라는 사실은 두 부피 V_1과 V_2가 같음을 의미한다 ([그림 13] 참조).

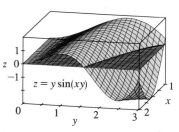

[그림 13]

◀예제 7 타원포물면 $x^2 + 2y^2 + z = 16$, 평면 $x = 2$, 평면 $y = 2$와 세 좌표평면으로 둘러싸인 입체 S의 부피를 구하라.

풀이

먼저 S는 곡면 $z = 16 - x^2 - 2y^2$ 아래와 정사각형 $R = [0, 2] \times [0, 2]$ 위에 놓이는 입체임을 관찰한다([그림 14] 참조). 이 입체는 [예제 1]에서 다루었으나 이제 푸비니 정리를 이용하여 이중적분을 계산할 수 있다. 그러므로 다음을 얻는다.

$$V = \iint_R (16 - x^2 - 2y^2)\, dA = \int_0^2 \int_0^2 (16 - x^2 - 2y^2)\, dx\, dy$$

$$= \int_0^2 \left[16x - \frac{1}{3}x^3 - 2y^2 x \right]_{x=0}^{x=2} dy = \int_0^2 \left(\frac{88}{3} - 4y^2 \right) dy$$

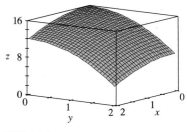

[그림 14]

$$= \left[\frac{88}{3}y - \frac{4}{3}y^3 \right]_0^2 = 48$$

특별한 경우로 $f(x, y)$가 x만의 함수와 y만의 함수의 곱으로 인수분해되면 f의 이중적분은 더욱 간단한 형태로 쓸 수 있다. 이 경우를 알아보기 위해 $f(x, y) = g(x)h(y)$이고 $R = [a, b] \times [c, d]$라 하자. 그러면 푸비니 정리로부터 다음을 얻는다.

$$\iint_R f(x, y)\,dA = \int_c^d \int_a^b g(x)h(y)\,dx\,dy = \int_c^d \left[\int_a^b g(x)h(y)\,dx \right] dy$$

안쪽 적분에서 y가 상수이므로 $h(y)$도 상수이다. 또한 $\int_a^b g(x)\,dx$가 상수이므로 다음과 같이 쓸 수 있다.

$$\int_c^d \left[\int_a^b g(x)h(y)dx \right] dy = \int_c^d \left[h(y) \left(\int_a^b g(x)dx \right) \right] dy = \int_a^b g(x)\,dx \int_c^d h(y)\,dy$$

그러므로 이 경우에 f의 이중적분은 다음과 같이 두 개의 단일적분의 곱으로 쓸 수 있다.

> ⑨ $R = [a, b] \times [c, d]$에 대해 다음이 성립한다.
>
> $$\iint_R g(x)h(y)\,dA = \int_a^b g(x)\,dx \int_c^d h(y)\,dy$$

◀예제 8 $R = [0, \pi/2] \times [0, \pi/2]$이면 식 ⑨에 의해 다음을 얻는다.

$$\iint_R \sin x \cos y\,dA = \int_0^{\pi/2} \sin x\,dx \int_0^{\pi/2} \cos y\,dy$$

$$= \left[-\cos x \right]_0^{\pi/2} \left[\sin y \right]_0^{\pi/2} = 1 \cdot 1 = 1$$

[예제 8]에서 함수 $f(x, y) = \sin x \cos y$는 R에서 양수이다. 따라서 적분은 [그림 15]와 같이 R 위와 f의 그래프 아래에 놓이는 입체의 부피를 나타낸다.

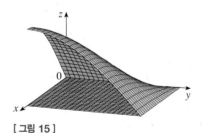

[그림 15]

이중적분의 성질

여기에 나열한 이중적분에 대한 세 가지 성질은 5.2절에서와 같은 방법으로 증명할 수 있다. 모든 적분이 존재한다고 가정한다. 성질 ⑩와 ⑪을 이중적분의 선형성이라고 한다.

적분을 정의하는 이중 합이 이와 같은 성질을 가지므로 이중적분도 같은 성질을 갖는다.

⑩ $$\iint_R [f(x, y) + g(x, y)]\,dA = \iint_R f(x, y)\,dA + \iint_R g(x, y)\,dA$$

⑪ $$\iint_R cf(x, y)\,dA = c \iint_R f(x, y)\,dA \quad (c\text{는 상수})$$

R 안의 모든 (x, y)에 대해 $f(x, y) \geq g(x, y)$이면 다음이 성립한다.

$$\boxed{12} \qquad \iint_R f(x, y)\, dA \geq \iint_R g(x, y)\, dA$$

11.1 연습문제

01 (a) 곡면 $z = xy$ 아래와 직사각형 $R = \{(x, y) \mid 0 \leq x \leq 6,\ 0 \leq y \leq 4\}$ 위에 놓이는 입체의 부피를 추정하라. $m = 3$, $n = 2$인 리만 합과 규칙적인 분할을 이용하고 각 정사각형의 오른쪽 위 모서리를 표본점으로 택한다.

(b) 중점 법칙을 이용하여 (a)의 입체에 대한 부피를 추정하라.

02 (a) $m = n = 2$인 리만 합을 이용하여 $R = [0, 2] \times [0, 1]$에서 $\iint_R x e^{-xy}\, dA$의 값을 추정하라. 오른쪽 위 모서리를 표본점으로 택한다.

(b) 중점 법칙을 이용하여 (a)의 적분을 추정하라.

03~04 이중적분을 입체의 부피로 생각하여 다음 이중적분을 계산하라.

03 $\iint_R 3\, dA$, $R = \{(x, y) \mid -2 \leq x \leq 2,\ 1 \leq y \leq 6\}$

04 $\iint_R (4 - 2y)\, dA$, $R = [0, 1] \times [0, 1]$

05~08 다음 반복적분을 계산하라.

05 $\int_1^4 \int_0^2 (6x^2 y - 2x)\, dy\, dx$ **06** $\int_{-3}^3 \int_0^{\pi/2} (y + y^2 \cos x)\, dx\, dy$

07 $\int_1^4 \int_1^2 \left(\dfrac{x}{y} + \dfrac{y}{x} \right) dy\, dx$ **08** $\int_0^1 \int_0^1 v(u + v^2)^4\, du\, dv$

09~10 다음 이중적분을 계산하라.

09 $\iint_R x \sin(x + y)\, dA$, $R = [0, \pi/6] \times [0, \pi/3]$

10 $\iint_R y e^{-xy}\, dA$, $R = [0, 2] \times [0, 3]$

---

11 평면 $4x + 6y - 2z + 15 = 0$ 아래와 직사각형 $R = \{(x, y) \mid -1 \leq x \leq 2,\ -1 \leq y \leq 1\}$ 위에 놓이는 입체의 부피를 구하라.

12 곡면 $z = x \sec^2 y$와 평면 $z = 0$, $x = 0$, $x = 2$, $y = 0$, $y = \pi/4$로 둘러싸인 입체의 부피를 구하라.

13 직사각형 R 위에서 함수 $f(x, y)$의 **평균값**average value을 다음과 같이 정의한다.

$$f_{\text{ave}} = \frac{1}{A(R)} \iint_R f(x, y)\, dA$$

(5.4절에서 일변수함수에 대한 정의와 비교하라.) 주어진 직사각형 위에서 f의 평균값을 구하라.

$f(x, y) = x^2 y$, R은 꼭짓점이 $(-1, 0)$, $(-1, 5)$, $(1, 5)$, $(1, 0)$이다.

14 f가 상수함수, 즉 $f(x, y) = k$이고 $R = [a, b] \times [c, d]$일 때 다음을 보여라.

$$\iint_R k\, dA = k(b - a)(d - c)$$

15 $R = \left[0, \dfrac{1}{4}\right] \times \left[\dfrac{1}{4}, \dfrac{1}{2}\right]$일 때 [연습문제 14]의 결과를 이용하여 다음을 보여라.

$$0 \leq \iint_R \sin \pi x \cos \pi y\, dA \leq \frac{1}{32}$$

16 대칭성을 이용하여 다음 이중적분을 계산하라.

$$\iint_R \frac{xy}{1 + x^4}\, dA, \quad R = \{(x, y) \mid -1 \leq x \leq 1,\ 0 \leq y \leq 1\}$$

11.2 일반적인 영역에서 이중적분

단일적분에서는 적분 영역이 항상 구간이다. 그러나 이중적분에서는 적분 영역이 직사각형뿐만 아니라 [그림 16]에서 보인 것과 같이 좀 더 일반적인 영역 D에서 함수 f를 적분할 수 있기를 바란다. D를 유계 영역이라 하자. 이것은 D가 [그림 17]과 같이 어떤 직사각형 영역 R 안에 포함된다는 의미이다. 그러면 정의역이 R인 새로운 함수 F를 다음과 같이 정의한다.

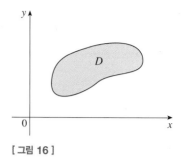

[그림 16]

$$\boxed{1} \qquad F(x, y) = \begin{cases} f(x, y), & (x, y) \in D \\ 0, & (x, y) \in R, \ (x, y) \notin D \end{cases}$$

R에서 F의 중적분이 존재한다면 D에서 f의 중적분을 다음과 같이 정의한다.

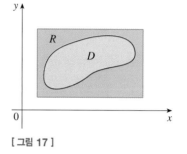

[그림 17]

$$\boxed{2} \qquad \iint_D f(x, y)\, dA = \iint_R F(x, y)\, dA, \quad \text{여기서 } F \text{는 식 } \boxed{1}\text{에서 정의된다.}$$

R이 직사각형이고 $\displaystyle\iint_R F(x, y)\, dA$를 11.1절에서 이미 정의했으므로 정의 $\boxed{2}$는 의미가 통한다. (x, y)가 D의 외부에 있을 때 $F(x, y)$의 값이 0이다. 따라서 적분에서 아무런 영향을 미치지 않으므로 지금까지 사용해온 절차는 타당하다. 이것은 직사각형 R이 D를 포함하는 한 R이 어떻든지 아무런 상관이 없음을 의미한다.

$f(x, y) \geq 0$인 경우에 $\displaystyle\iint_D f(x, y)\, dA$는 여전히 D 위와 곡면 $z = f(x, y)$ (f의 그래프인) 아래에 놓인 입체의 부피로 해석할 수 있다. [그림 18]과 [그림 19]에서 f와 F의 그래프를 비교하고 $\displaystyle\iint_R F(x, y)\, dA$가 F의 그래프 아래의 부피라는 사실을 기억하면 위의 방법은 타당함을 알 수 있다.

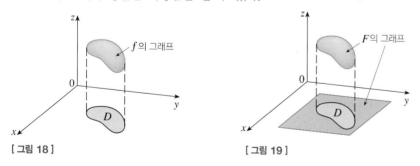

[그림 18]   [그림 19]

[그림 19]에서 F가 D의 경계점들에서 불연속인 것처럼 보임에도 불구하고 f가 D에서 연속이고 D의 경계 곡선이 '잘 정의된다'면 $\displaystyle\iint_R F(x, y)\, dA$가 존재한다.(이 책의 범위를 벗어난 개념이다.) 따라서 $\displaystyle\iint_D f(x, y)\, dA$도 존재함을 보일 수 있다. 특히 다음과 같은 두 가지 유형의 영역에 대해 이중적분이 존재한다.

평면 영역 D가 x에 대해 연속인 두 함수의 그래프 사이에 놓이면 즉 $[a, b]$에서 연속인 두 함수 g_1과 g_2에 대해 D가 다음과 같으면 이 영역을 **유형 I**$^{\text{type I}}$이라 한다.

$$D = \left\{ (x, y) \mid a \leq x \leq b,\ g_1(x) \leq y \leq g_2(x) \right\}$$

[그림 20]은 유형 I인 영역의 예를 보여준다.

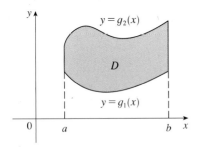 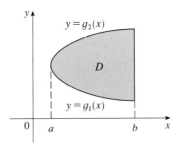 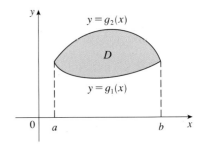

[**그림 20**] 유형 I인 영역들

D가 유형 I인 영역일 때 $\iint_D f(x, y)\, dA$를 계산하기 위해 [그림 21]과 같이 D를 포함하는 직사각형 $R = [a, b] \times [c, d]$를 선택한다. 그리고 F를 식 ①에 주어진 함수라 하자. 즉 F는 D에서 f와 일치하고 D 밖에서 0이다. 그러면 푸비니 정리에 의해 다음이 성립한다.

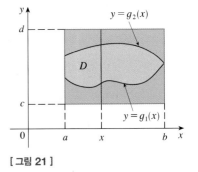

[**그림 21**]

$$\iint_D f(x, y)\, dA = \iint_R F(x, y)\, dA = \int_a^b \int_c^d F(x, y)\, dy\, dx$$

한편 $y < g_1(x)$ 또는 $y > g_2(x)$이면 (x, y)가 D 밖에 있으므로 $F(x, y) = 0$임을 관찰할 수 있다. 그리고 $g_1(x) \leq y \leq g_2(x)$이면 $F(x, y) = f(x, y)$이므로 다음을 얻는다.

$$\int_c^d F(x, y)\, dy = \int_{g_1(x)}^{g_2(x)} F(x, y)\, dy = \int_{g_1(x)}^{g_2(x)} f(x, y)\, dy$$

따라서 이중적분을 반복적분으로 계산할 수 있는 다음 공식을 얻는다.

---

③ f가 다음과 같이 유형 I인 영역 D에서 연속이라 하자.
$$D = \left\{ (x, y) \mid a \leq x \leq b,\ g_1(x) \leq y \leq g_2(x) \right\}$$
그러면 다음이 성립한다.
$$\iint_D f(x, y)\, dA = \int_a^b \int_{g_1(x)}^{g_2(x)} f(x, y)\, dy\, dx$$

---

③의 우변에 있는 적분은 11.1절에서 다루었던 것과 비슷한 반복적분이다. 차이점은 안쪽 적분에서 $f(x, y)$의 x뿐만 아니라 $g_1(x)$와 $g_2(x)$를 상수로 간주한다는 것이다.

또한 다음과 같이 표현되는 **유형 II**$^{\text{type II}}$의 평면 영역을 생각할 수 있다.

$\boxed{4}$ $$D = \{(x, y) \mid c \leq y \leq d, \; h_1(y) \leq x \leq h_2(y)\}$$

여기서 h_1과 h_2는 연속이다. 이와 같은 두 가지 영역은 [그림 22]와 같다.

식 $\boxed{3}$을 세우기 위해 이용한 방법과 동일하게 다음을 보일 수 있다.

$\boxed{5}$ D가 식 $\boxed{4}$에 의해 주어진 유형 II인 영역일 때 다음이 성립한다.

$$\iint_D f(x, y)\, dA = \int_c^d \int_{h_1(y)}^{h_2(y)} f(x, y)\, dx\, dy$$

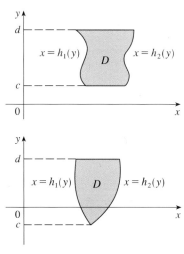

[그림 22] 유형 II 영역들

◀예제 1 D가 포물선 $y = 2x^2$과 $y = 1 + x^2$으로 둘러싸인 영역일 때 $\iint_D (x + 2y)\, dA$ 를 계산하라.

풀이

$2x^2 = 1 + x^2$, 즉 $x^2 = 1$이므로 $x = \pm 1$일 때 두 포물선은 만난다. 그러면 영역 D 는 [그림 23]과 같이 유형 I이고 유형 II는 아니다. 그리고 이 영역을 다음과 같이 쓸 수 있다.

$$D = \{(x, y) \mid -1 \leq x \leq 1, \; 2x^2 \leq y \leq 1 + x^2\}$$

아래쪽 경계는 $y = 2x^2$, 위쪽 경계는 $y = 1 + x^2$이므로 식 $\boxed{3}$에 의해 다음을 얻는다.

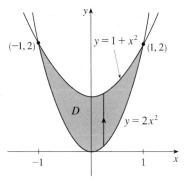

[그림 23]

$$\iint_D (x + 2y)\, dA = \int_{-1}^1 \int_{2x^2}^{1+x^2} (x + 2y)\, dy\, dx = \int_{-1}^1 \left[xy + y^2 \right]_{y=2x^2}^{y=1+x^2} dx$$

$$= \int_{-1}^1 \left[x(1 + x^2) + (1 + x^2)^2 - x(2x^2) - (2x^2)^2 \right] dx$$

$$= \int_{-1}^1 (-3x^4 - x^3 + 2x^2 + x + 1)\, dx$$

$$= -3\frac{x^5}{5} - \frac{x^4}{4} + 2\frac{x^3}{3} + \frac{x^2}{2} + x \Big]_{-1}^1 = \frac{32}{15}$$

NOTE _ [예제 1]과 같이 이중적분을 세울 때는 반드시 그림을 그린다. 때때로 [그림 23]과 같이 수직 화살 표를 그리는 것이 도움이 된다. 그러면 안쪽 적분에 대한 적분 한계를 다음과 같이 그림으로부터 알 수 있다. 화살표는 적분 하한이 되는 아래쪽 경계 $y = g_1(x)$에서 시작하여 적분 상한인 위쪽 경계 $y = g_2(x)$에서 끝 난다. 유형 II인 영역에 대해서는 화살표를 왼쪽 경계에서 오른쪽 경계까지 수평으로 그린다.

◀ 예제 2 직선 $y = x - 1$과 포물선 $y^2 = 2x + 6$으로 둘러싸인 영역 D에서 $\iint_D xy\,dA$를 구하라.

풀이

영역 D는 [그림 24]와 같다. D는 유형 I과 유형 II가 모두 되지만 유형 I인 영역으로 생각하면 D의 아래쪽 경계가 두 부분으로 구성되기 때문에 더 복잡하다. 그러므로 다음과 같이 D를 유형 II인 영역으로 생각하는 것이 편하다.

$$D = \left\{ (x,\,y)\,|-2 \leq y \leq 4,\ \frac{1}{2}y^2 - 3 \leq x \leq y + 1 \right\}$$

그러면 식 ⑤로부터 다음을 얻는다.

$$\iint_D xy\,dA = \int_{-2}^{4} \int_{\frac{1}{2}y^2 - 3}^{y+1} xy\,dx\,dy = \int_{-2}^{4} \left[\frac{x^2}{2}\,y \right]_{x=\frac{1}{2}y^2-3}^{x=y+1} dy$$

$$= \frac{1}{2} \int_{-2}^{4} y \left[(y+1)^2 - \left(\frac{1}{2}y^2 - 3 \right)^2 \right] dy$$

$$= \frac{1}{2} \int_{-2}^{4} \left(-\frac{y^5}{4} + 4y^3 + 2y^2 - 8y \right) dy$$

$$= \frac{1}{2} \left[-\frac{y^6}{24} + y^4 + 2\frac{y^3}{3} - 4y^2 \right]_{-2}^{4} = 36$$

[그림 24(a)]와 같이 D를 유형 I인 영역으로 표현하면 다음을 얻게 될 것이다.

$$\iint_D xy\,dA = \int_{-3}^{-1} \int_{-\sqrt{2x+6}}^{\sqrt{2x+6}} xy\,dy\,dx + \int_{-1}^{5} \int_{x-1}^{\sqrt{2x+6}} xy\,dy\,dx$$

이 적분은 위 방법보다 계산이 훨씬 복잡하다. ❯

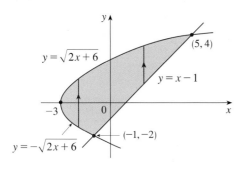

(a) D를 유형 I인 영역으로 생각한 경우

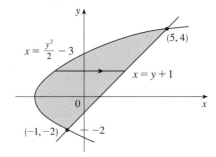

(b) D를 유형 II인 영역으로 생각한 경우

[그림 24]

◀ 예제 3 반복적분 $\int_0^1 \int_x^1 \sin(y^2)\,dy\,dx$를 계산하라.

풀이

주어진 순서대로 적분하려고 한다면 먼저 $\int \sin(y^2)\,dy$를 계산해야 한다. 그러나 $\int \sin(y^2)\,dy$는 기본함수가 아니므로(6.4절 끝부분 참조) 유한개의 항으로 적분한다는 것은 불가능하다. 따라서 적분 순서를 바꿔야 한다. 즉 주어진 반복적분을 이중적분으로 표현해야 한다. 식 ③을 거꾸로 적용하면 다음을 얻는다.

$$\int_0^1 \int_x^1 \sin(y^2)\,dy\,dx = \iint_D \sin(y^2)\,dA$$

여기서 $D = \{(x, y) \mid 0 \le x \le 1,\ x \le y \le 1\}$이고, 이 영역 D를 [그림 25]와 같이 그린다. 그러면 [그림 26]으로부터 D를 다음과 같이 나타낼 수 있음을 알고 있다.

$$D = \{(x, y) \mid 0 \le y \le 1,\ 0 \le x \le y\}$$

식 ⑤를 이용하여 다음과 같이 이중적분을 역순인 반복적분으로 나타낼 수 있다.

$$\int_0^1 \int_x^1 \sin(y^2)\,dy\,dx = \iint_D \sin(y^2)\,dA$$

$$= \int_0^1 \int_0^y \sin(y^2)\,dx\,dy = \int_0^1 \left[x \sin(y^2) \right]_{x=0}^{x=y} dy$$

$$= \int_0^1 y \sin(y^2)\,dy = -\frac{1}{2} \cos(y^2) \Big]_0^1$$

$$= \frac{1}{2}(1 - \cos 1)$$

❯

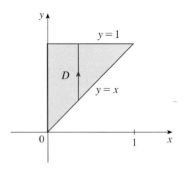

[**그림 25**] 유형 Ⅰ 영역의 D

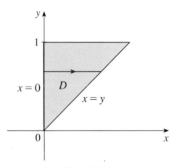

[**그림 26**] 유형 Ⅱ 영역의 D

이중적분의 성질

다음의 모든 적분이 존재한다고 가정한다. 영역 D에서 이중적분에 대한 처음 세 성질은 정의 ②와 11.1절의 성질 ⑩, ⑪, ⑫로부터 곧바로 유도된다.

⑥
$$\iint_D [f(x, y) + g(x, y)]\,dA = \iint_D f(x, y)\,dA + \iint_D g(x, y)\,dA$$

⑦
$$\iint_D c f(x, y)\,dA = c \iint_D f(x, y)\,dA \quad (c\text{는 상수})$$

D 안의 모든 (x, y)에 대해 $f(x, y) \ge g(x, y)$이면 다음이 성립한다.

⑧
$$\iint_D f(x, y)\,dA \ge \iint_D g(x, y)\,dA$$

D_1과 D_2가 이들의 경계를 제외하면 겹치지 않을 때 $D = D_1 \cup D_2$이면 다음이 성립한다([그림 27] 참조). 이 성질은 5.2절에 있는 정적분의 성질 (5)와 유사하다.

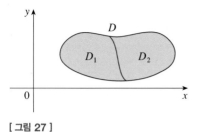

[그림 27]

$$\boxed{9} \qquad \iint_D f(x, y)\,dA = \iint_{D_1} f(x, y)\,dA + \iint_{D_2} f(x, y)\,dA$$

성질 $\boxed{9}$를 이용하면 유형 I도 아니고 유형 II도 아니지만, 유형 I 또는 유형 II인 영역의 합집합으로 표현되는 영역 D에서 이중적분을 계산할 수 있다. [그림 28]은 이런 과정을 설명한다([연습문제 17~18] 참조).

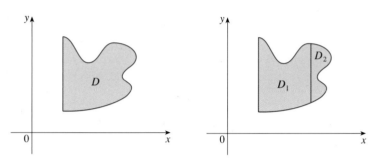

(a) D는 유형 I도 아니고 유형 II도 아니다.　　(b) $D = D_1 \cup D_2$, 이때 D_1은 유형 I, D_2는 유형 II이다.

[그림 28]

적분에 대한 다음 성질은 영역 D에서 상수함수 $f(x, y) = 1$을 적분하면 다음과 같이 D의 넓이를 얻는다는 사실을 보여준다.

$$\boxed{10} \qquad \iint_D 1\,dA = A(D)$$

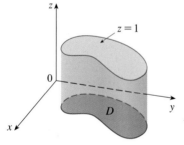

[그림 29]는 식 $\boxed{10}$이 성립하는 이유를 설명한다. 밑면이 D이고 높이가 1인 입체기둥의 부피는 $A(D) \cdot 1 = A(D)$이다. 그러나 이 부피를 $\displaystyle\iint_D 1\,dA$로 쓸 수 있음을 알고 있다.

마지막으로 성질 $\boxed{7}$, $\boxed{8}$, $\boxed{10}$을 결합하면 다음 성질을 얻는다.

[그림 29] 밑면이 D이고 높이가 1인 입체 기둥

$\boxed{11}$ D 안의 모든 (x, y)에 대해 $m \leq f(x, y) \leq M$이면 다음이 성립한다.

$$m\,A(D) \leq \iint_D f(x, y)\,dA \leq M\,A(D)$$

◀️**예제 4** D를 중심이 원점이고 반지름이 2인 원판이라 할 때, 성질 $\boxed{11}$을 이용하여 적분 $\displaystyle\iint_D e^{\sin x \cos y}\,dA$를 추정하라.

풀이

$-1 \leq \sin x \leq 1$, $-1 \leq \cos y \leq 1$이므로 $-1 \leq \sin x \cos y \leq 1$이다. 따라서 다음과 같다.

$$e^{-1} \leq e^{\sin x \cos y} \leq e^1 = e$$

성질 ⑪에서 $m = e^{-1} = 1/e$, $M = e$, $A(D) = \pi(2)^2$을 대입하면 다음을 얻는다.

$$\frac{4\pi}{e} \leq \iint_D e^{\sin x \cos y} dA \leq 4\pi e \qquad \blacktriangleright$$

11.2 연습문제

01~02 다음 반복적분을 계산하라.

01 $\int_0^4 \int_0^{\sqrt{y}} x y^2 \, dx \, dy$ **02** $\int_0^1 \int_{x^2}^x (1 + 2y) \, dy \, dx$

03~04 다음 이중적분을 계산하라.

03 $\iint_D y^2 \, dA$, $D = \{(x, y) \mid -1 \leq y \leq 1,\ -y-2 \leq x \leq y\}$

04 $\iint_D x \, dA$, $D = \{(x, y) \mid 0 \leq x \leq \pi,\ 0 \leq y \leq \sin x\}$

05 D를 유형 I 영역과 유형 II 영역으로 표현하라. 그리고 두 가지 방법으로 이중적분을 계산하라.

$\iint_D x \, dA$, D는 직선 $y = x$, $y = 0$, $x = 1$로 둘러싸인 영역이다.

06~07 다음 이중적분을 계산하라.

06 $\iint_D x \cos y \, dA$, D는 $y = 0$, $y = x^2$, $x = 1$로 둘러싸인 영역이다.

07 $\iint_D y^2 \, dA$, D는 꼭짓점이 $(0, 1)$, $(1, 2)$, $(4, 1)$인 삼각형 영역이다.

08~12 주어진 입체의 부피를 구하라.

08 평면 $x - 2y + z = 1$ 아래와 $x + y = 1$과 $x^2 + y = 1$로 둘러싸인 영역 위

09 좌표평면과 평면 $3x + 2y + z = 6$으로 둘러싸인 영역

10 원기둥 $x^2 + y^2 = 1$과 제1팔분공간에서 평면 $y = z$, $x = 0$, $z = 0$으로 둘러싸인 영역

11 두 부피를 빼는 방법으로 포물기둥 $y = 1 - x^2$, $y = x^2 - 1$과 평면 $x + y + z = 2$, $2x + 2y - z + 10 = 0$으로 둘러싸인 입체의 부피를 구하라.

12 부피가 반복적분 $\int_0^1 \int_0^{1-x} (1 - x - y) \, dy \, dx$로 주어진 입체를 그려라.

13~14 적분 영역을 그리고 적분 순서를 변경하라.

13 $\int_0^1 \int_0^y f(x, y) \, dx \, dy$ **14** $\int_0^{\pi/2} \int_0^{\cos x} f(x, y) \, dy \, dx$

15~16 적분 순서를 바꾸어 적분을 계산하라.

15 $\int_0^1 \int_{3y}^3 e^{x^2} \, dx \, dy$ **16** $\int_0^4 \int_{\sqrt{x}}^2 \frac{1}{y^3 + 1} \, dy \, dx$

17~18 D를 유형 I 또는 유형 II인 영역의 합집합으로 표현하고 적분을 계산하라.

17 $\iint_D x^2 \, dA$ **18** $\iint_D y \, dA$

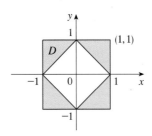

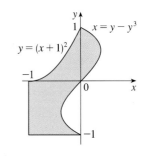

19 성질 ⑪을 이용하여 $\iint_D \sqrt{x^3+y^3}\,dA$, $D=[0,1]\times[0,1]$의 적분값을 추정하라.

이중적분을 계산하라.

20 $\iint_D (x+2)\,dA$, $D=\{(x,y)\,|\,0 \le y \le \sqrt{9-x^2}\,\}$

21 $\iint_D (ax^3+by^3+\sqrt{a^2-x^2}\,)\,dA$, $D=[-a,a]\times[-b,b]$

20~21 기하학적 관점이나 대칭성 또는 두 가지 모두 사용하여 다음

11.3 극좌표에서 이중적분

R이 [그림 30]의 영역 중 하나일 때 이중적분 $\iint_R f(x,y)\,dA$를 계산한다고 하자. 어느 경우이든 식교좌표를 이용하여 R을 기술하는 것은 복잡하지만 극좌표를 이용하면 R을 쉽게 나타낼 수 있다.

극좌표는 9.2절에서 소개했다.

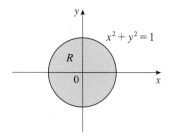

(a) $R=\{(r,\theta)\,|\,0\le r\le1,\ 0\le\theta\le2\pi\}$

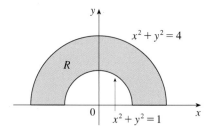

(b) $R=\{(r,\theta)\,|\,1\le r\le2,\ 0\le\theta\le\pi\}$

[그림 30]

[그림 31]로부터 한 점에 대한 극좌표 (r,θ)와 직교좌표 (x,y)의 관계는 다음 방정식과 같다.

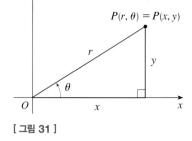

[그림 31]

$$r^2 = x^2 + y^2, \quad x = r\cos\theta, \quad y = r\sin\theta$$

[그림 30]의 영역들은 [그림 32]에 보인 다음과 같은 **극사각형**polar rectangle의 특별한 경우이다.

$$R=\{(r,\theta)\,|\,a\le r\le b,\ \alpha\le\theta\le\beta\}$$

R이 극사각형일 때 이중적분 $\iint_R f(x,y)\,dA$를 계산하기 위해 구간 $[a,b]$를 길이가 $\Delta r_i = r_i - r_{i-1}$인 m개의 부분 구간 $[r_{i-1},r_i]$로 나누고, 구간 $[\alpha,\beta]$를 길이가 $\Delta\theta_j = \theta_j - \theta_{j-1}$인 n개의 부분 구간 $[\theta_{j-1},\theta_j]$로 나눈다. 그러면 원 $r=r_i$와 반직선 $\theta=\theta_j$는 [그림 33]에서 보인 것과 같이 극사각형 R을 더 작은 극사각형 R_{ij}로 나눈다.

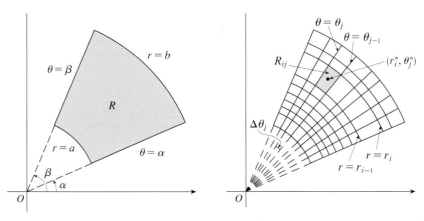

| [그림 32] 극사각형 | [그림 33] R을 부분 극사각형으로 분할 |

부분 극사각형 $R_{ij} = \{(r, \theta) \mid r_{i-1} \le r \le r_i,\ \theta_{j-1} \le \theta \le \theta_j\}$의 중심은 다음과 같은 극좌표를 갖는다.

$$r_i^* = \frac{1}{2}(r_{i-1} + r_i), \qquad \theta_j^* = \frac{1}{2}(\theta_{j-1} + \theta_j)$$

반지름이 r, 중심각이 θ인 부채꼴의 넓이가 $\frac{1}{2}r^2\theta$라는 사실을 이용하여 R_{ij}의 넓이를 계산한다. 각각의 중심각이 $\Delta\theta_j$인 두 부채꼴의 넓이를 빼면 R_{ij}의 넓이는 다음과 같음을 알 수 있다.

$$\Delta A_{ij} = \frac{1}{2}r_i^2\,\Delta\theta_j - \frac{1}{2}r_{i-1}^2\,\Delta\theta_j = \frac{1}{2}(r_i^2 - r_{i-1}^2)\,\Delta\theta_j$$

$$= \frac{1}{2}(r_i + r_{i-1})(r_i - r_{i-1})\,\Delta\theta_j = r_i^*\,\Delta r_i\Delta\theta_j$$

일반적인 직사각형을 이용하여 이중적분 $\iint_R f(x, y)\,dA$를 정의했지만 연속함수 f에 대해서는 극사각형을 이용하면 항상 같은 결과를 얻는 것을 보일 수 있다. R_{ij}의 중심에 대한 직교좌표는 $(r_i^*\cos\theta_j^*,\ r_i^*\sin\theta_j^*)$이므로 대표적인 리만 합은 다음과 같다.

$$\boxed{1} \quad \sum_{i=1}^{m}\sum_{j=1}^{n} f(r_i^*\cos\theta_j^*,\ r_i^*\sin\theta_j^*)\Delta A_{ij} = \sum_{i=1}^{m}\sum_{j=1}^{n} f(r_i^*\cos\theta_j^*,\ r_i^*\sin\theta_j^*)r_i^*\,\Delta r_i\Delta\theta_j$$

한편 $g(r, \theta) = r f(r\cos\theta,\ r\sin\theta)$라고 하면 식 $\boxed{1}$의 리만 합은 다음과 같이 쓸 수 있다.

$$\sum_{i=1}^{m}\sum_{j=1}^{n} g(r_i^*,\ \theta_j^*)\,\Delta r_i\Delta\theta_j$$

그리고 이것은 다음과 같은 중적분에 대한 리만 합이다.

$$\int_{\alpha}^{\beta} \int_{a}^{b} g(r, \theta)\, dr\, d\theta$$

따라서 다음을 얻는다.

$$\iint_{R} f(x, y)\, dA = \lim_{\max \Delta r_i,\, \Delta \theta_j \to 0} \sum_{i=1}^{m} \sum_{j=1}^{n} f(r_i^* \cos \theta_j^*,\, r_i^* \sin \theta_j^*)\, \Delta A_{ij}$$

$$= \lim_{\max \Delta r_i,\, \Delta \theta_j \to 0} \sum_{i=1}^{m} \sum_{j=1}^{n} g(r_i^*, \theta_j^*)\, \Delta r_i\, \Delta \theta_j = \int_{\alpha}^{\beta} \int_{a}^{b} g(r, \theta)\, dr\, d\theta$$

$$= \int_{\alpha}^{\beta} \int_{a}^{b} f(r \cos \theta,\, r \sin \theta)\, r\, dr\, d\theta$$

---

② **이중적분에서 극좌표로 변환** $0 \le a \le r \le b$, $\alpha \le \theta \le \beta$로 주어진 극사각형 R에서 f가 연속이면 다음이 성립한다. 여기서 $0 \le \beta - \alpha \le 2\pi$이다.

$$\iint_{R} f(x, y)\, dA = \int_{\alpha}^{\beta} \int_{a}^{b} f(r \cos \theta,\, r \sin \theta)\, r\, dr\, d\theta$$

---

② 에 있는 식을 $x = r \cos \theta$와 $y = r \sin \theta$로 바꿔 쓰면 r과 θ에 대한 적절한 적분 한계를 이용하고 dA를 $r\, dr\, d\theta$로 대치하여 직교좌표에서의 이중적분을 극좌표에서의 이중적분으로 변환하는 것을 나타낸다. ⊘ 이때 식 ② 의 우변에서 추가된 인수 r을 잊어서는 안 된다.

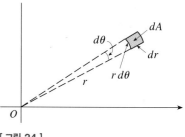

[그림 34]

이러한 사실을 기억하는 전통적인 방법이 [그림 34]에 설명되어 있다. 여기서 '무한소' 극사각형은 치수가 $r\, d\theta$와 dr인 일반적인 직사각형으로 생각할 수 있다. 그러므로 '넓이'는 $dA = r\, dr\, d\theta$가 된다.

◄ 예제 1 원 $x^2 + y^2 = 1$과 $x^2 + y^2 = 4$로 둘러싸인 상반 평면에 있는 영역을 R이라 할 때, $\displaystyle\iint_{R} (3x + 4y^2)\, dA$를 계산하라.

풀이
영역 R은 다음과 같이 나타낼 수 있다.

$$R = \{(x, y)\, |\, y \ge 0,\, 1 \le x^2 + y^2 \le 4\}$$

이것은 [그림 30(b)]에서 보인 반고리 모양이고 극좌표로 $1 \le r \le 2$, $0 \le \theta \le \pi$이다. 따라서 식 ② 에 의해 다음을 얻는다.

$$\iint_R (3x + 4y^2)\, dA = \int_0^\pi \int_1^2 (3r\cos\theta + 4r^2\sin^2\theta)\, r\, dr\, d\theta$$

$$= \int_0^\pi \int_1^2 (3r^2\cos\theta + 4r^3\sin^2\theta)\, dr\, d\theta$$

$$= \int_0^\pi \left[r^3\cos\theta + r^4\sin^2\theta \right]_{r=1}^{r=2} d\theta = \int_0^\pi (7\cos\theta + 15\sin^2\theta)\, d\theta$$

$$= \int_0^\pi \left[7\cos\theta + \frac{15}{2}(1 - \cos 2\theta) \right] d\theta$$

$$= 7\sin\theta + \frac{15\theta}{2} - \frac{15}{4}\sin 2\theta \Big]_0^\pi = \frac{15\pi}{2}$$

여기서 6.2절에서 살펴본 삼각항등식 $\sin^2\theta = \dfrac{1}{2}(1 - \cos 2\theta)$를 사용한다.

❰**예제 2**❱ 평면 $z = 0$과 포물면 $z = 1 - x^2 - y^2$으로 둘러싸인 입체의 부피를 구하라.

풀이

포물면의 방정식에서 $z = 0$이면 $x^2 + y^2 = 1$을 얻는다. 이것은 평면이 포물면과 만나는 교선이 원 $x^2 + y^2 = 1$임을 의미한다. 따라서 입체는 포물면 아래와 $x^2 + y^2 \leq 1$로 주어지는 원판 D 위에 놓인다([그림 35]와 [그림 30(a)] 참조). 극좌표에서 D는 $0 \leq r \leq 1$, $0 \leq \theta \leq 2\pi$로 주어진다. $1 - x^2 - y^2 = 1 - r^2$이므로 구하고자 하는 부피는 다음과 같다.

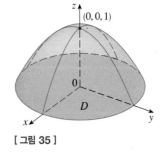

[그림 35]

$$V = \iint_D (1 - x^2 - y^2)\, dA = \int_0^{2\pi} \int_0^1 (1 - r^2)\, r\, dr\, d\theta$$

$$= \int_0^{2\pi} d\theta \int_0^1 (r - r^3)\, dr = 2\pi \left[\frac{r^2}{2} - \frac{r^4}{4} \right]_0^1 = \frac{\pi}{2}$$

극좌표 대신 직교좌표를 이용하면 다음 적분을 얻을 것이다.

$$V = \iint_D (1 - x^2 - y^2)\, dA = \int_{-1}^1 \int_{-\sqrt{1-x^2}}^{\sqrt{1-x^2}} (1 - x^2 - y^2)\, dy\, dx$$

그러나 $\int (1 - x^2)^{3/2}\, dx$를 구해야 하므로 계산이 쉽지 않다.

지금까지 사용한 방법을 [그림 36]과 같이 좀 더 복잡한 유형의 영역으로 확장할 수 있다. 이는 11.2절에서 다루었던 유형 II의 직사각형 영역과 유사하다. 사실상 11.2절 식 ⑤를 이 절에 있는 식 ②와 결합하면 다음 식을 얻는다.

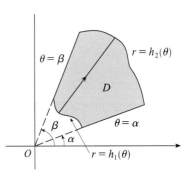

[그림 36]
$D = \{(r, \theta) \mid \alpha \leq \theta \leq \beta,\ h_1(\theta) \leq r \leq h_2(\theta)\}$

3 f가 다음과 같은 극영역에서 연속이라 하자.

$$D = \left\{ (r, \theta) \mid \alpha \le \theta \le \beta,\ h_1(\theta) \le r \le h_2(\theta) \right\}$$

그러면 다음이 성립한다.

$$\iint_D f(x, y)\,dA = \int_\alpha^\beta \int_{h_1(\theta)}^{h_2(\theta)} f(r\cos\theta,\ r\sin\theta)\,r\,dr\,d\theta$$

특히 이 식에서 $f(x, y) = 1$, $h_1(\theta) = 0$, $h_2(\theta) = h(\theta)$를 취하면 $\theta = \alpha$, $\theta = \beta$, $r = h(\theta)$로 둘러싸인 영역 D의 넓이는 다음과 같다. 그리고 이것은 9.2절 식 6과 일치한다.

$$A(D) = \iint_D 1\,dA = \int_\alpha^\beta \int_0^{h(\theta)} r\,dr\,d\theta$$

$$= \int_\alpha^\beta \left[\frac{r^2}{2} \right]_0^{h(\theta)} d\theta = \int_\alpha^\beta \frac{1}{2}[h(\theta)]^2\,d\theta$$

◀ 예제3 포물면 $z = x^2 + y^2$ 아래와 xy평면 위, 원주면 $x^2 + y^2 = 2x$의 내부에 놓여있는 입체의 부피를 구하라.

풀이

이 입체는 경계인 원의 방정식이 $x^2 + y^2 = 2x$ 또는 완전제곱인 $(x-1)^2 + y^2 = 1$ 인 원판 D 위에 놓인다([그림 37]과 [그림 38] 참조). 극좌표에서 $x^2 + y^2 = r^2$, $x = r\cos\theta$이므로 경계 원은 $r^2 = 2r\cos\theta$ 또는 $r = 2\cos\theta$이다. 따라서 원판 D 는 다음과 같다.

$$D = \left\{ (r, \theta) \mid -\pi/2 \le \theta \le \pi/2,\ 0 \le r \le 2\cos\theta \right\}$$

그러면 식 3에 의해 다음을 얻는다.

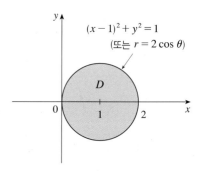

[그림 37]

$$V = \iint_D (x^2 + y^2)\,dA = \int_{-\pi/2}^{\pi/2} \int_0^{2\cos\theta} r^2\,r\,dr\,d\theta = \int_{-\pi/2}^{\pi/2} \left[\frac{r^4}{4} \right]_0^{2\cos\theta} d\theta$$

$$= 4\int_{-\pi/2}^{\pi/2} \cos^4\theta\,d\theta = 8\int_0^{\pi/2} \cos^4\theta\,d\theta = 8\int_0^{\pi/2} \left(\frac{1 + \cos 2\theta}{2} \right)^2 d\theta$$

$$= 2\int_0^{\pi/2} \left[1 + 2\cos 2\theta + \frac{1}{2}(1 + \cos 4\theta) \right] d\theta$$

$$= 2\left[\frac{3}{2}\theta + \sin 2\theta + \frac{1}{8}\sin 4\theta \right]_0^{\pi/2} = 2\left(\frac{3}{2} \right)\left(\frac{\pi}{2} \right) = \frac{3\pi}{2}$$

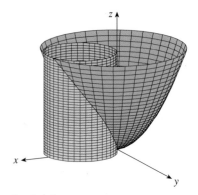

[그림 38]

11.3 연습문제

01~02 영역 R이 다음과 같다. 극좌표와 직교좌표 중 어느 것을 이용할 것인지 결정하라. 그리고 $\iint_R f(x, y)\,dA$를 반복적분으로 나타내라. 여기서 f는 R에서 연속인 임의의 함수이다.

01   02
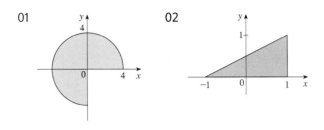

03 넓이가 $\int_{\pi/4}^{3\pi/4}\int_1^2 r\,dr\,d\theta$로 주어지는 영역을 그리고 각 적분을 계산하라.

04~05 주어진 적분을 극좌표로 바꾸어 계산하라.

04 $\iint_D x^2 y\,dA$, D는 중심이 원점이고 반지름이 5인 상반 원판이다.

05 $\iint_R \sin(x^2+y^2)\,dA$, R은 중심이 원점이고 반지름이 1과 3인 원 사이와 제1사분면인 영역이다.

06~07 극좌표를 이용하여 주어진 입체의 부피를 구하라.

06 원뿔 $z=\sqrt{x^2+y^2}$ 아래와 원판 $x^2+y^2 \le 4$ 위

07 원기둥 $x^2+y^2=4$의 내부와 타원면 $4x^2+4y^2+z^2=64$의 내부

08 중적분을 이용하여 장미선 $r=\cos 3\theta$의 고리 하나의 넓이를 구하라.

09~10 다음 반복적분을 극좌표로 바꾸어 계산하라.

09 $\int_{-3}^3\int_0^{\sqrt{9-x^2}} \sin(x^2+y^2)\,dy\,dx$

10 $\int_0^1\int_y^{\sqrt{2-y^2}} (x+y)\,dx\,dy$

11 지름이 10m인 원형 수영장이 있다. 깊이가 동서 방향의 직선을 따라 일정하고 남쪽 끝의 1m에서 북쪽 끝의 2m까지 선형적으로 증가한다. 이 수영장 안에 들어있는 물의 부피를 구하라.

11.4 삼중적분

일변수함수에 대한 단일적분과 이변수함수에 대한 이중적분을 정의한 것과 마찬가지로 삼변수함수에 대한 삼중적분을 정의할 수 있다. 먼저 함수 f가 다음과 같은 직육면체에서 정의되는 가장 간단한 경우를 다룬다.

$$\boxed{1} \qquad B = \{(x, y, z) \mid a \le x \le b,\ c \le y \le d,\ r \le z \le s\}$$

첫 번째 단계는 B를 부분 직육면체로 나누는 것이다. 이를 위해 구간 $[a, b]$를 길이가 $\Delta x_i = x_i - x_{i-1}$인 l개의 부분 구간 $[x_{i-1}, x_i]$로 나누고, $[c, d]$를 길이가 $\Delta y_j = y_j - y_{j-1}$인 m개의 부분 구간 $[y_{j-1}, y_j]$로 나눈다. 마찬가지로 $[r, s]$를 길

이가 $\Delta z_k = z_k - z_{k-1}$인 n개의 부분 구간 $[z_{k-1}, z_k]$로 나눈다. 이와 같은 부분 구간의 끝점을 지나며 좌표평면에 평행한 평면은 [그림 39]에 보인 것과 같이 직육면체 B를 다음과 같은 lmn개의 부분 직육면체로 나눈다.

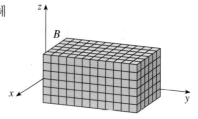

$$B_{ijk} = [x_{i-1}, x_i] \times [y_{j-1}, y_j] \times [z_{k-1}, z_k]$$

각 부분 직육면체 B_{ijk}의 부피는 $\Delta V_{ijk} = \Delta x_i \, \Delta y_j \, \Delta z_k$이다.

그러면 다음과 같은 **삼중 리만 합**$^{\text{triple Riemann sum}}$을 형성한다.

$\boxed{2}$
$$\sum_{i=1}^{l} \sum_{j=1}^{m} \sum_{k=1}^{n} f(x_{ijk}^*, y_{ijk}^*, z_{ijk}^*) \, \Delta V_{ijk}$$

여기서 표본점 $(x_{ijk}^*, y_{ijk}^*, z_{ijk}^*)$는 B_{ijk} 안에 있다. 11.1절의 이중적분의 정의 $\boxed{5}$와 마찬가지로 부분 직육면체를 더 작게 만듦으로써 $\boxed{2}$에 주어진 삼중 리만 합의 극한으로 삼중적분을 정의한다.

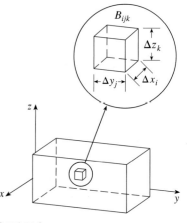

[그림 39]

$\boxed{3}$ **정의** 직육면체 B 위에서 f의 **삼중적분**$^{\text{triple integral}}$은 다음과 같이 정의한다.

$$\iiint_B f(x, y, z) \, dV = \lim_{\max \Delta x_i, \Delta y_j, \Delta z_k \to 0} \sum_{i=1}^{l} \sum_{j=1}^{m} \sum_{k=1}^{n} f(x_{ijk}^*, y_{ijk}^*, z_{ijk}^*) \, \Delta V_{ijk}$$

이때 극한이 존재해야 한다.

---

f가 연속이면 삼중적분은 항상 존재한다. 표본점을 부분 직육면체에 속하는 임의의 점으로 선택할 수 있다. 이때 표본점을 점 (x_i, y_j, z_k)로 택하고 부분 직육면체의 치수를 동일하게 하면 $\Delta V_{ijk} = \Delta V$이다. 따라서 삼중적분에 대해 다음과 같이 간단한 표현을 얻는다.

$$\iiint_B f(x, y, z) \, dV = \lim_{l, m, n \to \infty} \sum_{i=1}^{l} \sum_{j=1}^{m} \sum_{k=1}^{n} f(x_i, y_j, z_k) \, \Delta V$$

이중적분에서와 같이 삼중적분을 계산하는 실질적인 방법은 다음과 같이 삼중적분을 반복적으로 표현하는 것이다.

$\boxed{4}$ **삼중적분에 대한 푸비니 정리** f가 직육면체 $B = [a, b] \times [c, d] \times [r, s]$에서 연속이면 다음이 성립한다.

$$\iiint_B f(x, y, z) \, dV = \int_r^s \int_c^d \int_a^b f(x, y, z) \, dx \, dy \, dz$$

푸비니 정리의 우변에 있는 반복적분은 먼저 (y와 z를 고정하고) x에 대해 적분한 다음 (z를 고정하고) y에 대해 적분한 뒤 마지막으로 z에 대해 적분하는 것을 의미한다.

이 순서 이외에 다른 적분 순서는 다섯 가지가 가능하며 적분 결과는 모두 같다. 예를 들어 y, z, x 순으로 적분하면 다음과 같다.

$$\iiint_B f(x, y, z)\,dV = \int_a^b \int_r^s \int_c^d f(x, y, z)\,dy\,dz\,dx$$

◀예제1 다음과 같이 주어진 직육면체 B에서 삼중적분 $\iiint_B xyz^2\,dV$를 계산하라.

$$B = \{(x, y, z)\,|\,0 \le x \le 1,\ -1 \le y \le 2,\ 0 \le z \le 3\}$$

풀이

여섯 가지 적분 순서 중에서 어느 하나를 임의로 사용할 수 있다. x 다음에 y, z 순으로 적분하면 다음을 얻는다.

$$\iiint_B xyz^2\,dV = \int_0^3 \int_{-1}^2 \int_0^1 xyz^2\,dx\,dy\,dz = \int_0^3 \int_{-1}^2 \left[\frac{x^2 yz^2}{2}\right]_{x=0}^{x=1}\,dy\,dz$$

$$= \int_0^3 \int_{-1}^2 \frac{yz^2}{2}\,dy\,dz = \int_0^3 \left[\frac{y^2 z^2}{4}\right]_{y=-1}^{y=2}\,dz$$

$$= \int_0^3 \frac{3z^2}{4}\,dz = \frac{z^3}{4}\Big]_0^3 = \frac{27}{4} \qquad\qquad ❯$$

이제 이중적분(11.2절의 ②)에서 사용한 것과 동일한 절차에 따라 3차원 공간에 있는 **일반적인 유계 영역 E(입체)** 위에서의 **삼중적분**을 정의한다. 영역 E를 식 ①로 주어진 직육면체 B로 둘러싼다. 다음으로 함수 F를 다음과 같이 정의한다.

$$F(x, y, z) = \begin{cases} f(x, y, z), & (x, y, z) \in E \\ 0 & , (x, y, z) \notin E,\ (x, y, z) \in B \end{cases}$$

그러면 F의 정의에 의해 다음을 얻는다.

$$\iiint_E f(x, y, z)\,dV = \iiint_B F(x, y, z)\,dV$$

f가 연속이고 E의 경계가 '충분히 매끄럽다'면 이 적분은 존재한다. 삼중적분은 이중적분의 성질(11.2절의 성질 ⑥~⑨)과 근본적으로 동일한 성질을 갖는다.

연속함수 f와 비교적 간단한 형태의 영역으로 관심을 제한한다. 입체 영역 E가 다음과 같이 x와 y에 대한 두 연속함수의 그래프 사이에 놓여있을 때 E를 **유형 1**$^{\text{type 1}}$인 영역이라고 한다.

⑤ $$E = \{(x, y, z)\,|\,(x, y) \in D,\ u_1(x, y) \le z \le u_2(x, y)\}$$

여기서 D는 [그림 40]과 같이 xy평면 위로 E의 사영이다. 입체 E의 위쪽 경계는 방정식이 $z = u_2(x, y)$인 곡면이며 아래쪽 경계는 곡면 $z = u_1(x, y)$인 것에 주목한다.

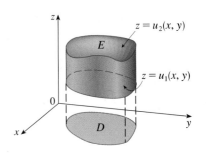

[그림 40] 유형 1인 입체 영역

11.2절의 ③과 같은 논법에 의해 E가 식 ⑤로 주어진 유형 1인 영역이면 다음이 성립함을 보일 수 있다.

$$\boxed{6} \qquad \iiint_E f(x, y, z) \, dV = \iint_D \left[\int_{u_1(x, y)}^{u_2(x, y)} f(x, y, z) \, dz \right] dA$$

식 ⑥의 우변에 있는 내부 적분의 의미는 x와 y를 고정하여 $u_1(x, y)$와 $u_2(x, y)$를 상수로 간주하고 $f(x, y, z)$를 z에 대해 적분하는 것을 뜻한다.

특히 xy평면 위로 E의 사영 D가 유형 I인 평면 영역이면([그림 41] 참조) 다음과 같다.

$$E = \{ (x, y, z) \mid a \le x \le b, \; g_1(x) \le y \le g_2(x), \; u_1(x, y) \le z \le u_2(x, y) \}$$

그리고 식 ⑥은 다음과 같이 된다.

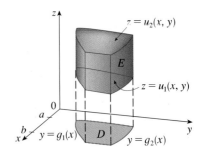

[그림 41] 사영 D가 유형 I의 평면 영역인 유형 1인 입체 영역

$$\boxed{7} \qquad \iiint_E f(x, y, z) \, dV = \int_a^b \int_{g_1(x)}^{g_2(x)} \int_{u_1(x, y)}^{u_2(x, y)} f(x, y, z) \, dz \, dy \, dx$$

한편 D가 [그림 42]와 같이 유형 II인 평면 영역이면 다음과 같다.

$$E = \{ (x, y, z) \mid c \le y \le d, \; h_1(y) \le x \le h_2(y), \; u_1(x, y) \le z \le u_2(x, y) \}$$

그리고 식 ⑥은 다음과 같이 된다.

$$\boxed{8} \qquad \iiint_E f(x, y, z) \, dV = \int_c^d \int_{h_1(y)}^{h_2(y)} \int_{u_1(x, y)}^{u_2(x, y)} f(x, y, z) \, dz \, dx \, dy$$

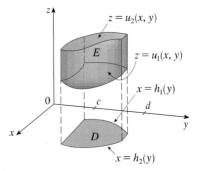

[그림 42] 유형 II인 사영을 갖는 또 다른 유형 1인 입체 영역

◀예제 2 E가 네 개의 평면 $x = 0$, $y = 0$, $z = 0$, $x + y + z = 1$에 의해 유계된 사면체일 때 $\displaystyle\iiint_E z \, dV$를 계산하라.

풀이

삼중적분을 설정할 때 그림을 두 개 그리는 것이 현명하다. 하나는 입체 영역 E([그림 43] 참조)이고, 다른 하나는 이것의 xy평면 위로의 사영 D([그림 44] 참조)이다. 사면체의 아래쪽 경계는 평면 $z = 0$이고, 위쪽 경계는 평면 $x + y + z = 1$(또는 $z = 1 - x - y$)이다. 따라서 식 ⑦에서 $u_1(x, y) = 0$과 $u_2(x, y) = 1 - x - y$를 사용한다. 평면 $x + y + z = 1$과 $z = 0$의 교선이 xy평면에서 직선 $x + y = 1$(또는

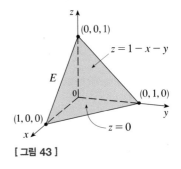

[그림 43]

$y = 1 - x$인 것에 주의한다. 그러므로 E의 사영은 [그림 44]에 보인 삼각형 영역이고 다음을 얻는다.

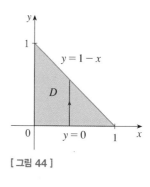

[그림 44]

$$\boxed{9} \qquad E = \{(x, y, z) \mid 0 \leq x \leq 1,\ 0 \leq y \leq 1 - x,\ 0 \leq z \leq 1 - x - y\}$$

E가 유형 1의 영역이므로 다음과 같이 적분을 계산할 수 있다.

$$
\begin{aligned}
\iiint_E z\, dV &= \int_0^1 \int_0^{1-x} \int_0^{1-x-y} z\, dz\, dy\, dx \\
&= \int_0^1 \int_0^{1-x} \left[\frac{z^2}{2} \right]_{z=0}^{z=1-x-y} dy\, dx \\
&= \frac{1}{2} \int_0^1 \int_0^{1-x} (1 - x - y)^2\, dy\, dx \\
&= \frac{1}{2} \int_0^1 \left[-\frac{(1-x-y)^3}{3} \right]_{y=0}^{y=1-x} dx \\
&= \frac{1}{6} \int_0^1 (1-x)^3\, dx = \frac{1}{6} \left[-\frac{(1-x)^4}{4} \right]_0^1 = \frac{1}{24}
\end{aligned}
$$

입체 영역 E가 다음과 같은 형태일 때 이 영역을 **유형 2**$^{\text{type 2}}$라 한다.

$$E = \{(x, y, z) \mid (y, z) \in D,\ u_1(y, z) \leq x \leq u_2(y, z)\}$$

여기서 D는 yz평면 위로의 E의 사영이다([그림 45] 참조). 뒤쪽 곡면은 $x = u_1(y, z)$, 앞쪽 곡면은 $x = u_2(y, z)$이므로 다음을 얻는다.

$$\boxed{10} \qquad \iiint_E f(x, y, z)\, dV = \iint_D \left[\int_{u_1(y, z)}^{u_2(y, z)} f(x, y, z)\, dx \right] dA$$

끝으로 다음과 같은 형태의 입체 영역 E를 **유형 3**$^{\text{type 3}}$이라 한다.

$$E = \{(x, y, z) \mid (x, z) \in D,\ u_1(x, z) \leq y \leq u_2(x, z)\}$$

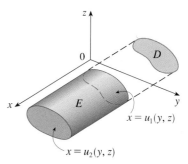

[그림 45] 유형 2인 영역

여기서 D는 xz평면 위로의 E의 사영이고, 왼쪽 곡면은 $y = u_1(x, z)$이고 오른쪽 곡면은 $y = u_2(x, z)$이다([그림 46] 참조). 이와 같은 유형의 영역에 대해 다음을 얻는다.

$$\boxed{11} \qquad \iiint_E f(x, y, z)\, dV = \iint_D \left[\int_{u_1(x, z)}^{u_2(x, z)} f(x, y, z)\, dy \right] dA$$

식 $\boxed{10}$과 $\boxed{11}$ 각각에서 D가 유형 I 또는 유형 II인 평면 영역인지에 따라 (그리고 식 $\boxed{7}$과 $\boxed{8}$에 대응하여) 두 가지의 적분 표현이 가능하다.

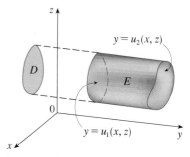

[그림 46] 유형 3인 영역

◀예제3 E가 포물면 $y = x^2 + z^2$과 평면 $y = 4$로 둘러싸인 영역일 때

$$\iiint_E \sqrt{x^2 + z^2}\, dV$$를 계산하라.

풀이

입체 E는 [그림 47]과 같다. 이것을 유형 1 영역으로 생각하면 이 입체의 xy평면 위로의 사영 D_1을 생각해야 한다. 그리고 이 사영은 평면 $z = 0$에서 $y = x^2 + z^2$의 자취가 포물선 $y = x^2$이므로 [그림 48]과 같은 포물 영역이다.

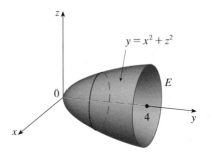

[그림 47] 적분 영역

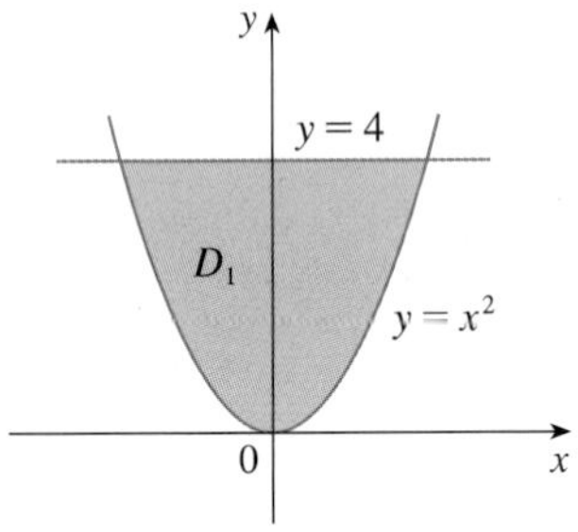

[그림 48] xy평면 위로의 사영

TEC Visual 12.5는 ([그림 47]에 있는 입체를 포함하는) 입체 영역이 좌표평면 위로 어떻게 사영하는지 보여준다.

$y = x^2 + z^2$으로부터 $z = \pm\sqrt{y - x^2}$을 얻으므로 E의 아래쪽 경계곡면은 $z = -\sqrt{y - x^2}$이고 위쪽 경계곡면은 $z = \sqrt{y - x^2}$이다. 그러므로 E는 다음과 같은 유형 1 영역이다.

$$E = \left\{ (x, y, z) \mid -2 \le x \le 2,\ x^2 \le y \le 4,\ -\sqrt{y - x^2} \le z \le \sqrt{y - x^2} \right\}$$

따라서 다음을 얻는다.

$$\iiint_E \sqrt{x^2 + z^2}\, dV = \int_{-2}^{2} \int_{x^2}^{4} \int_{-\sqrt{y - x^2}}^{\sqrt{y - x^2}} \sqrt{x^2 + z^2}\, dz\, dy\, dx$$

이 식은 정확하지만 계산하기가 매우 어렵다. 따라서 E를 유형 3 영역으로 생각해보자. 이 경우에 xz평면 위로의 사영 D_3는 [그림 49]에 보인 원판 $x^2 + z^2 \le 4$이다. 그러면 E의 왼쪽 경계는 포물면 $y = x^2 + z^2$, 오른쪽 경계는 평면 $y = 4$이다. 따라서 식 $\boxed{11}$에서 $u_1(x, z) = x^2 + z^2$, $u_2(x, z) = 4$로 택하면 다음을 얻는다.

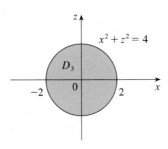

[그림 49] xz평면 위로의 사영

$$\iiint_E \sqrt{x^2 + z^2}\, dV = \iint_{D_3} \left[\int_{x^2 + z^2}^{4} \sqrt{x^2 + z^2}\, dy \right] dA$$

$$= \iint_{D_3} (4 - x^2 - z^2) \sqrt{x^2 + z^2}\, dA$$

이 적분을 다음과 같이 쓸 수 있다.

⊘ 삼중적분을 계산할 때 가장 어려운 과정은 ([예제 2]의 식 $\boxed{9}$와 같이) 적분 영역을 표현할 때이다. 내부 적분의 적분 한계는 많아야 이변수를 포함하고 중간 적분의 적분 한계는 많아야 일변수를 포함하며 외부 적분의 적분 한계는 상수여야 함을 기억하자.

$$\int_{-2}^{2}\int_{-\sqrt{4-x^2}}^{\sqrt{4-x^2}}(4-x^2-z^2)\sqrt{x^2+z^2}\,dz\,dx$$

이때 xz평면에서 극좌표 $x=r\cos\theta$, $z=r\sin\theta$로 변환하는 것이 더 쉽다. 그러면 다음을 얻는다.

$$\iiint_{E}\sqrt{x^2+z^2}\,dV = \iint_{D_3}(4-x^2-z^2)\sqrt{x^2+z^2}\,dA = \int_{0}^{2\pi}\int_{0}^{2}(4-r^2)r\,r\,dr\,d\theta$$

$$= \int_{0}^{2\pi}d\theta\int_{0}^{2}(4r^2-r^4)\,dr = 2\pi\left[\frac{4r^3}{3}-\frac{r^5}{5}\right]_{0}^{2} = \frac{128\pi}{15}\quad\blacktriangleright$$

▲ 예제 4 반복적분 $\displaystyle\int_{0}^{1}\int_{0}^{x^2}\int_{0}^{y}f(x,y,z)\,dz\,dy\,dx$를 삼중적분으로 나타내라. 그리고 다른 순서로 반복적분을 다시 쓰라. x 다음에 z, 그 다음에 y에 대해 적분한다.

풀이

다음과 같이 쓸 수 있다.

$$\int_{0}^{1}\int_{0}^{x^2}\int_{0}^{y}f(x,y,z)\,dz\,dy\,dx = \iiint_{E}f(x,y,z)\,dV$$

여기서 $E=\big\{(x,y,z)\,|\,0\leq x\leq 1,\,0\leq y\leq x^2,\,0\leq z\leq y\big\}$이다. E를 다음과 같이 세 좌표평면 위로의 사영으로 서술할 수 있다.

xy평면 위로: $D_1=\big\{(x,y)\,|\,0\leq x\leq 1,\,0\leq y\leq x^2\big\}$

$\qquad\qquad\quad = \big\{(x,y)\,|\,0\leq y\leq 1,\,\sqrt{y}\leq x\leq 1\big\}$

yz평면 위로: $D_2=\big\{(x,y)\,|\,0\leq y\leq 1,\,0\leq z\leq y\big\}$

xz평면 위로: $D_3=\big\{(x,y)\,|\,0\leq x\leq 1,\,0\leq z\leq x^2\big\}$

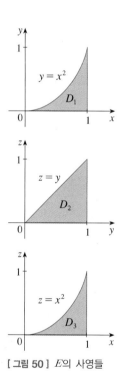

[그림 50]에 있는 사영에 대한 결과적인 그림으로부터 입체 E를 [그림 51]과 같이 그린다. 이것은 평면 $z=0$, $x=1$, $y=z$와 포물기둥 $y=x^2$ (또는 $x=\sqrt{y}$)로 둘러싸인 입체임을 알 수 있다.

이것을 x 다음에 z, 그 다음에 y에 대해 적분한다면 다음과 같이 E의 영역을 바꿔야 한다.

$$E=\big\{(x,y,z)\,|\,0\leq y\leq 1,\,0\leq z\leq y,\,\sqrt{y}\leq x\leq 1\big\}$$

따라서 다음을 얻는다.

[그림 50] E의 사영들

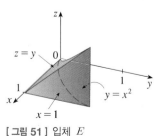

[그림 51] 입체 E

$$\iiint_E f(x, y, z)\, dV = \int_0^1 \int_0^y \int_{\sqrt{y}}^1 f(x, y, z)\, dx\, dz\, dy$$

삼중적분의 응용

$f(x) \geq 0$이면 단일적분 $\int_a^b f(x)\, dx$는 a에서 b까지 곡선 $y = f(x)$ 아래의 넓이를 나타내고, $f(x, y) \geq 0$이면 이중적분 $\iint_D f(x, y)\, dA$는 곡면 $z = f(x, y)$ 아래와 D 위에 놓이는 부피를 나타내는 것을 기억하자. $f(x, y, z) \geq 0$일 때 이에 대응하는 삼중적분 $\iiint_E f(x, y, z)\, dV$의 해석은 그다지 유용하지 않다. 왜냐하면 그것은 사차원 물체의 '추부피^{hypervolume}'이므로 시각화하기가 매우 어렵기 때문이다.(E는 함수 f의 정의역이고 f의 그래프는 사차원 공간에 놓여 있음을 기억하자.) 그럼에도 불구하고 삼중적분 $\iiint_E f(x, y, z)\, dV$는 x, y, z와 $f(x, y, z)$의 물리적인 해석에 의존하며 여러 가지 물리적 상황에서 다른 방법으로 해석할 수 있다.

E에 속하는 모든 점에 대해 $f(x, y, z) = 1$인 특별한 경우를 가지고 시작하자. 그러면 삼중적분은 다음과 같이 E의 부피를 나타낸다.

[12]
$$V(E) = \iiint_E dV$$

예를 들어 유형 1 영역의 경우에 식 [6]에서 $f(x, y, z) = 1$이라 놓으면 다음과 같음을 알 수 있다.

$$\iiint_E 1\, dV = \iint_D \left[\int_{u_1(x, y)}^{u_2(x, y)} dz \right] dA = \iint_D \left[u_2(x, y) - u_1(x, y) \right] dA$$

그리고 11.2절로부터 이것은 곡면 $z = u_1(x, y)$와 $z = u_2(x, y)$ 사이에 놓인 부피를 나타내는 것을 알고 있다.

◀예제 5 삼중적분을 이용하여 네 개의 평면 $x + 2y + z = 2$, $x = 2y$, $x = 0$, $z = 0$으로 둘러싸인 사면체 T의 부피를 구하라.

풀이
사면체 T와 xy평면 위로의 사영 D는 각각 [그림 52], [그림 53]과 같다. T의 아래쪽 경계는 평면 $z = 0$이고 위쪽 경계는 평면 $x + 2y + z = 2$, 즉 $z = 2 - x - 2y$이다. 따라서 다음을 얻는다.

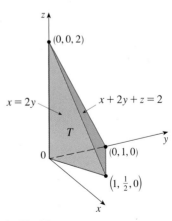

[그림 52]

$$V(T) = \iiint_T dV = \int_0^1 \int_{x/2}^{1-x/2} \int_0^{2-x-2y} dz\,dy\,dx$$

$$= \int_0^1 \int_{x/2}^{1-x/2} (2-x-2y)\,dy\,dx$$

$$= \int_0^1 \left[2y - xy - y^2 \right]_{y=x/2}^{y=1-x/2} dx$$

$$= \int_0^1 \left[2-x-x\left(1-\frac{x}{2}\right) - \left(1-\frac{x}{2}\right)^2 - x + \frac{x^2}{2} + \frac{x^2}{4} \right] dx$$

$$= \int_0^1 (x^2 - 2x + 1)\,dx = \frac{x^3}{3} - x^2 + x \Big]_0^1 = \frac{1}{3}$$

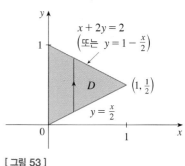

[그림 53]

11.4 연습문제

01 [예제 1]의 적분을 z, x, y 순으로 계산하라.

02~03 다음 반복적분을 계산하라.

02 $\int_0^2 \int_0^{z^2} \int_0^{y-z} (2x-y)\,dx\,dy\,dz$

03 $\int_0^{\pi/2} \int_0^y \int_0^x \cos(x+y+z)\,dz\,dx\,dy$

04~06 다음 삼중적분을 계산하라.

04 $\iiint_E y\,dV$,

$E = \{(x,y,z) \mid 0 \le x \le 3,\ 0 \le y \le x,\ x-y \le z \le x+y\}$

05 $\iiint_E 6xy\,dV$, E는 평면 $z=1+x+y$ 아래와 xy평면에서 곡선 $y=\sqrt{x}$, $y=0$, $x=1$로 둘러싸인 영역 위에 놓여있다.

06 $\iiint_T x^2\,dV$, T는 꼭짓점이 $(0,0,0)$, $(1,0,0)$, $(0,1,0)$, $(0,0,1)$인 사면체이다.

07~08 삼중적분을 이용하여 주어진 입체의 부피를 구하라.

07 좌표평면과 평면 $2x+y+z=4$로 둘러싸인 사면체

08 포물기둥 $y=x^2$, 평면 $z=0$과 $y+z=1$로 둘러싸인 입체

09 부피가 $\int_0^1 \int_0^{1-x} \int_0^{2-2z} dy\,dz\,dx$로 주어지는 입체를 그려라.

10~11 E가 주어진 곡선에 의해 둘러싸인 입체일 때 적분 $\iiint_E f(x,y,z)\,dV$를 6개의 다른 방법에 의한 반복적분으로 표현하라.

10 $y=4-x^2-4z^2$, $y=0$ **11** $y=x^2$, $z=0$, $y+2z=4$

12 그림은 다음 적분에 대한 적분 영역을 나타낸다. 이 적분을 5개의 다른 적분 순서를 갖는 동일한 반복적분으로 다시 쓰라.

$$\int_0^1 \int_{\sqrt{x}}^1 \int_0^{1-y} f(x,y,z)\,dz\,dy\,dx$$

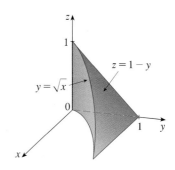

13 그림을 그리거나 대칭성만을 이용하여 삼중적분 $\iiint_C (4 + 5x^2 yz^2)\,dV$을 계산하라. 여기서 C는 $x^2 + y^2 \leq 4$, $-2 \leq z \leq 2$ 인 원통형 영역이다.

14 입체 영역 E 위에서 함수 $f(x, y, z)$의 **평균값**average value은 다음과 같이 정의된다.

$$f_{\text{ave}} = \frac{1}{V(E)} \iiint_E f(x, y, z)\,dV$$

여기서 $V(E)$는 E의 부피이다. 한 꼭짓점이 원점에 놓이며 제1 팔분공간에서 변들이 좌표축에 평행하며 변들의 길이가 L인 정육면체 위에서 함수 $f(x, y, z) = xyz$의 평균값을 구하라.

11.5 원기둥좌표에서 삼중적분

3차원 공간에서 **원기둥좌표**라 부르는 좌표계가 있다. 원기둥좌표는 극좌표와 유사하며 일반적으로 곡면과 입체를 쉽게 설명해준다. 앞으로 보게 되겠지만 어떤 삼중석분은 원기둥좌표로 계산하는 것이 훨씬 더 쉽다.

원기둥좌표

원기둥좌표계cylindrical coordinate system에서 3차원 공간의 점 P는 세 순서쌍 (r, θ, z)로 표현된다. 여기서 r과 θ는 xy평면 위로의 P의 사영의 극좌표이고, z는 xy평면에서 P까지의 유향 거리이다([그림 54] 참조).

원기둥좌표를 공간좌표로 변환시키기 위해 다음 식을 이용한다.

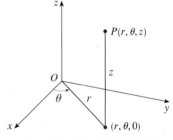
[그림 54] 한 점에 대한 원기둥좌표

$\boxed{1}$
$$x = r\cos\theta, \quad y = r\sin\theta, \quad z = z$$

반면에 공간좌표를 원기둥좌표로 변환시키려면 다음을 이용한다.

$\boxed{2}$
$$r^2 = x^2 + y^2, \quad \tan\theta = \frac{y}{x}, \quad z = z$$

◀ **예제 1** (a) 원기둥좌표가 $(2, 2\pi/3, 1)$인 점의 좌표를 그리고 이 점에 대한 공간좌표를 구하라.

(b) 공간좌표가 $(3, -3, -7)$인 점의 원기둥좌표를 구하라.

풀이

(a) 원기둥좌표가 $(2, 2\pi/3, 1)$인 점의 좌표는 [그림 55]와 같다. 식 $\boxed{1}$로부터 공간좌표는 다음과 같다.

$$x = 2\cos\frac{2\pi}{3} = 2\left(-\frac{1}{2}\right) = -1$$

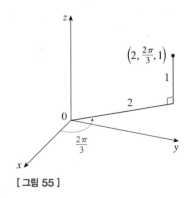
[그림 55]

$$y = 2\sin\frac{2\pi}{3} = 2\left(\frac{\sqrt{3}}{2}\right) = \sqrt{3}$$

$$z = 1$$

따라서 점의 공간좌표는 $(-1, \sqrt{3}, 1)$이다.

(b) 식 ②로부터 다음을 얻는다.

$$r = \sqrt{3^2 + (-3)^2} = 3\sqrt{2}$$

$$\tan\theta = \frac{-3}{3} = -1 \text{이므로 } \theta = \frac{7\pi}{4} + 2n\pi$$

$$z = -7$$

그러므로 원기둥좌표의 하나는 $(3\sqrt{2}, 7\pi/4, -7)$이고 다른 하나는 $(3\sqrt{2}, -\pi/4, -7)$이다. 극좌표와 마찬가지로 원기둥좌표도 무수히 많이 선택할 수 있다. ❯

원기둥좌표는 축에 대해 대칭이고 z축이 이 대칭축과 일치하는 문제에 유용하다. 예를 들어 직교방정식이 $x^2 + y^2 = c^2$인 원기둥의 대칭축은 z축이다. 원기둥좌표에서 이 원기둥은 아주 간단한 방정식 $r = c$이다([그림 56] 참조). 이것이 '원기둥' 좌표라는 이름이 붙은 이유이다.

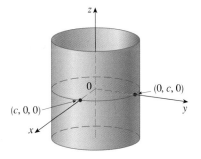

[그림 56] $r = c$인 원기둥

❮ 예제 2 ❯ 원기둥좌표에서 방정식이 $z = r$인 곡면을 설명하라.

풀이

방정식 $z = r$은 곡면 위의 각 점에서 z값 또는 높이가 그 점에서 z축까지의 거리 r과 같음을 의미한다. θ가 나타나 있지 않으므로 값은 다양하다. 따라서 평면 $z = k(k > 0)$인 임의의 수평자취는 반지름이 k인 원이다. 이러한 자취들로부터 곡면이 원뿔임을 알 수 있다. 이와 같은 예측은 방정식을 공간좌표로 변환하면 명확해질 수 있다. ②의 첫 번째 식으로부터 다음을 얻는다.

$$z^2 = r^2 = x^2 + y^2$$

방정식 $z^2 = x^2 + y^2$은 대칭축이 z축인 원뿔이다([그림 57] 참조). ❯

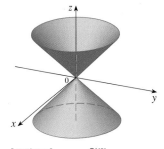

[그림 57] $z = r$, 원뿔

원기둥좌표에서 삼중적분 계산하기

E가 유형 1의 영역이고 xy평면 위로의 사영 D를 극좌표로 쉽게 나타낸다고 하자 ([그림 58] 참조). 특히 f가 연속이고 다음과 같다고 하자.

$$E = \left\{ (x, y, z) \mid (x, y) \in D, \ u_1(x, y) \le z \le u_2(x, y) \right\}$$

여기서 D는 다음과 같이 극좌표로 주어진다.

$$D = \left\{ (r, \theta) \mid \alpha \le \theta \le \beta, \ h_1(\theta) \le r \le h_2(\theta) \right\}$$

11.4절의 식 $\boxed{6}$으로부터 다음을 알고 있다.

$$\boxed{3} \qquad \iiint_E f(x, y, z)\, dV = \iint_D \left[\int_{u_1(x, y)}^{u_2(x, y)} f(x, y, z)\, dz \right] dA$$

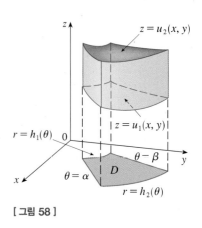

[그림 58]

한편 극좌표에서 이중적분을 계산하는 방법도 알고 있다. 사실상 식 $\boxed{3}$을 11.3절의 식 $\boxed{3}$과 결합하면 다음을 얻는다.

$$\boxed{4} \qquad \iiint_E f(x, y, z)\, dV$$
$$= \int_\alpha^\beta \int_{h_1(\theta)}^{h_2(\theta)} \int_{u_1(r\cos\theta,\, r\sin\theta)}^{u_2(r\cos\theta,\, r\sin\theta)} f(r\cos\theta, r\sin\theta, z)\, r\, dz\, dr\, d\theta$$

식 $\boxed{4}$는 **원기둥좌표에서 삼중적분에 대한 공식**이다. 이것은 z는 그냥 놔두고 $x = r\cos\theta$, $y = r\sin\theta$로 놓음으로써 삼중적분을 공간좌표에서 원기둥좌표로 변환하는 것을 말한다. 이때 z, r, θ에 대한 적절한 적분한계를 이용하고 dV를 $r\, dz\, dr\, d\theta$로 대치한다.([그림 59]는 이것을 기억하는 방법을 보여준다.) E가 원기둥좌표로 쉽게 표현되는 입체 영역일 때와 함수 $f(x, y, z)$가 식 $x^2 + y^2$을 포함하는 경우에 특히 유용하다.

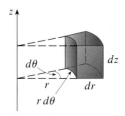

[그림 59] 원기둥좌표에서 부피 성분:
$dV = r\, dz\, dr\, d\theta$

◀ 예제 3 $\displaystyle \int_{-2}^{2} \int_{-\sqrt{4-x^2}}^{\sqrt{4-x^2}} \int_{\sqrt{x^2+y^2}}^{2} (x^2 + y^2)\, dz\, dy\, dx$를 계산하라.

풀이

이 반복적분은 다음 입체 영역에서의 삼중적분이다.

$$E = \left\{ (x, y, z) \mid -2 \le x \le 2, \ -\sqrt{4-x^2} \le y \le \sqrt{4-x^2}, \ \sqrt{x^2+y^2} \le z \le 2 \right\}$$

xy평면 위로의 E의 사영은 원판 $x^2 + y^2 \le 4$이다. E의 아래쪽 곡면은 원뿔면 $z = \sqrt{x^2+y^2}$이고, 위쪽 곡면은 평면 $z = 2$이다([그림 60] 참조). 이 영역은 다음과 같이 원기둥좌표로 훨씬 간단하게 표현할 수 있다.

$$E = \left\{ (r, \theta, z) \mid 0 \le \theta \le 2\pi, \ 0 \le r \le 2, \ r \le z \le 2 \right\}$$

따라서 다음을 얻는다.

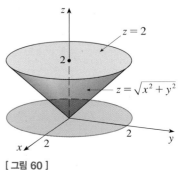

[그림 60]

$$\int_{-2}^{2} \int_{-\sqrt{4-x^2}}^{\sqrt{4-x^2}} \int_{\sqrt{x^2+y^2}}^{2} (x^2+y^2)\,dz\,dy\,dx = \iiint_E (x^2+y^2)\,dV$$

$$= \int_0^{2\pi} \int_0^2 \int_r^2 r^2\,r\,dz\,dr\,d\theta$$

$$= \int_0^{2\pi} d\theta \int_0^2 r^3(2-r)\,dr$$

$$= 2\pi \left[\frac{1}{2}r^4 - \frac{1}{5}r^5 \right]_0^2 = \frac{16}{5}\pi \qquad \boldsymbol{\succ}$$

11.5 연습문제

01 주어진 원기둥좌표의 점을 좌표로 그려라. 그 다음에 이 점의 공간좌표를 구하라.

   (a) $(4, \pi/3, -2)$ (b) $(2, -\pi/2, 1)$

02 공간좌표를 원기둥좌표로 변환하라.

   (a) $(-1, 1, 1)$ (b) $(-2, 2\sqrt{3}, 3)$

03 곡면의 방정식 $\theta = \pi/4$를 말로 설명하라.

04 곡면의 방정식 $z = 4 - r^2$을 확인하라.

05 다음을 원기둥좌표의 방정식으로 쓰라.

   (a) $x^2 - x + y^2 + z^2 = 1$ (b) $z = x^2 - y^2$

06 $0 \le r \le 2$, $-\pi/2 \le \theta \le \pi/2$, $0 \le z \le 1$을 나타내는 입체를 그려라.

07 부피가 $\displaystyle\int_{-\pi/2}^{\pi/2} \int_0^2 \int_0^{r^2} r\,dz\,dr\,d\theta$로 주어진 입체를 그리고 적분을 계산하라.

08~11 원기둥좌표를 이용하라.

08 E가 원기둥 $x^2 + y^2 = 16$ 내부와 평면 $z = -5$와 $z = 4$ 사이에 놓이는 영역일 때 $\iiint_E \sqrt{x^2+y^2}\,dV$를 계산하라.

09 E가 제1팔분공간에서 포물면 $z = 4 - x^2 - y^2$ 아래에 놓이는 입체일 때 $\iiint_E (x+y+z)\,dV$를 계산하라.

10 E가 원기둥 $x^2 + y^2 = 1$의 내부와 평면 $z = 0$의 위, 원뿔면 $z^2 = 4x^2 + 4y^2$의 아래에 놓이는 입체일 때 $\iiint_E x^2\,dV$를 계산하라.

11 원뿔면 $z = \sqrt{x^2+y^2}$과 구 $x^2 + y^2 + z^2 = 2$로 둘러싸인 입체의 부피를 구하라.

12 원기둥좌표로 변환하여 $\displaystyle\int_{-2}^{2} \int_{-\sqrt{4-y^2}}^{\sqrt{4-y^2}} \int_{\sqrt{x^2+y^2}}^{2} xz\,dz\,dx\,dy$를 계산하라.

11.6 구면좌표에서 삼중적분

3차원 공간에서 유용한 또 다른 좌표계는 구면좌표계이다. 이 좌표계는 구면 또는 원뿔면으로 둘러싸인 영역에서 삼중적분의 계산을 간단히 한다.

구면좌표

공간에서 점 P의 **구면좌표**spherical coordinate (ρ, θ, ϕ)는 [그림 61]과 같다. 여기서 $\rho = |OP|$는 원점에서 P까지의 거리이고 θ는 원기둥좌표에서의 각과 같고 ϕ는 양의 z축과 선분 OP 사이의 각이다. 또한 다음을 주목한다.

$$\rho \geq 0, \quad 0 \leq \phi \leq \pi$$

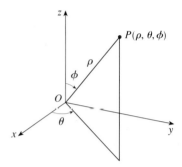

[그림 61] 한 점의 구면좌표

구면좌표계는 한 점에 대해 대칭이고 이 점이 원점인 문제에 특히 유용하다. 예를 들어 중심이 원점이고 반지름이 c인 구면의 방정식은 간단히 $\rho = c$이다([그림 62] 참조). 이것이 구면좌표라는 이름이 붙은 이유이다. 방정식 $\theta = c$의 그래프는 수직인 반평면이고([그림 63] 참조), 방정식 $\phi = c$는 z축이 중심축인 반원뿔면을 나타낸다([그림 64] 참조).

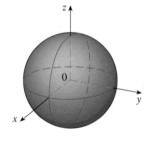

[그림 62] $\rho = c$, 구

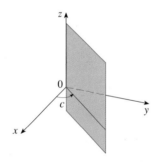

[그림 63] $\theta = c$, 반평면

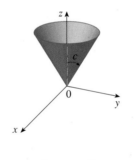

$0 < c < \pi/2$

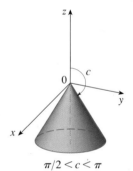

$\pi/2 < c < \pi$

[그림 64] $\phi = c$, 반원뿔

공간좌표와 구면좌표 사이의 관계는 [그림 65]로부터 알 수 있다. 삼각형 OPQ와 OPP'으로부터 다음을 얻는다.

$$z = \rho \cos \phi, \quad r = \rho \sin \phi$$

이때 $x = r \cos \theta$, $y = r \sin \theta$이므로 구면좌표를 공간좌표로 변환하기 위해 다음 식을 이용한다.

⬚ $\qquad x = \rho \sin \phi \cos \theta, \quad y = \rho \sin \phi \sin \theta, \quad z = \rho \cos \phi$

또한 거리 공식으로부터 다음이 성립한다.

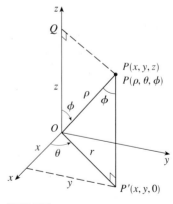

[그림 65]

$$\boxed{2} \qquad \rho^2 = x^2 + y^2 + z^2$$

이 식은 공간좌표를 구면좌표로 변환할 때 이용한다.

예제 1 구면좌표로 점 $(2, \pi/4, \pi/3)$가 주어져 있다. 점을 좌표로 그리고 이 점의 공간 좌표를 구하라.

풀이

이 점을 좌표로 그리면 [그림 66]과 같다. 식 $\boxed{1}$로부터 다음을 얻는다.

$$x = \rho \sin\phi \cos\theta = 2 \sin\frac{\pi}{3} \cos\frac{\pi}{4} = 2\left(\frac{\sqrt{3}}{2}\right)\left(\frac{1}{\sqrt{2}}\right) = \sqrt{\frac{3}{2}}$$

$$y = \rho \sin\phi \sin\theta = 2 \sin\frac{\pi}{3} \sin\frac{\pi}{4} = 2\left(\frac{\sqrt{3}}{2}\right)\left(\frac{1}{\sqrt{2}}\right) = \sqrt{\frac{3}{2}}$$

$$z = \rho \cos\phi = 2 \cos\frac{\pi}{3} = 2\left(\frac{1}{2}\right) = 1$$

따라서 점 $(2, \pi/4, \pi/3)$의 직교좌표는 $(\sqrt{3/2}, \sqrt{3/2}, 1)$이다.

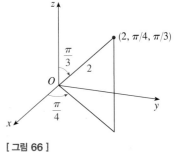

[그림 66]

예제 2 공간좌표로 점 $(0, 2\sqrt{3}, -2)$가 주어져 있다. 이 점에 대한 구면좌표를 구하라.

풀이

식 $\boxed{2}$로부터 다음을 얻는다.

$$\rho = \sqrt{x^2 + y^2 + z^2} = \sqrt{0 + 12 + 4} = 4$$

따라서 식 $\boxed{1}$로부터 다음을 얻는다.

$$\cos\phi = \frac{z}{\rho} = \frac{-2}{4} = -\frac{1}{2}, \qquad \phi = \frac{2\pi}{3}$$

$$\cos\theta = \frac{x}{\rho \sin\phi} = 0, \qquad \theta = \frac{\pi}{2}$$

$(y = 2\sqrt{3} > 0$이므로 $\theta \neq 3\pi/2$임에 주목한다.) 그러므로 주어진 점의 구면좌표는 $(4, \pi/2, 2\pi/3)$이다.

주의 구면좌표에 대한 기호는 일반적으로 일치하지는 않는다. 물리학에 관한 대부분의 책은 θ와 ϕ의 의미를 바꾸어 설명하고 ρ 대신 r을 사용한다.

TEC Module 12.7에서 원기둥좌표와 구면좌표에서의 곡면족을 조사할 수 있다.

구면좌표에서 삼중적분 계산하기

구면좌표계에서 다음과 같은 **구면 쐐기**$^{\text{spherical wedge}}$가 직육면체에 해당한다.

$$E = \{(\rho, \theta, \phi) \mid a \leq \rho \leq b, \ \alpha \leq \theta \leq \beta, \ c \leq \phi \leq d\}$$

여기서 $a \geq 0$, $\beta - \alpha \leq 2\pi$, $d - c \leq 2\pi$이다. 입체를 작은 직육면체로 나누어 삼중적분을 정의했지만 입체를 작은 구면 쐐기로 나눠도 항상 같은 결과를 얻는 것을 알 수 있다. 따라서 E를 구면 $\rho = \rho_i$, 반평면 $\theta = \theta_j$, 반원뿔면 $\phi = \phi_k$를 이용하여 더 작은 구면 쐐기 E_{ijk}로 나눈다. [그림 67]을 보면 E_{ijk}는 치수가 $\Delta\rho_i$, $\rho_i\Delta\phi_k$(반지름이 ρ_i, 각이 $\Delta\phi_k$인 원호), $\rho_i \sin\phi_k \Delta\theta_j$(반지름이 $\rho_i \sin\phi_k$, 각이 $\Delta\theta_j$인 원호)인 직육면체에 근사한다. 따라서 E_{ijk}의 근사 부피는 다음과 같이 주어진다.

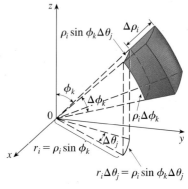

[그림 67]

$$\Delta V_{ijk} \approx (\Delta\rho_i)(\rho_i \Delta\phi_k)(\rho_i \sin\phi_k \Delta\theta_j) = \rho_i^2 \sin\phi_k \Delta\rho_i \Delta\theta_j \Delta\phi_k$$

실제로 평균값 정리를 이용하면([연습문제 13] 참조) E_{ijk}의 정확한 부피는 다음과 같음을 보일 수 있다.

$$\Delta V_{ijk} = \tilde{\rho}_i^2 \sin\tilde{\phi}_k \Delta\rho_i \Delta\theta_j \Delta\phi_k$$

여기서 $(\tilde{\rho}_i, \tilde{\theta}_j, \tilde{\phi}_k)$은 E_{ijk} 안에 속하는 어떤 점이다. $(x_{ijk}^*, y_{ijk}^*, z_{ijk}^*)$를 이 점의 공간좌표라 하면 다음을 얻는다.

$$\iiint_E f(x, y, z)\, dV = \lim_{\max \Delta\rho_i, \Delta\theta_j, \Delta\phi_k \to 0} \sum_{i=1}^{l} \sum_{j=1}^{m} \sum_{k=1}^{n} f(x_{ijk}^*, y_{ijk}^*, z_{ijk}^*)\Delta V_{ijk}$$

$$= \lim_{\max \Delta\rho_i, \Delta\theta_j, \Delta\phi_k \to 0} \sum_{i=1}^{l} \sum_{j=1}^{m} \sum_{k=1}^{n} f(\tilde{\rho}_i \sin\tilde{\phi}_k \cos\tilde{\theta}_j, \tilde{\rho}_i \sin\tilde{\phi}_k \sin\tilde{\theta}_j, \tilde{\rho}_i \cos\tilde{\phi}_k)$$

$$\cdot \tilde{\rho}_i^2 \sin\tilde{\phi}_k \Delta\rho_i \Delta\theta_j \Delta\phi_k$$

이 합은 다음 함수의 리만 합이다.

$$F(\rho, \theta, \phi) = \rho^2 \sin\phi\, f(\rho\sin\phi\cos\theta, \rho\sin\phi\sin\theta, \rho\cos\phi)$$

결론적으로 다음과 같은 **구면좌표에서 삼중적분에 대한** 식을 얻는다.

③ E를 다음과 같은 구면 쐐기라고 하자.
$$E = \{(\rho, \theta, \phi) \mid a \leq \rho \leq b,\ \alpha \leq \theta \leq \beta,\ c \leq \phi \leq d\}$$
그러면 다음이 성립한다.
$$\iiint_E f(x, y, z)\, dV$$
$$= \int_c^d \int_\alpha^\beta \int_a^b f(\rho\sin\phi\cos\theta, \rho\sin\phi\sin\theta, \rho\cos\phi)\rho^2 \sin\phi\, d\rho\, d\theta\, d\phi$$

식 ③은 다음과 같이 쓰면 공간좌표에서의 삼중적분을 구면좌표로 변환할 수 있음을 의미한다.

$$x = \rho \sin\phi \cos\theta, \quad y = \rho \sin\phi \sin\theta, \quad z = \rho \cos\phi$$

이때 적절한 적분 한계를 이용하여 dV를 $\rho^2 \sin\phi\, d\rho\, d\theta\, d\phi$로 대체한다. 이는 [그림 68]로 설명된다.

이 식은 다음과 같이 좀 더 일반적인 구면 영역을 포함하도록 확장할 수 있다.

$$E = \left\{ (\rho, \theta, \phi) \mid \alpha \leq \theta \leq \beta, \; c \leq \phi \leq d, \; g_1(\theta, \phi) \leq \rho \leq g_2(\theta, \phi) \right\}$$

이 경우에 식은 ρ에 대한 적분 한계가 $g_1(\theta, \phi)$와 $g_2(\theta, \phi)$로 바뀌는 것을 제외하고는 식 ③과 같다.

보통 적분 영역의 경계가 원뿔면이나 구면과 같은 곡면인 삼중적분에서 구면좌표가 이용된다.

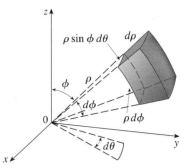

[**그림 68**] 구면좌표에서 체적소 :
$dV = \rho^2 \sin\phi\, d\rho\, d\theta\, d\phi$

◀ **예제 3** 단위 구 $B = \left\{ (x, y, z) \mid x^2 + y^2 + z^2 \leq 1 \right\}$에서 $\iiint_B e^{(x^2+y^2+z^2)^{3/2}}\, dV$를 계산하라.

풀이

B의 경계가 구면이므로 다음과 같이 구면좌표를 이용한다.

$$B = \left\{ (\rho, \theta, \phi) \mid 0 \leq \rho \leq 1, \, 0 \leq \theta \leq 2\pi, \, 0 \leq \phi \leq \pi \right\}$$

$x^2 + y^2 + z^2 = \rho^2$이므로 더욱 구면좌표가 적절하다. 따라서 식 ③으로부터 다음을 얻는다.

$$\iiint_B e^{(x^2+y^2+z^2)^{3/2}}\, dV = \int_0^\pi \int_0^{2\pi} \int_0^1 e^{(\rho^2)^{3/2}} \rho^2 \sin\phi\, d\rho\, d\theta\, d\phi$$

$$= \int_0^\pi \sin\phi\, d\phi \int_0^{2\pi} d\theta \int_0^1 \rho^2\, e^{\rho^3}\, d\rho$$

$$= \left[-\cos\phi \right]_0^\pi (2\pi) \left[\frac{1}{3} e^{\rho^3} \right]_0^1 = \frac{4}{3}\pi(e-1) \qquad ▸$$

NOTE _ 구면좌표를 이용하지 않으면 [예제 3]에서의 적분을 계산하는 것이 매우 어려운 일임을 알게 될 것이다. 공간좌표에서 반복적분은 다음과 같다.

$$\int_{-1}^1 \int_{-\sqrt{1-x^2}}^{\sqrt{1-x^2}} \int_{-\sqrt{1-x^2-y^2}}^{\sqrt{1-x^2-y^2}} e^{(x^2+y^2+z^2)^{3/2}}\, dz\, dy\, dx$$

◀예제 4▶ 구면좌표를 이용하여 원뿔면 $z = \sqrt{x^2 + y^2}$ 위와 구면 $x^2 + y^2 + z^2 = z$ 아래에 놓이는 입체의 부피를 구하라([그림 69] 참조).

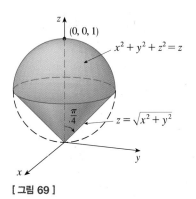

[그림 69]

풀이

구면이 원점을 지나고 중심이 $\left(0, 0, \dfrac{1}{2}\right)$인 것에 주목하자. 이 구면의 방정식을 다음과 같이 구면좌표로 쓸 수 있다.

$$\rho^2 = \rho \cos \phi \quad \text{또는} \quad \rho = \cos \phi$$

원뿔면의 방정식은 다음과 같이 쓸 수 있다.

$$\rho \cos \phi = \sqrt{\rho^2 \sin^2 \phi \cos^2 \theta + \rho^2 \sin^2 \phi \sin^2 \theta} = \rho \sin \phi$$

이것으로부터 $\sin \phi = \cos \phi$, 즉 $\phi = \pi/4$를 얻는다. 그러므로 구면좌표로 입체 E를 나타내면 다음과 같다.

$$E = \{(\rho, \theta, \phi) \,|\, 0 \le \theta \le 2\pi,\ 0 \le \phi \le \pi/4,\ 0 \le \rho \le \cos \phi\}$$

[그림 71]을 보면 ρ, ϕ, θ의 순서로 적분하면 E가 어떻게 계산되는지 알 수 있다. E의 부피는 다음과 같다.

$$
\begin{aligned}
V(E) &= \iiint_E dV = \int_0^{2\pi} \int_0^{\pi/4} \int_0^{\cos \phi} \rho^2 \sin \phi \, d\rho \, d\phi \, d\theta \\
&= \int_0^{2\pi} d\theta \int_0^{\pi/4} \sin \phi \left[\frac{\rho^3}{3} \right]_{\rho = 0}^{\rho = \cos \phi} d\phi \\
&= \frac{2\pi}{3} \int_0^{\pi/4} \sin \phi \cos^3 \phi \, d\phi = \frac{2\pi}{3} \left[-\frac{\cos^4 \phi}{4} \right]_0^{\pi/4} = \frac{\pi}{8}
\end{aligned}
$$

[그림 70]은 (Maple을 이용해서 그린) [예제 4]에 있는 입체의 다른 모양을 보여준다.

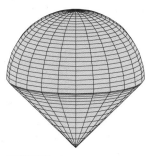

[그림 70]

TEC Visual 12.7은 [그림 71]의 애니메이션을 보여준다.

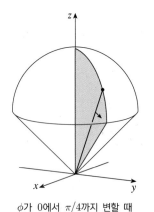

ρ가 0에서 $\cos \phi$까지 변할 때 ϕ와 θ는 상수이다.

ϕ가 0에서 $\pi/4$까지 변할 때 θ는 상수이다.

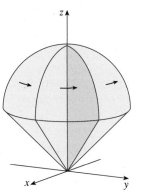

θ가 0에서 2π까지 변한다.

[그림 71]

11.6 연습문제

01 주어진 구면좌표의 점을 좌표로 그려라. 이 점에 대한 공간좌표를 구하라.

(a) $(6, \pi/3, \pi/6)$ (b) $(3, \pi/2, 3\pi/4)$

02 공간좌표를 구면좌표로 변환하라.

(a) $(0, -2, 0)$ (b) $(-1, 1, -\sqrt{2})$

03 다음 방정식을 구면좌표로 변환하라.

(a) $z^2 = x^2 + y^2$ (b) $x^2 + z^2 = 9$

04~05 주어진 부등식으로 설명되는 입체를 그려라.

04 $2 \leq \rho \leq 4, \quad 0 \leq \phi \leq \pi/3, \quad 0 \leq \theta \leq \pi$

05 $\rho \leq 1, \quad 3\pi/4 \leq \phi \leq \pi$

06 부피가 $\displaystyle\int_0^{\pi/6} \int_0^{\pi/2} \int_0^3 \rho^2 \sin\phi \, d\rho \, d\theta \, d\phi$로 주어진 입체를 그리고 적분을 계산하라.

07~10 구면좌표를 이용하라.

07 B가 중심이 원점이고 반지름이 5인 구일 때 $\displaystyle\iiint_B (x^2 + y^2 + z^2)^2 \, dV$를 계산하라.

08 E가 구면 $x^2 + y^2 + z^2 = 4$와 $x^2 + y^2 + z^2 = 9$ 사이에 놓일 때 $\displaystyle\iiint_E (x^2 + y^2) \, dV$를 계산하라.

09 E가 제1팔분공간에 놓이는 단위 구 $x^2 + y^2 + z^2 \leq 1$일 때 $\displaystyle\iiint_E x e^{x^2 + y^2 + z^2} \, dV$를 계산하라.

10 원뿔면 $\phi = \pi/3$ 위와 구면 $\rho = 4\cos\phi$ 아래에 놓이는 입체의 부피를 구하라.

11~12 구면좌표로 변환하여 적분을 계산하라.

11 $\displaystyle\int_0^1 \int_0^{\sqrt{1-x^2}} \int_{\sqrt{x^2+y^2}}^{\sqrt{2-x^2-y^2}} xy \, dz \, dy \, dx$

12 $\displaystyle\int_{-2}^2 \int_{-\sqrt{4-x^2}}^{\sqrt{4-x^2}} \int_{2-\sqrt{4-x^2-y^2}}^{2+\sqrt{4-x^2-y^2}} (x^2 + y^2 + z^2)^{3/2} \, dz \, dy \, dx$

13 (a) 원기둥좌표를 이용하여 구면 $r^2 + z^2 = a^2$ 위와 원뿔면 $z = r \cot\phi_0$ (또는 $\phi = \phi_0$) 아래로 둘러싸인 입체의 부피가 다음과 같음을 보여라. 여기서 $0 < \phi_0 < \pi/2$이다.

$$V = \frac{2\pi a^3}{3}(1 - \cos\phi_0)$$

(b) $\rho_1 \leq \rho \leq \rho_2, \ \theta_1 \leq \theta \leq \theta_2, \ \phi_1 \leq \phi \leq \phi_2$로 주어진 구면 쐐기의 부피가 다음과 같음을 유추하라.

$$\Delta V = \frac{\rho_2^3 - \rho_1^3}{3}(\cos\phi_1 - \cos\phi_2)(\theta_2 - \theta_1)$$

(c) 평균값 정리를 이용하여 (b)의 부피를 다음과 같이 쓸 수 있음을 보여라.

$$\Delta V = \tilde{\rho}^2 \sin\tilde{\phi} \, \Delta\rho \, \Delta\theta \, \Delta\phi$$

여기서 $\tilde{\rho}$는 ρ_1과 ρ_2 사이에 놓이고 $\tilde{\phi}$는 ϕ_1과 ϕ_2 사이에 놓이며 $\Delta\rho = \rho_2 - \rho_1, \ \Delta\theta = \theta_2 - \theta_1, \ \Delta\phi = \phi_2 - \phi_1$이다.

개념 확인

01 f는 직사각형 $R=[a,b]\times[c,d]$에서 정의된 연속함수라 하자.

  (a) f의 이중 리만 합에 대한 식을 쓰라. $f(x,y) \geq 0$이면 그 합은 무엇을 나타내는가?

  (b) $\iint_R f(x,y)\,dA$의 정의를 극한으로 쓰라.

  (c) $f(x,y) \geq 0$일 때 $\iint_R f(x,y)\,dA$의 기하학적 의미는 무엇인가? f가 양수와 음수 값을 모두 갖는다면 무엇을 의미하는가?

  (d) $\iint_R f(x,y)\,dA$를 어떻게 계산하는가?

  (e) 이중적분에 대한 중점 법칙이란 무엇인가?

02 (a) D가 직사각형이 아닌 유계한 영역일 때 $\iint_D f(x,y)\,dA$를 어떻게 정의하는가?

  (b) 유형 I 영역이란 무엇인가? D가 유형 I 영역이면 $\iint_D f(x,y)\,dA$를 어떻게 계산하는가?

  (c) 유형 II 영역이란 무엇인가? D가 유형 II 영역이면 $\iint_D f(x,y)\,dA$를 어떻게 계산하는가?

  (d) 이중적분은 어떤 성질들을 갖는가?

03 이중적분에서 직교좌표를 극좌표로 어떻게 변환하는가? 왜 변환을 하려고 하는가?

04 (a) 직육면체 B에서 f에 대한 삼중적분의 정의를 쓰라.

  (b) $\iiint_B f(x,y,z)\,dV$를 어떻게 계산하는가?

  (c) E가 육면체가 아닌 유계한 입체 영역일 때 $\iiint_E f(x,y,z)\,dV$를 어떻게 정의하는가?

  (d) 유형 1 입체 영역이란 무엇인가? E가 유형 1인 입체 영역일 때 $\iiint_E f(x,y,z)\,dV$를 어떻게 계산하는가?

  (e) 유형 2 입체 영역이란 무엇인가? E가 유형 2인 입체 영역일 때 $\iiint_E f(x,y,z)\,dV$를 어떻게 계산하는가?

  (f) 유형 3 입체 영역이란 무엇인가? E가 유형 3인 입체 영역일 때 $\iiint_E f(x,y,z)\,dV$를 어떻게 계산하는가?

05 (a) 원기둥좌표를 공간좌표로 변환하는 방정식을 쓰라. 어떤 상황에서 원기둥좌표를 사용하는가?

  (b) 구면좌표를 공간좌표로 변환하는 방정식을 쓰라. 어떤 상황에서 구면좌표를 사용하는가?

06 (a) 삼중적분에서 공간좌표를 원기둥좌표로 어떻게 바꾸는가?

  (b) 삼중적분에서 공간좌표를 구면좌표로 어떻게 바꾸는가?

  (c) 어떤 상황에서 원기둥좌표 또는 구면좌표로 바꾸는가?

참/거짓 질문

다음 명제가 참인지 아니면 거짓인지 판별하라. 참이면 이유를 설명하고, 거짓이면 이유를 설명하거나 반례를 들라.

01 $\int_{-1}^2 \int_0^6 x^2 \sin(x-y)\,dx\,dy = \int_0^6 \int_{-1}^2 x^2 \sin(x-y)\,dy\,dx$

02 $\int_1^2 \int_3^4 x^2 e^y\,dy\,dx = \int_1^2 x^2\,dx \int_3^4 e^y\,dy$

03 f가 $[0,1]$에서 연속이면 $\int_0^1 \int_0^1 f(x)f(y)\,dy\,dx = \left[\int_0^1 f(x)\,dx\right]^2$이다.

04 D가 $x^2+y^2 \leq 4$로 주어진 원판일 때 $\iint_D \sqrt{4-x^2-y^2}\,dA = \frac{16}{3}\pi$이다.

05 다음 적분은 원뿔면 $z=\sqrt{x^2+y^2}$과 평면 $z=2$로 둘러싸인 부피를 나타낸다.

$$\int_0^{2\pi} \int_0^2 \int_r^2 dz\,dr\,d\theta$$

01~02 다음 반복적분을 계산하라.

01 $\int_1^2 \int_0^2 (y + 2x e^y)\, dx\, dy$

02 $\int_0^\pi \int_0^1 \int_0^{\sqrt{1-y^2}} y\sin x\, dz\, dy\, dx$

03 $\iint_R f(x, y)\, dA$를 반복적분으로 쓰라. 여기서 R은 그림과 같고 f는 R에서 연속인 임의의 함수이다.

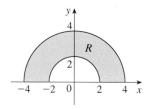

04 넓이가 다음 적분으로 주어지는 영역을 그려라.

$$\int_0^{\pi/2} \int_0^{\sin 2\theta} r\, dr\, d\theta$$

05 적분 순서를 바꾸어 $\int_0^1 \int_x^1 \cos(y^2)\, dy\, dx$를 계산하라.

06~09 다음 다중적분을 계산하라.

06 $\iint_R y e^{xy}\, dA;\ R = \{(x, y)\,|\,0 \le x \le 2,\ 0 \le y \le 3\}$

07 $\iint_D y\, dA;\ D$는 제1사분면에서 포물선 $x = y^2$과 $x = 8 - y^2$으로 둘러싸인 영역

08 $\iiint_E xy\, dV;$

$E = \{(x, y, z)\,|\,0 \le x \le 3,\ 0 \le y \le x,\ 0 \le z \le x + y\}$

09 $\iiint_E y^2 z^2\, dV;\ E$는 포물면 $x = 1 - y^2 - z^2$과 평면 $x = 0$으로 둘러싸인 영역

10~11 주어진 입체의 부피를 구하라.

10 포물면 $z = x^2 + 4y^2$ 아래와 직사각형 $R = [0, 2] \times [1, 4]$ 위의 입체

11 꼭짓점이 $(0, 0, 0),\ (0, 0, 1),\ (0, 2, 0),\ (2, 2, 0)$인 사면체

12 한 점의 원기둥좌표가 $(2\sqrt{3}, \pi/3, 2)$이다. 이 점에 대한 공간좌표와 구면좌표를 구하라.

13 한 점의 구면좌표가 $(8, \pi/4, \pi/6)$이다. 이 점에 대한 공간좌표와 원기둥좌표를 구하라.

14 방정식 $x^2 + y^2 + z^2 = 4$를 원기둥좌표와 구면좌표로 쓰라.

15 극좌표를 이용하여 다음을 계산하라.

$$\int_0^3 \int_{-\sqrt{9-x^2}}^{\sqrt{9-x^2}} (x^3 + xy^2)\, dy\, dx$$

16 다음 적분을 적분 순서가 $dx\, dy\, dz$인 반복적분으로 고쳐 쓰라.

$$\int_{-1}^1 \int_{x^2}^1 \int_0^{1-y} f(x, y, z)\, dz\, dy\, dx$$

찾아보기

찾아보기